UG NX 12.0 中文版从入门到精通

三维书屋工作室

胡仁喜　等编著

机械工业出版社

本书主要介绍UG NX 12.0基础环境、UG NX 12.0基本操作、曲线操作、草图绘制、实体建模、特征建模、特征操作、编辑特征、曲面操作、钣金设计、装配特征、工程图、台虎钳设计综合应用实例。

为了配合学校师生利用本书进行教学的需要，随书配赠了电子资料包，包含了全书实例操作过程AVI文件和实例源文件，可以帮助读者更加形象直观地学习本书。通过本书的学习，能够使读者体会UG的工程设计理念和技巧，迅速提高读者的工程设计能力。

本书可作为学习 UG NX 12.0 工程设计的初中级用户的教材或自学参考书，也可以作为工程设计人员的UG NX 12.0软件操作使用手册。

图书在版编目（CIP）数据

UG NX 12.0中文版从入门到精通/胡仁喜等编著.—北京：机械工业出版社, 2018.3

ISBN 978-7-111-60169-2

Ⅰ. ①U… Ⅱ. ①胡… Ⅲ. ①工业产品－产品设计－计算机辅助设计－应用软件 Ⅳ. ①TB472-39

中国版本图书馆CIP数据核字(2018)第125072号

机械工业出版社（北京市百万庄大街22号 邮政编码100037）
责任编辑：曲彩云 责任校对：刘秀华 责任印制：孙 炜
北京中兴印刷有限公司印刷
2018年7月第1版第1次印刷
184mm×260mm · 27.75印张 · 677千字
0 001—3 000册
标准书号：ISBN 978-7-111-60169-2
定价：89.00元

凡购本书，如有缺页、倒页、脱页，由本社发行部调换

电话服务		网络服务
服务咨询热线：	010-88361066	机工官网：www.cmpbook.com
读者购书热线：	010-68326294	机工官博：weibo.com/cmp1952
	010-88379203	金 书 网：www.golden-book.com
编辑热线：	010-88379782	教育服务网：www.cmpedu.com

前　言

Unigraphics（简称 UG）是 EDS 公司推出的集 CAD/CAE/CAM 于一体的三维参数化软件，是当今世界比较先进的计算机辅助设计、分析和制造软件。它为用户的产品设计以及加工过程提供了数字化造型和验证手段。自从 1990 年进入中国市场以来，便很快以其先进的理论基础、强大的工程背景、完善的功能和专业化的技术服务赢得了广大 CAD/CAM 用户的好评，广泛应用于航空、航天、汽车、钣金、模具等领域。UG 的各种功能是靠各功能模块来实现的，不同的功能模块可实现不同的用途，从而支持其强大的 UG 三维软件。UG NX 12.0 是 NX 系列的新版本，新增功能也会在本书中详细介绍。

本书可作为学习 UG NX 12.0 模型设计的初中级用户的教材或自学参考书。内容取舍上强调实用性，以介绍基本和常使用的功能为主，而没有面面俱到。全书共分为 13 章，各章节安排以知识点为主线，详细介绍了模型设计的相关知识，内容与实例相结合，力求培养读者由点到面的设计思想，从而达到融会贯通、举一反三的目的。

第 1 章为 UG NX 12.0 基础环境，介绍了 UG NX 12.0 的主菜单、功能区、系统的基本设置以及 UG NX 12.0 参数首选项；第 2 章为 UG NX 12.0 基本操作，介绍了视图的布局设置、工作图层设置、选择对象的方法；第 3 章为曲线操作，介绍了曲线绘制、派生曲线、曲线编辑中的相关命令；第 4 章为草图绘制，介绍了草图工作平面、草图定位、草图曲线、草图操作、草图约束的相关命令；第 5 章为实体建模，介绍了基准建模，拉伸、旋转、沿引导线扫掠和管道；第 6 章为特征建模，介绍了孔特征、凸台、长方体、圆柱、圆锥、球、腔体、垫块、键槽、槽、三角形加强筋、球形拐角、齿轮建模和弹簧设计；第 7 章为特征操作，介绍了布尔运算、拔模、边倒圆、倒斜角、面倒圆、螺纹、抽壳、阵列特征和镜像特征；第 8 章为编辑特征、信息和分析，介绍了编辑特征的各种编辑方法以及各种信息查询和分析方法；第 9 章为曲面操作，介绍了曲面造型和编辑曲面；第 10 章为钣金设计，介绍了钣金预设置和高级钣金特征；第 11 章为装配特征，介绍了自底向上装配、装配爆炸图、组件家族、装配序列化、变形组件装配和装配排列；第 12 章为工程图，介绍了工程图概述、工程图参数设置、视图操作和图纸标注；第 13 章为台虎钳设计综合应用实例，介绍了从零件建模、装配建模到自动生成工程图的整个设计全过程。

为了配合学校师生利用本书进行教学的需要，随书配赠了电子资料包，包含了全书实例操作过程 AVI 文件和实例源文件，可以帮助读者更加形象直观地学习本书。读者可以登录百度网盘地址：https://pan.baidu.com/s/1eUdDLa6（或者 https://pan.baidu.com/s/1c389HLm）下载，密码：w4j4（或者 qlfg）（读者如果没有百度网盘，需要先注册一个才能下载）。

本书由三维书屋工作室总策划，胡仁喜、刘昌丽、董伟、周冰、张俊生、王兵学、王渊峰、李瑞、王玮、王敏、王义发、王玉秋、王培合、袁涛、闫聪聪、张日晶、路纯红、康士廷、李鹏、王艳池、卢园、杨雪静、孟培、阳平华、甘勤涛、徐声洁等参与了部分章节的编写。由于时间仓促，加上编者水平有限，书中不足之处在所难免，望广大读者登录网站 www.sjzswsw.com 或发送邮件到 win760520@ 126.com 批评指正，编者将不胜感激，也欢迎加入三维书屋图书学习交流群(QQ：334596627)进行交流探讨。

编　者

目　录

第 1 章

UG NX 12.0 基础环境

基础环境模块是 UG NX12.0 软件所有其他模块的基本框架，是启动 UG NX 软件时运行的第一个模块。它为其他 UG NX12.0 模块提供了统一的数据支持和交互环境。可以执行打开、创建、保存、屏幕布局、视图定义、模型显示、分析部件、调用在线帮助和文档、执行外部程序等。

重点与难点

- UG NX12.0 用户界面
- 主菜单
- 功能区
- 系统的基本设置
- UG NX12.0 参数首选项

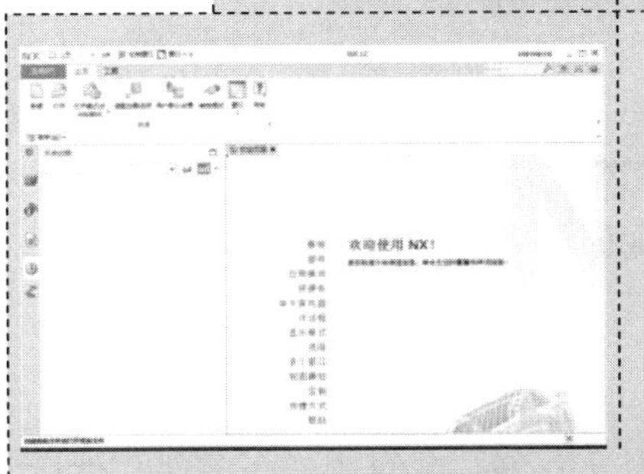

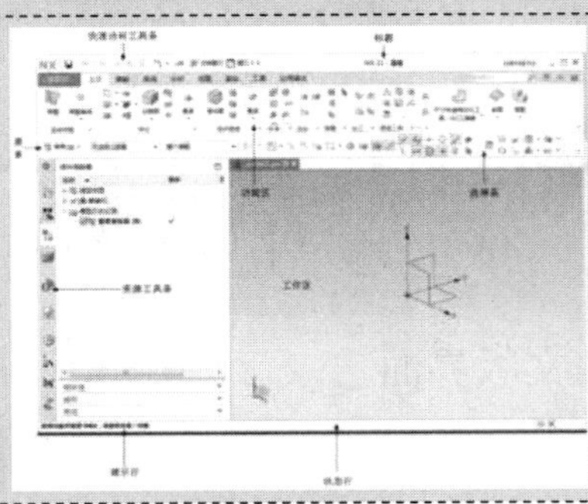

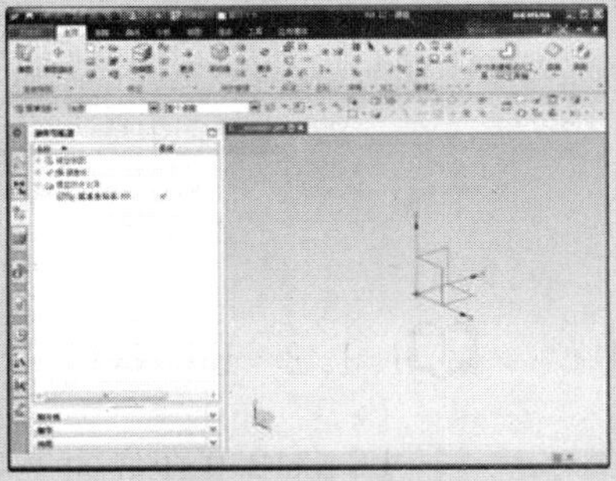

1.1 UG NX12.0 用户界面

本节主要介绍 UG NX12.0 中文版的启动和界面。

1.1.1 UG NX12.0 的启动

启动 UG NX12.0 中文版，有 4 种方法：

1）双击桌面上的 UG NX12.0 的快捷方式图标，即可启动 UG NX12.0 中文版。

2）单击桌面左下方的“开始”按钮，在弹出的菜单中选择“程序”→“Siemens NX 12.0”→“NX 12.0”，启动 UG NX12.0 中文。

3）将 UG NX12.0 的快捷方式图标拖到桌面下方的快捷启动栏中，只需单击快捷启动栏中 UG NX12.0 的快捷方式图标，即可启动 UG NX12.0 中文版。

4）直接在启动 UG NX12.0 的安装目录的 UGII 子目录下双击 ugraf.exe 图标，就可启动 UG NX12.0 中文版。

UG NX12.0 中文版的启动画面如图 1-1 所示。

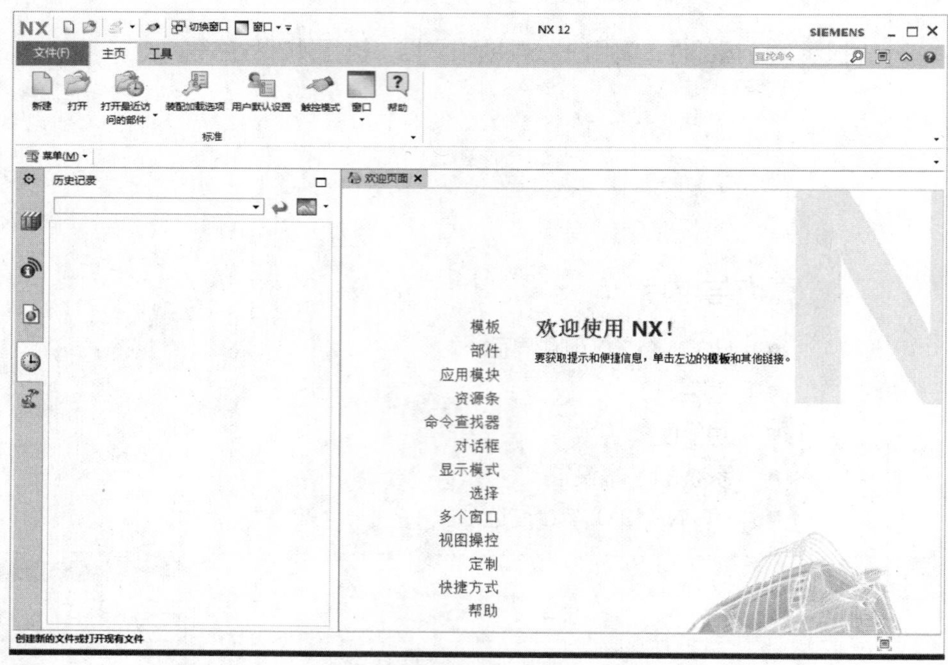

图1-1　UG NX12.0中文版的启动画面

1.1.2 UG NX12.0 中文版界面

UG NX12.0 在界面上倾向于 Windows 风格，功能强大，设计友好。在创建一个部件文件后，进入 UG NX12.0 的主界面，如图 1-2 所示。

（1）标题栏：用于显示 UG NX12.0 版本、当前模块、当前工作部件文件名、当前工作部件文件的修改状态等信息。

（2）菜单：用于显示 UG NX12.0 中各功能菜单，主菜单是经过分类并固定显示的。通过主菜单可激发各层级联菜单，UG NX12.0 的所有功能几乎都能在菜单上找到。

（3）功能区：用于显示 UG NX12.0 的常用功能。

（4）绘图窗口：用于显示模型及相关对象。

（5）提示行：用于显示下一操作步骤。

（6）资源工具条：包括装配导航器、部件导航器、主页浏览器、历史记录、系统材料等。

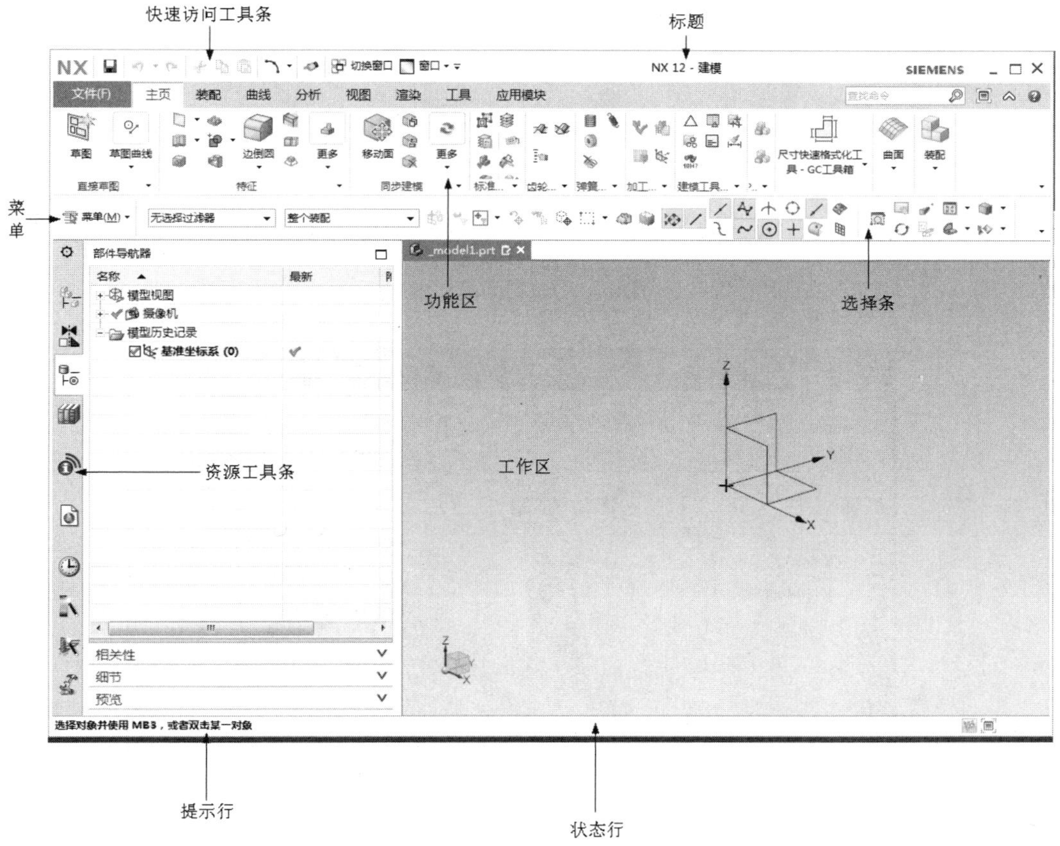

图1-2　UG NX12.0的主界面

提示

从 12.0 开始 UG 使用 Ribbon 界面，很多用户不太习惯使用此界面，选择“菜单(M)”→“首选项(P)”→“用户界面(I) ...”，打开“用户界面首选项”对话框，在“用户界面首选项”

对话框的“主题”选项卡的类型下拉列表中选择“经典”，如图 1-3 所示，单击“确定”按钮，界面恢复到经典主题界面，如图 1-4 所示。

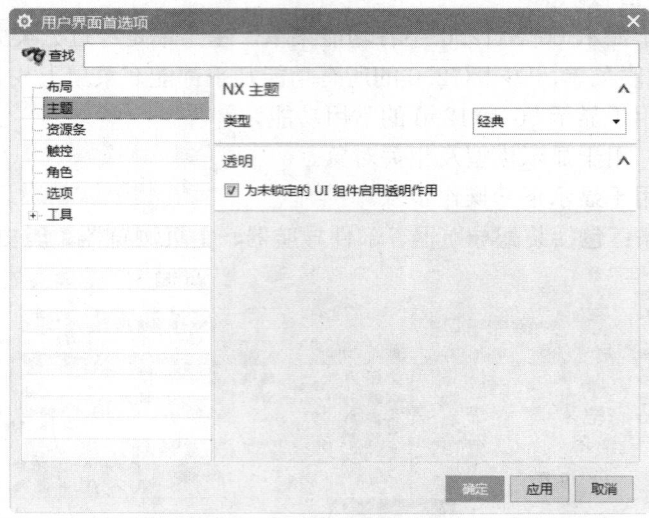

图1-3 “主题”选项卡

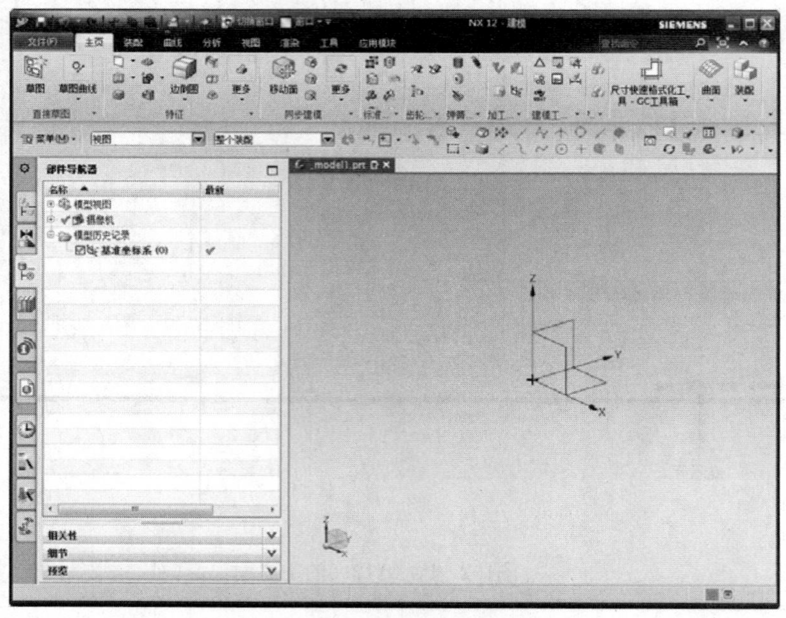

图1-4 UG 经典主题工具条界面

1.2 主菜单

UG NX12.0 的主菜单如图 1-5 所示。

（1）文件：模型文件的管理。

（2）编辑：模型文件的设计更改。

（3）视图：模型的显示控制。

（4）插入：建模模块环境下的常用命令。

（5）格式：模型格式组织与管理。

（6）工具：复杂建模工具。

（7）装配：虚拟装配建模功能，是装配模块的功能。

（8）信息：信息查询。

（9）分析：模型对象分析。

（10）首选项：参数预设置。

（11）窗口：窗口切换，用于切换到已经能够打开的其他部件文件的图形显示窗口。

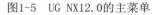

图1-5　UG NX12.0的主菜单

（12）GC 工具箱：用于创建弹簧，齿轮等标准零件的创建以及加工准备。

（13）帮助：使用求助。

1.3 功能区

UG NX12.0 根据实际使用的需要将常用工具组合为不同的功能区，进入不同的模块就会显示相关的功能区。同时用户也可以自定义功能区的显示/隐藏状态。

在功能区域的任何位置单击鼠标右键，弹出如图 1-6 所示“功能区”设置快捷菜单。

用户可以根据自己工作的需要，设置界面中显示的工具栏，以方便操作。设置时，只需在相应功能的选项上单击，使其前面出现一个对钩即可。要取消设置，不想让某个功能区出现在界面上时，只要再次单击该选项，去掉前面的对钩即可。每个功能区上的按钮和菜单上相同命令前的按钮一致。用户可以通过菜单执行操作，也可以通过功能区上的按钮执行操作。但有些特殊命令只能在菜单中找到。

用户可以通过功能区面组上最右下方的按钮来激活添加或删除按钮，可以通过选择来添加或去除该面组内的图标，如图 1-7 所示。

图1-6　“功能区”设置快捷菜单

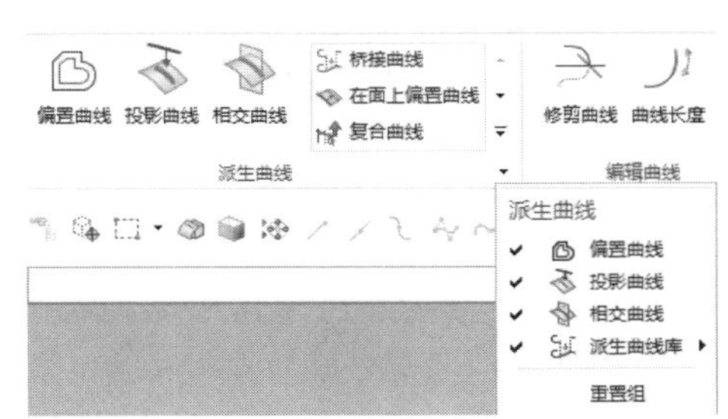

图 1-7　新的面组设置方式

1.3.1　功能区选项卡的设置

在 UG NX12.0 中可以根据自己的需要来定制用户界面的布局和自定义自己的功能区选项卡。例如设置图标的大小、是否在图标下面显示图标的名称、哪些图标显示、设置和改变菜单功能区选项卡各项命令的快捷键、控制图标在功能区选项卡中的放置位置以及加载自己开发的功能区选项卡等，这可使用户节省更多的时间，不用在各个功能区选项卡中点选所需图标，只要在自定义功能区选项卡中单击所需图标即可，从而大大提高设计率。

选择“菜单(M)”→“工具(T)”→“定制(Z)...”，打开如图 1-8 所示的“定制”对话框。

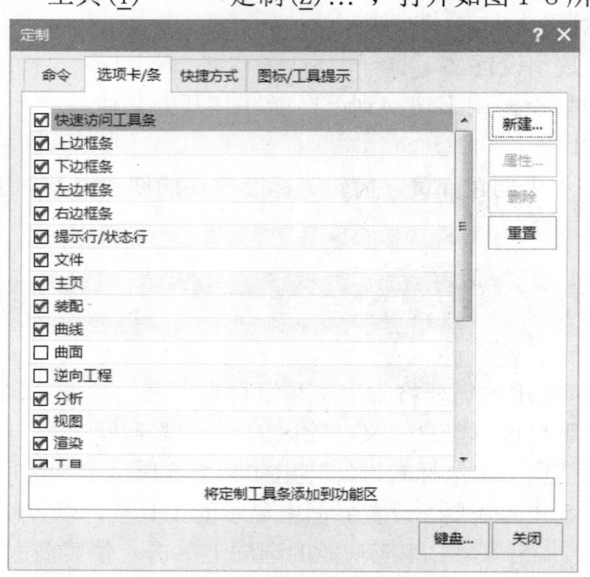

图1-8　“定制”对话框

该对话框包括“命令”“选项卡/条”“快捷方式”和“图标/工具提示” 4 个选项卡。选择相应的选项卡后，通过设置相关的某些选项，就可以进行相关功能区的设置。

1.3.2　常用功能区选项卡

（1）“快速访问”工具条：包含文件系统的基本操作命令，如图 1-9 所示。

图1-9　快速访问工具条

（2）“视图”选项卡：用来对图形窗口的物体进行显示操作，如图 1-10 所示。

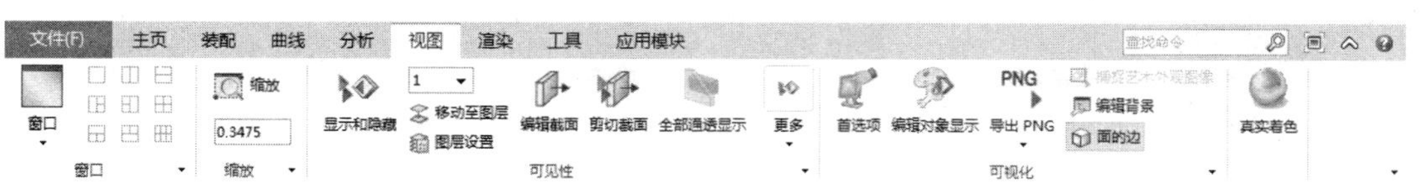

图1-10 “视图”选项卡

(3)“应用模块”选项卡：用于各个模块的相互切换，如图 1-11 所示。

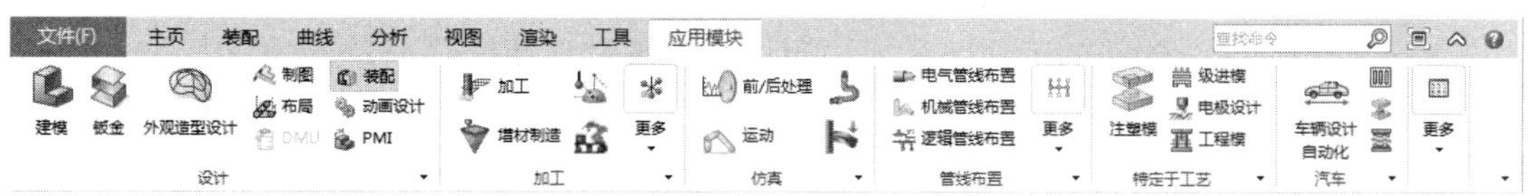

图1-11 “应用模块”选项卡

(4)“曲线”选项卡：提供建立各种形状曲线的工具和修改曲线形状与参数的各种工具，如图 1-12 所示。

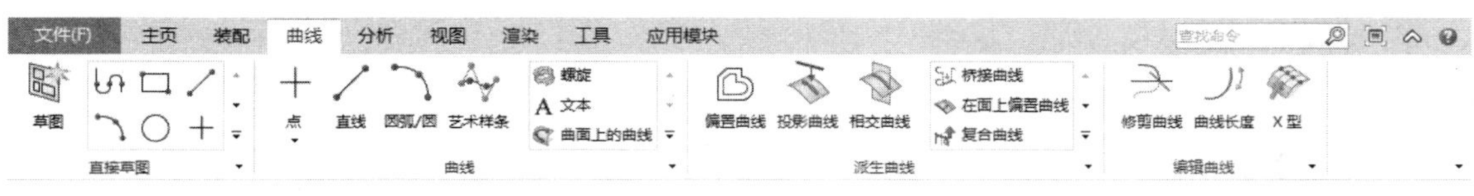

图1-12 “曲线”选项卡

(5)“主页”选项卡：提供建立参数化特征实体模型的大部分工具，主要用于建立规则和不太复杂的模型，及对模型进行进一步细化和局部修改的实体形状特征建立工具，以及建立一些形状规则但较复杂的实体特征，以及用于修改特征形状、位置及其显示状态等的工具，如图 1-13 所示。

图1-13 “主页”选项卡

(6)“曲面”选项卡：提供了构建各种曲面的工具和用于修改曲面形状及参数的各种工具，如图 1-14 所示。

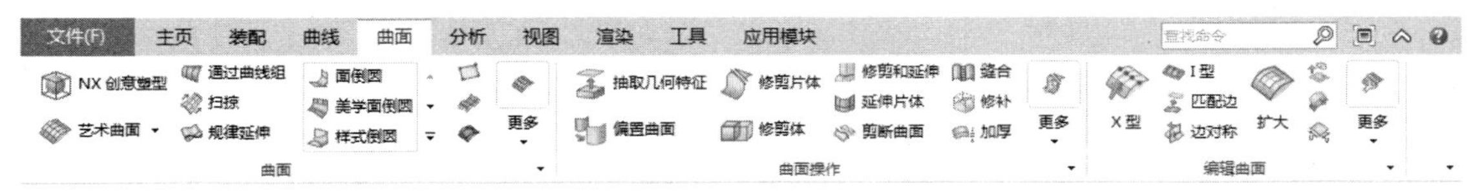

图1-14 “曲面”选项卡

1.4 系统的基本设置

在使用 UG NX12.0 中文版进行建模之前，首先要对 UG NX12.0 中文版进行系统设置。下面主要介绍系统的环境设置和参数设置

1.4.1 环境设置

在 Windows 7 中，软件的工作路径是由系统注册表和环境变量来设置的。UG NX12.0 安装以后，会自动建立一些系统环境变量，如 UGII_BASE_DIR、UGII_LANG 和 UG_ROOT_DIR 等。如果用户要添加环境变量，可以在“计算机”图标上单击右键，在弹出的菜单中选择“属性”命令，在打开的对话框中单击“高级系统设置”选项，打开如图 1-15 所示的“系统属性”对话框，在“高级”选项卡中单击“环境变量”按钮，打开如图 1-16 所示的“环境变量”对话框。

图1-15 “系统属性”对话框

图1-16 “环境变量”对话框

如果要对 UG NX12.0 进行中英文界面的切换，在如图 1-16 所示对话框中的“环境变量”列表框中选中“UGII_LANG”，然后单击下面的“编辑”按钮，打开如图 1-17 所示的“编辑系统变量”对话框，在“变量值”文本框中输入 simple_chinese（中文）或 english（英文）就可实现中英文界面的切换。

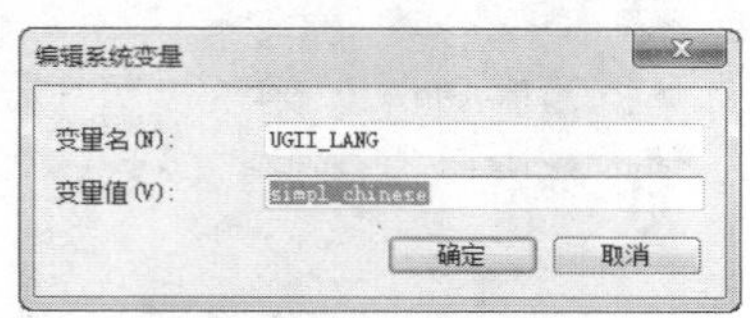

图1-17 “编辑系统变量”对话框

1.4.2　默认参数设置

在 UG NX12.0 环境中，操作参数一般都可以修改。大多数的操作参数，如图形中尺寸的单位、尺寸的标注方式、字体的大小以及对象的颜色等，都有默认值。而参数的默认值都保存在默认参数设置文件中，当启动 UG NX12.0 时，会自动调用默认参数设置文件中默认参数。UG NX12.0 提供了修改默认参数方式，用户可以根据自己的习惯预先设置默认参数的默认值，可显著提高设计效率。

选择“菜单(M)”→“文件(F)”→“实用工具(U)”→“用户默认设置(D)...”，打开如图 1-18 所示的“用户默认设置”对话框。

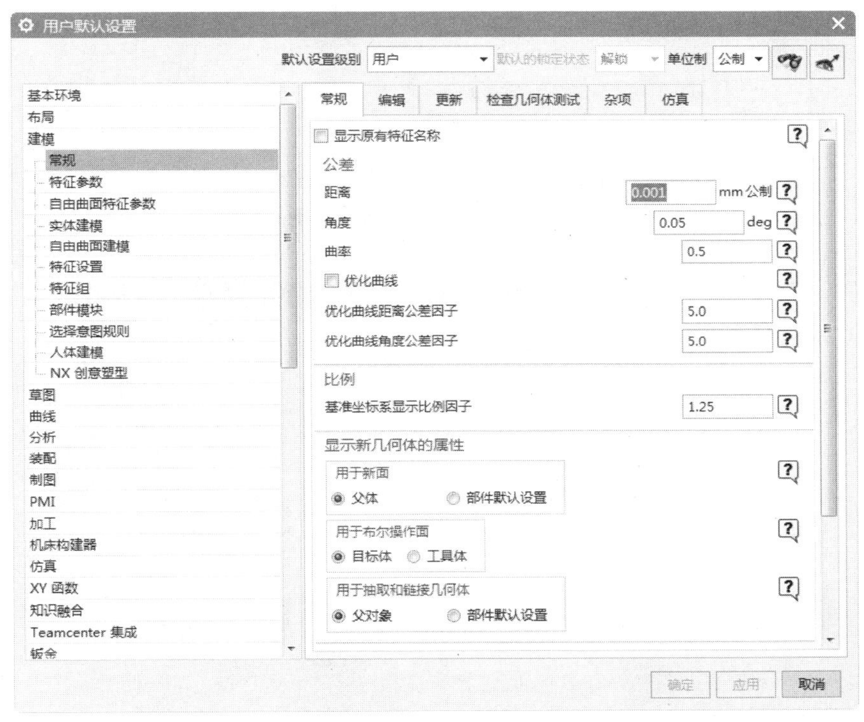

图1-18　“用户默认设置”对话框

在该对话框中可以默认参数的默认值、查找所需默认设置的作用域和版本、把默认参数以电子表格的格式输出、升级旧版本的默认设置等。

下面介绍如图 1-18 所示对话框中主要选项的用法：

（1）查找默认设置：在如图 1-18 所示的对话框中单击图标，打开如图 1-19 所示的“查找默认设置”对话框，在该对话框的“输入与默认设置关联的字符”的文本框中输入要查找的默认设置，单击查找按钮，则找到的默认设置在“找到的默认设置”列表框中列出其作用域、版本、类型等。

（2）管理当前设置：在如图 1-18 所示的对话框中单击图标，打开如图 1-20 所示的“管理当前设置”对话框。在该对话框中可以实现对默认设置的新建、删除、导入、导出和以电子表格的格式输出默认设置。

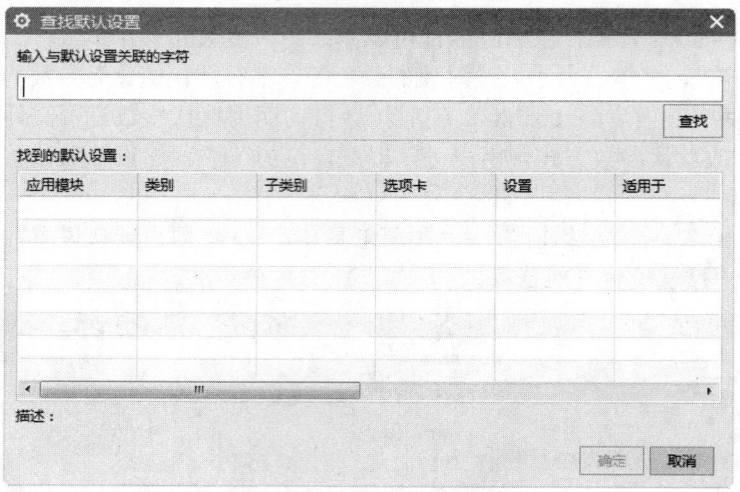

图1-19 “查找默认设置”对话框

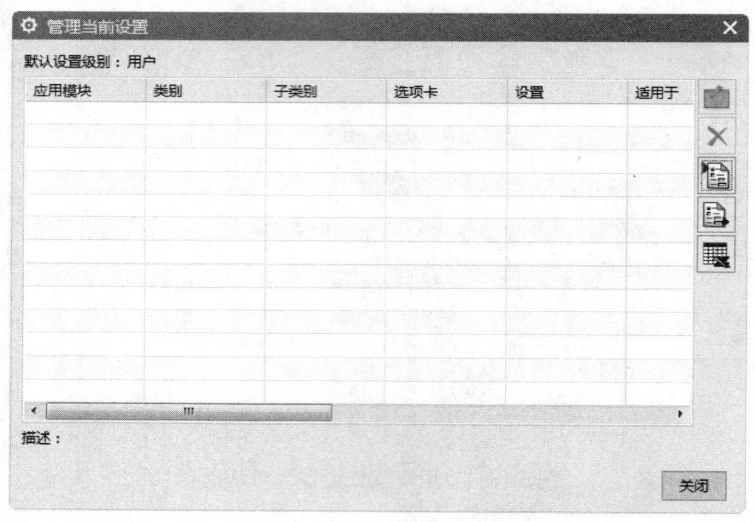

图1-20 “管理当前设置”对话框

1.5 UG NX12.0 参数首选项

在建模过程中，不同的设计者会有不同的绘图习惯，如图层的颜色、线框设置和预览效果。在 UG NX12.0 中，设计者可以通过修改相关的系统参数来达到熟悉工作环境的目的。主菜单“首选项”为用户提供了相应功能的参数设置。

UG 参数中默认设置是可以修改的。通过修改安装目录下的文件夹 UGII 中的相关模块的 def

文件，可以修改参数的默认值。

1.5.1　对象首选项

对象首选项用于设置产生新对象的属性和分析新对象时的颜色显示。

选择“菜单(M)”→“首选项(P)”→“对象(O)...”，打开如图 1-21 所示的“对象首选项”对话框，该对话框包括“常规”和“分析”两个选项卡。

（1）常规：在“对象首选项”对话框中，选中 常规 选项卡，显示相应的参数设置内容，如图 1-21 所示。

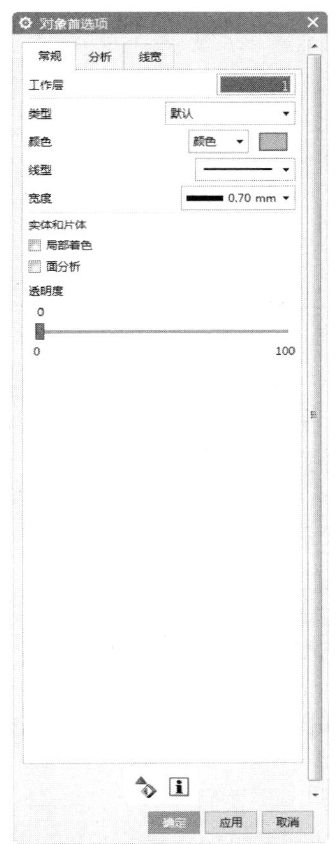

图1-21 “对象首选项”对话框

1）工作层：用于设置新对象的工作图层。

2）类型：用于设置所要改变首选项对象的类型。

3）颜色：用于设置所选对象类型的颜色。单击其右侧的颜色按钮时，系统打开“调色板”对话框，用户可以通过调色板设置所选对象类型的颜色。

4）线型：用于设置所选对象类型的曲线的特点。可在“线型”下拉列表框中选择用户所需的线型，系统的默认值为连续直线。

5）宽度：用于设置所选对象类型的曲线的宽度。可在“宽度”下拉列表框中选择用户所需的线宽，系统默认值为正常线。

6）局部着色：用于设置新的实体和片体的显示属性是否为局部着色效果。

7）面分析：用于设置新的实体和片体的显示属性是否为面分析效果。

8）透明度：用于设置新的实体和片体的透明状态。用户可以移动滑块改变透明度的大小。

9）继承：用于继承某个对象的属性设置。在使用该功能时，先选择对象类型，然后单击图标，选择要继承的对象，这样，新设置的对象就会和原来的某个对象有同样的属性参数。

10）信息：用于显示对象属性设置的信息对话框。单击图标，系统显示对象属性设置的清单，列出各种对象类型属性设置的值。

（2）分析：在“对象首选项”对话框中，选中 分析 选项卡，显示相应的参数设置内容，如图 1-22 所示。该对话框用于在进行“曲面连续性显示”“截面分析显示”“曲线分析显示”等分析时，相应地分析曲线颜色的首选项。

（3）线宽：在“对象首选项”对话框中，选中 线宽 选项卡，显示相应的参数设置内容，如图 1-23 所示。该对话框用于将线的原有宽度转换为细线、正常或粗线。

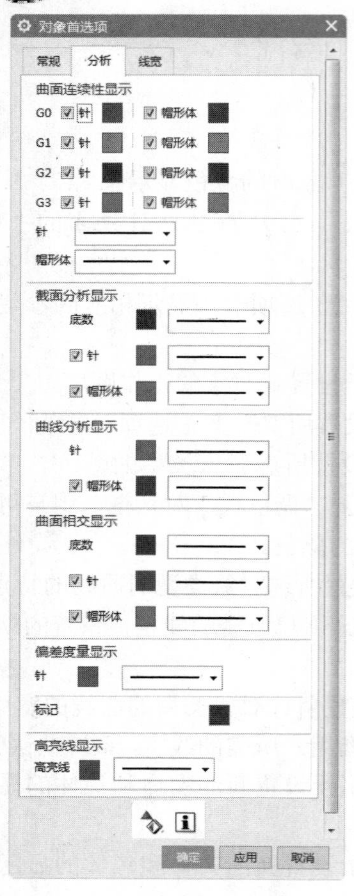

图 1-22“分析”选项卡

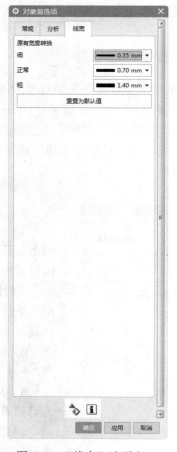

图 1-23 “线宽”选项卡

1.5.2 可视化

可视化首选项用于设置影响图形窗口的显示属性。

选择“菜单(M)”→“首选项(P)”→“可视化(V)...”，打开如图 1-24 所示的“可视化首选项”对话框。

1. 颜色设置

在“可视化首选项”对话框中，选中颜色/字体选项卡，显示相应的参数设置内容，如图 1-24 所示。该对话框用于设置预选对象、选择对象、隐藏几何体、注意等对象的颜色及对线型进行设置。

2. 小平面化

在“可视化首选项”对话框中，选中小平面化选项卡，显示相应的参数设置内容，如图 1-25 所示。该对话框用于设置利用小平面进行着色时的参数。

（1）着色视图。

1）分辨率：用于给部分着色和全着色显示模式设定分辨率。

2）更新：用于设置在更新操作过程中哪些对象更新显示。

3）小平面比例：用于定义着色小平面与视图的比例。

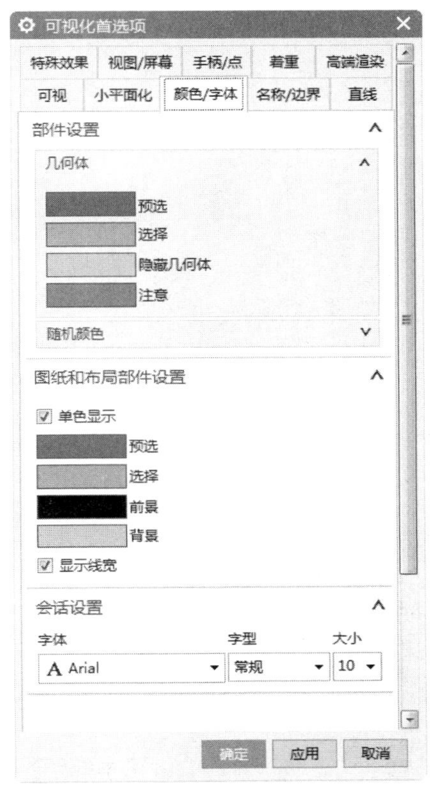

图1-24　“颜色/字体”选项卡

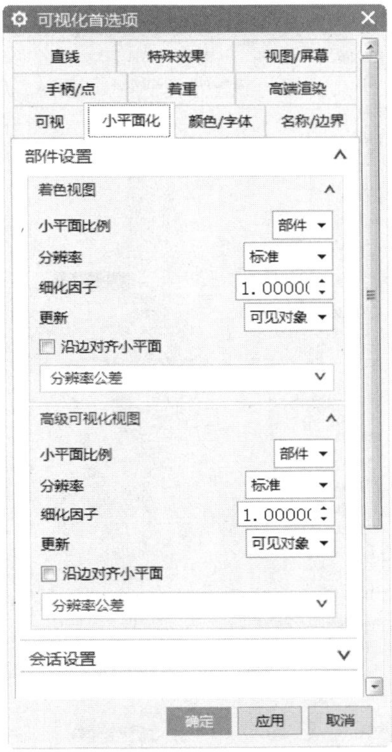

图1-25　“小平面化”选项卡

（2）高级可视化视图。

1）分辨率：用于给更先进的面分析和工作室显示模式设定分辨率。

2）更新：含义和“着色视图”中的“更新模式”相同。

3）小平面比例：用于定义小平面与视图的比例。

3．可视

在“可视化首选项”对话框中，选中 可视 选项卡，显示相应的参数设置内容，如图 1-26 所示。该对话框用于设置实体在视图中的显示特性，其部件设置中各参数的改变只影响所选择的视图，但“透明度”“直线反锯齿”“着重边”等会影响所有视图。

（1）常规显示设置。

1）渲染样式：用于为所选的视图设置着色模式。

2）着色边颜色：用于为所选的视图设置着色边的颜色。

3）隐藏边样式：用于为所选的视图设置隐藏边的显示方式。

4）透明度：用于设置处在着色或部分着色模式中的着色对象是否透明显示。

5）直线反锯齿：用于设置是否对直线、曲线和边的显示进行处理使线显示更光滑、更真实。

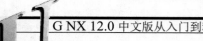

6）着重边：用于设置着色对象是否突出边缘显示。

（2）边显示设置：用于设置着色对象的边缘显示参数。当渲染样式为“静态线框”“面分析”和“着色”时，该选项卡中的参数被激活，如图 1-27 所示。

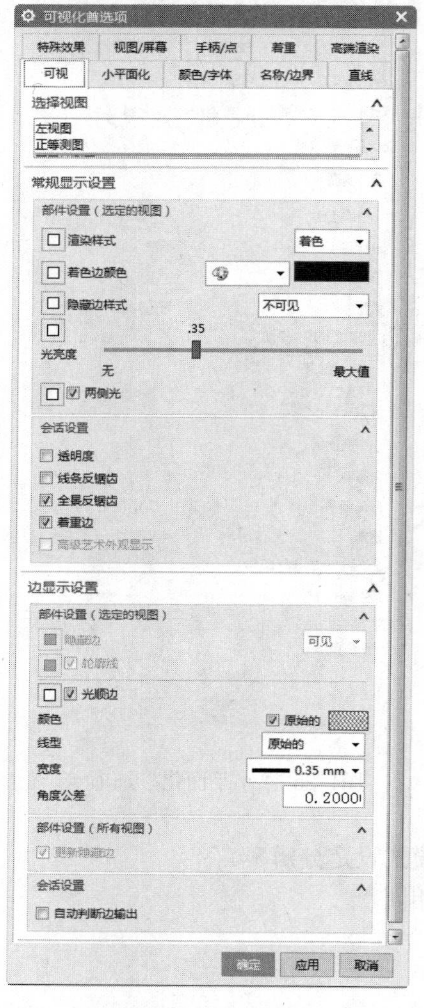

图1-26 “可视”选项卡

图1-27 “边显示设置”选项卡

1）隐藏边：用于为所选的视图设置消隐边的显示方式。

2）轮廓线：用于设置是否显示圆锥、圆柱体、球体和圆环轮廓。

3）光顺边：用于设置是否显示光滑面之间的边。该选项还包括用于设置光顺边的颜色、字体和线宽。

4）更新隐藏边：用于设置系统在实体编辑过程中是否随时更新隐藏边缘。

4．视图/屏幕

在“可视化首选项”对话框中，选中视图/屏幕选项卡，显示相应的参数设置内容，如图 1-28 所示。该对话框用于设置视图拟合比例和校准屏幕的物理尺寸。

（1）适合百分比：用于设置在进行拟合操作后，模型在视图中的显示范围。

（2）校准：用于设置校准显示器屏幕的物理尺寸。在如图 1-28 所示对话框中，单击 校准 按钮，打开如图 1-29 所示的对话框，该对话框用于设置准确的屏幕尺寸。

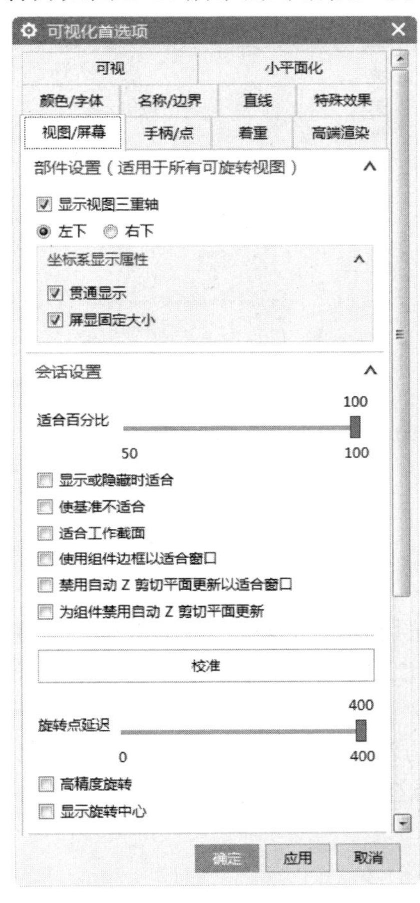

图1-28　“视图/屏幕”选项卡

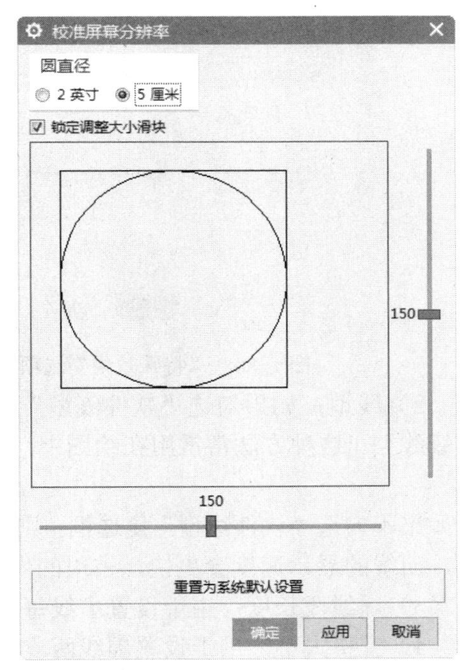

图1-29　“校准屏幕分辨率”对话框

5．特殊效果

在“可视化首选项”对话框中，选中 特殊效果 选项卡，显示相应的参数设置内容，如图 1-30 所示，该对话框用于设置使用特殊效果来显示对象。勾选 ☑ 雾 复选框，单击 雾设置 按钮，打开如图 1-31 所示的“雾”对话框，该对话框用于设置使着色状态下较近的对象与较远的对象不一样的显示。

在“雾”对话框中可以设置“雾”的类型为线性、浅色和深色三种类型，“雾”的颜色可以勾选 ☑ 用背景色 复选框来使用系统背景色，也可以选择定义颜色方式 RGB、HSV 和 HLS，再利用其右侧的滑尺来定义雾的颜色。

6．直线

在“可视化首选项”对话框中，选中 直线 选项卡，显示相应的参数设置内容，如图 1-32 所示。该对话框用于设置在显示对象时，其中的非实线线型各组成部分的尺寸、曲线的显示公差以及是否按线型宽度显示对象等参数。

（1）曲线公差：用于设置曲线与近似它的直线段之间的公差，决定当前所选择的显示模

式的细节表现度。大的公差产生较少的直线段，导致更快的视图显示速度。然而曲线公差越大，曲线显示得越粗糙。

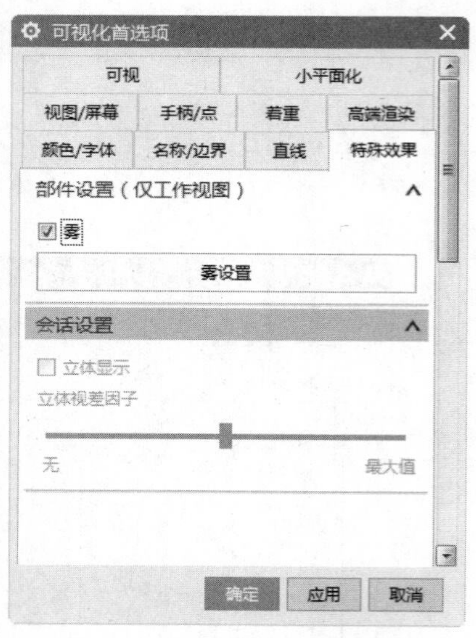

图 1-30 “特殊效果”选项卡

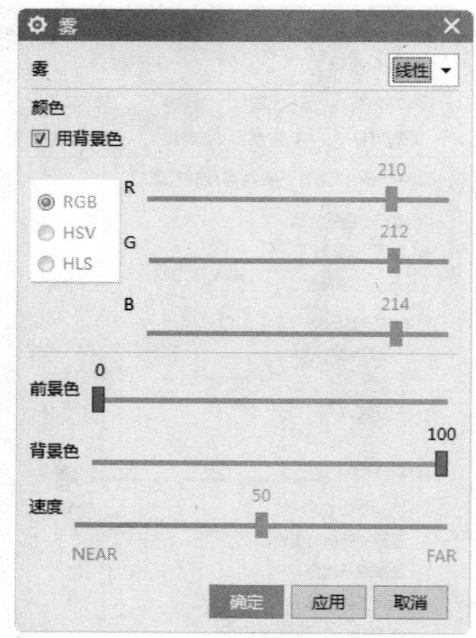

图 1-31 “雾”对话框

（2）线型：如果勾选“软件线型”复选框，则采用软件的方法，能够准确产生成比例的非实线线型。这种方法常常用在绘图中，该方法还能定义点画线的长度、空格大小以及符号大小。

如果不勾选“软件线型”复选框，则采用硬件的方法，则系统图形库被用来产生 7 种标准线型，曲线的显示速度会更快，占用的内存小。不过这时不能改变点画线的尺寸。

（3）虚线段长度：用于设置虚线每段的长度。

（4）空格大小：用于设置虚线两段之间的长度。

（5）符号大小：用于设置用在线型中的符号显示尺寸。

（6）显示线宽：曲线有细、一般和宽三种宽度。勾选☑显示线宽复选框，曲线以各自所设定的线宽显示出来，关闭此项，所有曲线都以细线宽显示出来。

（7）深度排序线框：用于设置图形显示卡在线框视图中是否按深度分类显示对象。

7. 名称/边界

在“可视化首选项”对话框中，选中名称/边界选项卡，显示相应的参数设置内容，如图 1-33 所示。该对话框用于设置是否显示对象名、视图名或视图边框。

（1）关：选择该选项，则不显示对象、属性、图样及组名等对象名称。

（2）定义视图：选择该选项，则在定义对象、属性、图样以及组名的视图中显示其名称。

（3）工作视图：选择该选项，则在当前视图中显示对象、属性、图样以及组名等对象名称。

（4）所有视图：选择该选项，则在所有视图中显示对象、属性、图样以及组名等对象名称。

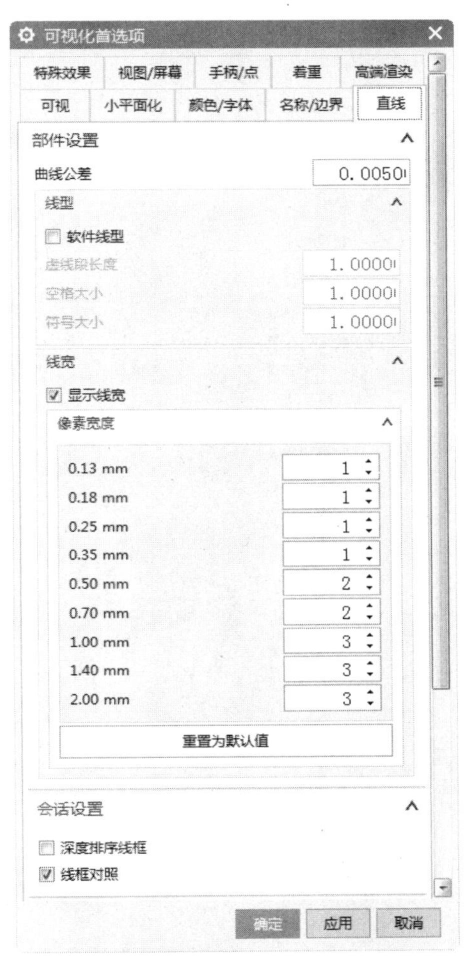

图1-32　“直线”选项卡

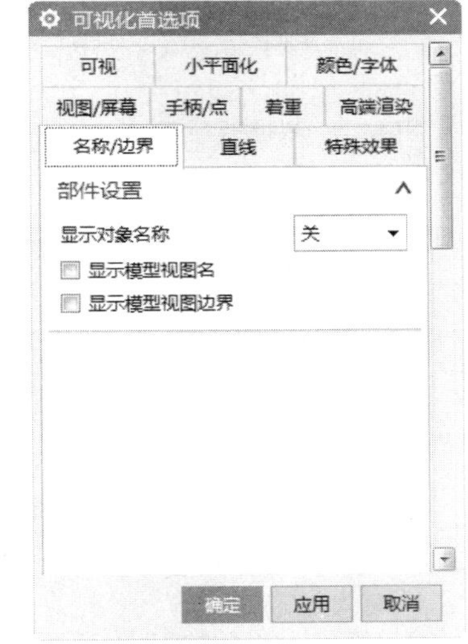

图1-33　“名称/边界”选项卡

1.5.3　可视化性能首选项

可视化性能首选项用于控制影响图形的显示性能。

选择“菜单(M)”→“首选项(P)”→“可视化性能(Z)…”，打开如图 1-34 所示的“可视化性能首选项”对话框。

（1）一般图形：用于设置“禁用平面透明度”“禁用透明度”“忽略背面”等图形的显示性能。

（2）大模型：用于设置大模型的显示特性，目的是改善大模型的动态显示能力，动态显示能力包括视图旋转、平移、放大等，如图 1-35 所示。

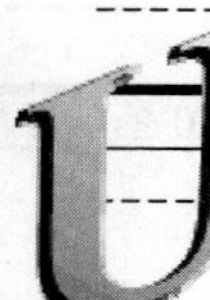

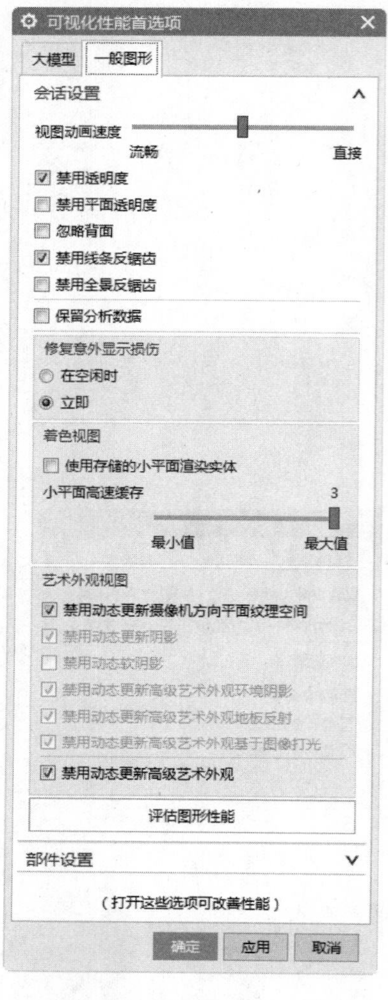

图1-34 “可视化性能首选项”对话框

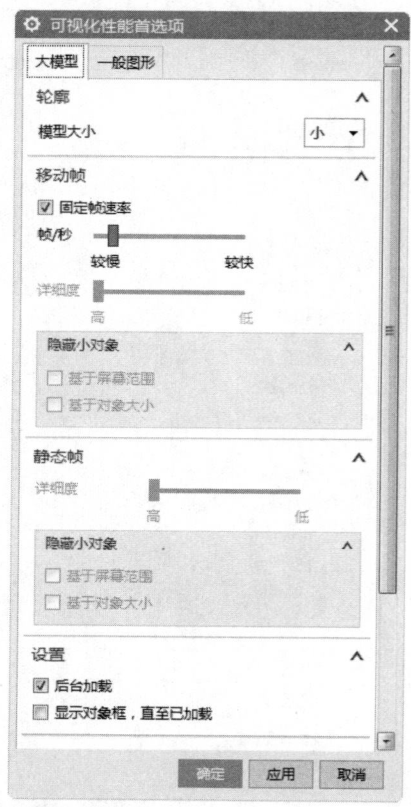

图1-35 “大模型”选项卡

1.5.4 用户界面首选项

选择“菜单(M)”→“首选项(P)”→“用户界面(I) ...”，打开如图 1-36 所示的“用户界面首选项”对话框。

1. 布局

该选项用于设置用户界面、功能区选项、提示行/状态行的位置等，如图 1-36 所示。

2. 主题

该选项用于设置 NX 的主题界面，包括轻量级（推荐）、浅灰色、经典，如图 1-37 所示。

3. 资源条

UG 工作区左侧资源条的状态，如图 1-38 所示，其中可以设置资源条主页、停靠位置、自动飞出与否等。

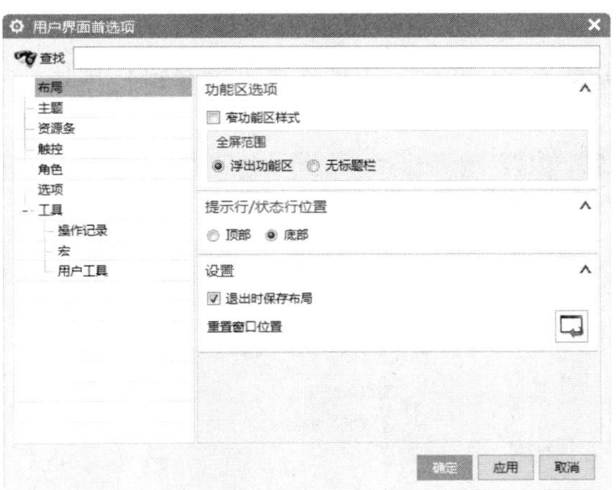

图1-36　“布局”选项卡

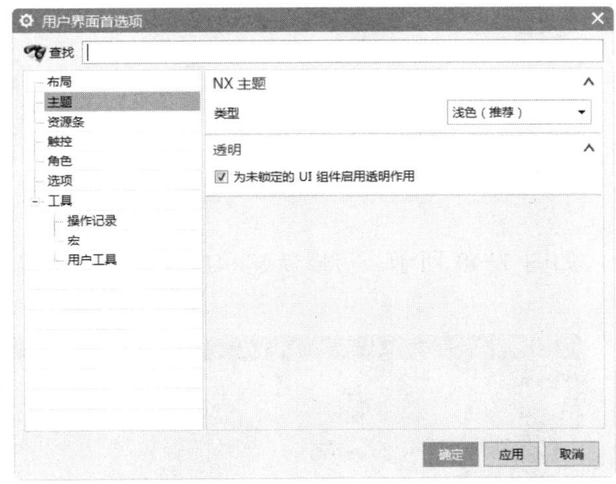

图1-37　“主题”选项卡

图1-38　“资源条”选项卡

4．触控

“触控”选项卡，如图 1-39 所示。针对触摸屏操作进行优化，还可以调节数字触摸板和圆盘触摸板的显示。

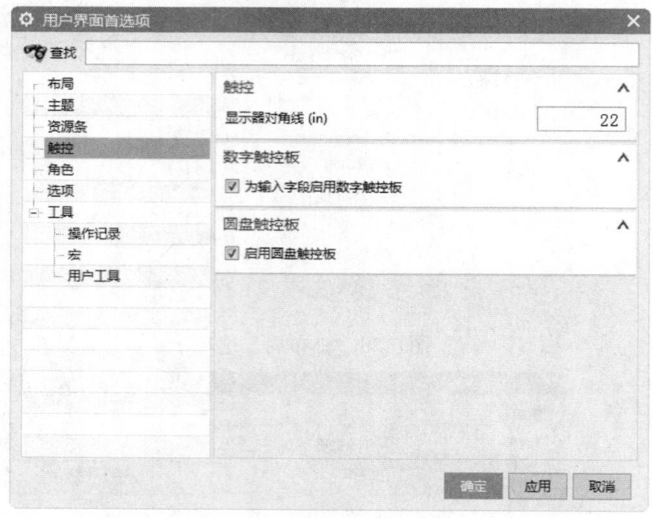

图1-39　“接触”选项卡

5．角色

“角色”选项卡，如图 1-40 所示。可以新建和加载角色，也可以重置当前应用模块的布局。

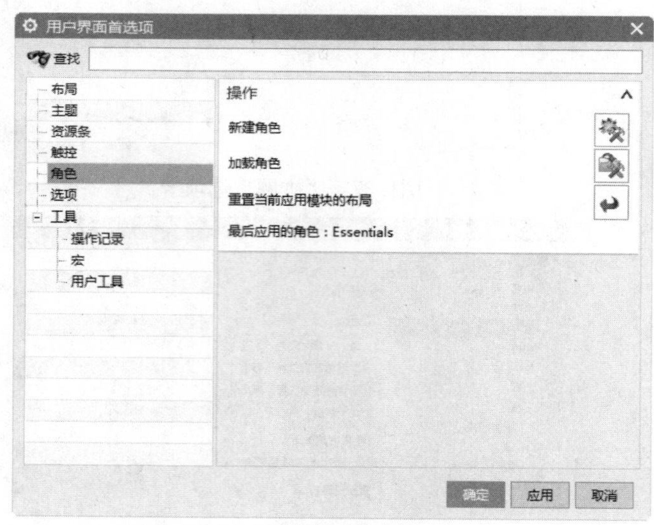

图1-40　“角色”选项卡

6．选项

“选项”选项卡，如图 1-41 所示。设置对话框内容显示的多少，设置对话框中的文本框中数据的小数点后的位数以及用户的反馈信息。

图1-41　“选项”选项卡

7. 工具

（1）宏：是一个储存一系列描述用户键盘和鼠标在 UG 交互过程中操作语句的文件（扩展名为“.macro”），任意一串交互输入操作都可以记录到宏文件中，然后可以通过简单的播放功能来重放记录的操作，如图 1-42 中所示。宏对于执行重复的、复杂的或较长时间的任务十分有用，而且还可以使用户工作环境个性化。

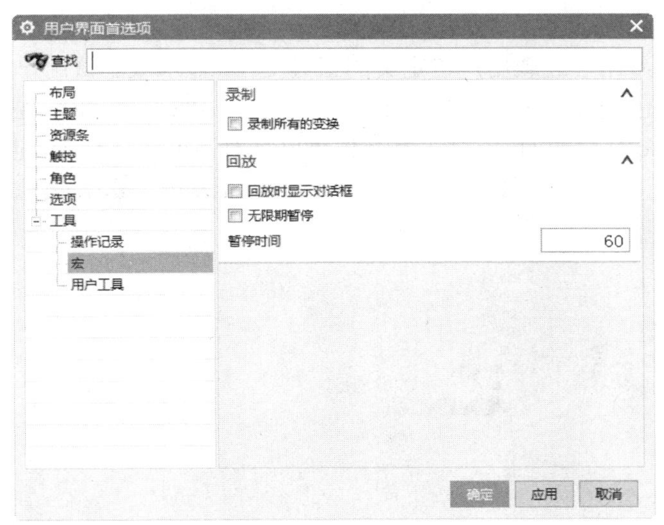

图 1-42　“宏”选项卡

对于宏记录的内容，用户可以通过以记事本的方式打开保存了的宏文件，可以察看系统记录的全过程。

1）录制所有的变换：该复选框用于设置在记录宏时，是否记录所有的动作。选中该复选

框后，系统会记录所有的操作，所以文件会较大。当不选中该复选框时，则系统仅记录动作结果，因此宏文件较小。

2）回放时显示对话框：该复选框用于设置在回放时是否显示设置对话框。

3）无限期暂停：该复选框用于设置记录宏时，如果用户执行了暂停命令，则在播放宏时，系统会在指定的暂停时刻显示对话框并停止播放宏，提示用户单击 OK 按钮后方可继续播放。

4）暂停时间：该文本框用于设置暂停时间，单位为 s。

（2）操作记录：在该选项中可以设置操作文件的各种不同的格式，如图 1-43 所示。

图1-43 “操作记录”选项卡

（3）用户工具：用于装载用户自定义的工具文件、显示或隐藏用户定义的工具。如图 1-44 所示，其列表框中已装载了用户定义的工具文件。单击“载入”即可装载用户自定义工具栏文件（扩展名为“.utd”），用户自定义工具文件可以是对话框形式显示，也可以是工具图标形式。

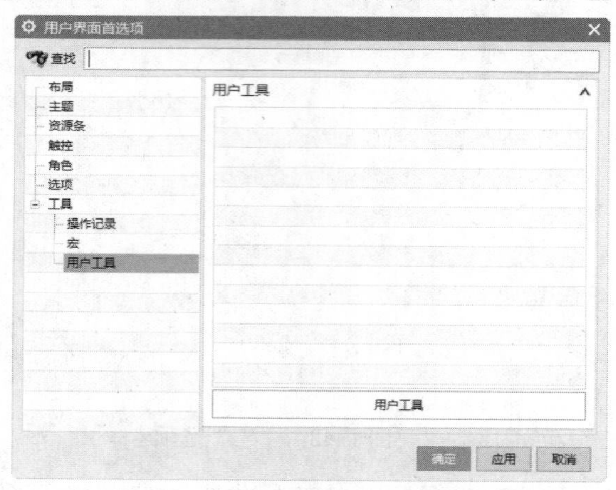

图 1-44 “用户工具”选项卡

1.5.5　选择首选项

选择“菜单(M)”→“首选项(P)”→“选择(E)…”，打开如图 1-45 所示的“选择首选项”对话框。

1. 鼠标手势

用于设置选择方式，包括矩形和套索方式。

2. 选择规则

用于设置选择规则，包括内部、外部、交叉、内部/交叉、外部/交叉 5 种选项。

3. 着色视图

用于设置系统着色时对象的显示方式，包括高亮显示面和高亮显示边两选项。

4. 面分析视图

用于设置面分析时的视图显示方式，包括高亮显示面和高亮显示边两选项。

5. 选择半径

用于设置选择球的大小，包含小、中、大三种选项。

6. 成链

（1）公差：用于设置链接曲线时，彼此相邻的曲线端点间允许的最大间隙。链接公差值设置得越小，链接选取就越精确，值越大就越不精确。

（2）方法

1）简单：用于选择彼此首尾相连的曲线串。

2）WCS：用于在当前 XC-YC 坐标平面上选择彼此首尾相连的曲线串。

3）WCS 左侧：用于在当前 XC-YC 坐标平面上，从连接开始点至结束点沿左侧路线选择彼此首尾相连的曲线串。

4）WCS 右侧：用于在当前 XC-YC 坐标平面上，从连接开始点至结束点沿右侧路线选择彼此首尾相连的曲线串。

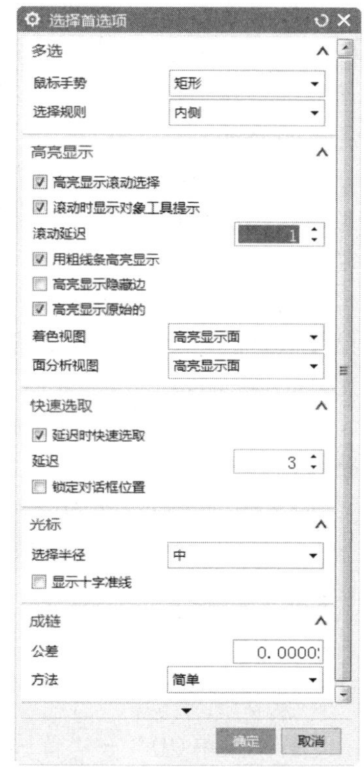

图1-45　“选择首选项”对话框

1.5.6　电子表格首选项

选择“菜单(M)”→“首选项(P)”→“电子表格(A)”，打开如图 1-46 所示的“电子表格首选项”对话框。该对话框用于设置用电子表格输出数据时电子表格的格式，有“XESS”和“Excel”两种格式。

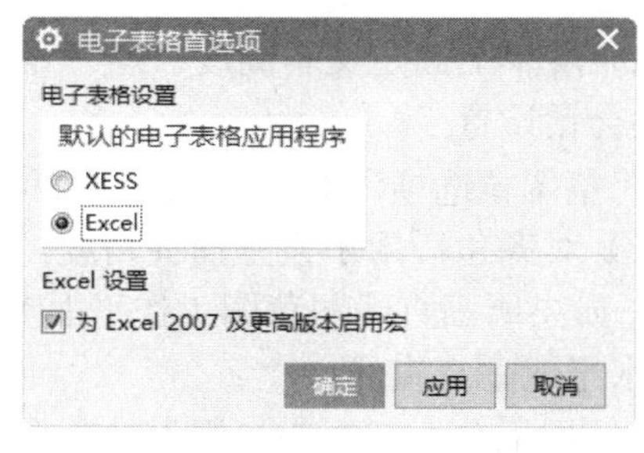

图 1-46　“电子表格首选项”对话框

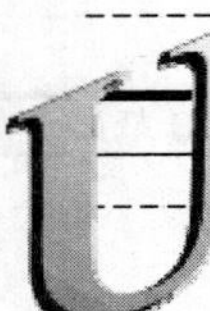

1.5.7 资源板首选项

选择“菜单(M)”→“首选项(P)”→“资源板(P) ...”，打开如图 1-47 所示的“资源板”对话框。该对话框用于控制整个窗口最左边的资源条的显示。

(1) 新建资源板：用户可以设置自己的加工、制图、环境设置的模板，用于完成以后重复的工作。

(2) 打开资源板：用于打开一些 UG 系统已经做好的模板。系统会提示选择*.pax 的模板文件。

(3) 打开目录作为资源板：可以选择一个路径作为模板。

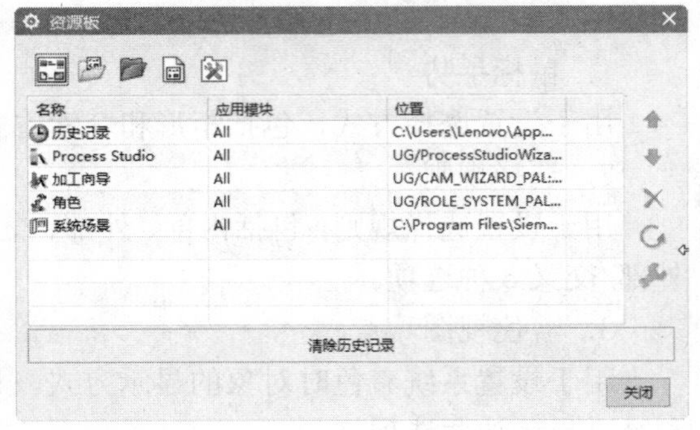

图 1-47 “资源板”对话框

(4) 打开目录作为模板资源板：可以选择一个路径作为空白模板。

(5) 打开目录作为角色资源板：用于打开一些角色作为模板。可以选择一个路径作为指定的模板。

1.5.8 草图首选项

选择“菜单(M)”→“首选项(P)”→“草图(S) ...”，打开如图 1-48 所示的“草图首选项”对话框。

1. 草图设置

在“草图首选项”对话框中选中草图设置选项卡，显示相应的参数设置内容，如图 1-48 所示。

(1) 尺寸标签：用于设置尺寸的文本内容。其下拉列表框中包含：

1) 表达式：用于设置用尺寸表达式作为尺寸文本内容。

2) 名称：用于设置用尺寸表达式的名称作为尺寸文本内容。

3) 值：用于设置用尺寸表达式的值作为尺寸文本内容。

(2) 屏幕上固定文本高度：用于设置固定尺寸文本的高度。

2. 会话设置

在“草图首选项”对话框中选中会话设置选项卡，显示设置参数，如图 1-49 所示。

(1) 对齐角：用于设置捕捉角度，控制不采取捕捉方式绘制直线时是否自动为水平或垂直直线。如果所画直线与草图工作平面 XC 轴或 YC 轴的夹角小于等于该参数值，则所画直线会自动为水平或垂直直线。

(2) 显示自由度箭头：用于控制自由箭头的显示状态。勾选该复选框，则草图中未约束的自由度会用箭头显示出来。

(3) 动态草图显示：用于控制约束是否动态显示。

（4）更改视图方位：用于控制草图退出激活状态时，工作视图是否回到原来的方向。

（5）保持图层状态：用于控制工作层状态。当草图激活后，它所在的工作层自动称为当前工作层。勾选该复选框，当草图退出激活状态时，草图工作层会回到激活前的工作层。

3．部件设置

在“草图首选项”对话框中选中部件设置选项卡，显示相应的参数设置内容，如图 1-50 所示。该对话框用于设置“曲线”“尺寸”等草图对象的颜色。

图 1-48　“草图首选项”对话框

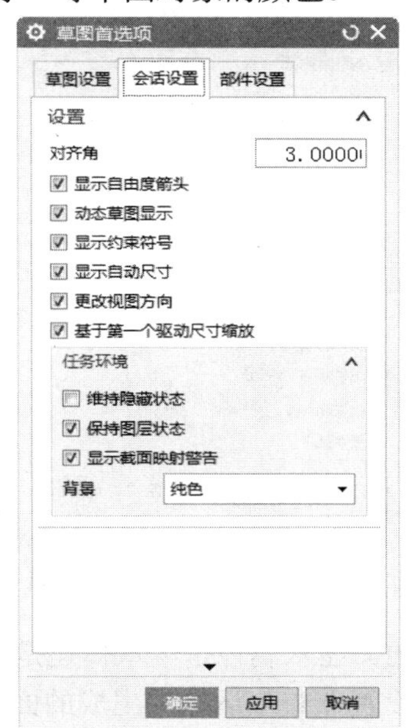

图 1-49　“会话设置”选项卡

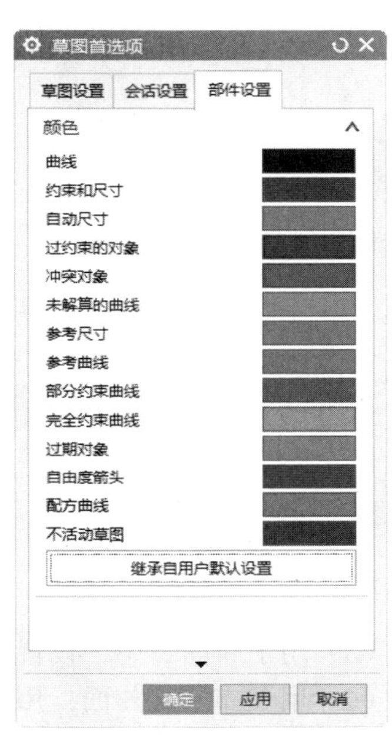

图 1-50　“部件设置”选项卡

1.5.9　装配首选项

选择“菜单(M)”→“首选项(P)”→“装配（B)”，打开如图 1-51 所示的“装配首选项”对话框。

描述性部件名样式：用于设置部件名称的显示方式。其中包括“文件名”“描述”和“指定的属性”3 种方式。

1.5.10　建模首选项

选择“菜单(M)”→“首选项(P)”→“建模（G)”，打开如图 1-52 所示的“建模首选项”对话框。

1．常规

在“建模首选项”对话框中选中常规选项卡，显示相应的参数设置内容，如图 1-52 所示。

（1）体类型：用于控制在利用曲线创建三维特征时，是生成实体还是片体。

（2）密度：用于设置实体的密度，该密度值只对以后创建的实体起作用。其下方的密度

单位下拉列表用于设置密度的默认单位。

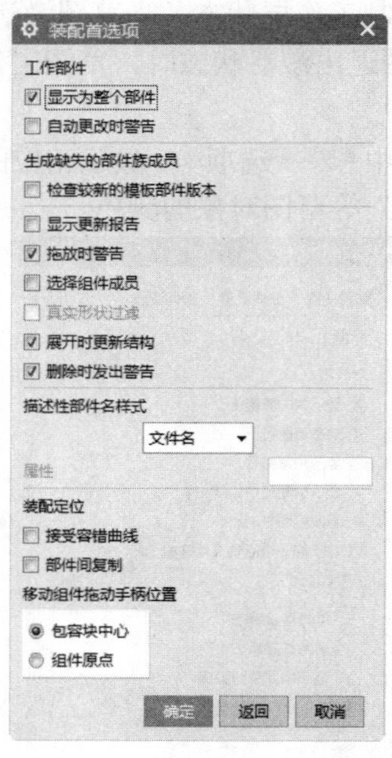

图 1-51 “装配首选项”对话框

（3）用于新面：用于设置新的面显示属性是继承体还是部件默认。

（4）用于布尔操作面：用于设置在布尔运算中生成的面显示属性是继承于目标体还是工具体。

（5）网格线：用于设置实体或片体表面在 U 和 V 方向上栅格线的数目。如果其下方 U 向计数和 V 向计数的参数值大于 0，则当创建表面时，表面上就会显示网格曲线。网格曲线只是一个显示特征，其显示数目并不影响实际表面的精度。

2．自由曲面

在“建模首选项”对话框中选中自由曲面选项卡，显示相应的参数设置内容，如图 1-53 所示。

（1）曲线拟合方法：用于选择生成曲线时的拟合方式，包括“三次”“五次”和“高阶”三种拟合方式。

（2）构造结果：用于选择构造自由曲面的结果，包括“平面”和“B 曲面”两种方式。

3．分析

在“建模首选项”对话框中选中分析选项卡，显示相应的参数设置内容，如图 1-54 所示。

4．编辑

在“建模首选项”对话框中选中编辑选项卡，显示相应的参数设置内容，如图 1-55 所示。

（1）双击操作（特征）：用于双击操作时的状态，包括可回滚编辑和编辑参数两种方式。

（2）双击操作（草图）：用于双击操作时的状态，包括可回滚编辑和编辑两种方式。

（3）编辑草图操作：用于草图编辑，包括直接编辑和任务环境两种方式。

图 1-52 “建模首选项”对话框

图 1-53 “自由曲面”选项卡

图 1-54 “分析”选项卡

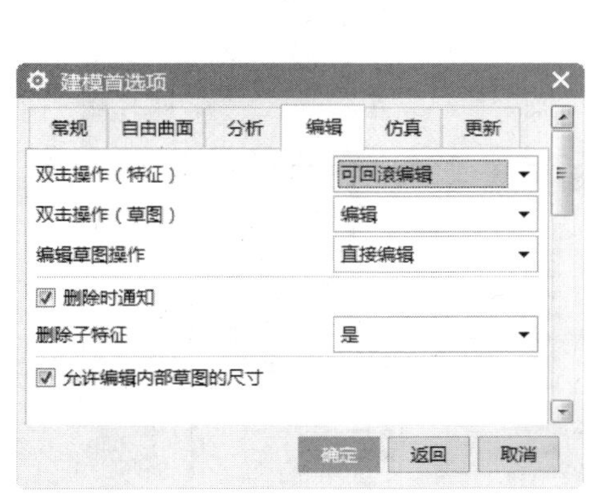

图 1-55 “编辑”选项卡

第2章 UG NX 12.0 基本操作

本章主要介绍 UG NX12.0 最基本的三维概念设计和操作方法。重点介绍通用工具在所有模块中的使用方法。熟练掌握这些基本操作将会提高操作的效率。

重点与难点

- 视图布局设置
- 工作图层设置
- 选择对象的方法

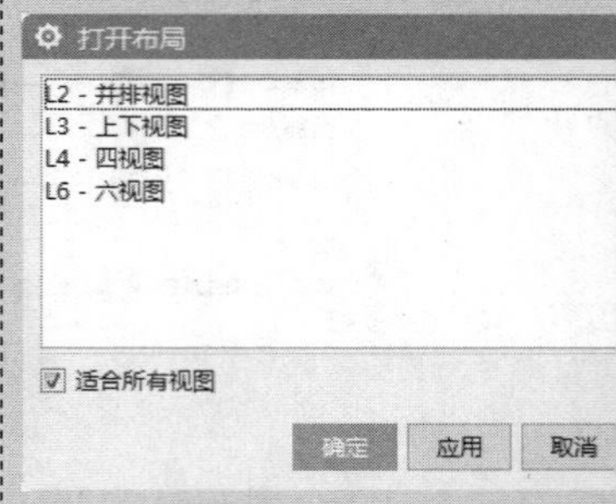

2.1 视图布局设置

视图布局的主要作用是在图形区内显示多个视角的视图，使用户更加方便地观察和操作模型。用户可以定义系统默认的视图，也可以生成自定义的视图布局。

同一布局中，只有一个视图是工作视图，其他视图都是非工作视图。在进行视图操作时，默认都是针对工作视图的，用户可以随时改变工作视图。

2.1.1 布局功能

视图布局功能主要通过选择“菜单(M)”→“视图(V)”→“布局(L)”命令中的各选项，如图 2-1 所示来实现，它们主要用于控制视图布局的状态和各视图显示的角度。用户可以将图形工作区分为多个视图，以方便进行组件细节的编辑和实体观察。

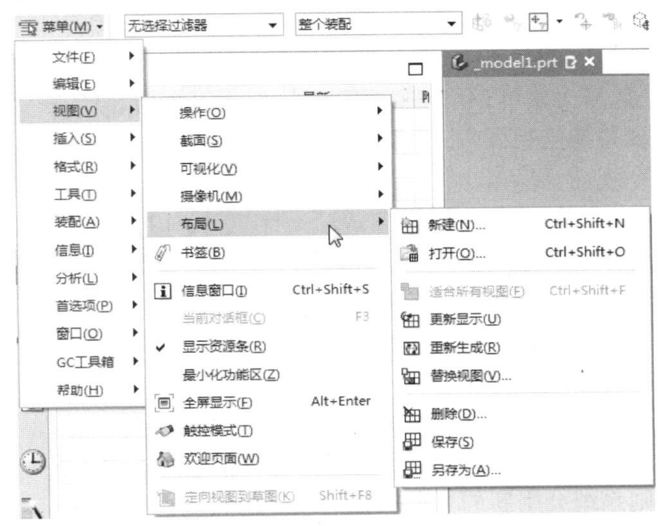

图 2-1　视图布局菜单

（1）新建：选择“菜单(M)”→“视图(V)”→“布局(L)”→“新建(N)...”，打开如图 2-2 示的“新建布局”对话框，该对话框用于设置布局的形式和各视图的视角。

（2）打开：选择“菜单(M)”→“视图(V)”→“布局(L)”→“打开(O)...”，打开如图 2-3 所示的“打开布局”对话框，该对话框用于选择要打开的某个布局，系统会按该布局的方式来显示图形。

（3）适合所有视图：选择“菜单(M)”→“视图(V)”→“布局(L)”→“适合所有视图(F)”，系统就会自动地调整当前视图布局中所有视图的中心和比例，使实体模型最大程度地吻合在每个视图边界内，只有在定义了视图布局后，该命令才被激活。

（4）更新显示：选择“菜单(M)”→“视图(V)”→“布局(L)”→“更新显示(U)”，系统就会自动进行更新操作。当对实体进行修改以后，可以使用更新操作，使每一幅视图实时显示。

（5）重新生成：选择“菜单(M)”→“视图(V)”→“布局(L)”→“重新生成(R)”，系统

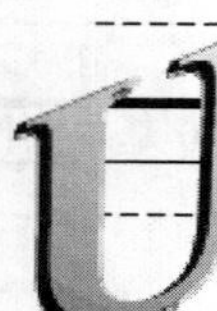

就会重新生成视图布局中的每个视图。

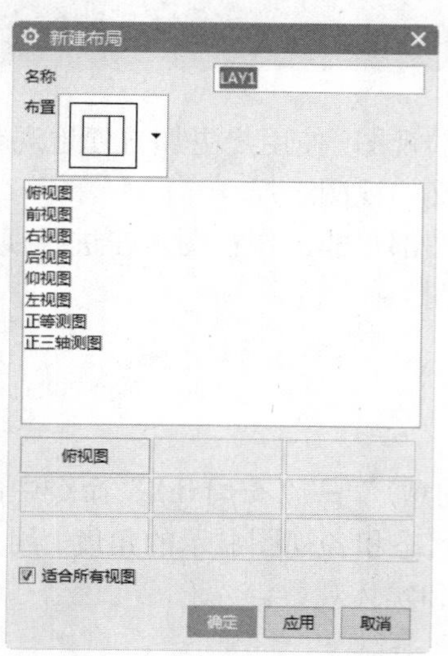

图2-2 “新建布局”对话框

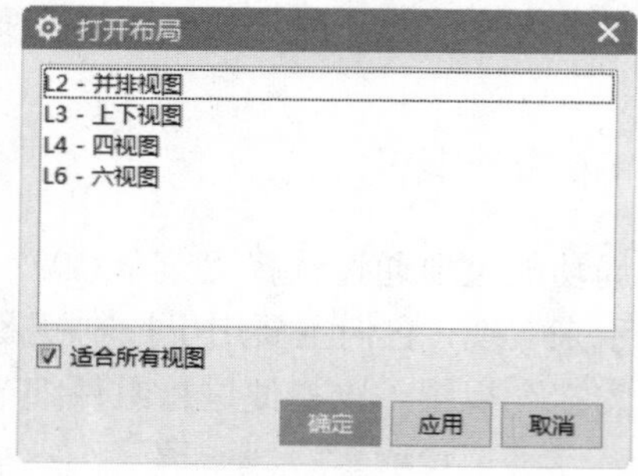

图2-3 “打开布局”对话框

（6）替换视图：选择“菜单(M)”→“视图(V)”→“布局(L)”→“替换视图(V) ...”或选择快捷菜单中的“要替换的视图”，打开如图 2-4 所示的“视图替换为”对话框，该对话框用于替换布局中的某个视图。

（7）删除：选择“菜单(M)”→“视图(V)”→“布局(L)”→“删除(D) ...”，当存在用户删除的布局时，打开如图 2-5 所示的“删除布局”对话框，该对话框用于从列表框中选择要删除的视图布局后，系统就会删除该视图布局。

（8）保存：选择“菜单(M)”→“视图(V)”→“布局(L)”→“保存(S) ...”，系统则用当前的视图布局名称保存修改后的布局。

选择“菜单(M)”→“视图(V)”→“布局(L)”→“另存为(A) ...”，打开如图 2-6 所示的“另存布局”对话框，在列表框中选择要更换名称进行保存的布局，在“名称”文本框中输入一个新的布局名称，则系统会用新的名称保存修改过的布局。

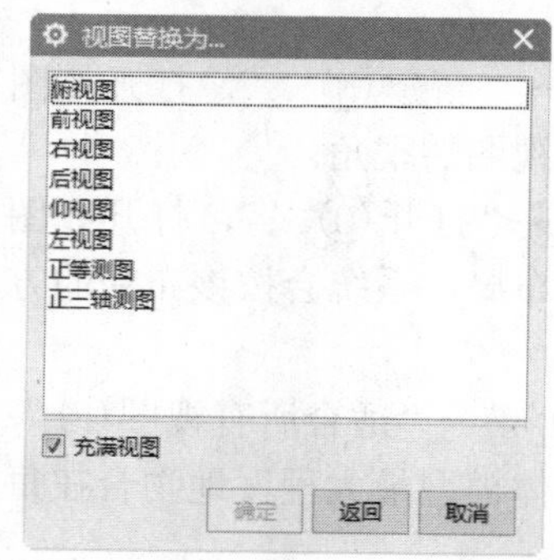

图2-4 “视图替换为”对话框

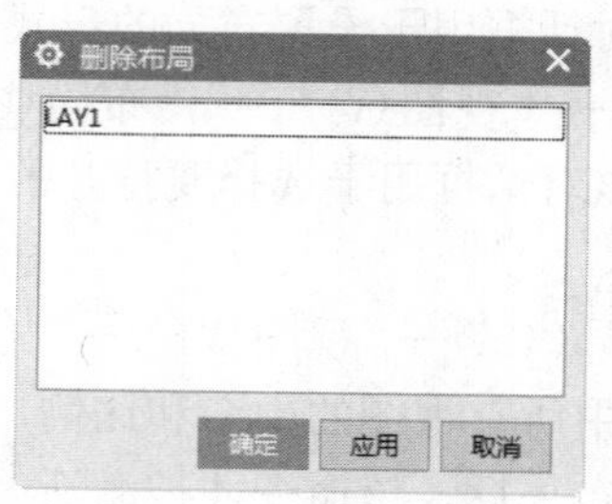

图2-5 “删除布局”对话框

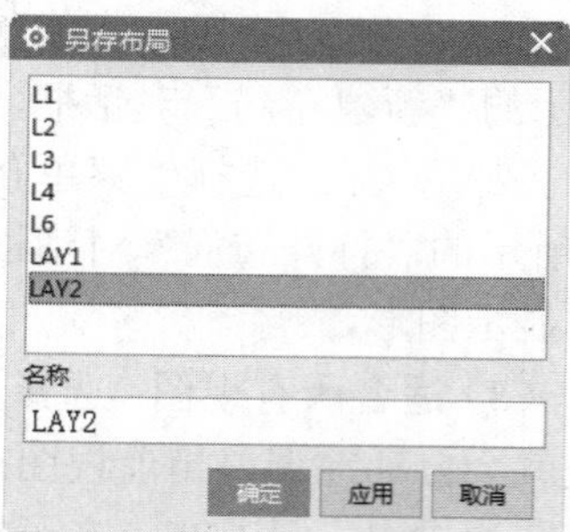

图2-6 “另存布局”对话框

2.1.2　布局操作

视图布局功能主要通过选择“菜单(M)”→“视图(V)”→“操作(O)”命令中的各选项，如图 2-7 所示来实现，它们主要用于在指定视图中改变显示模型的显示尺寸和显示方位。

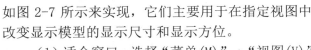

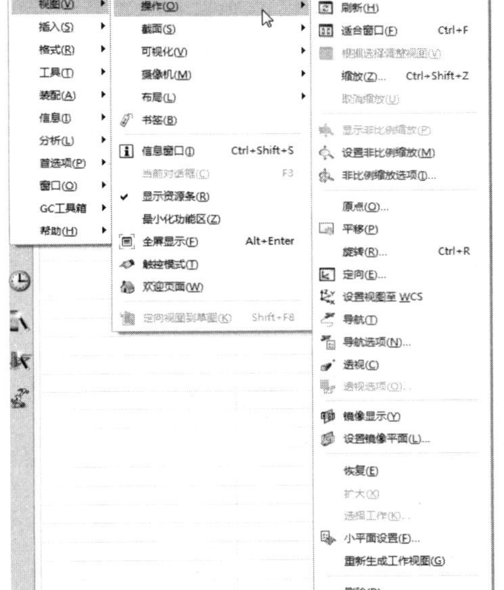

图 2-7　视图操作菜单

（1）适合窗口：选择“菜单(M)”→“视图(V)”→“操作(O)”→“适合窗口(F)”或单击“视图”选项卡“方位”组中的“适合窗口”按钮，系统自动将模型中所有对象尽可能最大地全部显示在视图窗口的中心，不改变模型原来的显示方位。

（2）缩放：选择“菜单(M)”→“视图(V)”→“操作(O)”→“缩放(Z)...”，打开如图 2-8 所示的“缩放视图”对话框。系统会按照用户指定的数值，缩放整个模型，不改变模型原来的显示方位。

（3）显示非比例缩放：选择“菜单(M)”→“视图(V)”→“操作(O)”→“显示非比例缩放(P)”，系统会要求用户使用光标推拽一个矩形，然后按照矩形的比例，缩放实际的图形。

（4）旋转：选择“菜单(M)”→“视图(V)”→“操作(O)”→“旋转(R)...”，打开如图 2-9 所示的“旋转视图”对话框，该对话框用于将模型沿指定的轴线旋转指定的角度，或绕工作坐标系原点自由旋转模型，使模型的显示方位发生变化，不改变模型的显示大小。

图2-8　“缩放视图”对话框

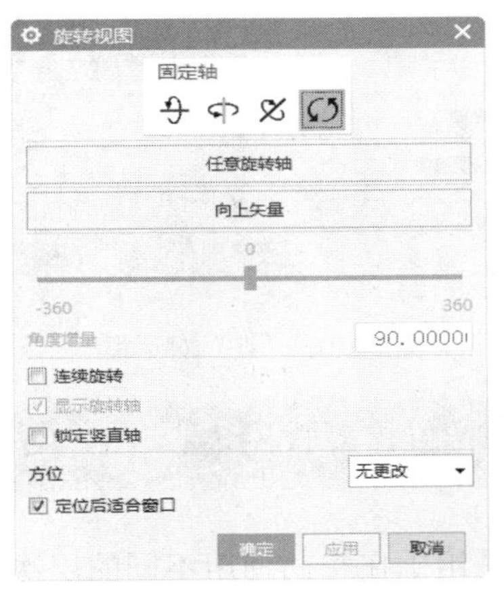

图2-9　“旋转视图”对话框

（5）原点：选择“菜单(M)”→“视图(V)”→“操作(O)”→“原点(O)...”，打开如图 2-10

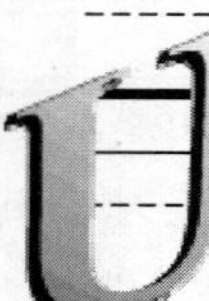

所示的“点”对话框，该对话框用于指定视图的显示中心，视图将立即重新定位到指定的中心。

（6）导航选项：选择“菜单(M)”→“视图(V)”→“操作(O)”→“导航选项(N) …”，打开如图 2-11 所示的“导航选项”对话框，同时光标自动变为✈标识，用户可以直接使用光标移动产生轨迹或单击“重新定义”按钮，选择已经存在的曲线或者边缘来定义轨迹，模型会自动沿着定义的轨迹运动。

（7）镜像显示：选择“菜单(M)”→“视图(V)”→“操作(O)”→“镜像显示(Y) ”，系统会根据用户已经设置好的镜像平面，生成镜像显示，默认状态下为当前 WCS 的 XZ 平面。

（8）设置镜像平面：选择“菜单(M)”→“视图(V)”→“操作(O)” →“设置镜像平面(L)…”，系统会出现动态坐标系方便用户进行设置。

（9）恢复：选择“菜单(M)”→“视图(V)”→“操作(O)”→“恢复(E)”，用于恢复视图为原来的视图显示状态。

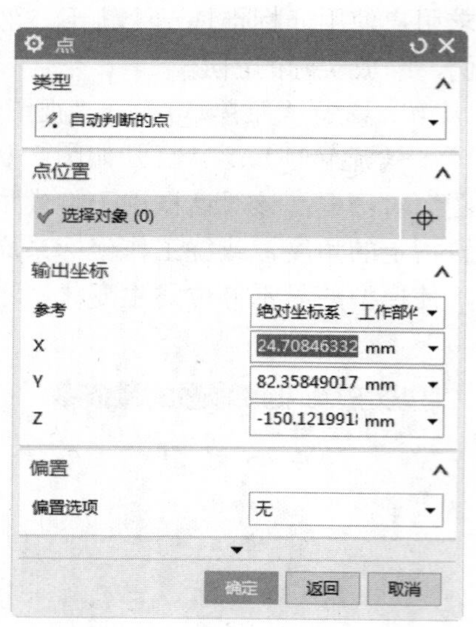

图2-10 “点”对话框

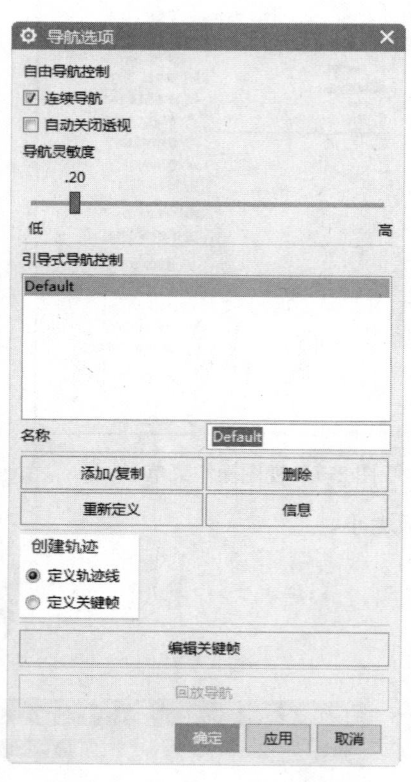

图2-11 “导航选项”对话框

2.2 工作图层设置

图层是用于在空间使用不同的层次来放置几何体。图层相当于传统设计者使用的透明图纸。用多张透明图纸来表示设计模型，每个图层上存放模型中的部分对象，所有图层对其叠加起来就构成了模型的所有对象。在一个组件的所有图层中，只有一个图层是当前工作图层，所有工作只能在工作图层上进行。而其他图层则可对它们的可见性、可选择性等进行设置来辅助工作。如果要在某图层中创建对象，则应在创建前使其成为当前工作层。

为了便于各图层的管理，UG 中的图层用图层号来表示和区分，图层号不能改变。每一模型文件中最多可包含 256 个图层，分别用 1～256 表示。

引入图层使得模型中对各种对象的管理更加有效和更加方便。

2.2.1　图层的设置

可根据实际需要和习惯设置用户自己的图层标准，通常可根据对象类型来设置图层和图层的类别，如可以创建如图 2-12 所示的图层。

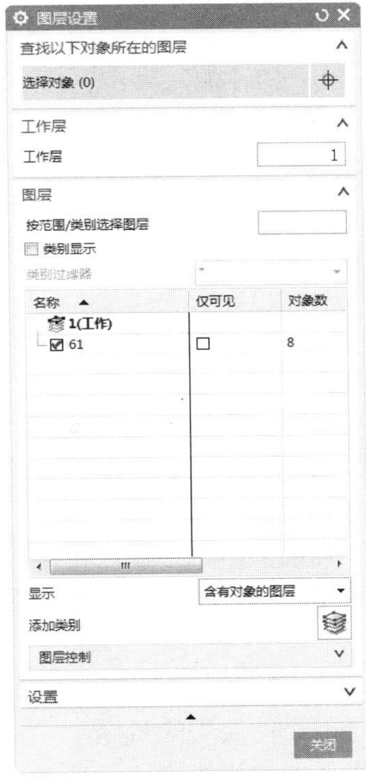

图2-12　“图层设置”对话框

有关图层设置的具体操作如下：

选择“菜单(M)”→“格式(R)”→“图层设置(S)...”或单击“视图”选项卡“可见性”面组中的“图层设置”按钮，打开如图 2-12 所示的“图层设置”对话框。

（1）工作层：将指定的一个图层设置为工作图层。

（2）按范围/类别选择图层：用于输入范围或图层种类的名称以便进行筛选操作。

（3）类别过滤器：用于控制图层类列表框中显示图层类条目，可使用通配符*，表示接收所有的图层种类。

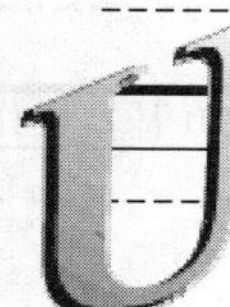

2.2.2 图层的类别

为更有效地对图层进行管理，可将多个图层构成一组，每一组称为一个图层类。图层类用名称来区分，必要时还可附加一些描述信息。通过图层类，可同时对多个图层进行可见性或可选性的改变。同一图层可属于多个图层类。

选择“菜单(M)”→“格式(R)”→“图层类别(C)...”，打开如图 2-13 所示的“图层类别”对话框。

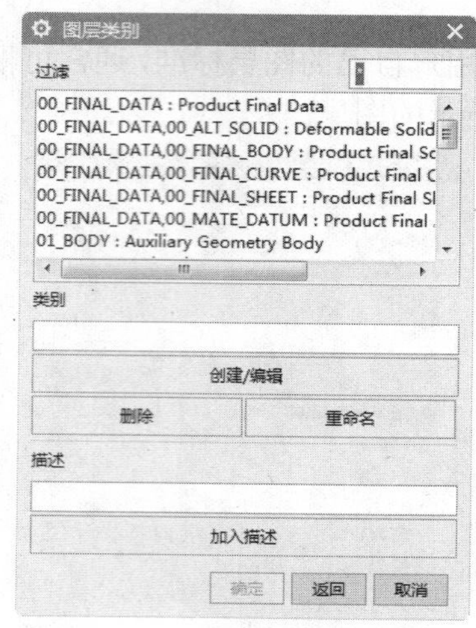

图2-13 “图层类别”对话框

（1）过滤：用于控制图层类别列表框中显示的图层类条目，可使用通配符。

（2）图层类别表框：用于显示满足过滤条件的所有图层类条目。

（3）类别：用于在“类别”下面的文本框中输入要建立的图层类名。

（4）创建/编辑：用于建立新的图层类并设置该图层类所包含的图层，或编辑选定图层类所包含的图层。

（5）删除：用于删除选定的一个图层类。

（6）重命名：用于改变选定的一个图层类的名称。

（7）描述：用于显示选定的图层类的描述信息，或输入新建图层类的描述信息。

（8）加入描述：新建图层类时，若在“描述”下面的文本框中输入了该图层类的描述信息，在需单击该按钮才能使描述信息有效。

2.2.3 图层的其他操作

（1）在视图中可见：用于在多视图布局显示情况下，单独控制指定视图中各图层的属性，而不受图层属性的全局设置的影响。选择“菜单(M)”→“格式(R)”→“视图中可见图层(V)...”，打开如图 2-14 所示的“视图中可见图层”对话框。在该对话框中选择视图，单击 确定 按钮，打开如图 2-15 所示的“视图中可见图层”对话框。

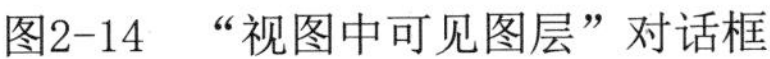

图2-14　“视图中可见图层”对话框

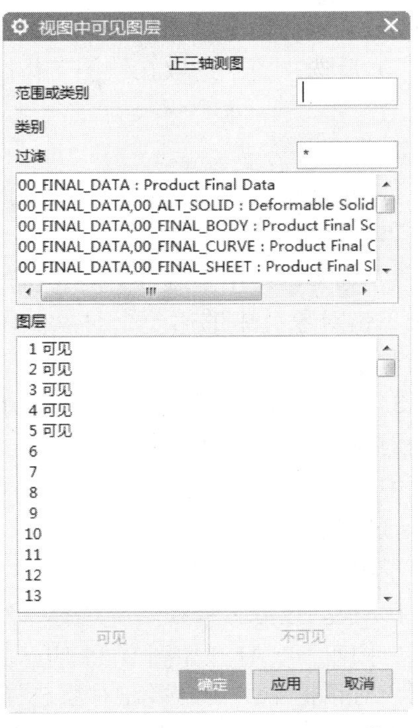

图2-15　“视图中可见图层”对话框

（2）移动至图层：用于将选定的对象从其原图层移动到指定的图层中，原图层中不再包含这些对象。选择“菜单(M)”→“格式(R)”→“移动至图层(M)...”或单击“视图”选项卡“可见性”面组中的“移动至图层”按钮，用于“移动至图层”操作。

（3）复制至图层：用于将选定的对象从其原图层复制一个备份到指定的图层，原图层中和目标图层中都包含这些对象。选择“菜单(M)”→“格式(R)”→“复制至图层(O)...”，用于“复制至图层”操作。

2.3 选择对象的方法

选择对象是一个使用最普遍的操作，在很多操作特别是对对象编辑操作中都需要选择对象。选择对象操作通常是通过“类选择”对话框、鼠标左键、“选择”工具栏、“快速拾取”对话框和部件导航器来完成。Class selectin

2.3.1　“类选择”对话框

“类选择”对话框是选择对象的一种通用功能，可选择各种各样的对象，一次可选择一个或多个对象，提供了多种选择方法及对象类型过滤方法，非常方便，“类选择”对话框如图 2-16 所示。

1. 对象

（1）选择对象：用于选取对象。

（2）全选：用于选取所有的对象。

（3）反选：用于选取在绘图工作区中未被用户选中的对象。

2. 其他选择方法

（1）按名称选择：用于输入预选取对象的名称，可使用通配符“？”或“*”。

（2）选择链：用于选择首尾相接的多个对象。选择方法是首先单击对象链中的第一个对象，再单击最后一个对象，使所选对象呈高亮度显示，最后确定，结束选择对象的操作。

（3）向上一级：用于选取上一级的对象。当选取了含有群组的对象时，该按钮才被激活，单击该按钮，系统自动选取群组中当前对象的上一级对象。

图2-16 “类选择”对话框

3. 过滤器

用于限制要选择对象的范围。

（1）类型过滤器：在“类选择”对话框中，单击“类型过滤器”按钮，打开如图 2-17 所示的“按类型选择”对话框，在该对话框中，可设置在对象选择中需要包括或排除的对象类型。当选取“基准”“点”等对象类型时，单击细节过滤按钮，还可以做进一步限制，如图 2-18 所示。

（2）图层过滤器：在“类选择”对话框中，单击“图层过滤器”按钮，打开如图 2-19 所示的“按图层选择”对话框，在该对话框中可以设置在选择对象时，需包括或排除的对象的所在层。

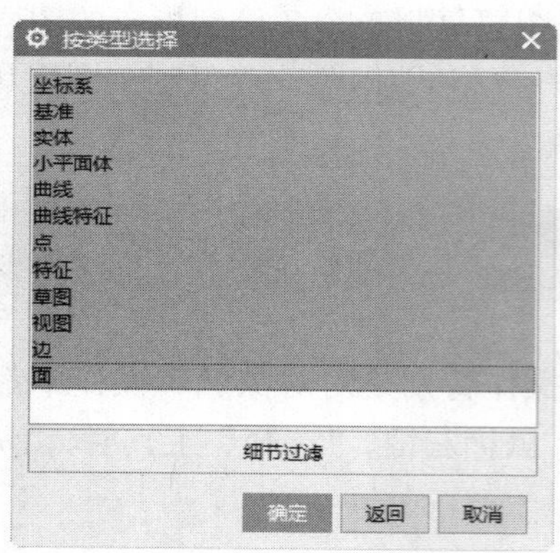

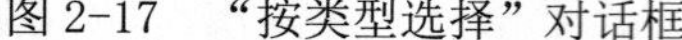

图 2-17 “按类型选择”对话框

图 2-18 “基准”对话框

（3）颜色过滤器：在“类选择”对话框中，单击“颜色过滤器”按钮，弹出如图 2-20 所示的“颜色”对话框，在该对话框中通过指定的颜色来限制选择对象的范围。

（4）属性过滤器：在“类选择”对话框中，单击“属性过滤器”按钮，弹出如图 2-21 所示的“按属性选择”对话框，在该对话框中，可按对象线型、线宽或其他自定义属性过滤。

（5）重置过滤器：单击“重置过滤器”按钮，用于恢复成默认的过滤方式。

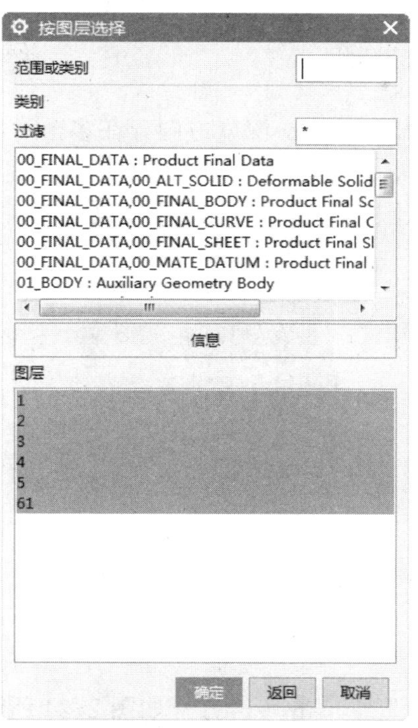

图2-19　“按图层选择”对话框

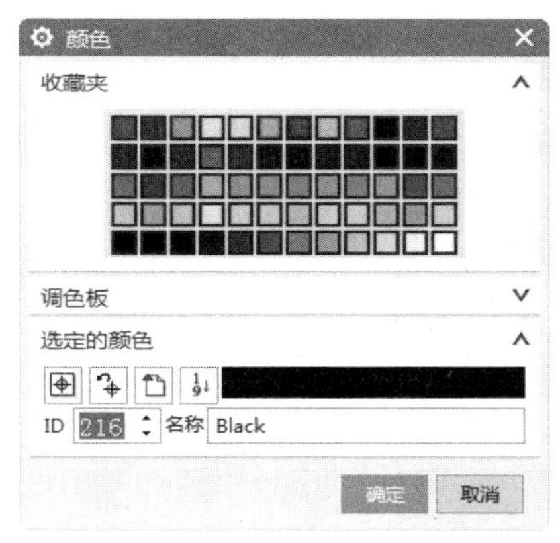

图2-20　“颜色”对话框

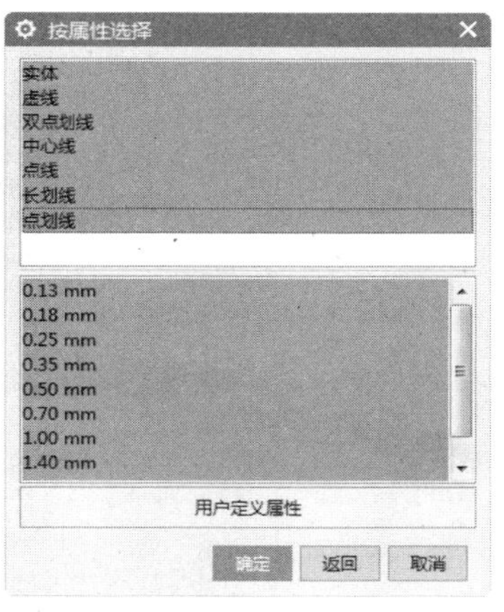

图2-21　“按属性选择”对话框

2.3.2　“选择”工具栏

“选择”工具栏，位于功能区选项卡的下方，利用选择工具栏中的各个命令来实现对象的选择，如图 2-22 所示。

图2-22　“选择”工具栏

2.3.3 “快速拾取”对话框

在图形区用光标选取对象时，在 Z-深度方向存在多个对象时，单击鼠标右键从下拉菜单中选择“从列表中选取”命令，打开“快速拾取”对话框（见图 2-23），在该对话框中用户可以设置所要选取对象的限制范围，如实体特征、面、边、组件等。

图2-23 “快速拾取”对话框

2.3.4 部件导航器

在图形区左边的“资源条”中单击，打开如图 2-24 所示的“部件导航器”对话框。在该对话框中，可选择要选择的对象。

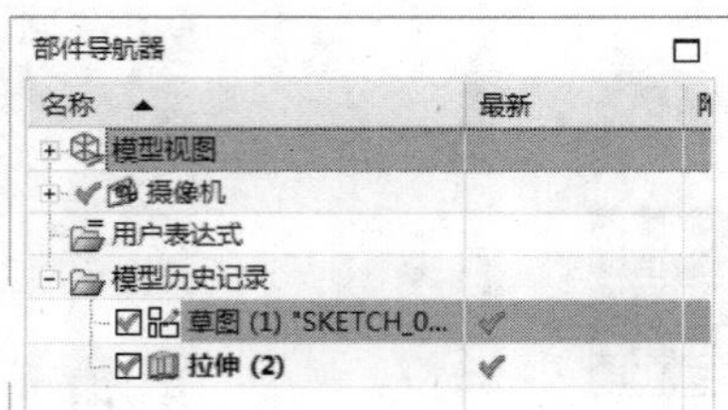

图2-24 “部件导航器”对话框

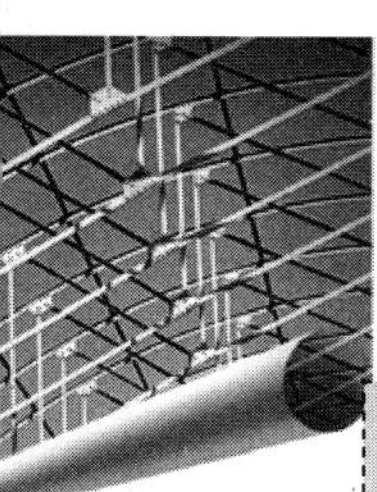

第3章

曲线操作

曲线是生成三维模型的基础。在 UG NX12.0 中熟练掌握曲线操作功能对于高效建立复杂的三维图形是非常有利的。

重点与难点

- 曲线绘制
- 派生的曲线
- 曲线编辑

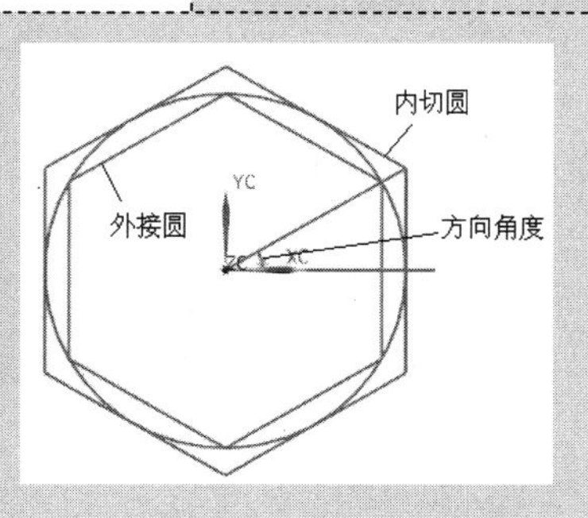

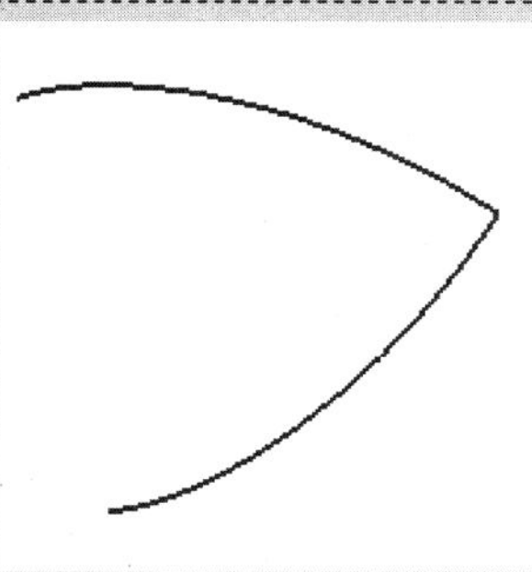

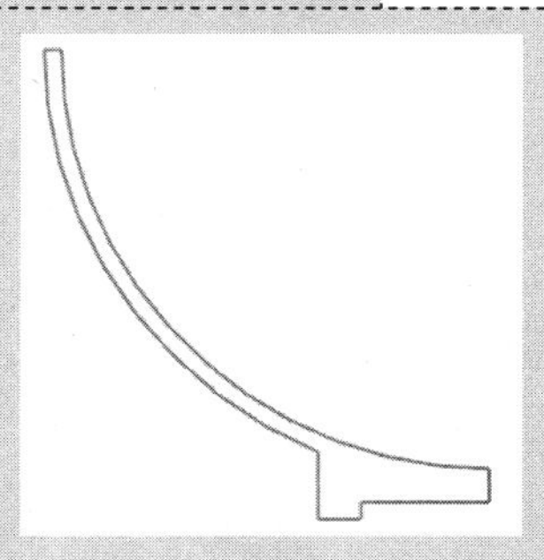

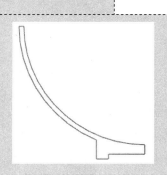

3.1 曲线绘制

本节介绍常用的曲线绘制命令，包括直线和圆弧、基本曲线、多边形、抛物线、双曲线、一般二次曲线、螺旋、规律曲线、文本、点、点集。

3.1.1 直线和圆弧

1．直线

选择“菜单(M)”→“插入(S)”→“曲线(C)”→“直线(L)...”或单击“曲线”选项卡“曲线”面组中的“直线”按钮，打开如图 3-1 所示的“直线”对话框。

（1）开始：用于设置直线的起点形式。

（2）结束：用于设置直线的终点形式和方向。

（3）支持平面：用于设置直线平面的形式，包括“自动平面”“锁定平面”和“选择平面”三种方式。

（4）限制：用于设置直线的点的起始位置和结束位置，有“值”“在点上”和“直至选定对象”三种限制方式。

（5）关联：勾选该复选框，可设置直线之间是否关联。

2．圆弧

选择“菜单(M)”→“插入(S)”→“曲线(C)”→“圆弧/圆(C)...” 或单击“曲线”选项卡“曲线”面组中的“圆弧/圆”按钮，打开如图 3-2 所示的“圆弧/圆”对话框。

圆弧/圆的绘制类型包括“三点画圆弧”和“从中心开始的圆弧/圆”两种类型。

其他参数含义和“直线”对话框对应部分相同。

图3-1 “直线”对话框

图3-2 “圆弧/圆”对话框

3.1.2　基本曲线

选择“菜单(M)”→“插入(S)”→“曲线(C)”→“基本曲线（原有）(B)...”，或单击“曲线”选项卡“基本曲线”（原有）按钮，打开如图 3-3 所示的“基本曲线”对话框和如图 3-4 所示“跟踪条”对话框。

图3-3　“基本曲线”对话框

图3-4　“跟踪条”对话框

1. 直线

（1）无界：勾选该复选框，绘制一条无界直线，去掉“线串模式”勾选，该选项被激活。

（2）增量：用于以增量形式绘制直线，给定起点后，可以直接在图形工作区指定结束点，也可以在“跟踪栏”对话框中输入结束点相对于起点的增量。

（3）点方法：通过下拉列表框设置点的选择方式。

（4）线串模式：勾选该复选框，绘制连续曲线，直到单击**打断线串**按钮为止。

（5）锁定模式：在画一条与图形工作区中的已有直线相关的直线时，由于涉及对其他几何对象的操作，锁定模式记住开始选择对象的关系，随后用户可以选择其他直线。

（6）平行于：用来绘制平行于“XC”轴、“YC”轴和“ZC”轴的平行线。

（7）按给定距离平行于：用来绘制多条平行线。其中包括：

1）原始的：表示生成的平行线始终是相对于用户选定曲线，通常只能生成一条平行线。

2）新的：表示生成的平行线始终是相对于在它前一步生成的平行线，通常用来生成多条等距离的平行线。

2. 圆弧

在如图 3-3 所示的对话框中单击图标，得到如图 3-5 所示的“基本曲线”对话框和如图 3-6 所示的“跟踪条”对话框。

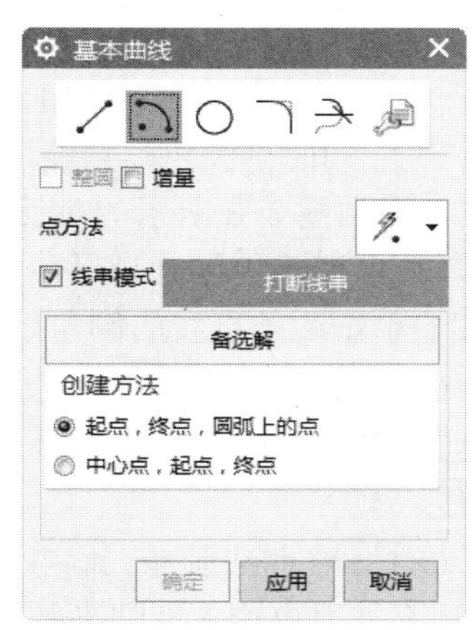

图 3-5“基本曲线”对话框

（1）整圆：勾选该复选框，用于绘制一个整圆。

（2）备选解：在画弧过程中确定大圆弧或小圆弧。

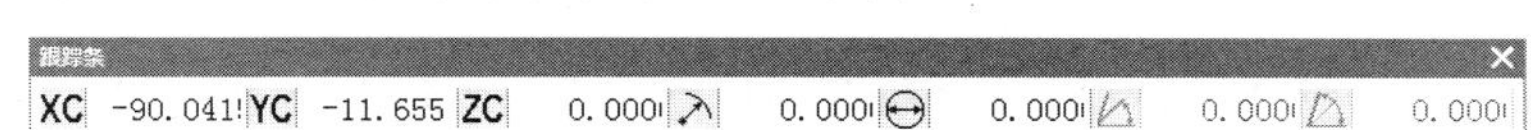

图3-6　“跟踪条”对话框

UG NX 12.0

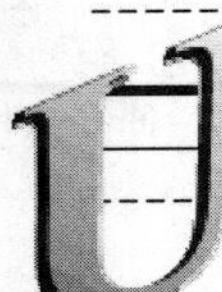

生成方式和上节圆弧的生成方式相同。不同的是点、半径和直径的选择可在如图 3-6 所示对话框中直接输入用户所需的数值，按 Enter 键即可；也可用鼠标左键直接在图形工作区指定。

其他参数含义和图 3-3 所示对话框中的含义相同。

3．圆：在如图 3-3 所示的对话框中单击○图标，得到如图 3-7 所示的“基本曲线”对话框和如图 3-6 所示的“跟踪栏”对话框。

（1）绘制圆的方法：先指定圆心，然后指定半径或直径来绘制圆。

（2）多个位置：当在图形工作区绘制了一个圆后，勾选该复选框，在图形工作区输入圆心后生成与已绘制圆同样大小的圆。

4．圆角

在如图 3-3 所示的对话框中单击图标，打开如图 3-8 所示的“曲线倒圆”对话框。

图3-7 “基本曲线”对话框

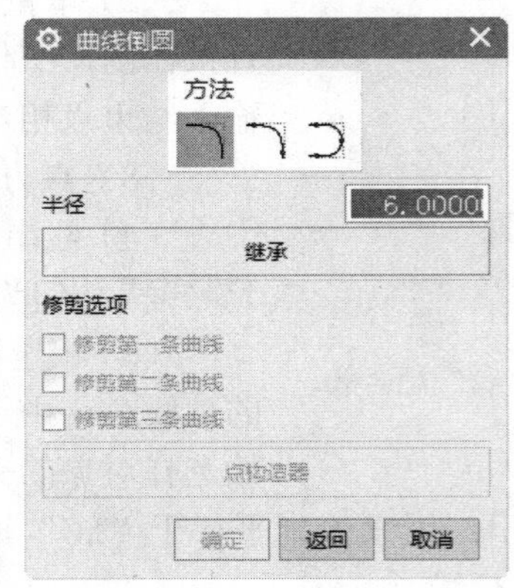

图3-8 “曲线倒圆”对话框

（1）简单圆角：只能用于对直线的倒圆，其创建步骤如下：

1）在如图 3-8 所示的对话框中的“半径”数值输入栏输入用户所需的数值，或单击继承按钮，在图形工作区选择已存在圆弧，则倒圆的半径和所选圆弧的半径相同。

2）单击两条直线的倒角处，单击点决定倒角的位置，生成倒角并同时修剪直线。

（2）2 曲线圆角：不仅可以对直线倒圆，也可以对曲线倒圆，圆弧按照选择曲线的顺序逆时针产生圆弧，在生成圆弧时，用户也可以选项“修剪选项”来决定在倒圆角时是否裁剪曲线。

（3）3 曲线圆角：同 2 曲线圆角一样，圆弧按照选择曲线的顺序逆时针产生圆弧，不同的是不需用户输入倒圆半径，系统自动计算半径值。

3.1.3 多边形

选择“菜单(M)”→“插入(S)”→“草图曲线(S)”→“多边形(Y)...”，或单击“曲线”选项卡“直接草图”面组中的“多边形”按钮，打开如图 3-9 所示的“多边形”对话框。

（1）内切圆半径：指定从中心点到多边形两边中间的距离。

（2）边长：指定多边形的边的长度。

（3）外接圆半径：指定从中心点到多边形的角的距离。

（4）旋转：控制从草图的水平轴线测量的旋转角度。

多边形参数含义示意图如图 3-10 所示。

图3-9　“多边形”对话框

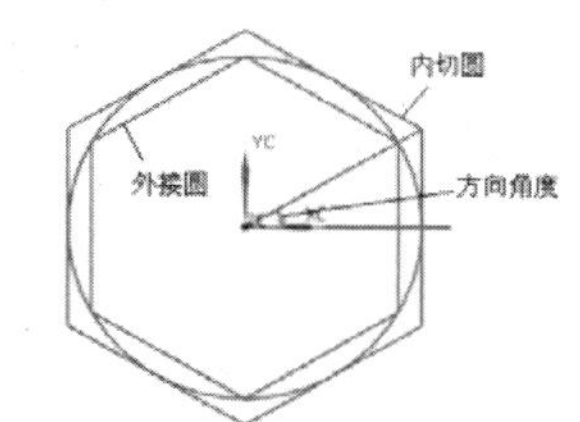

图3-10 多边形参数含义示意图

3.1.4　抛物线

选择“菜单(M)”→“插入(S)”→“曲线(C)”→“抛物线(O)...”，或单击“曲线”选项卡“更多”库下的“抛物线”按钮，打开“点”对话框，在视图区定义抛物线的顶点，打开如图 3-11 所示的“抛物线”参数输入对话框，在该对话框中输入用户所需的数值，单击确定按钮，绘制如图 3-12 所示的抛物线。

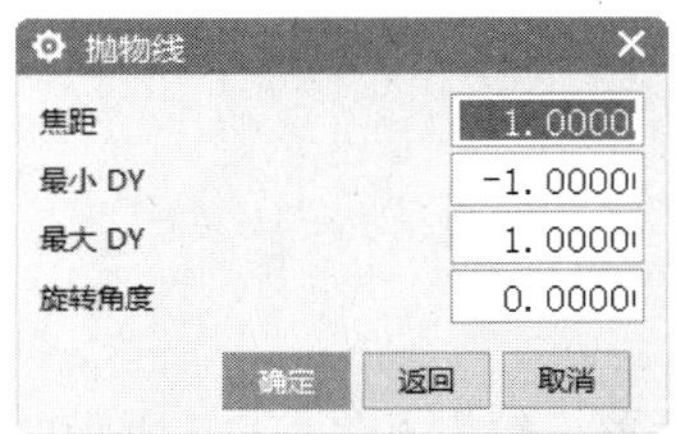

图3-11　“抛物线”参数输入对话框

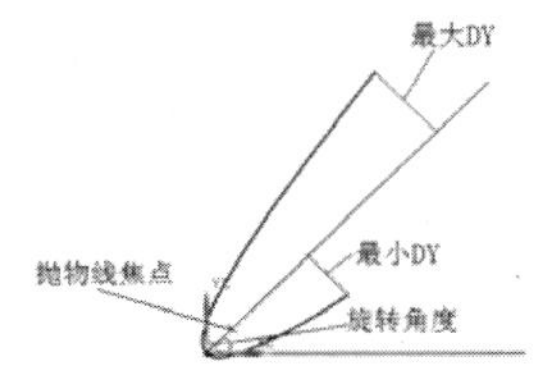

图3-12 绘制抛物线

3.1.5　双曲线

选择“菜单(M)”→“插入(S)”→“曲线(C)”→“双曲线(H)...”，或单击“曲线”选项卡“更多”库下的“双曲线”按钮，打开“点”对话框，在视图区定义双曲线中心点，打开如图 3-13 所示的“双曲线”参数输入对话框，在该对话框中输入用户所需的数值，单击确定按钮，绘制如图 3-14 所示的双曲线。

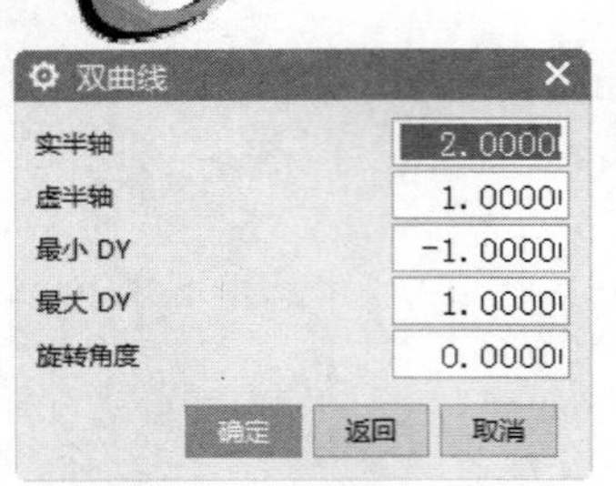

图3-13 “双曲线”参数输入对话框

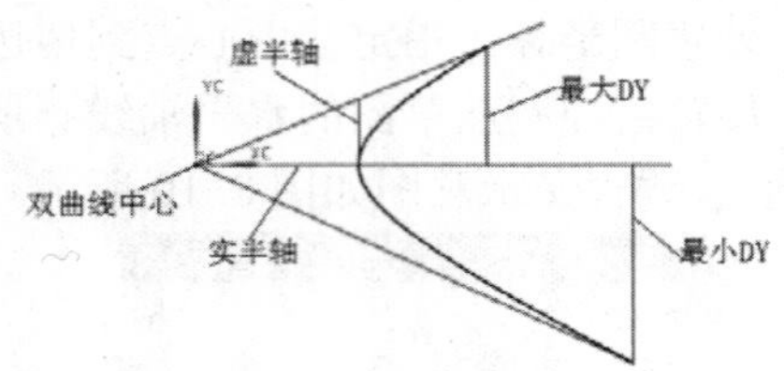

图3-14 绘制双曲线

3.1.6 螺旋

选择“菜单(M)”→“插入(S)”→“曲线(C)”→“螺旋(X)...”或单击“曲线”选项卡“曲线”面组中的“螺旋”按钮，打开如图 3-15 所示的“螺旋”对话框。

1．类型

（1）沿矢量：用于沿指定矢量创建直螺旋线。

（2）沿脊线：用于沿所选脊线创建螺旋线。

2．方位

定义螺旋曲线生成的方向。

3．大小

（1）规律类型：螺旋曲线每圈半径/直径按照指定的规律变化。

（2）值：螺旋曲线每圈半径按照输入的值恒定不变。

4．旋转方向

按照右手或左手原则确定曲线旋转方向。

5．螺距

沿螺旋轴或脊线指定螺旋线各圈之间的距离。

6．长度

按照圈数或起始/终止限制来指定螺旋线长度。

7．圈数

表示螺旋曲线旋转圈数。

在如图 3-15 所示的对话框中输入用户所需的设置，绘制如图 3-16 所示的螺旋线。

3.1.7 规律曲线

选择“菜单(M)”→“插入(S)”→“曲线(C)”→“规律曲线(W)...”，或单击“曲线”选项卡“曲线”面组上的“规律曲线”按钮，打开如图 3-17 所示的“规律曲线”对话框。

（1）恒定：定义某分量是常值，曲线在三维坐标系中表示为二维曲线，对话框如图 3-18 所示。

（2）线性：定义曲线某分量的变化按线性变化，对话框如图 3-19 所示，在该对话框中指定起始点和终点，曲线某分析就在起点和终点之间按线性规律变化。

图3-15　“螺旋”对话框

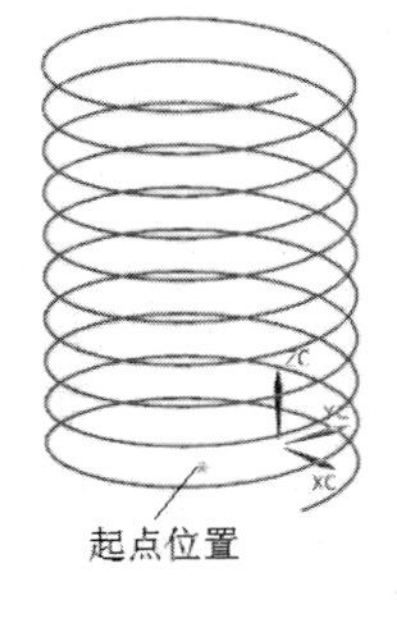

图3-16　绘制螺旋线

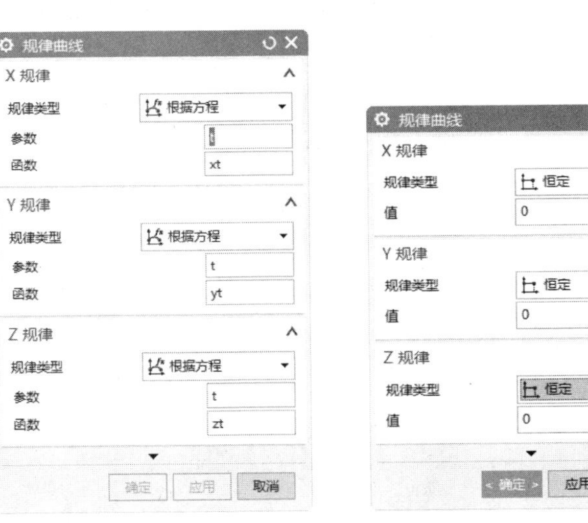

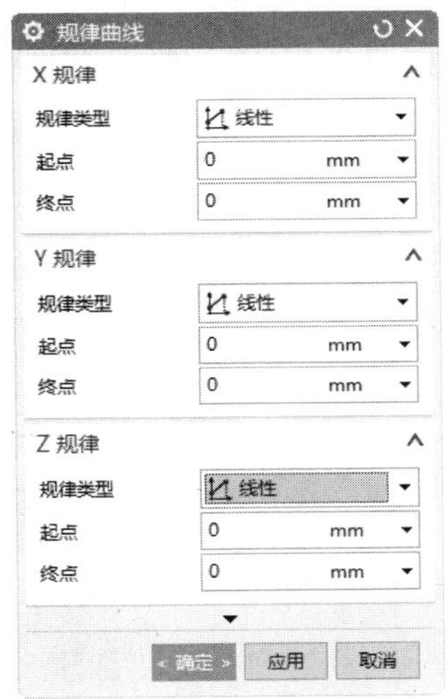

图3-17　“规律曲线”对话框　　图3-18　规律类型为“恒定”　　图3-19 规律类型为“线性”

（3）三次：定义曲线某分量按三次多项式变化。

（4）沿脊线的线性：利用两个点或多个点沿脊线线性变化，当选择脊线后，指定若干个点，每个点可以对应一个数值。

（5）沿脊线的三次：利用两个点或多个点沿脊线三次多项式变化，当选择脊线后，指定若干个点，每个点可以对应一个数值。

（6）根据方程：利用表达式或表达式变量定义曲线某分量，在使用该选项前，应先在工具表达式中定义表达式或表达式变量。

（7）根据规律曲线：选择一条已存在的光滑曲线定义规律函数。在选择了这条曲线后，系统还需用户选择一条直线作为基线，为规律函数定义一个矢量方向，如果用户未指定基线，则系统会默认选择绝对坐标系的 X 轴作为规律曲线的矢量方向。

3.1.8 实例——规律曲线

绘制如图 3-21 所示的规律曲线。

01 单击“主页”选项卡“新建”按钮，打开“新建”对话框。在“模板”列表框中选择“模型”，输入“guilvquxian”，单击确定按钮，进入 UG 建模环境。

02 选择“菜单(M)”→“插入(S)”→“曲线(C)”→“规律曲线(W)...”，打开“规律曲线”对话框。

03 在“规律曲线”对话框中，将 X 规律中的规律类型设置为“恒定”，如图 3-20 所示，在“值”文本框中输入 10，确定 X 分量的变化方式。

04 在“规律曲线”对话框中，将 Y 规律中的规律类型设置为“线性”，如图 3-20 所示，在“起点”和“终点”文本框中分别输入 1 和 10，确定 Y 分量的变化方式。

05 在“规律曲线”对话框中，将 Z 规律中的规律类型设置为“三次”，如图 3-20 所示，在“起点”和“终点”文本框中分别输入 5 和 15，确定 Z 分量的变化方式。

06 在如图 3-20 所示的对话框中，默认系统给定曲线坐标系方向，单击< 确定 >按钮，绘制如图 3-21 所示的规律曲线。

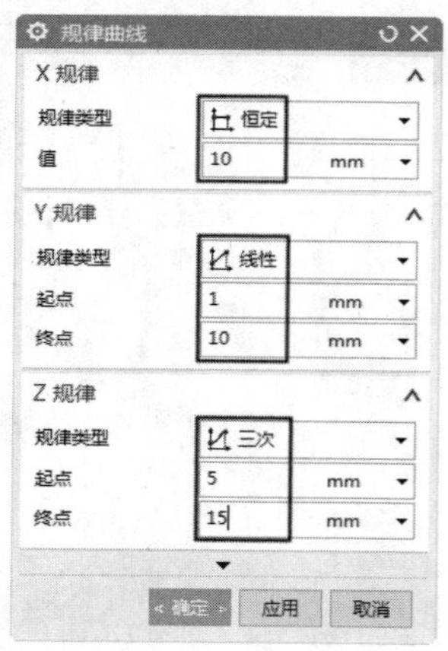

图 3-20 “规律曲线”对话框

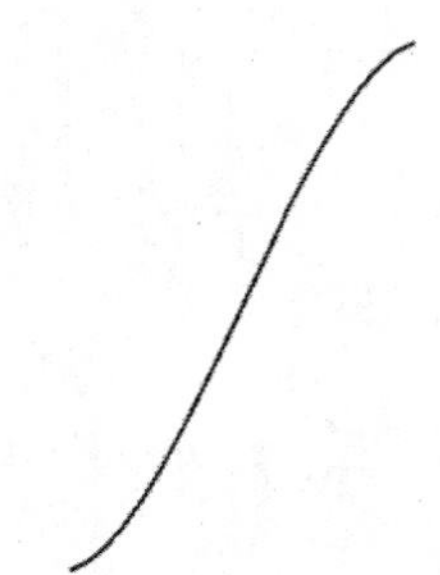

图 3-21 绘制规律曲线

3.1.9 艺术样条

选择“菜单(M)”→“插入(S)”→“曲线(C)”→“艺术样条(D)...”，或单击“曲线”选项卡“曲线”面组上的“艺术样条”按钮，打开如图 3-22 所示的“艺术样条”对话框。

1．类型

（1）根据极点：通过延伸曲线使其穿过定义点来创建样条。

（2）通过点：通过构造和操控样条极点来创建样条。

2．参数化

（1）单段：此方式只能产生一个节段的样条曲线。

（2）次数：用户设置的控制点数必须至少为曲线次数加 1，否则无法创建样条曲线。

（3）封闭：用于设定随后生成的样条曲线是否封闭。勾选此复选框，所创建的样条曲线起点和终点会在同一位置，生成一条封闭的样条曲线，否则生成一条开放的样条曲线。

3．制图平面

指定要在其中创建和约束样条的平面。

约束到平面：将制图平面约束到 CSYS 的 X-Y 平面。未勾选此复选框，将制图平面约束到一个可用的其他平面。

4．移动

在指定的方向上或沿指定的平面移动样条点和极点。

图3-22　“艺术样条”对话框

（1）WCS：在工作坐标系的指定 X、Y 或 Z 方向上或沿 WCS 的一个主平面移动点或极点。

（2）视图：现对于视图平面移动极点或点。

（3）矢量：用于定义所选极点或多段线的移动方向。

（4）平面：选择一个基准平面、基准 CSYS 或使用指定平面来定义一个平面，以在其中移动选定的极点或曲线。

（5）法向：沿曲线的法向移动点或极点。

（6）多边形：用于沿极点的一个多段线拖动选定的极点。

3.1.10　文本

选择“菜单(M)”→“插入(S)”→“曲线(C)”→“文本（T）…”或单击“曲线”选项卡“曲线”面组中的“文本”按钮A，打开如图 3-23 所示的“文本”对话框。该对话框用于给指定几何体创建文本，为圆弧创建如图 3-24 所示的文本。

3.1.11　点

选择“菜单(M)”→“插入(S)”→“基准/点(D)”→“点(P)...”或单击“曲线”选项卡

"曲线"面组上的"点"按钮十，打开如图 3-25 所示的"点"对话框。在视图中创建相关点和非相关点。

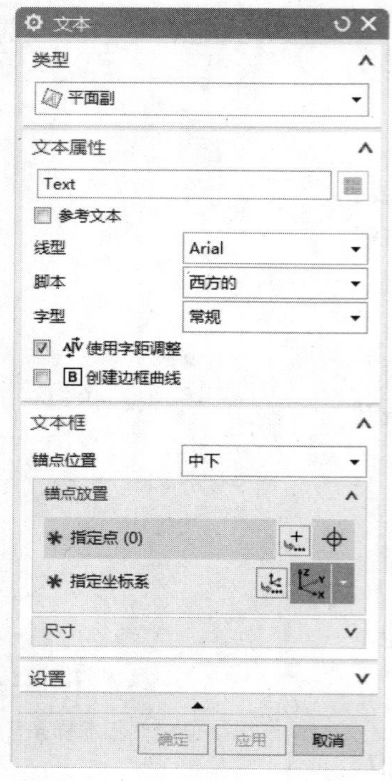

图3-23 "文本"对话框

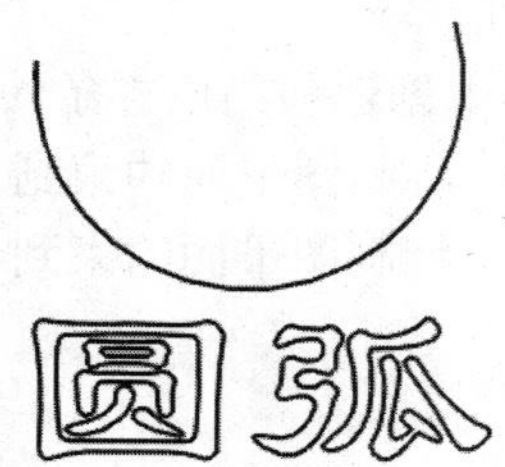

图3-24 给圆弧创建文本

3.1.12 点集

选择"菜单(M)"→"插入(S)"→"基准/点(D)"→"点集(S)..."或单击"曲线"选项卡"曲线"面组上的"点集"按钮，打开如图 3-26 所示的"点集"对话框。

1. 曲线点

用于在曲线上创建点集。

曲线点产生方法：该下拉列表用于选择曲线上点的创建方法，包括：

1）等弧长：用于在点集的起始点和结束点之间按点间等弧长来创建指定数目的点集。例如，在视图区选择要创建点集的曲线，在"点集"对话框中的"点数""起始百分比"和"结束百分比"文本框中分别输入 8，0 和 100，创建如图 3-27 所示的以等弧长方式创建的点集。

2）等参数：用于以曲线曲率的大小来确定点集的位置，曲率越大，产生点的距离越大，反之则越小。例如，在"点集"对话框中的"曲线点产生方法"列表框中选择"等参数"，在"点数""起始百分比"和"结束百分比"文本框中分别输入 8，0 和 100，创建如图 3-28 所示的以等参数方式创建的点集。

3）几何级数：在"点集"对话框中的"曲线点产生方法"下拉列表框中选择"几何级数"，则在该对话框中会多出一个比率文本框。在设置完其他参数数值后，还需要指定一个比率值，用来确定点集中彼此相邻的后两点之间的距离与前两点距离的倍数。例如，在“点数”“起始百分比”“结束百分比”和“比率”文本框中分别输入8，0，100和2，创建如图3-29所示的以几何级数方式创建的点集。

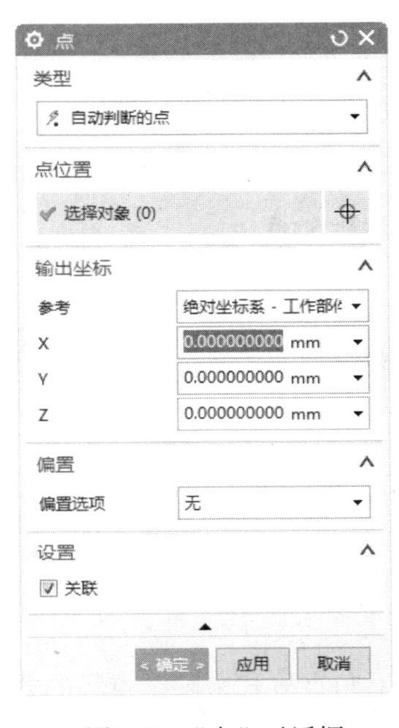

图3-25　“点”对话框

图3-26　“点集”对话框

图3-27　以等弧长方式创建的点集

图3-28　以等参数方式创建的点集

4）弦公差：在“点集”对话框中的“曲线点产生方法”下拉列表框中选择“弦公差”，根据所给出弦公差的大小来确定点集的位置。弦公差值越小，产生的点数越多，反之则越少。例如，弦公差值为1时，所创建的以弦公差方式创建的点集，如图3-30所示。

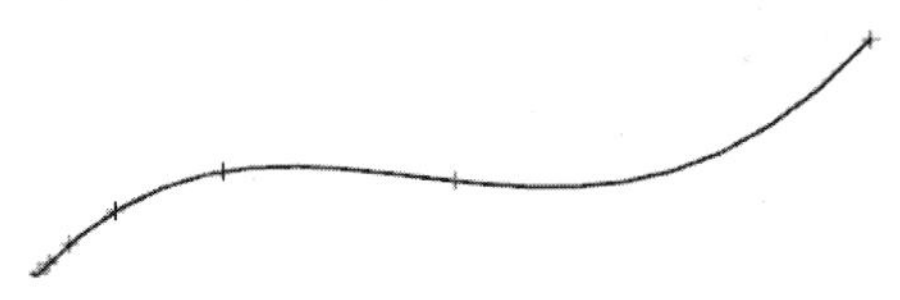

图3-29　以几何级数方式创建的点集

图3-30　以弦公差方式创建的点集

5）增量弧长：在“点集”对话框中的“曲线点产生方法”下拉列表框中选择“增量弧长”，根据弧长的大小确定点集的位置，而点数的多少则取决于曲线总长及两点间的弧长。按照顺时针方向生成各点。例如，弧长值为1时，所创建的以递增的弧长方式创建的点集，如图3-31

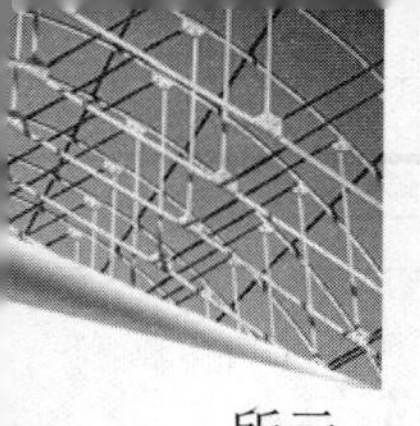

所示。

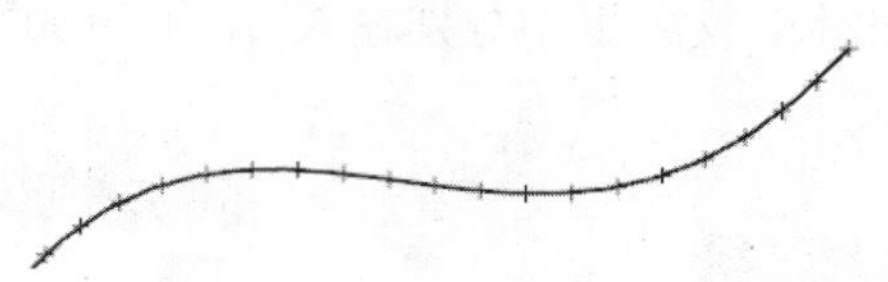

图3-31　以递增的弧长方式创建的点集

6）投影点：用于通过指定点来确定点集。

7）曲线百分比：用于通过曲线上的百分比位置来确定一个点。

2．样条点

（1）样条点类型

定义点：用于利用绘制样条曲线时的定义点来创建点集。

节点：用于利用绘制样条曲线时的节点来创建点集。

极点：用于利用绘制样条曲线时的极点来创建点集。

（2）选择样条：单击该按钮，可以选取新的样条来创建点集。

3．面的点

用于产生曲面上的点集。

（1）面点产生方法：

阵列：用于设置点集的边界。其中“对角点”用于以对角点方式来限制点集的分布范围。选中该单选按钮时，系统会提示用户在绘图区中选取一点，完成后再选取另一点，这样就以这两点为对角点设置了点集的边界；“百分比”用于以曲面参数百分比的形式来限制点集的分布范围。

面百分比：用于通过在选定曲面上的 U、V 方向的百分比位置来创建该曲面上的一个点。

B 曲面极点：用于以 B 曲面控制点的方式创建点集。

（2）选择面：单击该按钮，可以选取新的面来创建点集。

3.1.13　实例——六角螺母

创建如图 3-32 所示的六角螺母。

01 新建文件。单击“主页”选项卡“新建”按钮，打开“新建”对话框。在“模板”列表框中选择“模型”，输入“LiuJiaoLuoMu”，单击确定按钮，进入 UG 建模环境。

02 创建圆。

❶选择“菜单(M)”→“插入(S)”→“曲线(C)”→“基本曲线（原有）(B)...”，打开如图 3-33 所示的“基本曲线”对话框。

❷单击“圆”按钮○，在“点方法”下拉列表中选择“点构造器”按钮。

图3-32 六角螺母

❸打开如图 3-34 所示“点”对话框。在对话框中输入（0，0，0）为圆心，单击确定按

钮，再次打开“点”对话框，在对话框中输入（5，0，0），单击确定按钮，创建圆心在原点，半径为 5 的圆。

❹同上分别创建圆心在坐标原点，半径为 6 和 15 的圆，结果如图 3-35 所示。

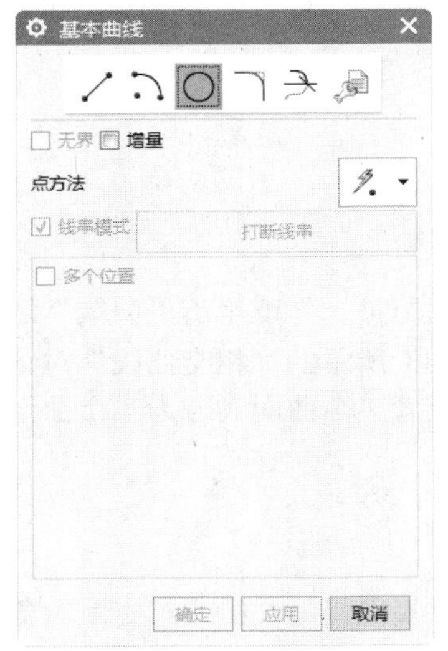

图3-33　“基本曲线”对话框

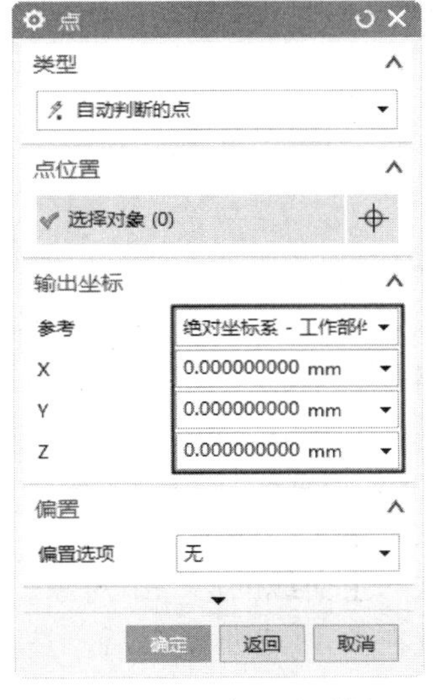

图3-34　“点”对话框

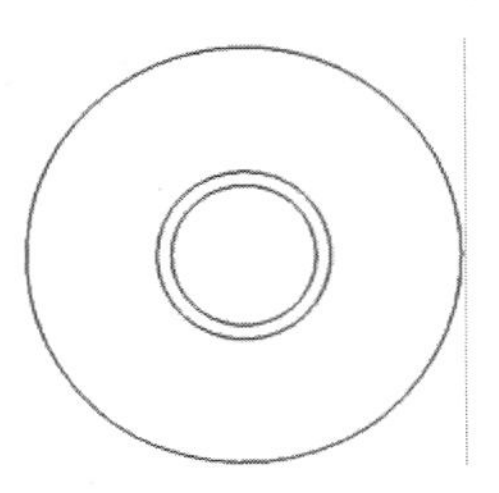

图3-35　绘制圆

03 创建多边形。

❶选择“菜单(M)”→“插入(S)”→“草图曲线(S)”→“多边形(Y)...”，打开如图 3-36 所示的“多边形”对话框。在“边数”文本框中输入 6，在“大小”选项右边文本框的下拉列表中选择“外接圆半径”，在“半径”文本框中输入 15，在“旋转”文本框中输入 0。

❷在“多边形”对话框中单击“点对话框”按钮，打开如图 3-37 所示的“点”对话框，在“点”对话框中输入（0，0，0）作为多边形的中心点，单击确定按钮，返回到“多边形”对话框，单击“关闭”按钮关闭，关闭“多边形”对话框，结果如图 3-32 所示。

图3-36　“多边形”对话框

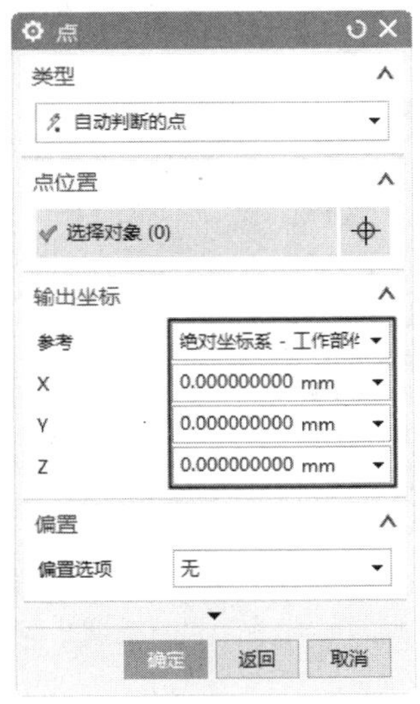

图3-37　“点”对话框

UG NX 12.0

3.2 派生曲线

派生的曲线主要包括相交曲线、截面曲线、抽取曲线、偏置曲线、投影等。本节主要对这几种曲线进行讲述。

3.2.1 相交曲线

相交曲线是利用两个曲面相交生成交线。

选择“菜单(M)”→“插入(S)”→“派生曲线(U)”→“相交(I)...”或单击“曲线”选项卡“派生曲线”面组中的“相交曲线”按钮，打开如图 3-38 所示的“相交曲线”对话框。该对话框用于创建两组对象的交线，各组对象可以为一个或者多个曲面（若为多个曲面必须属于同一实体）和参考面或片体或实体。

（1）第一组：用于确定欲产生交线的第一组对象。

（2）第二组：用于确定欲产生交线的第二组对象。

（3）保持选定：用于设置在单击 应用 按钮后，是否自动重复选择第一组或第二组对象的操作。

（4）指定平面：用于设定第一组或第二组对象的选择范围为平面或参考面或基准面。

（5）高级曲线拟合：用于设置曲线拟合的方式。

（6）距离公差：用于设置距离公差。

两组对象进行相交操作的示意图如图 3-39 所示。

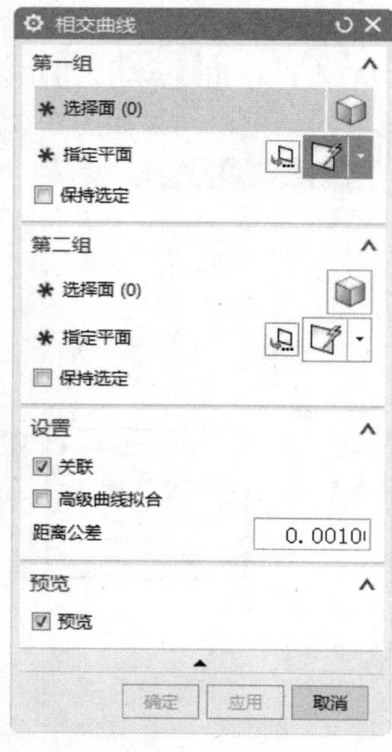

图3-38 “相交曲线”对话框

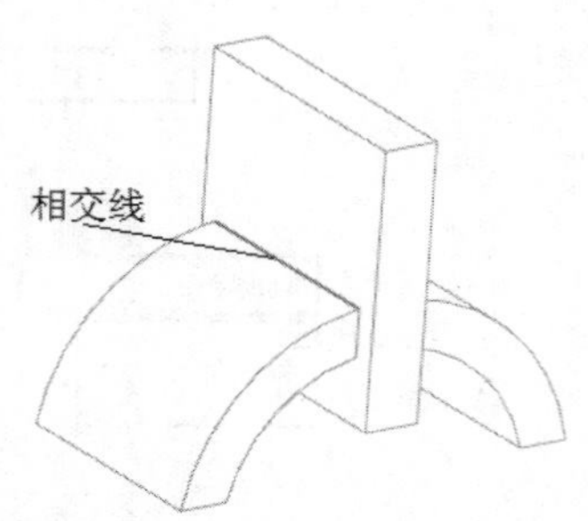

图3-39 创建“相交曲线”示意图

3.2.2　截面曲线

选择“菜单(M)”→“插入(S)”→“派生曲线(U)”→“截面(N)...”或单击“曲线”选项卡“派生曲线”面组中的“截面曲线”按钮，打开如图 3-40 所示的“截面曲线”对话框。该对话框用于设定的截面与选定的表面或平面等对象相交，生成相交的几何对象。一个平面与曲线相交会建立一个点。一个平面与一表面或一平面相交会建立一截面曲线。

1. 选定的平面

该选项用于指定单独平面或基准平面来作为截面。

（1）要剖切的对象：该步骤用来选择将被截取的对象。需要时，可以使用“过滤器”选项辅助选择所需对象。可以将过滤器选项设置为任意、体、面、曲线、平面或基准平面。

（2）剖切平面：该步骤用来选择已有平面或基准平面，或者使用平面子功能定义临时平面。需要注意的是，如果打开“关联”，则平面子功能不可用，此时必须选择已有平面。

2. 平行平面

该选项用于设置一组等间距的平行平面作为截面。对话框变换成为如图 3-41 所示。

（1）步进：指定每个临时平行平面之间的相互距离；

（2）起点：是从基准平面测量的，正距离为显示的矢量方向。系统将生成适合指定限制的平面数。这些输入的距离值不必恰好是步长距离的偶数倍。

（3）终点：表示终止平行平面和基准平面的间距。

3. 径向平面

该选项从一条普通轴开始以扇形展开生成按等角度间隔的平面，以用于选中体、面和曲线的截取。对话框变更为如图 3-42 所示。

（1）径向轴：该步骤用来定义径向平面绕其旋转的轴矢量。若要指定轴矢量，可使用“矢量”或矢量对话框工具。

（2）参考平面上的点：该步骤通过使用点方式或点对话框工具，指定径向参考平面上的点。径向参考平面是包含该轴线和点的唯一平面。

（3）起点：表示相对于基平面的角度，径向面由此角度开始。按右手法则确定正方向。限制角不必是步长角度的偶数倍。

（4）终点：表示相对于基础平面的角度，径向面在此角度处结束。

（5）步进：表示径向平面之间所需的夹角。

4. 垂直于曲线的平面

该选项用于设定一个或一组与所选定曲线垂直的平面作为截面。对话框变更如图 3-43 所示。

（1）曲线或边：该步骤用来选择沿其生成垂直平面的曲线或边。使用“过滤器”选项来辅助对象的选择。可以将过滤器设置为曲线或边。在选择曲线或边之前，先选择适合该操作的。

（2）间距：

1）等弧长：沿曲线路径以等弧长方式间隔平面。必须在“副本数”字段中输入截面平面

的数目，以及平面相对于曲线全弧长的起始和终止位置的百分比值。

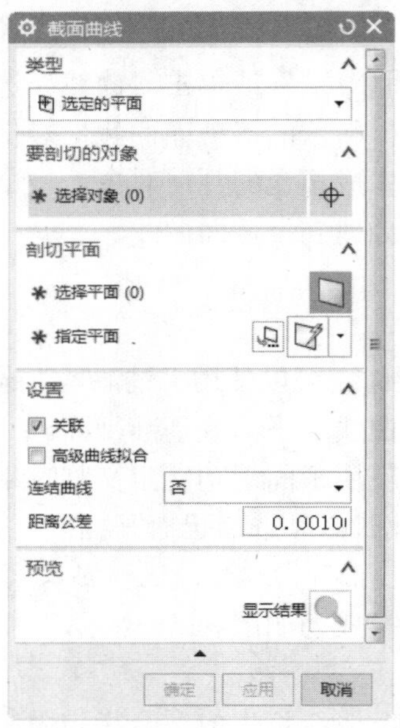

图3-40 “截面曲线”对话框

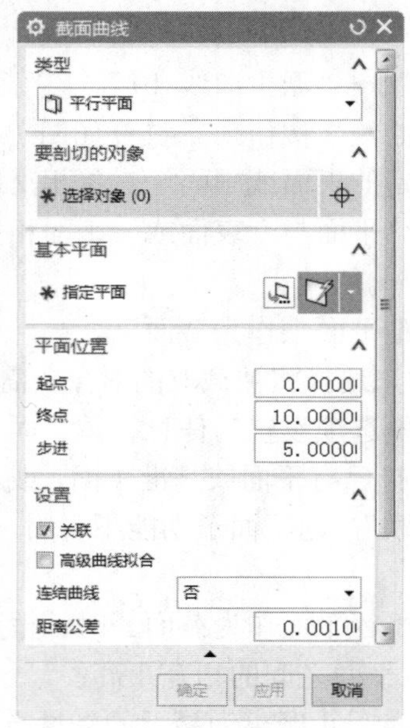

图3-41 “平行平面”类型

图3-42 “径向平面”类型

2）等参数：根据曲线的参数化法来间隔平面。必须在“副本数”字段中输入截面平面的数目，以及平面相对于曲线参数长度的起始和终止位置的百分比值。

3）几何级数：根据几何级数比间隔平面。必须在“副本数”字段中输入截面平面的数目，还须在“比例”字段中输入数值，以确定起始和终止点之间的平面间隔。

4）弦公差：根据弦公差间隔平面。选择曲线或边后，定义曲线段使线段上的点距线段端点连线的最大弦距离，等于在“弦公差”字段中输入的弦公差值。

5）增量弧长：以沿曲线路径递增的方式间隔平面。在“弧长”字段中输入值，在曲线上以递增弧长方式定义平面。

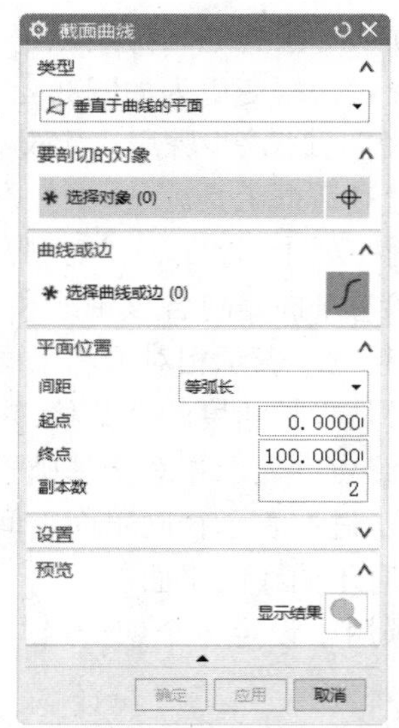

图3-43 “垂直于曲线的平面”类型

3.2.3 实例——截面曲线

01 打开文件。单击“主页”选项卡“打开”按钮，打开“打开”对话框，输入“3-1”，单击 OK 按钮，进入UG主界面，如图3-44所示。

02 另存部件文件。选择“文件(F)”→“保存(S)”→“另存为(A)...”，打开“另存为”对话框，输入“JieMian_Ex1”， 单击 OK 按钮，进入 UG 建模环境。

03 创建截面线。

❶选择“菜单(M)”→“插入(S)”→“派生曲线(U)”→“截面(N)...”或单击“曲线”选项卡“派生曲线”面组中的“截面曲线”按钮，打开“截面曲线”对话框。

❷选择“选定的平面”类型，选择如图 3-45 所示圆柱体为要剖切的对象，选择如图 3-46 所示的基准平面为剖切平面。

❸单击 应用 按钮，生成如图 3-47 所示的曲线。

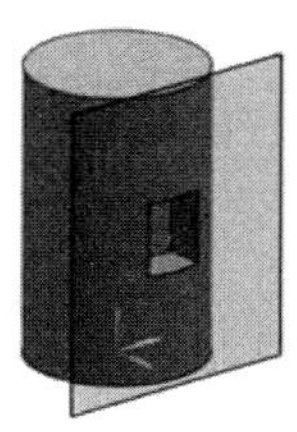

图3-44　模型

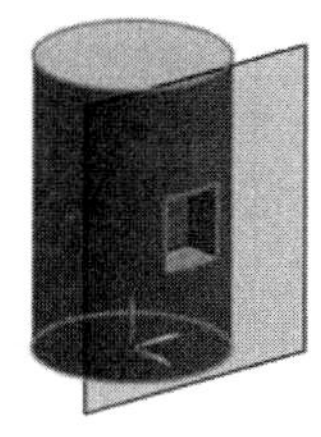

图3-45　选取要剖切的对象

图3-46　选取剖切平面

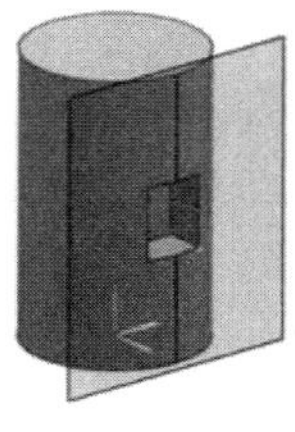

图3-47　截面曲线

❹选择“平行平面”类型，选择圆柱为要剖剖切的对象。

❺单击“平面对话框”按钮，弹出如图 3-48 所示“平面”对话框，选择 XC-YC 平面，并在距离参数项中输入 9。单击 确定 按钮。

❻返回到“截面曲线”对话框，平面位置设置如图 3-49 所示。单击 确定 按钮，生成曲线如图 3-50 所示。

图 3-48　“平面”对话框

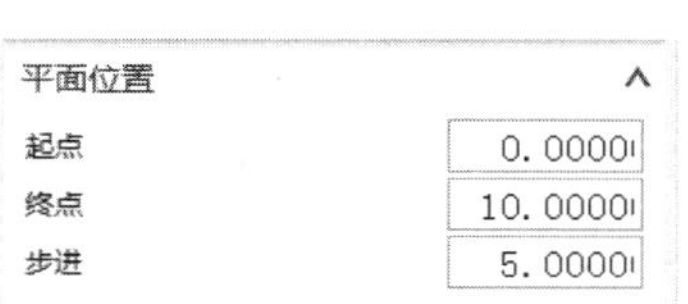

图 3-49　平面位置设置

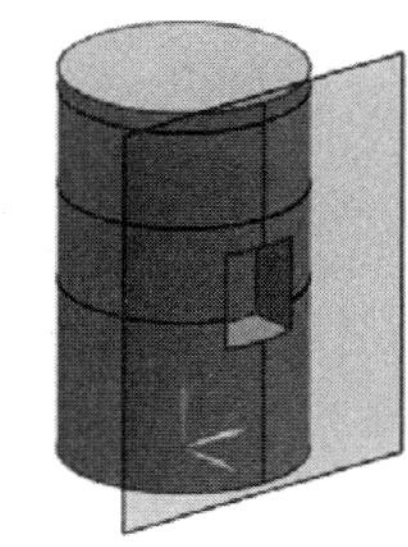

图 3-50　截面曲线

3.2.4　抽取曲线

选择“菜单(M)”→“插入(S)”→“派生曲线(U)”→“抽取（原有）(E)...”，或单击“曲线”选项卡中的“抽取（原有）”按钮，打开如图 3-51 所示的“抽取曲线”对话框。该对话框用于基于一个或多个选项对象的边缘和表面生成曲线，抽取的曲线与原对象无相关性。

（1）边曲线：用于抽取表面或实体的边缘，单击该按钮，打开如图 3-52 所示的“单边曲线”对话框，系统提示用户选择边缘，单击 确定 按钮，抽取所选边缘。

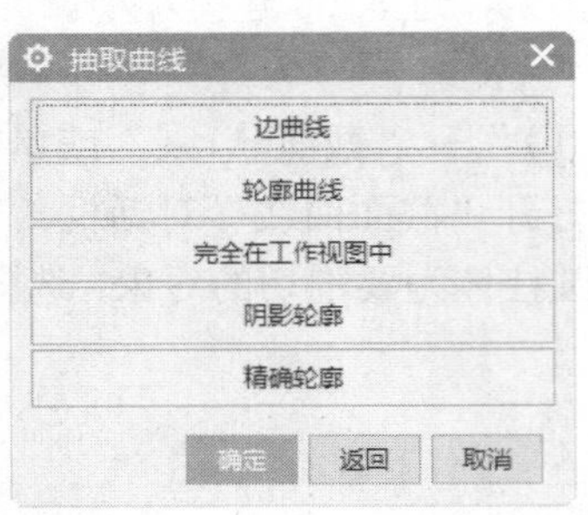

图3-51 “抽取曲线”对话框

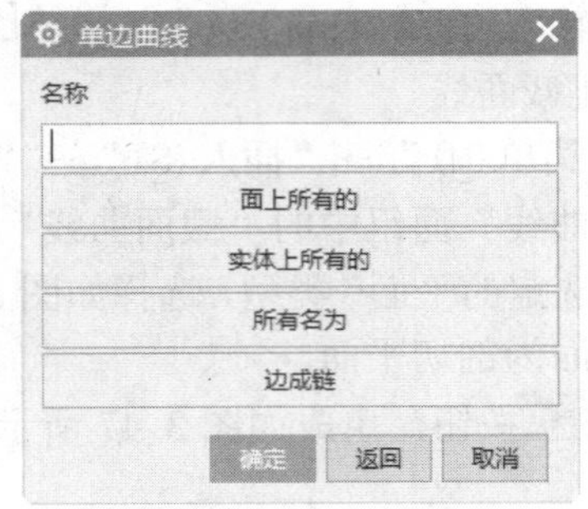

图3-52 “单边曲线”对话框

（2）轮廓曲线：用于从轮廓被设置为不可见的视图中抽取曲线，如抽取球的轮廓线如图3-53所示。

（3）完全在工作视图中：用于对视图中的所有边缘抽取曲线，此时产生的曲线将与工作视图的设置有关。

（4）阴影轮廓：用于对选定对象的不可见轮廓线产生抽取曲线。

（5）精确轮廓：精确轮廓类似于阴影轮廓，不同之处可以使用任何显示模式，并且如果在图纸成员视图中抽取，生成的曲线只与视图相关。精确轮廓是真正的3D曲线创建算法，与阴影轮廓相比，它生成的轮廓显示精确得多。

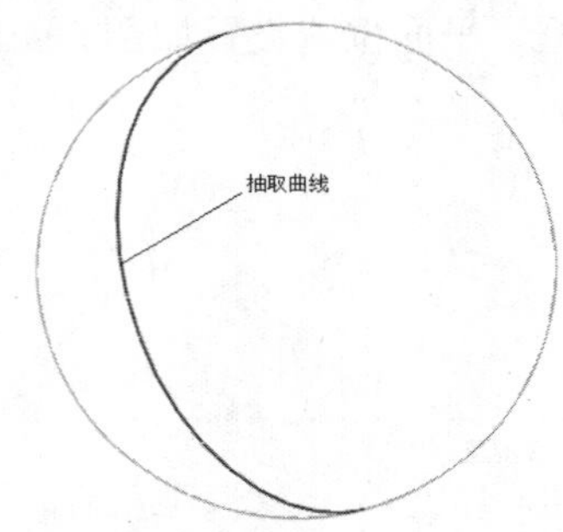

图3-53 以轮廓线方式抽取曲线

3.2.5 偏置曲线

偏置曲线用于对已存在的曲线以一定的偏置方式得到新的曲线。新得到的曲线与原曲线是相关的。即当原曲线发生改变时，新的曲线也会随之改变。

选择“菜单(M)”→“插入(S)”→“派生曲线(U)”→“偏置(O)...”或单击“曲线”选项卡“派生曲线”面组上“偏置曲线”按钮，打开如图3-54所示的“偏置曲线”对话框。

1. 偏置类型

用于设置曲线的偏置方式，其下拉列表框包括：

（1）距离：依据给定的偏置距离来偏置曲线。选择该方式后，在如图3-54所示对话框中“距离”文本框被激活，在“距离”和“副本数”文本框中输入偏置距离和产生偏置曲线的数量，并设定好其他参数后即可。

（2）拔模：选择该方式后，在对话框中的“高度”和“角度”文本框被激活，在这两个文本框中分别输入用户所需的数值，然后再设置其他参数即可。基本思想是将曲线按指定的拔模角度偏置到与曲线所在平面相距拔模高的平面上。拔模高为原曲线所在平面和偏置后所在平面间的距离；拔模角为偏置方向与原曲线所在平面的法向的夹角。

图3-54　“偏置曲线”对话框

（3）规律控制：按规律曲线控制偏置距离来偏置曲线。

（4）3D 轴向：按照三维空间内指定的矢量方向和偏置距离来偏置曲线。用户按照生成矢量的方法制定需要的矢量方向，然后输入需要偏置的距离就可生成相应的偏置曲线。

2. 修剪

用于设置偏置曲线的修剪方式。其下拉列表框包括：

（1）无：表示偏置后的曲线既不延长相交也不彼此裁剪或倒圆，其实例示意图如图 3-55 所示。

（2）相切延伸：表示偏置后的曲线延长相交或彼此裁剪。选择该方式时，“延伸因子”文本框中输入延伸比例，比如为 10，则偏置曲线串中各组成曲线的端部延长值为偏置距离的 10 倍，若彼此仍不能相交，则以斜线与各组成曲线相连。若偏置曲线串中各组成曲线彼此交叉，则在其交点处裁剪多余部分，其实例示意图如图 3-56 所示。

（3）圆角：表示偏置曲线的各组成曲线彼此不相连接，则系统以半径值为偏置距离的圆弧，将各组成曲线彼此相邻的端点相连。若偏置曲线的各组成曲线彼此相交，则系统在其交点处裁剪多余部分，其实例示意图如图 3-57 所示。

3．副本数

用于设置偏置操作所产生的新对象的数目。

4．输入曲线

用于对原曲线的操作，包括保留、隐藏、删除和替换 4 个选项。

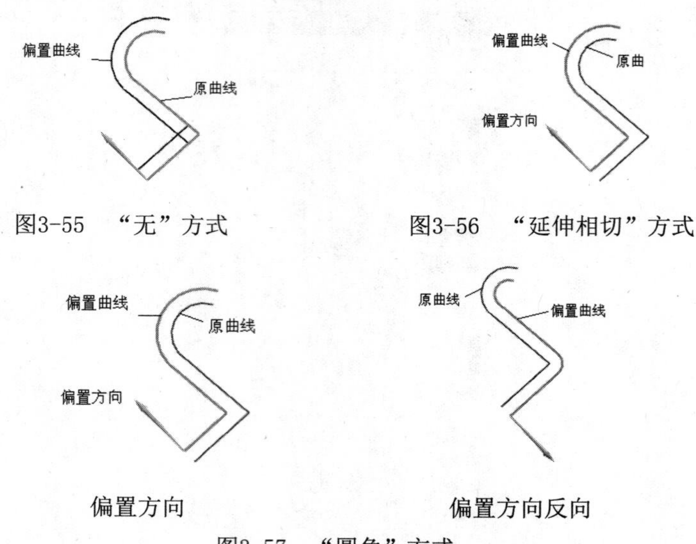

图3-55 “无”方式　　图3-56 “延伸相切”方式

偏置方向　　偏置方向反向

图3-57 “圆角”方式

3.2.6 在面上偏置曲线

选择“菜单(M)”→“插入(S)”→“派生曲线(U)”→“在面上偏置(F)...”或单击“曲线”选项卡“派生曲线”面组上的“在面上偏置曲线”按钮，打开如图 3-58 所示的对话框。

1．类型

（1）恒定：生成具有面内原始曲线恒定偏置的曲线。

（2）可变：用于指定与原始曲线上点位置之间的不同距离，以在面中创建可变曲线。

2．方向和方法

（1）偏置法

1）弦：沿曲线弦长偏置。

2）弧长：沿曲线弧长偏置。

3）测地线：沿曲面最小距离创建。

4）相切：沿曲面的切线方向创建。

5）投影距离：沿投影距离偏置。

（2）偏置方向

1）垂直于曲线：沿垂直于输入曲线相切矢量的方向创建偏置曲线。

2）垂直于矢量：用于指定一个矢量，确定与偏置垂直的方向。

3．修剪和延伸偏置曲线

（1）在截面内修剪至彼此：修剪同一截面内两条曲线之间的拐角。延伸两条曲线的切线形成拐角，并对切线进行修剪。

（2）在截面内延伸至彼此：延伸同一截面内两条曲线之间的拐角。延伸两条曲线的切线以形成拐角。

（3）修剪至面的边：将曲线修剪至面的边。

（4）延伸至面的边：将偏置曲线延伸至面边界。

图 3-58　“在面上偏置曲线”对话框

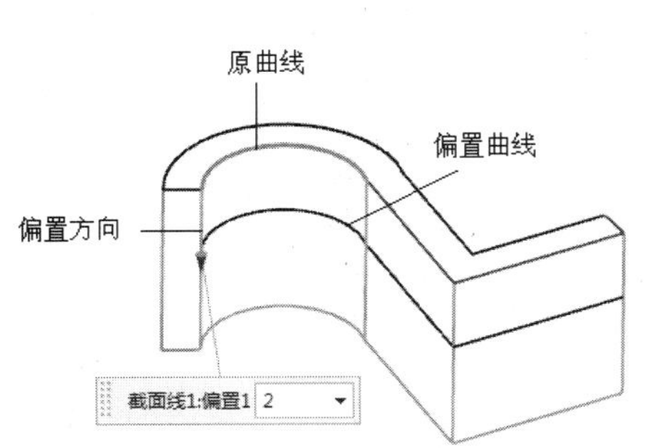

图 3-59　“在面上偏置曲线”实例示意图

（5）移除偏置曲线内的自相交：修剪偏置曲线的相交区域。

4. 公差

用于设置偏置曲线公差，其默认值是在建模预设置对话框中设置的。公差值决定了偏置曲线与被偏置曲线的相似程度，选用默认值即可。

“在面上偏置曲线”实例示意图如图 3-59 所示。

3.2.7 投影曲线

选择“菜单(M)”→“插入(S)”→派生曲线(U)”→“投影(P)...”或单击“曲线”选项卡“派生曲线”面组上的“投影曲线”按钮，打开如图 3-60 所示的“投影曲线”对话框。该对话框用于将曲线或点沿某一方向投影到现有曲面、平面或参考平面上。如果投影曲线与面上的孔或面上的边缘相交，则投影曲线会被面上的孔或边缘所裁剪。

（1）要投影的曲线或点：用于确定要投影的曲线和点。

（2）指定平面：用于确定投影所在的表面或平面。

（3）方向：用于指定如何定义将对象投影到片体、面和平面上时所使用的方向。

其下拉列表框包括“沿面的法向”“朝向点”“朝向直线”“沿矢量”和“与矢量成角度”5 种投影方式。

创建投影曲线实例示意图如图 3-61 所示。

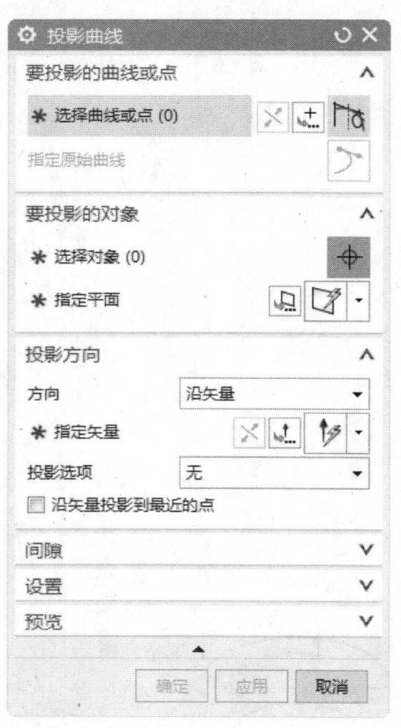

图3-60 “投影曲线”对话框

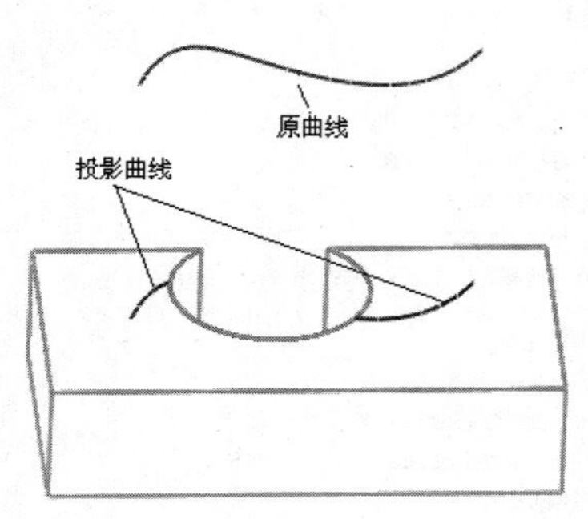

图3-61 创建投影曲线实例示意图

3.2.8 镜像

选择“菜单(M)”→“插入(S)”→“派生曲线(U)”→“镜像(M)...”，或单击“曲线”选项卡“派生曲线”面组上的“镜像曲线”按钮，打开如图 3-62 所示的“镜像曲线”对话框。

（1）曲线：用于确定要镜像的曲线。

（2）镜像平面：可以直接选择现有平面或创建新的平面。

（3）关联：表示原曲线保持不变，在投影面上生成与原曲线相关联的投影曲线，只要原曲线发生变化，投影曲线也随之发生变化。

3.2.9　桥接

选择“菜单(M)”→“插入(S)”→“派生曲线(U)”→“桥接(B)...”或单击“曲线”选项卡“派生曲线”面组上的“桥接曲线”按钮，打开如图 3-63 所示的“桥接曲线”对话框。该对话框用于将两条不同位置的曲线桥接。

图3-62　“镜像曲线”对话框

图3-63　“桥接曲线”对话框

1．起始对象

用于确定桥接曲线操作的第一个对象。

2．终止对象

用于确定桥接曲线操作的第二个对象。

3．桥接曲线属性

（1）连续性：

1）位置：表示桥接曲线与第一条曲线、第二条曲线在连接点处连接不相切，且为三阶样条曲线。

2）相切：表示桥接曲线与第一条曲线、第二条曲线在连接点处相切连续，且为三阶样条

曲线。

3）曲率：表示桥接曲线与第一条曲线、第二条曲线在连接点处曲率连续，且为五阶或七阶样条曲线。

4）流：表示桥接曲线与第一条曲线、第二条曲线在连接点处沿流线变化，且为五阶或七阶样条曲线。

（2）位置：移动滑尺上的滑块，确定点在曲线的百分比位置。

（3）方向：通过“点构造器”来确定点在曲线的位置。

4．约束面

用于限制桥接曲线所在面。

5．形状控制

（1）相切幅值：通过改变桥接曲线与第一条曲线和第二条曲线连接点的切矢量值，来控制桥接曲线的形状。切矢量值的改变是通过“开始”和“结束”滑尺，或直接在“第一曲线”和“第二根曲线”文本框中输入切矢量来实现的

（2）深度和歪斜度：当选择该控制方式时，“桥接曲线”对话框的变化如图 3-64 所示。

1）深度：是指桥接曲线峰值点的深度，即影响桥接曲线形状的曲率的百分比，其值可拖动下面的滑尺或直接在“深度”文本框中输入百分比实现。

2）歪斜度：是指桥接曲线峰值点的倾斜度，即设定沿桥接曲线从第一条曲线向第二条曲线度量时峰值点位置的百分比。

（3）模板曲线：用于选择控制桥接曲线形状的参考样条曲线，是桥接曲线继承选定参考曲线的形状。

桥接曲线实例示意图如图 3-65 所示。

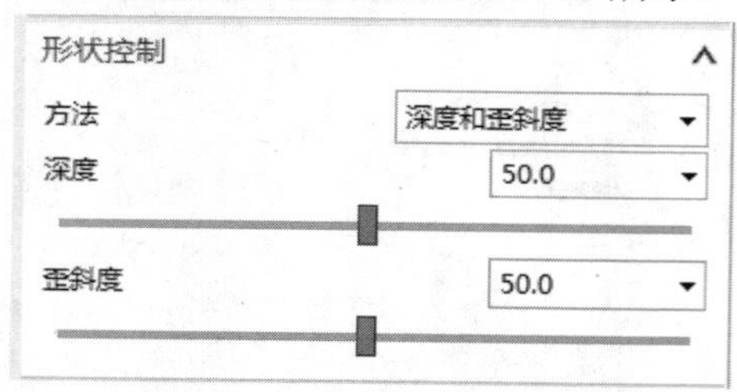

图3-64 “深度和歪斜度”选项

图3-65 桥接曲线实例示意图

3.2.10 简化

选择“菜单(M)”→“插入(S)”→“派生曲线(U)”→“简化(S)...”，或单击“曲线”选项卡“更多”库下的“简化曲线”按钮，打开如图 3-66 所示的“简化曲线”对话框。该对话框用于以一条最合适的逼近曲线来简化一组选择的曲线，它将这组曲线简化为圆弧或直线的组合，即将高次方曲线降成二次或一次方曲线。

在“简化曲线”对话框中，用户可以选择原曲线的方式为“保持”“删除”和“隐藏”三种方式。单击 保持 按钮，系统提示用户在视图区选择要简化的曲线，用户最多可选取 512 条曲线。单击 确定 按钮，则系统用一条与其逼近的曲线来拟合所选的多条曲线。

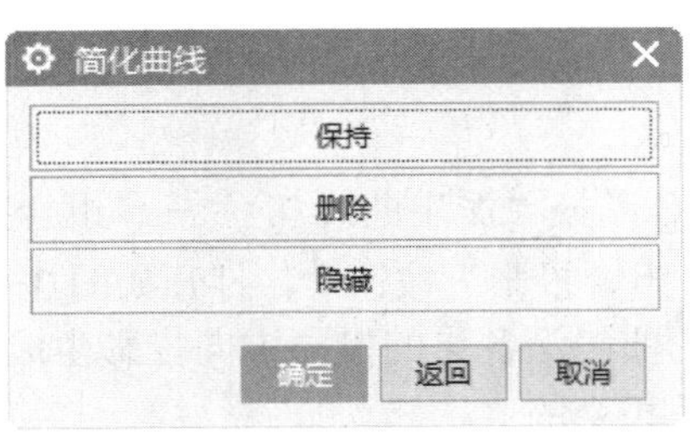

图3-66　“简化曲线”对话框

3.2.11　缠绕/展开

选择“菜单(M)”→“插入(S)”→“派生曲线(U)”→“缠绕/展开曲线(W)...”或单击“曲线”选项卡“派生曲线”面组上的“缠绕/展开曲线”按钮，打开如图 3-67 所示的“缠绕/展开曲线”对话框。该对话框用于将选定曲线由一平面缠绕在一锥面或柱面上生成一缠绕曲线或将选定曲线由一锥面或柱面展开至一平面生成一条展开曲线。

1. 类型

（1）缠绕：将曲线从一个平面缠绕到圆柱面或圆锥面上。

（2）展开：将曲线从圆柱面或圆锥面上展开到平面。

2. 曲线或点

用于确定欲缠绕或展开的曲线。

3. 面

用于确定被缠绕对象的圆锥或圆柱的实体表面。

4. 平面

用于确定产生缠绕的与被缠绕表面相切的平面。

“缠绕曲线”实例示意图如图 3-68 所示。

图3-67　“缠绕/展开曲线”对话框

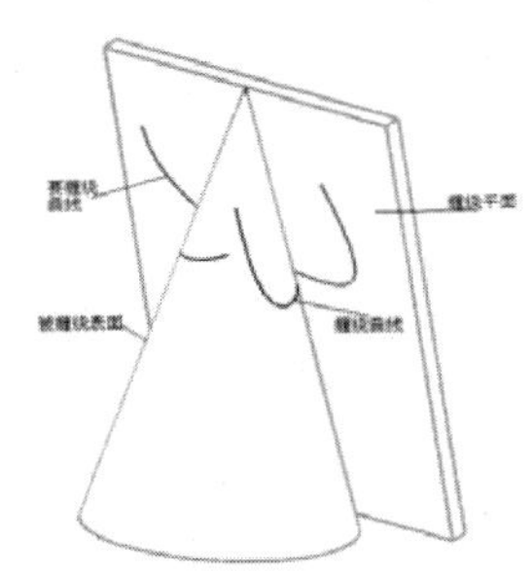

图3-68　“缠绕曲线”实例示意图

3.2.12 组合投影

选择“菜单(M)”→“插入(S)”→“派生曲线(U)”→“组合投影(C)...”，或单击“曲线”选项卡“派生曲线”面组上的“组合投影”按钮，打开如图 3-69 所示的“组合投影”对话框。该对话框用于将两条选定的曲线沿各自的投影方向投影生成一条新的曲线。需要注意的是，所选两条曲线的投影必须是相交的。

（1）曲线 1：用于确定欲投影的第一条曲线。

（2）曲线 2：用于确定欲投影的第二条曲线。

（3）投影方向 1：用于确定第一条曲线投影的矢量方向。

（4）投影方向 2：用于确定第二条曲线投影的矢量方向。

“组合投影”实例示意图如图 3-70 所示。

图 3-69 “组合投影”对话框

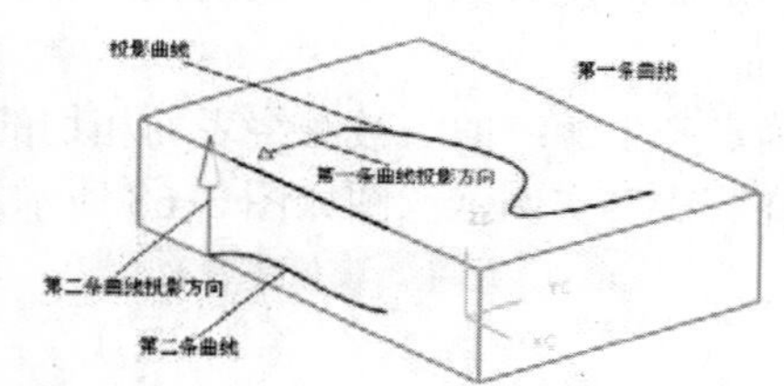

图 3-70 “组合投影”实例示意图

3.3 曲线编辑

3.3.1 编辑曲线参数

选择“菜单(M)”→“编辑(E)”→“曲线(V)”→“参数(P)...”，或单击“曲线”选项卡中“更多”库下的“编辑曲线参数”按钮，打开如图 3-71 所示的“编辑曲线参数”对话框。

在“编辑曲线参数”对话框中，选取要编辑的曲线，弹出对话框，该对话框的类型由所选取的曲线类型决定。

3.3.2　修剪曲线

选择“菜单(M)”→“编辑(E)”→“曲线(V)”→“修剪(T)...”或单击“曲线”选项卡“编辑曲线”面组上的“修剪曲线”按钮，打开如图3-72所示的“修剪曲线”对话框。

（1）要修剪的曲线：用于选择要修剪的一条或多条曲线（此步骤是必需的）。

（2）边界对象：此选项让用户从工作区窗口中选择一串对象作为边界，沿着它修剪曲线。

（3）曲线延伸：如果正修剪一个要延伸到它的边界对象的样条，则可以选择延伸的形状。这些选项是：

1）自然：从样条的端点沿它的自然路径延伸它。

2）线性：把样条从它的任一端点延伸到边界对象，样条的延伸部分是直线的。

3）圆形：把样条从它的端点延伸到边界对象，样条的延伸部分是圆弧形的。

4）无：对任何类型的曲线都不执行延伸。

（4）关联：该选项让用户指定输出的已被修剪的曲线是相关联的。关联的修剪导致生成一个 TRIM_CURVE 特征，它是原始曲线的复制的、关联的、被修剪的副本。

原始曲线的线型改为虚线，这样它们对照于被修剪的、关联的副本更容易看得到。如果输入参数改变，则关联的修剪的曲线会自动更新。

（5）输入曲线：该选项让用户指定想让输入曲线的被修剪的部分处于何种状态。

1）保留：意味着输入曲线不受修剪曲线操作的影响，被“保留”在它们的初始状态。

2）隐藏：意味着输入曲线被渲染成不可见。

3）删除：意味着通过修剪曲线操作把输入曲线从模型中删除。

4）替换：意味着输入曲线被已修剪的曲线替换或“交换”。当使用“替换”时，原始曲线的子特征成为已修剪曲线的子特征。

“修剪曲线”的实例示意图如图3-73所示。

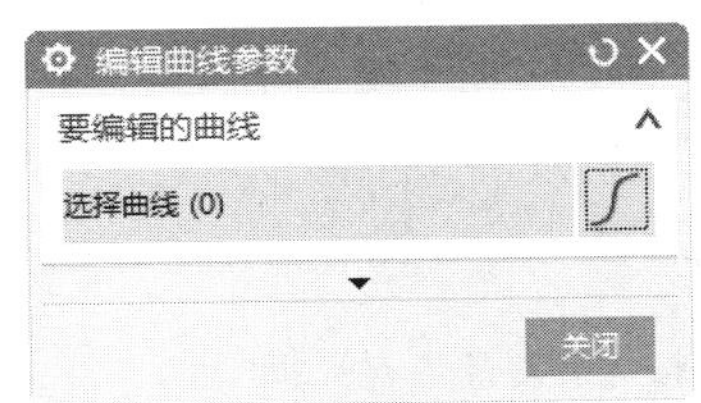

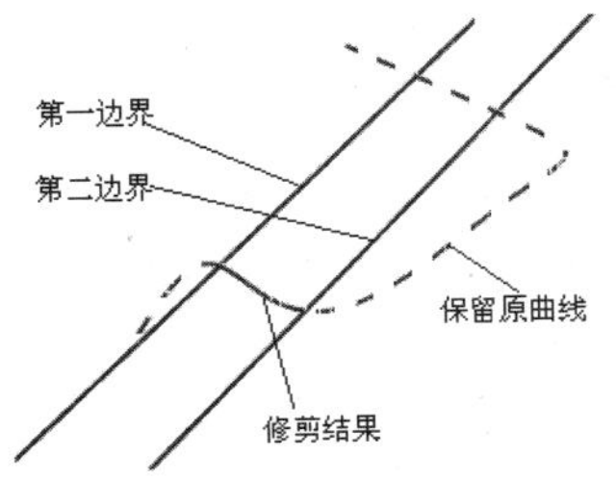

图3-71　“编辑曲线参数”对话框　图3-72　“修剪曲线”对话框　图3-73　“修剪曲线”的实例示意图

3.3.3 修剪拐角

选择“菜单(M)”→“编辑(E)”→“曲线(V)”→“修剪拐角（原有）(C)...”，打开如图 3-74 所示的“修剪...”对话框，系统提示用户选择两条相交曲线的交点处，即选择 时应将两条曲线完全包围住)，打开“快速拾取”对话框，选择要裁剪对象，则相对于交点，被选择的部分被修剪掉（或被延伸至交点处）。

修剪...
关闭 修剪拐角

图3-74 “修剪...”对话框

需注意的是当修剪包含圆的拐角时，修剪结果和圆的端点有关。

选择不同圆端点的修剪角实例示意图如图 3-75 所示。

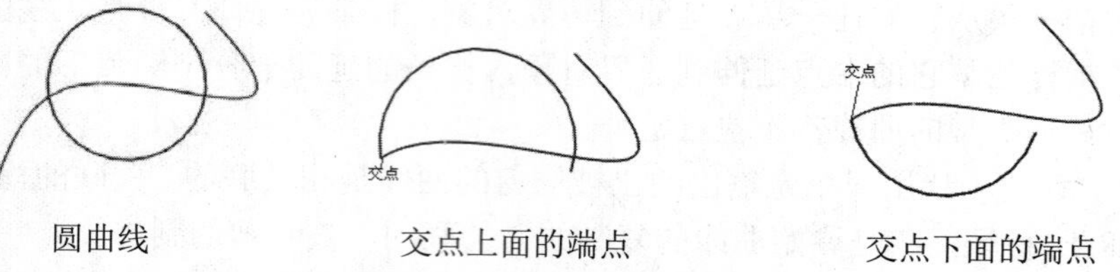

圆曲线　　交点上面的端点　　交点下面的端点

图3-75 选择不同圆端点的修剪拐角实例示意图

3.3.4 分割曲线

选择“菜单(M)”→“编辑(E)”→“曲线(V)”→“分割(D)...”，或单击“曲线”选项卡中“更多”库下的“分割曲线”按钮，打开如图 3-76 所示的“分割曲线”对话框。该对话框用于将指定曲线按指定要求分割成多个曲线段，每一段为一独立的曲线对象。

（1）等分段：选择此类型，对话框如图 3-76 所示。该对话框用于将曲线按指定的参数等分成指定的段数。

（2）按边界对象：选择此类型，对话框如图 3-77 所示，该对话框用于以指定的边界对象将曲线分割成多段，曲线在指定的边界对象处断口。边界对象可以是点、曲线、平面或实体表面。

图3-76 “分割曲线”对话框

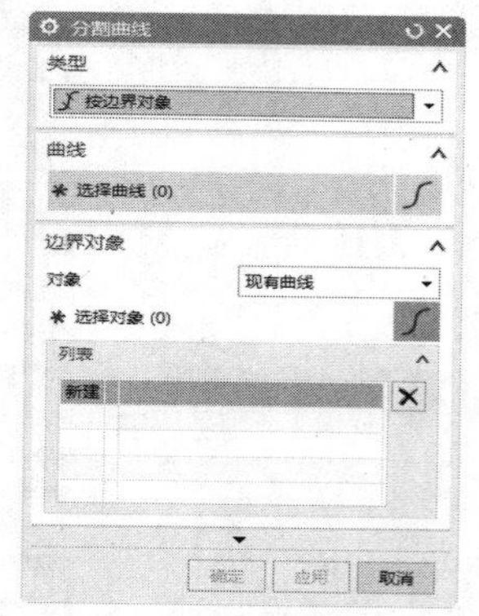

图3-77 “按边界对象”对话框

（3）弧长段数：选择此类型，打开如图 3-78 所示对话框。该对话框用于按照指定每段曲线的长度进行分段。

（4）在结点处：选择此类型，打开如图 3-79 所示对话框，该对话框用于在指定节点处对样条进行分割，分割后将删除样条曲线的参数。

（5）在拐角上：选择此类型，打开如图 3-80 所示对话框，该对话框用于在样条曲线的拐角处（斜率方向突变处）对样条进行分割。单击该按钮，选择要分割的样条曲线，系统会在样条曲线的拐角处分割曲线。

图3-78　“弧长段数”对话框

图3-79　“在结点处”对话框

图3-80　“在拐角上”对话框

3.3.5　拉长曲线

选择“菜单(M)”→“编辑(E)”→“曲线(V)”→“拉长（即将失效）(S)...”，打开如图 3-81 所示的“拉长曲线（即将失效）”对话框，该对话框用于移动或拉伸几何对象，如果选择的是对象的端点，其功能是拉伸该对象，如果选取的是对象端点以外的位置，其功能是移动对象。

（1）增量方式：XC 增量、YC 增量和 ZC 增量文本框用于输入对象分别沿 XC、YC 和 ZC 坐标轴方向移动或拉伸的位移。

（2）点到点：单击该按钮，打开“点”对话框，该对话框用于定义一个参考点和一个目标点，则系统以该参考点至目标点的方向和距离移动或拉长对象。

“拉长曲线”实例示意图如图 3-82 所示。

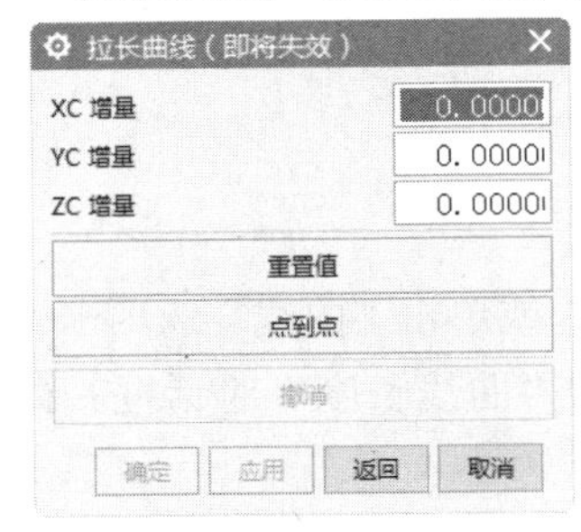

图3-81　“拉长曲线”对话框

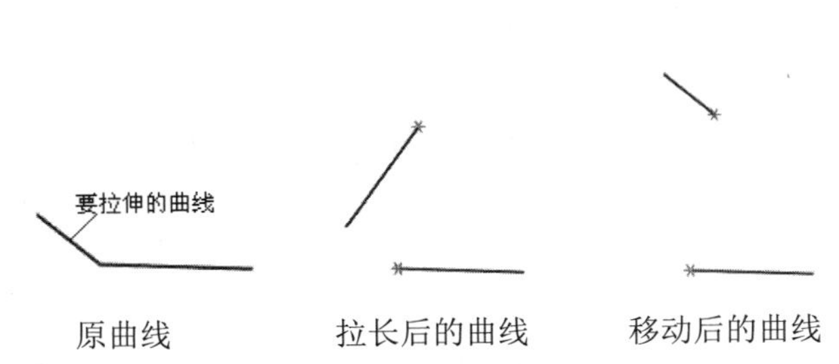

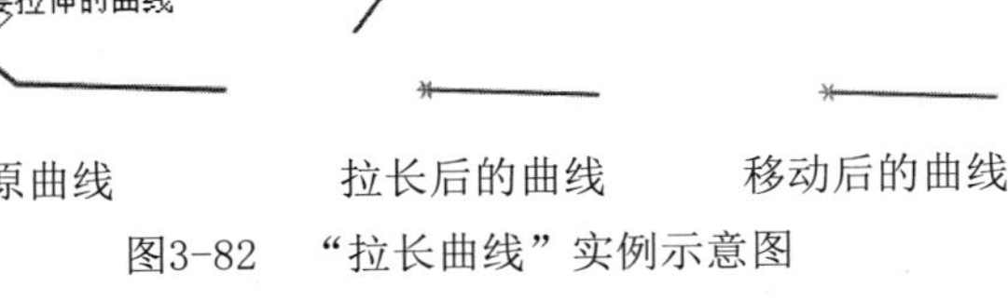

图3-82　“拉长曲线”实例示意图

3.3.6　编辑圆角

选择“菜单(M)”→“编辑(E)”→“曲线(V)”→“圆角（原有）(F)...”，打开如图 3-83 所示的“编辑圆角”对话框。

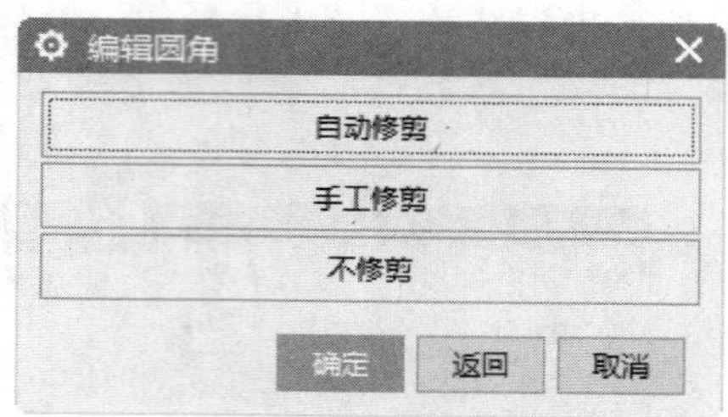

图3-83　“编辑圆角”对话框

（1）自动修剪：系统自动根据圆角来裁剪其两条连接曲线。单击该按钮，系统提示依次选择存在圆角的第一条连接曲线、圆角和第二条连接曲线，接着打开如图 3-84 所示的“编辑圆角”参数输入对话框。

1）半径：用于设定圆角的新半径值。

2）默认半径：用于设置“半径”文本框中的默认半径。

3）新的中心：勾选该复选框，可以通过设定新的一点改变圆角的大致圆心位置。去掉勾选，仍以当前圆心位置来对圆角进行编辑。

（2）手工修剪：用于在用户的干预下修剪圆角的两条曲线。

（3）不修剪：不修剪圆角的两条连接曲线。

“编辑圆角”的实例示意图如图 3-85 所示。

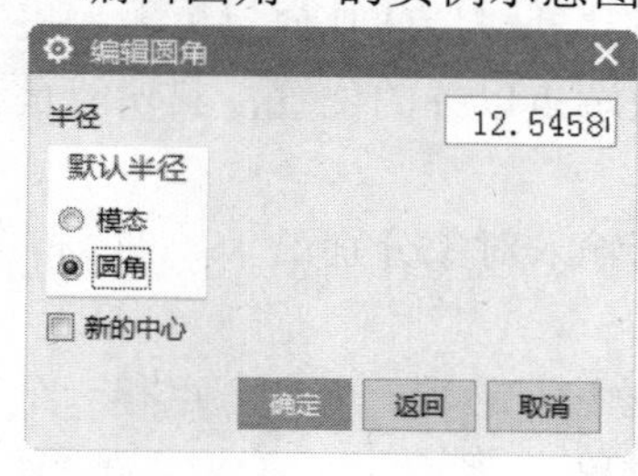

图3-84　“编辑圆角”参数输入对话框

第一条曲线　第二条曲线
圆角
原曲线
修改后的圆角
编辑圆角后的曲线

图3-85　“编辑圆角”的实例示意图

3.3.7　编辑曲线长度

选择“菜单(M)”→“编辑(E)”→“曲线(V)”→“长度(L)”或单击“曲线”选项卡“编辑曲线”面组上的“曲线长度”按钮，打开如图 3-86 所示的“曲线长度”对话框。该对话框用于通过指定弧长增量或总弧长方式来改变曲线的长度。

1. 长度

（1）增量：表示以给定弧长增加量或减少量来编辑选定的曲线的长度。选择该选项时，在“限制”列表框中的“开始”和“结束”文本框被激活，在这两个文本框中可分别输入曲线长度在起点和终点增加或减少的长度值。

（2）总数：表示以给定总长来编辑选定曲线的长度。选择该选项，在“极限”列表框中的“全部”文本框被激活，在该文本框中可输入曲线的总长度。

图3-86　“曲线长度”对话框

2. 侧

（1）起点和终点：表示从选定曲线的起始点及终点开始延伸。

（2）对称：表示从选定曲线的起始点及终点延伸一样的长度值。

3. 方法

用于确定所选样条延伸的形状。选项有：

（1）自然：从样条的端点沿它的自然路径延伸它。

（2）线性：从任意一个端点延伸样条，它的延伸部分是线性的。

（3）圆形：从样条的端点延伸它，它的延伸部分是圆弧的。

“编辑曲线长度”实例示意图如图 3-87 所示。

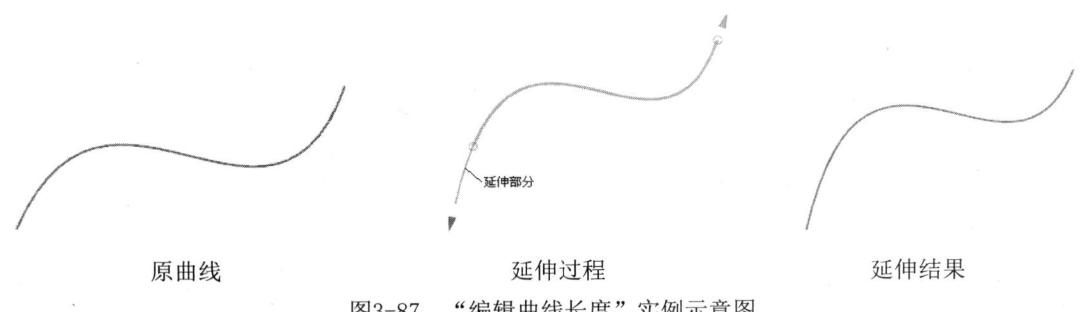

图3-87　“编辑曲线长度”实例示意图

UG NX 12.0

3.3.8 光顺样条

选择“菜单(M)”→“编辑(E)”→“曲线(V)”→“光顺样条(M)...”，打开如图 3-88 所示的“光顺样条”对话框。该对话框用于光顺样条曲线的曲率，使得样条曲线更加光顺。

1. 类型

（1）曲率：通过最小曲率值的大小来光顺样条曲线。

（2）曲率变化：通过最小整条曲线的曲率变化来光顺样条曲线

2. 要光顺的曲线

选择要光顺的曲线。

3. 约束

用于选项在光顺样条的时候，对于线条起点和终点的约束。

“光顺样条”实例示意图如图 3-89 所示。

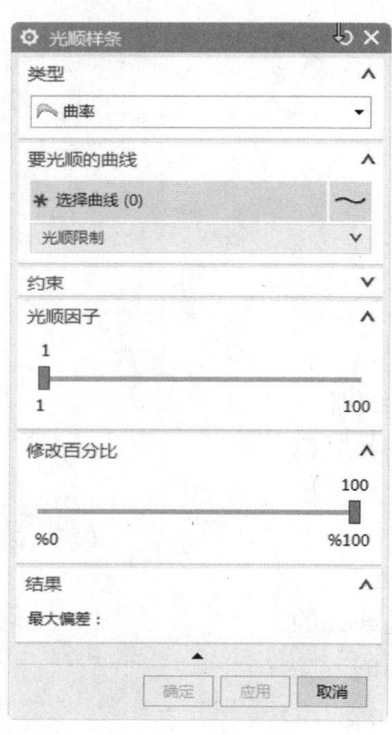

图 3-88 “光顺样条”对话框

原样条曲线　　光顺后的样条曲线

图 3-89 “光顺样条”实例示意图

3.3.9 实例——碗轮廓线

创建如图 3-90 所示的碗轮廓线。

01 新建文件。单击“主页”选项卡“新建”按钮，打开“新建”对话框。在“模板”列表框中选择“模型”，输入“Wan”，单击确定按钮，进入 UG 建模环境。

02 创建曲线。

❶选择“菜单(M)”→“插入(S)”→“曲线(C)”→“基本曲线（原有）(B) …”，打开如图 3-91 所示的“基本曲线”对话框。

❷在对话框里类型选项中单击“圆○”，在“点方法”下拉列表中选择“点构造器”按钮，打开“点”对话框。

❸在“点”对话框中输入坐标值（0，50，0）为圆中心点，单击确定按钮，输入（-50，50，0）为半径点，单击确定按钮，完成圆 1 的绘制，如图 3-92 所示。

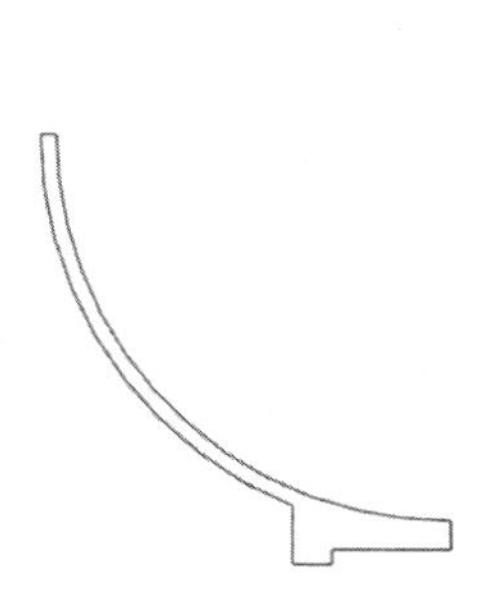

图3-90　碗

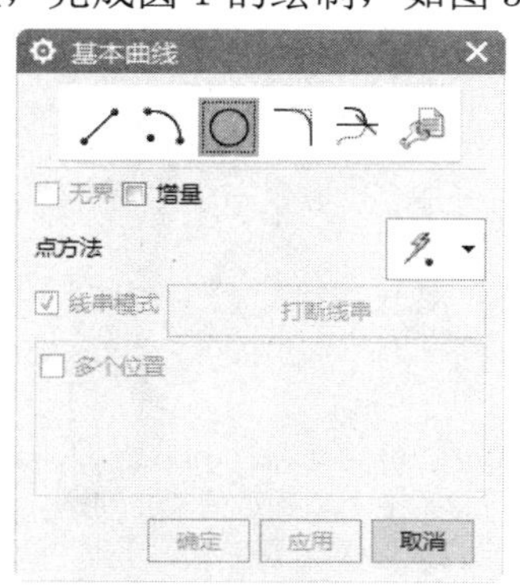

图3-91　“基本曲线”对话框

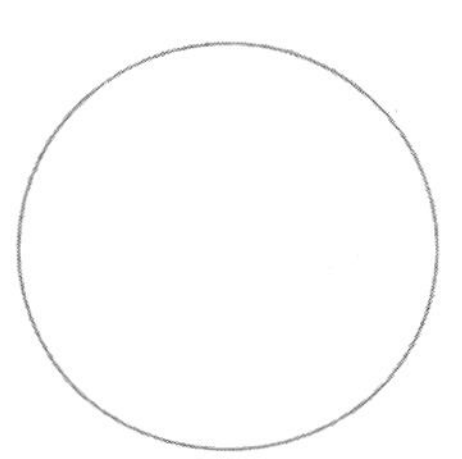

图3-92　绘制圆1

03 创建偏置曲线。

❶选择“菜单(M)”→“插入(S)”→“派生曲线(U)”→“偏置(O)…”或单击“曲线”选项卡“派生曲线”面组上“偏置曲线”按钮，打开如图 3-93 所示的“偏置曲线”对话框。

❷在类型下拉选项中选择“距离”类型，选择如图 3-94 所示上步绘制的圆 1，注意偏置方向为 X 轴。

❸在偏置“距离”和“副本数”参数项中输入 2，1，单击确定按钮，生成圆 2，如图 3-95 所示。

04 创建直线。

❶选择“菜单(M)”→“插入(S)”→“曲线(C)”→“基本曲线（原有）(B) …”，打开“基本曲线”对话框。

❷在对话框里类型选项中单击“直线”，在方法下拉列表中选择“象限点”，捕捉圆 1 的象限点绘制两相交直线，如图 3-96 所示。

05 裁剪操作。

❶选择“菜单(M)”→“编辑(E)”→“曲线(V)”→“修剪(T)…”或单击“曲线”选项卡“编辑曲线”面组上的“修剪曲线”按钮，打开如图 3-97 所示“修剪曲线”对话框，各选项设置如图 3-97 所示。

❷选择上一步绘制的两直线为两边界对象，如图 3-98 所示，两圆弧为被修剪曲线，单击确定按钮，如图 3-99 所示。再以圆 2 为边界，修剪两直线，结果如图 3-100 所示。

06 创建直线（建立碗底座轮廓）。

❶选择“菜单(M)”→“插入(S)”→“曲线(C)”→“直线(L)…”或单击“曲线”选项卡

卡“曲线”面组上的“直线”按钮╱，打开“直线”对话框。

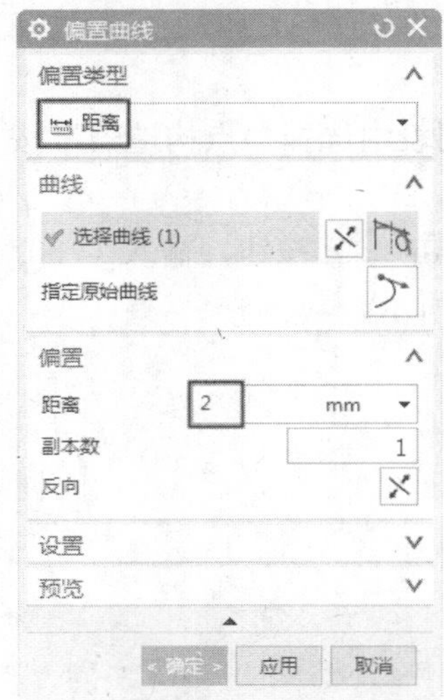

图3-93 “偏置曲线”对话框

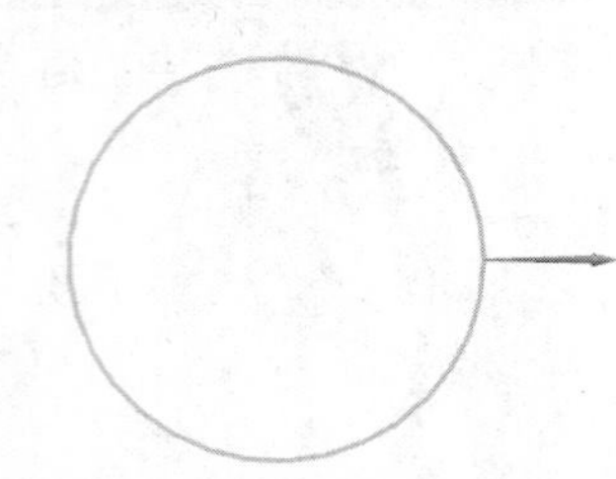

图3-94 选择要偏移的曲线

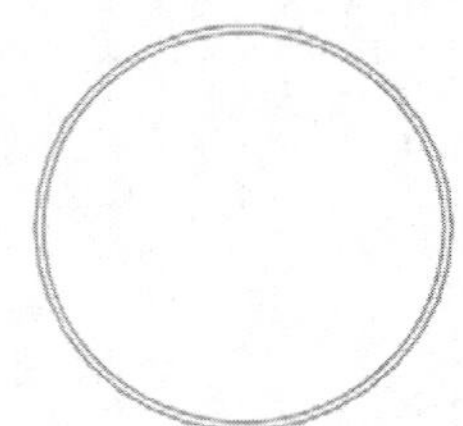

图3-95 绘制圆

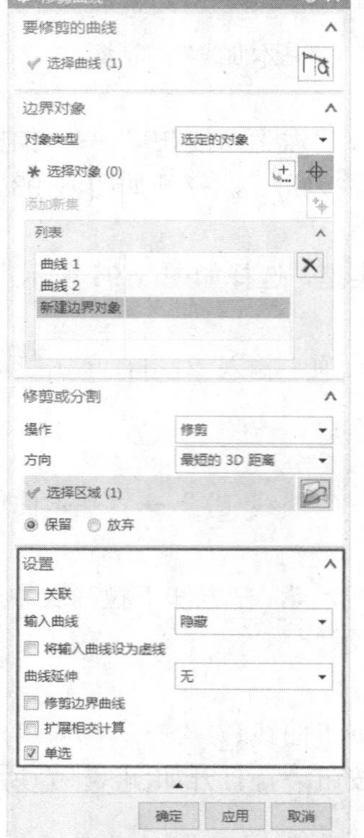

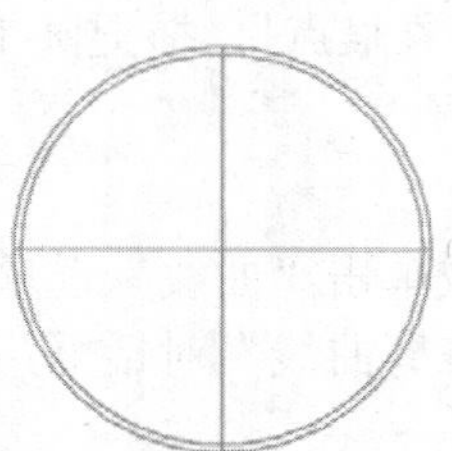

图3-96 绘制直线

图3-97 “修剪曲线”对话框

图3-98 选取边界对象

❷将起点选项设置为“自动判断”，绘图区选择直线起点，即端点 A。

❸选择终点方向，输入长度值-2。

❹依照上述方法定义如图 3-101 所示的线段 C，D，E，长度分别为 15，2，5。在定义线

段 F 时，长度刚好到圆弧 1 即可。

07 修剪操作（删除弧线 1 多余一段）。

❶选择“菜单(M)”→“编辑(E)”→“曲线(V)”→“修剪(T)...”或单击“曲线”选项卡“编辑曲线”面组上的“修剪曲线”按钮，打开“修剪曲线”对话框。

❷选择线段 F 为边界对象，圆弧 1 为修剪对象，单击确定按钮，完成修剪操作，结果如图 3-102 所示。

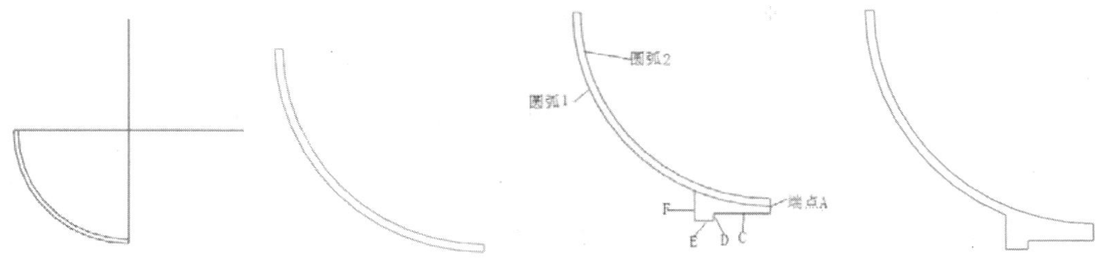

图3-99　曲线模型1　　图3-100　曲线模型2　　图3-101 轮廓曲线　　图3-102　碗轮廓曲线

3.4 综合实例——渐开曲线

01 新建文件。单击“主页”选项卡“新建”按钮，打开“新建”对话框，在“模板”列表框中选择“模型”，输入“JianKaiXian”，单击确定按钮，进入 UG 建模环境。

02 设置参数表达式。

❶选择“菜单(M)”→“工具（T）”→“表达式（X）...”，或单击“工具”选项卡“实用程序”面组上的“表达式”按钮，打开如图 3-103 所示“表达式”对话框。

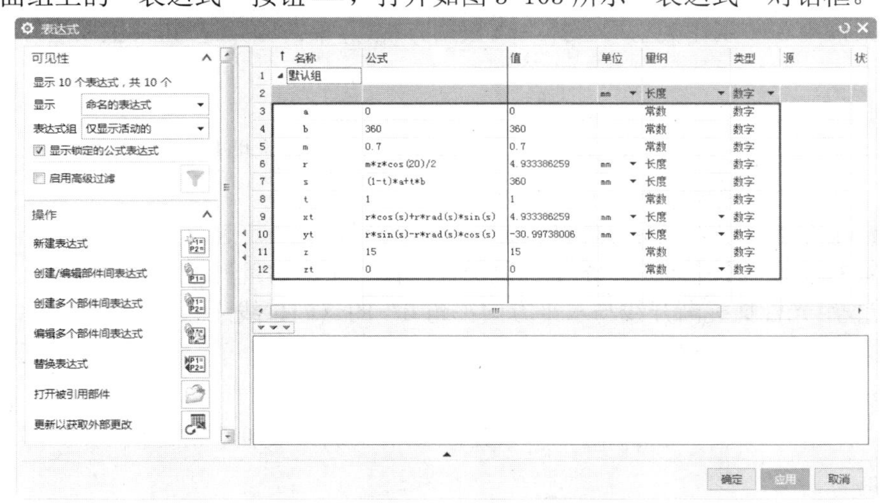

图 3-103　“表达式”对话框

❷单击“新建表达式”按钮，在名称和公式分别输入 a、0，单击应用按钮。

❸同上依次输入 b,360；m,0.7；t,1；zt,0；z,15；s，(1-t)*a+t*b；r，m*z*cos(20)/2；xt，r*cos(s)+r*rad(s)*sin(s)；yt，r*sin(s)-r*rad(s)*cos(s)；注意：a、b、m、t、zt、 z 设置为无单位，s、r、xt、yt 设置为长度。

上述方程中：a、b 表示渐开线的起始角和终止角；m 表示齿轮的模数；t 是系统内部变量，在 0 和 1 之间自动变化；r 表示基圆半径。

03 创建渐开线。

❶选择“菜单(M)”→“插入(S)”→“曲线(C)”→“规律曲线(W)…”，打开如图 3-104 所示“规律曲线”对话框。

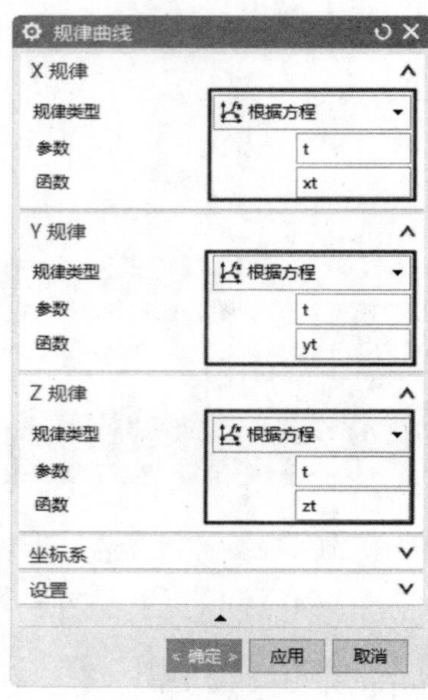

图3-104 “规律曲线”对话框

❷在对话框中 XYZ 规律类型均选择“根据方程”，单击 < 确定 > 按钮，生成渐开线曲线如图 3-105 所示。

04 创建直线。

❶选择“菜单(M)”→“插入(S)”→“曲线(C)”→“基本曲线（原有）(B) …”，打开“基本曲线”对话框和跟踪条如图 3-106 所示。

❷在坐标跟踪条里输入坐标（0，0，0），按 Enter 键，确定起点。

❸在基本曲线对话框中勾选“增量”复选框，在“角度增量”选项中输入 6，此时光标带有捕捉功能，用光标捕捉渐开线与水平方向夹角 6° 的点为直线终点，生成直线，如图 3-107 所示。单击 取消 按钮，关闭“基本曲线”对话框。

05 镜像渐开线。

❶选择“菜单(M)”→“编辑(E)”→“变换(M)，打开“变换”对话框 1，如图 3-108 所示。

❷选择屏幕中的渐开线，单击 确定 按钮，打开“变换”对话框 2，如图 3-109 所示，单击 通过一直线镜像 按钮。

❸打开“变换”对话框 3，如图 3-110 所示，单击 现有的直线 按钮，选择屏幕中的直线，单击 确定 按钮。

❹打开“变换”对话框 4，如图 3-111 所示，单击 复制 按钮，生成一镜像渐开线，如图 3-112 所示，单击 取消 按钮，关闭对话框。

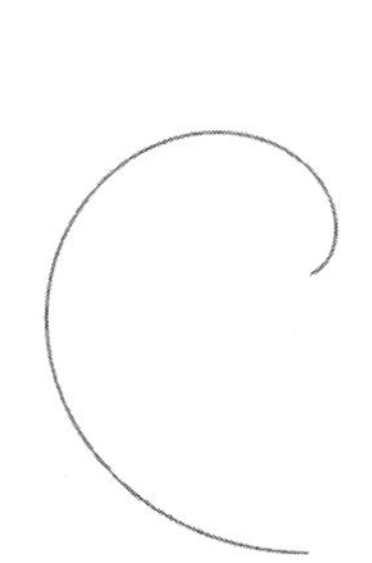
图3-105　渐开线曲线

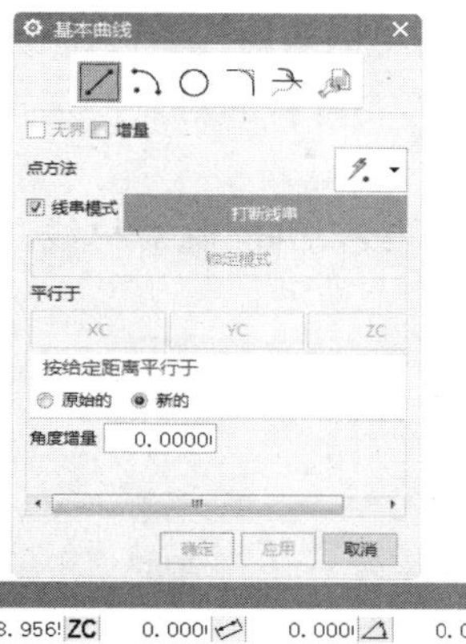

图3-106　“基本曲线和跟踪栏”对话框

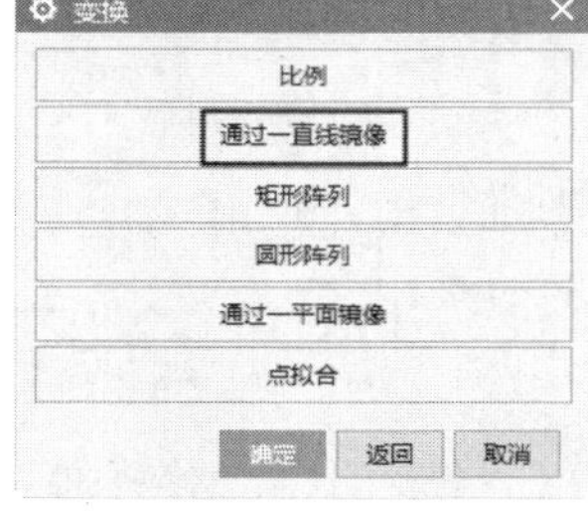

图3-107 绘制直线　图3-108　“变换”对话框1　图3-109　“变换”对话框2

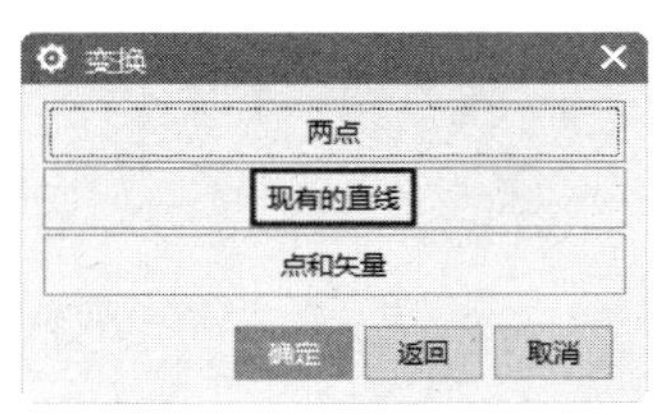

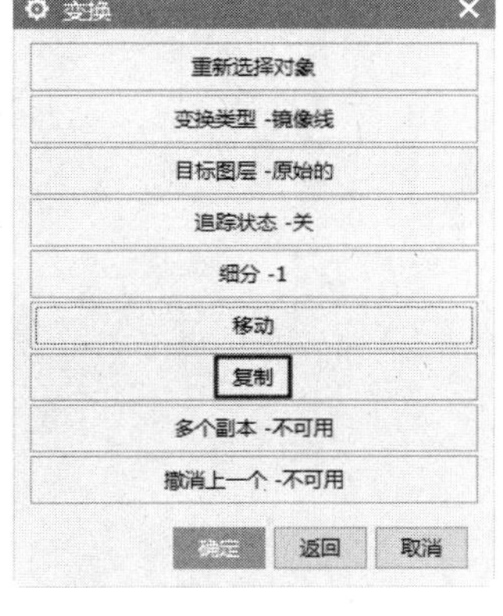

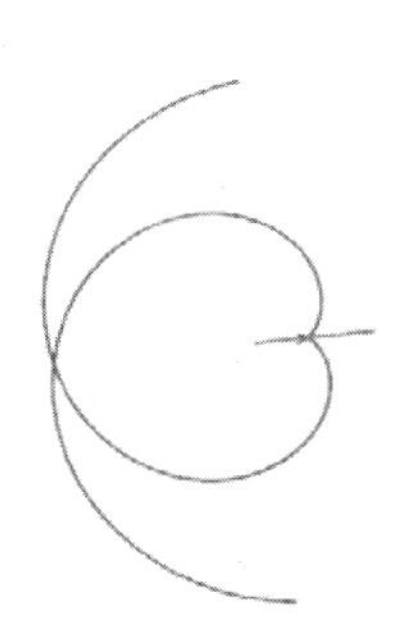

图3-110　“变换”对话框3　图3-111　“变换”对话框4　图3-112　镜像曲线

UG NX 12.0

06 修剪曲线。

❶选择“菜单(M)”→“编辑(E)”→“曲线(V)”→“修剪(T)...”或单击“曲线”选项卡“编辑曲线”面组上的“修剪曲线”按钮，打开“修剪曲线”对话框，如图 3-113 所示。

❷选择镜像渐开线为要修剪的对象，选择渐开线为边界对象 1，其他设置如图 3-113 所示。

❸同上修剪另一渐开线，并删除对称线，生成如图 3-114 所示渐开线齿外形。用户可以设置合适的齿顶圆完成整个造型。

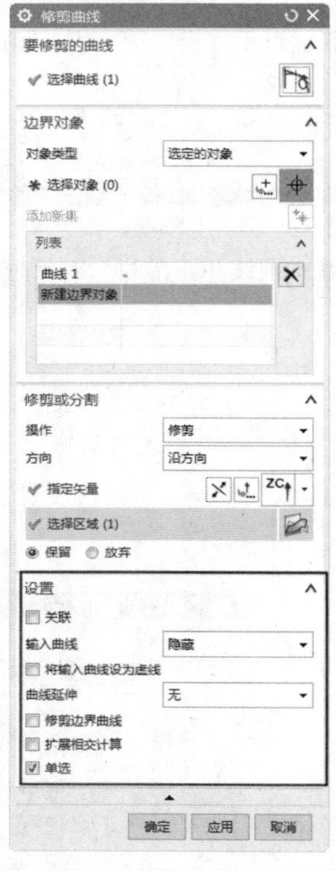

图3-113 “修剪曲线”对话框

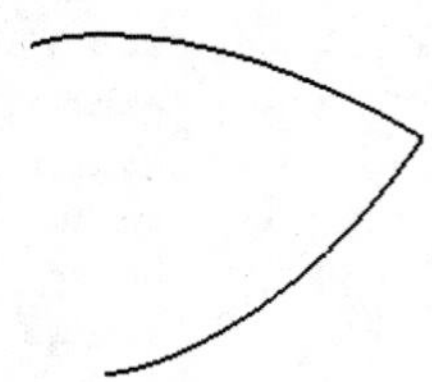

图3-114 渐开线齿外型

第4章 草图绘制

通常情况下，用户的三维设计应该从草图(Sketch)绘制开始。在 UG NX12.0 的草图功能中可以建立各种基本曲线，对曲线建立几何约束和尺寸约束，然后对二维草图进行拉伸、旋转等操作，创建实体与草图关联的实体模型。

当用户需要对三维实体的轮廓图像进行参数化控制时，一般需要用草图创建。在修改草图时，与草图关联的实体模型也会自动更新。

重点与难点

- 草图工作平面
- 草图定位
- 草图曲线
- 草图操作
- 草图约束

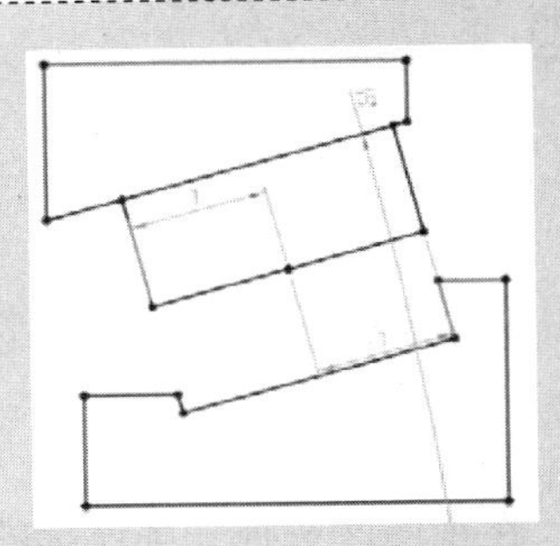

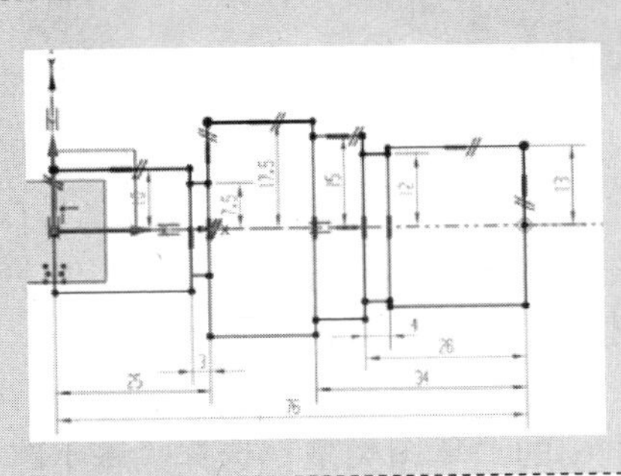

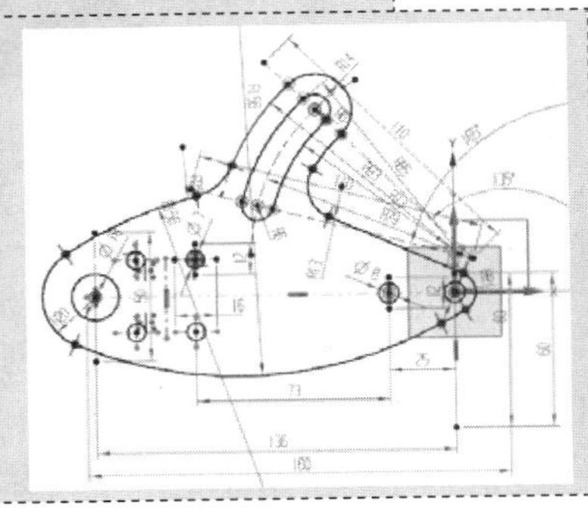

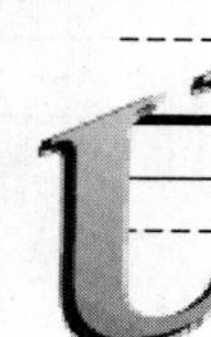

4.1 草图工作平面

选择“菜单(M)”→“插入(S)”→“在任务环境中绘制草图(V)...”，系统会自动出现“创建草图”对话框，提示用户选择一个安放草图的平面，如图 4-1 所示。

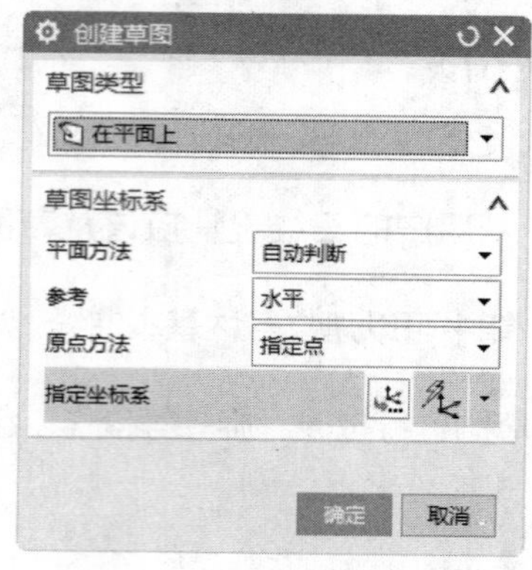

图 4-1 “创建草图”对话框

1. 在平面上

（1）现有平面：在视图区选择一个平面作为草图工作平面，同时系统在所选表面坐标轴方向，如图 4-2 所示。

（2）创建平面：在“平面方法”选项下拉列表中选择“新平面”方式，单击“平面对话框”图标，打开“平面”对话框，如图 4-3 所示。用户可选择自动判断、点和方向、距离、成一角度和固定基准等方式创建草图工作平面。

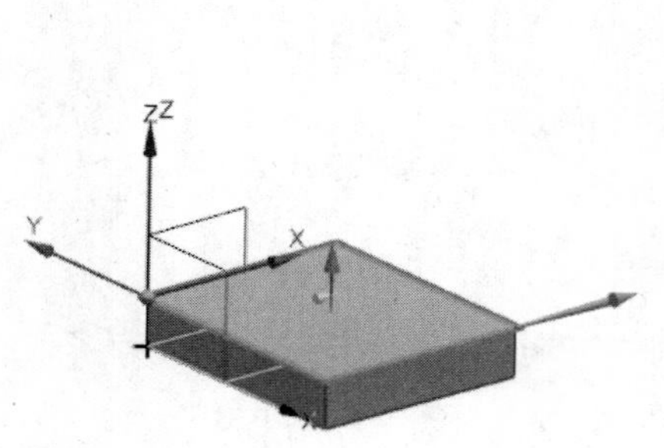

图 4-2 选择草图平面

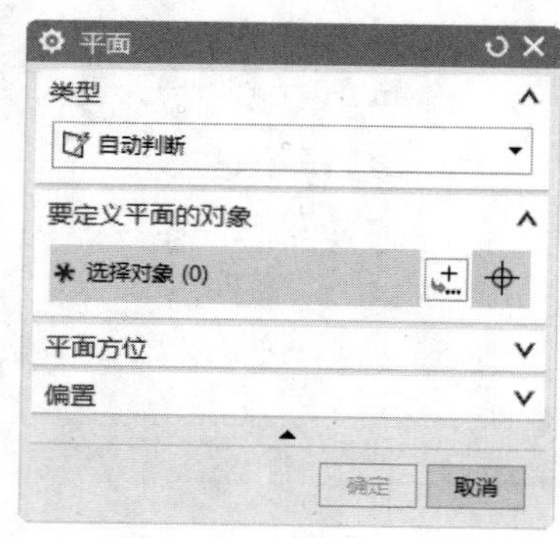

图 4-3 “平面”对话框

（3）创建坐标系：单击“坐标系对话框”图标，打开如图 4-4 所示“坐标系”对话框。用户可选择坐标系类型创建草图工作平面。

2. 基于路径

在“创建草图”对话框中的“草图类型”选择“基于路径”，在视图区选择一条连续的曲线作为刀轨，同时系统在和所选曲线的刀轨方向显示草图工作平面及其坐标方向，还有草图工作平面和刀轨相交点在曲线上的弧长文本对话框，在该文本对话框中输入弧长值，可以改变草图工作平面的位置，如图 4-5 所示。

图4-4　“坐标系”对话框

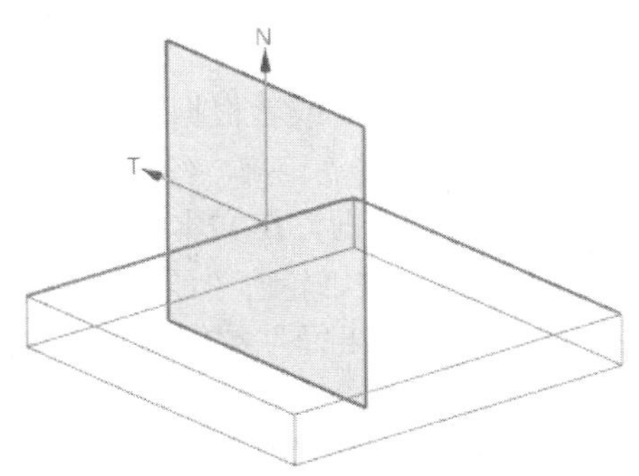

图4-5　选择在轨迹上

4.2 草图定位

草图工作平面选定后，单击确定按钮或者鼠标中键，进入草图绘制环境，“主页”选项卡如图 4-6 所示。系统按照先后顺序给用户的草图取名为 SKETCH_000、SKETCH_001、SKETCH_002…。名称显示在“草图名”的文本框中，单击该文本框右侧的按钮，打开“草图名”下拉列表框，在该下拉列表框中选择所需草图名称，激活所选草图。当草图绘制完成以后，可以单击“完成”按钮，退出草图环境，回到基本建模环境。

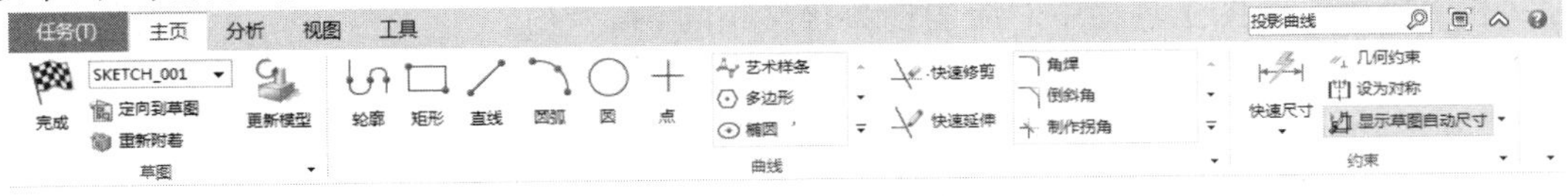

图4-6　“主页”选项卡

4.3 草图曲线

进入草图绘制界面后，系统会自动打开如图 4-7 所示的“曲线”面组。本节主要介绍工具栏中草图曲线部分。

4.3.1　轮廓

绘制单一或者连续的直线和圆弧。

选择“菜单(M)”→“插入(S)”→“曲线（C)”→ “轮廓(O)…”，或者单击“主页”选项卡“曲线”面组上的“轮廓”按钮，打开如图 4-8 所示的“轮廓”绘图工具栏。

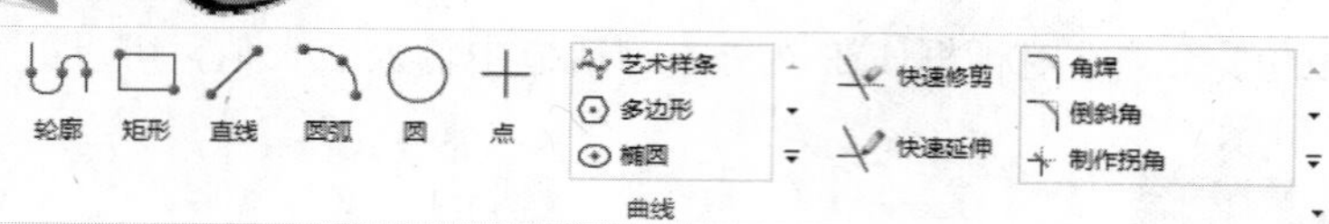

图4-7 “曲线”面组

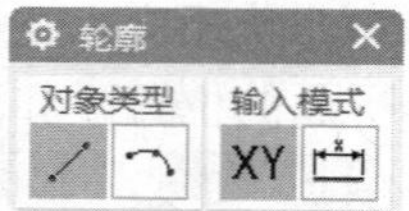

图4-8 “轮廓”绘图工具栏

（1）直线：在“轮廓”绘图工具栏中单击图标，在视图区选择两点绘制直线。

（2）圆弧：在“轮廓”绘图工具栏中单击图标，在视图区选择一点，输入半径，然后再在视图区选择另一点，或者根据相应约束和扫描角度绘制圆弧。

（3）坐标模式：在“轮廓”绘图工具栏中单击XY图标，在视图区显示如图 4-9 所示“XC”和“YC”数值输入文本框，在文本框中输入所需数值，确定绘制点。

（4）参数模式：在“轮廓”绘图工具栏中单击图标，在视图区显示如图 4-10 所示“长度”和“角度”或者“半径”数值输入文本框，在文本框中输入所需数值，拖动鼠标，在所要放置位置单击，绘制直线或者弧。和坐标模式的区别是在数值输入文本框中输入数值后，坐标模式是确定的，而参数模式是浮动的。

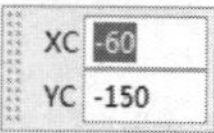

图4-9 “坐标模式”数值输入文本框

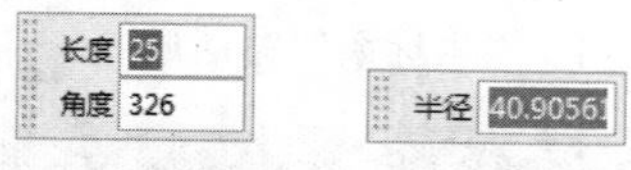

图4-10 “参数模式”数值输入文本框

4.3.2 直线

选择“菜单(M)”→“插入(S)”→“曲线（C)”→“直线(L)...”，或者单击“主页”选项卡“曲线”面组上的“直线”按钮，打开如图 4-11 所示的“直线”绘图工具栏，其各个参数含义和“轮廓”绘图工具栏中对应的参数含义相同。

4.3.3 圆弧

选择“菜单(M)”→“插入(S)”→“曲线（C)”→“圆弧(A)...”，或者单击“主页”选项卡“曲线”面组上的“圆弧”按钮，打开如图 4-12 所示的“圆弧”绘图工具栏，其中“坐标模式”和“参数模式”参数含义和“轮廓”绘图工具栏中对应的参数含义相同。

（1）三点定圆弧：在“圆弧”绘图工具栏中单击图标，选择“三点定圆弧”方式绘制圆弧。

（2）中心和端点定圆弧：在“圆弧”绘图工具栏中单击图标，选择“中心和端点定圆弧”方式绘制圆弧。

4.3.4 圆

选择“菜单(M)”→“插入(S)”→“曲线（C)”→“圆(C)...”，或者单击“主页”选项卡“曲线”面组上的“圆”按钮，打开如图 4-13 所示的“圆”绘图工具栏，其中“坐标模式”

和“参数模式”参数含义和“轮廓”绘图工具栏中对应的参数含义相同。

图4-11　“直线”绘图工具栏

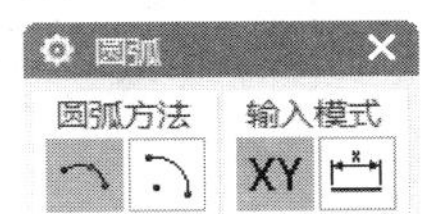

图4-12　“圆弧”绘图工具栏

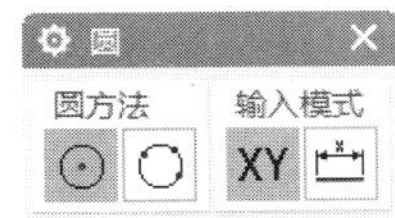

图4-13　“圆”绘图工具栏

（1）中心和直径定圆：在“圆”绘图工具栏中单击⊙图标，选择“中心和直径定圆”方式绘制圆。

（2）三点定圆：在“圆”绘图工具栏中单击○图标，选择“三点定圆”方式绘制圆。

4.3.5　派生曲线

选择一条或几条直线后，系统自动生成其平行线或中线或角平分线。

选择“菜单(M)”→“插入(S)”→“来自曲线集的曲线（F)”→“派生直线(I)...”，选择“派生直线”方式绘制直线。“派生直线”方式绘制草图示意图如图 4-14 所示。

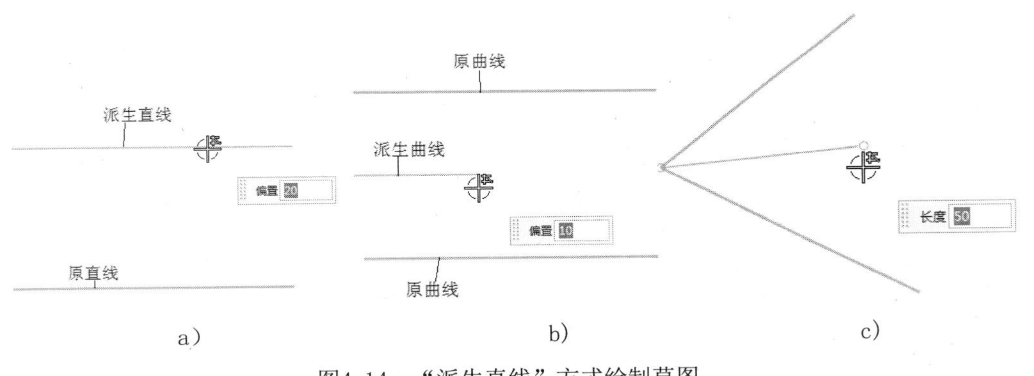

图4-14　“派生直线”方式绘制草图

4.3.6　快速修剪

修剪一条或者多条曲线。

选择“菜单(M)”→“编辑(E)”→“曲线（V)”→“快速修剪(Q)...”，或者单击“主页”选项卡“曲线”面组上的“快速修剪”按钮，修剪不需要的曲线。

修剪草图中不需要的线素有 3 种方式：

（1）修剪单一对象：光标直接选择不需要的线素，修剪边界为离指定对象最近的曲线，如图 4-15 所示。

（2）修剪多个对象：按住鼠标左键并拖动，这时光标变成画笔，与画笔画出的曲线相交的线素都被裁剪掉，如图 4-16 所示。

（3）修剪至边界：用光标选择剪切边界线，然后再单击多余的线素，被选中的线素即以边界线为边界被修剪，如图 4-17 所示。

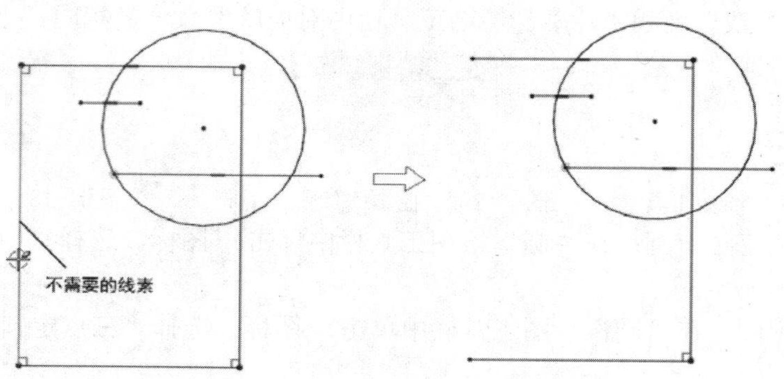

图4-15　修剪单一对象

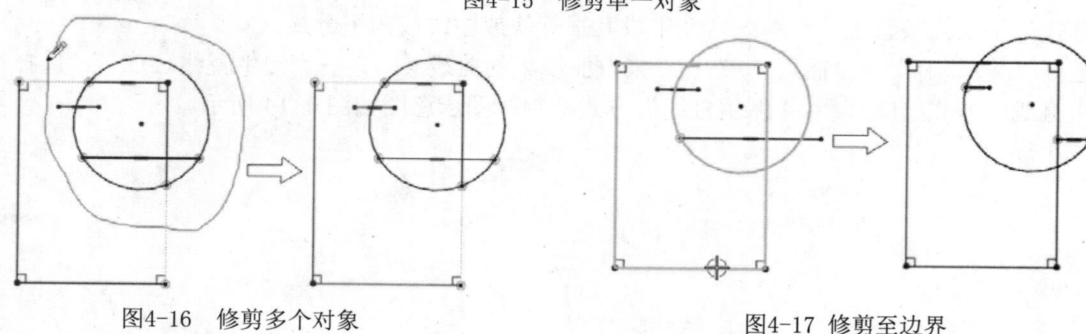
图4-16　修剪多个对象　　　　图4-17 修剪至边界

4.3.7　快速延伸

延伸指定的对象与曲线边界相交。

选择"菜单(M)"→"编辑(E)"→"曲线（V)"→"快速延伸（X）..."，或者单击"主页"选项卡"曲线"面组上的"快速延伸"按钮，延伸指定的线素与边界相交。

延伸指定的线素有 3 种方式：

（1）延伸单一对象：光标直接选择要延伸的线素单击确定，线素自动延伸到下一个边界，如图 4-18 所示。

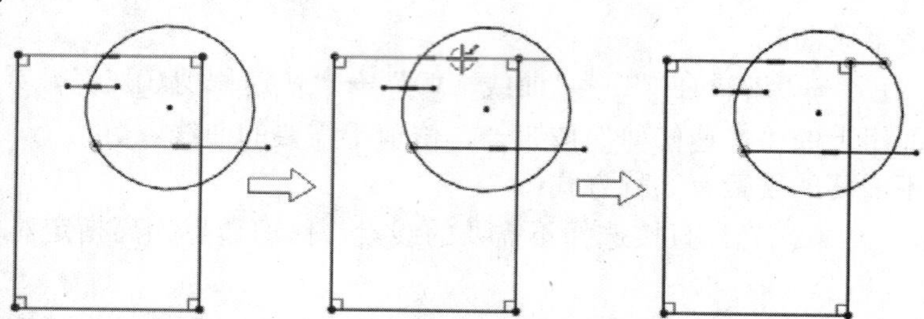
图4-18 延伸单一对象

（2）延伸多个对象：按住鼠标左键并拖动，这时光标变成画笔，与画笔画出的曲线相交的线素都会被延伸，如图 4-19 所示。

（3）延伸至边界：用光标选择延伸的边界线，然后单击要延伸的对象，被选中对象延伸至边界线，如图 4-20 所示。

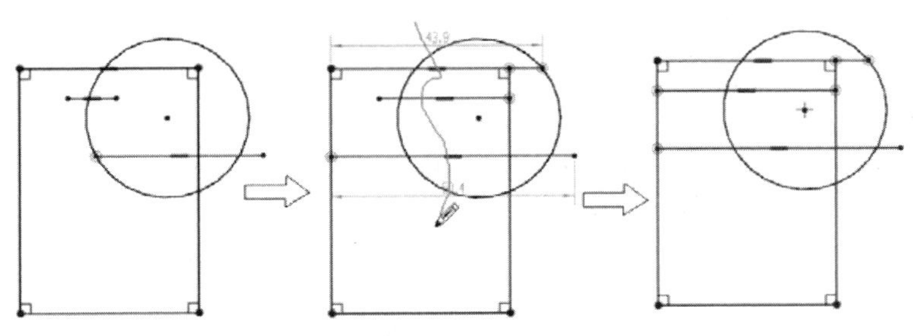

图4-19　延伸多个对象

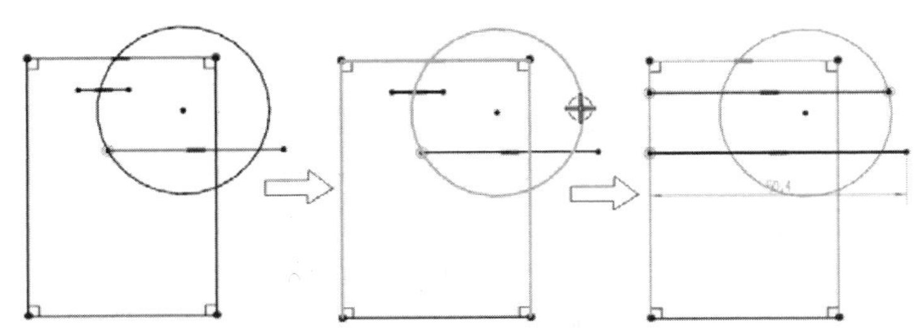

图4-20　延伸至边界

4.3.8　圆角

在两条曲线之间进行倒角，并且可以动态改变圆角半径。

选择“菜单(M)”→“插入(S)”→“曲线（C）”→“圆角（F）...”，或者单击“主页”选项卡“曲线”面组上的“角焊”按钮，弹出“半径”数值输入文本框，同时系统打开如图4-21所示的“圆角”工具栏。

（1）修剪输入：在“圆角方法”工具栏中单击图标，选择“修剪”功能，表示对原线素进行修剪或延伸；在“圆角方法”工具栏中单击图标，表示对原线素不修剪也不延伸。创建圆角示意图如图4-22所示。

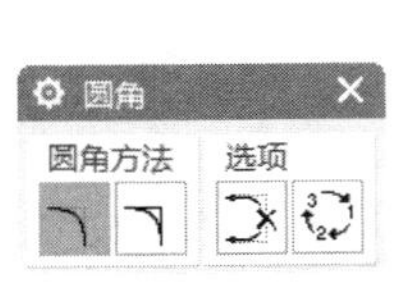

图4-21 “圆角”工具栏

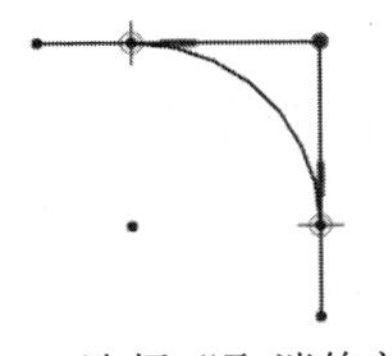

选择“取消修剪”

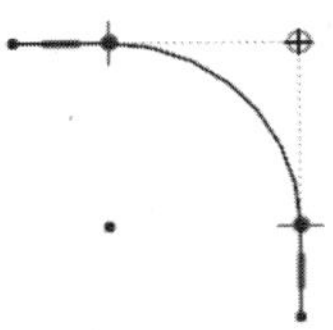

选择“修剪”

图4-22 “修剪”方式创建圆角示意图

（2）删除第三条曲线：在“选项”工具栏中单击图标，表示在选择两条曲线和圆角半径后，存在第三条曲线和该圆角相切，系统在创建圆角的同时，自动删除和该圆角相切的第三条曲线，示意图如图4-23所示。

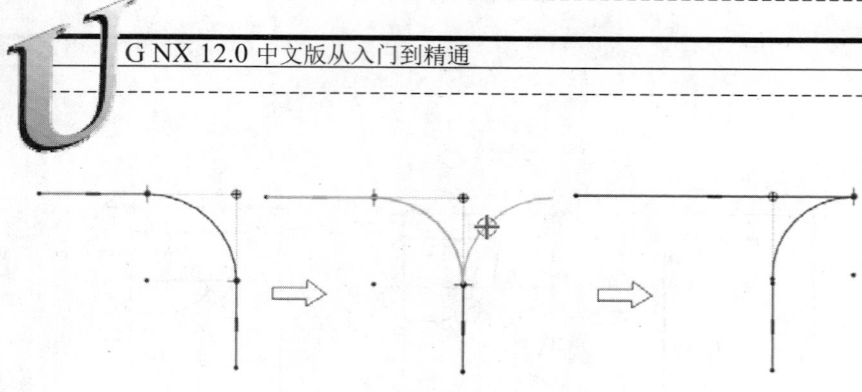

图4-23 “删除第三条曲线”方式创建圆角示意图

4.3.9 矩形

选择“菜单(M)”→“插入(S)”→“曲线（C)”→“矩形(R)...”，或者单击“主页”选项卡“曲线”面组上的“矩形”按钮，打开如图 4-24 所示的“矩形”绘图工具栏，其中“坐标模式”和“参数模式”参数含义和“轮廓”绘图工具栏中对应的参数含义相同。

（1）按 2 点：在“矩形”绘图工具栏中，单击图标，选择“按 2 点”绘制矩形。

（2）按 3 点：在“矩形”绘图工具栏中，单击图标，选择“按 3 点”绘制矩形。

（3）从中心：在“矩形”绘图工具栏中，单击图标，选择“从中心”绘制矩形。

4.3.10 拟合曲线

选择“菜单(M)”→“插入(S)”→“曲线（C)”→“拟合曲线（S)”，或者单击“主页”选项卡“曲线”面组上的“拟合曲线”按钮，打开如图 4-25 所示的“拟合曲线”对话框。

拟合曲线类型分为拟合样条、拟合曲线、拟合圆和拟合椭圆 4 种类型。

其中拟合直线、拟合圆和拟合椭圆创建类型下的各个操作选项基本相同，如选择点的方式有自动判断、指定的点和成链的点三种，创建出来的曲线也可以通过“结果”来查看误差。与其他三种不同的是拟合样条，其可选的操作对象有自动判断、指定的点、成链的点和曲线 4 种。

（1）次数和段数：用于根据拟合样条曲线次数和分段数生成拟合样条曲线。在的“次数”“段数”数值输入文本框中输入用户所需的数值，若要均匀分段，则勾选☑ 均匀段复选框，创建拟合样条曲线。

（2）次数和公差：用于根据拟合样条曲线次数和公差生成拟合样条曲线。在“次数”“公差”数值输入文本框输入用户所需的数值，创建拟合样条曲线。

（3）模板曲线：根据模板样条曲线，生成曲线次数及结点顺序均与模板曲线相同的拟合样条曲线。☑ 保持模板曲线为选定复选框被激活，勾选该复选框表示保留所选择的模板曲线，否则移除。

4.3.11 艺术样条

选择“菜单(M)”→“插入(S)”→“曲线（C)”→“艺术样条（D)”，或者单击“主页”选项卡“曲线”面组上的“艺术样条”按钮，打开如图 4-26 所示的“艺术样条”对话框。

在“艺术样条”对话框中的“类型”列表框中包括“通过点”和“根据极点”两种方法创建艺术样条曲线。

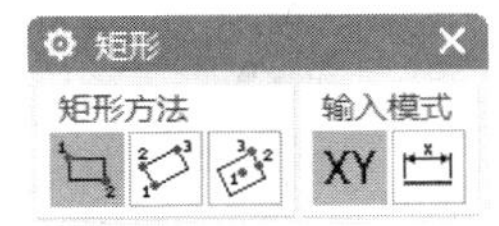

图4-24　“矩形”绘图工具栏

图4-25　“拟合曲线”对话框

4.3.12　椭圆

选择“菜单(M)”→“插入(S)”→“曲线（C）”→“椭圆(E)...”，或者单击“主页”选项卡“曲线”面组上的“椭圆”按钮，打开如图4-27所示的“椭圆”对话框。在该对话框中输入各项参数值，单击按钮，创建椭圆。创建“椭圆”示意图如图4-28所示。

4.3.13　二次曲线

选择“菜单(M)”→“插入(S)”→“曲线（C）”→“二次曲线(N)...”，或者单击“主页”选项卡“曲线”面组上的“二次曲线”按钮，打开如图4-29所示的“二次曲线”对话框，定义三个点，输入用户所需的“Rho”值。单击按钮，创建二次曲线。

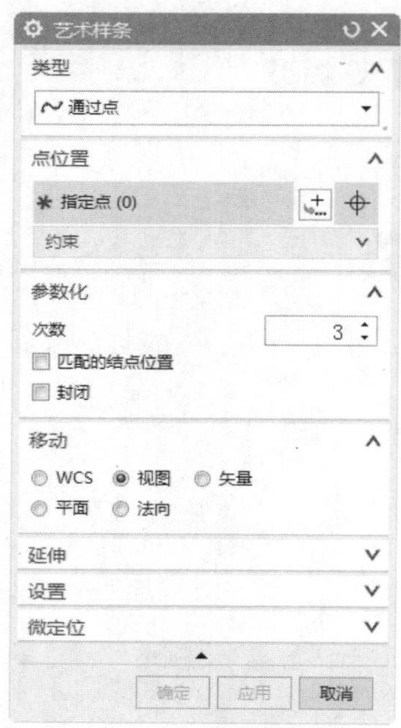

图4-26 “艺术样条”对话框

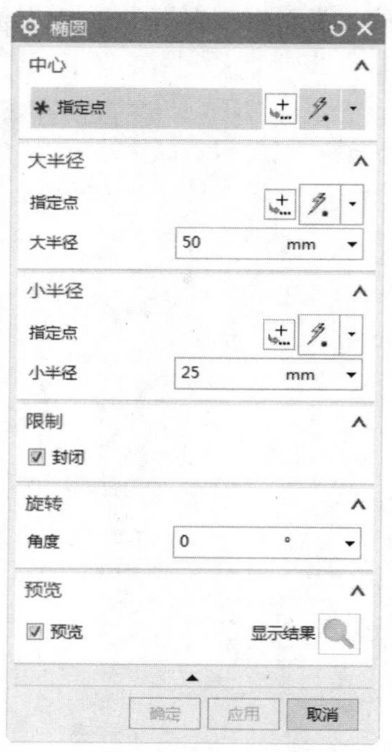

图4-27 “椭圆”对话框

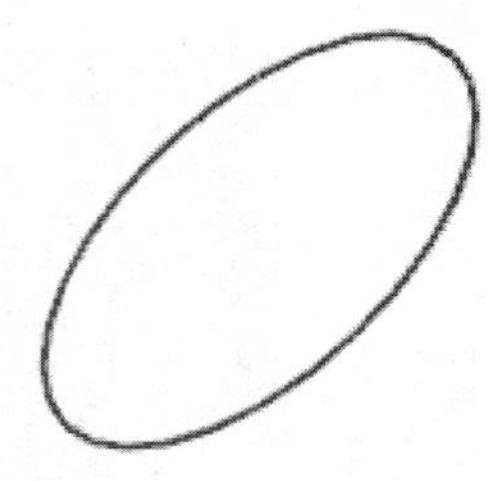

图4-28 “椭圆”示意图

4.3.14 实例——轴承草图

创建如图 4-30 所示的轴承草图。

01 新建文件。

单击“主页”选项卡“新建”按钮，打开“新建”对话框。在“模板”列表框中选择“模型”，输入“ZhouCheng”，单击 确定 按钮，进入 UG 建模环境。

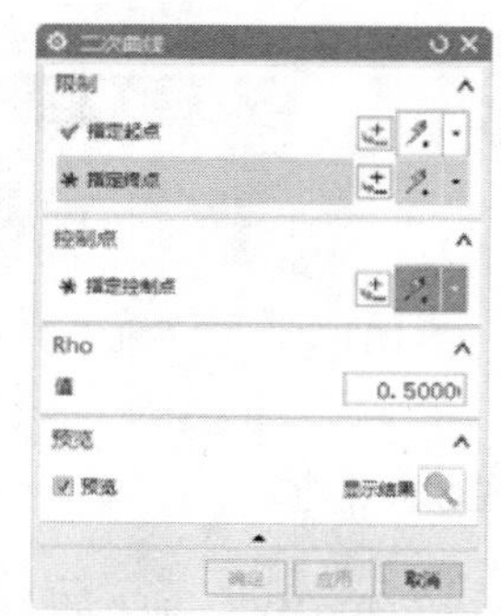

图4-29 “二次曲线”对话框

02 创建点。

❶选择“菜单(M)”→“插入(S)”→“在任务环境中绘制草图(V)...”，或者单击“曲线”选项卡中的“在任务环境中绘制草图”按钮，进入草图绘制界面并打开“创建草图”对话框。

❷选择 XC-YC 平面作为工作平面。

❸选择“菜单(M)”→“插入(S)” →“基准/点（D）”→“点（T）”，或者单击“主页”选项卡“曲线”面组上的“点”按钮＋，打开“草图点”对话框，如图 4-31 所示。

❹在“草图点”对话框中单击“点”对话框按钮，打开“点”对话框，如图 4-32 所示。

❺在“点”对话框中输入要创建的点的坐标。此处共创建 7 个点，其坐标分别为点 1（0，50，0），点 2（18，50，0），点 3（0，42.05，0），点 4（1.75，33.125，0），点 5（22.75，38.75，0），点 6（1.75，27.5，0），点 7（22.75，27.5，0），如图 4-33 所示。

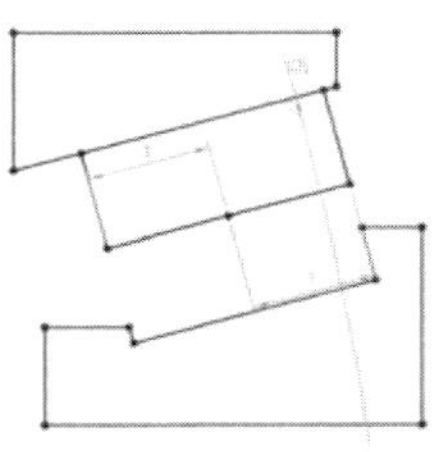

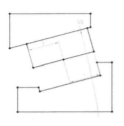

图4-30　轴承草图

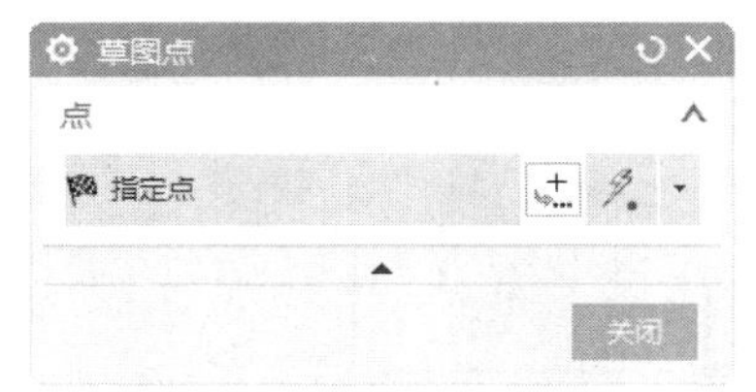

图4-31　“草图点”对话框

03 创建直线。

❶选择“菜单(M)”→“插入(S)”→“曲线（C)”→“直线(L)...”，或者单击“主页”选项“曲线”面组上的“直线”按钮，打开“直线”绘图工具栏。

❷分别连接点 1 和点 2，点 1 和点 3，点 4 和点 6，点 6 和点 7，点 7 和点 5，结果如图 4-34 所示。

❸选择点 3 作为直线的起点，建立直线与 XC 轴成 15° 角，直线的长度只要超过连接点 1 和点 2 生成的直线即可，结果如图 4-35 所示。

图4-32　“点”对话框

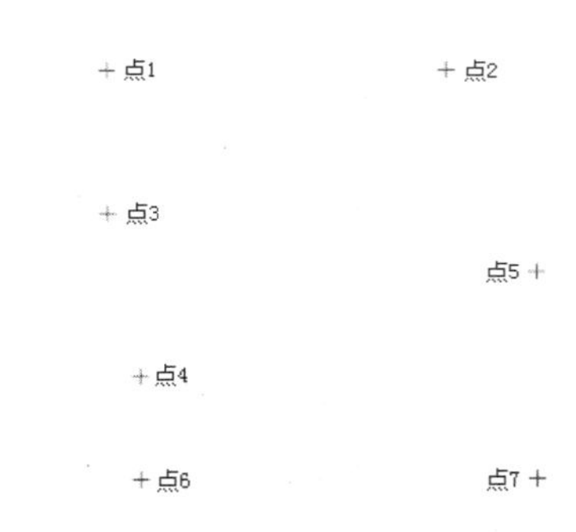

图4-33　创建的7个点

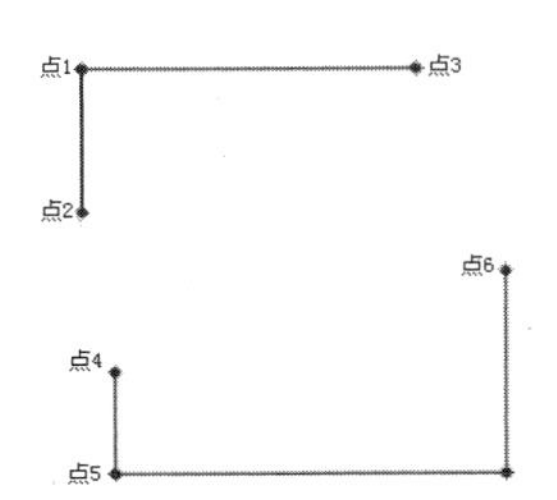

图4-34　连接而成的直线

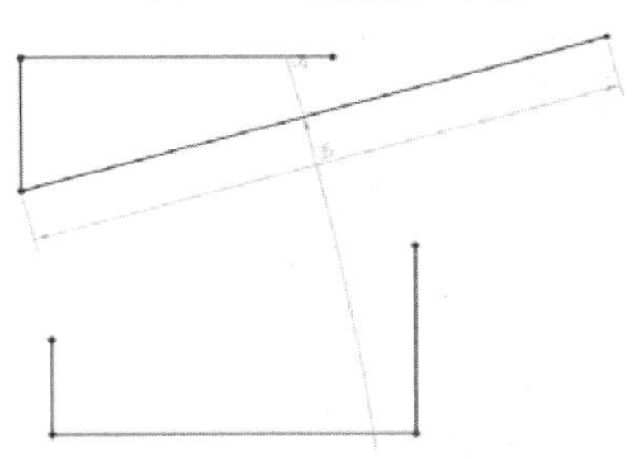
图4-35　创建的直线

04 创建派生线。

❶选择“菜单(M)”→“插入(S)”→“曲线（C)”→“派生直线(I)...”，选择刚创建的直线为参考直线，并设偏置值为 5.625 生成派生直线，如图 4-36 所示。

❷创建一条派生直线偏置值也是 5.625，如图 4-37 所示。

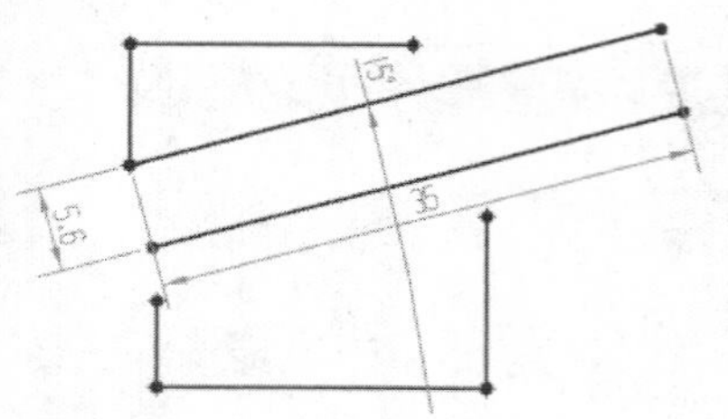
图4-36 创建派生直线

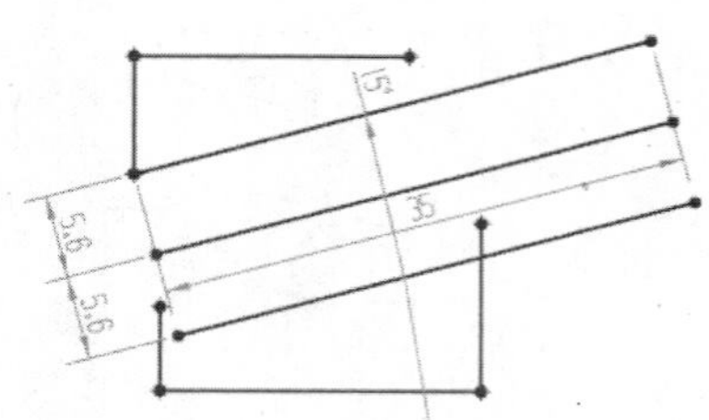
图4-37 创建派生直线

05 创建直线。

❶选择“菜单(M)”→“插入(S)”→“曲线（C)”→“直线(L)...”，或者单击“主页”选项“曲线”面组上的“直线”按钮，打开“直线”绘图工具栏。

❷创建一条直线，该直线平行于 YC 轴，并且距离 YC 轴的距离 11.375，长度能穿过刚刚新建的第一条派生直线即可，如图 4-38 所示。

06 创建点。

❶选择“菜单(M)”→“插入(S)” →“基准/点（D)”→“点（T)”，或者单击“主页”选项卡“曲线”面组上的“点”按钮＋，打开“草图点”对话框。在“草图点”对话框中单击“点对话框”按钮，打开“点”对话框，

❷在对话框中选择“交点”类型，然后选择直线 2 和直线 4，求出它们的交点。

07 修剪直线。

❶选择“菜单(M)”→“编辑(E)”→“曲线（V)”→“快速修剪(Q)...”，或者单击“主页”选项卡“曲线”面组上的“快速修剪”按钮，打开“快速修剪”对话框。

❷将图 4-38 所示的直线 2 和直线 4 修剪掉，如图 4-39 所示，图中的点为刚创建直线 2 和直线 4 的交点。

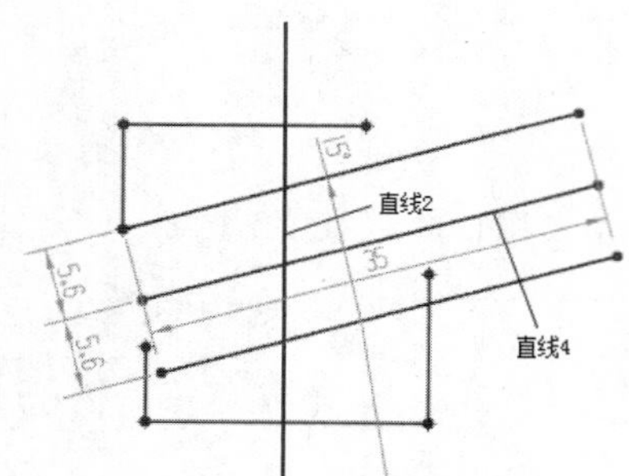

图4-38 新建平行于YC轴的直线

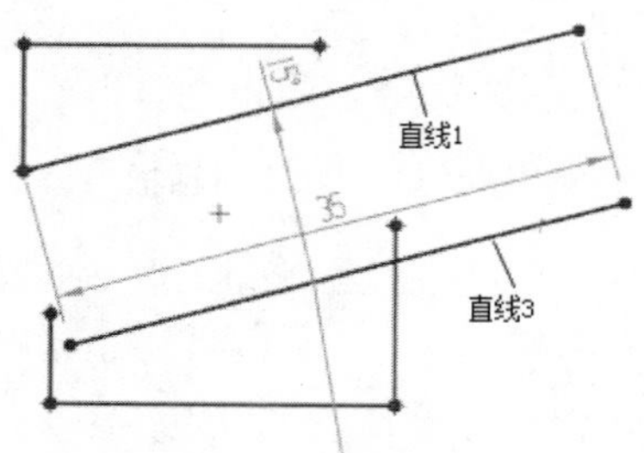

图4-39 创建图直线2和4的交点

08 创建直线。

❶选择“菜单(M)”→“插入(S)”→“曲线（C)”→“直线(L)...”，或者单击“主页”选项“曲线”面组上的“直线”按钮，打开“直线”绘图工具栏。

❷选择直线 2 和直线 4 的交点为起点，移动光标，当系统出现如图 4-40a 中所示的情形时，表示该直线与图 4-41 中所示的直线 3 平行，设定该直线长度为 7 并按 Enter 键。

❸在另外一个方向也创建一条直线平行于图 4-39 中所示的直线 3，长度为 7，如图 4-40b 所示。

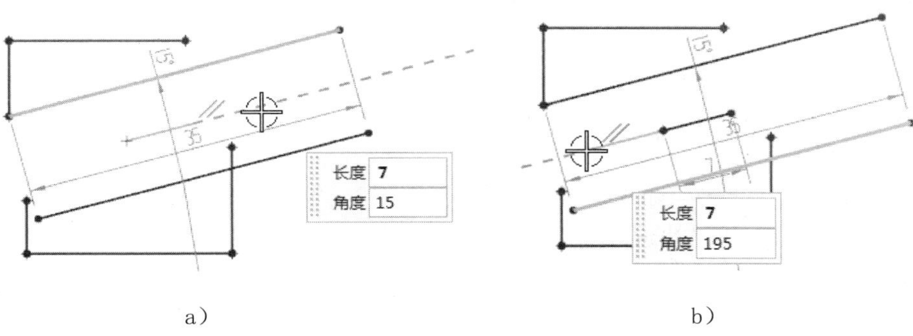

a)　　　　b)

图4-40　创建直线

❹以刚创建的直线的端点为起点，创建两条直线与图 4-41 中所示的直线 1 垂直，长度能穿过直线 1 即可，如图 4-41 所示。

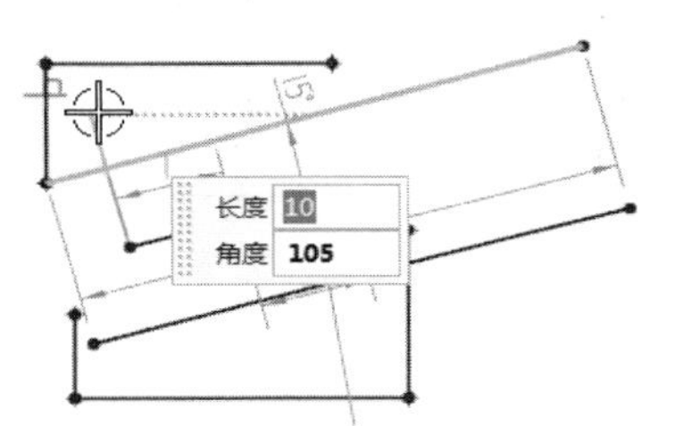

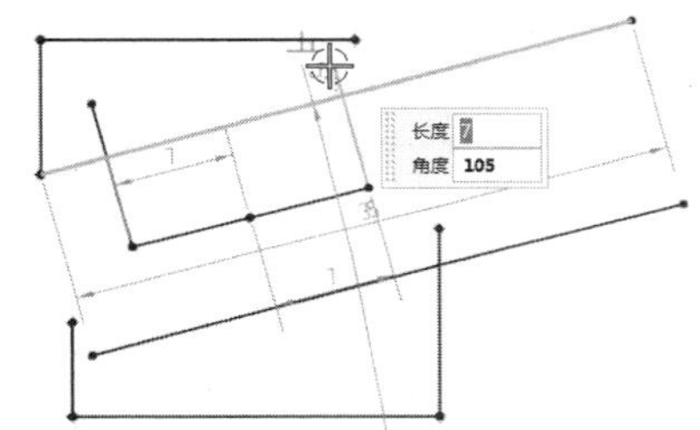

图4-41　创建直线

09 延伸直线。

❶选择“菜单(M)”→“编辑(E)”→“曲线（V）”→“快速延伸（X）...”，或者单击“主页”选项卡“曲线”面组上的“快速延伸”按钮，打开如图 4-42 所示的“快速延伸”对话框。

❷将上步创建的两条直线延伸至直线 3，如图 4-43 所示。

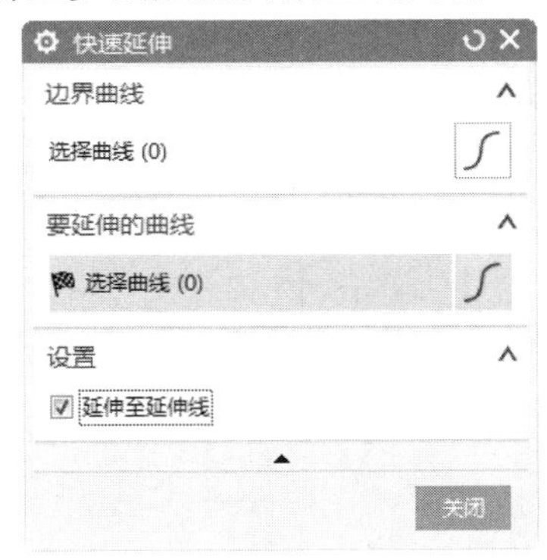

图4-42　“快速延伸”对话框

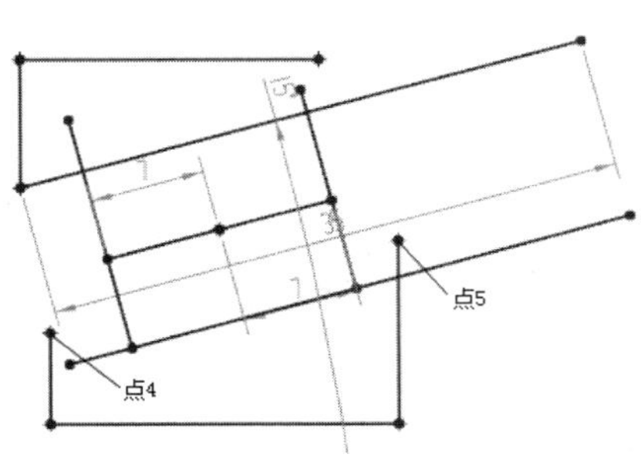

图4-43　延伸直线

10 创建直线。

❶选择“菜单(M)”→“插入(S)”→“曲线（C）”→“直线(L)...”，或者单击“主页”选项“曲线”面组上的“直线”按钮，打开“直线”绘图工具栏。

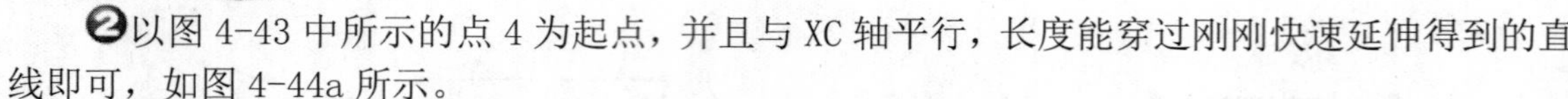

❷以图 4-43 中所示的点 4 为起点，并且与 XC 轴平行，长度能穿过刚刚快速延伸得到的直线即可，如图 4-44a 所示。

❸以点 5 为起点，再创建一条直线与 XC 轴平行，长度也是能穿过刚刚快速延伸得到的直线即可，如图 4-44b 所示。

11 修剪直线。

❶选择“菜单(M)”→“编辑(E)”→“曲线（V)”→“快速修剪(Q)...”，或者单击“主页”选项卡“曲线”面组上的“快速修剪”按钮，打开“快速修剪”对话框。

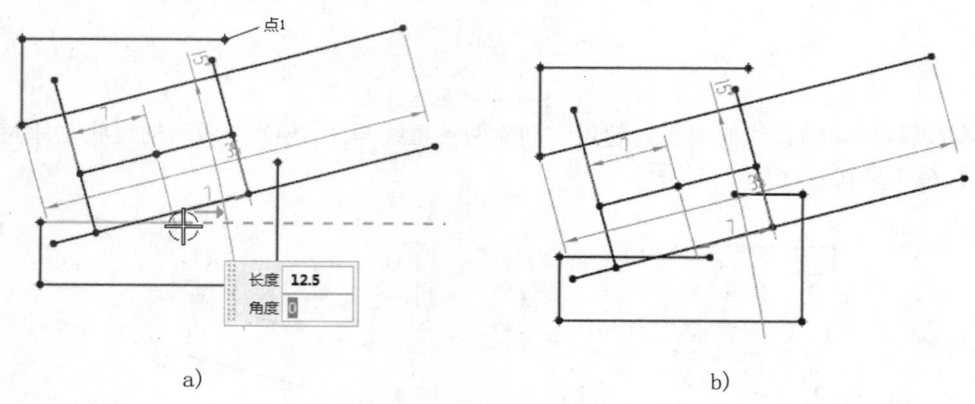

图4-44　创建直线

❷对草图进行修剪，结果如图 4-45 所示。

12 创建直线。

❶选择“菜单(M)”→“插入(S)”→“曲线（C)”→“直线(L)...”，或者单击“主页”选项“曲线”面组上的“直线”按钮，打开“直线”绘图工具栏。

❷以图 4-44 中所示的点 1 为起点，创建直线与 XC 轴垂直，长度能穿过直线 1 即可，如图 4-46 所示。

13 修剪草图。

选择“菜单(M)”→“编辑(E)”→“曲线（V)”→“快速修剪(Q)...”，或者单击“主页”选项卡“曲线”面组上的“快速修剪”按钮，对草图进行修剪，结果如图 4-47 所示。

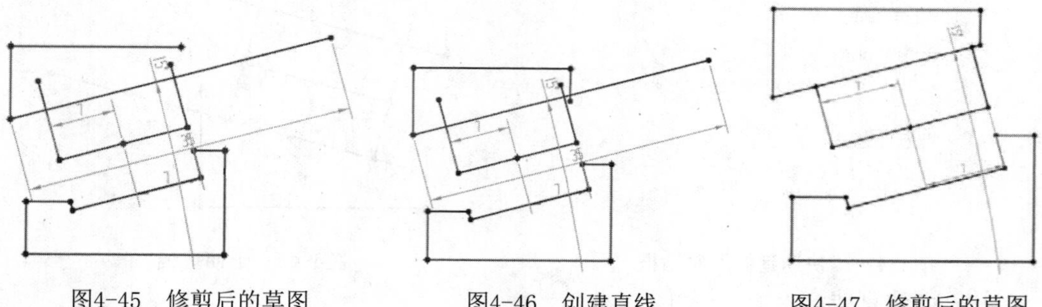

图4-45　修剪后的草图　　图4-46　创建直线　　图4-47　修剪后的草图

4.4 草图操作

4.4.1 镜像

草图镜像操作是将草图几何对象以一条直线为对称中心线，将所选取的对象以该直线为轴进行镜像，复制成新的草图对象。镜像复制的对象与原对象形成一个整体，并且保持相关性。

选择“菜单(M)”→“插入(S)”→“草图曲线(S)”→“镜像曲线(M)...”，或单击“主页”选项卡上“直接草图”面板中的“镜像曲线”按钮，打开如图 4-48 所示的“镜像曲线”对话框。该对话框中各参数含义介绍如下：

图4-48　“镜像曲线”对话框

1. 中心线

用于在工作窗口选择一条直线作为镜像中心线。在“镜像曲线”对话框中单击图标，在工作窗口选择镜像中心线。

2. 要镜像的曲线

用于选择一个或者多个需要镜像的草图对象。

3. 设置

（1）中心线转换为参考：将活动中心线转换为参考。如果中心线为参考轴，则系统沿该轴创建一条参考线。

（2）显示终点：显示端点约束，以便移除或添加它们。如果移除端点约束，然后编辑原先的曲线，则未约束的镜像曲线将不会更新。

4.4.2 添加现有的曲线

用于将已存在的曲线或点(不属于草图对象的曲线或点)，增加到当前的草图中。

选择“菜单(M)”→“插入(S)”→“来自曲线集的曲线（F)”→“现有曲线(X)...”，或单击“主页”选项卡“曲线”面组上的“添加现有的曲线”按钮，打开如图 4-49 所示的“添加曲线”对话框。

完成对象选取后，系统会自动将所选的曲线添加到当前的草图中，刚添加进草图的对象不具有任何的约束。

4.4.3 相交

用于求已存在的实体边缘和草图工作平面的交点。

选择“菜单(M)”→“插入(S)”→“配方曲线（U)”→“相交曲线(U)...”，或单击“主页”

选项卡“曲线”面组上的“相交曲线”按钮，打开如图 4-50 所示的“相交曲线”对话框。系统提示用户选择已存在的实体边缘，边缘选定后，在边缘与草图平面相交的地方就会出现*号，表示存在交点，若存在循环解则被激活，单击该图标，用户可以选择所需的交点。

4.4.4 投影

能够将抽取的对象按垂直于草图工作平面的方向投影到草图中，使之成为草图对象。

选择“菜单(M)”→“插入(S)” →“配方曲线（U）”→“投影曲线(J)…”，或单击“主页”选项卡“曲线”面组中的“投影曲线”按钮，打开如图 4-51 所示的“投影曲线”对话框。

该选项用于将选中的对象沿草图平面的法向投影到草图的平面上。通过选择草图外部的对象，可以生成抽取的曲线或线串。能够抽取的对象包括曲线（关联或非关联的）、边、面、其他草图或草图内的曲线、点。

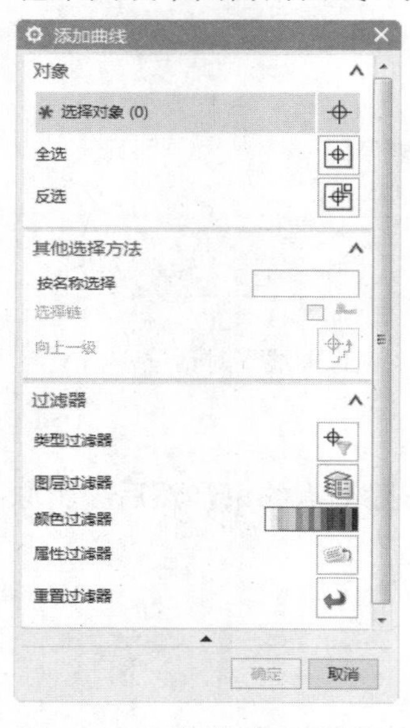

图4-49 “添加曲线”对话框

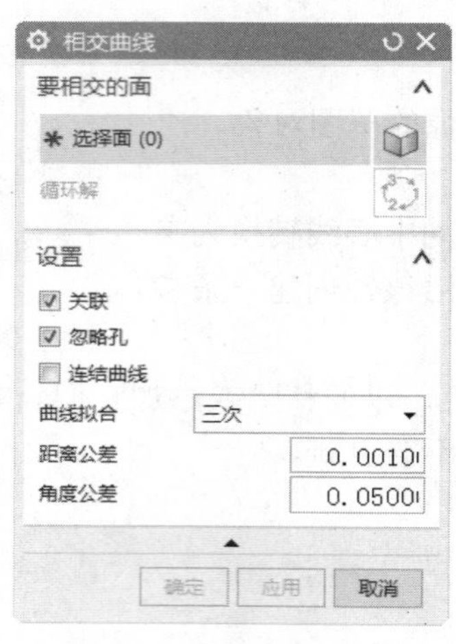

图4-50 “相交曲线”对话框

图4-51 “投影曲线”对话框

4.5 草图约束

草图约束是用于限制草图的形状和大小，包括限制大小的尺寸约束和限制形状的几何约束。

4.5.1 尺寸约束

（1）线性尺寸：选择“菜单(M)”→“插入(S)”→ “尺寸（M）”→“线性（L）…”，或者单击“主页”选项卡“约束”面组上的“线性尺寸”按钮，打开“线性尺寸”对话框，如图 4-52 所示。在绘图工作区中选取同一对象或不同对象的两个控制点，则用两点的连线标注尺寸。选取一圆弧曲线，则系统直接标注圆的直径尺寸。在标注尺寸时所选取的圆弧或圆，必须是在草图模式中创建的。

（2）角度尺寸：选择“菜单(M)”→“插入(S)”→“尺寸（M)”→“角度（A）...”，或者单击“主页”选项卡“约束”面组上的“角度尺寸”按钮，打开“角度尺寸”对话框，如图 4-53 所示。在绘图工作区中一般在远离直线交点的位置选择两直线，则系统会标注这两直线之间的夹角，如果选取直线时光标比较靠近两直线的交点，则标注的该角度是对顶角。其示意图如图 4-54 所示。

图4-52　“线性尺寸”对话框

图4-53　“角度尺寸”对话框

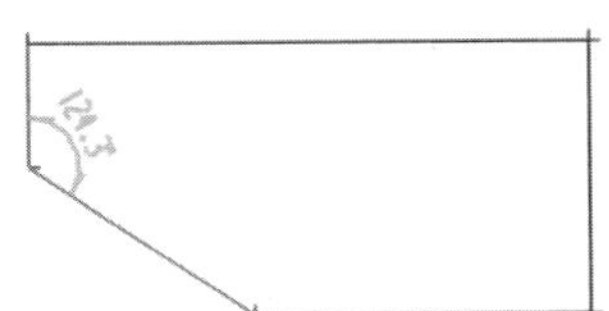

图4-54　“角度”标注尺寸示意图

（3）径向尺寸：选择“菜单(M)”→“插入(S)”→“尺寸（M”→“径向（R）...”，或者单击“主页”选项卡“曲线”面组上的“径向尺寸”按钮，打开“径向尺寸”对话框，如图 4-55 所示。在绘图工作区中选取一圆弧曲线，则系统直接标注圆弧的半径尺寸，如图 4-56 所示。

（4）周长尺寸：选择“菜单(M)”→“插入(S)”→“尺寸（M)”→“周长（M）...”，或者单击“主页”选项卡“约束”面组上的“周长尺寸”按钮，打开“周长尺寸”对话框，如图 4-57 所示。在绘图工作区中选取一段或多段曲线，则系统会标注这些曲线的周长。这种方式不会在绘图区显示。

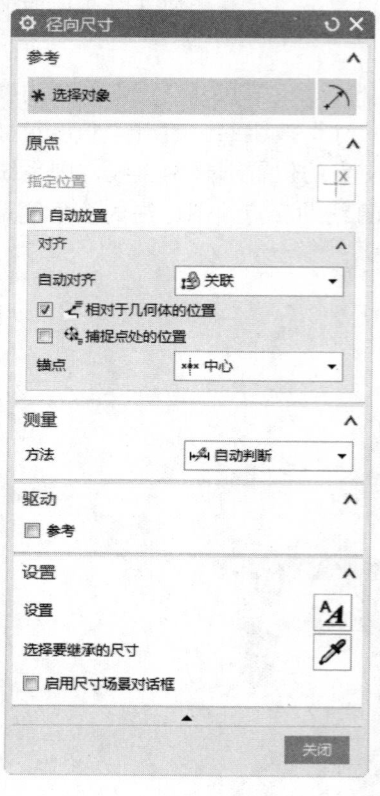

图4-55 “径向尺寸”对话框

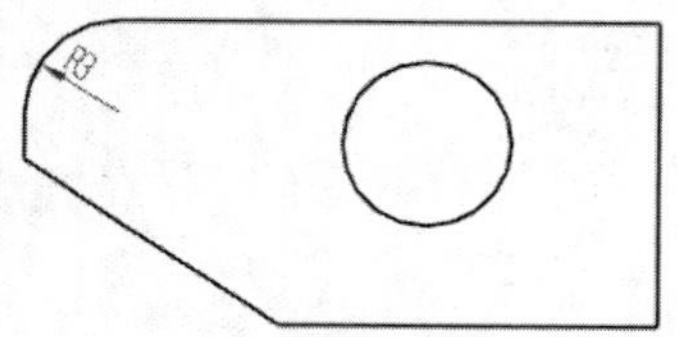

图4-56 “半径”标注尺寸示意图

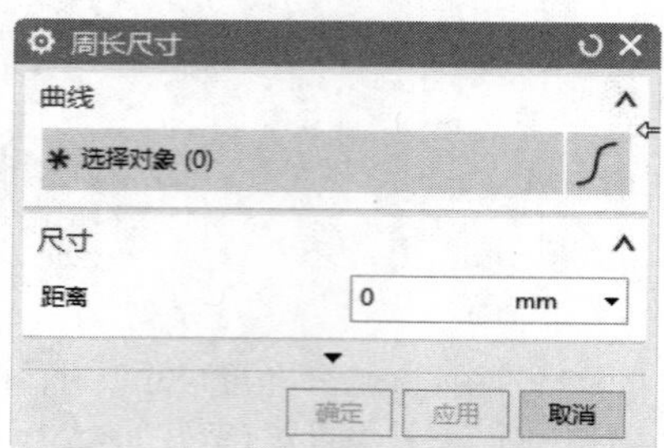

图4-57 “周长尺寸”对话框

4.5.2 几何约束

用于建立草图对象的几何特征，或者建立两个或多个对象之间的关系。

（1）几何约束：单击“主页”选项卡“约束”面组上的“几何约束”按钮⊥，打开如图4-58所示的“几何约束”对话框，在约束栏中选择要添加的约束，在视图中分别选择要约束的对象和要约束到的对象，可以在设置栏中勾选约束添加到约束栏中。选择“垂直”约束示意图如图4-59所示。

图4-58　“几何约束”对话框

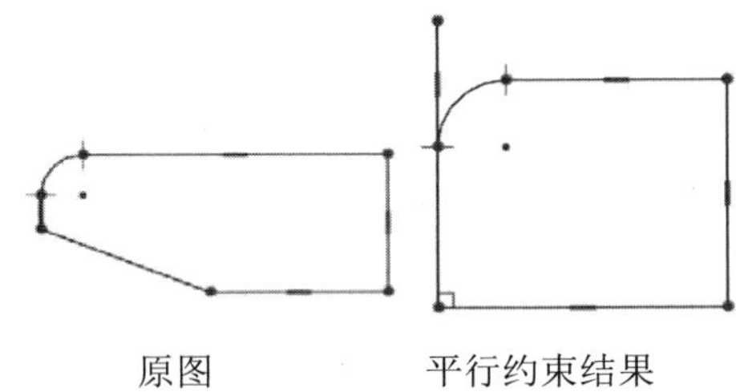

图4-59　选择“垂直”约束示意图

（2）自动约束：单击“主页”选项卡“约束”面组上的“自动约束”按钮，打开如图4-60所示的“自动约束”对话框，可以通过选取约束对两个或两个以上对象进行几何约束操作。用户可以在该对话框中设置距离和公差，以控制显示自动约束的符号的范围，单击全部设置按钮一次性选择全部约束，单击全部清除按钮一次性清除全部设置。若勾选☑施加远程约束复选框，则所选约束在绘图区和在其他草图文件中所绘草图有约束时，系统会显示约束符号。

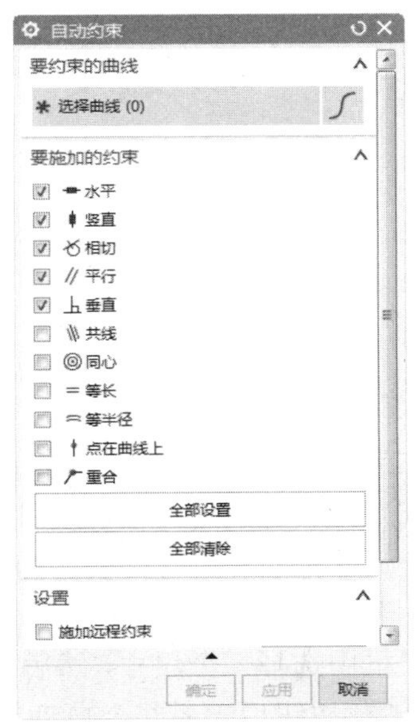

图4-60　“自动约束”对话框

（3）转换至/自参考对象。单击“主页”选项卡“约束”面组上的“转换至/自参考对象”按钮，打开如图4-61所示的“转换至/自参考对象”对话框。用于将草图曲线或尺寸转换为参考对象，或将参考对象转换为草图对象。

1）参考曲线或尺寸：选择该单选按钮时，系统将所选对象由草图对象或尺寸转换为参考

UG NX 12.0

对象。

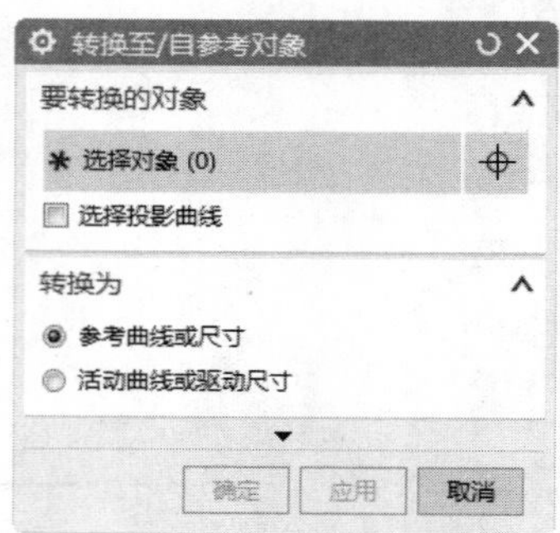

图4-61 “转换至/自参考对象”对话框

2）活动曲线或驱动尺寸：选择该单选按钮时，系统将当前所选的参考对象激活，转换为草图对象或尺寸。

（4）备选解：单击“主页”选项卡“约束”面组上的“备选解”按钮，打开如图 4-62 所示的“备选解”对话框。当对草图进行约束操作时，同一约束条件可能存在多种解决方法，采用“备选解”操作可从一种解法转为另一种解法。

例如，圆弧和直线相切就有两种方式，其“备选解”操作示意图如图 4-63 所示。

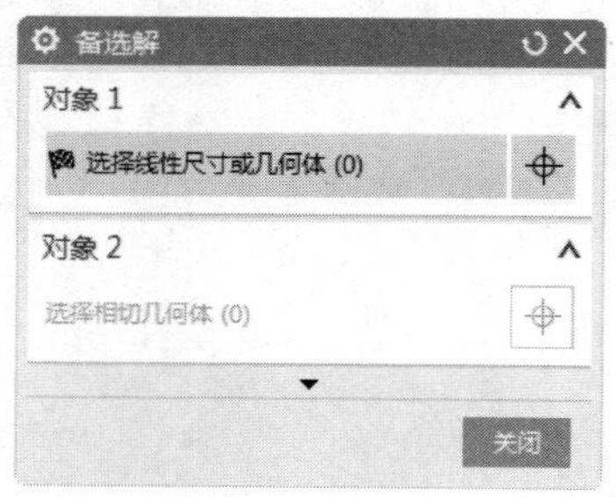

图4-62 “备选解”对话框

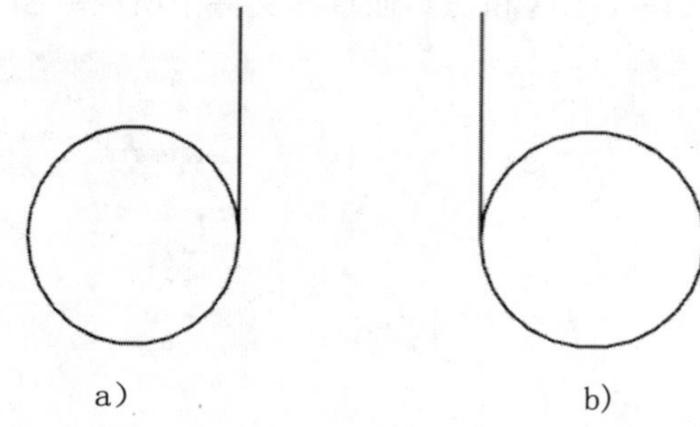

图4-63 “备选解”操作示意图

（5）动画演示尺寸：用于使草图中制定的尺寸在规定的范围内变化，同时观察其他相应的几何约束变化的情形以此来判断草图设计的合理性，及时发现错误。在进行“动画尺寸”操作之前，必须先在草图对象上进行尺寸标注和进行必要的约束单击“主页”选项卡“约束”面组上的“动画演示尺寸”按钮，打开如图 4-64 所示的“动画演示尺寸”对话框。系统提示用户在绘图区或在尺寸表达式列表框中选择一个尺寸，然后在对话框中设置该尺寸的变化范围和每一个循环显示的步长。单击 确定 按钮后，系统会自动在绘图区动画显示与此尺寸约束相关的几何对象。

1）尺寸表达式列表框：用于显示在草图中已标注的全部尺寸表达式。

2）下限：用于设置尺寸在动画显示时变化范围的下限。

3）上限：用于设置尺寸在动画显示时变化范围的上限。

4）步数/循环：用于设置每次循环时动态显示的步长值。输入的数值越大，则动态显示的速度越慢，但运动较为连贯。

5）显示尺寸：用于设置在动画显示过程中，是否显示已标注的尺寸。如果勾选该复选框，在草图动画显示时，所有尺寸都会显示在窗口中，且其数值保持不变。否则在不显示其他尺寸。

图4-64 “动画演示尺寸”对话框

4.5.3 实例——阶梯轴草图

创建如图 4-65 所示的阶梯轴草图。

01 新建文件。单击“主页”选项卡“新建”按钮，打开“新建”对话框，在“模板”列表框中选择“模型”，输入“Zhou”， 单击 确定 按钮，进入 UG 建模环境。

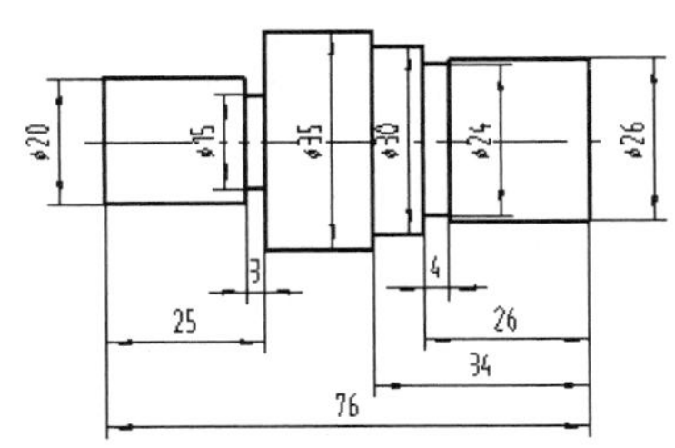

图 4-65 阶梯轴草图

02 绘制中心线。

❶选择“菜单(M)”→“插入(S)”→“在任务环境中绘制草图(V)...”，打开“创建草图”对话框。

❷选择 XC-YC 平面作为工作平面。

❸选择“菜单(M)”→“插入(S)”→“曲线（C)”→“直线(L)...”，或者单击“主页”选项卡“曲线”面组上的“直线”按钮，打开“直线”绘图工具栏。

❹绘制一条水平直线。

03 绘制轮廓线。

❶选择“菜单(M)”→“插入(S)”→“曲线（C)”→ “轮廓(O)...”，或者单击“主页”选项卡“曲线”面组上的“轮廓”按钮，打开“轮廓”绘图工具栏。

❷以坐标原点为起点，绘制如图 4-66 所示的图形。

04 几何约束。

❶单击“主页”选项卡“约束”面板中的“几何约束”按钮，打开如图 4-67 所示“几何约束”对话框，选择上步绘制中心线为要约束的对象，选择 X 轴为要约束到的对象，使中心线和 X 轴共线。

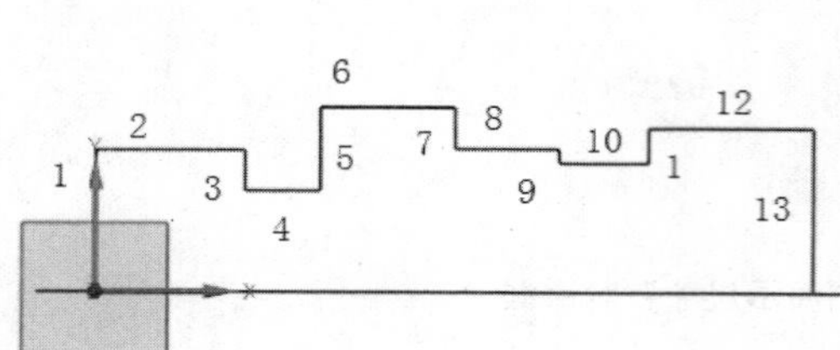

图 4-66 轮廓线

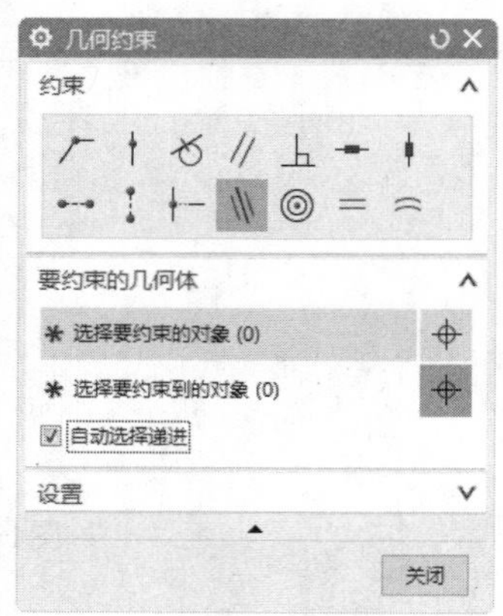

图 4-67 “几何约束”对话框

❷选择直线 1 为要约束的对象，选择 Y 轴为要约束到的对象，使竖直直线 1 和 Y 轴重合。
❸同上步骤，选择图中的所有竖直直线，使其平行于 Y 轴。
❹同上步骤，选择图中的所有水平直线，使其平行于 X 轴，结果如图 4-68 所示。

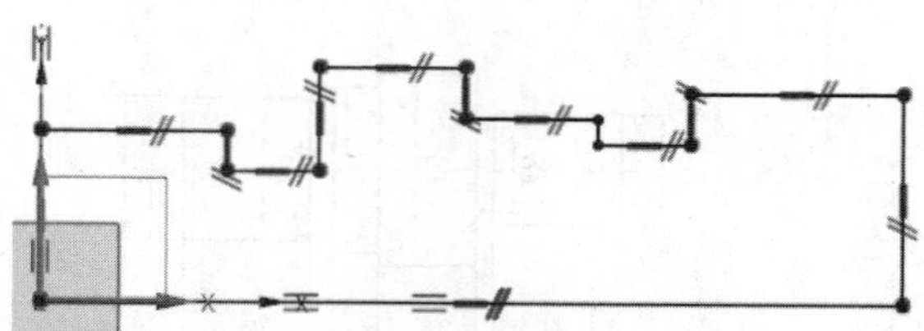

图 4-68 几何约束

05 尺寸约束。单击“主页”选项卡“约束”面组中的“快速尺寸”按钮，标注图中的尺寸，如图 4-69 所示。

06 镜像图形。

❶选择“菜单(M)”→“插入(S)”→“来自曲线集的曲线（F)”→“镜像曲线(M)...”，打开“镜像曲线”对话框。

❷选择与 X 轴重合的线段为镜像中心线。

❸选取所有的曲线为要镜像的曲线，单击< 确定 >按钮，结果如图 4-70 所示。

07 绘制直线。

❶选择“菜单(M)”→“插入(S)”→“曲线(C)”→“直线(L)...”，或者单击“主页”选项卡“曲线”面组上的“直线”按钮，打开“直线”绘图工具栏。

❷连接所有轴肩，结果如图 4-71 所示。

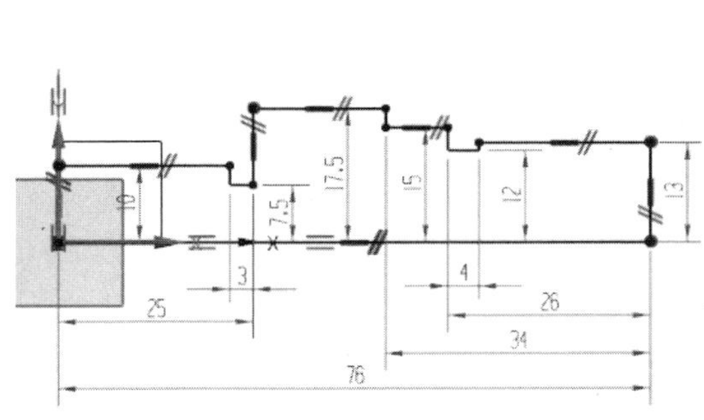

图 4-69　竖直尺寸

图 4-70　镜像图形

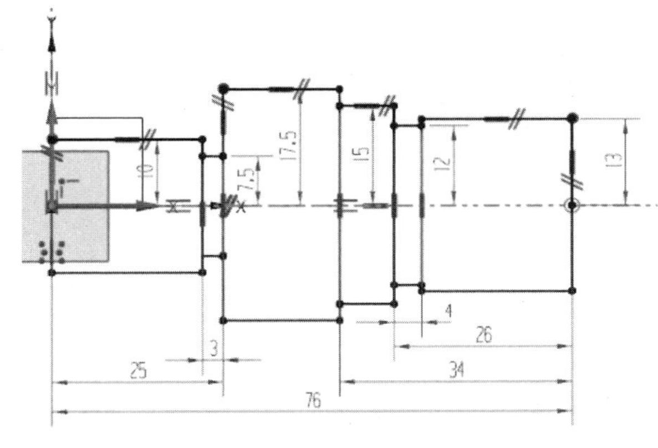

图 4-71 绘制轴肩

4.6 综合实例——拨片草图

01 新建文件。单击“主页”选项卡“新建”按钮，打开“新建”对话框，在“模板”选择“模型”，输入“Bopian”，单击确定按钮，进入 UG 建模环境。

02 草图预设置。

❶选择“菜单(M)”→“首选项(P)”→“草图(S)…”，打开如图 4-72 所示的“草图首选项”对话框。

❷在“草图首选项”对话框中，单击确定按钮，草图预设置完毕。

03 绘制直线。

❶选择“菜单(M)”→“插入(S)”→“在任务环境中绘制草图(V)…”，选择 XC-YC 平面作为工作平面,进入草图绘制界面。

❷选择“菜单(M)”→“插入(S)”→“曲线(C)”→“直线(L)…”，或者单击“主页”选项卡“曲线”面组上的“直线”按钮，打开“直线”绘图工具栏。

❸选择坐标模式绘制直线，在“XC”和“YC”文本框中分别输入 15，0。在“长度”和“角度”文本框中分别输入 160，180，结果如图 4-73 所示。

❹同理，按照 XC、YC、长度和角度的顺序，分别绘制（0，-40），(60，90)；(-25，—6)，（12，90)；(-98，8)，(12，90)；(-106，14)，(16，0)；(-136，-25)，(50，90)；(7，13)，

(110，165)；(7，13)，(110，135)6 条直线，结果如图 4-74 所示。

04 绘制圆弧。

❶选择“菜单(M)”→“插入(S)”→“曲线(C)”→“圆弧(A)...”，或者单击“主页”选项卡“曲线”面组上的“圆弧”按钮，打开“圆弧”绘图工具栏。

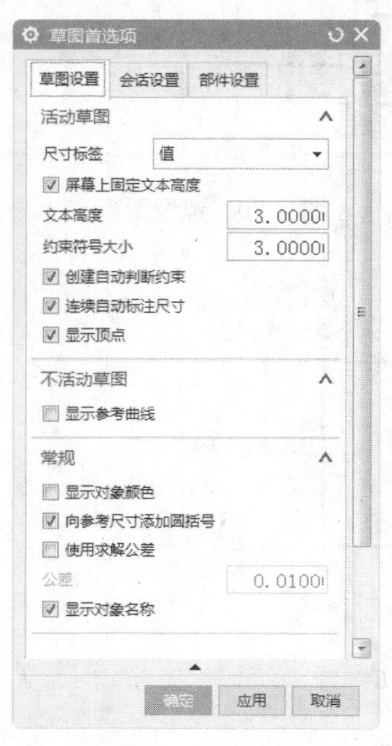

图 4-72 “草图首选项”对话框

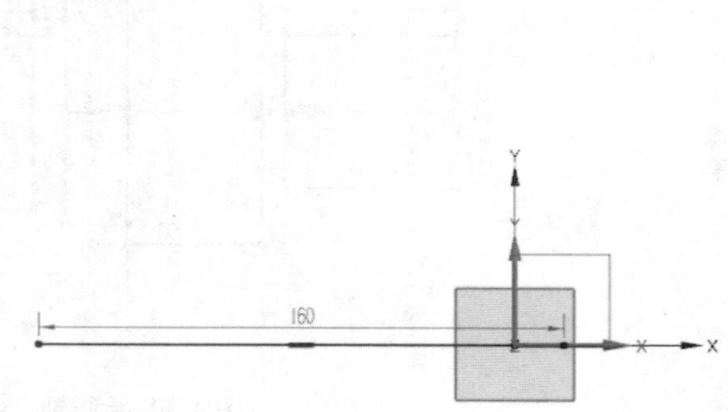

图 4-73 绘制直线 1

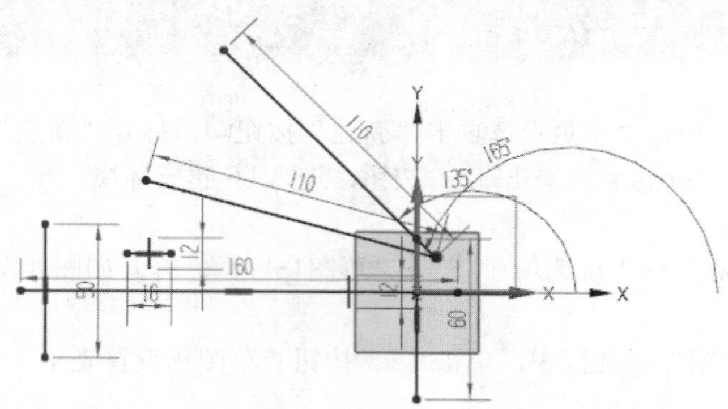

图 4-74 绘制其他 6 条直线

❷单击图标，选择“中心和端点定圆弧”方式绘制弧。

❸选择“坐标模式”绘制圆弧，在“选择条”工具栏选中图标。在如图 4-75 所示的草图中捕捉交点。

❹分别在“半径”和“扫描角度”文本框中输入 79，60。单击鼠标左键，创建圆弧，如图 4-76 所示。

05 修改线型。

❶选择所有的草图对象。

❷把光标放在其中一个草图对象上，单击鼠标右键，打开如图 4-77 所示的右键菜单。

❸在右键菜单中单击“编辑显示”选项，打开如图 4-78 所示的“编辑对象显示”对话框。

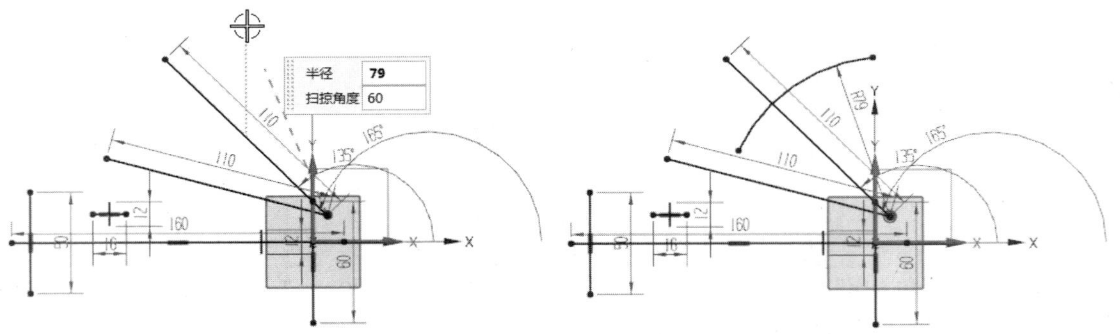

图 4-75　捕捉交点　　　　图 4-76　创建圆弧

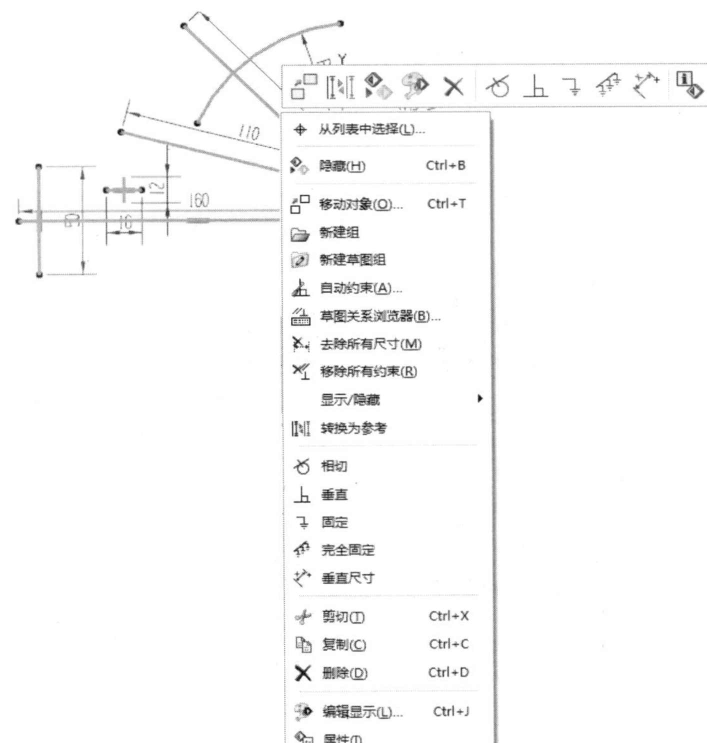

图 4-77　弹出对话框

图 4-78　“编辑对象显示”对话框

❹在“编辑对象显示”对话框的“线型”下拉列表框中选择“中心线”，在“宽度”的下拉列表框中选择第一种线宽 0.013mm。

❺在“编辑对象显示”对话框中，单击确定按钮，则所选草图对象发生变化，如图 4-79 所示。

06 绘制圆和圆弧

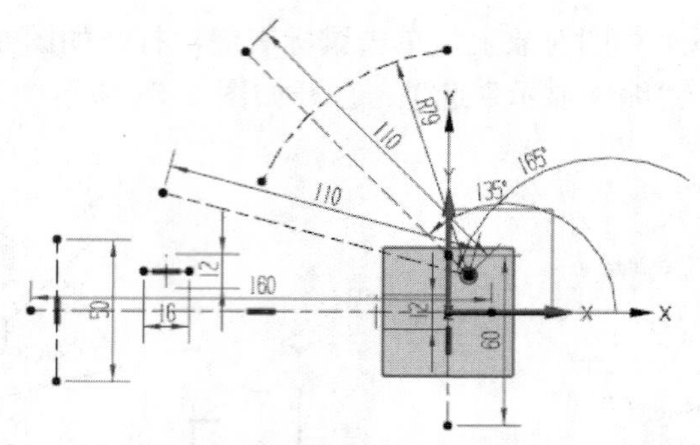

图 4-79 “编辑对象显示”后的草图

❶选择“菜单(M)”→“插入(S)”→“曲线（C）”→“圆(C)...”，或者单击“主页”选项卡“曲线”面组上的“圆”按钮○，打开“圆”绘图工具栏。

❷在“圆”绘图工具栏中单击“圆心和直径定圆”⊙图标，选择“圆心和直径定圆”方式绘制圆。

❸在“选择条”工具栏选中“相交”图标。在草图中捕捉如图 4-80 所示的交点。

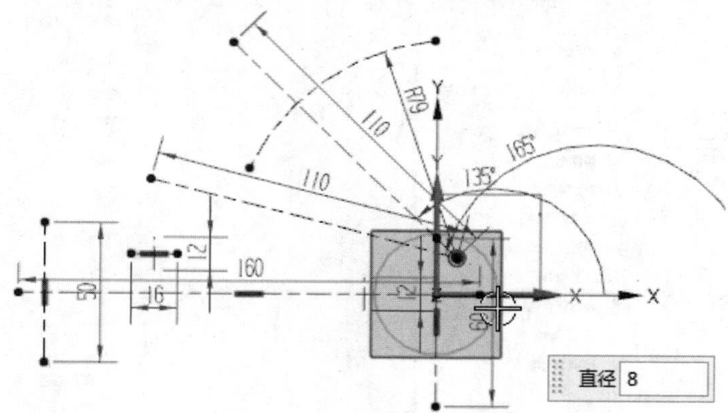

图 4-80 捕捉交点

❹在“直径”文本框中输入 8，单击鼠标左键，创建圆，如图 4-81 所示。

❺同理，按照上步介绍的方法，绘制直径分别为 8，18 的圆，如图 4-82 所示。

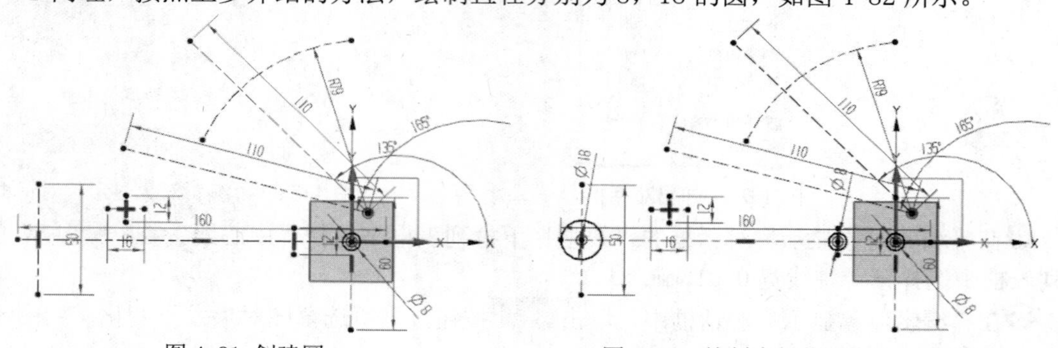

图 4-81 创建圆

图 4-82 绘制直径分别为 8，18 的圆

❻分别按照圆心，半径、扫描角度的顺序绘制(0，0)，8，180；(−136，0)，20、180 绘制圆弧。其中圆心可用捕捉工具栏中的“交点”选项进行捕捉。

❼在绘图区捕捉坐标为 7、13 的点为圆心，绘制半径和扫描角度分别为 65、60；93、60；73、50；85、50 的圆弧。分别以在如图 4-83 所示的圆弧和最上边斜直线的交点为圆心，绘制半径和扫描角度分别为 6，180、14，180 的两个圆弧。分别以在如图 4-83 所示的圆弧和下边斜直线的交点为圆心，绘制半径和扫描角度分别为 6，180 的圆弧。

❽绘制完以上圆弧的草图如图 4-83 所示。

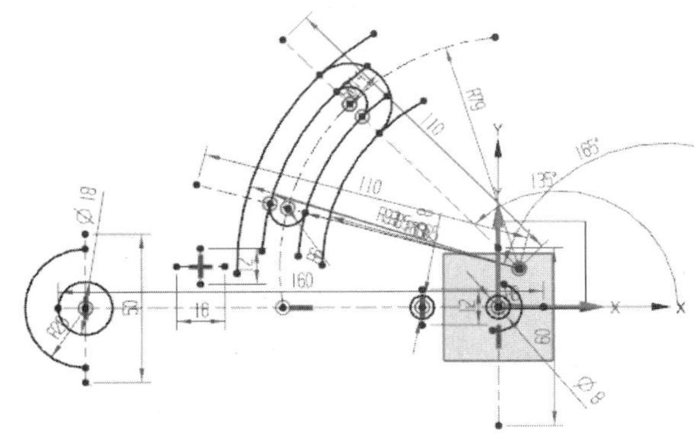

图 4-83　绘制完以上圆弧的草图

07 草图编辑。

❶选择“菜单(M)”→“编辑(E)”→“曲线（V)”→“快速修剪(Q)...”，或者单击“主页”选项卡“曲线”面组上的“快速修剪”按钮，修剪不需要的曲线。修剪后的草图如图 4-84 所示。

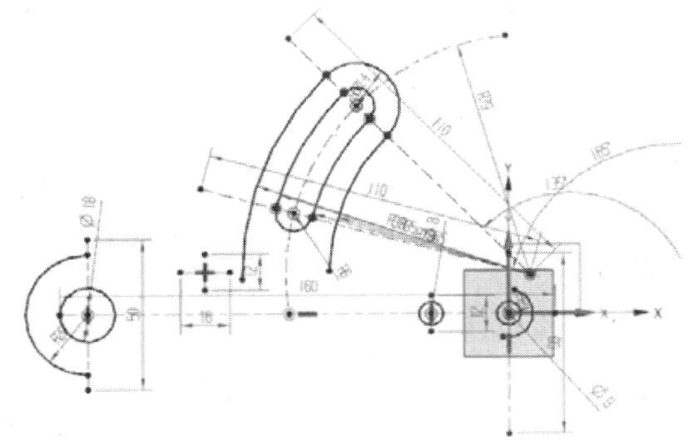

图 4-84　修剪后的草图

❷绘制如图 4-85 所示的直线。创建如图 4-86 所示的相切约束。

08 绘制草图。

❶绘制半径为 13，扫描角度为 120° 的圆弧，如图 4-87 所示。

❷创建❶所绘圆弧分别和直线及“半径为 65”的圆弧的相切约束，如图 4-88 所示。

09 编辑草图。

选择“菜单(M)”→“编辑(E)”→“曲线（V)”→“快速修剪(Q)...”，或者单击“主页”选项卡“曲线”面组上的“快速修剪”按钮，修剪不需要的曲线。修剪后的草图如图 4-89 所示。

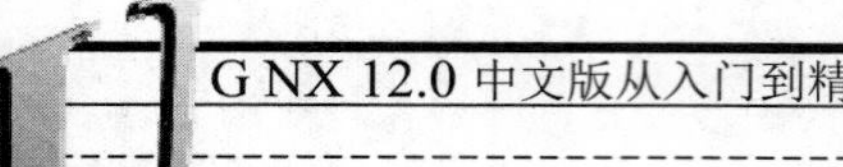

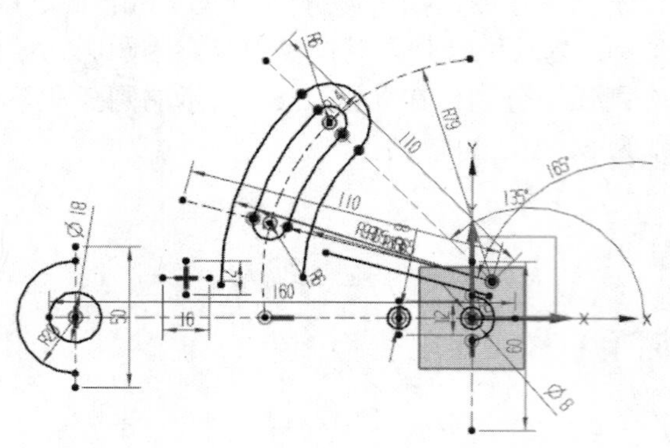

图 4-85 绘制直线

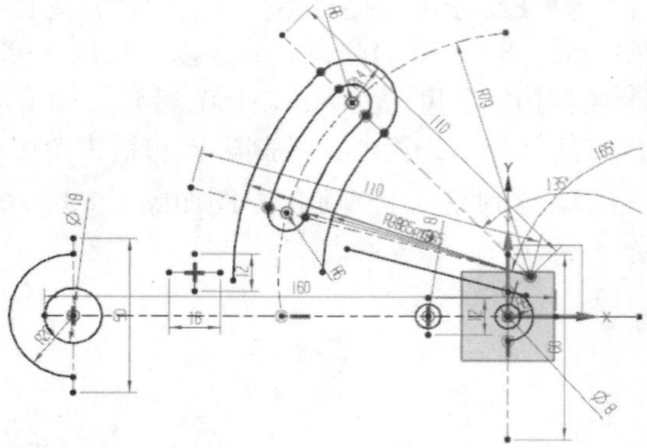

图 4-86 创建直线和圆弧相切约束

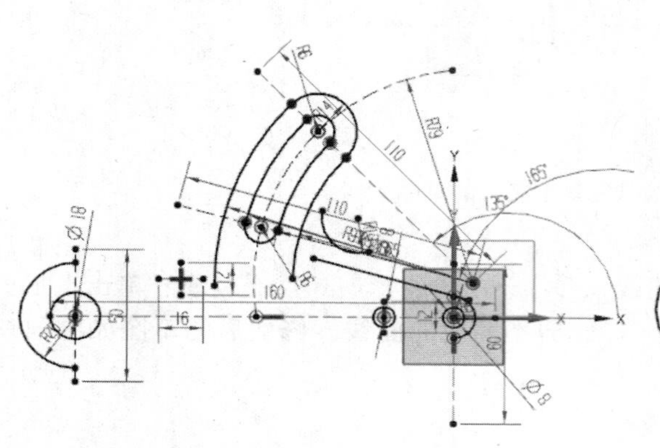

图 4-87 绘制圆弧

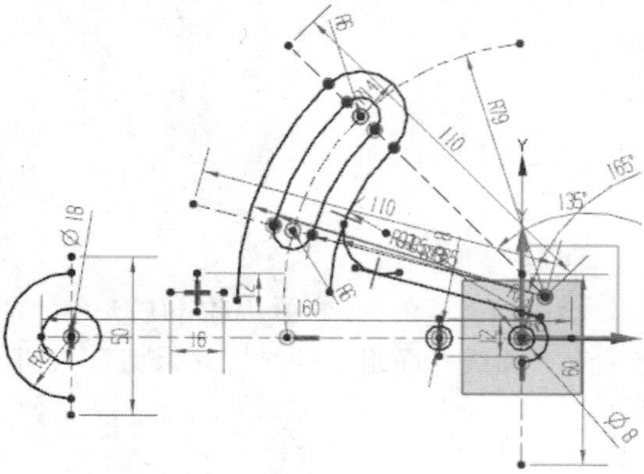

图 4-88 创建相切约束

10 绘制草图。

❶绘制半径为 156，扫描角度为 120° 的两条圆弧，如图 4-90 所示。

❷创建图 4-90 所示圆弧 2 和“半径为 20”圆弧的相切约束，如图 4-91 所示。

❸绘制如图 4-92 所示的直线。

❹分别创建直线和下边圆弧的相切约束，并修剪草图，如图 4-93 所示。

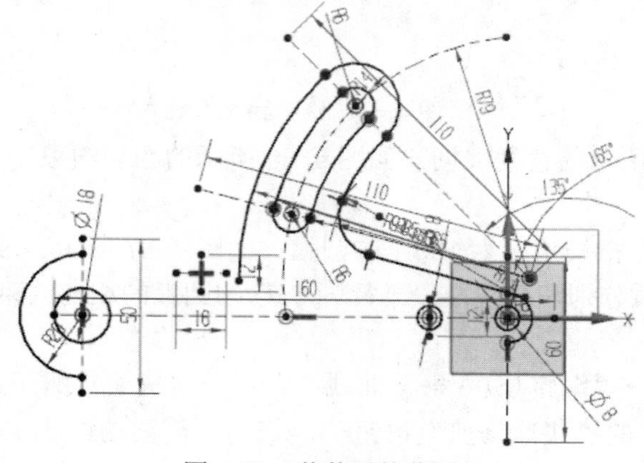

图 4-89 裁剪后的草图

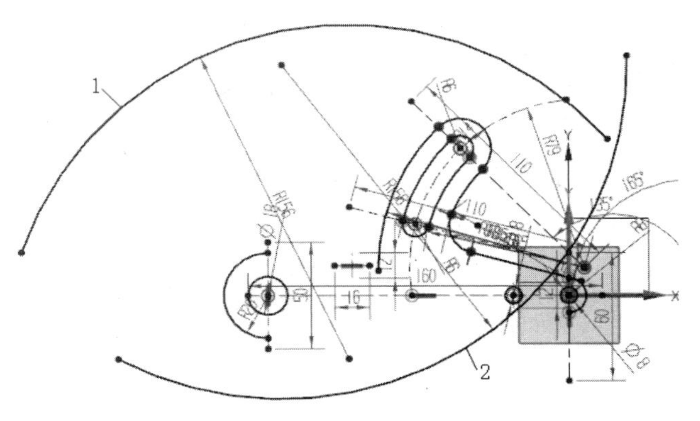

图 4-90　绘制圆弧

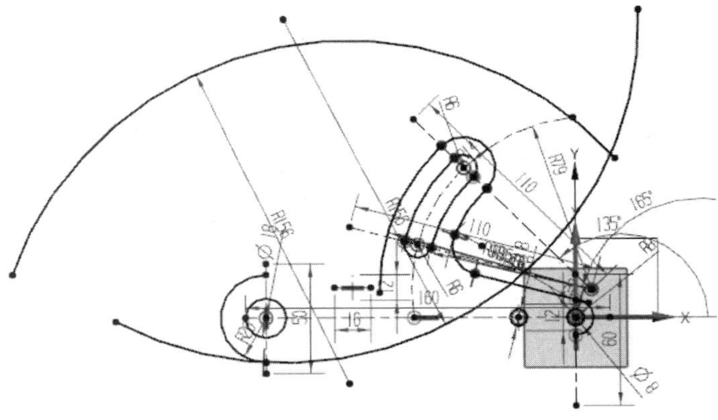

图 4-91　创建相切约束

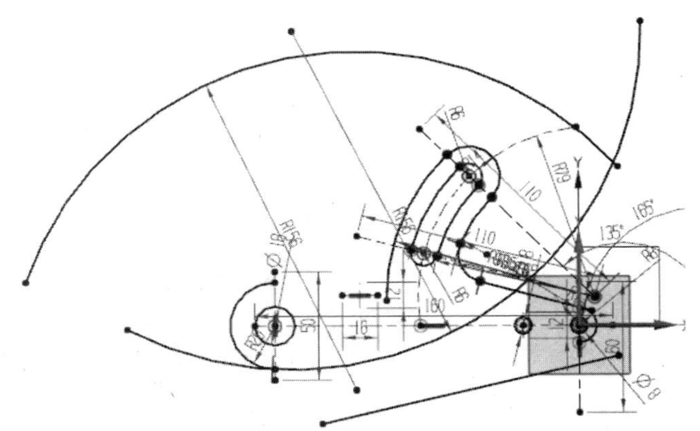

图 4-92　绘制直线

❺绘制半径为 20，扫描角度为 120° 的圆弧，如图 4-94 所示。

❻分别创建“半径为 20”的圆弧和“半径为 93”的圆弧的相切约束，圆弧 1 和“半径为 20”的圆弧的相切约束，以及圆弧 1 和圆弧 3 的相切约束，修剪草图后如图 4-95 所示。

❼绘制如图 4-96 所示的直径为 7 的圆。

❽绘制直线，如图 4-97 所示。

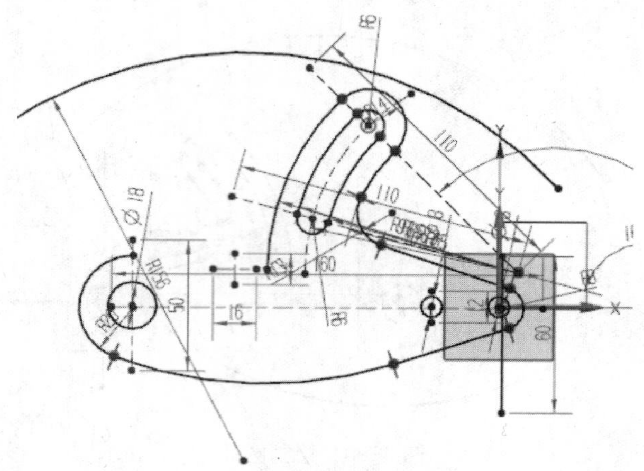
图 4-93 创建相切约束

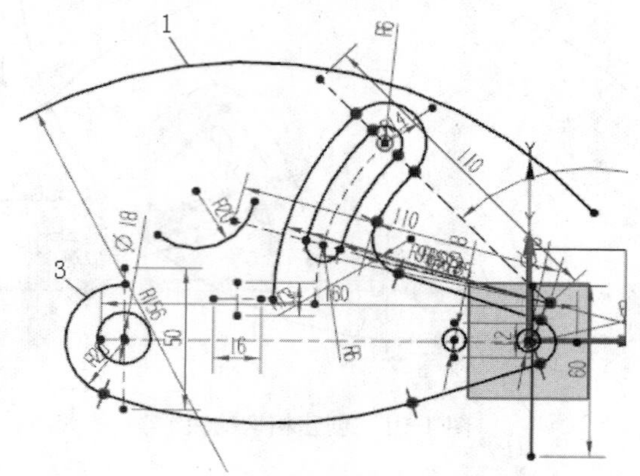
图 4-94　绘制圆弧

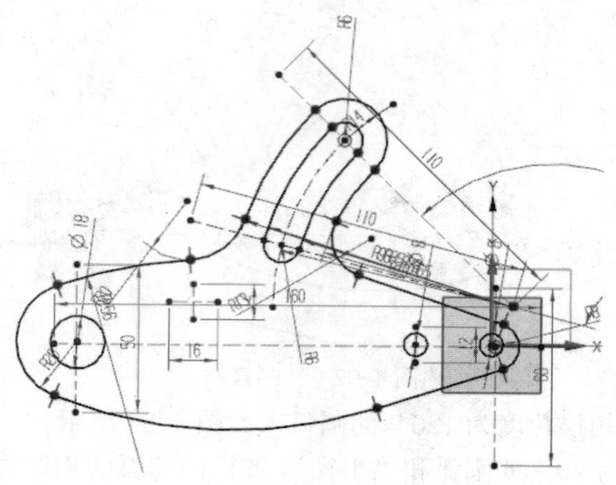
图 4-95 创建相切约束

11 镜像曲线。

❶选择“菜单(M)”→“插入(S)”→“来自曲线集的曲线（F)”→“镜像曲线(M)...”，

打开“镜像曲线”对话框。

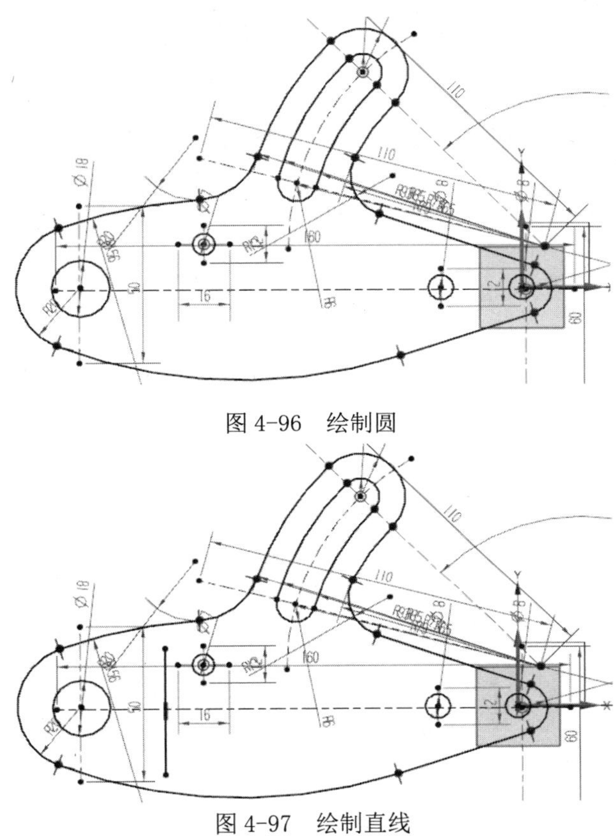

图 4-96　绘制圆

图 4-97　绘制直线

❷选择要镜像的曲线，如图 4-98 所示。

❸中心线选择直线。

❹在“镜像曲线”对话框中单击< 确定 >按钮，创建镜像特征，如图 4-99 所示。

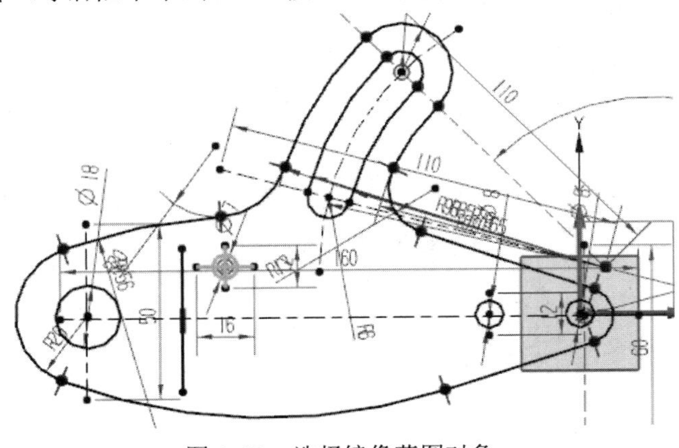

图 4-98　选择镜像草图对象

❺同理，以 XC 轴为镜像中心线，选择草图对象和镜像后的草图对象为镜像几何体，镜像后的草图如图 4-100 所示。

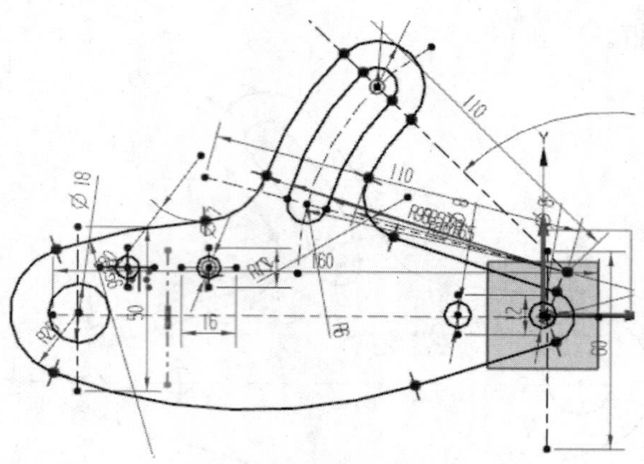

图 4-99　创建镜像特征

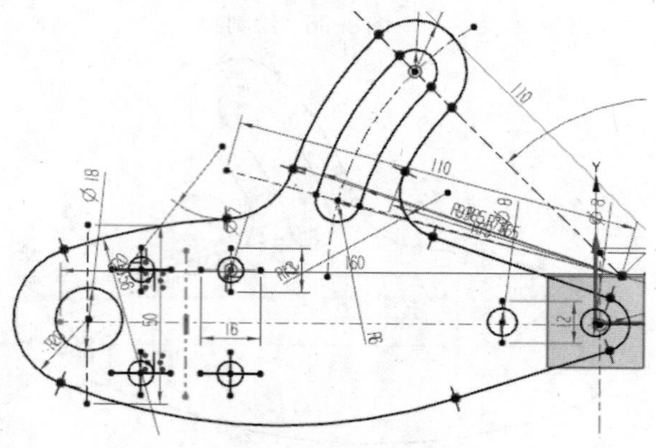

图 4-100　第二次镜像后的草图

❻单击“主页”选项卡“约束”面组中的“快速尺寸”按钮，选择合适的尺寸约束进行标注尺寸，标注尺寸后的草图，如图 4-101 所示。

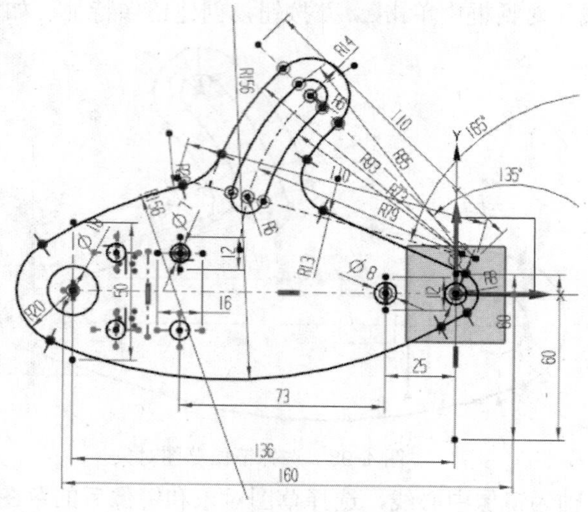

图 4-101　标注尺寸后的草图

第5章 实体建模

UG NX12.0 实体建模通过拉伸、旋转、沿导线扫描等建模特征，并辅之以布尔运算，将基于约束的特征造型和显示的直接几何造型功能无缝的集合为一体。提供了用于快速有效地进行概念设计的变量化草图工具、尺寸编辑和用于一般建模和编辑的工具，使用户可以进行参数化建模又可以方便地用非参数化方法生成二维、三维线框模型。拉伸、旋转、沿导线扫描等特征也可以将部分参数化或非参数化模型再进行二次编辑，方便地生成复杂机械零件的实体模型。

重点与难点

- 基准建模
- 拉伸
- 旋转
- 沿引导线扫掠
- 管道

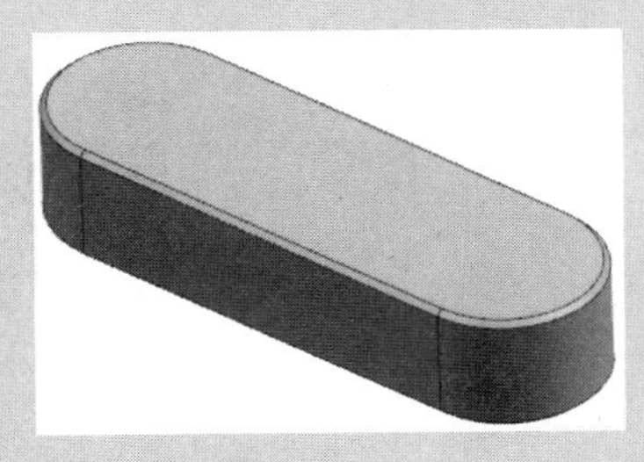

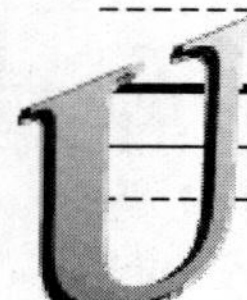

5.1 基准建模

在 UG NX12.0 的建模中，经常需要建立基准平面、基准轴和基准 CSYS。UG NX12.0 提供了基准建模工具，通过选择“菜单(M)”→“插入(S)→基准/点(D)”菜单来实现。

5.1.1 基准平面

选择“菜单(M)”→“插入(S)”→“基准/点(D)”→“基准平面(D)...”或单击“主页”选项卡“特征”面组上的“基准平面”按钮，打开如图 5-1 所示的“基准平面”对话框。

（1）自动判断：系统根据所选对象创建基准平面。

（2）点和方向：通过选择一个参考点和一个参考矢量来创建基准平面，其实例示意图如图 5-2 所示。

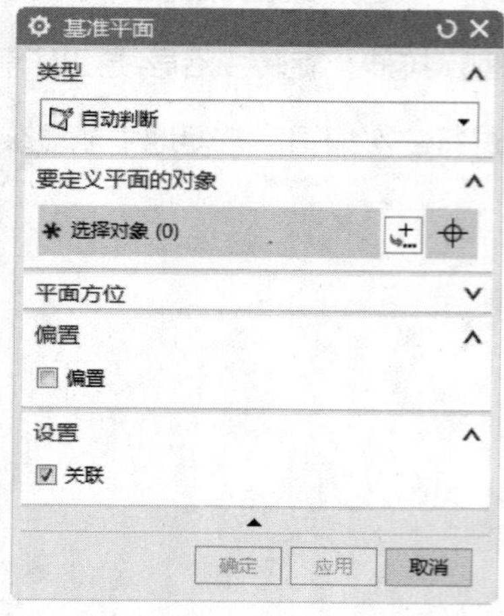

图 5-1 “基准平面”对话框

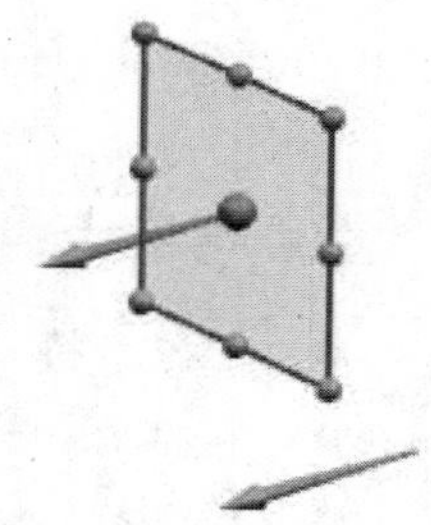

图 5-2 “点和方向”方法

（3）曲线上：通过已存在的曲线，创建在该曲线某点处和该曲线垂直的基准平面，其实例示意图如图 5-3 所示。

（4）按某一距离：通过和已存在的参考平面或基准面进行偏置得到新的基准平面，其实例示意图如图 5-4 所示。

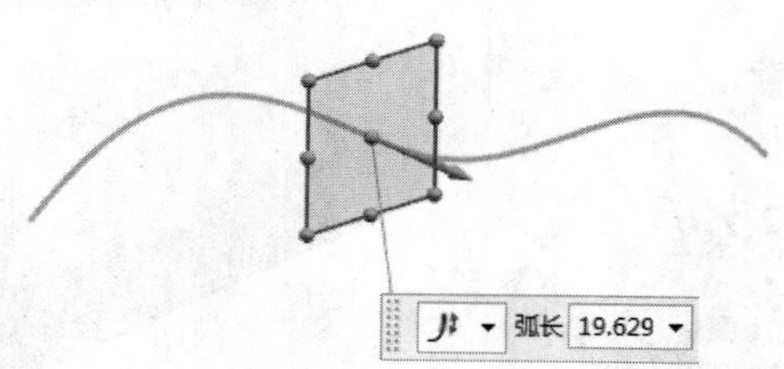

图 5-3 “曲线上”方法

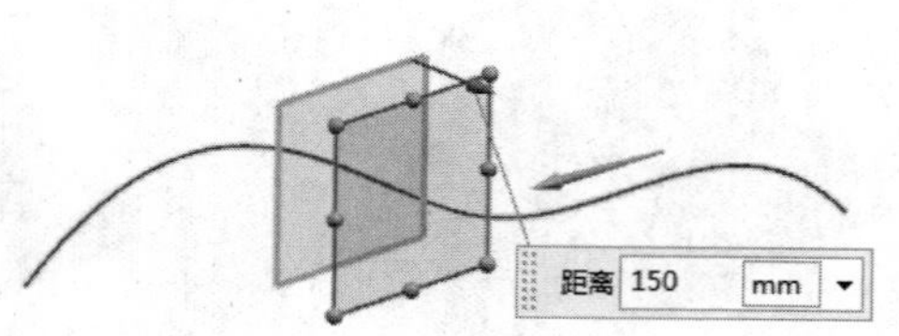

图 5-4 “按某一距离”方法

（5）成一角度：通过与一个平面或基准面成指定角度来创建基准平面。其实例示意图如图 5-5 所示。

（6）二等分：在两个相互平行的平面或基准平面的对称中心处创建基准平面，其实例示意图如图 5-6 所示。

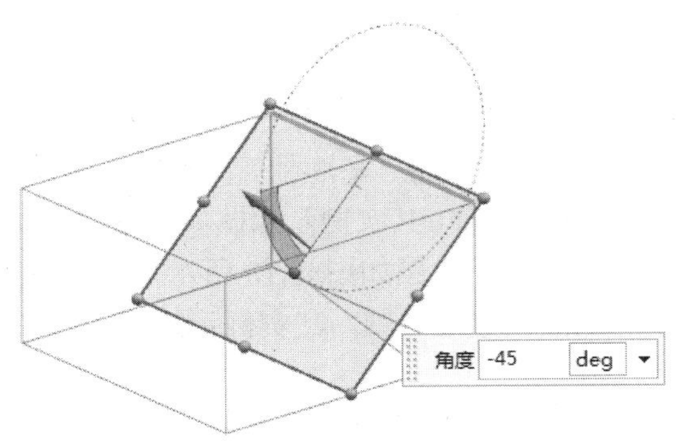

图 5-5　“成一角度”方法

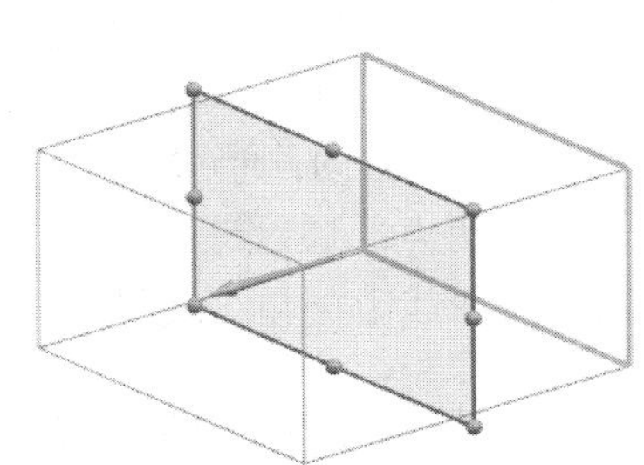

图 5-6　“二等分”方法

（7）曲线和点：通过选择曲线和点来创建基准平面，其实例示意图如图 5-7 所示。

（8）两直线：通过选择两条直线，若两条直线在同一平面内，则以这两条直线所在平面为基准平面；若两条直线不在同一平面内，那么基准平面通过一条直线且和另一条直线平行。其实例示意图如图 5-8 所示。

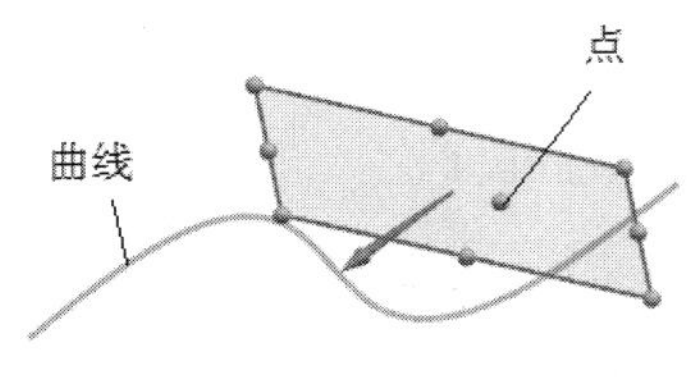

图 5-7　“曲线和点”方法

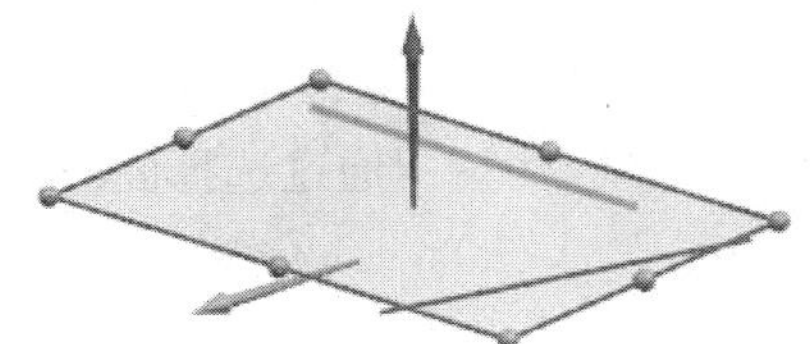

图 5-8　“两直线”方法

（9）相切：通过和一曲面相切且通过该曲面上点或线或平面来创建基准平面，其实例示意图如图 5-9 所示。

（10）通过对象：以对象平面为基准平面，其实例示意图 5-10 所示。

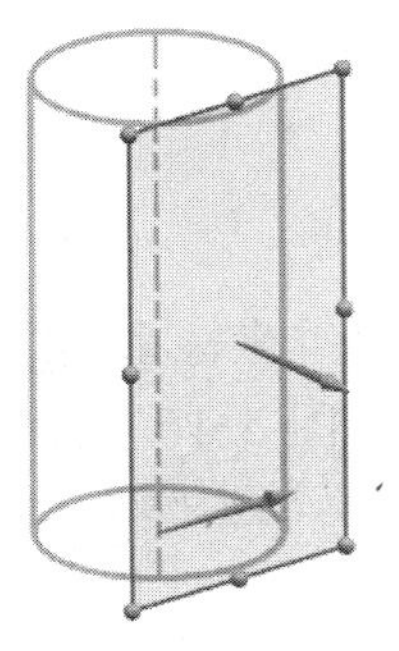

图 5-9　“相切”方法

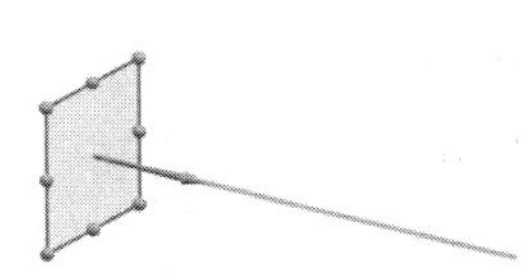

图 5-10　通过对像

系统还提供了XC-YC 平面、XC-ZC 平面、YC-ZC 平面和按系数共 4 种方法。也就是说可选择 XC-YC 平面、XC-ZC 平面、YC-ZC 平面为基准平面，或单击图标，自定义基准平面。

5.1.2 基准轴

选择 “菜单(M)” → “插入(S)” → “基准/点(D)” → “基准轴(A)...” 或单击“主页”选项卡“特征”面组上的“基准轴”按钮，打开如图 5-11 所示的“基准轴”对话框。

(1) 点和方向：通过选择一个点和方向矢量创建基准轴，其实例示意图如图 5-12 所示。

(2) 两点：通过选择两个点来创建基准轴，其实例示意图如图 5-13 所示。

(3) 曲线上矢量：通过选择曲线和该曲线上的点创建基准轴，其实例示意图如图 5-14 所示。

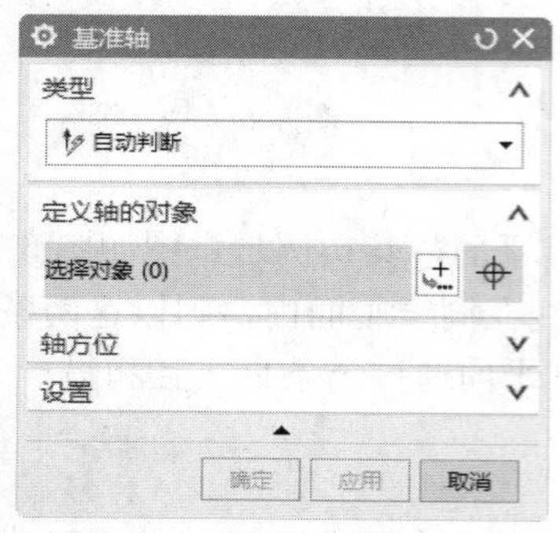

图 5-11 “基准轴”对话框

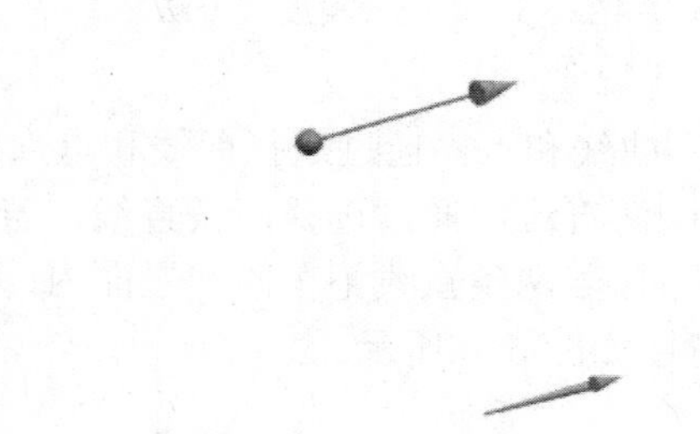
图 5-12 “点和方向”方法

(4) 曲线/面轴：通过选择曲面和曲面上的轴创建基准轴。

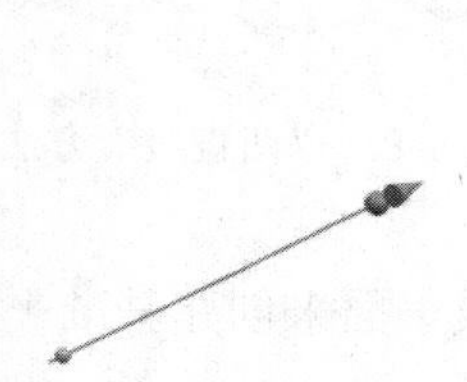
图 5-13 “两点”方法

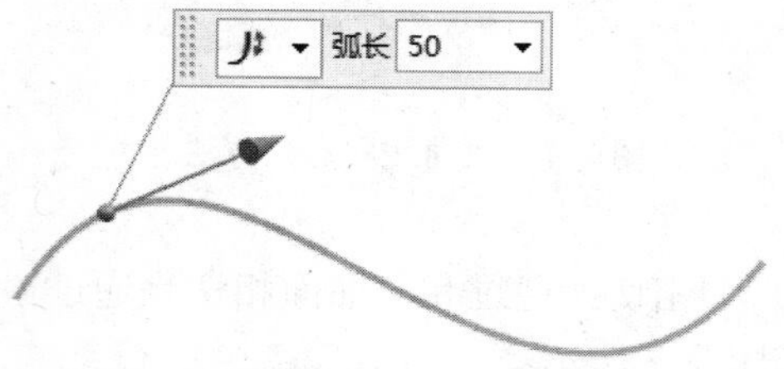

图 5-14 “曲线上矢量”方法

(5) 交点：通过选择两相交对象的交点来创建基准轴。

5.1.3 基准坐标系

选择“菜单(M)” → “插入(S)” → “基准/点(D)” → “基准坐标系（C）...” 或单击“主页”选项卡“特征”面组上的“基准坐标系”按钮，打开如图 5-15 所示的“基准坐标系”对话框，该对话框用于创建基准坐标系，和坐标系不同的是，基准坐标系一次建立三个基准面 XY、YZ 和 ZX 面和三个基准轴 X、Y 和 Z 轴。

下面介绍创建基准坐标系的方法：

(1) 自动判断：通过选择的对象或输入沿 X、Y 和 Z 坐标轴方向的偏置值来定义一个坐标系。

（2）原点，X 点，Y 点：该方法利用点创建功能先后指定三个点来定义一个坐标系。这 3 点应分别是原点、X 轴上的点和 Y 轴上的点。定义的第一点为原点，第一点指向第二点的方向为 X 轴的正向，从第二点至第三点按右手定则来确定 Z 轴正向。其实例示意图如图 5-16 所示。

图 5-15　“基准坐标系”对话框

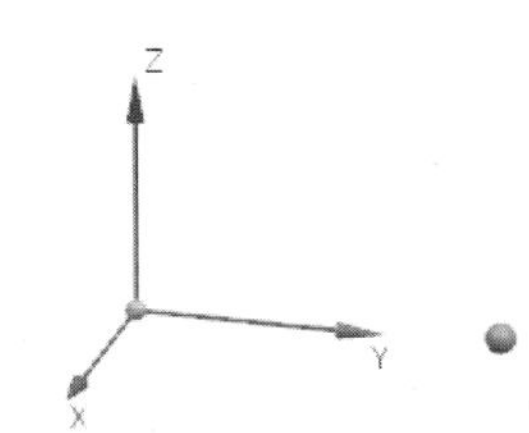

图 5-16　“原点，X 点，Y 点”方法

（3）三平面：该方法通过先后选择三个平面来定义一个坐标系。三个平面的交点为坐标系的原点，第一个面的法向为 X 轴，第一个面与第二个面的交线方向为 Z 轴。其实例示意图如图 5-17 所示。

（4）X 轴，Y 轴，原点：该方法先利用点创建功能指定一个点作为坐标系原点，再利用矢量创建功能先后选择或定义两个矢量，这样就创建基准坐标系。坐标系 X 轴的正向平行于第一矢量的方向，XOY 平面平行于第一矢量及第二矢量所在的平面，Z 轴正向由从第一矢量在 XOY 平面上的投影矢量至第二矢量在 XOY 平面上的投影矢量按右手定则确定。其实例示意图如图 5-18 所示。

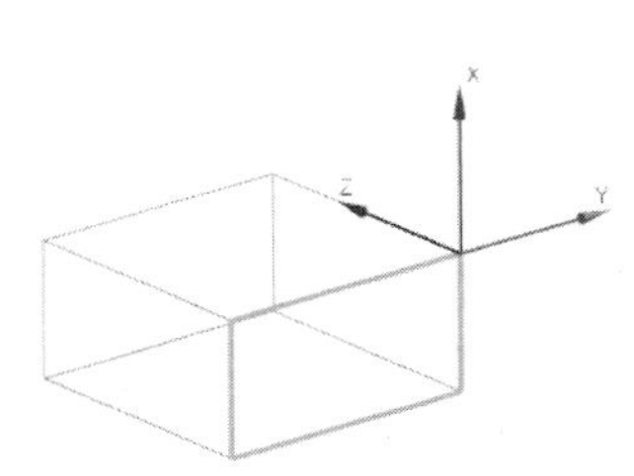

图 5-17　“三平面”方法

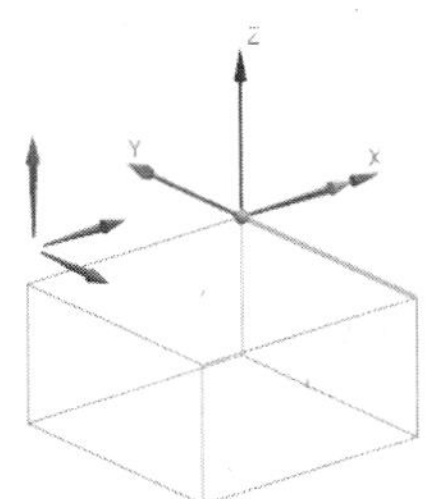

图 5-18　“X 轴，Y 轴，原点”方法

（5）绝对坐标系：该方法在绝对坐标系的（0，0，0）点处定义一个新的坐标系。

（6）当前视图的坐标系：该方法用当前视图定义一个新的坐标系。XOY 平面为当前视图的所在平面。

（7）偏置坐标系：该方法通过输入沿 X、Y 和 Z 坐标轴方向相对于选择坐标系的偏距来定义一个新的坐标系。

5.2 拉伸

拉伸特征是将截面轮廓草图通过拉伸生成实体或片体。其草绘截面可以是封闭的也可以是开口的，可以由一个或者多个封闭环组成，封闭环之间不能相交，但封闭环之间可以嵌套，如果存在嵌套的封闭环，在生成添加材料的拉伸特征时，系统自动认为里面的封闭环类似于孔特征，如图 5-19 所示。

选择“菜单（M）”→“插入(S)”→“设计特征(E)”→“拉伸(X)...”，或者单击“主页”选项卡“特征”面组上的“拉伸”按钮，选择用于定义拉伸特征截面曲线，打开如图 5-20 所示的“拉伸”对话框。

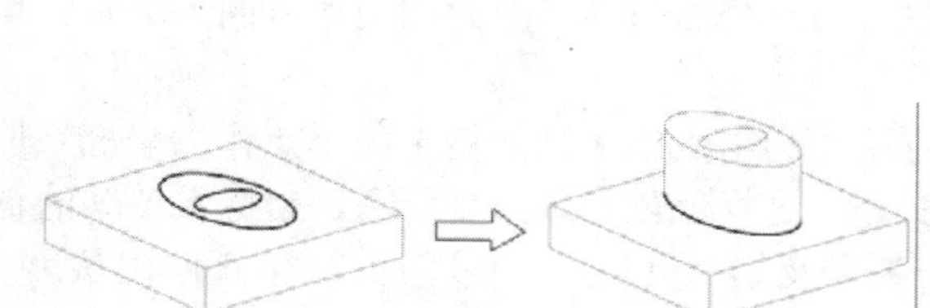

图 5-19　具有嵌套封闭环的拉伸特征

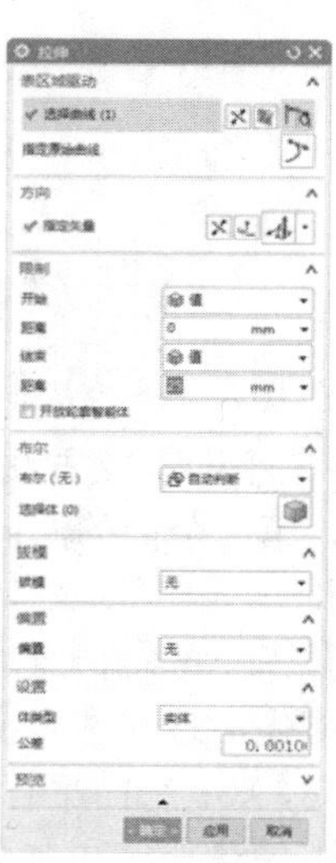

图 5-20　“拉伸”对话框

5.2.1　参数及其功能简介

1.“表区域驱动”面板

（1）曲线：用来指定使用已有草图来创建拉伸特征，在“拉伸”对话框中默认选择图标。

（2）绘制截面：在“拉伸”对话框中，单击图标，可以在工作平面上绘制草图来创建拉伸特征。

2.“方向”面板

1）在“拉伸”对话框中单击图标右边的按钮，打开如图 5-21 所示的“自动判断的矢量”下拉列表，用于设置所选对象的拉伸方向。

2）单击图标，打开如图 5-22 所示的“矢量”对话框，在该对话框中选择所需拉伸方向。

3）反向：在“拉伸”对话框中单击图标，使拉伸方向反向。

3.“限制”面板

（1）开始：用于限制拉伸的起始位置。

（2）结束：用于限制拉伸的终止位置。

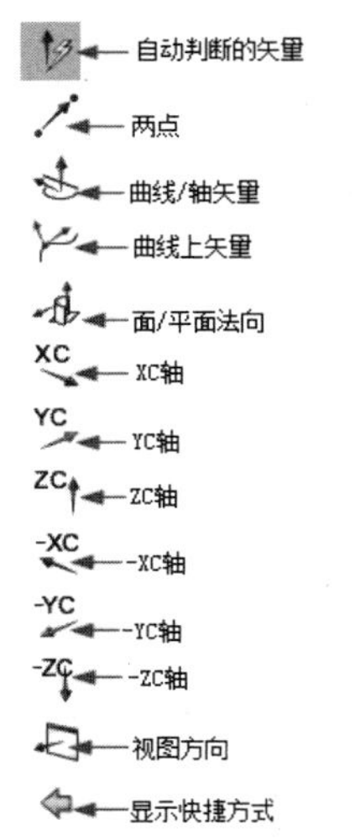

图 5-21　“自动判断的矢量”下拉列表

图 5-22　“矢量”对话框

4．“布尔”面板

在“拉伸”对话框中的“布尔（无）”下拉列表栏中选择布尔操作命令，包括无、合并、减去和相交操作。

5．“偏置”面板

（1）单侧：指在截面曲线一侧生成拉伸特征，此时只有“结束”文本框被激活，其示意图如图 5-23 所示。

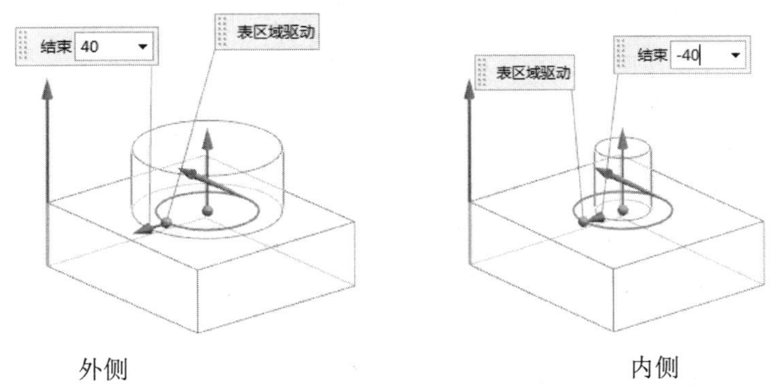

图 5-23　“单侧”创建拉伸特征

（2）两侧：指在截面曲线两侧生成拉伸特征，以结束值和起始值之差为实体的厚度，其示意图如图 5-24 所示。

（3）对称：指在截面曲线的两侧生成拉伸特征，其中每一侧的拉伸长度为总长度的一半，其示意图如图 5-25 所示。

6．拔模

（1）角度：用于设置拉伸方向的拉伸角度。其绝对值必须小于 90°。大于 0° 时是沿拉伸方向向内拔模，小于 0° 时是沿拉伸方向向外拔模。

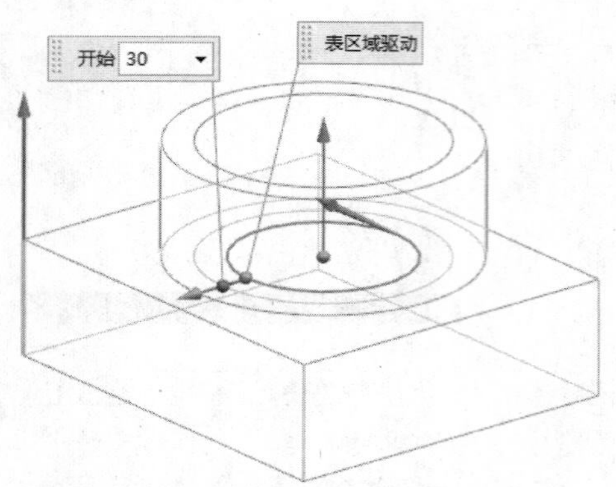

图 5-24 “两侧”创建拉伸特征

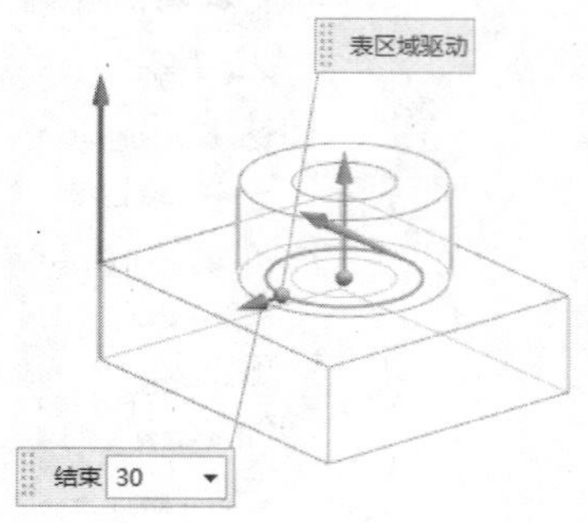

图 5-25 “对称”创建拉伸特征

（2）起始位置：用于设置拉伸拔模的起始位置。

1）从起始限制：用于设置拉伸拔模的起始位置为拉伸的起始位置，如图 5-26 所示。

2）从截面：用于设置拉伸拔模的起始位置为所选取的拉伸截面曲线处，如图 5-27 所示。

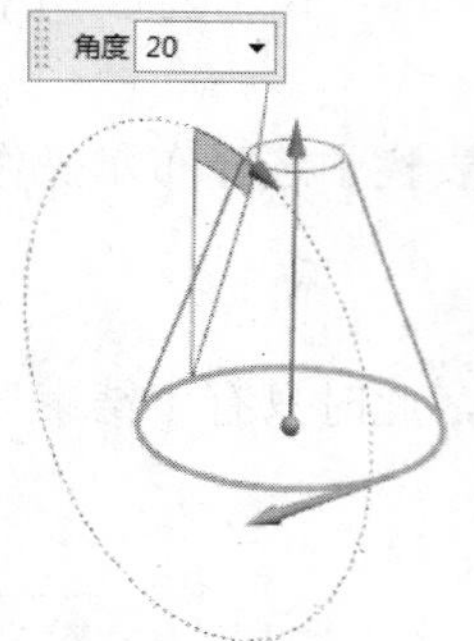

图 5-26 从起始限制

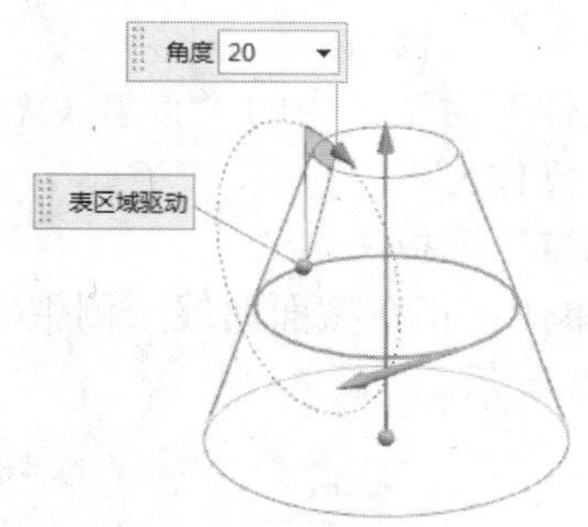

图 5-27 从截面

3）从截面一对称角：用于设置拉伸拔模的起始位置为所选取的拉伸截面曲线处，但是分别向截面曲线两侧以对称角度拔模，如图 5-28 所示。

4）从截面匹配的终止处：用于设置拉伸拔模的起始位置为所选取的拉伸截面曲线处，但是最终的末端截面形状和截面曲线形状相似，如图 5-29 所示。

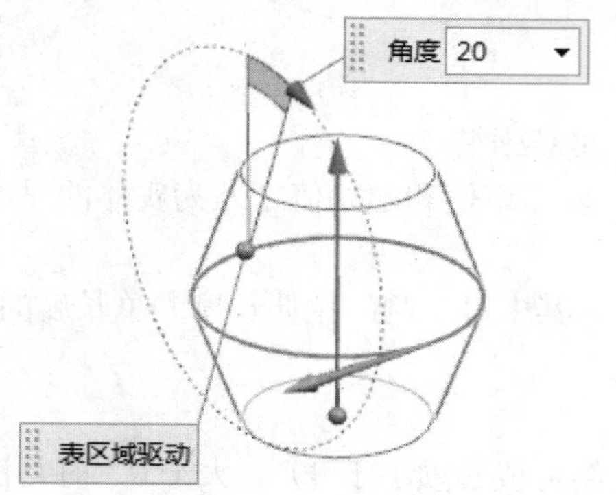

图 5-28 从截面一对称角

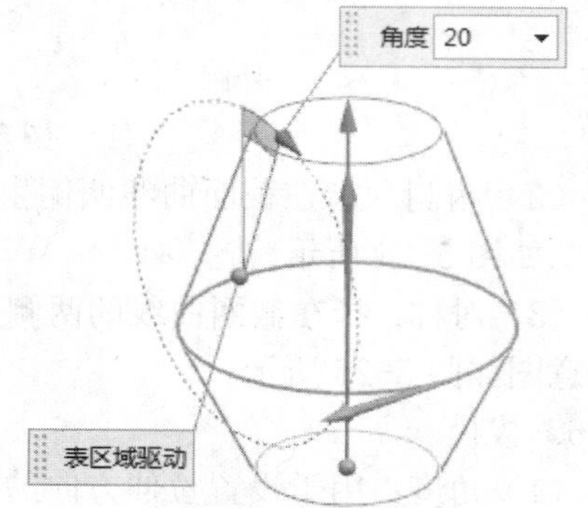

图 5-29 从截面匹配的终止处

5.2.2　实例——底座

创建如图 5-30 所示的底座零件体。

01 新建文件。单击“主页”选项卡“新建”按钮，打开“新建”对话框，在模板中选择“模型”，在名称中输入“dizuo”，单击确定按钮，进入 UG 建模环境。

02 绘制草图 1。选择“菜单(M)”→“插入(S)”→“草图(H)...”，或者单击“主页”选项卡“直接草图”面组上的“草图”按钮，采用默认平面，绘制草图 1，绘制后的草图如图 5-31 所示。

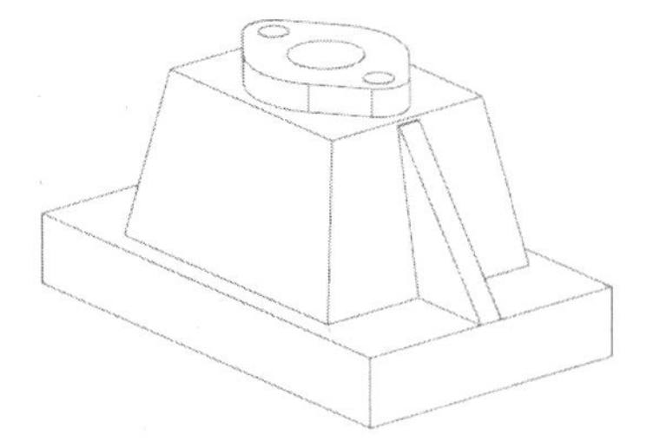

线框图

实体图

图 5-30　底座零件体示意图

03 创建拉伸特征 1。

❶选择“菜单 (M)”→“插入(S)”→“设计特征(E)” →“拉伸(X)...”，或者单击“主页”选项卡“特征”面组上的“拉伸”按钮，打开如图 5-32 所示的“拉伸”对话框，选择如图 5-31 所示的草图数。

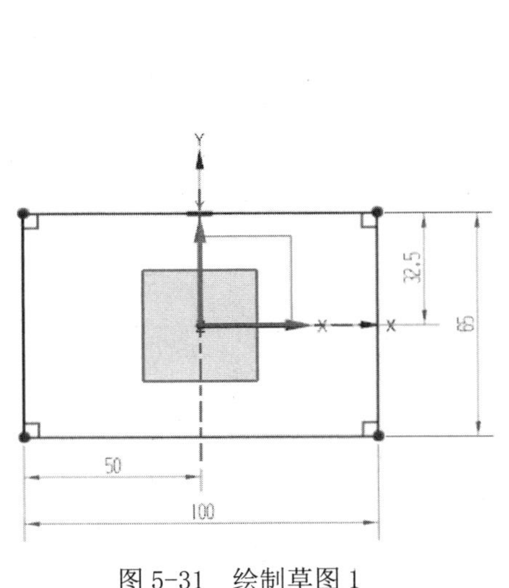

图 5-31　绘制草图 1

图 5-32　“拉伸”对话框

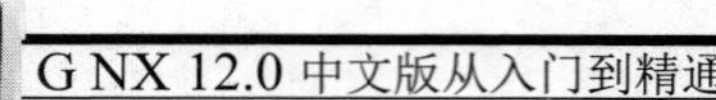
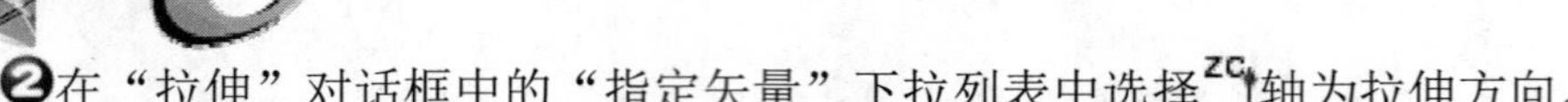

❷在“拉伸”对话框中的“指定矢量”下拉列表中选择ZC↑轴为拉伸方向。

❸在“拉伸”对话框 “限制”面板中“开始”和“结束”距离输入栏分别输入 0、15，其他采用默认设置。

❹在“拉伸”对话框中，单击<确定>按钮，创建拉伸特征 1，如图 5-33 所示。

04 绘制草图 2。

选择“菜单(M)”→“插入(S)”→“草图(H)...”，或者单击“主页”选项卡“直接草图”面组上的“草图”按钮，选取如图 5-34 所示的工作平面，绘制如图 5-35 所示的草图 2 。

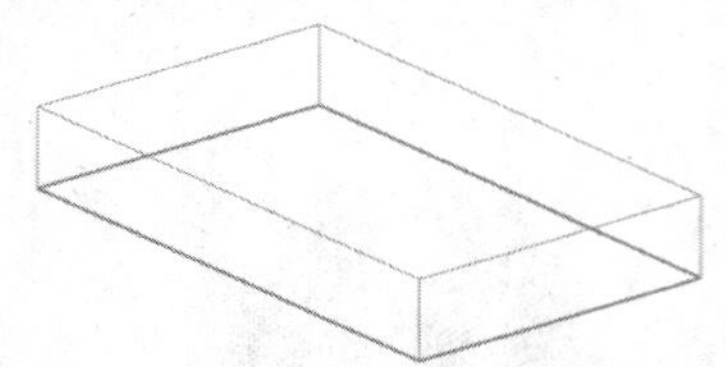

图 5-33 创建拉伸特征 1

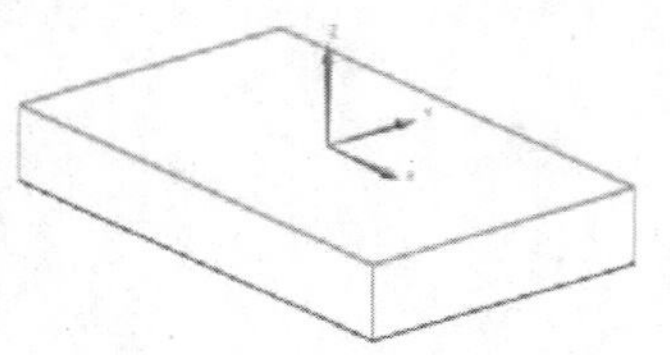

图 5-34 选取工作平面

05 创建拉伸特征 2。

❶选择“菜单（M)”→“插入(S)”→“设计特征(E)” →“拉伸(X)...”，或者单击“主页”选项卡“特征”面组上的“拉伸”按钮，打开如图 5-36 所示的“拉伸”对话框，选择如图 5-35 所示的草图。

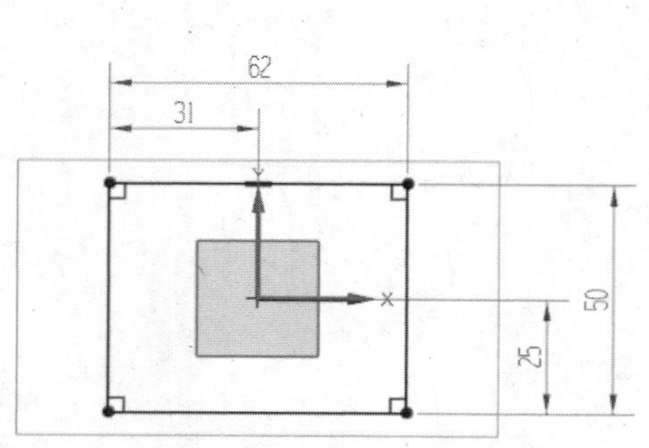

图 5-35 绘制草图 2

图 5-36 “拉伸”对话框

❷在“拉伸”对话框中的布尔的下拉列表框中单击“合并”图标。

❸在“拉伸”对话框中，在“限制”面板中“开始”和“结束”距离输入栏分别输入 0、

36。

❹在“拉伸”对话框中，选取拔模方式为“从起始限制”，在“角度”文本框中输入 10，其他默认，如图 5-37 所示。

❺在“拉伸”对话框中，单击〈确定〉按钮，创建拉伸特征 2，如图 5-38 所示。

06 绘制草图 3。

选择“菜单(M)”→“插入(S)”→“草图(H)...”，或者单击“主页”选项卡“直接草图”面组上的“草图”按钮，选取如图 5-39 所示的工作平面，绘制如图 5-40 所示的草图。

07 创建拉伸特征 3。

❶选择“菜单（M)”→“插入(S)”→“设计特征(E)”→“拉伸(X)...”，或者单击“主页”选项卡“特征”面组上的“拉伸”按钮，打开如图 5-41 所示的“拉伸”对话框。选择图 5-42 所示的草图为拉伸曲线。

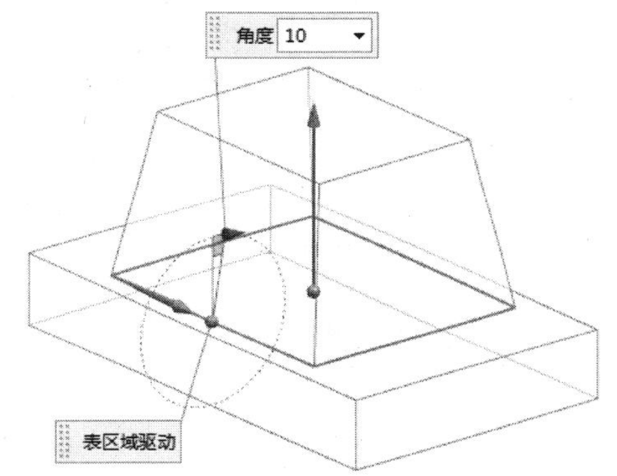

图 5-37　预览拉伸特征 2

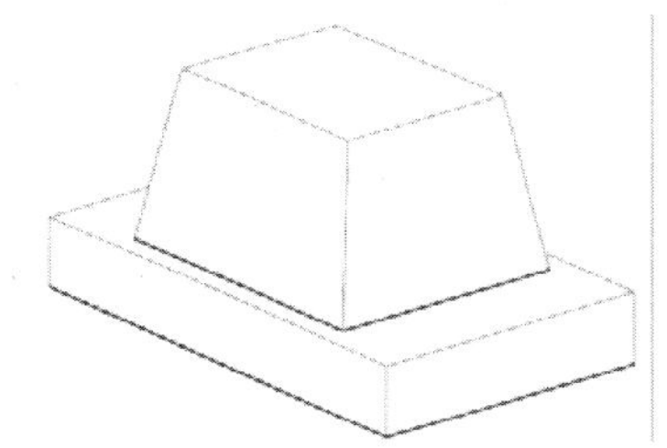

图 5-38　创建拉伸特征 2

❷在“拉伸”对话框中，在“指定矢量”下拉列表框中单击图标，选择“两个点”方式，给出拉伸方向。

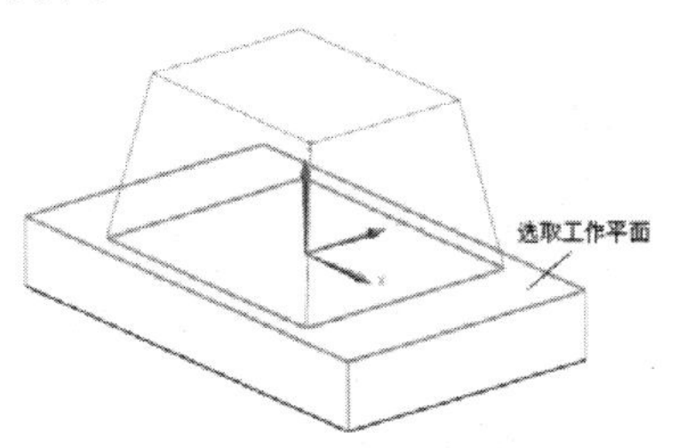

图 5-39　选择工作平面

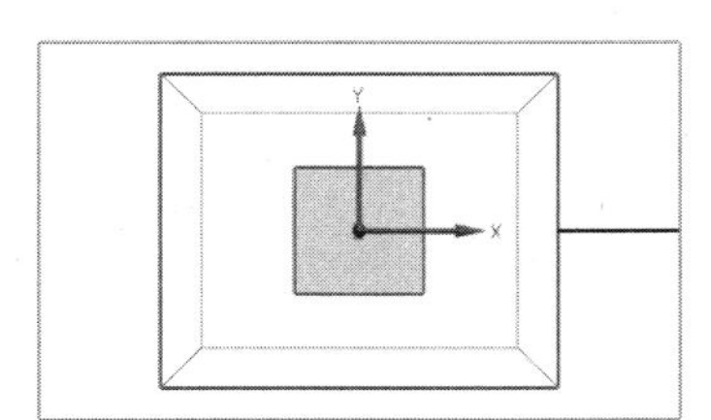

图 5-40　绘制草图 3

❸在如图 5-43 所示的零件体中选择点 1 和点 2。

❹在“拉伸”对话框中的“布尔”下拉列表框中选择“合并”图标。

❺在“拉伸”对话框中，在“限制”面板中“开始”和“结束”距离输入栏分别输入 0，43。

❻在“拉伸”对话框中，在“偏置”下列列表中选择“对称”，在“结束”文本框中输入 2.5。

❼在“拉伸”对话框中，单击〈确定〉按钮，创建拉伸特征 3，如图 5-44 所示。

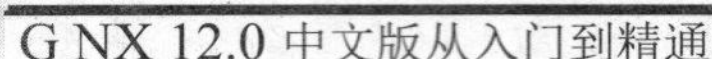

图 5-41 “拉伸”对话框

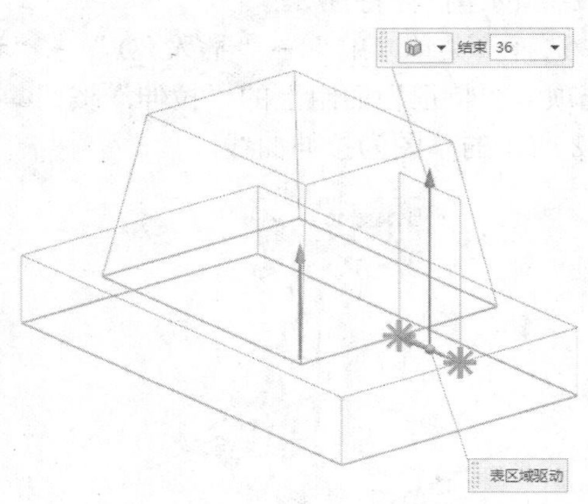

图 5-42 选择草图 3

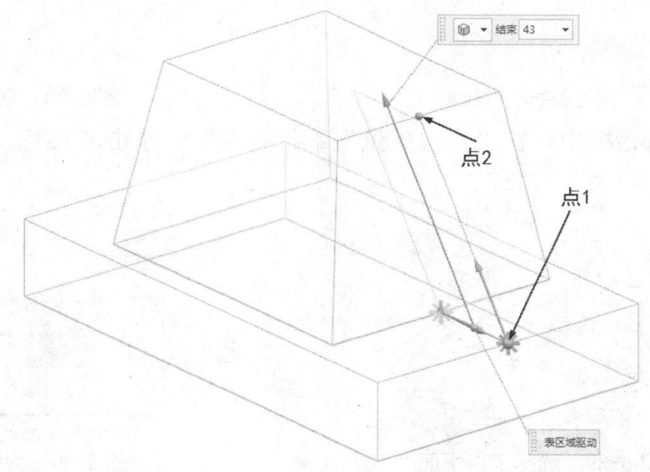

图 5-43 选择点 1 和 2

08 绘制草图 4。

选择“菜单(M)”→“插入(S)”→“草图(H)...”，或者单击“主页”选项卡“直接草图”面组上的“草图”按钮，进入草图绘制界面，选取如图 5-45 所示的工作平面，绘制如图 5-46 所示的草图 4 。

09 创建拉伸特征 3。

❶选择“菜单（M)”→“插入(S)”→“设计特征(E)” →“拉伸(X)...”，或者单击“主

页”选项卡“特征”面组上的“拉伸”按钮，打开“拉伸”对话框，选择如图 5-46 所示的草图。

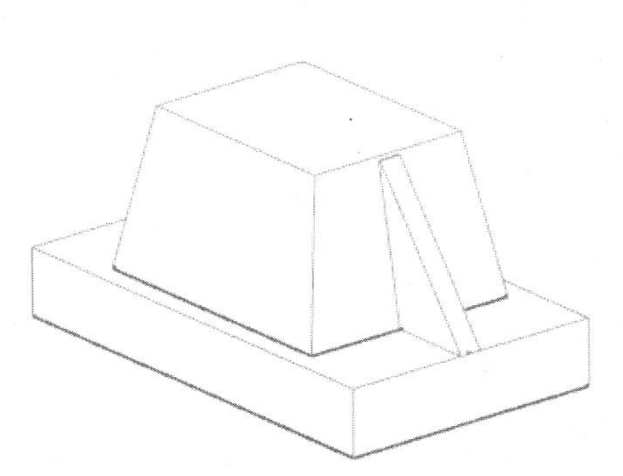

图 5-44　创建拉伸特征 3

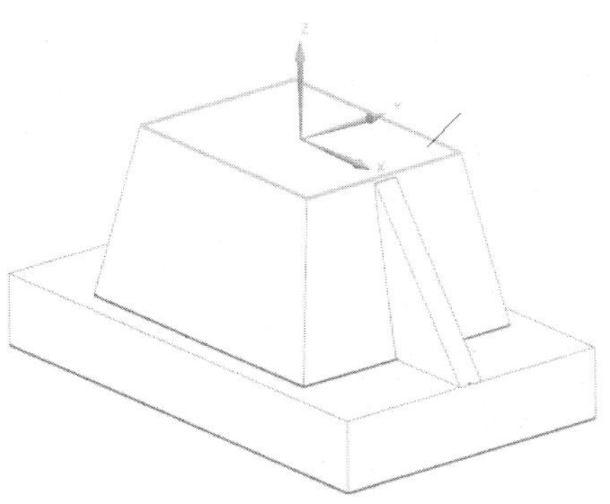

图 5-45　选择工作平面

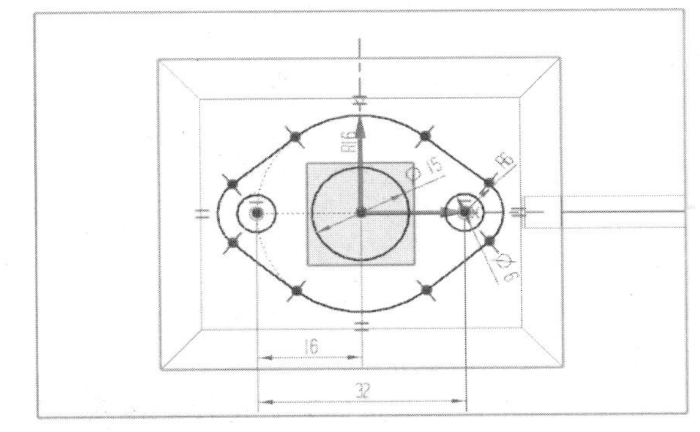

图 5-46　绘制草图 4

❷在“拉伸”对话框中的“指定矢量”下拉列表中选择 ZC 轴为拉伸方向。

❸在“拉伸”对话框中，在“限制”面板中“开始”和“结束”距离输入栏分别输入 0，6，其他采用默认设置。

❹在“拉伸”对话框中，单击 <确定> 按钮，创建拉伸特征 4，如图 5-30 所示。

5.3 旋转

旋转特征是由特征截面曲线绕旋转中心线旋转而成的一类特征，它适合于构造旋转体零件特征。

选择“菜单（M）”→“插入(S)”→“设计特征(E)”→“旋转（R）...”，或者单击“主页”选项卡“特征”面组上的“旋转”按钮，选择用于定义旋转特征截面曲线，打开如图 5-47 所示的“旋转”对话框。

5.3.1　参数及其功能简介

1．“表区域驱动”面板

（1）曲线：用来指定使用已有草图来创建旋转特征，在“旋转”对话框中默认选择图标。

（2）绘制截面：在“旋转”对话框中，单击图标按钮，可以在工作平面上绘制草图来创建旋转特征。

2．“轴”面板

（1）旋转轴方向：用于设置所选对象的旋转方向。在“旋转”对话框中单击图标右边的按钮，打开“自动判断的矢量”下拉列表栏。在该列表栏中选择所需的旋转方向或者单击图标，打开“矢量”对话框，在该对话框中选择所需旋转方向。

（2）点对话框按钮：在“自动判断的点”下拉列表栏中，选择其中的一些图标时，图标被激活，用于选择要进行“旋转”操作的基准点。单击该按钮，可通过“捕捉”直接在视图区中进行选择。

（3）反向：在“旋转”对话框中单击图标，使旋转轴方向反向。

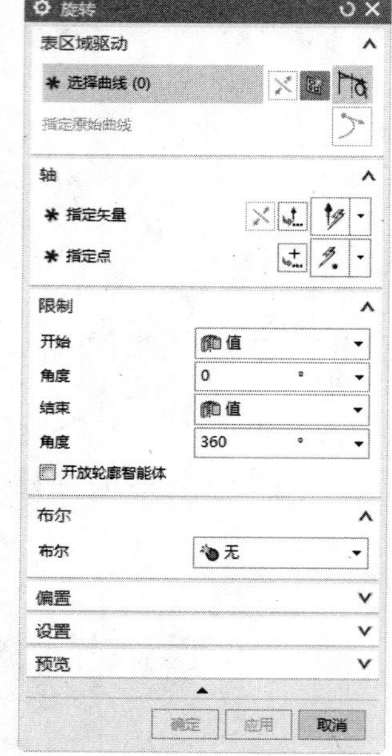

图 5-47　“旋转”对话框

3．“限制”面板

（1）开始：在设置以“值”或“直至选定”方式进行旋转操作时，用于限制旋转的起始角度。

（2）结束：在设置以“值”或“直至选定”方式进行旋转操作时，用于限制旋转的结束角度。

4．“布尔”面板

在“旋转”对话框中的“布尔”下拉列表栏中选择布尔操作命令。

5．“偏置”面板

（1）无：指截面曲线旋转时不进行偏置。

（2）两侧：指在截面曲线两侧进行偏置，以结束值和起始值之差为实体的厚度。

5.3.2　实例——垫片

创建如图 5-48 所示的垫片零件体。

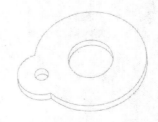

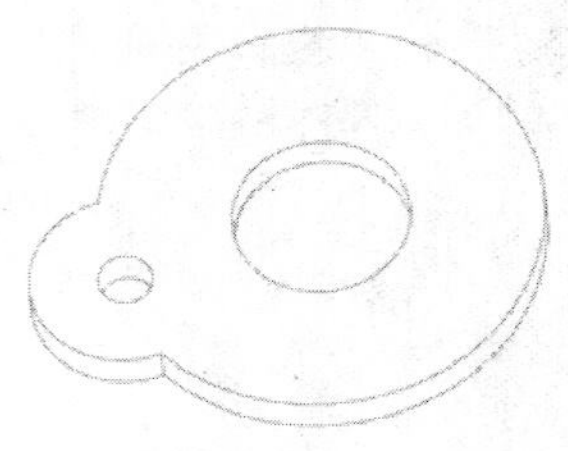

图 5-48　垫片零件体

01 新建文件。单击“主页”选项卡“新建”按钮，打开“新建”对话框，在“模板”列表框中选择“模型”，输入“dianpian”， 单击确定按钮，进入 UG 建模环境。

02 绘制草图 1。

❶选择“菜单(M)”→“插入(S)”→“草图(H)...”，或者单击“主页”选项卡“直接草图”面组上的“草图”按钮，绘制草图 1，绘制后的草图如图 5-49 所示。

❷单击“主页”选项卡“直接草图”面组上的“完成草图”按钮，退出草图。

03 绘制基本曲线 1。

❶选择“菜单(M)”→“插入(S)”→“曲线(C)”→“基本曲线（原有）(B) ...”，打开如图 5-50 所示的“基本曲线”对话框。

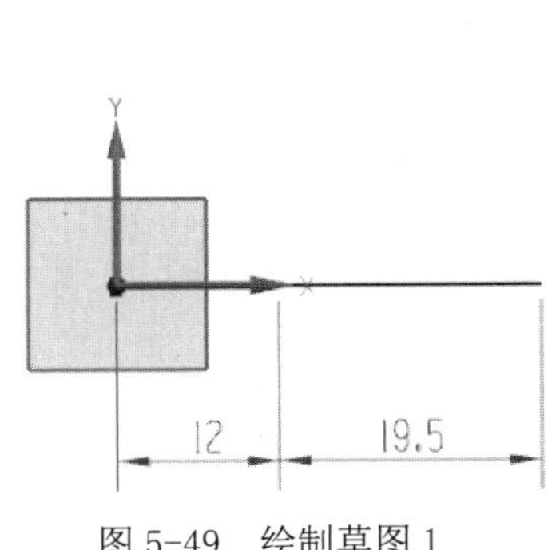

图 5-49　绘制草图 1

图 5-50　“基本曲线”对话框

❷在“基本曲线”对话框中的“自动判断的点”图标的下拉列表框中单击“点构造器”图标，打开如图 5-51 所示的“点”对话框。

❸在“点”对话框中，默认基点为原点，单击确定按钮。

❹在“点”对话框中，在“Z”文本框中输入 10，其他为 0，单击确定按钮。

❺在“点”对话框中，单击取消按钮，关闭该对话框。

04 创建旋转特征 1。

❶选择“菜单（M)”→“插入(S)”→“设计特征(E)” →“旋转（R）...”，或者单击“主页”选项卡“特征”面组上的“旋转”按钮，打开如图 5-52 所示的“旋转”对话框。

❷选择如图 5-49 绘制的草图为旋转曲线。

❸在“旋转”对话框中“自动判断的矢量”图标的下拉列表框中单击“ZC 轴”图标，在视图区选择原点为基准点。

❹在“旋转”对话框中，设置“限制”的“开始”选项为“值”，在其文本框中输入 0。同样设置“结束”选项为“值”，在其文本框中输入 360。

❺在“旋转”对话框中，在“偏置”下拉列表中选择“两侧”，在“开始”和“结束”文本框中分别输入 0、6，预览所创建的旋转特征 1 如图 5-53 所示。

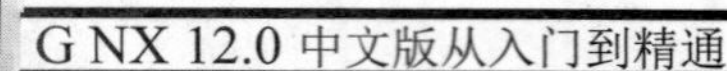

❻在“旋转”对话框中，单击 按钮，创建旋转特征 1，如图 5-54 所示。

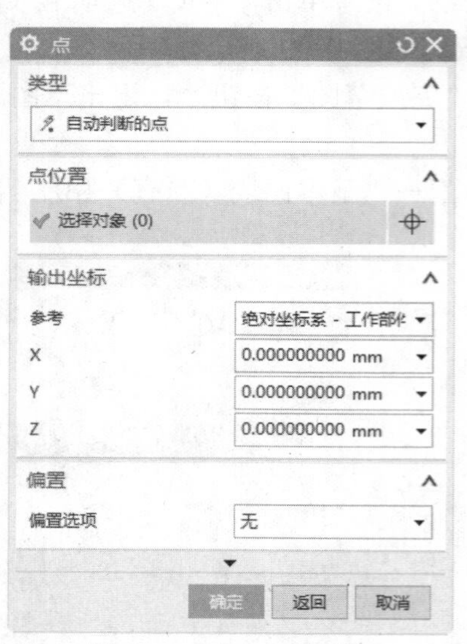

图 5-51 “点”对话框

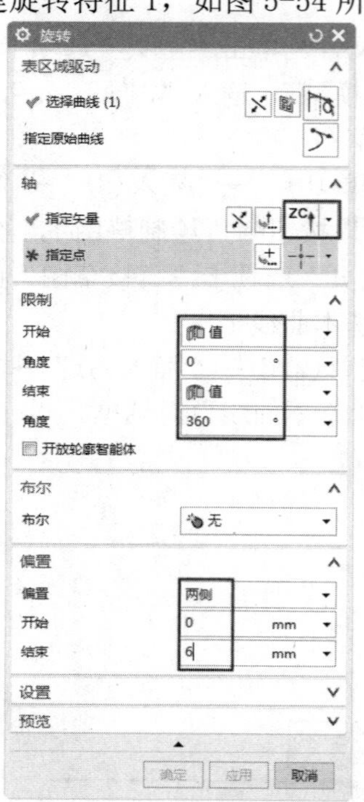

图 5-52 “旋转”对话框

05 绘制草图 2。

❶选择“菜单(M)”→“插入(S)”→“在任务环境中绘制草图(V)...”，打开“创建草图”对话框。

❷在“草图类型”的下拉列表栏中选择“基于路径”类型，选择如图 5-55 所示的刀轨曲线，单击 按钮。

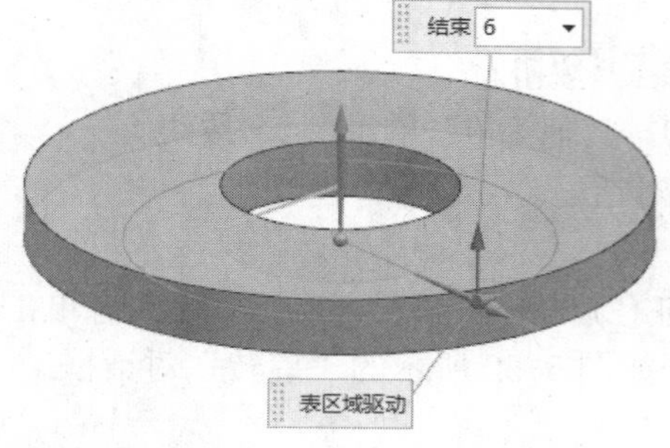

图 5-53 预览所创建的旋转特征 1

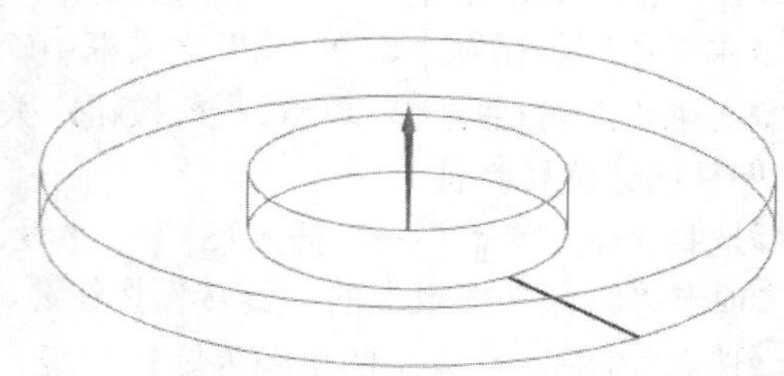

图 5-54 创建旋转特征 1

❸选择“菜单(M)”→“视图(V)”→“定向视图到模型(K)”，如图 5-56 所示。

❹在视图中绘制如图 5-57 所示的草图 2 。

❺单击“主页”选项卡“直接草图”面组上的“完成草图”按钮，退出草图。

06 绘制基本曲线 2。

❶选择“菜单(M)”→“插入(S)”→“曲线(C)”→“基本曲线（原有）(B) ...”，打开“基

本曲线”对话框。

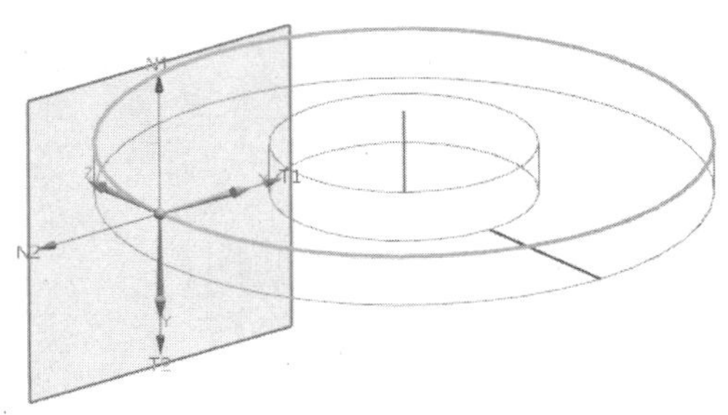

图 5-55　选择刀轨曲线

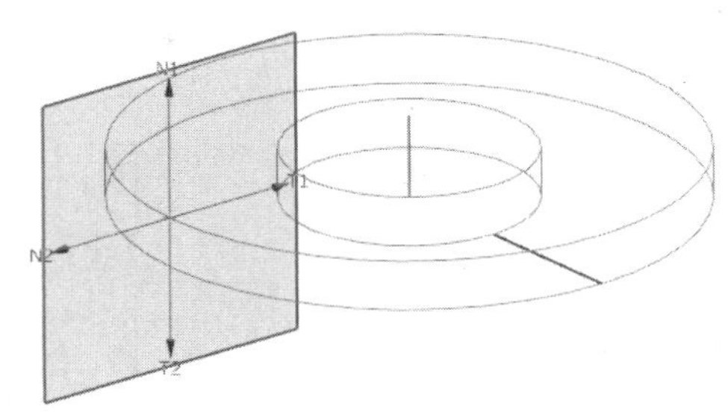

图 5-56　使视图定向到模型

❷在“基本曲线”对话框中的“自动判断的点”图标的下拉列表框中分别单击和图标，在视图区选择一个圆心和一个存在点，绘制如图 5-58 所示的曲线。

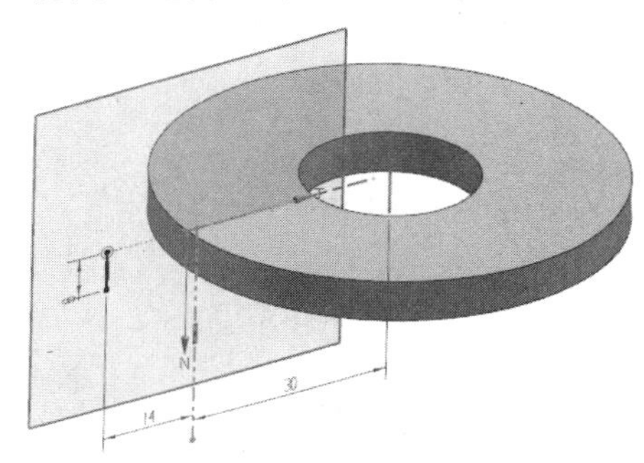

图 5-57　绘制草图 2

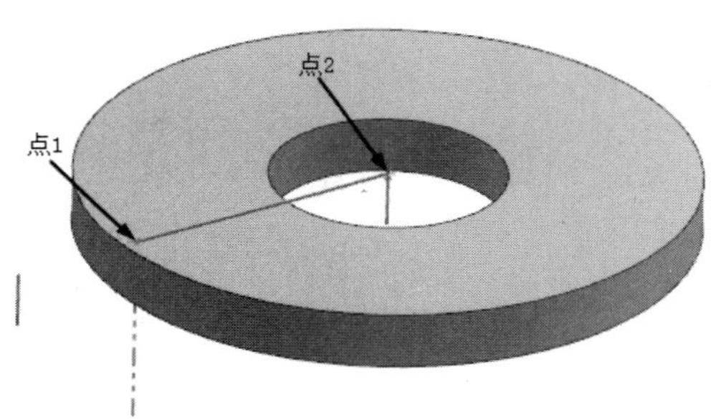

图 5-58　绘制基本曲线

07 创建旋转特征 2。

❶选择“菜单（M）”→“插入(S)”→“设计特征(E)”→“旋转（R）…”，或者单击“主页”选项卡“特征”面组上的“旋转”按钮，打开如图 5-59 所示的“旋转”对话框。

❷选择如图 5-57 绘制的曲线为旋转曲线。

❸在“旋转”对话框中的“自动判断的矢量”图标的下拉列表框中单击“面/平面法向”图标，在视图区如图 5-60 所示的面，选择点 1 为基准点。

❹在“旋转”对话框中，设置“限制”的“开始”选项为“值”，在其文本框中输入 0。同样设置“结束”选项为“值”，在其文本框中输入 360。

❺在“旋转”对话框中的“布尔”下拉列表框中单击“合并”图标。

❻在“旋转”对话框中，单击<确定>按钮，创建旋转特征 2，如图 5-61 所示。

08 绘制草图 3。

选择“菜单(M)”→“插入(S)”→“草图(H)…”，或者单击“主页”选项卡“直接草图”面组上的“草图”按钮，进入草图绘制界面，选取如图 5-62 所示的工作平面，绘制如图 5-63 所示的草图 3 。

09 创建拉伸特征。

❶选择“菜单（M）”→“插入(S)”→“设计特征(E)”→“拉伸(X)…”，或者单击“主页”选项卡“特征”面组上的“拉伸”按钮，打开如图 5-64 所示的“拉伸”对话框，选择如图 5-63 所示的草图。

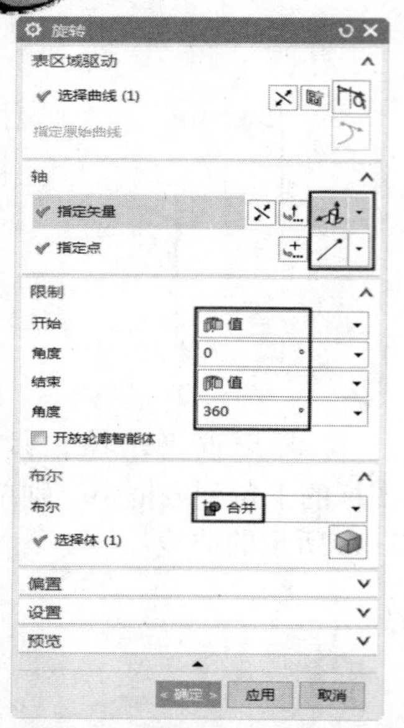

图 5-59 “旋转”对话框

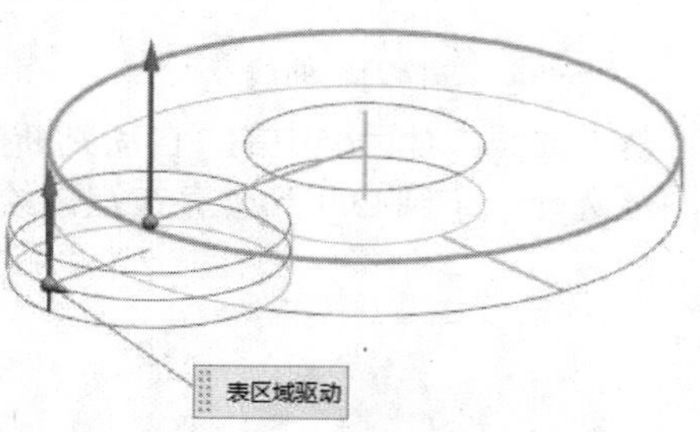

图 5-60 选择面

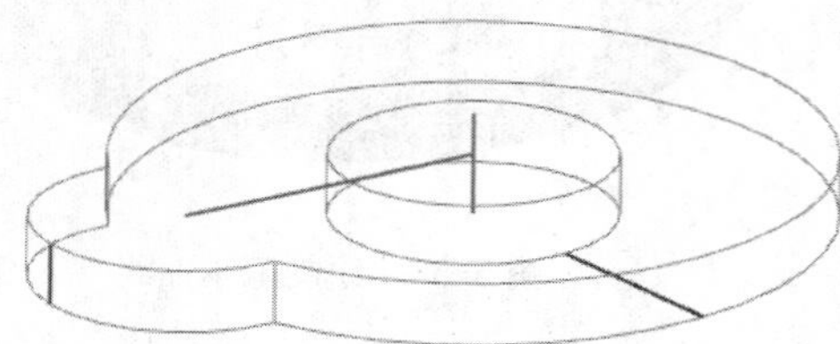

图 5-61 创建旋转特征 2

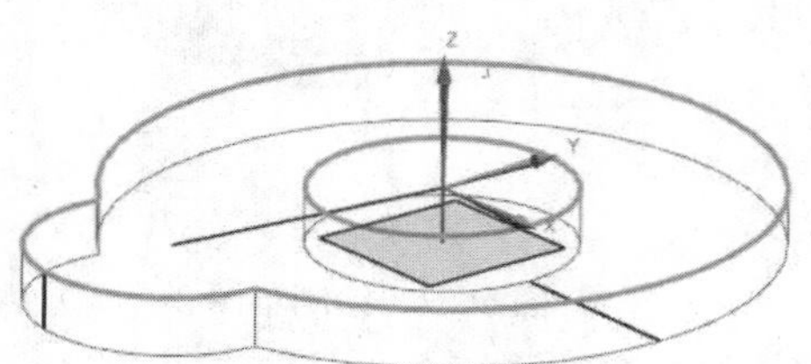

图 5-62 选取草图工作平面

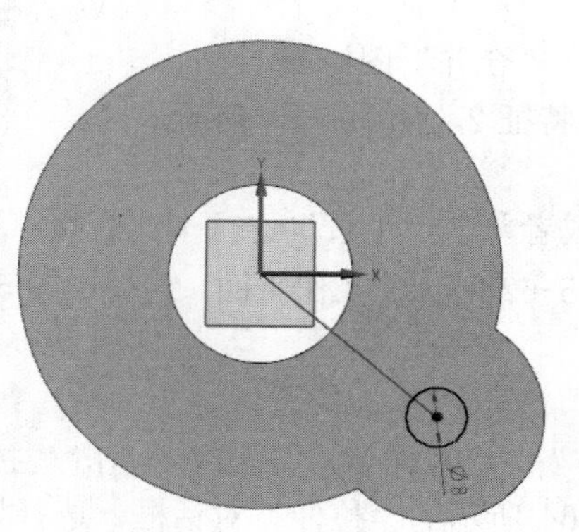

图 5-63 绘制草图 3

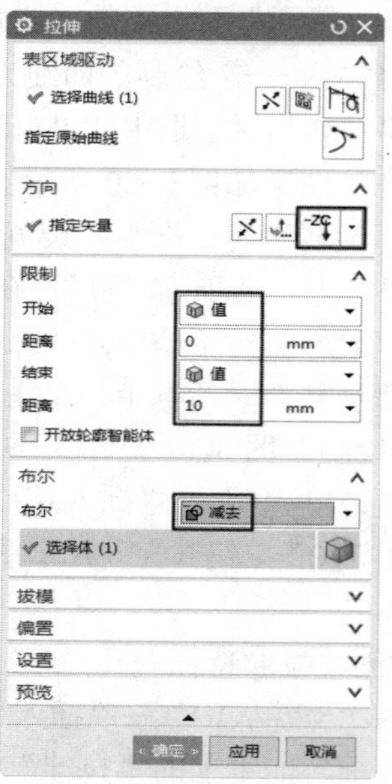

图 5-64 “拉伸”对话框

❷在“拉伸”对话框中的“指定矢量”下拉列表中选择“-ZC 轴”轴为拉伸方向。

❸在“拉伸”对话框中，在“限制”栏中“开始”和“结束”距离输入栏分别输入 0、10，其他采用默认设置。

❹在“拉伸”对话框中的“布尔”下拉列表框中单击“减去”图标。

❺在“拉伸”对话框中，单击<确定>按钮，创建拉伸特征，如图 5-65 所示。

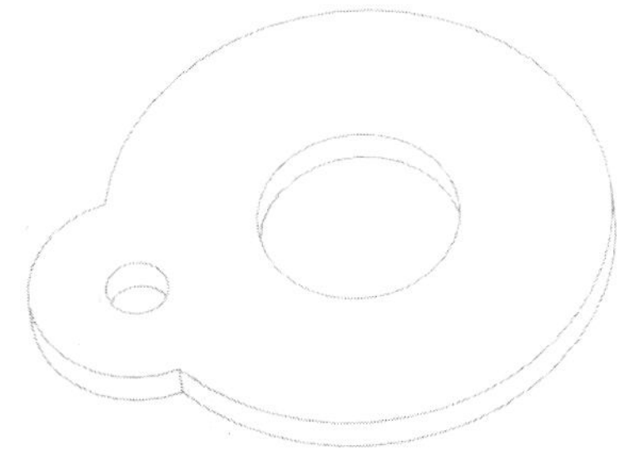

图 5-65　创建拉伸特征

5.4 沿引导线扫掠

沿引导线扫掠特征是指由截面曲线沿引导线扫掠而成的一类特征。

5.4.1　参数及其功能简介

选择“菜单（M）”→“插入(S)”→“扫掠(W)”→“沿引导线扫掠(G)...”，打开如图 5-66 所示的“沿引导线扫掠”对话框。

图 5-66　“沿引导线扫掠”对话框

（1）截面：用于定义扫掠截面。

（2）引导：用于定义引导线。

（3）偏置：用于设置扫掠的偏置参数。

5.4.2 实例——基座

创建如图 5-67 所示的零件体。

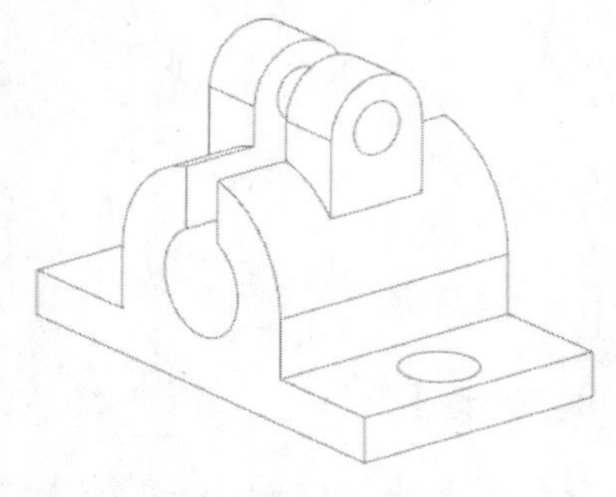

线框图

实体图

图 5-67 基座示意图

01 新建文件。单击“主页”选项卡“新建”按钮，打开“新建”对话框，在“模板”列表框中选择“模型”，输入“jizuo”，单击确定按钮，进入 UG 建模环境。

02 绘制草图 1。选择“菜单(M)”→“插入(S)”→“草图(H)...”，或者单击“主页”选项卡“直接草图”面组上的“草图”按钮，选取 XC-YC 平面为工作平面绘制草图 1，绘制后的草图如图 5-68 所示。

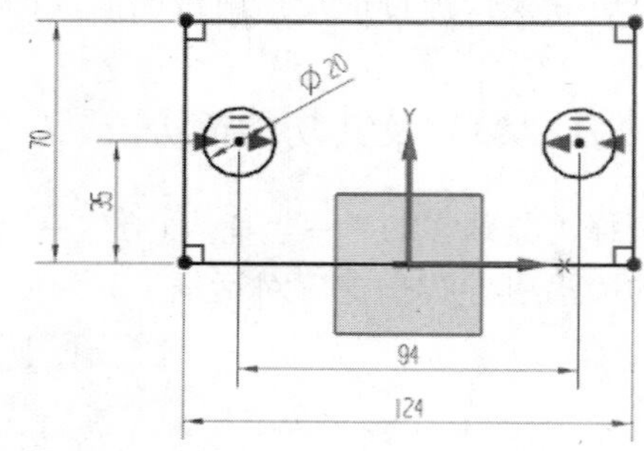

图 5-68 绘制草图 1

03 创建拉伸特征 1。

❶选择“菜单(M)”→“插入(S)”→“设计特征(E)”→“拉伸(X)...”，或者单击“主页”选项卡“特征”面组上的“拉伸”按钮，打开如图 5-69 所示的“拉伸”对话框，选择如图 5-68 所示的草图。

❷在“拉伸”对话框中的“指定矢量”下拉列表中选择ZC轴为拉伸方向。

❸在“拉伸”对话框中，在“限制”栏中“开始”和“结束”距离输入栏分别输入 0、12，其他采用默认设置。

❹在“拉伸”对话框中，单击确定按钮，创建拉伸特征 1，如图 5-70 所示。

04 绘制草图 2。

选择“菜单(M)”→“插入(S)”→“草图(H)...”，或者单击“主页”选项卡“直接草图”面组上的“草图”按钮，选取 XC-ZC 平面为工作平面绘制草图 2，绘制后的草图如图 5-71 所示，单击“完成”图标，退出草图绘制环境。

05 绘制引导线 1。

❶选择“菜单(M)”→“插入(S)”→“曲线(C)”→“基本曲线（原有）(B)...”，打开如图 5-72 所示的“基本曲线”对话框和如图 5-73 所示“跟踪条”对话框。

图 5-69　“拉伸”对话框

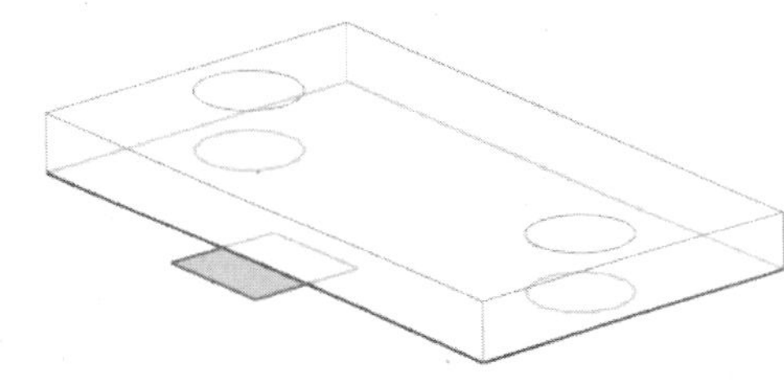

图 5-70　创建拉伸特征 1

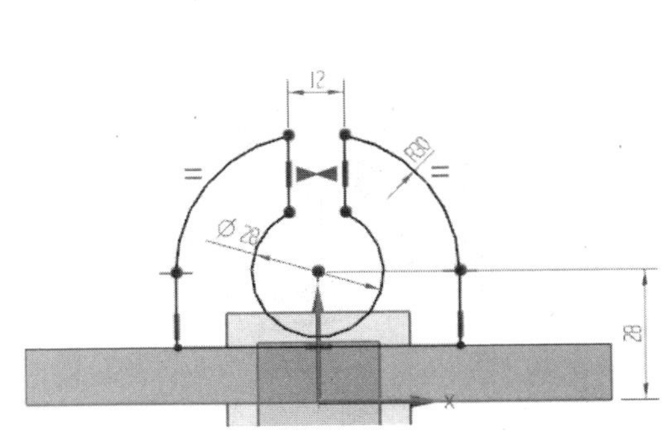

图 5-71　绘制草图 2

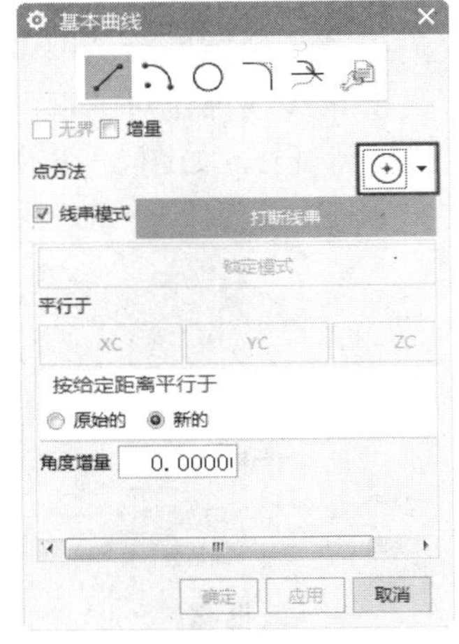

图 5-72　“基本曲线”对话框

❷在“基本曲线”对话框中的“自动判断的点”图标的下拉列表框中分别单击图标，在视图区选择如图 5-74 所示的圆心。

图 5-73　“跟踪栏”对话框

❸选择圆心后，在“基本曲线”对话框中的“平行于”列表框中的按钮被激活，单击 YC 按钮。

❹在“基本曲线”对话框中的“YC”的文本框中输入 70，单击鼠标中键或者按 Enter 键，创建如图 5-75 所示的引导线。

06 创建沿引导线扫掠特征 1。

❶选择“菜单（M）”→“插入(S)”→“扫掠(W)”→“沿引导线扫掠(G)...”，打开“沿引导线扫掠”对话框。

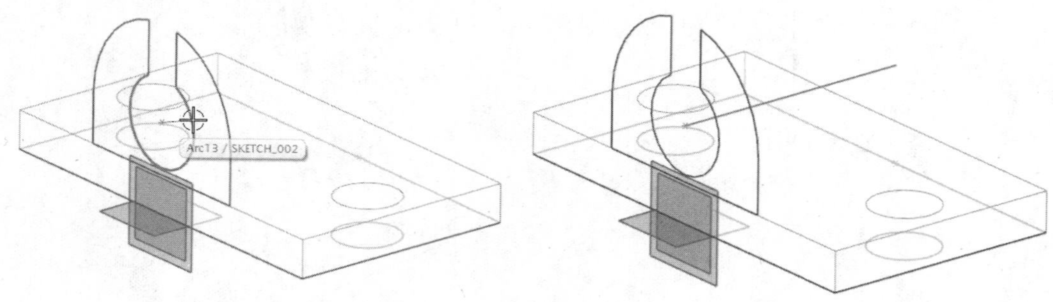

图 5-74　选择圆心　　图 5-75　创建引导线 1

❷在零件体中选择如图 5-71 所绘制的草图为扫掠截面。

❸在零件体中选择引导线 1 为引导线。

❹在“沿引导线扫掠”对话框中的“第一偏置”和“第二偏置”文本框中分别输入 0。

❺在“沿引导线扫掠”对话框的“布尔”下拉列表中选择“合并”，单击 < 确定 > 按钮，创建沿导线扫掠特征 1，如图 5-76 所示。

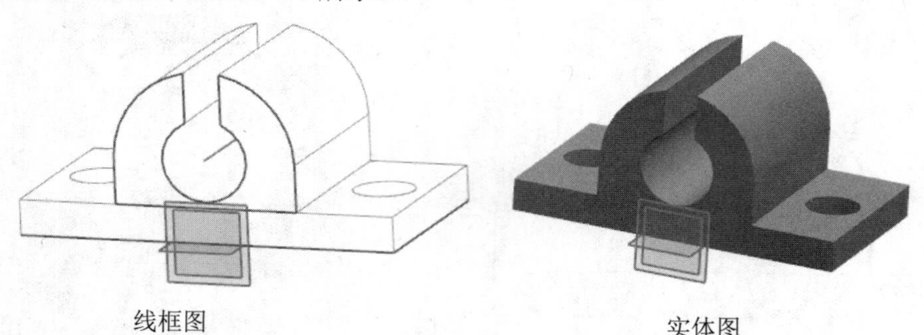

线框图　　实体图

图 5-76　创建沿导线扫掠特征 1 的零件体示意图

07 创建引导线 2。

❶选择“菜单(M)”→“插入(S)”→“曲线(C)”→“基本曲线“原有”(B) ...”，打开“基本曲线”对话框。

❷在“基本曲线”对话框中的图标的下拉列表框中单击图标，打开如图 5-77 所示的“点”对话框。

❸在“点”对话框中的“XC”“YC”和“ZC”的文本框中分别输入-23、35、68。

❹在“点”对话框中，单击确定按钮。
❺在“点”对话框中的“XC”“YC”和“ZC”的文本框中分别输入 23、35、68。
❻在“点”对话框中，单击确定按钮，关闭该对话框，创建如图 5-78 所示的引导线。

图 5-77　“点”对话框

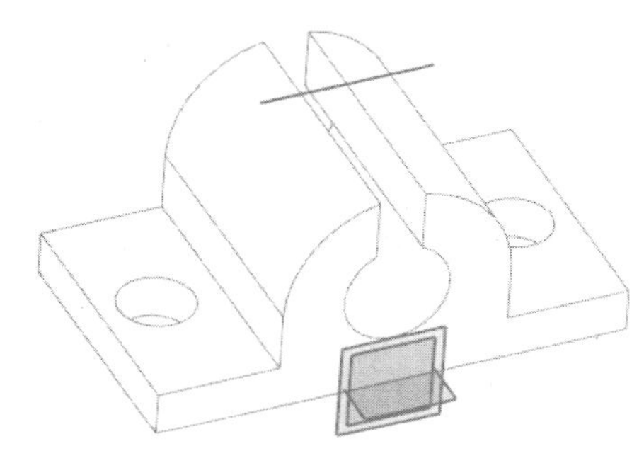

图 5-78　创建引导线 2

08 绘制草图 3。

❶选择“菜单(M)”→“插入(S)”→“草图(H)...”，或者单击“主页”选项卡“直接草图”面组上的“草图”按钮，打开“创建草图”对话框。
❷在“类型”下拉列表栏中选择“基于路径”类型，选择如图 5-79 所示的刀轨曲线。
❸在如图 5-79 所示的“弧长百分比”文本框中输入 0。
❹单击确定按钮，绘制如图 5-80 所示的草图 3。

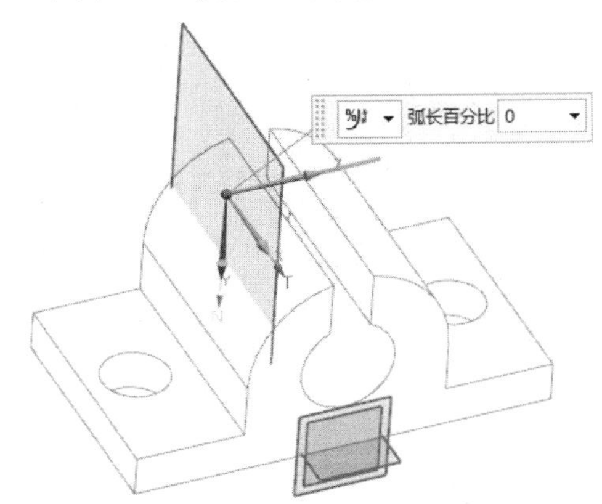

图 5-79　选择刀轨曲线

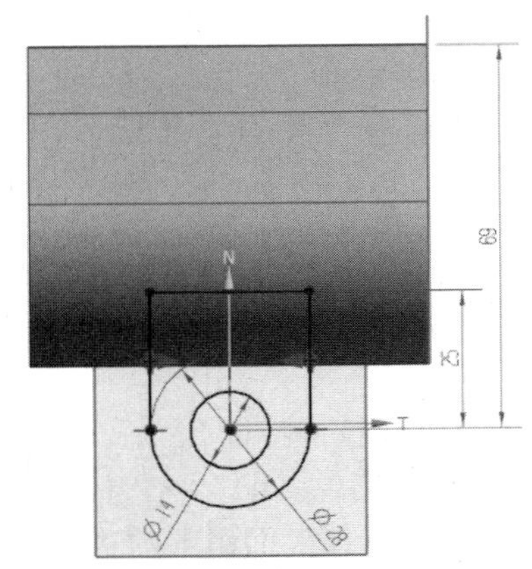

图 5-80　绘制草图 3

09 创建沿导线扫掠特征 2。

❶选择“菜单（M)”→“插入(S)”→“扫掠(W)”→“沿引导线扫掠(G)...”，打开“沿引导线扫掠”对话框。

❷选择如图 5-80 所绘制的草图为截面曲线。

❸选择如图 5-78 绘制的引导线 2。

❹在“沿引导线扫掠”对话框中的“第一偏置”和“第二偏置”文本框中分别输入 0。

❺在“沿引导线扫掠”对话框对话框的“布尔”下拉列表中选择“合并”，创建沿引导线扫掠特征 2，如图 5-81 所示。

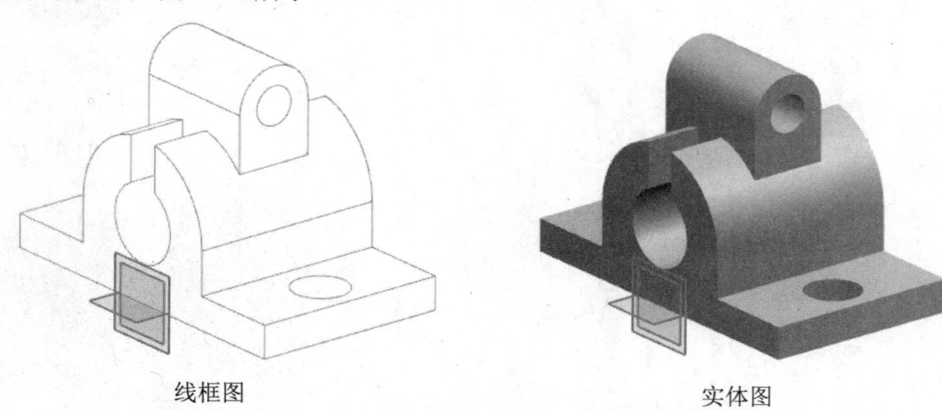

线框图　　实体图

图 5-81　创建沿导线扫掠特征 2 的零件体示意图

(10) 绘制草图 4。

选择“菜单(M)”→“插入(S)”→“草图(H)...”，或者单击“主页”选项卡“直接草图”面组上的“草图”按钮，选择如图 5-82 所示的平面为工作平面绘制草图 4，绘制后的草图如图 5-83 所示。

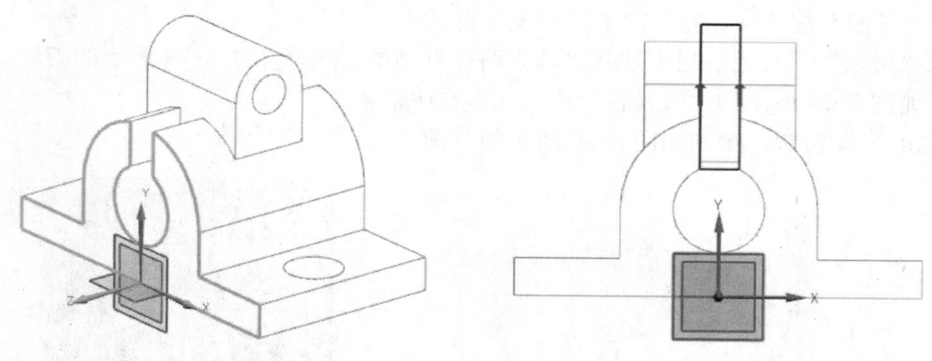

图 5-82　选择草图工作平面　　图 5-83　绘制草图 4

(11) 创建拉伸特征 2。

❶选择“菜单（M）”→“插入(S)”→“设计特征(E)” →“拉伸(X)...”，或者单击“主页”选项卡“特征”面组上的“拉伸”按钮，打开“拉伸”对话框，选择如图 5-83 所示的草图。

❷在“拉伸”对话框中的“指定矢量”下拉列表中选择 YC 轴为拉伸方向。

❸在“拉伸”对话框中“布尔”下拉列表框中选择“减去”图标。

❹在“拉伸”对话框中，在“限制”栏中“开始”和“结束”距离输入栏分别输入 0、70，

其他采用默认设置。拉伸特征示意图如图 5-84 所示。

❺在“拉伸”对话框中，单击<确定>按钮，创建拉伸特征 2，如图 5-67 所示。

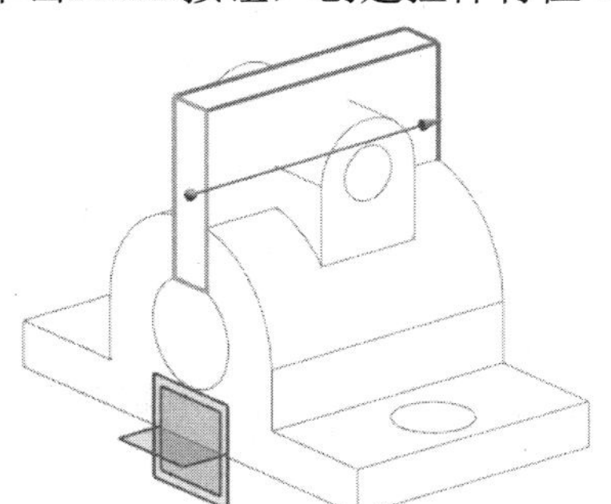

图 5-84　预览所创建的拉伸特征 2

5.5 管

管特征是指把引导线作为旋转中心线旋转而成的一类特征。需要注意的是引导线串必须光滑，相切和连续。

选择“菜单（M）”→“插入(S)”→“扫掠(W)”→“管(T)...”，打开如图 5-85 所示的“管”对话框。

图 5-85　“管”对话框

5.5.1　参数及其功能介绍

（1）外径：用于设置管道的外径，其值必须大于 0。

（2）内径：用于设置管道的内径，其值必须大于或等于 0，且小于外直径。

（3）输出：用于设置管道面的类型，选定的类型不能在编辑中被修改。

1）多段：用于设置管道表面为多段面的复合面。

2）单段：用于设置管道表面有一段或两段表面。

5.5.2 实例——圆管

创建如图 5-86 所示的圆管零件体。

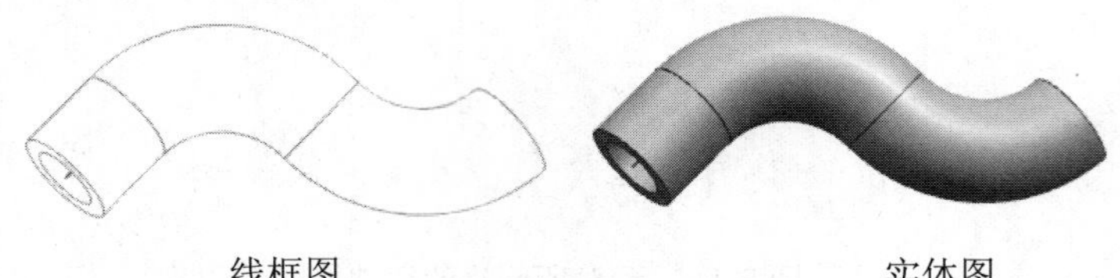

线框图　　　实体图

图 5-86　创建圆管零件体

01 新建文件。单击“主页”选项卡“新建”按钮，打开“新建”对话框，在“模板”列表框中选择“模型”，输入“yuanguan”，单击确定按钮，进入 UG 建模环境。

02 创建引导线。选择“菜单(M)”→“插入(S)”→“草图(H)...”，或者单击“主页”选项卡“直接草图”面组上的“草图”按钮，进入草图绘制界面，选取 XC-YC 平面为工作平面绘制引导线，绘制后的草图如图 5-87 所示。

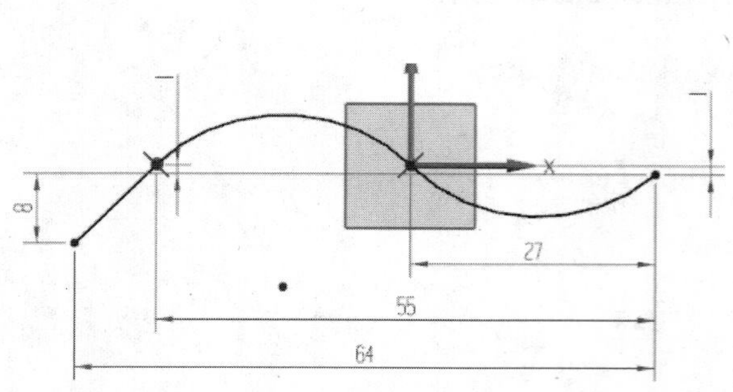

图 5-87　创建引导线

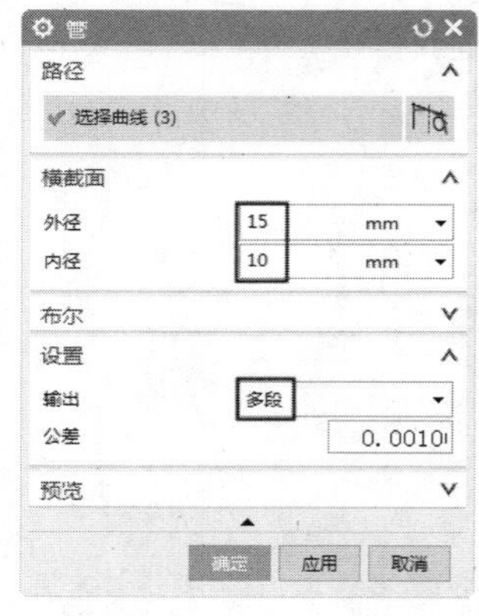

图 5-88　“管”对话框

03 创建管到特征。

❶选择“菜单（M）”→“插入(S)”→“扫掠(W)”→“管(T)...”，打开“管”对话框。

❷在视图区选择如图 5-87 所绘制的引导线。

❸在“管”对话框中的“外径”和“内径”文本框中分别输入 15，10。

❹在“管”对话框中的“输出”列表框中选择“多段”，如图 5-88 所示。

❺在“管”对话框中单击确定按钮，创建管道特征，如图 5-86 所示。

5.6 综合实例——键

采用草图创建的键如图 5-89 所示。

01 新建文件。单击“主页”选项卡“新建”按钮，打开“新建”对话框，在模板中选择“模型”，在名称中输入“Jian”，单击 确定 按钮，进入 UG 建模环境。

02 绘制草图。

❶选择“菜单(M)”→“插入(S)”→“草图(H)...”，或者单击“主页”选项卡“直接草图”面组上的“草图”按钮，打开如图 5-90 所示的“创建草图”对话框，单击 < 确定 > 按钮，进入草图模式。

图 5-89　键

图 5-90　“创建草图”对话框

❷单击“主页”选项卡“直接草图”面组上的“圆”按钮，打开如图 5-91 所示的“圆”绘图工具栏，选择 和 XY 图标。系统出现图 5-92 中的第一个对话框，在该对话框中设定圆心坐标并按 Enter 键。系统出现图 5-92 中的第二个对话框，在该对话框中设定圆的直径并按 Enter 键建立圆。两个圆的圆心为（0，0）和（34，0），直径都为 16，如图 5-93 所示。

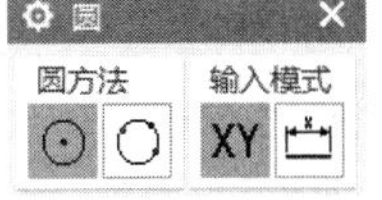

图 5-91　“圆”绘图工具栏

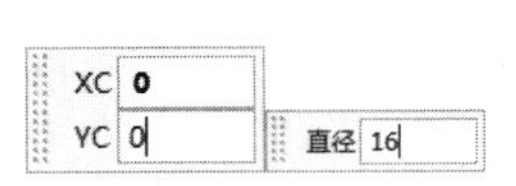

图 5-92　坐标对话框

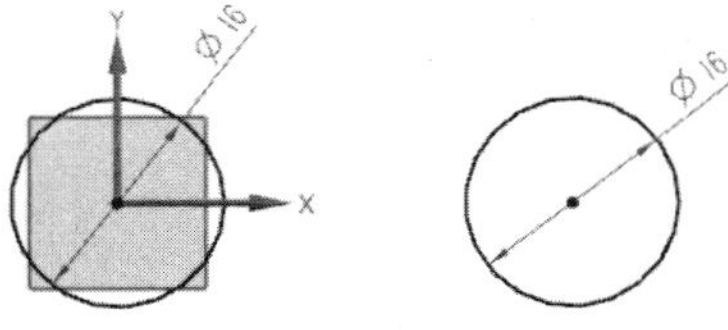

图 5-93　建立的两个圆

❸单击“主页”选项卡“直接草图”面组上的“直线”按钮，建立两圆的外切线，建立与两圆相切的另外一条直线，结果如图 5-94 所示。

❹单击“主页”选项卡“直接草图”面组上的“快速修剪”按钮，对所建草图进行剪裁，最后结果如图 5-95 所示。单击“完成草图”按钮退出草图模式，进入建模模式。

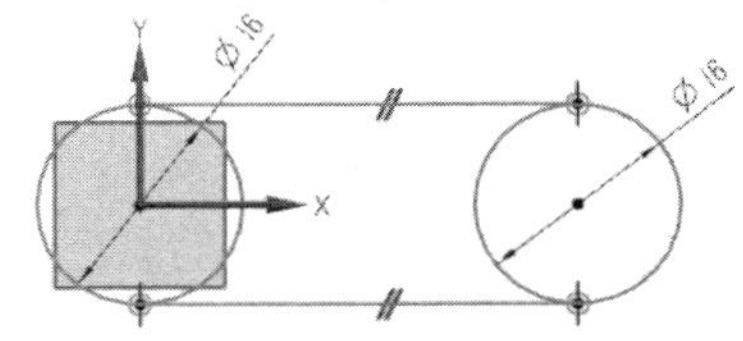

图 5-94　生成的两条切线

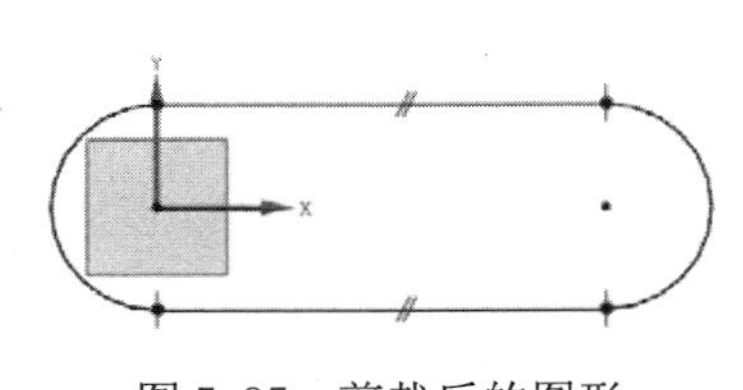

图 5-95　剪裁后的图形

03 创建拉伸特征。

❶选择“菜单（M）”→“插入(S)”→“设计特征(E)”　→“拉伸(X)...”，或者单击“主

页”选项卡“特征”面组上的“拉伸”按钮，打开如图 5-96 所示的“拉伸”对话框，选择如图 5-95 所示的草图。

❷在“指定失量”下拉列表中选择 ZC 轴作为拉伸方向。

❸在“拉伸”对话框中，在“限制”栏中“开始”和“结束”距离输入栏分别输入 0，10，其他采用默认设置。

❹在“拉伸”对话框中，单击< 确定 >按钮，创建拉伸特征，如图 5-97 所示。

图 5-96 “拉伸”对话框

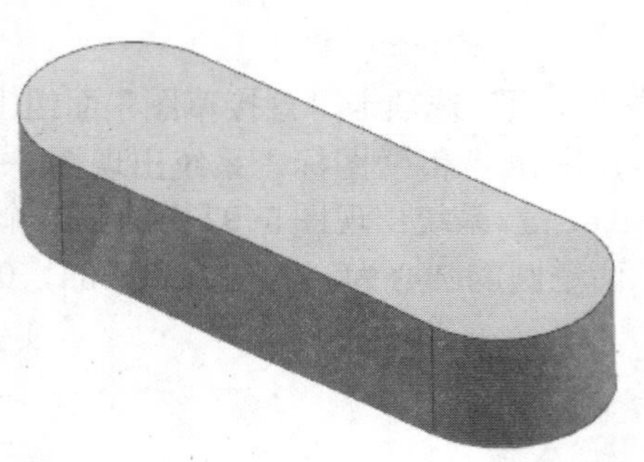

图 5-97 创建拉伸体

04 创建倒角。

❶选择“菜单(M)”→“插入(S)”→“细节特征(L)”→“倒斜角(M)...”，或者单击“主页”选项卡“特征”面组上的“倒斜角”按钮，打开如图 5-98 所示的“倒斜角”对话框。

❷在“横截面”下拉列表中选择“对称”，在距离文本中输入 0.5。

❸直接选择键的各条边。单击< 确定 >按钮，最后结果如图 5-99 所示。

图 5-98 “倒斜角”对话框

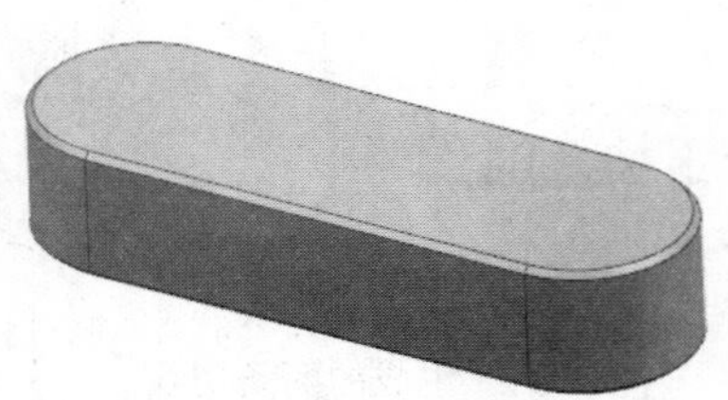

图 5-99 倒角结果

第6章 特征建模

特征建模模块用工程特征来定义设计信息，在实体建模的基础上提高了用户设计意图的表达能力。该模块支持标准设计特征的生成和编辑，包括各种孔、圆台、长方体、圆柱等特征。这些特征均被参数化定义，可对其大小及位置进行尺寸驱动编辑。除系统定义的特征外，用户还可以使用自定义特征。所有特征均可相对于其他特征或几何体定位。可以编辑、删除、抑制、复制、粘贴以及改变特征时序，并提供特征历史树记录所有特征相关关系，便于特征查找和编辑。

重点与难点

- 孔特征
- 凸台、长方体、圆柱、圆锥、球、腔体
- 垫块、键槽、槽
- 三角形加强筋、球形拐角
- 齿轮建模、弹簧设计

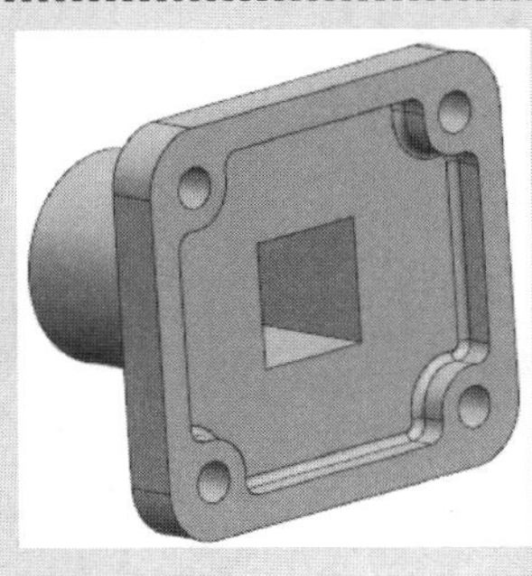

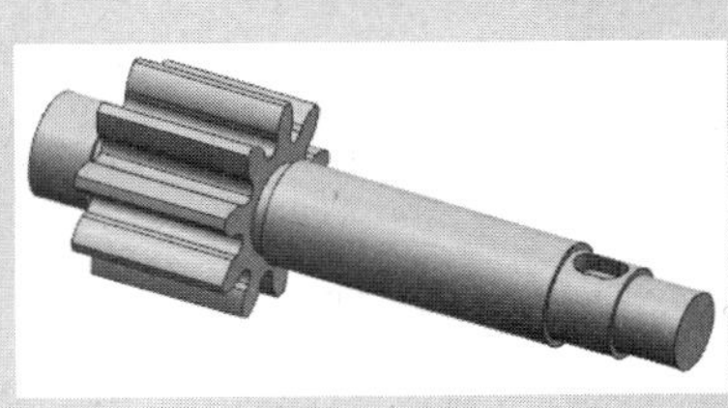

6.1 孔特征

孔特征是用于为一个或多个零件或组件添加钻孔、沉头孔或螺纹孔特征。

选择“菜单(M)”→“插入(S)”→“设计特征(E)”→“孔(H)”，或单击“主页”选项卡“特征”面组上的“孔”按钮，打开如图 6-1 所示的“孔”对话框。

6.1.1 参数及其功能简介

（1）常规孔：创建常规孔。选择此类型，对话框如图 6-1 所示。

1）位置：指定孔的位置。可以直接选取已存在的点或通过单击“草图”按钮，在草图中创建点。

2）方向：指定孔的方向。包括“垂直于面”和“沿矢量”两种。

3）形状和尺寸：确定孔的外形和尺寸。在“成形”下拉列表中选择孔的外形，包括简单、沉头、埋头和锥形 4 种类型。

4）尺寸：根据选择的外形，在尺寸中输入孔的尺寸。

（2）钻形孔：选择此类型，对话框如图 6-2 所示。

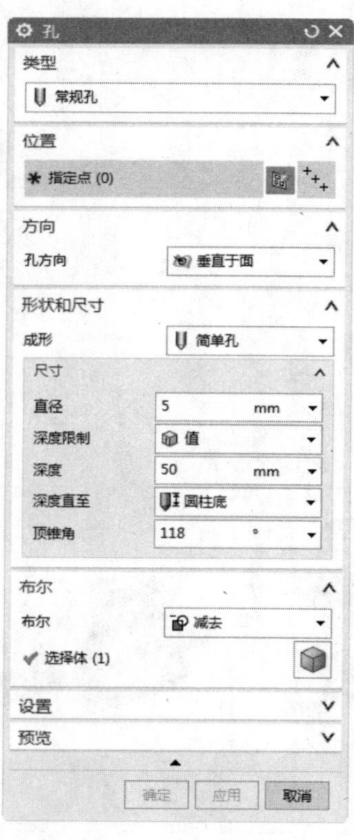

图6-1 “孔”对话框

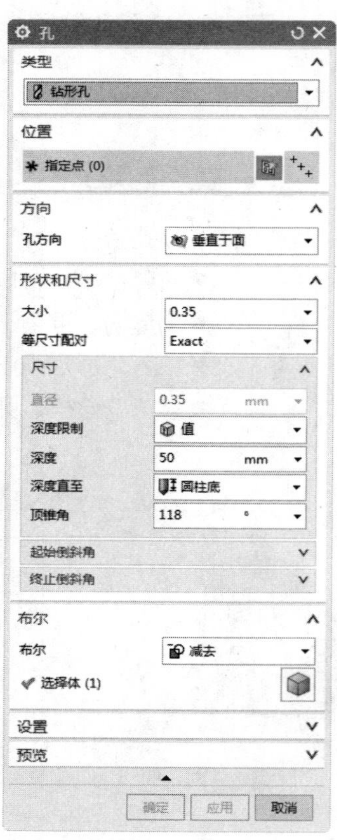

图6-2 “钻形孔”对话框

1）形状和尺寸：确定孔的外形和尺寸。在“大小”下拉列表中选择孔的尺寸。在“等尺寸配对”下拉列表中设置配合的类型，包括 Exact 和 Custom 两种类型。

2）起始倒斜角：用于设置起始端是否倒斜角，在“等尺寸配对”类型列表中若选择 Custom，且勾选☑启用则需设置“偏置”和“角度”两个参数。

3）终止倒斜角：用于设置终止端是否倒斜角，

（3）螺钉间隙孔：选择此类型，对话框如图 6-3 所示。

形状和尺寸：确定孔的外形和尺寸。在“螺钉类型”下拉列表中选择螺纹形状，系统仅提供了 General Screw Clearance 一种；在“螺丝规格”下拉列表中选择螺纹尺寸，系统提供了从 M1.6～M100 不同尺寸的螺纹尺寸；在“等尺寸配对”下拉列表中选择配合种类，系统提供了 Close(H12)、Normal(H13)、Loose(H13)和 Custom 4 种类型。根据选择的外形，在尺寸中输入孔的尺寸。

（4）螺纹孔：创建螺纹孔。选择该类型，对话框如图 6-4 所示。

图6-3　“螺钉间隙孔”类型对话框

图6-4　“螺纹孔”类型对话框

1）螺纹尺寸：确定螺纹尺寸。在“大小”下拉列表中选择尺寸型号，系统提供了 M1.0-M200 不同尺寸的螺纹尺寸。在“径向进刀”下拉列表中选择半径间隙，系统提供了 0.75、Custom 和 0.5 三种。在“深度类型”下拉列表中选择深度种类，系统提供了 1.0×直径，1.5×直径，2.0×直径，2.5×直径，3.0×直径及定制和完整多种类型。在“螺纹深度”下拉列表中选择螺纹的长度。

2）旋向：在该选项中选择螺纹是左旋或是右旋。

3）尺寸：根据螺纹尺寸，在“深度”和“顶锥角”文本框中输入尺寸。

（5）孔系列：创建系列孔。选择该类型，对话框如图 6-5 所示。

包括起始、中间和端点三种规格，其选项和前三种类型相同，在这就不一一详述了。

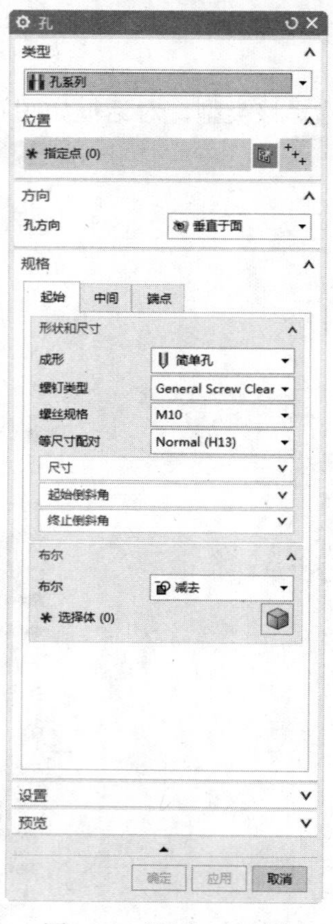

图6-5 “孔”对话框

6.1.2 创建步骤

1）选择孔的类型。

2）选择放置面。

3）进入草图绘制界面，确定孔位置点。

4）返回到建模环境，在“孔”对话框中设置孔的参数，单击<确定>按钮。

6.1.3　实例——防尘套

创建如图 6-6 所示的防尘套零件体。

01 新建文件。单击“主页”选项卡“新建”按钮，打开“新建”对话框，在“模板”列表框中选择“模型”选项，在“名称”文本框中输入“fangchentao”，单击“确定”按钮，进入 UG 建模环境。

图6-6　防尘套零件体

02 绘制草图 。选择“菜单(M)”→“插入(S)”→“草图(H)...”，或者单击“主页”选项卡“直接草图”面组上的“草图”按钮，进入草图绘制界面，绘制草图 1，绘制后的草图如图 6-7 所示。

03 创建拉伸特征。

❶选择“菜单（M)”→“插入(S)”→“设计特征(E)”→“拉伸(X)...”，或者单击“主页”选项卡“特征”面组上的“拉伸”按钮，打开如图 6-8 所示的“拉伸”对话框，选择如图 6-7 所示的草图。

❷在“拉伸”对话框中的“指定矢量”下拉列表中选择 ZC 轴为拉伸方向。

❸在“拉伸”对话框中，在“极限”栏中“开始”和“结束”输入栏分别输入 0，15，其他采用默认设置。

❹在“拉伸”对话框中，单击“确定”按钮，创建拉伸特征，如图 6-9 所示。

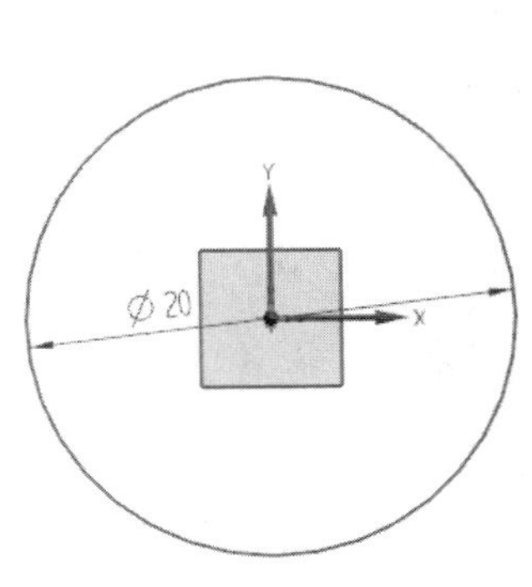

图6-7　绘制草图1

图6-8　“拉伸”对话框

图6-9　创建拉伸特征

UG NX 12.0

04 创建简单孔特征。

❶选择“菜单(M)”→“插入(S)”→“设计特征(E)”→“孔(H)”，或单击“主页”选项卡“特征”面组上的“孔”按钮，打开如图6-10所示的“孔”对话框。

❷在“形状尺寸”下拉列表中选择“简单孔”形式，在“直径”“深度”和“顶锥角”文本框中分别输入16、15和0。

❸在“位置”面板上单击“绘制截面”按钮，在绘图区选择圆柱体上端面作为孔的放置面，如图6-11所示。单击 确定 按钮，弹出“草图点”对话框，在该对话框中单击“点”对话框按钮，弹出“点”对话框，如图6-12所示。

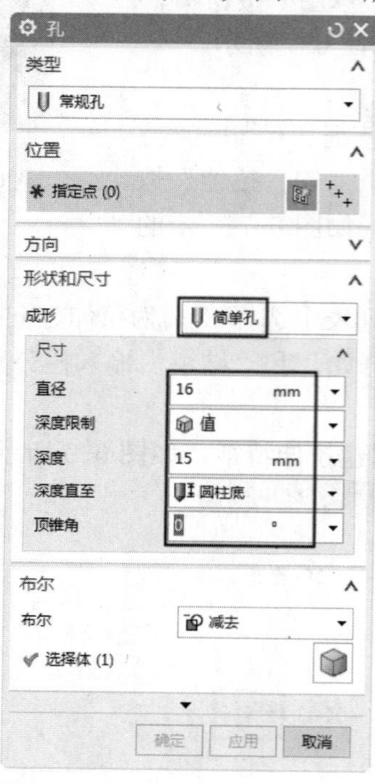

图6-10 “孔”对话框

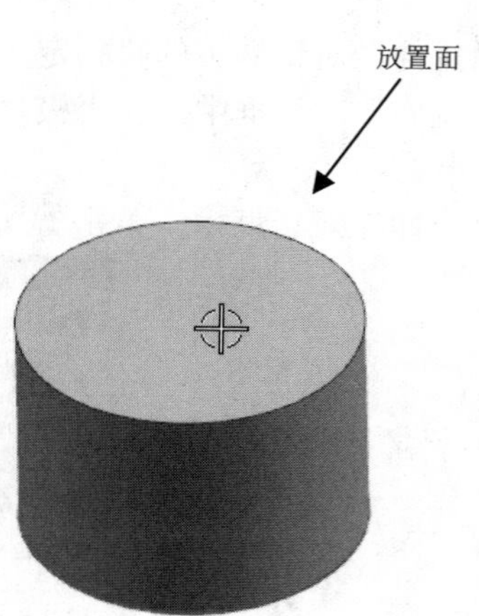

图6-11 选择孔放置面

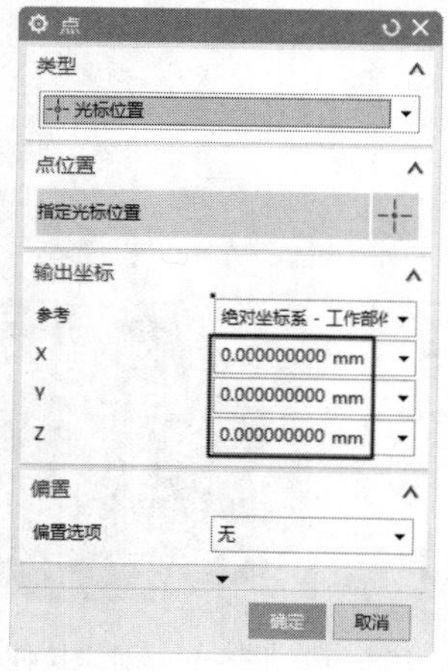

图6-12 “点”对话框

图6-13 创建简单孔特征

❹在图 6-12 所示的“点”对话框中输入孔的圆心点（0，0，0），单击确定按钮。
❺单击“主页”选项卡“草图”面组上的“完成”按钮，草图绘制完毕。
❻返回到“孔”对话框，单击<确定>按钮，完成孔的创建，如图 6-13 所示。

6.2 凸台

凸台特征是指在已存在实体表面上创建圆柱形或圆锥形凸台。

选择“菜单(M)”→“插入(S)”→“设计特征(E)”→“凸台（原有）(B)...”，打开如图 6-14 所示的“支管”对话框。

图6-14　“支管”对话框

6.2.1　参数及其功能简介

1. 选择步骤

放置面：放置面是指从实体上开始创建凸台的平面形表面或者基准平面。

2. 凸台的形状参数

（1）直径：凸台在放置面上的直径。

（2）高度：凸台沿轴线的高度。

（3）锥角：若指定为 0 值，则为锥形凸台。正的角度值为向上收缩（即在放置面上的直径最大），负的角度为向上扩大（即在放置面上的直径最小）。

3. 反侧

若选择的放置面为基准平面，则单击此按钮可改变凸台的凸起方向。

6.2.2　创建步骤

1. 选择放置面。
2. 设置凸台的形状参数，单击确定或者应用按钮。
3. 定位凸台在放置面的位置或者直接单击确定按钮，创建凸台。

6.2.3　实例——固定支座

创建如图 6-15 所示的固定支座零件体。

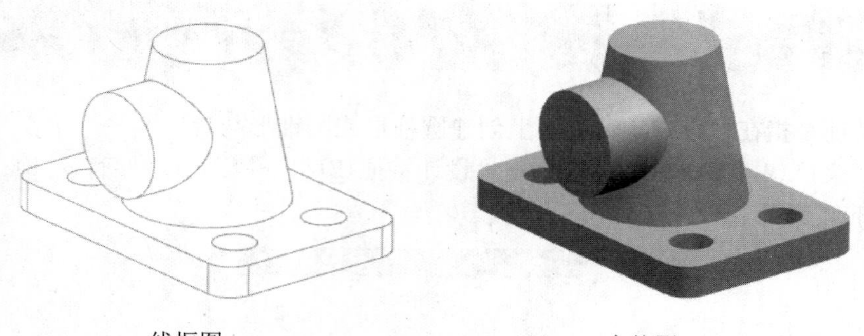

图6-15　创建固定支座零件体

01 新建文件。单击“主页”选项卡“新建”按钮，打开“新建”对话框，在“模板”列表框中选择“模型”，输入“gudingzhizuo”，单击确定按钮，进入 UG 建模环境。

02 绘制草图。选择“菜单(M)”→“插入(S)”→“草图(H)...”，或者单击“主页”选项卡“直接草图”面组上的“草图”按钮，进入草图绘制界面，选择 XC-YC 平面为工作平面绘制草图，绘制后的草图如图 6-16 所示。

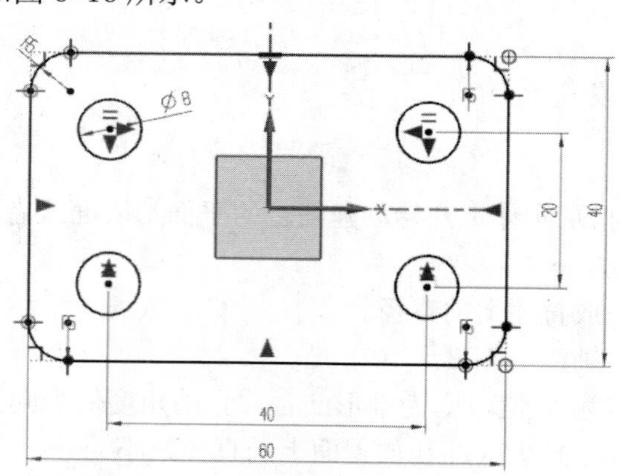

图6-16　绘制草图

03 创建拉伸特征。

❶选择“菜单 (M)”→“插入(S)”→“设计特征(E)” →“拉伸(X)...”，或者单击“主页”选项卡“特征”面组上的“拉伸”按钮，打开如图 6-17 所示的“拉伸”对话框，选择如图 6-16 所示的草图。

❷在“拉伸”对话框中的“指定矢量”下拉列表中选择ZC轴为拉伸方向.

❸在“拉伸”对话框中，在“限制”栏中”开始”和“结束”距离输入栏分别输入 0、6，其他采用默认设置。

❹在“拉伸”对话框中，单击 确定 按钮，创建拉伸特征，如图 6-18 所示。

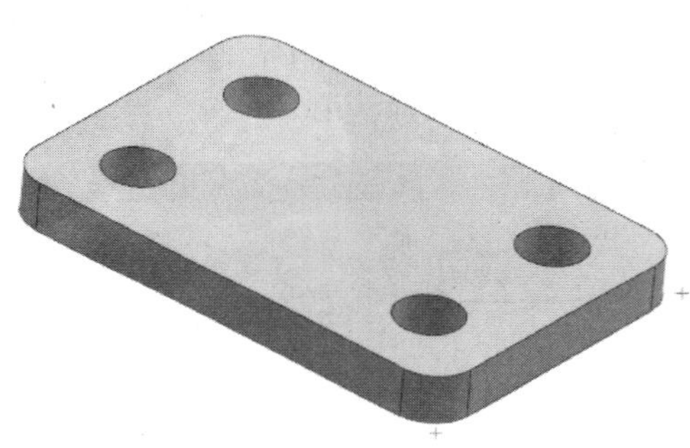

图6-17　“拉伸”对话框　　　　图6-18　创建拉伸特征

04 创建凸台特征 1。

❶选择“菜单(M)”→“插入(S)”→“设计特征(E)”→“凸台（原有）(B)...”，打开“支管”对话框。

❷在零件体中选择放置面，如图 6-19 所示。

❸在“支管”对话框中的“直径”“高度”和“锥角”数值输入栏分别输入 30，30，10。

❹在“支管”对话框中，单击 确定 按钮，打开如图 6-20 所示的“定位”对话框。

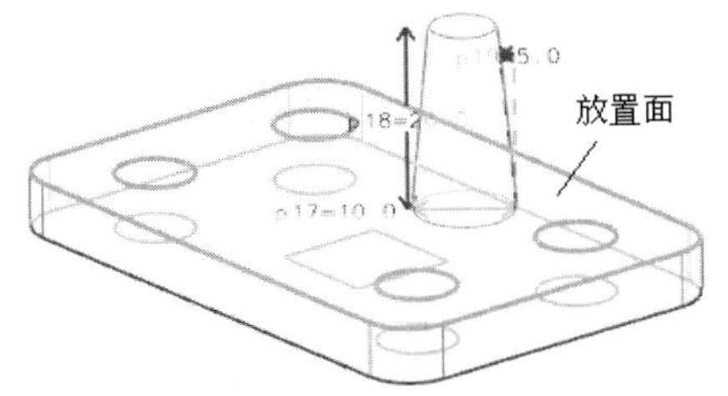

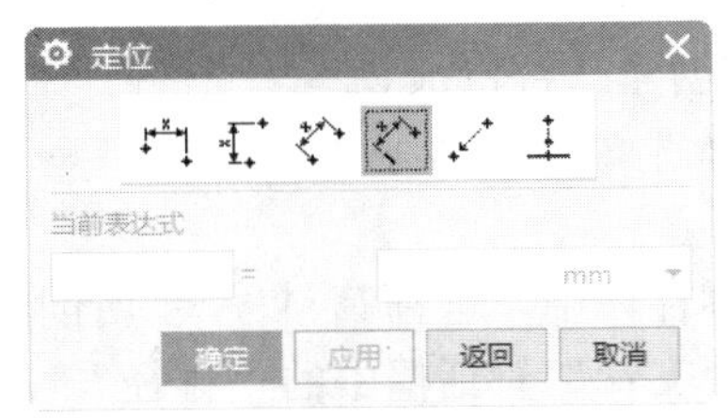

图6-19　选择放置面　　　　图6-20　“定位”对话框

❺在“定位”的对话框中，选择“垂直”定位，定位后的尺寸示意图如图 6-21 所示。

❻在“定位”对话框中，单击 确定 按钮，创建凸台特征 1，如图 6-22 所示。

05 创建基准平面。

❶选择“菜单(M)”→“插入(S)”→“基准/点(D)”→“基准平面(D)...”或单击“主页”选项卡“特征”面组上的“基准平面”按钮，打开如图 6-23 所示的“基准平面”对话框。

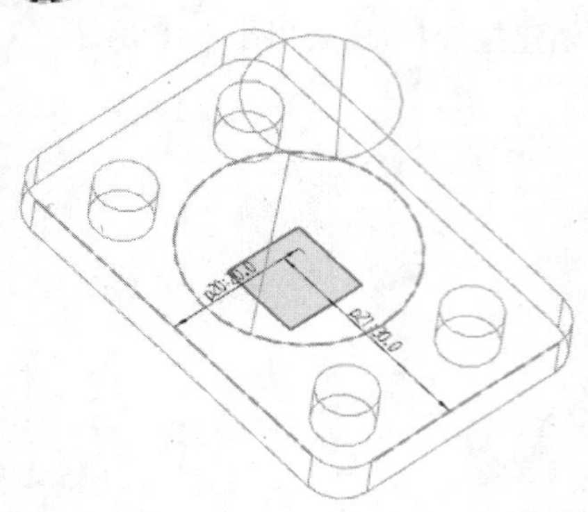

图6-21　定位后的尺寸示意图

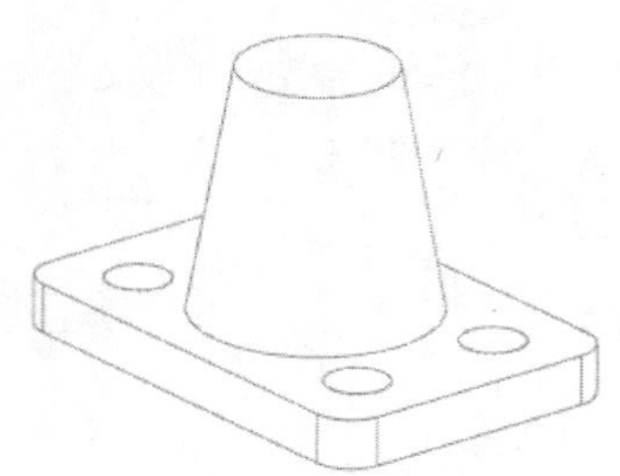
图6-22　创建凸台特征1

❷在“基准平面”对话框中，选择“点和方向”类型，在的下拉列表框中单击图标。

❸在“基准平面”对话框中，单击“自动判断点”后的下拉菜单，选中图标，在如图 6-24 所示零件体中选择圆心。

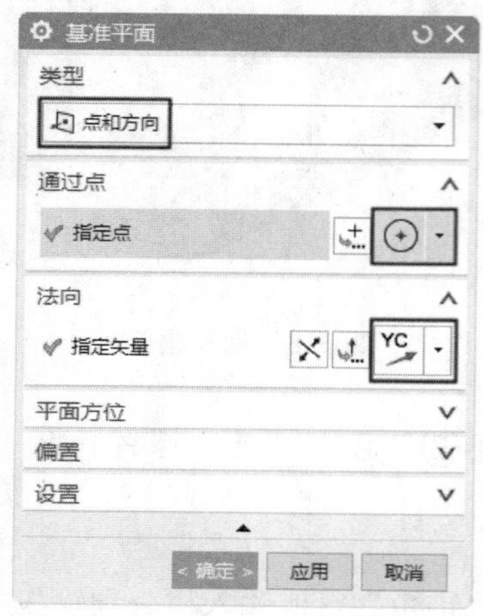

图6-23　“基准平面”对话框

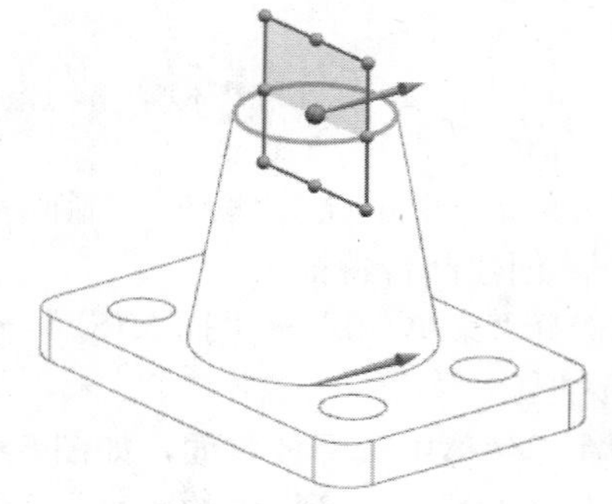
图6-24　选择圆心

❹在如图 6-23 所示对话框中，单击< 确定 >按钮，创建基准平面，如图 6-25 所示。

06 创建凸台特征 2。

❶选择“菜单(M)”→“插入(S)”→“设计特征(E)”→“凸台（原有）(B)...”，打开“支管”对话框。

❷在零件体中，选择第 **05** 步所创建的基准平面作为放置面，如图 6-26 所示。

❸在“支管”对话框中的“直径”“高度”和“锥角”数值输入栏分别输入 20，20，0。

❹在“支管”对话框中，单击反侧按钮，基准平面方向反向，如图 6-27 所示。

❺在“支管”对话框中，单击确定按钮，打开“定位”对话框。

❻在“定位”对话框中，选择“垂直”定位，定位后的尺寸示意图如图 6-28 所示。

❼在“定位”对话框中，单击确定按钮，创建凸台特征 2，如图 6-15 所示。

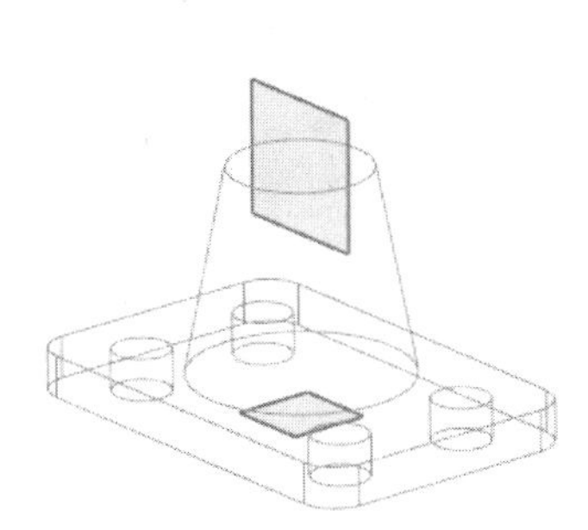
图6-25　创建基准平面

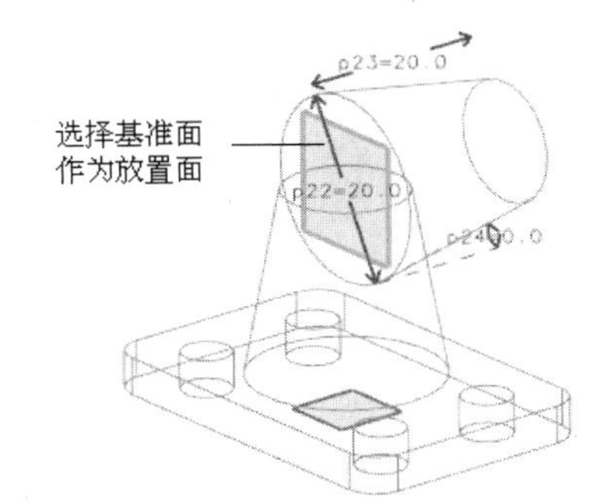

图6-26　选择放置面

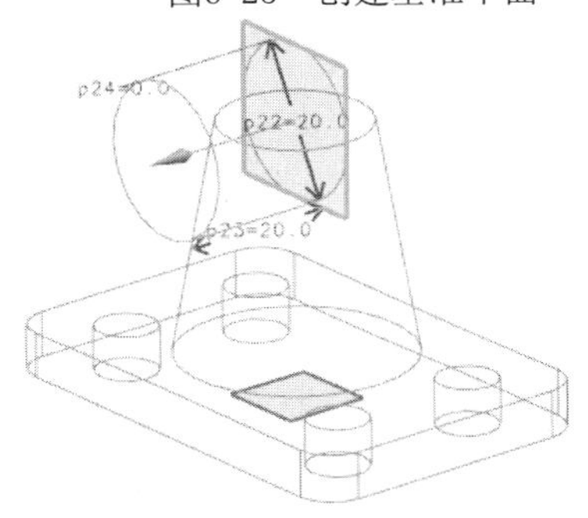
图6-27　基准平面方向反向

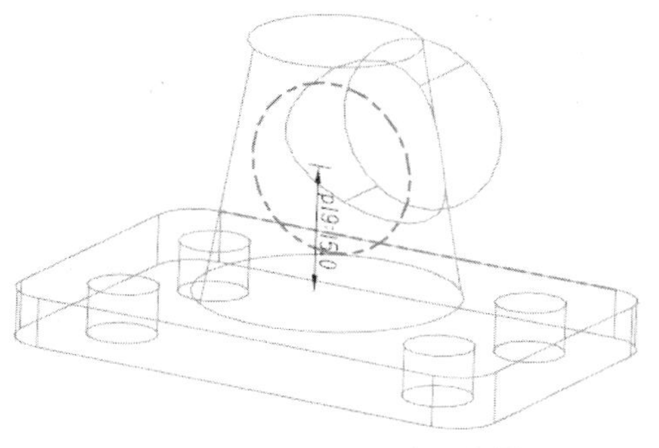
图6-28　定位后的尺寸示意图

6.3 长方体

选择“菜单(M)”→“插入(S)”→“设计特征(E)”→“长方体(K)...”，或者单击“主页”选项卡“特征”面组上的“长方体”按钮，打开如图 6-29 所示的“长方体”对话框。

6.3.1　参数及其功能简介

（1）原点、边长：在图 6-29 所示对话框中选择“原点和边长”类型，在“指定点”下拉列表中选择所需的捕捉点的方式，在视图区选择或者创建一个点作为长方体左下角的顶点，在“长度(XC)”“宽度(YC)”和“高度(ZC)”数值输入栏输入所需数值，接着选择所需的布尔操作类型，创建长方体。

（2）两点和高度：在图 6-29 所示对话框中选择“两点和高度”类型，打开如图 6-30 所示的对话框。在“选择条”工具栏中选择所需的捕捉点的方式，在视图区选择或者创建两个点作为长方体底面的对角点，在“高度（ZC）”数值输入栏输入所需数值，接着选择所需的布尔操作类型，创建长方体。

（3）两个对角点：在图 6-29 所示对话框中选择“两个对角点”类型，打开如图 6-31 所示的对话框。在“选择条”工具栏中设置所需的捕捉点的方式，在视图区选择或者创建两个点作为长方体的对角点，接着选择所需的布尔操作类型，创建长方体。

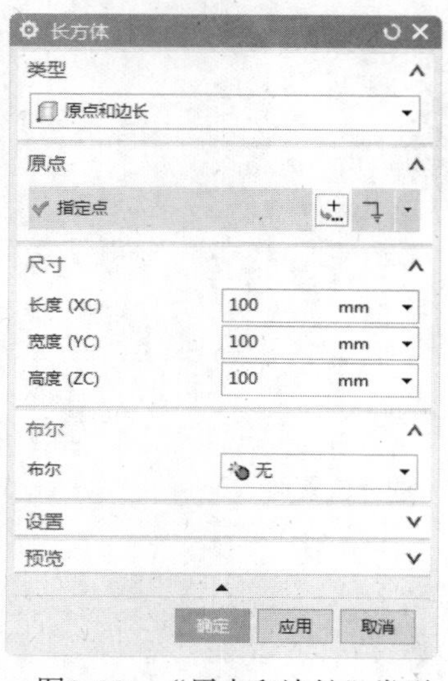

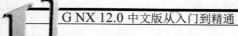

图6-29 “原点和边长”类型

图6-30 “两点和高度”类型

图6-31 “两个对角点”类型

6.3.2 创建步骤

1）选择一点。

2）若选择两点和高度和两个对角点类型，则要选择另一点。

3）设置长方体的尺寸参数。

4）指定所需的布尔操作类型。

5）单击 确定 或者 应用 按钮，创建长方体特征。

6.3.3 实例——角墩

创建如图 6-32 所示的角墩零件体。

01 新建文件。单击“主页”选项卡“新建”按钮，打开“新建”对话框，在“模板”列表框中选择“模型”，输入“jiaodun.prt”，单击 确定 按钮，进入 UG 建模环境。

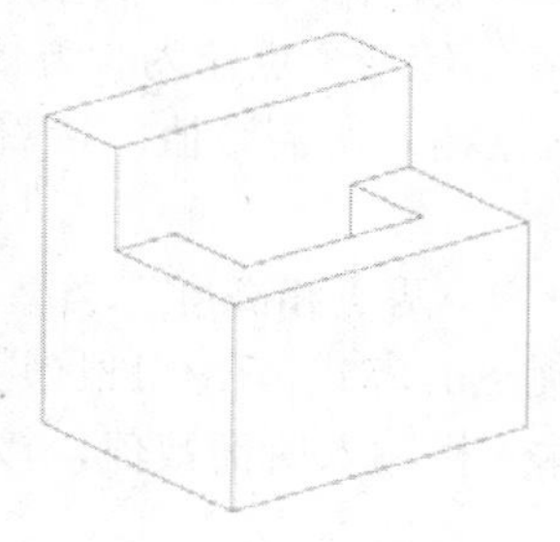

线框图

实体图

图6-32 角墩零件体

02 创建长方体特征 1。

❶选择“菜单(M)”→“插入(S)”→“设计特征(E)” →“长方体(K)...”，或者单击“主页”选项卡“特征”面组上的“长方体”按钮，打开“长方体”对话框。

❷在“长方体”对话框中选择“原点和边长”类型，在原点栏的“指定点”右侧单击“点对话框”图标，打开如图 6-33 所示的“点”对话框。

❸在“点”对话框中的“XC”“YC”和“ZC”的文本框中分别输入 0。

❹在“点”对话框中，单击确定按钮。

❺在“长方体”对话框中的 “长度（XC)”“宽度（YC)”和“高度（ZC)”数值输入栏分别输入 80、100、60。

❻在“长方体”对话框中，单击确定按钮，创建长方体特征 1，如图 6-34 所示。

图6-33　“点”对话框

图6-34　创建长方体特征1

03 创建长方体特征 2。

❶选择“菜单(M)”→“插入(S)”→“设计特征(E)” →“长方体(K)...”，或者单击“主页”选项卡“特征”面组上的“长方体”按钮，打开“长方体”对话框。

❷在“长方体”对话框中选择“两点和高度”类型，如图 6-30 所示。

❸在“原点”面板中的“自动判断点”下拉列表中单击“端点”图标，在如图 6-34 所示实体中选择一条直线的端点，如图 6-35 所示。在“从原点出发的点 XC、YC、ZC”下的“指定点”右侧单击“点对话框”图标，打开“点”对话框。

❹在“点”对话框中的 X、Y 和 Z 的文本框中分别输入 30、100、60。

❺在“点”对话框中，单击确定按钮。

❻在“长方体”对话框中的“高度 ZC”数值输入栏输入 30。

❼在“长方体”对话框中的“布尔”下拉列表框中单击“合并”图标。

❽在“长方体”对话框中，单击确定按钮，创建长方体特征 2，如图 6-36 所示。

04 创建长方体特征 3。

❶选择“菜单(M)”→“插入(S)”→“设计特征(E)” →“长方体(K)...”，或者单击“主页”选项卡“特征”面组上的“长方体”按钮，打开“长方体”对话框。

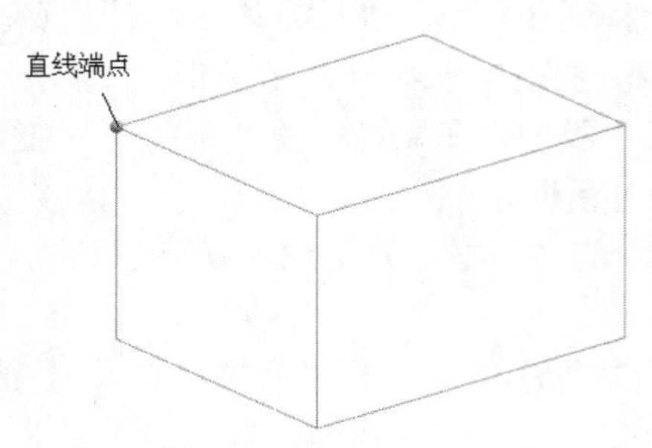

图6-35　选择直线的端点

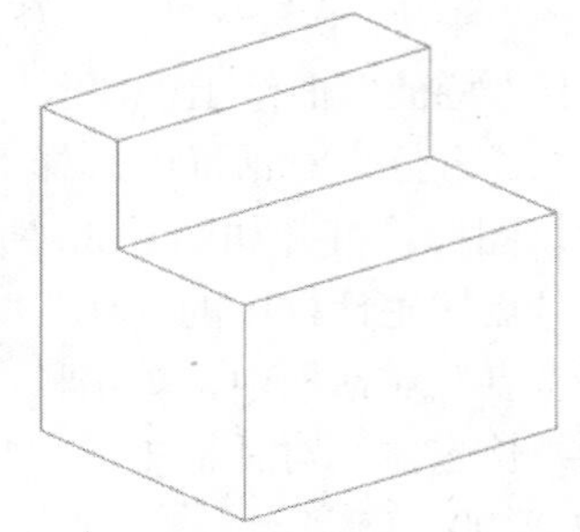

图6-36　创建长方体特征2

❷在“长方体”对话框中选择“两个对角点”类型，打开如图 6-31 所示的对话框。

❸在“原点”下的“指定点”右侧单击“点对话框”图标，打开“点”对话框。

❹在“点”对话框中 X、Y 和 Z 的文本框中分别输入 60、20、40。

❺在“点”对话框中，单击确定按钮。

❻在“从原点出发的点 XC、YC、ZC”下的“指定点”右侧单击“点对话框”图标，打开“点”对话框。

❼在“点”对话框中 X、Y 和 Z 的文本框中分别输入 30、80、60。

❽在“点”对话框中，单击确定按钮。

❾在“长方体”对话框中的“布尔”下拉列表框中单击“减去”图标。

❿在“长方体”对话框中，单击确定按钮，创建长方体特征 3，如图 6-32 所示。

6.4 圆柱

选择“菜单(M)”→“插入(S)”→“设计特征(E)” →“圆柱(C)…”，或者单击“主页”选项卡“特征”面组上的“圆柱”按钮，打开如图 6-37 所示的“圆柱”对话框。

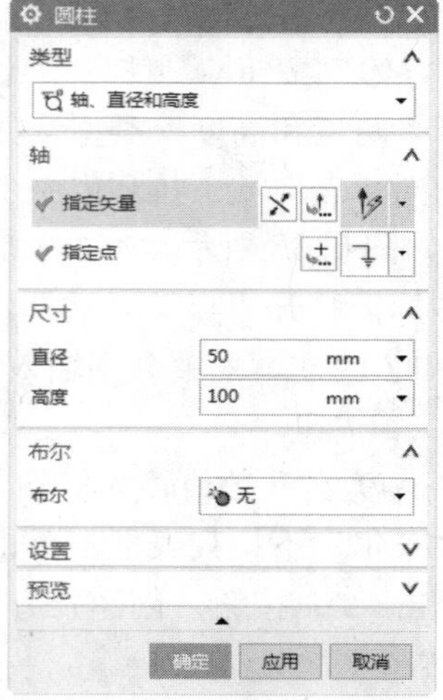

图6-37　“圆柱”对话框

6.4.1　参数及其功能简介

（1）轴、直径和高度：用于指定圆柱体的直径和高度创建圆柱特征。

（2）圆弧和高度：用于指定一条圆弧作为底面圆，再指定高度创建圆柱特征。

6.4.2　创建步骤

1.“轴、直径和高度”圆柱的创建步骤

1）创建圆柱轴线方向。

2）设置圆柱尺寸参数。

3）创建一个点作为圆柱底面的圆心。

4）指定所需的布尔操作类型，创建圆柱特征。

2.“圆弧和高度”圆柱的创建步骤

1）设置圆柱高度。

2）选择一条圆弧作为底面圆。

3）确定是否创建圆柱。

4）若创建圆柱特征，指定所需的布尔操作类型。

6.4.3　实例——三通

创建图6-38所示的三通零件体。

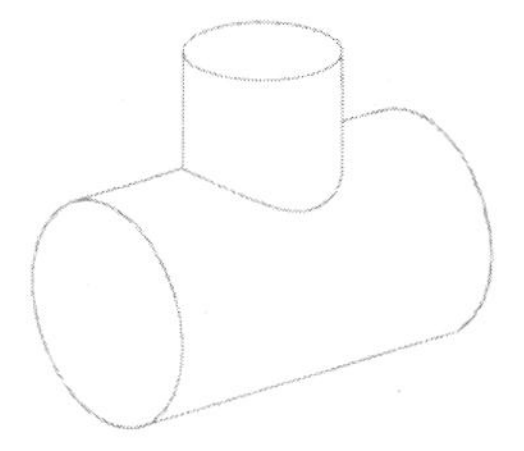

线框图

实体图

图6-38　创建三通零件体

01 新建文件。单击“主页”选项卡“新建”按钮，打开“新建”对话框，在“模板”列表框中选择“模型”，输入“santong”，单击 确定 按钮，进入UG建模环境。

02 创建圆柱特征1。

❶选择“菜单(M)”→“插入(S)”→“设计特征(E)”→“圆柱(C)...”，或者单击“主页”选项卡“特征”面组上的“圆柱体”按钮，打开“圆柱”对话框。

❷在“类型”下拉列表中选择“轴、直径和高度”类型。

❸在“指定矢量”下拉列表中选择“YZ轴”YC方向为圆柱轴向。

❹在“圆柱”对话框中的“直径”和“高度”文本框中分别输入30，50。

❺在“圆柱”对话框中，单击 确定 按钮，创建圆柱特征1，如图6-39所示。

03 绘制圆弧。选择“菜单(M)”→“插入(S)”→“草图(H)...”，或者单击“主页”选项卡“直接草图”面组上的“草图”按钮，进入草图绘制界面，选择 XC-YC 平面为工作平面绘制圆弧，绘制后的圆弧如图 6-40 所示。

04 创建圆柱特征 2。

❶选择“菜单(M)”→“插入(S)”→“设计特征(E)”→“圆柱(C)...”，或者单击“主页”选项卡“特征”面组上的“圆柱体”按钮，打开如图 6-41 所示的“圆柱”对话框。

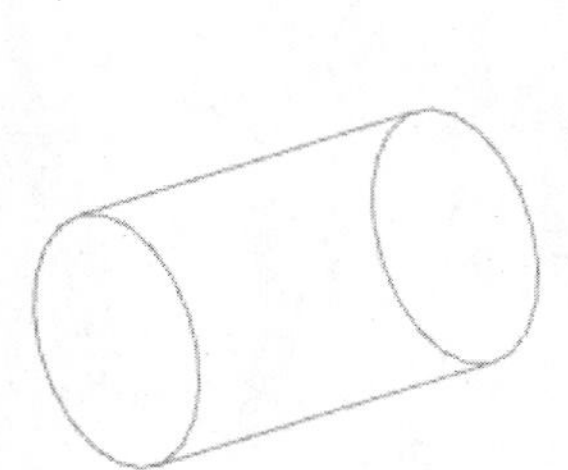

图6-39　创建圆柱特征1

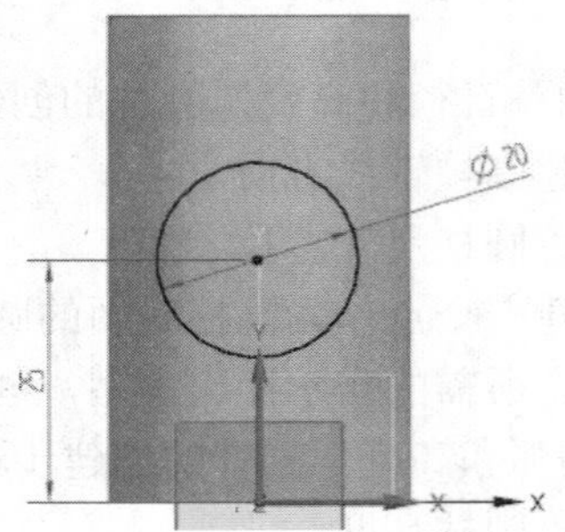

图6-40　绘制圆弧

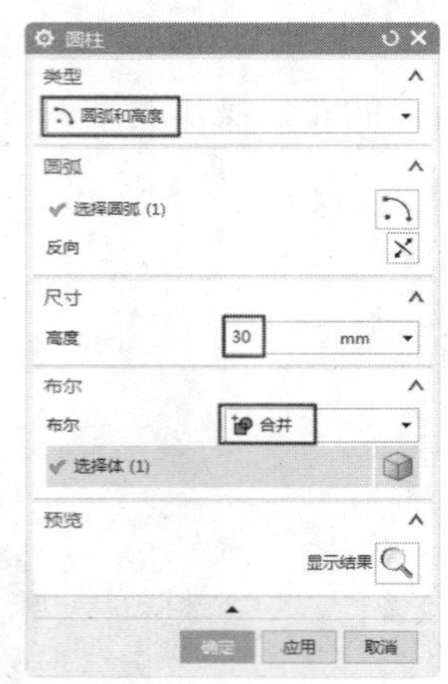

图6-41　“圆柱”对话框

❷在“类型”下拉列表中选择“圆弧和高度”类型。

❸在视图区选择图 6-40 所绘制的圆弧。

❹在“高度”数值输入栏输入 30。

❺在“布尔”下拉列表中选择“合并”。

❻在“圆柱”对话框中，单击确定按钮。创建圆柱特征 2，如图 6-38 所示。

6.5 圆锥

选择“菜单(M)”→“插入(S)”→“设计特征(E)”→“圆锥(O)...”，或者单击“主页”选项卡“特征”面组上的“圆锥”按钮，打开如图 6-42 所示的“圆锥”对话框。

图6-42　“圆锥”对话框

6.5.1　参数及其功能简介

（1）直径和高度：用于指定圆锥的顶圆直径、底圆直径和高度，创建圆锥。

（2）直径和半角：用于指定圆锥的顶圆直径、底圆直径和锥顶半角，创建圆锥。

（3）底部直径，高度和半角：用于指定圆锥的底圆直径、高度和锥顶半角，创建圆锥。

（4）顶部直径，高度和半角：用于指定圆锥的顶圆直径、高度和锥顶半角，创建圆锥。

（5）两个共轴的圆弧：用于指定两个共轴的圆弧分别作为圆锥的顶圆和底圆，创建圆锥。

6.5.2　创建步骤

1）选择类型。

2）如果选择“圆锥”对话框中的前 4 种类型时，创建圆锥轴线方向。

3）如果选择“圆锥”对话框中的前 4 种类型时，设置圆锥尺寸参数。

4）如果选择“圆锥”对话框中的前 4 种类型时，创建一个点作为圆锥底面圆心。

5）如果选择“圆锥”对话框中的第 5 种类型，则要在视图区分别选择两个共轴的圆弧，分别作为圆锥的顶圆和底圆。

6）指定所需的布尔操作类型，创建圆锥。

6.5.3　实例——锥形管

创建如图 6-43 所示的锥形管零件体。

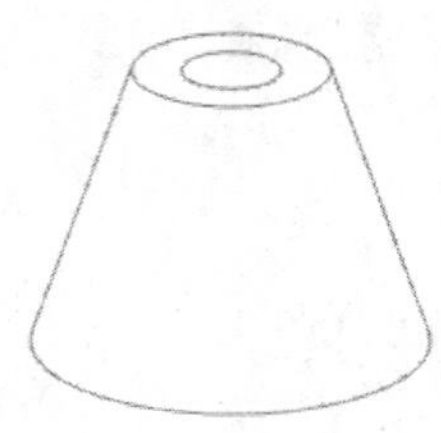
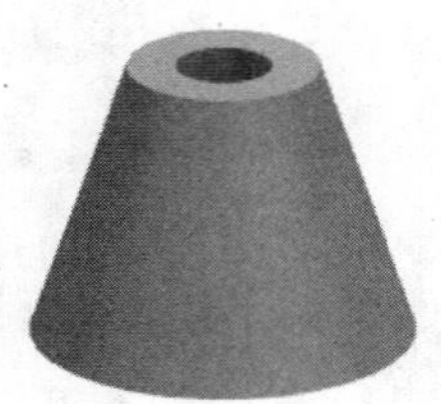

线框图　　实体图

图6-43　创建锥形管零件体

01 新建文件。单击“主页”选项卡“新建”按钮，打开“新建”对话框，在“模板”列表框中选择“模型”，输入“zhuixingguan”，单击确定按钮，进入 UG 建模环境。

02 绘制圆弧 1。

❶选择“菜单(M)”→“插入(S)”→“草图(H)...”，或者单击“主页”选项卡“直接草图”面组上的“草图”按钮，进入草图绘制界面，选择 XC-YC 平面为工作平面绘制圆弧，绘制后的圆弧如图 6-44 所示。

❷单击“主页”选项卡“直接草图”面组上的“完成草图”按钮，草图绘制完毕。

03 绘制圆弧 2。

❶选择“菜单(M)”→“插入(S)”→“曲线(C)”→“直线和圆弧(A)”→“圆弧（点-点-点（O)）”。

❷在对话框中的“XC”“YC”和“ZC”的文本框中分别输入 10，0，30，创建点 1。

❸选用和❷同样的步骤，创建坐标分别为（0,10,30)，(-10,0,30）的两点，创建圆弧 2，如图 6-45 所示。

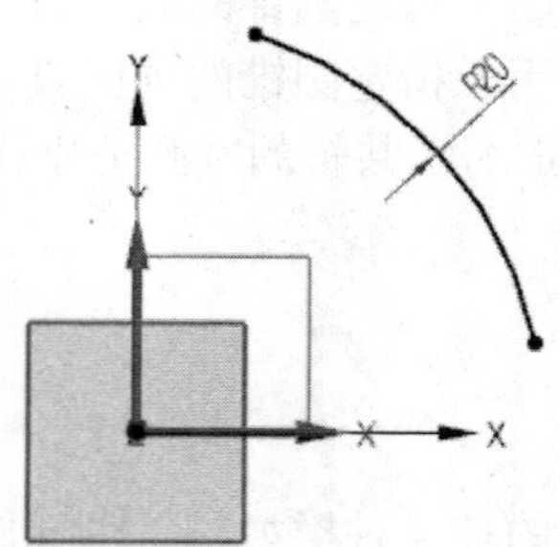

图6-44　创建圆弧1

04 创建圆锥 1。

❶选择“菜单(M)”→“插入(S)”→“设计特征(E)”→“圆锥(O)...”，或者单击“主页”选项卡“特征”面组上的“圆锥”按钮，打开“圆锥”对话框。

❷在“圆锥”对话框中，选择“两个共轴的圆弧”类型。

❸在视图区选择圆弧 2 作为顶面圆弧，选择圆弧 1 为基圆弧，单击确定按钮，创建圆锥特征 1，如图 6-46 所示。

05 创建圆锥特征 2

❶选择“菜单(M)”→“插入(S)”→“设计特征(E)”→“圆锥(O)...”，或者单击“主页”

选项卡“特征”面组上的“圆锥”按钮，打开“圆锥”对话框。

❷在“圆锥”对话框中，选择“直径和高度”类型。

❸在“指定矢量”下拉列表中选择 ZC 图标。

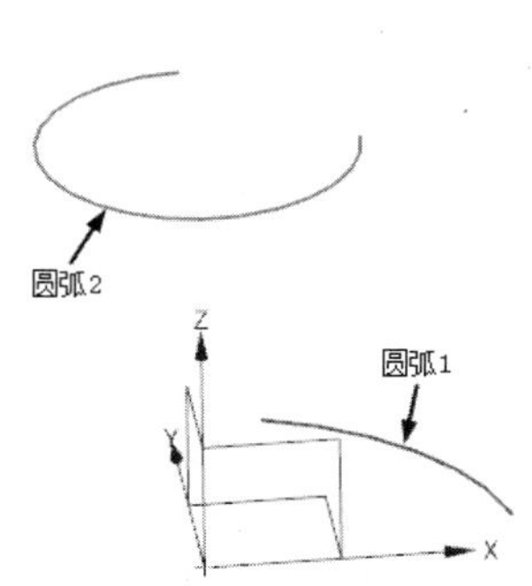

图6-45　创建圆弧2

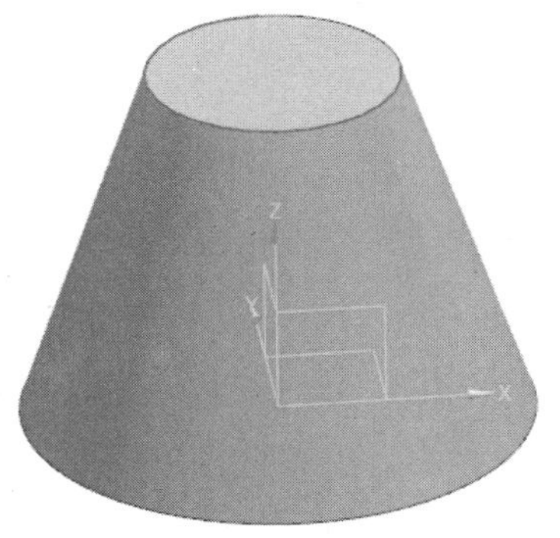

图6-46　创建圆锥特征1

❹在“圆锥”对话框中的“底部直径”“顶部直径”和“高度”数值输入栏分别输入 15，10，30。

❺在“布尔”下拉列表中选择“减去”，单击 确定 按钮，创建圆锥特征 2，如图 6-43 所示。

6.6 球

选择“菜单(M)”→“插入(S)”→“设计特征(E)”→“球(S)...”或者单击“主页”选项卡“特征”面组上的“球”按钮，打开如图 6-47 所示的“球”对话框。

图6-47　“球”对话框

6.6.1 参数及其功能简介

（1）中心点和直径：用于指定直径和球心位置，创建球特征。

（2）圆弧：用于指定一条圆弧，该圆弧的半径和圆心分别作为所创建球体的半径和球心，创建球特征。

6.6.2 创建步骤

1）选择类型。

2）如果选择“中心点和直径”类型，设置球的尺寸参数。

3）如果选择“中心点和直径”类型，创建一个点作为球的球心。

4）如果选择“圆弧”，在视图区选择一条圆弧作为球的最大圆。

5）指定所需的布尔操作类型，创建球特征。

6.6.3 实例——滚珠 1

创建如图 6-48 所示的滚珠零件体。

图6-48 创建滚珠零件体

01 新建文件。单击“主页”选项卡“新建”按钮，打开“新建”对话框，在“模板”列表框中选择“模型”，输入“gunzhu1”，单击确定按钮，进入 UG 建模环境。

02 绘制圆弧。选择“菜单(M)”→“插入(S)”→“草图(H)...”，或者单击“主页”选项卡“直接草图”面组上的“草图”按钮，进入草图绘制界面，选择 XC-YC 平面为工作平面绘制圆弧，绘制后的圆弧如图 6-49 所示。

03 创建球特征 1。

❶选择“菜单(M)”→“插入(S)”→“设计特征(E)”→“球(S)...”或者单击“主页”选项卡“特征”面组上的“球”按钮，打开“球”对话框。

❷在“球”对话框中选择“圆弧“类型。

❸在视图区选择图 6-49 所绘制的圆弧，单击确定按钮，创建球特征 1，如图 6-50 所示。

04 创建球特征 2。

❶选择“菜单(M)”→“插入(S)”→“设计特征(E)” →“球(S)...”或者单击“主页”选项卡“特征”面组上的“球”按钮，打开“球”对话框。

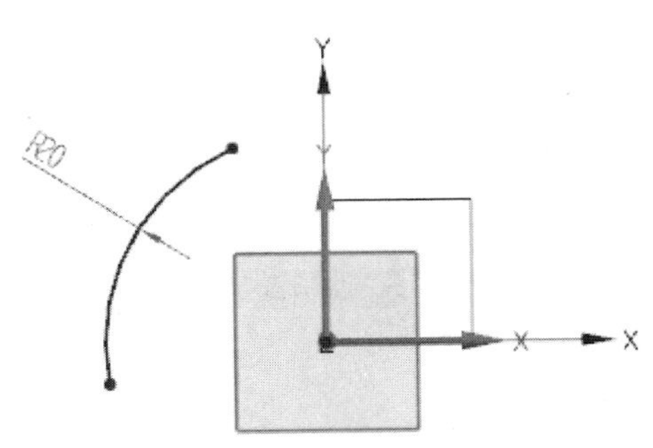

图6-49　绘制圆弧

图6-50 创建球特征1

❷在“球”对话框中，选择“中心点和直径”类型。

❸在“球”对话框中的“直径”数值输入栏输入 10。

❹在“球”对话框中单击“点对话框”按钮，打开如图 6-51 所示的“点”对话框。

❺在“点”对话框中，选择“面上的点”类型，把光标放在球面上左键单击一下，“面上位置”列表框被激活。

❻在“点”对话框中的“U 向参数”和“V 向参数”的文本框中分别输入 0.6、0.7。

❼在“点”对话框中，单击 确定 按钮，返回到“球”对话框。

❽在“球”对话框的“布尔”下拉列表中选择“减去”，单击 确定 按钮，创建球特征 2，如图 6-52 所示。

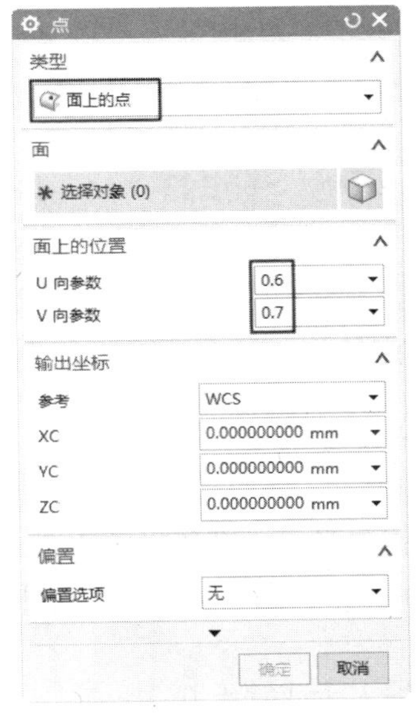

图6-51　“点”对话框

图6-52　创建球特征2

6.7 腔

选择“菜单(M)”→“插入(S)”→“设计特征(E)”→“腔（原有）(P)...”，打开如图 6-53 所示的“腔”类型选择对话框。

6.7.1 参数及其功能简介

1．圆柱形

在视图区选择完放置面之后，打开如图 6-54 所示的“圆柱腔”对话框。

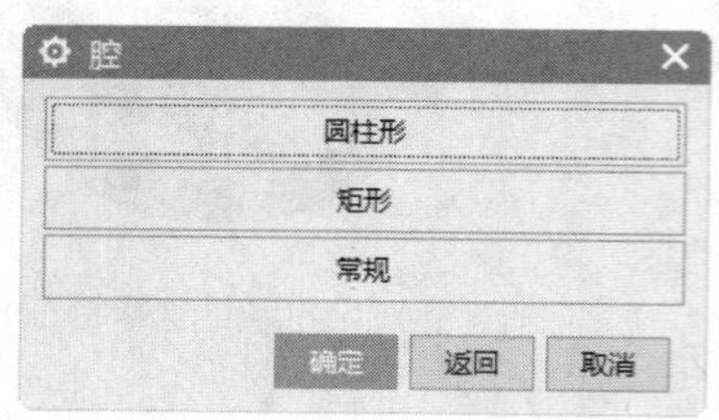

图6-53 “腔”类型选择对话框

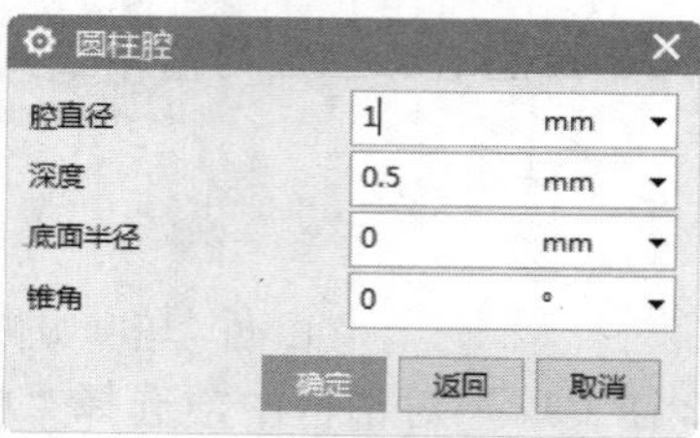

图6-54 “圆柱腔”对话框

（1）腔直径：用于设置圆柱形腔的直径。

（2）深度：用于设置圆柱形腔的深度。

（3）底面半径：用于设置圆柱形腔底面的圆弧半径。它必须大于或等于 0，并且小于深度。

（4）锥角：用于设置圆柱形腔的倾斜角度。它必须大于或等于 0。

2．矩形

在视图区选择完放置面和水平参考对象后，打开如图 6-55 所示的“矩形腔”对话框。

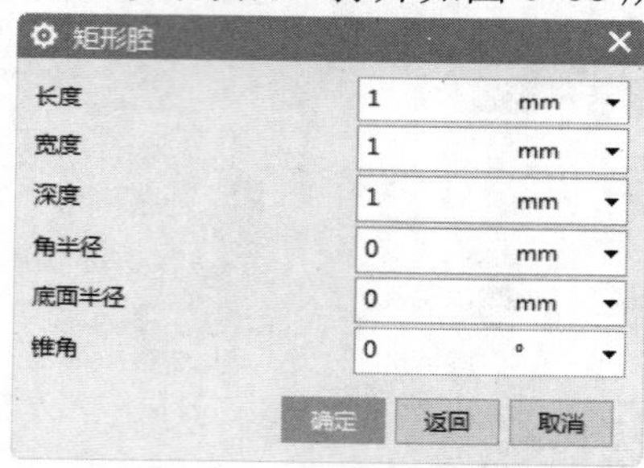

图 6-55 “矩形腔”对话框

（1）长度：用于设置矩形腔体的长度。

（2）宽度：用于设置矩形腔体的宽度。

（3）深度：用于设置矩形腔体的深度。

（4）角半径：用于设置矩形腔深度方向直边处的拐角半径，其值必须大于或等于 0。

（5）底面半径：用于设置矩形腔底面周边的圆弧半径，其值必须大于或等于 0，且小于拐角半径。

（6）锥角：用于设置矩形腔的倾斜角度，其值必须大于或等于 0。

3．常规

在如图 6-53 所示对话框中，单击“常规”按钮，打开如图 6-56 所示的“常规腔”对话框。

（1）放置面：用于放置一般腔体顶面的实体表面。

（2）放置面轮廓：用于定义一般腔体在放置面上的顶面轮廓。

（3）底面：用于定义一般腔体的底面，可通过偏置或转换或在实体中选择底面来定义。

（4）底面轮廓曲线：用于定义通用腔体的底面轮廓线，可以从实体中选取曲线或边来定义，也可通过转换放置面轮廓线进行定义。

（5）目标体：用于使一般腔体产生在所选取的实体上。

（6）放置面轮廓线投影矢量：用于指定放置面轮廓线投影方向。

（7）底面轮廓曲线投影矢量：用于指定底面轮廓曲线的投影方向。

（8）轮廓对齐方法：用于指定放置面轮廓线和底面轮廓曲线的对齐方式，只有在放置面轮廓线与底面轮廓曲线都是单独选择的曲线时才被激活。

（9）放置面半径：用于指定一般腔体的顶面与侧面间的圆角半径。

（10）底面半径：用于指定一般腔体的底面与侧面间的圆角半径。

（11）角半径：用于指定一般腔体侧边的拐角半径。

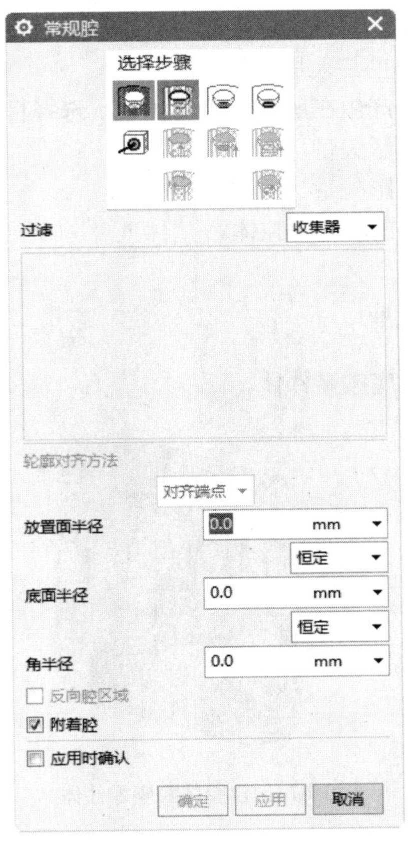

图6-56　“常规腔”对话框

（12）附着腔：勾选☑附着腔复选框，若目标体是片体，则创建的一般腔体为片体，并与目标片体缝合成一体。若目标体是实体，则创建的一般腔体为实体，并从实体中删除一般腔体。去除勾选，则创建的一般腔体为一个独立的实体。

UG NX 12.0

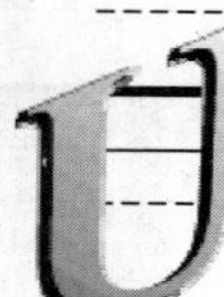

6.7.2 创建步骤

1. 圆柱形腔体、矩形腔体的创建步骤

（1）选择放置面。

（2）设置腔体的形状参数。

（3）定位腔体的位置。

（4）单击 确定 按钮，创建圆柱形或矩形腔体。

2. 常规腔体的创建步骤

（1）选择放置面。

（2）选择放置面轮廓，必须是封闭的曲线。

（3）选择底面。

（4）选择底面轮廓曲线，也必须是封闭曲线。

（5）如果用户需要把腔体产生在所选取的实体上，选择目标体（可选）。

（6）指定放置面轮廓线投影矢量（可选）。

（7）指定底面轮廓曲线投影矢量（可选）。

（8）单击 确定 或 应用 按钮，创建腔体。

6.7.3 实例——腔体底座

创建如图 6-57 所示的腔体底座零件体。

图6-57 创建腔体底座零件体

01 新建文件。

单击“主页”选项卡“新建”按钮，打开“新建”对话框，在“模板”列表框中选择“模型”，输入“qiangtidizuo”，单击 确定 按钮，进入 UG 建模环境。

02 绘制草图 1。

选择“菜单(M)”→“插入(S)”→“草图(H)...”，或者单击“主页”选项卡“直接草图”面组上的“草图”按钮，选择 XC-YC 平面为工作平面绘制草图 1，绘制后的草图如图 6-58 所示。

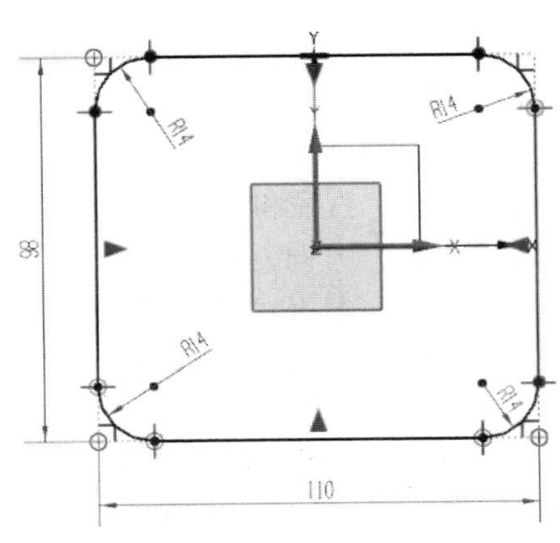

图6-58　绘制草图1

03 创建拉伸特征。

❶选择“菜单（M）”→“插入(S)”→“设计特征(E)”→“拉伸(X)...”，或者单击“主页”选项卡“特征”面组上的“拉伸”按钮，打开如图 6-59 所示的“拉伸”对话框，选择如图 6-58 所示的草图。

❷在“拉伸”对话框中的“指定矢量”下拉列表中选择 ZC 轴为拉伸方向。

❸在“拉伸”对话框中，在“限制”栏中”开始”和“结束”距离输入栏分别输入 0、12，其他采用默认设置。

❹在“拉伸”对话框中，单击 确定 按钮，创建拉伸特征 1，如图 6-60 所示。

图6-59　“拉伸”对话框

图6-60　创建拉伸特征1

04 创建圆柱特征。

❶选择“菜单(M)”→“插入(S)”→“设计特征(E)” →“圆柱(C)...”，或者单击“主页”选项卡“特征”面组上的“圆柱”按钮，打开如图 6-61 所示的“圆柱”对话框。

❷在“类型”下拉列表中选择“轴、直径和高度”类型。

❸在“指定矢量”下拉列表中选择 ZC 方向为圆柱轴向。

❹在“指定点”下拉列表中选择，打开如图 6-62 所示的“点”对话框。

❺在“点”对话框中的“XC”“YC”和“ZC”的文本框中分别输入 0、0、12。

❻在“直径”和“高度”数值输入栏分别输入 50、60。

❼在“布尔”下拉列表中选择“合并”图标，选择上步创建的拉伸特征 1。

❽单击确定按钮，创建圆柱特征，如图 6-63 所示。

05 绘制草图 2。

选择“菜单(M)”→“插入(S)”→“草图(H)...”，或者单击“主页”选项卡“直接草图”面组上的“草图”按钮，选择拉伸特征 1 的底面作为工作平面绘制草图 2，绘制后的草图如图 6-64 所示。

06 创建常规腔体。

❶选择“菜单(M)”→“插入(S)”→“设计特征(E)” →“腔（原有）(P)...”，打开“腔”类型选择对话框。

图6-61 “圆柱”对话框

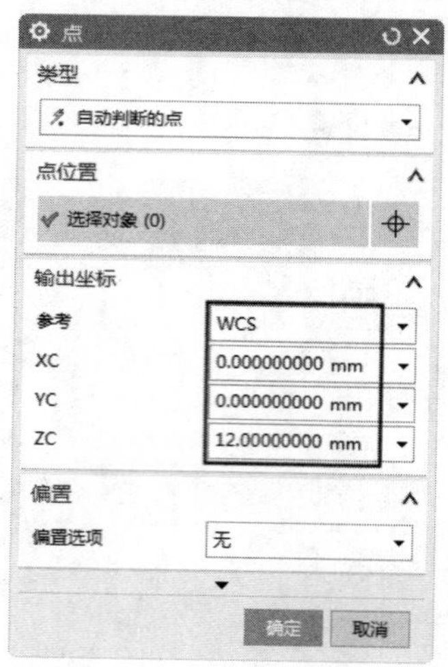

图6-62 “点”对话框

图6-63 创建圆柱特征

❷在“腔”类型选择对话框中，单击常规按钮，打开“常规腔”对话框。

❸在视图区选择放置面，如图 6-65 所示。

❹在“常规腔”对话框中单击“放置面轮廓”图标，或者鼠标中键。

❺在视图区选择图 6-66 所绘制的草图作为放置面轮廓线。

❻在“常规腔”对话框中单击“底面”图标，或者鼠标中键。

❼在“常规腔”对话框中的“由放置面转换得到底面”部分被激活，如图 6-66 所示。

❽在“常规腔”对话框中单击“底面轮廓曲线”图标，或者鼠标中键。

❾在“常规腔”对话框中的“从放置面轮廓线起”部分被激活，如图 6-67 所示。

❿在“常规腔”对话框中单击“目标体”图标，选择整个实体为目标体。

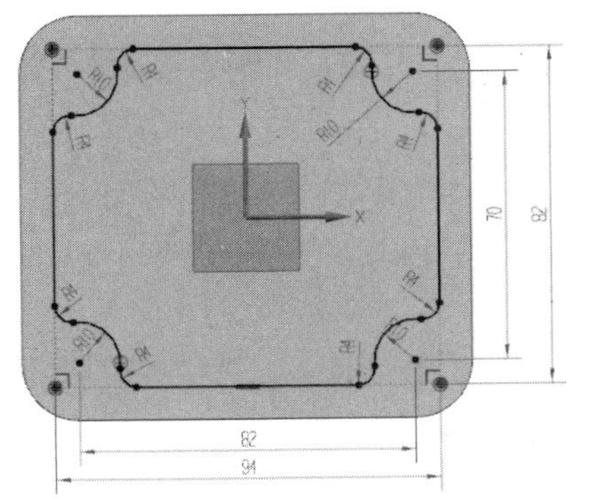

图6-64 绘制草图2

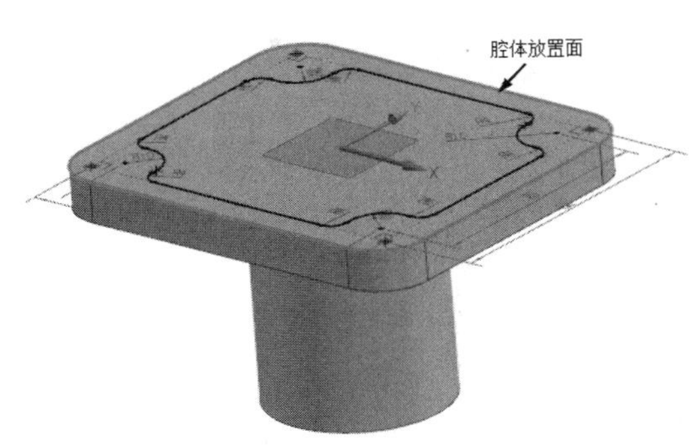

图6-65 选择放置面

⓫在“常规腔”对话框中单击“放置面轮廓线投影矢量”图标，或者鼠标中键。

⓬在“常规腔”对话框中，“放置面轮廓线投影矢量”方向选择列表框被激活，如图 6-68 所示。

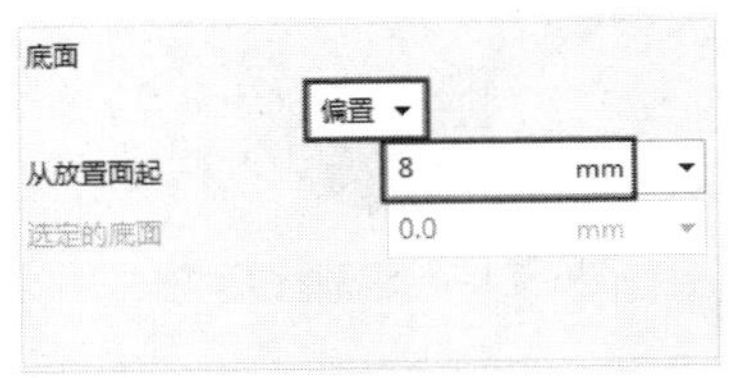

图6-66　底面对话框选项

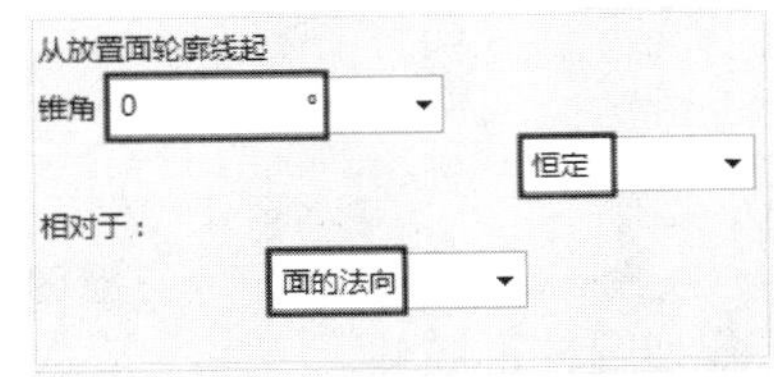

图6-67　底面轮廓线对话框选项

⓭在如图 6-68 所示的列表框中，选择“垂直于曲线所在的平面”选项。

⓮在“常规腔”对话框中的“底面半径”数值输入栏输入 2，其他半径值默认为 0。

⓯在“常规腔”对话框中，单击 确定 按钮，创建常规腔体特征，如图 6-69 所示。

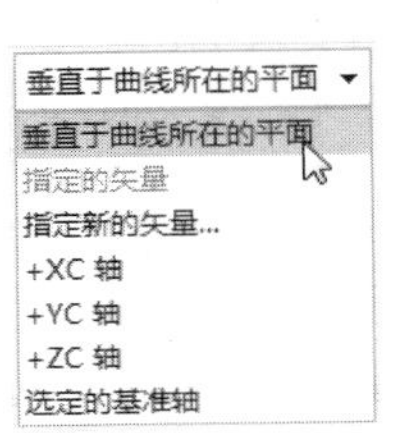

图6-68　“放置面轮廓线投影矢量”方向列表框

图6-69 创建常规腔体特征

07 创建圆柱形腔体。

❶选择“菜单(M)”→“插入(S)”→“设计特征(E)”→“腔（原有）(P)...”，打开“腔”类型选择对话框。

❷在“腔”类型选择对话框中单击 圆柱形 按钮，打开如图 6-70 所示的“圆柱腔”的放置面选择对话框。

❸在零件体中选择如图 6-71 所示的放置面，打开“圆柱腔”对话框。

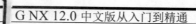

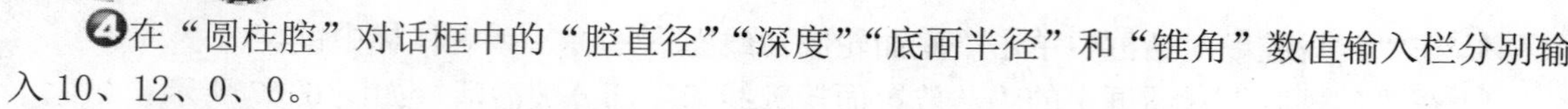

❹在“圆柱腔”对话框中的“腔直径”“深度”“底面半径”和“锥角”数值输入栏分别输入 10、12、0、0。

❺在“圆柱腔”对话框中单击 确定 按钮，打开如图 6-72 所示的“定位”对话框。

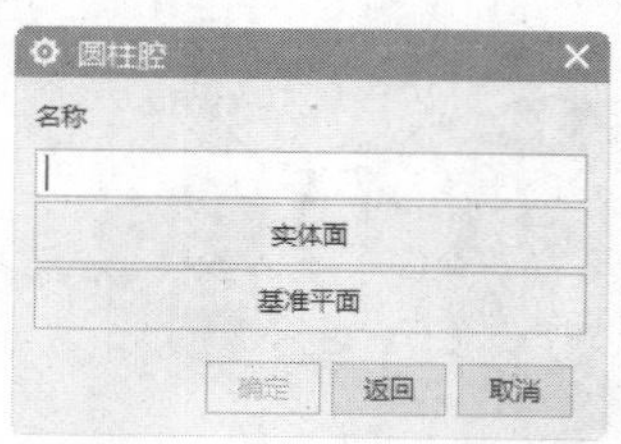

图6-70　放置面选择对话框

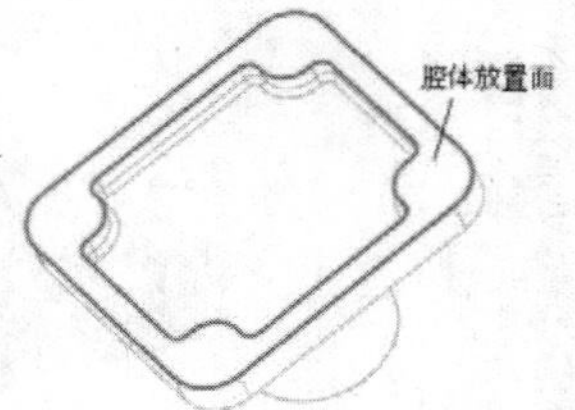

图6-71　选择放置面

图6-72　“定位”对话框

❻在“定位”对话框中选取 进行定位，定位后的尺寸示意图如图 6-73 所示。

❼在“定位”对话框中，单击 确定 按钮，创建圆柱形腔体，如图 6-74 所示。

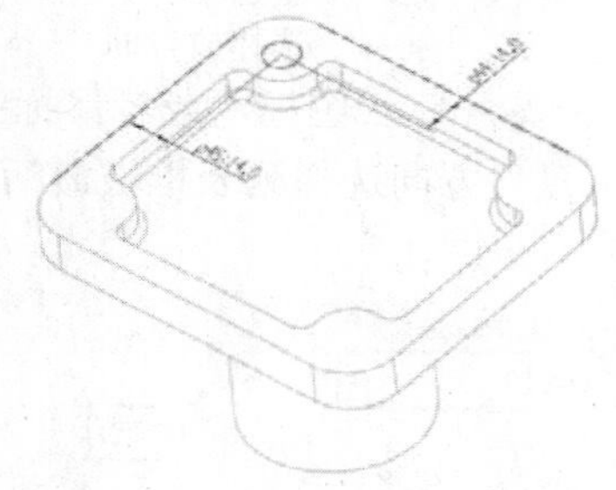
图6-73　定位后的尺寸示意图

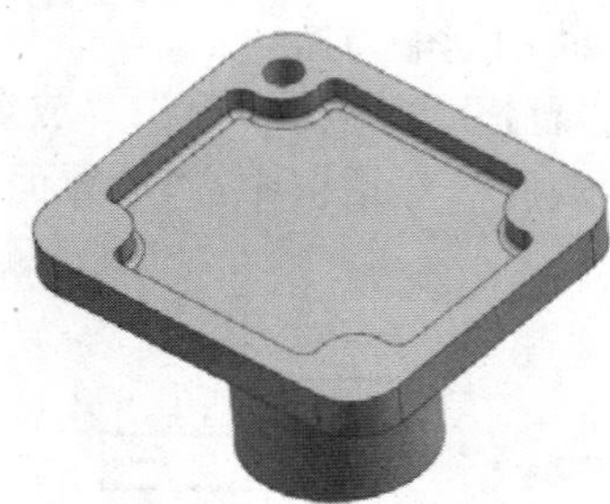
图6-74 创建圆柱形腔体

08 阵列圆柱形腔体。

❶选择“菜单(M)”→“插入(S)”→“关联复制(A)”→“阵列特征(A)...”，打开如图 6-75 所示的“阵列特征”对话框。

❷在绘图区选择上步创建的圆柱形腔体为要形成阵列的特征。

❸在“布局”选项中选择“线性”布局，如图 6-75 所示。

❹在如图 6-75 所示的对话框中，设置方向 1 和方向 2 的指定矢量、阵列间距和数量，单击 确定 按钮，完成阵列，结果如图 6-76 所示。

09 创建矩形腔体。

❶选择“菜单(M)”→“插入(S)”→“设计特征(E)”　→“腔（原有）(P)...”，打开“腔体”类型选择对话框。

❷在“腔”类型选择对话框中单击 矩形 按钮，打开如图 6-77 所示的“矩形腔”的放置面选择对话框。

❸在零件体中选择如图 6-78 所示的放置面，打开如图 6-79 所示的“水平参考”对话框。

❹选择如图 6-80 所示的实体面，打开“矩形腔”对话框。

❺在“矩形腔”对话框中的“长度”“宽度”“深度”“角半径”“底面半径”和“锥角”数值输入栏分别输入 30、30、70、0、0、0。

❻在“矩形腔”对话框中，单击 确定 按钮，打开“定位”对话框。

❼在“定位”对话框中选取 和 进行定位，定位后的尺寸示意图如图 6-81 所示。

❽在“定位”对话框中，单击 确定 按钮，创建矩形腔体。

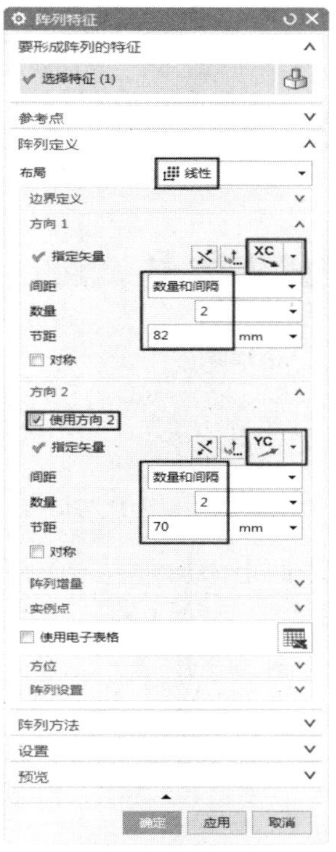

图6-75　“阵列特征”对话框

图6-76　阵列圆柱形腔体

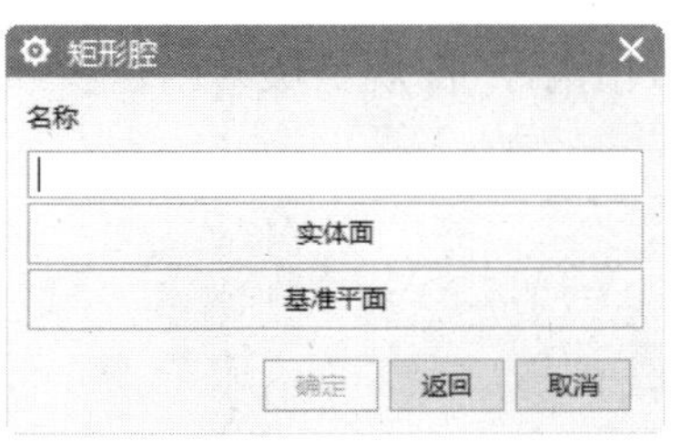

图 6-78　放置面选择对话框

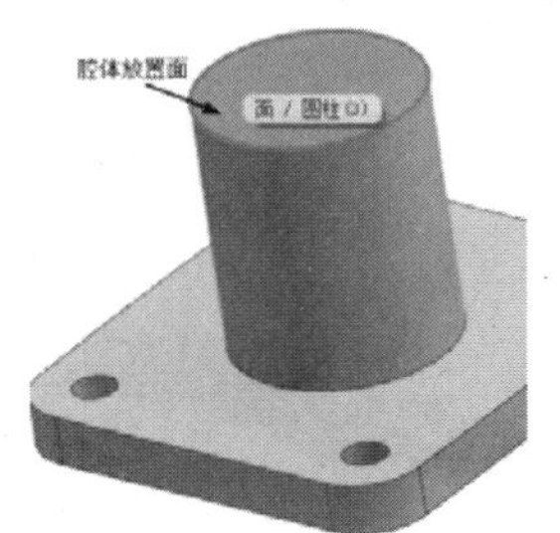

图 6-78　选择放置面

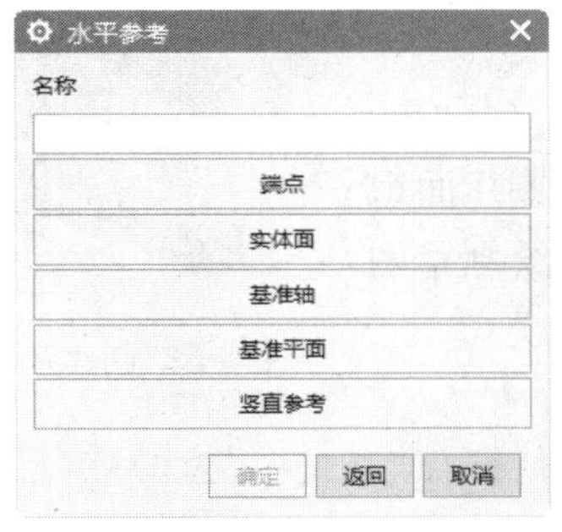

图 6-79　“水平参考”对话框

图 6-80　选择实体面

6.8 垫块

选择“菜单(M)”→“插入(S)”→“设计特征(E)”→“垫块（原有）(A)...”，打开如图 6-82 所示的“垫块”类型选择对话框。

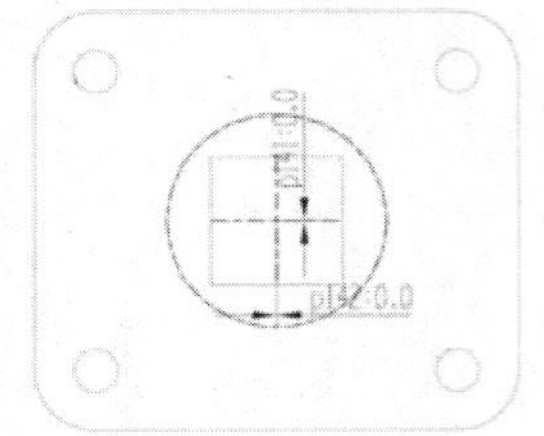
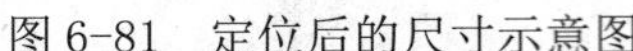

图 6-81　定位后的尺寸示意图

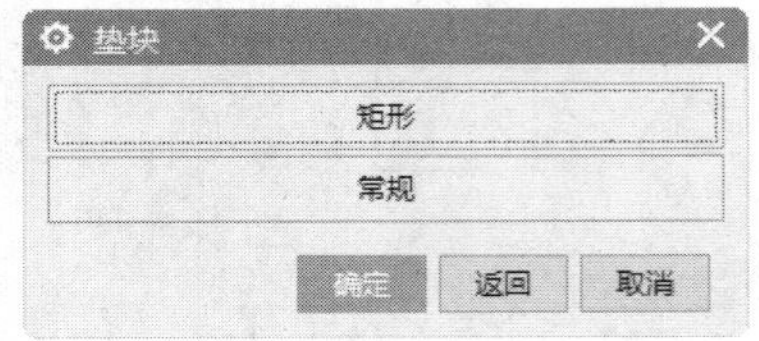

图 6-82　“垫块”类型选择对话框

垫块的功能和腔的功能类似，不同的是垫块是在实体表面上添加材料，腔是去除材料。

6.8.1　参数及其功能简介

垫块各参数的含义和腔体对应参数含义相似，不同的是，各项参数是用于创建垫块特征。这里不在介绍。

6.8.2　创建步骤

矩形垫块的创建步骤与矩形腔体的创建步骤相同， 常规垫块的创建步骤与常规腔体的创建步骤相同。

6.8.3　实例——叉架

创建如图 6-83 所示的零件体。

01 新建文件。单击“主页”选项卡“新建”按钮，打开“新建”对话框，在“模板”列表框中选择“模型”，输入“chajia”， 单击确定按钮，进入 UG 建模环境。

02 绘制草图 1。选择“菜单(M)”→“插入(S)”→“草图(H)...”，或者单击“主页”选项卡“直接草图”面组上的“草图”按钮，选择 XC-YC 平面为工作平面绘制草图 1，绘制后的草图如图 6-84 所示。

图 6-83 创建垫块特征的零件体

03 创建拉伸特征 1。

❶选择“菜单 (M)”→“插入(S)”→“设计特征(E)” →“拉伸(X)...”，或者单击“主页”选项卡“特征”面组上的“拉伸”按钮，打开如图 6-85 所示的“拉伸”对话框，选择如图 6-84 所示的草图。

❷在“拉伸”对话框中的“指定矢量”下拉列表中选择 ZC↑ 轴为拉伸方向。

❸在“拉伸”对话框中，在“极限”栏中”开始”和“结束”距离输入栏分别输入 0、5，其他采用默认设置。

❹在“拉伸”对话框中，单击 确定 按钮，创建拉伸特征 1，如图 6-86 所示。

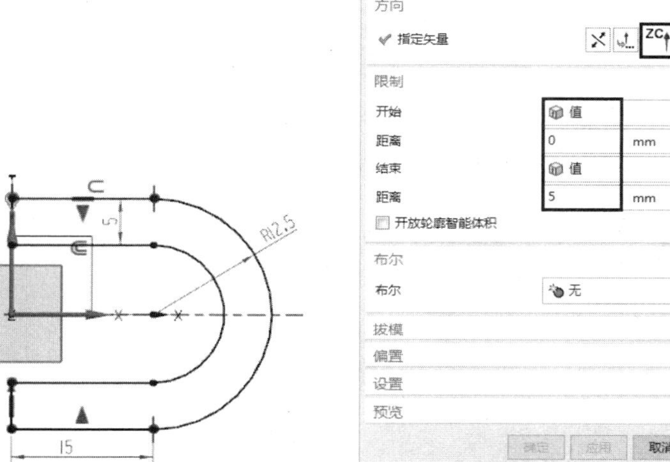

图 6-84　绘制草图 1　　图 6-85　“拉伸”对话框　　图 6-86　创建拉伸特征 1

04 创建矩形垫块。

❶选择“菜单(M)”→“插入(S)”→“设计特征(E)”　→“垫块(A)...”，或者单击“主页”选项卡“特征”面组上的“垫块”按钮，打开“垫块”类型选择对话框。

❷在“垫块”类型选择对话框中，单击 矩形 按钮，打开如图 6-87 所示的“矩形垫块”放置面选择对话框。

❸在的实体中，选择如图 6-88 所示的放置面，打开如图 6-89 所示的“水平参考”对话框。

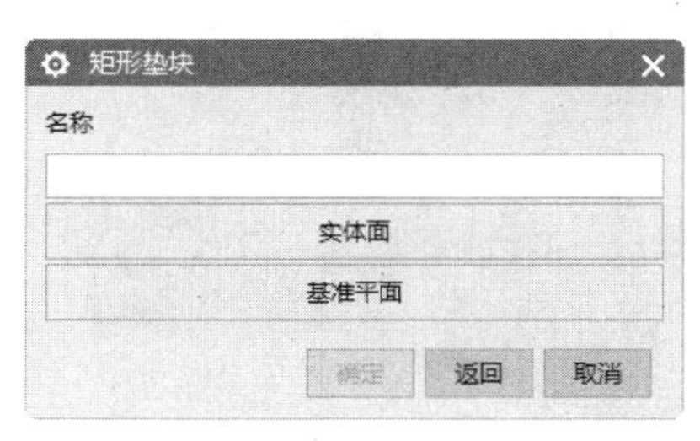

图 6-87　放置面选择对话框

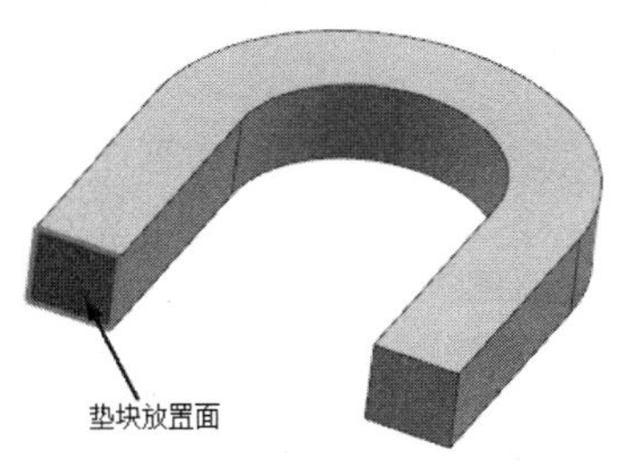

图 6-88　选择放置面

❹在实体中选择如图 6-90 所示的实体面，打开如图 6-91 所示的“矩形垫块”的输入参数对话框。

图 6-89 “水平参考”对话框

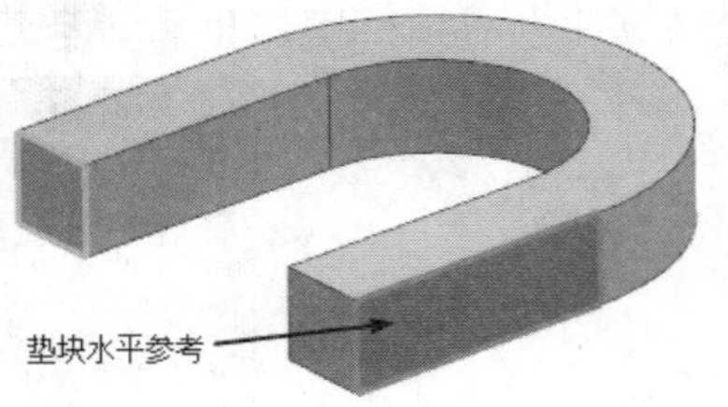

图 6-90 选择实体面

❺在“矩形垫块”的输入参数对话框中“长度”“宽度”“高度”“拐角半径”和“锥角”数值输入栏分别输入 25、25、5、0、0。

❻在“矩形垫块”的输入参数对话框中，单击 确定 按钮，打开如图 6-92 所示的“定位”对话框。

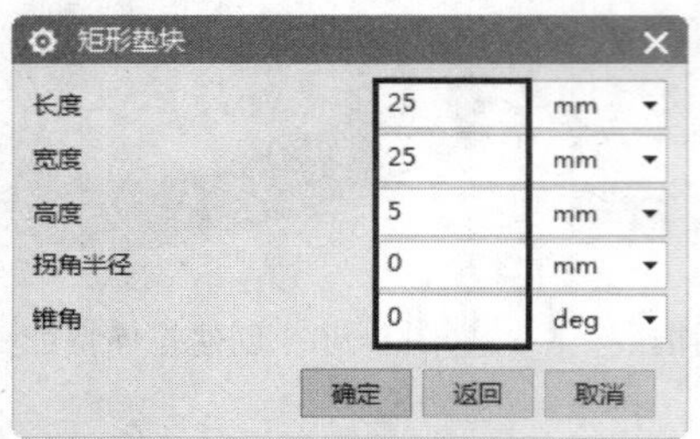

图 6-91 输入参数对话框

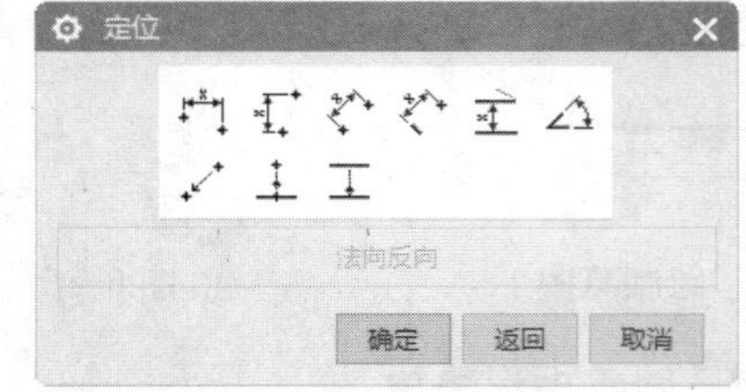

图 6-92 “定位”对话框

❼在“定位”对话框中选取进行定位，定位后的尺寸示意图如图 6-93 所示。

❽在“定位”对话框中，单击 确定 按钮，创建矩形垫块，如图 6-94 所示。

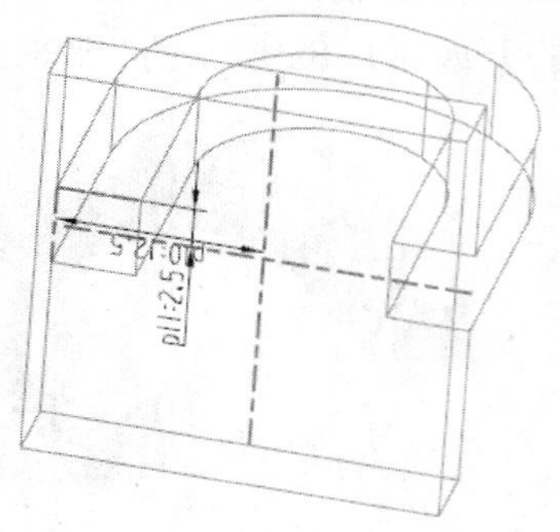

图 6-93 定位后的尺寸示意图

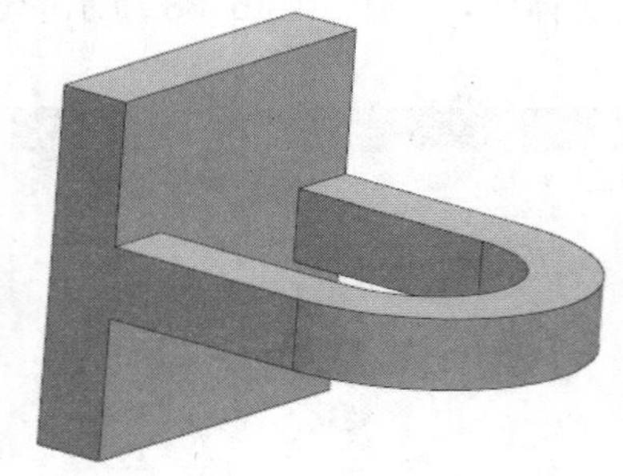

图 6-94 创建矩形垫块

05 绘制草图 2。

❶选取视图为左视图。

❷选择“菜单(M)”→“插入(S)”→“草图(H)...”，或者单击“主页”选项卡“直接草图”面组上的“草图”按钮，选择如图6-95所示的平面为工作平面绘制草图2，绘制后的草图如图6-96所示。

06 创建拉伸特征2。

❶选择“菜单（M)”→“插入(S)”→“设计特征(E)” →“拉伸(E)...”，或者单击“主页”选项卡“特征”面组上的“拉伸”按钮，打开“拉伸”对话框，选择如图6-96所示的草图。

❷在“拉伸”对话框中的“指定矢量”下拉列表中选择-XC轴为拉伸方向。

❸在“拉伸”的对话框中，在“限制”栏中”开始”和“结束”距离输入栏分别输入0，27.5，其他采用默认设置。

❹在“拉伸”对话框中，单击确定按钮，创建拉伸特征2，如图6-97所示。

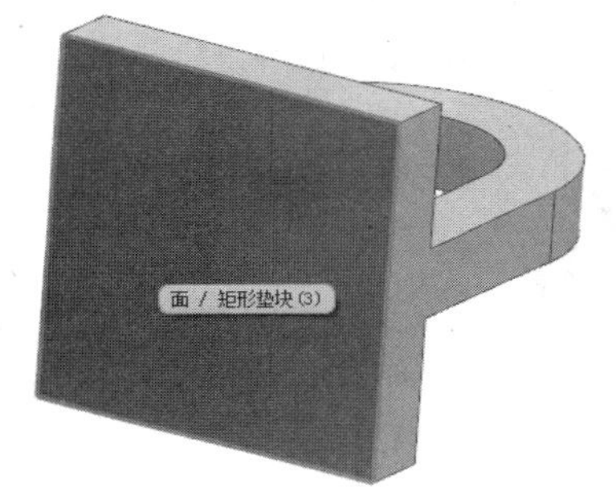

图6-95　选择工作平面

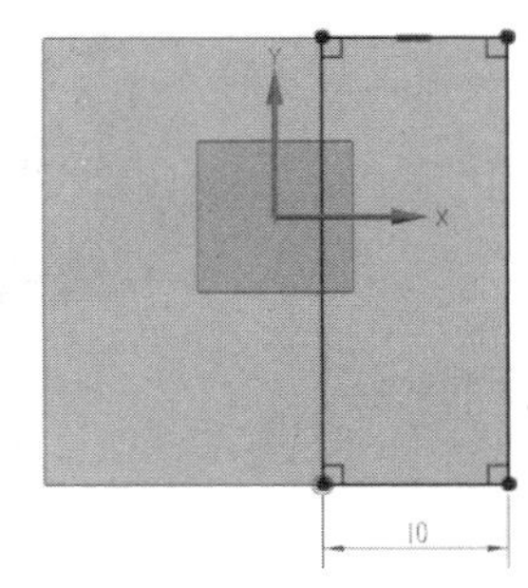

图6-96　绘制草图2

图6-97　创建拉伸特征2

07 绘制草图3。

❶选取视图为后视图。

❷选择“菜单(M)”→“插入(S)”→“草图(H)...”，或者单击“主页”选项卡“直接草图”面组上的“草图”按钮，选择如图6-98所示的平面为工作平面绘制草图3，绘制后的草图如图6-99所示。

图6-98　选择工作平面

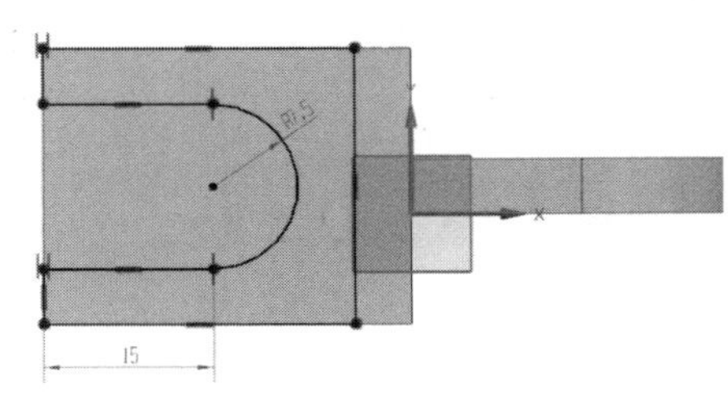

图6-99 绘制草图3

08 创建常规凸垫。

❶选择“菜单(M)”→“插入(S)”→“设计特征(E)” →“垫块(A)...”，或者单击“主页”

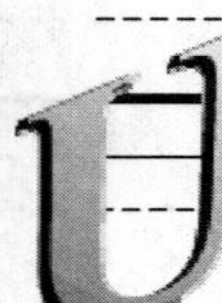

选项卡“特征”面组上的“垫块”按钮，打开 “垫块”类型选择对话框。

❷在“垫块”类型选择对话框中，单击 常规 按钮，打开如图 6-100 所示的“常规垫块”对话框。

❸在视图区选择放置面，如图 6-101 所示。

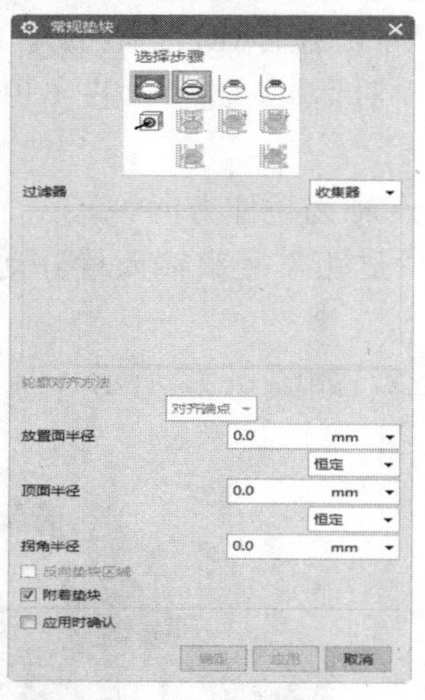

图 6-100 “常规垫块”对话框

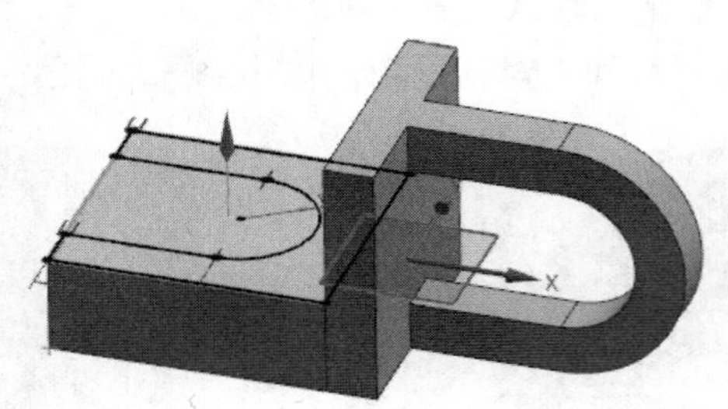

图 6-101 选择放置面

❹在“常规垫块”对话框中单击图标，或者鼠标中键。

❺在视图区选择图 6-99 所绘制的草图作为放置面轮廓线。

❻在“常规垫块”对话框中单击图标，或者鼠标中键。

❼在“常规垫块”对话框中的“从放置面起”部分被激活，如图 6-102 所示。

❽在“常规垫块”对话框中单击图标，或者鼠标中键。

❾在“常规垫块”对话框中的“从放置面轮廓曲线起”部分被激活，如图 6-103 所示。

❿在“常规垫块”对话框中单击图标，选择如图 6-101 所示的实体为目标体。

⓫在“常规垫块”对话框中单击图标，或者鼠标中键。

⓬在“常规垫块”对话框中，“放置面轮廓线投影矢量”方向选择列表框被激活，如图 6-104 所示。

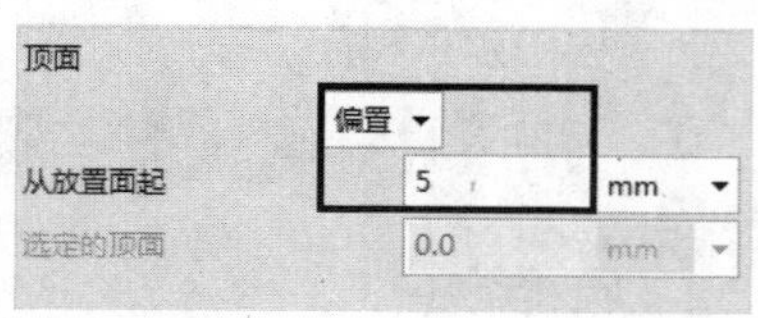

图 6-102 顶面对话框选项

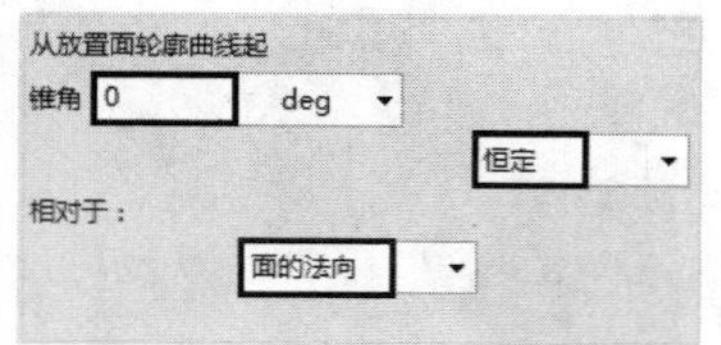

图 6-103 顶面轮廓线对话框选项

⓭在如图 6-104 所示的列表框中，选择“垂直于曲线所在的平面”选项。

⓮在“常规垫块”对话框中的“放置面半径”“顶面半径”和“拐角半径”都为 0。

⓯在“常规垫块”对话框中，单击 确定 按钮，创建常规垫块特征，如图 6-105 所示。

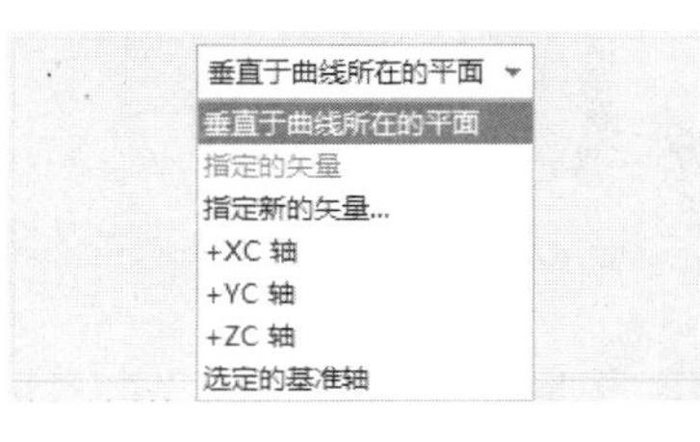

图 6-104　轮廓线投影矢量方向列表框

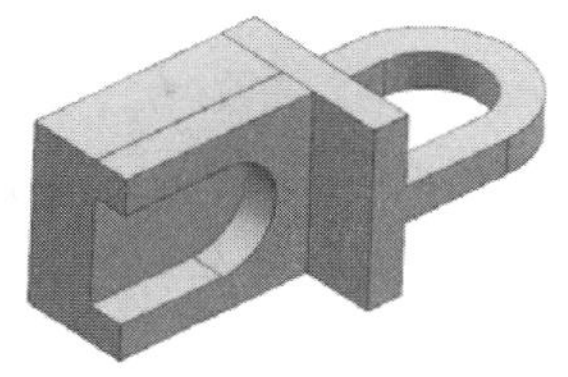

图 6-105　创建常规凸垫特征

09 裁剪拉伸特征 2。

❶选择“菜单（M）”→“插入(S)”→“设计特征(E)”　→“拉伸(E)...”，或者单击“主页”选项卡“特征”面组上的“拉伸”按钮，打开“拉伸”对话框。在绘图区选择图 6-96 的草图为拉伸曲线。

❷在“拉伸”对话框中的“指定矢量”下拉列表中选择 -XC 轴为拉伸方向。

❸在“极限”面板的“开始距离”和“结束距离”文本框中分别输入 0 和 27.5。

❹在“布尔”下拉列表中选择“求差”选项，

❺单击对话框中的 确定 按钮，裁剪拉伸体 2，如图 6-83 所示。

6.9 键槽

选择“菜单(M)”→“插入(S)”→“设计特征(E)”→“键槽（原有）(L)...”，打开如图 6-106 所示的“槽”对话框。

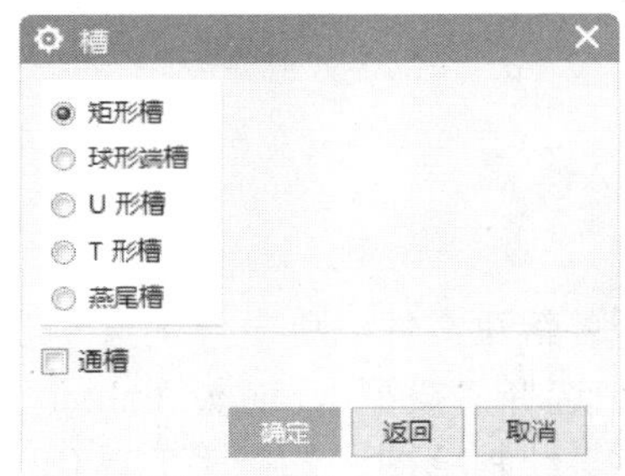

图 6-106　“槽”对话框

6.9.1　参数及其功能简介

1．键槽的类型

（1）矩形槽：也就是矩形槽，截面形状为矩形。

（2）球形端槽：截面形状为半圆形。

（3）U 形槽：截面形状为 U 形。

（4）T 形槽：截面形状为 T 形。

（5）燕尾槽：截面形状为燕尾形。

2．通槽

用于是否创建通的键槽。若勾选该复选框，则创建通过键槽，需要选择通过面。

6.9.2　创建步骤

1）选择键槽的类型。

2）指定是否为通过键槽。

3）选择放置面。

4）选择键槽的放置方向，也就是水平参考方向。

5）设置键槽的形状参数。

6）定位键槽的位置。

7）单击确定按钮，创建键槽。

6.9.3 实例——轴 1

创建如图 6-107 所示的轴。

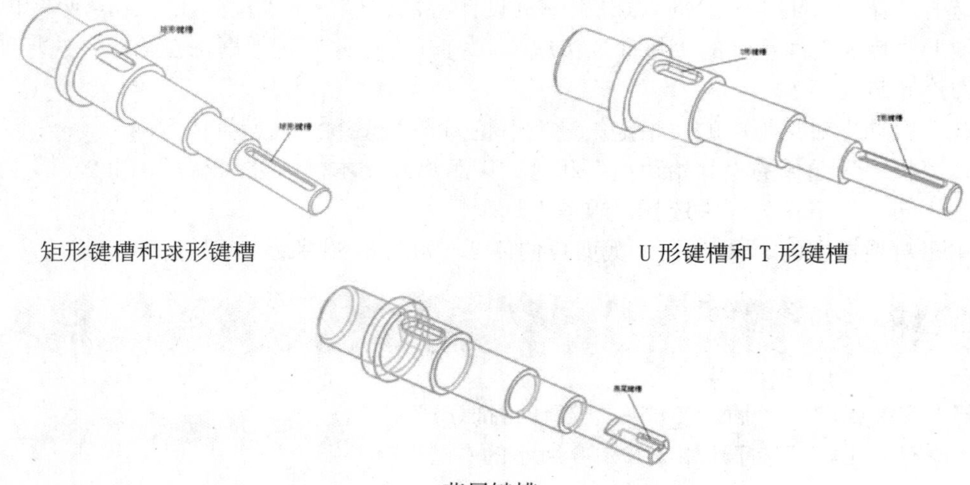

矩形键槽和球形键槽　　U 形键槽和 T 形键槽

燕尾键槽

图 6-107　创建“键槽”特征的轴

01 新建文件。单击“主页”选项卡“新建”按钮，打开“新建”对话框，在“模板”列表框中选择“模型”，输入“zhou”，单击确定按钮，进入 UG 建模环境。

02 绘制草图。选择“菜单(M)”→“插入(S)”→“草图(H)...”，或者单击“主页”选项卡“直接草图”面组上的“草图”按钮，选择 XC-YC 平面为工作平面绘制草图，绘制后的草图如图 6-108 所示。

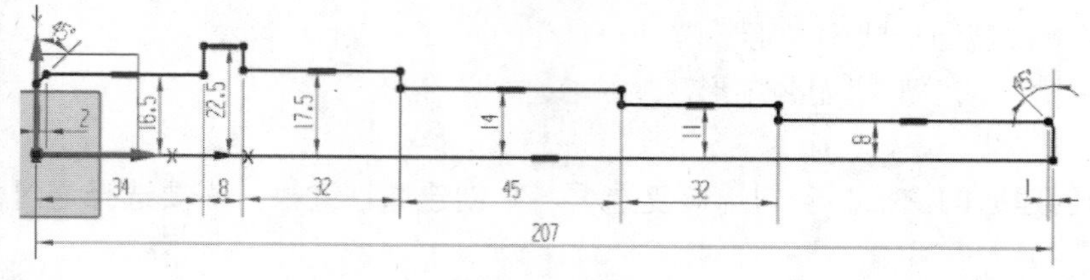

图 6-108　绘制草图

03 创建旋转特征。

❶选择“菜单（M）”→“插入(S)”→“设计特征(E)”→“旋转（R）...”，或者单击“主页”选项卡“特征”面组上的“旋转”按钮，打开如图 6-109 所示的“旋转”对话框，选择

如图 6-108 绘制的曲线。

❷在"旋转"对话框中的"自动判断的矢量"图标右边小三角的下拉列表框中单击图标，在视图区选择基准点，如图 6-110 所示。

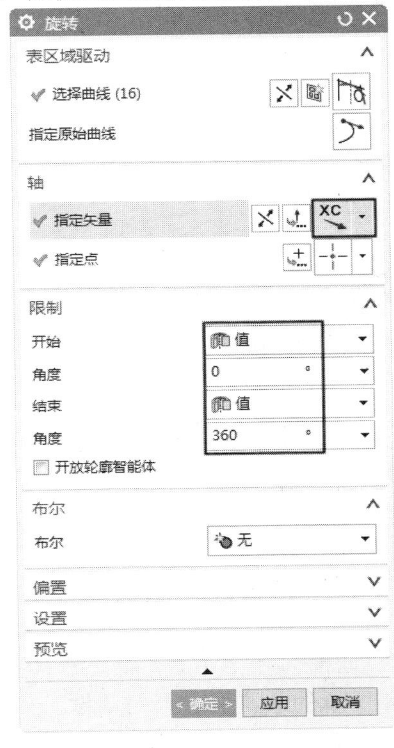

图 6-109　"旋转"对话框

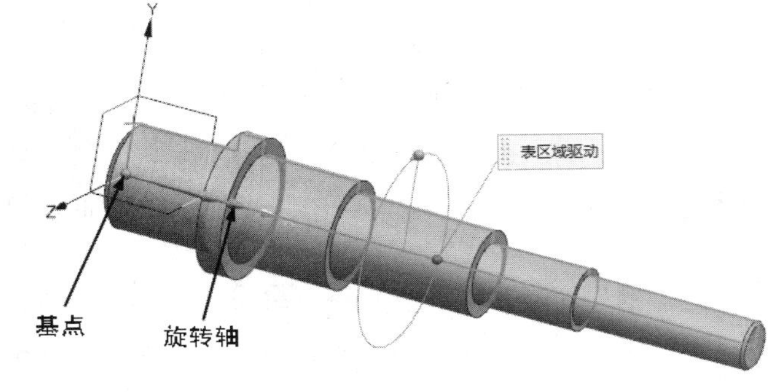

图 6-110　选择基准点

❸在"旋转"对话框中，设置"限制"的"开始"选项为"值"，在其文本框中输入 0。同样设置"结束"选项为"值"，在其文本框中输入 360。

❹在"旋转"对话框中，单击< 确定 >按钮，创建旋转特征，如图 6-111 所示。

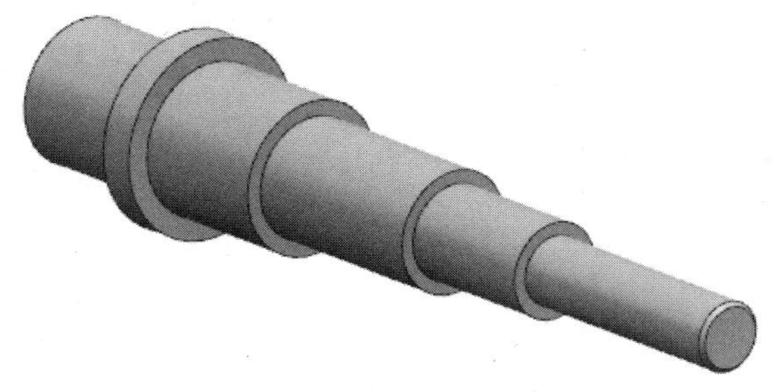

图 6-111　创建旋转特征

04 创建基准平面 1 和基准平面 2。

❶选择"菜单(M)"→"插入(S)"→"基准/点(D)"→"基准平面(D)..."或单击"主页"选项卡"特征"面组上的"基准平面"按钮，打开如图 6-112 所示的"基准平面"对话框。

❷在“基准平面”对话框中选中相切图标，在实体中选择圆柱面。

❸在“基准平面”对话框中，单击 应用 按钮，创建基准平面 1。

❹同理，创建与小圆柱面相切的基准平面 2，如图 6-113 所示。

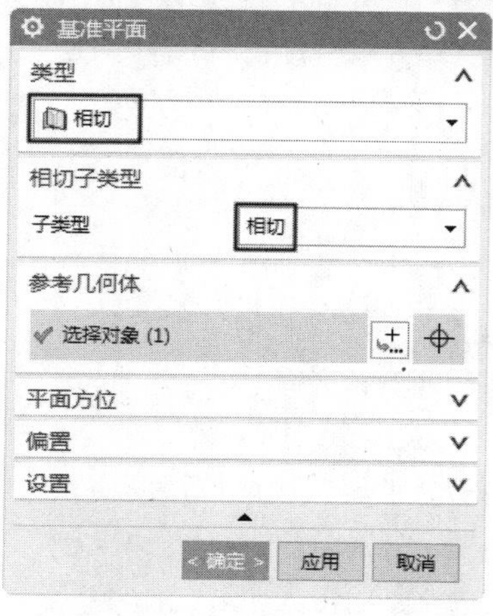

图 6-112 “基准平面”对话框

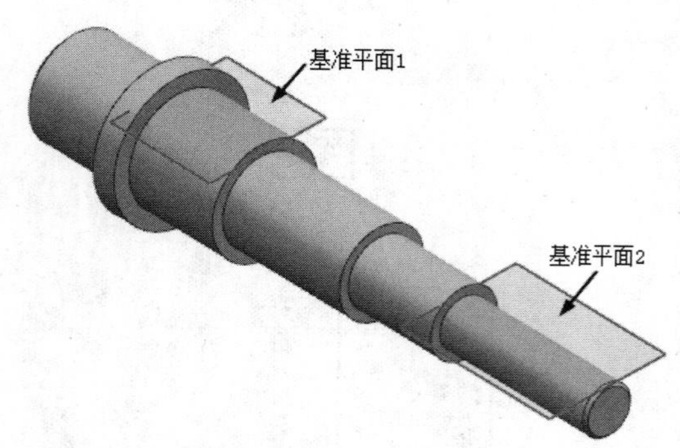

图 6-113 创建基准平面 1 和基准平面 2

05 创建矩形键槽。

❶选择“菜单(M)”→“插入(S)”→“设计特征(E)”→“键槽（原有）(L)...”，打开“槽”对话框。

❷在“槽”对话框中，选中 ◉ 矩形槽 单选按钮，不勾选“通槽”。

❸在“槽”对话框中，单击 确定 按钮，打开如图 6-114 所示的放置面选择对话框。

❹在如图 6-113 所示实体中，选择基准平面 1 为放置面，同时打开如图 6-115 所示矩形键槽深度方向选择对话框。

❺在如图 6-115 所示对话框中选择单击 接受默认边 按钮或直接单击 确定 按钮，打开如图 6-116 所示的“水平参考”对话框。

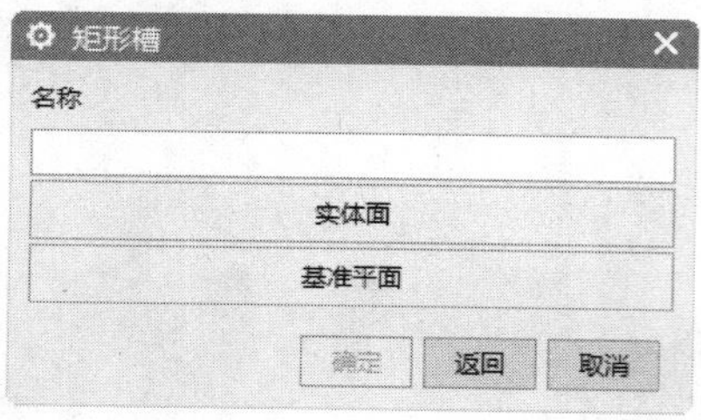

图 6-114 放置面选择对话框

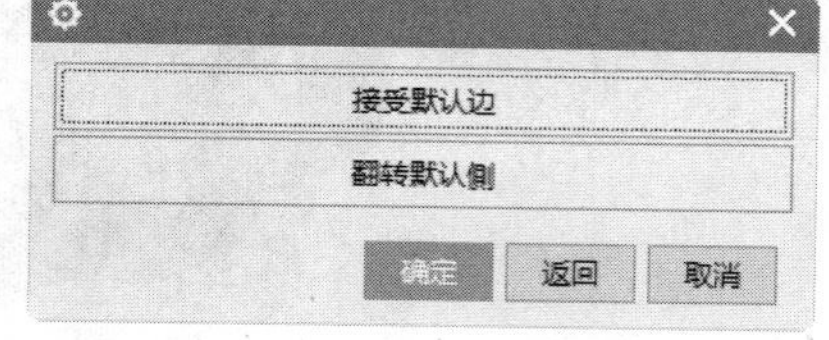

图 6-115 深度方向选择对话框

❻在实体中选择和基准平面 1 相切的圆柱面，系统给出矩形槽的放置方向箭头，如图 6-117 所示。同时打开如图 6-118 所示的“矩形键槽”参数输入对话框。

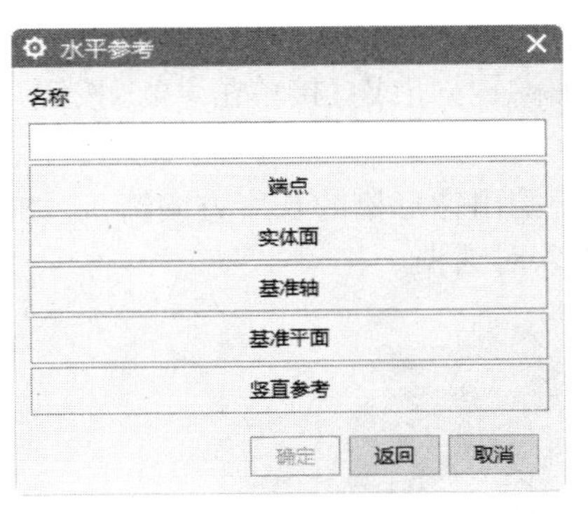

图 6-116　水平参考”对话框

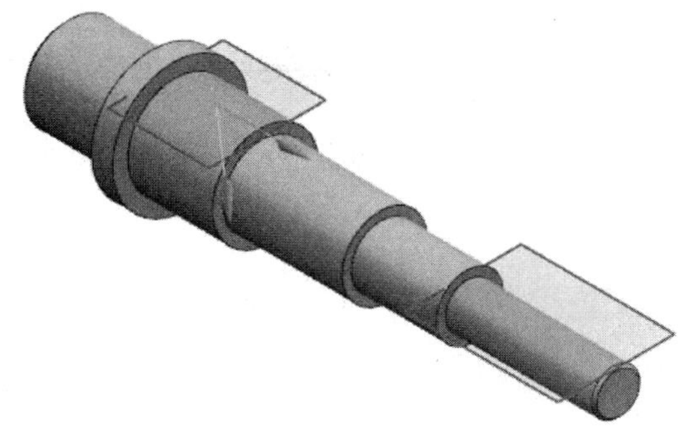

图 6-117　预览矩形槽的放置方向箭头

❼在“矩形键槽”参数输入对话框中的“长度”“宽度”和“深度”文本框中分别输入 25、10、5。

❽在“矩形键槽”参数输入对话框中单击确定按钮，打开如图 6-119 所示的“定位”对话框。

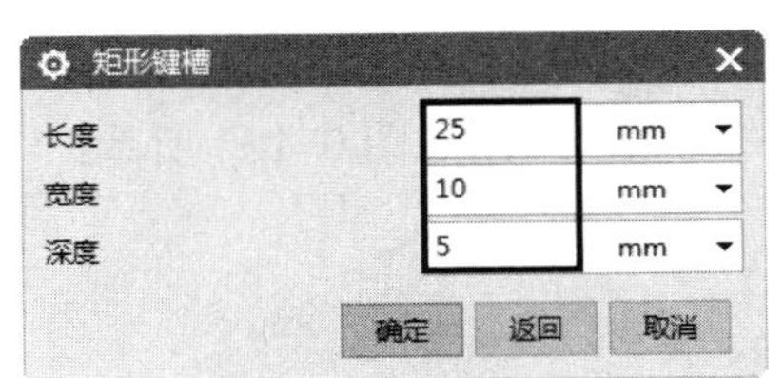

图 6-118　参数输入对话框

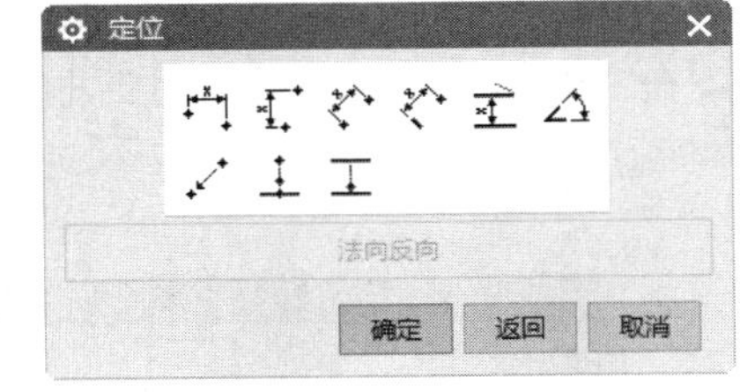

图 6-119　定位”对话框

❾在“定位”对话框中选取进行定位，定位后的尺寸示意图如图 6-120 所示。

❿在“定位”对话框中，单击确定按钮，创建矩形键槽，如图 6-121 所示。

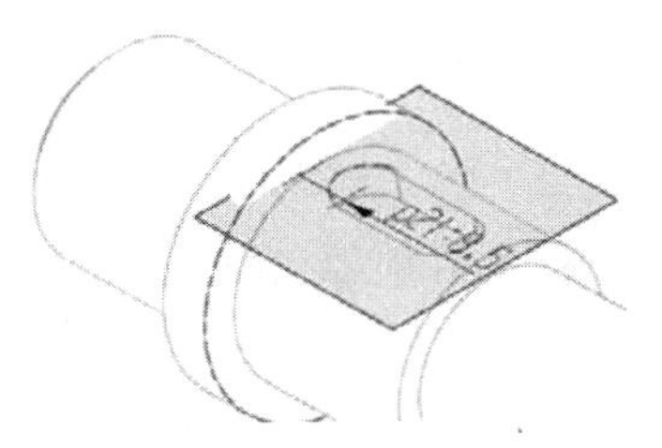

图 6-120　定位后的尺寸示意图

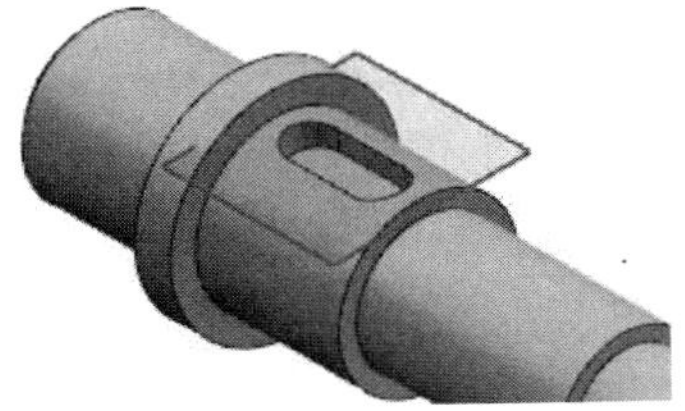

图 6-121　创建矩形键槽

06 创建球形槽。

❶选择“菜单(M)”→“插入(S)”→“设计特征(E)”→“键槽（原有）(L)...”，打开“槽”对话框。

❷在“槽”对话框中，选中◉ 球形端槽单选按钮，不勾选“通槽”复选框。

❸在“槽”对话框中，单击确定按钮，打开如图 6-122 所示的放置面选择对话框。

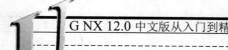

❹在实体中，选择基准平面 2 为放置面，同时打开球形槽深度方向选择对话框。

❺在球形槽深度方向选择对话框中选择单击 接受默认边 按钮或直接单击 确定 按钮，打开“水平参考”对话框。

❻在实体中选择和基准平面 2 相切的圆柱面，系统给出球形槽的长度方向箭头，如图 6-123 所示。同时打开如图 6-124 所示的“球形槽”参数输入对话框。

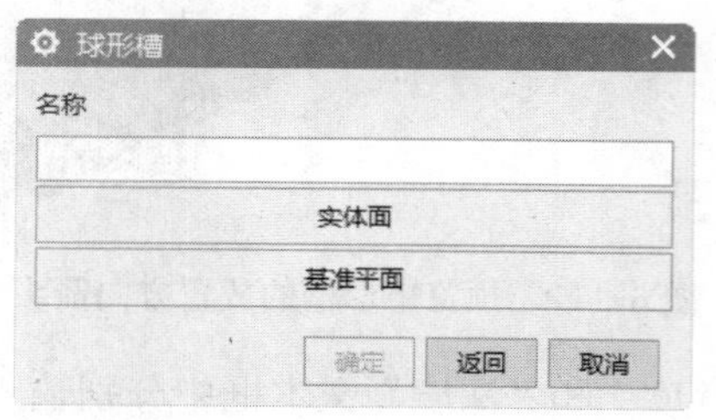
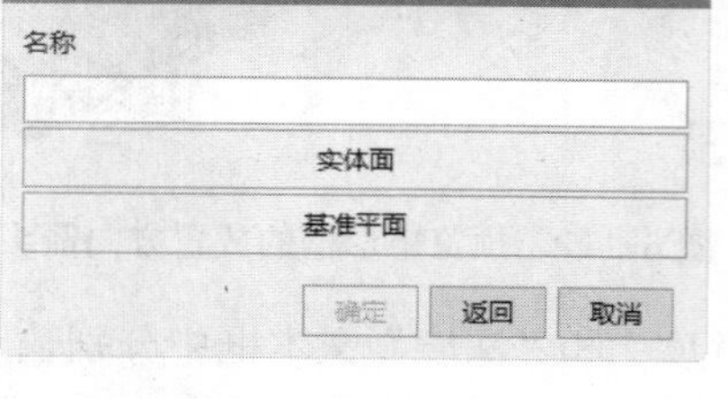

图 6-122　放置面选择对话框

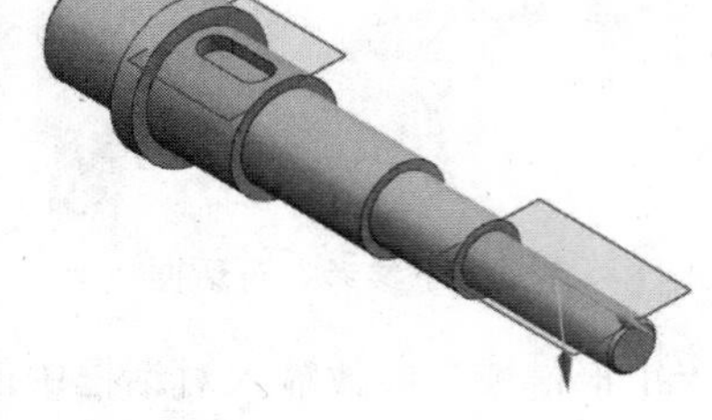

图 6-123　预览球形槽的放置方向箭头

❼在“球形槽”参数输入对话框中的“球直径”“深度”和“长度”文本框中分别输入 5、5、50。

❽在“球形槽”参数输入对话框中单击 确定 按钮，打开“定位”对话框。

❾在“定位”对话框中选取 进行定位，定位后的尺寸示意图如图 6-125 所示。

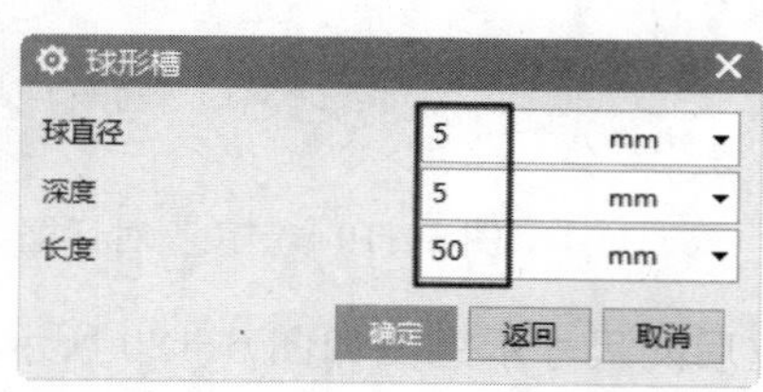

图 6-124　参数输入对话框

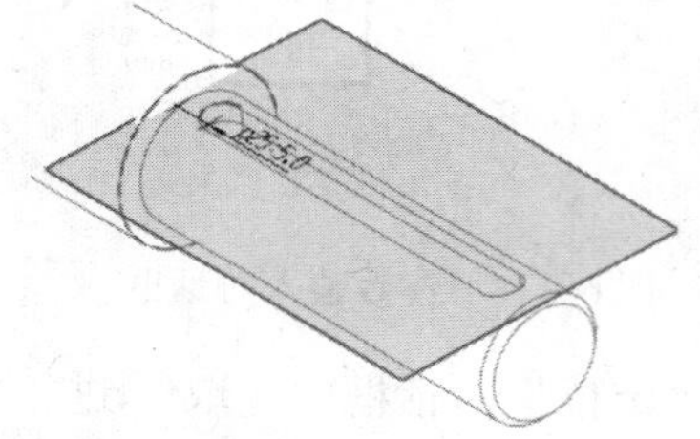

图 6-125　定位后的尺寸示意图

❿在“定位”对话框中，单击 确定 按钮，创建球形键槽。

07 抑制矩形键槽和球形键槽。

❶单击界面右侧的 图标，打开如图 6-126 所示的部件导航器。

❷在部件导航器中，去掉“球形端槽键槽（6）”和“矩形槽（5）”前面的勾选。

08 创建 U 形键槽。

❶选择“菜单(M)”→“插入(S)”→“设计特征(E)”→“键槽（原有）(L)...”，打开“槽”对话框。

❷在“槽”对话框中，选中 ◉ U 形槽 单选按钮，不勾选“通槽”复选框。

❸在“槽”对话框中，单击 确定 按钮，打开如图 6-127 所示的放置面选择对话框。

❹在实体中选择基准平面 1 为放置面，同时打开 U 形键槽深度方向选择对话框。

❺在深度方向选择对话框中选择单击 接受默认边 按钮或直接单击 确定 按钮，打开 “水平参考”对话框。

❻在实体中选择和基准平面 1 相切的圆柱面，系统给出 U 形键槽的长度方向箭头。同时打开如图 6-128 所示的“U 形槽”参数输入对话框。

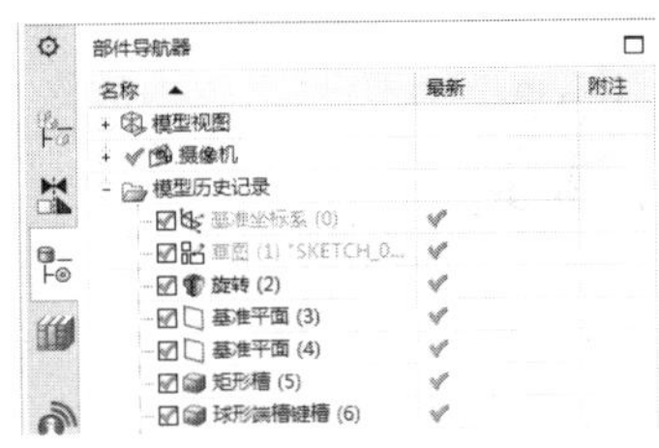

图 6-126　部件导航器

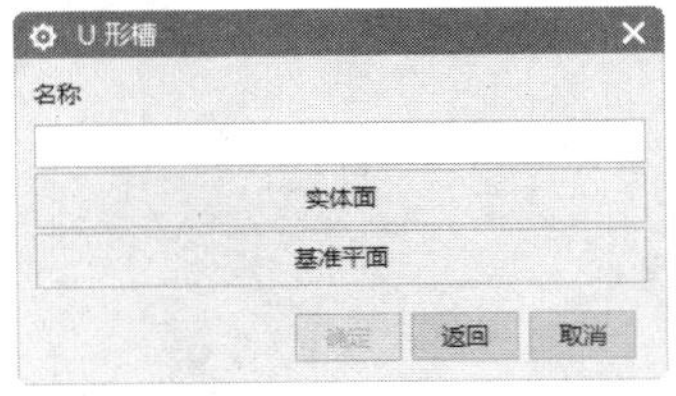

图 6-127　放置面选择对话框

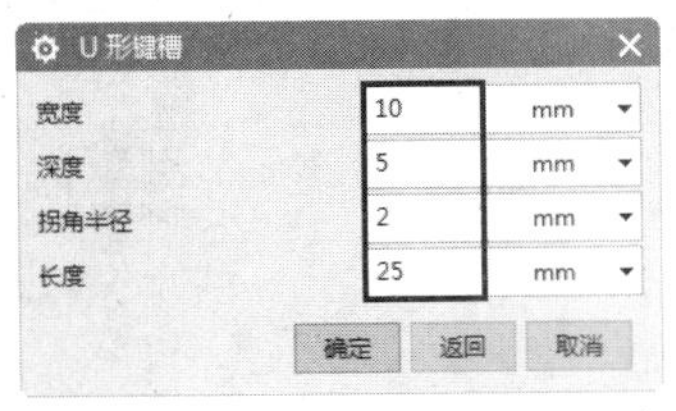

图 6-128　参数输入对话框

❼在“U 形键槽”参数输入对话框中的“宽度”“深度”“拐角半径”和“长度”文本框中分别输入 10、5、2、25。

❽在“U 形键槽”参数输入对话框中单击 确定 按钮，打开“定位”对话框。

❾在“定位”对话框中选取 进行定位，定位后的尺寸示意图如图 6-129 所示。

❿在“定位”对话框中，单击 确定 按钮，创建 U 形键槽，如图 6-130 所示。

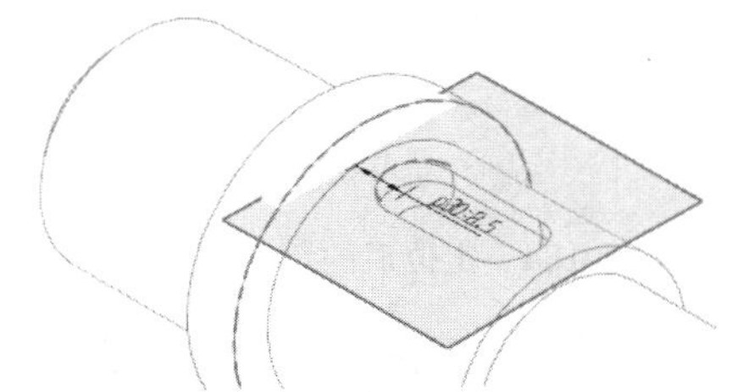
图 6-129　定位后的尺寸示意图

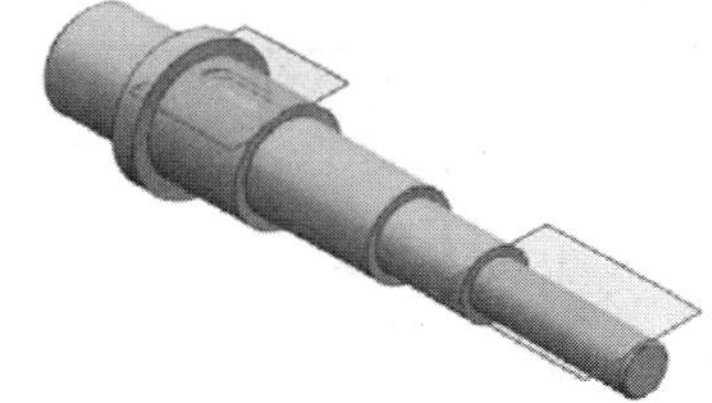
图 6-130　创建 U 形键槽

09 创建 T 形键槽。

❶选择“菜单(M)”→“插入(S)”→“设计特征(E)” →“键槽（原有）(L)...”，打开“槽”对话框。

❷在“槽”对话框中，选中 ◉ T 形槽 单选按钮，不勾选“通槽”复选框。

❸在“槽”对话框中，单击 确定 按钮，打开如图 6-131 所示的放置面选择对话框。

❹在实体中选择基准平面 2 为放置面，同时打开 T 形键槽深度方向选择对话框。

❺在 T 形槽深度方向对话框中选择单击 接受默认边 按钮或直接单击 确定 按钮，打开“水平参考”对话框。

❻在实体中选择和基准平面 2 相切的圆柱面，系统给出 T 形槽的长度方向箭头，如图 6-132 所示。同时打开如图 6-133 所示的“T 形槽”参数输入对话框。

❼在“T 形槽”参数输入对话框中的“顶部宽度”“顶部深度”“底部宽度”“底部深度“和“长度”文本框中分别输入 6、4、8、2、50。

❽在“T 形槽”参数输入对话框图 6-133 中单击 确定 按钮，打开“定位”对话框。

❾在“定位”对话框中选取 进行定位，定位后的尺寸示意图如图 6-134 所示。

❿在“定位”对话框中，单击 确定 按钮，创建 T 形键槽。

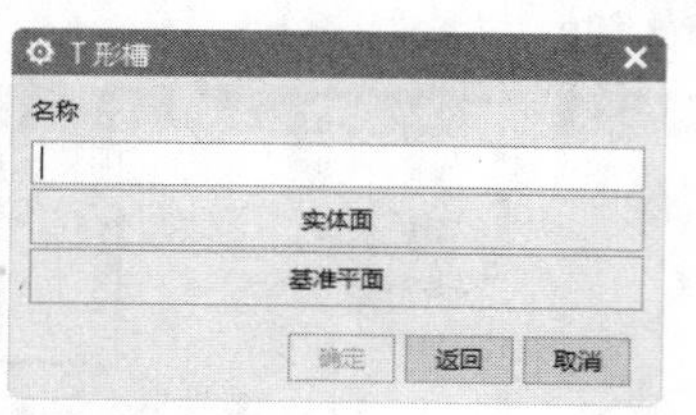

图 6-131　放置面选择对话框

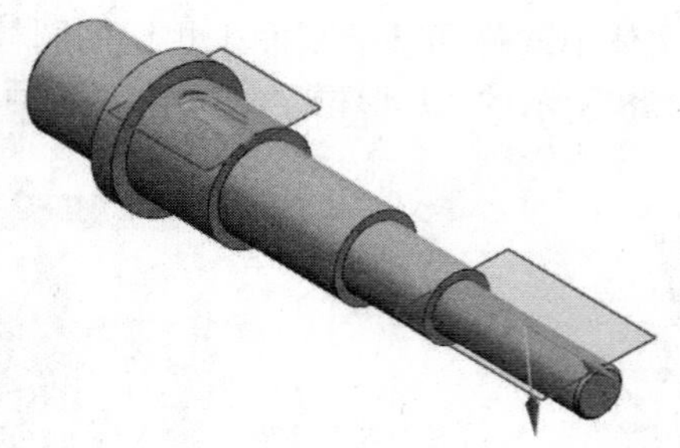

图 6-132　T 形槽的放置方向

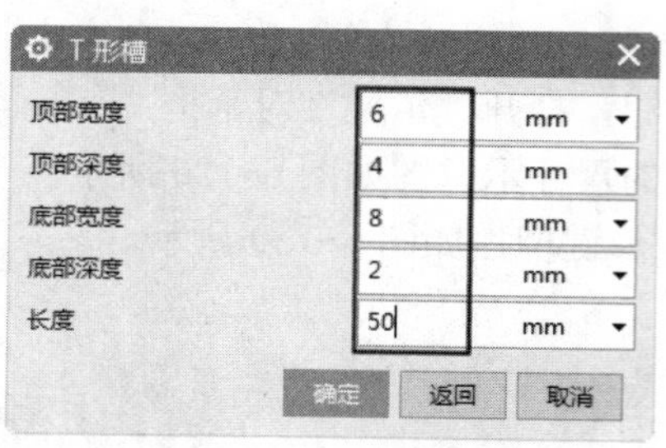

图 6-133　参数输入对话框

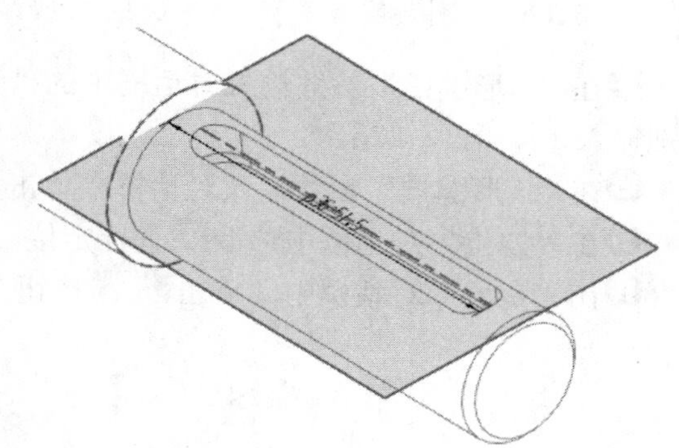

图 6-134　定位后的尺寸示意图

10 和第 **07** 步一样在部件导航器中去掉“T 形键槽”前面的勾选。得到的实体如图 6-135 所示。

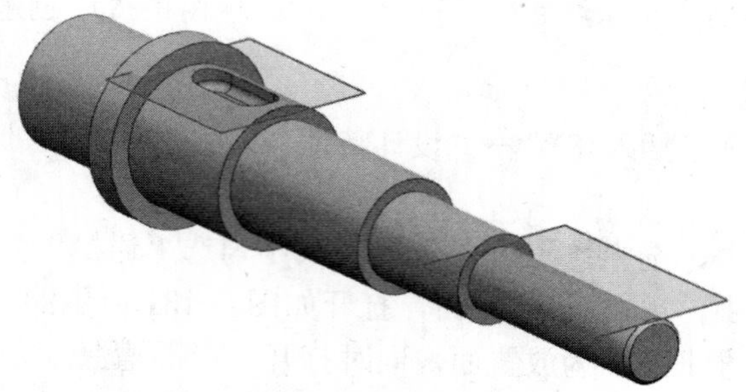

图 6-135　整理后的零件体

11 绘制草图 2。

选择“菜单(M)”→“插入(S)”→“草图(H)...”，或者单击“主页”选项卡“直接草图”面组上的“草图”按钮，选择如图 6-136 所示的平面为工作平面绘制草图，绘制后的草图如图 6-137 所示。

12 创建拉伸特征。

❶选择“菜单 (M)”→“插入(S)”→“设计特征(E)” →“拉伸(X)...”，或者单击“主页”选项卡“特征”面组上的“拉伸”按钮，打开如图 6-138 所示的“拉伸”对话框，选择

如图 6-137 所示的草图。

❷在“拉伸”对话框中的“指定矢量”下拉列表中选择-XC轴为拉伸方向。

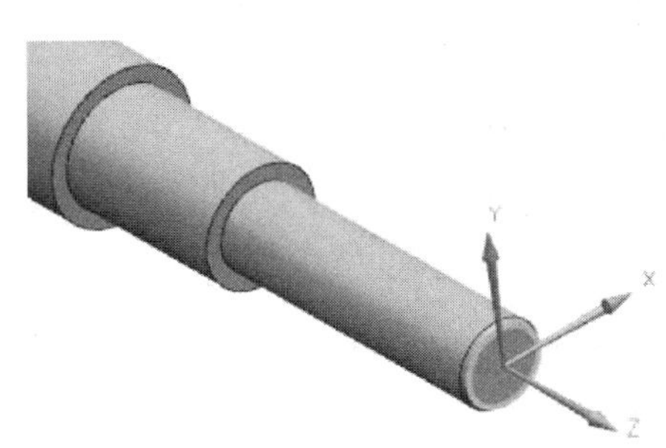

图 6-136　选择草图工作平面

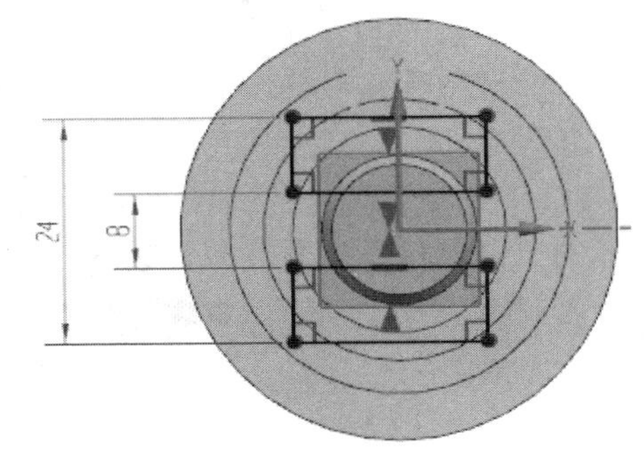

图 6-137　绘制草图 2

❸在“拉伸”的对话框中，在“限制”栏中”开始”和“结束”距离输入栏分别输入 0、30，其他采用默认设置。

❹在“拉伸”对话框中，在“布尔”的下拉列表框中选择“减去”图标。

❺在“拉伸”对话框中，单击< 确定 >按钮，创建拉伸特征，如图 6-139 所示。

图 6-138　“拉伸”对话框

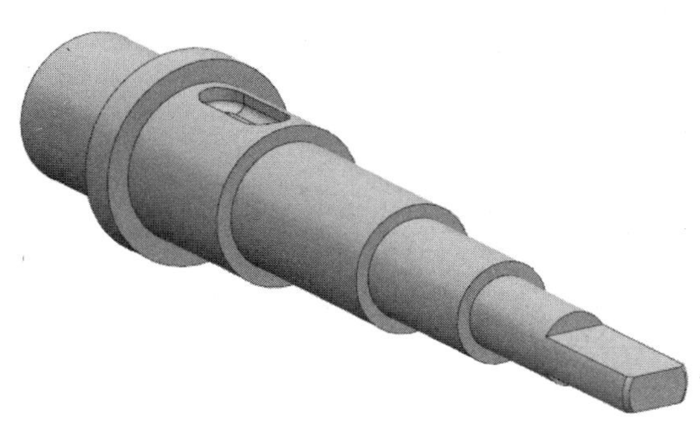

图 6-139　创建拉伸特征

13 创建燕尾槽。

❶选择“菜单(M)”→“插入(S)”→“设计特征(E)” →“键槽（原有）(L)...”，打开“槽”对话框。

❷在“槽”对话框中，选中 ◉ 燕尾槽 单选按钮，不勾选“通槽”复选框。

❸在“槽”对话框中，单击 确定 按钮，打开如图 6-140 所示的放置面选择对话框。

❹在实体中，选择放置面如图 6-141 所示。同时打开“水平参考”对话框。

❺在实体中选择被拉伸的圆柱面，系统显示长度方向，如图 6-142 所示。同时打开如图 6-143 所示的“燕尾槽”参数输入对话框。

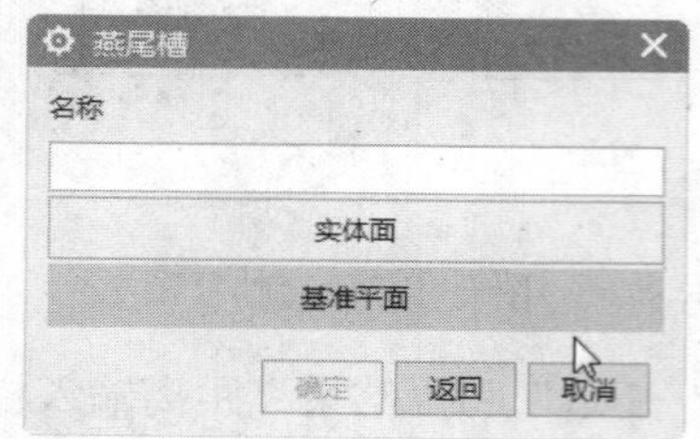

图 6-140　放置面选择对话框

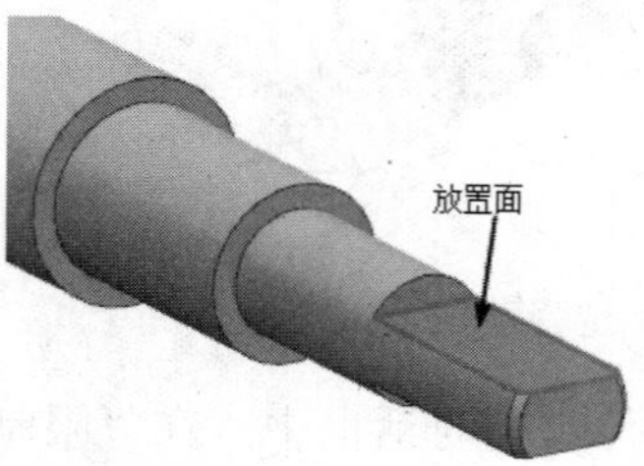

图 6-141　选择放置面

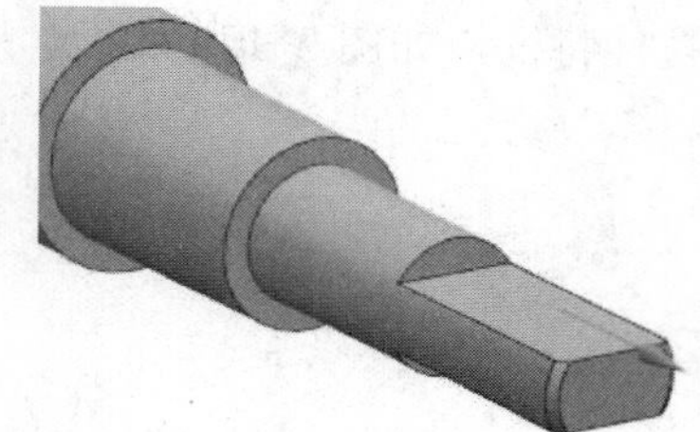

图 6-142　显示长度方向

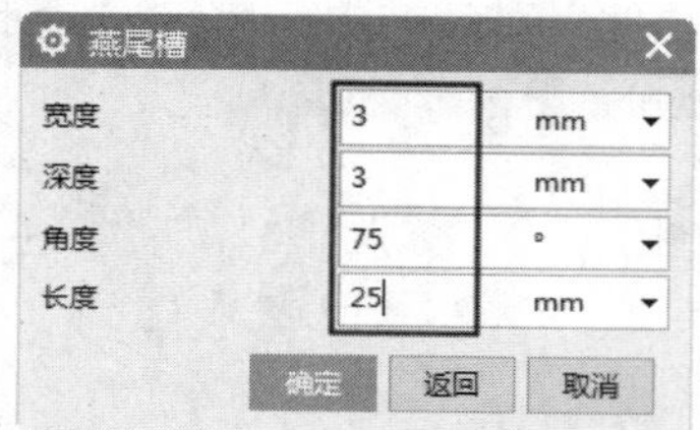

图 6-143　参数输入对话框

❻在“燕尾槽”参数输入对话框中的 “宽度”“深度”“角度”和“长度”文本框中分别输入 3、3、75、25。

❼在“燕尾槽”参数输入对话框中单击 确定 按钮，打开“定位”对话框。

❽在“定位”对话框中选取 进行定位，定位后的尺寸示意图如图 6-144 所示。

❾在“定位”对话框中，单击 确定 按钮，创建燕尾槽。

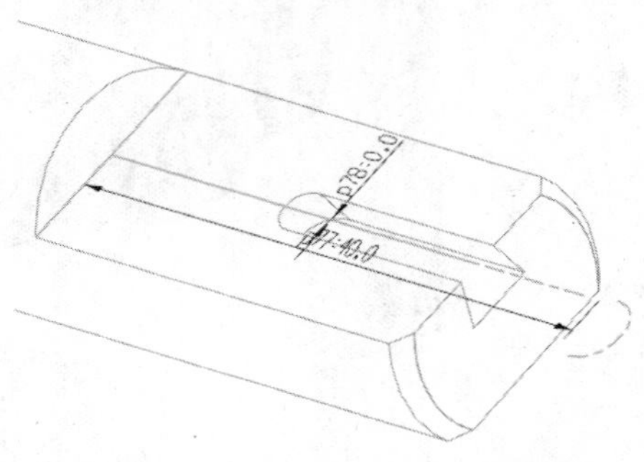

图 6-144　定位后的尺寸示意图

6.10 槽

选择“菜单(M)”→“插入(S)”→“设计特征(E)”→“槽(G)...”，或者单击“主页”选项卡“特征”面组上的“槽”按钮，打开如图 6-145 所示的“槽”对话框。

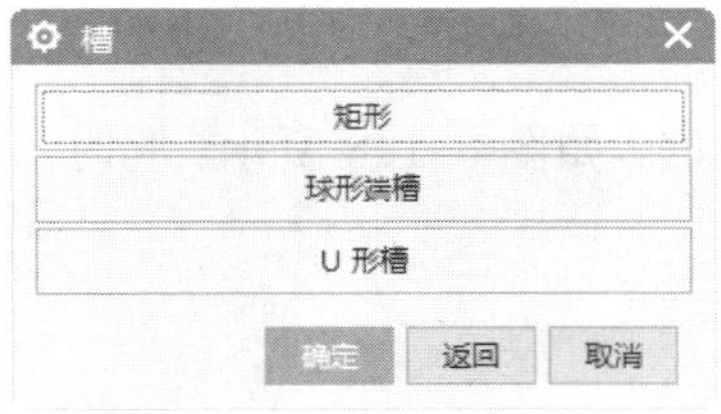

图 6-145　“槽”对话框

6.10.1　参数及其功能简介

与键槽含义相同。

6.10.2　创建步骤

1）选择槽的类型。
2）选择圆柱面或圆锥面为放置面。
3）设置槽的形状参数。
4）定位槽的位置。
5）单击 确定 按钮，创建槽。

6.10.3　实例——轴槽

创建如图 6-146 所示的轴。

图 6-146　创建的轴

01 打开文件。单击“主页”选项卡“打开”按钮，打开“打开”对话框，选择“zhou”，单击 OK 按钮，进入 UG 建模环境。

02 另存文件。选择“文件(F)”→“保存(S)”→“另存为(A)...”，打开“另存为”

对话框，输入“zhou-cao”，单击 OK 按钮，完成文件的保存。

03 创建矩形槽。

❶选择“菜单(M)”→“插入(S)”→“设计特征(E)”→“槽(G)...”，或者单击“主页”选项卡“特征”面组上的“槽”按钮，打开“槽”对话框。

❷在“槽”对话框中，单击 矩形 按钮。同时，打开如图 6-147 所示的“矩形槽”放置面选择对话框。

❸在视图区选择沟槽的放置面，如图 6-148 所示。同时，打开如图 6-149 所示的“矩形槽”参数输入对话框。

图 6-147　放置面选择对话框

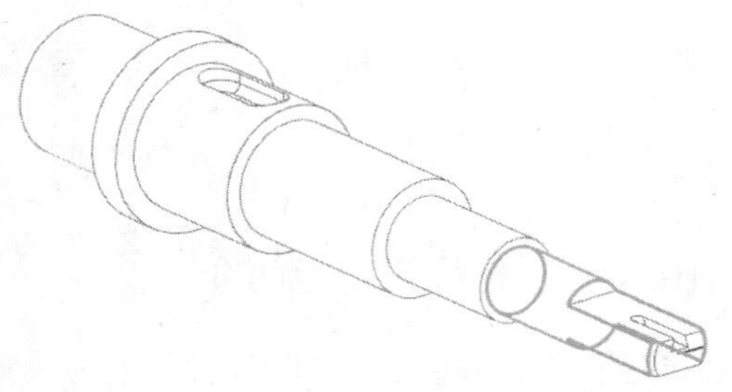
图 6-148　选择放置面

❹在“矩形槽”参数输入对话框中，在“槽直径”和“宽度”文本框中分别输入 14，3。

❺在“矩形槽”参数输入对话框中，单击 确定 按钮，打开如图 6-150 所示的“定位槽”对话框。

❻在视图区依次选择圆弧 1 和圆弧 2 为定位边缘，如图 6-151 所示。打开如图 6-152 所示的“创建表达式”对话框。

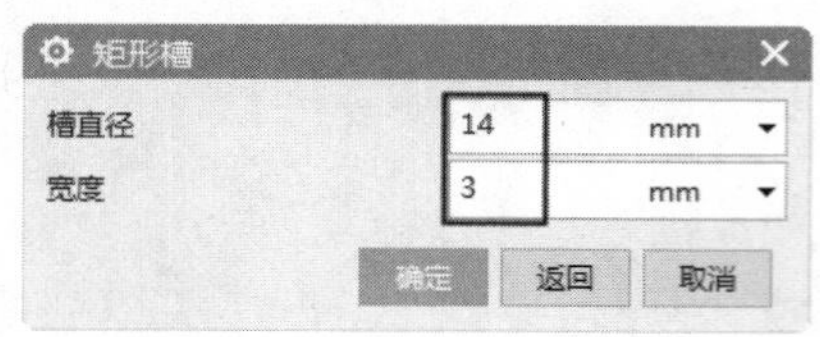

图 6-149　参数输入对话框

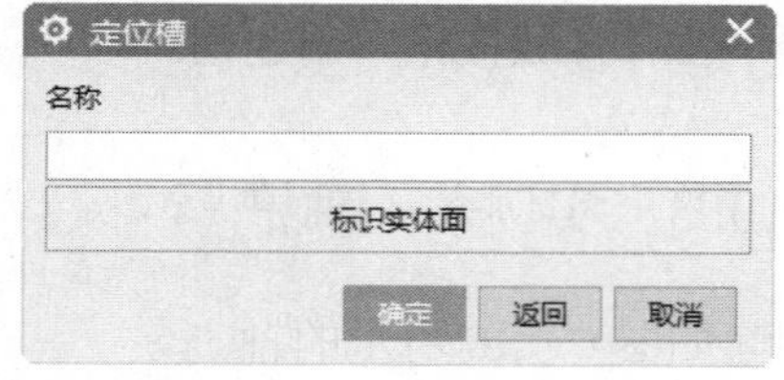

图 6-150　“定位槽”对话框

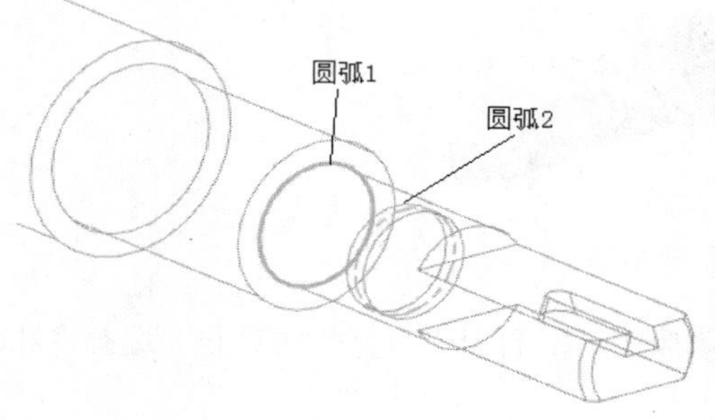

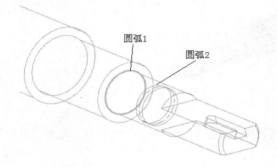

图 6-151　选择弧 1 和弧 2

图 6-152　创建表达式对话框

❼在“创建表达式”对话框中的文本框中输入 0，单击确定按钮，创建矩形槽，如图 6-153 所示。

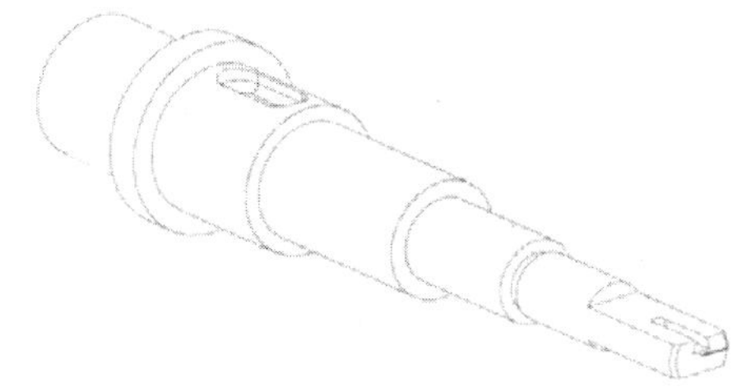

图 6-153　创建矩形槽

04 创建球形沟槽。

❶选择“菜单(M)”→“插入(S)”→“设计特征(E)”　→“槽(G)...”，或者单击“主页”选项卡“特征”面组上的“槽”按钮，打开“槽”对话框。

❷在“槽”对话框，单击 球形端槽按钮。同时，打开如图 6-154 所示的“球形端槽”放置面选择对话框。

❸在视图区选择槽的放置面，如图 6-155 所示。同时，打开如图 6-156 所示的“球形端槽”参数输入对话框。

❹在“球形端槽”参数输入对话框中，在“槽直径”和“球直径”文本框中分别输入 19、3。

❺在“球形端槽”参数输入对话框中，单击确定按钮，打开“定位槽”对话框。

图 6-154 放置面选择对话框

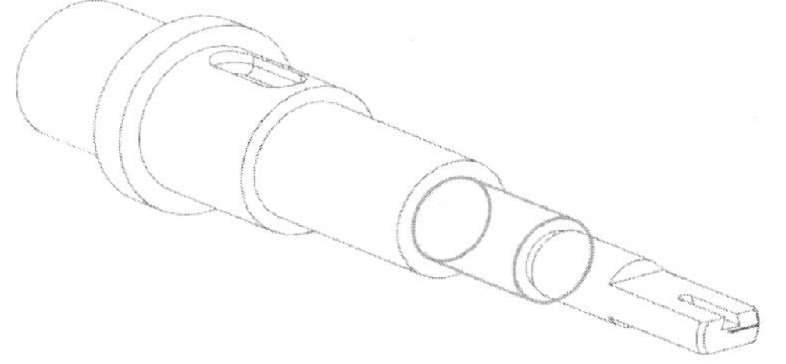

图 6-155　选择槽的放置面

❻在视图区依次选择定位边，如图 6-157 所示。打开“创建表达式”对话框。

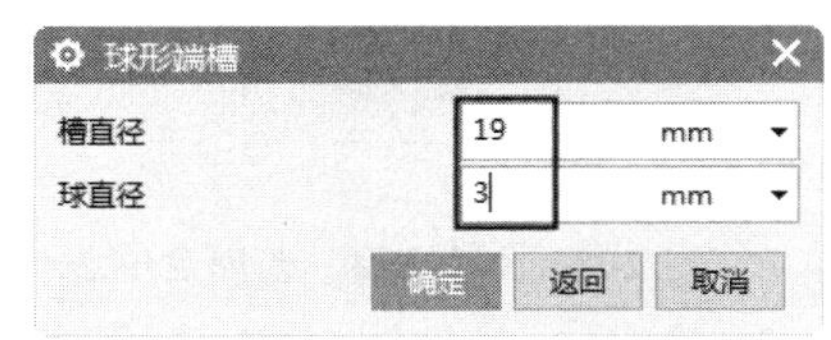

图 6-156　参数输入对话框

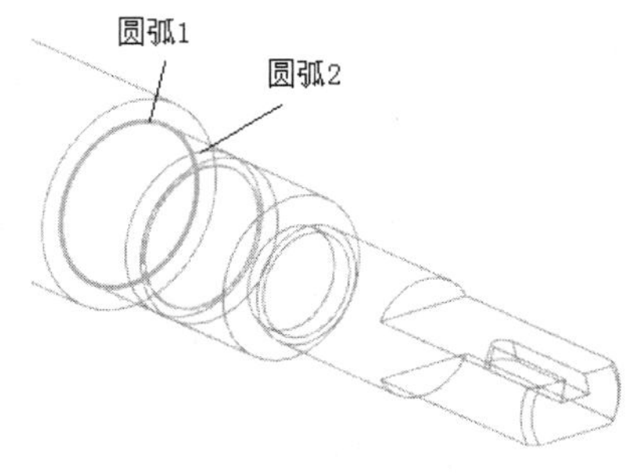

图 6-157　选择定位边

UG NX 12.0

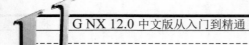

❼在“创建表达式”对话框中的文本框中输入 0，单击 确定 按钮，创建球形端槽，如图 6-158 所示。

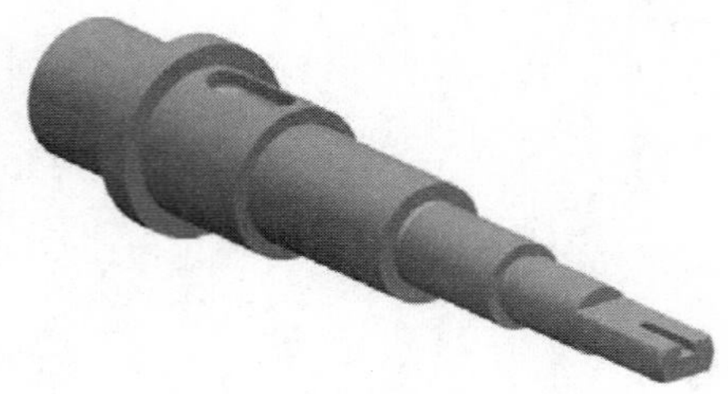

图 6-158 创建球形端槽

05 U 形沟槽。

❶选择“菜单(M)”→“插入(S)”→“设计特征(E)” →“槽(G)...”，或者单击“主页”选项卡“特征”面组上的“槽”按钮，打开“槽”对话框。

❷在“槽”对话框中选中 U 形槽 按钮。同时，打开如图 6-159 所示的“U 形槽”放置面选择对话框。

❸在视图区选择槽的放置面，如图 6-160 所示。同时，打开如图 6-161 所示的“U 形槽”参数输入对话框。

图 6-159 放置面选择对话框

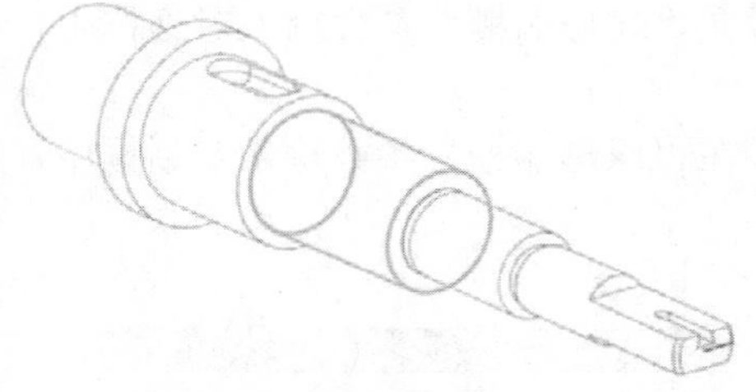

图 6-160 选择放置面

❹在“U 形槽”参数输入对话框中，在“槽直径”“宽度”和“角半径”文本框中分别输入 24、5、1.5。

❺在“U 形槽”参数输入对话框中，单击 确定 按钮，打开“定位槽”对话框。

❻在视图区依次选择定位边，如图 6-162 所示。打开“创建表达式”对话框。

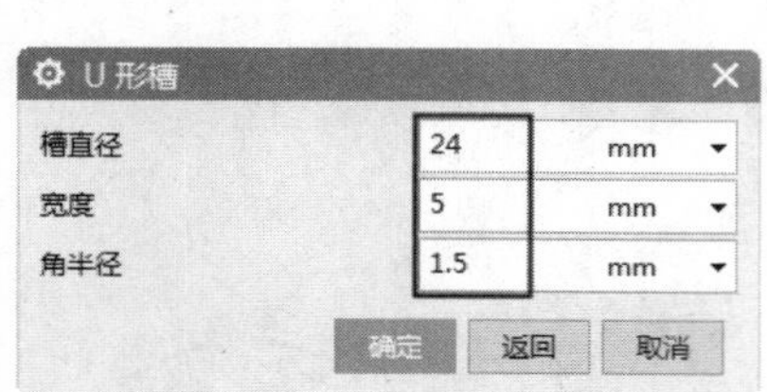

图 6-161 参数输入对话框

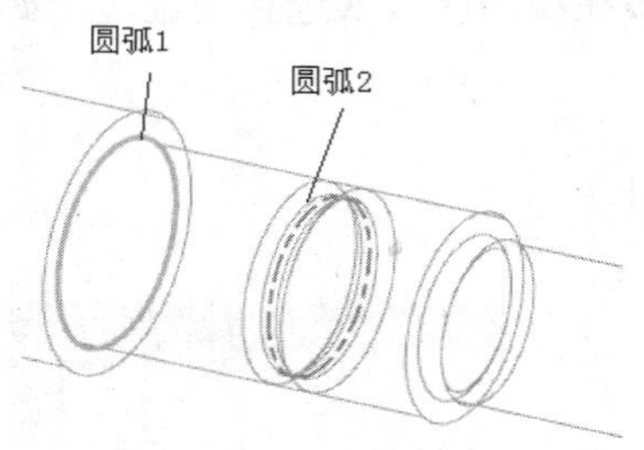

图 6-162 选择定位边

❼在“创建表达式”对话框中的文本框中输入 0，单击 确定 按钮，创建 U 形槽，如图 6-146 所示。

6.11 三角形加强筋

选择“菜单(M)”→“插入(S)”→“设计特征(E)”→“三角形加强筋（原有）(D)...”，打开如图 6-163 所示的“三角形加强筋”对话框。该对话框用于沿着两个相交面的交线创建一个三角形加强筋特征。

6.11.1 参数及其功能简介

（1）第一组：单击该图标，在视图区选择三角形加强筋的第一组放置面。

（2）第二组：单击该图标，在视图区选择三角形加强筋的第二组放置面。

（3）位置曲线：在第二组放置面的选择超过两个曲面时，该按钮被激活，用于选择两组面多条交线中的一条交线作为三角形加强筋的位置曲线。

（4）位置平面：单击该图标，用于指定与工作坐标系或绝对坐标系相关的平行平面或在视图区指定一个已存在的平面位置来定位三角形加强筋。

（5）方位平面：单击该图标，用于指定三角形加强筋的倾斜方向的平面，如图 6-164 所示。方向平面可以是已存在平面或基准平面，默认的方向平面是已选两组平面的法向平面。

（6）修剪选项：用于设置三角加强筋的裁剪方式。

（7）方法：用于设置三角加强筋的定位方法，包括“沿曲线”和“位置”定位两种方法。

1）沿曲线：用于通过两组面交线的位置来定位。可通过指定“弧长”或“弧长百分比”值来定位。

2）位置：选择该选项，则“三角形加强筋”对话框的变化如图 6-165 所示。此时可单击图标来选择定位方式。

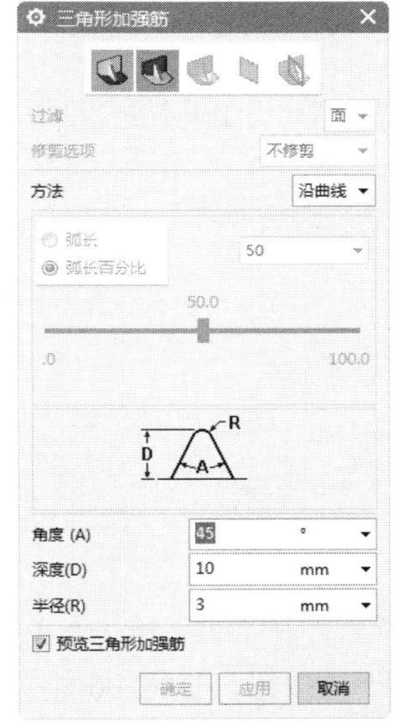

图 6-163　“三角形加强筋”对话框

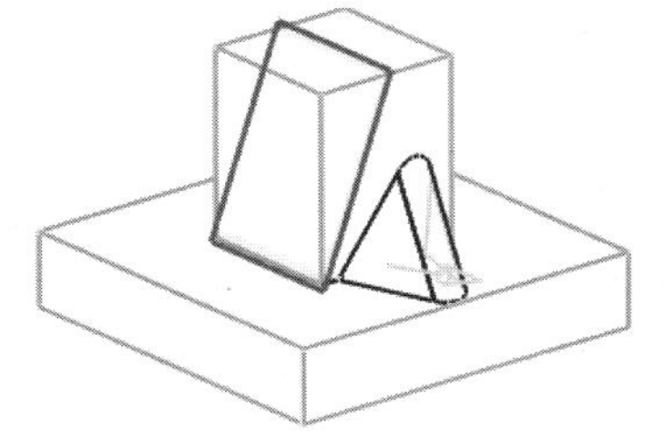

图 6-164　选择方向平面

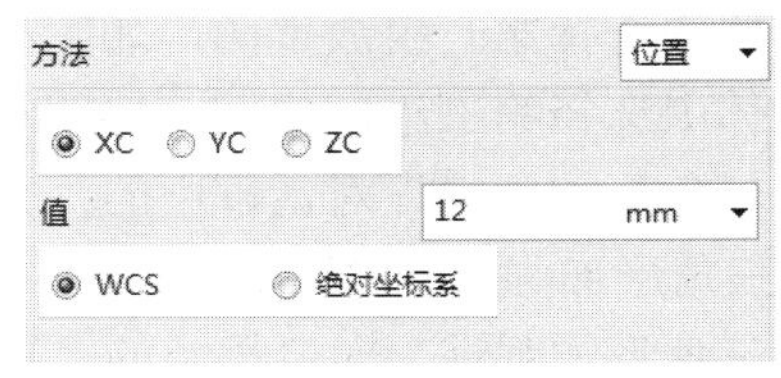

图 6-165　位置选项

UG NX 12.0

6.11.2 创建步骤

1）选择第一组放置面。

2）选择第二组放置面。

3）若需要的话，选择位置曲线。

4）选择一种定位方法，确定三角形加强筋的位置。

5）若需要的话，选择方向平面。

6）设置三角形加强筋的形状参数。

7）单击 确定 或 应用 按钮，创建三角加强筋。

6.11.3 实例——底座加筋

创建如图 6-166 所示的带有三角形加强筋的零件体。

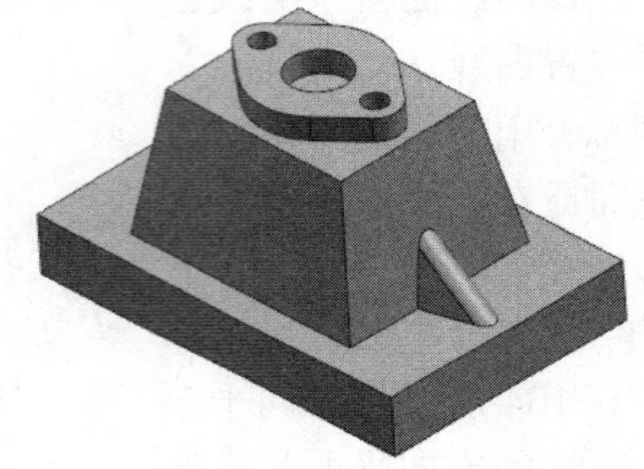

图 6-166 带有三角形加强筋的零件体

01 打开文件。单击“主页”选项卡“打开”按钮，打开“打开”对话框，输入“dizuo”，单击 OK 按钮，进入 UG 建模环境。

02 另存部件文件。选择“文件(F)”→“保存(S)”→“另存为(A)...”，打开“另存为”对话框，输入“dizuo-jin”，单击 OK 按钮，进入 UG 建模环境。

03 抑制特征。在视图区选择拉伸特征如图 6-167 所示，单击鼠标右键，在打开的快捷菜单中单击“抑制”选项，抑制该部件，抑制拉伸特征后的零件体如图 6-168 所示。

04 创建三角形加强筋。

❶选择“菜单(M)”→“插入(S)”→“设计特征(E)”→“三角形加强筋（原有）(D)...”，打开“三角形加强筋”对话框。

❷在实体中选择第一组放置面，如图 6-169 所示。

❸在实体中选择第二组放置面，如图 6-170 所示。

❹在“三角形加强筋”对话框中的“方法”下拉列表框中选择“沿曲线”。

❺在“三角形加强筋”对话框中，选中 ◉ 弧长百分比 单选按钮，并在该选项文本框中输入 50。

❻在“三角形加强筋”对话框中的“角度”“深度”和“半径”文本框中分别输入 45，10 和 3。

❼在“三角形加强筋”对话框中，单击 确定 按钮，创建三角形加强筋，如图 6-171 所示。

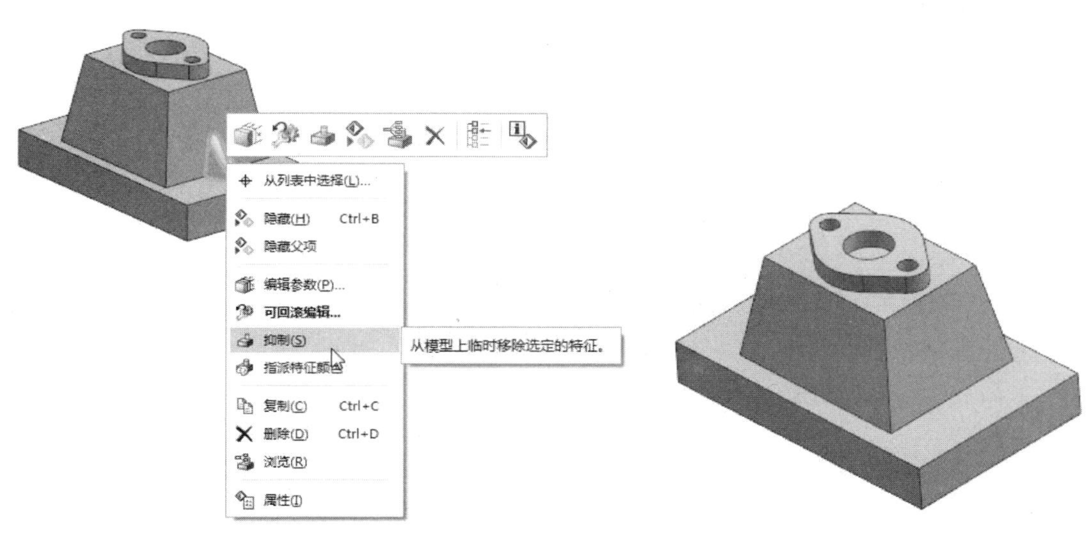

图 6-167　抑制拉伸特征　　图 6-168　抑制拉伸特征后的零件体

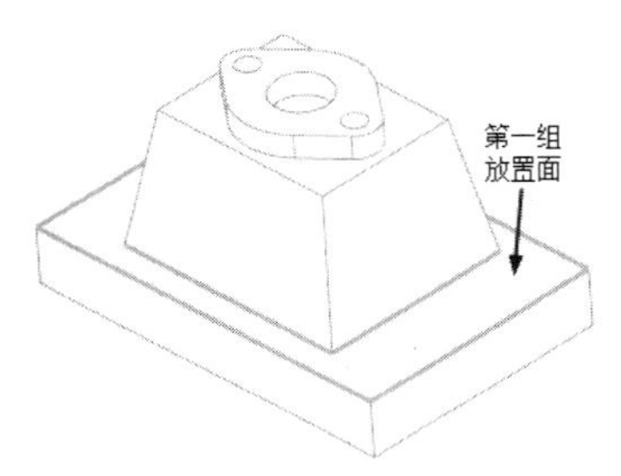

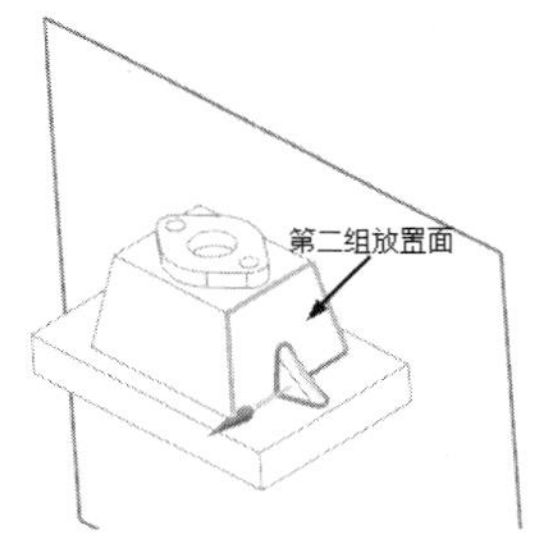

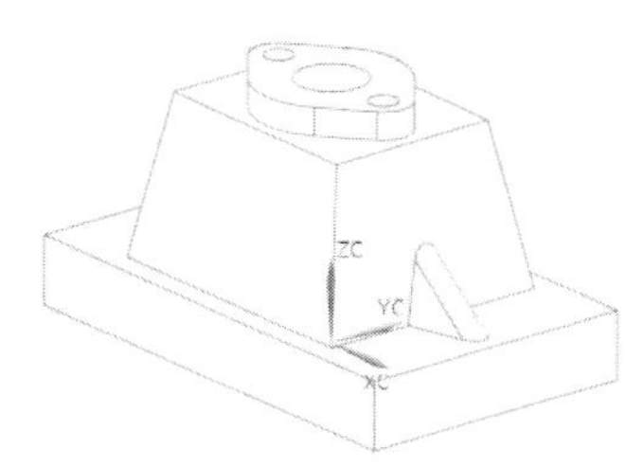

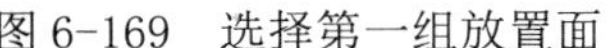

图 6-169　选择第一组放置面　　图 6-170　选择第二组放置面　　图 6-171　三角形加强筋

6.12 球形拐角

选择“菜单(M)”→“插入(S)”→“细节特征(L)”→“球形拐角(R)...”，打开如图 6-172 所示的“球形拐角”对话框。该对话框用于通过选择三个面创建一个球形角落相切曲面。三个面可以是曲面，也可不需要相互接触，生成的曲面分别与三个曲面相切。

6.12.1　参数及其功能简介

（1）壁 1：用于设置球形拐角的第一个相切曲面。
（2）壁 2：用于设置球形拐角的第二个相切曲面。
（3）壁 3：用于设置球形拐角的第三个相切曲面。
（4）半径：用于设置球形拐角的半径值。

图 6-172 “球形拐角”对话框

6.12.2 创建步骤

1）选择第一壁面。
2）选择第二壁面。
3）选择第三壁面。
4）设置球形拐角半径。
5）单击 确定 或 应用 按钮，创建球形拐角。

6.13 齿轮建模

选择“菜单(M)”→“GC 工具箱”→“齿轮建模”下拉菜单，如图 6-173 所示。选择一种创建方式，弹出“渐开线圆柱齿轮建模”对话框，如图 6-174 所示。

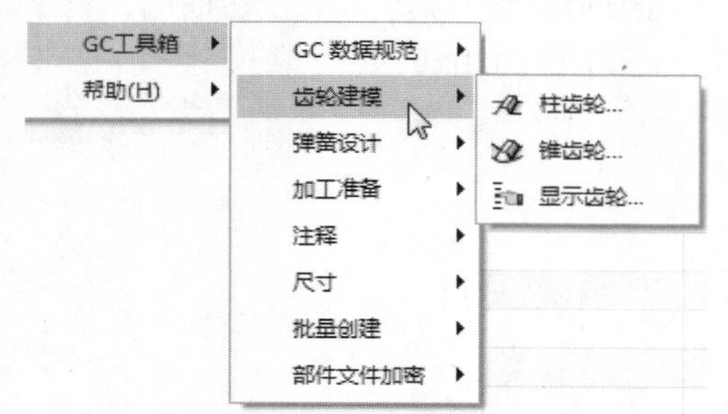

图 6-173 “齿轮建模”下拉菜单

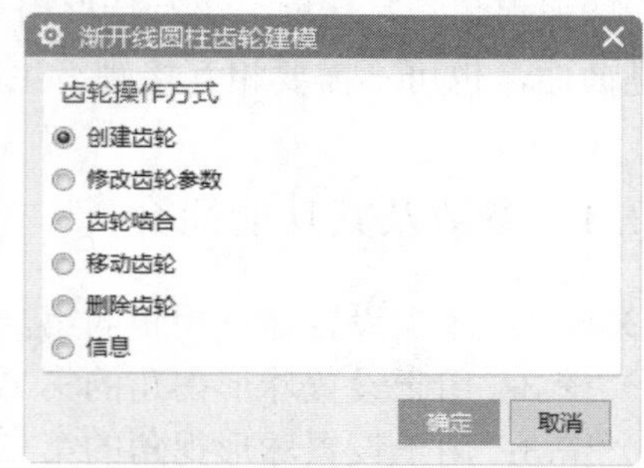

图 6-174 “渐开线圆柱齿轮建模”对话框

6.13.1　参数及其功能简介

（1）创建齿轮：创建新的齿轮。选择该选项，单击 确定 按钮，弹出如图 6-175 所示“渐开线圆柱齿轮类型”对话框。

1）直齿轮：指轮齿平行于齿轮轴线的齿轮。

2）斜齿轮：指轮齿与轴线成一角度的齿轮。

3）外啮合齿轮：指齿顶圆直径大于齿根圆直径的齿轮。

4）内啮合齿轮：指齿顶圆直径小于齿根圆直径的齿轮。

5）加工。

滚齿：用齿轮滚刀按展成法加工齿轮的齿面。

插齿：用插齿刀按展成法或成形法加工内、外齿轮或齿条等的齿面。

选择适当参数后，单击 确定 按钮，弹出如图 6-176 所示的“渐开线圆柱齿轮参数”对话框。

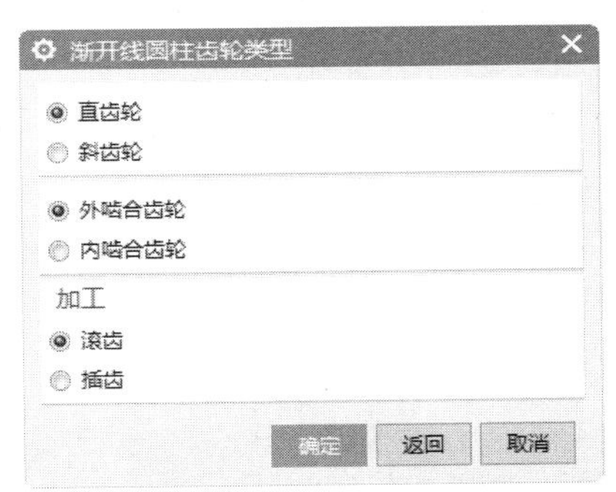

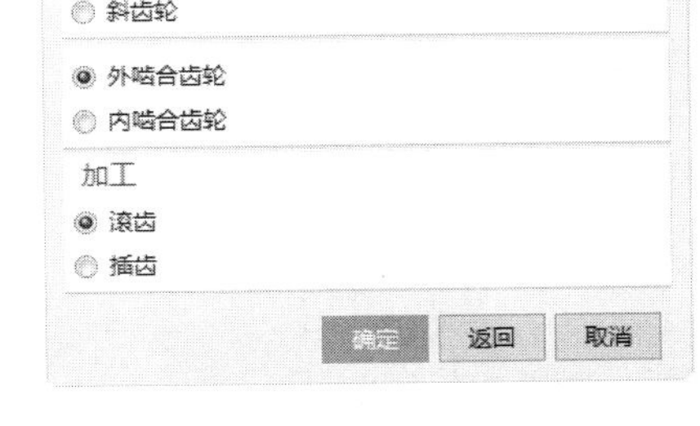

图 6-175　“渐开线圆柱齿轮类型”对话框

图 6-176　“渐开线圆柱齿轮参数”对话框

变位齿轮：选择此选项卡，如图 6-177 所示。改变刀具和齿坯的相对位置来切制的齿轮为变位齿轮。

（2）修改齿轮参数：选择此选项，单击 确定 按钮，弹出“选择齿轮进行操作”对话框，选择要修改的齿轮，在“渐开线圆柱齿轮参数”对话框中修改齿轮参数。

（3）齿轮啮合：选择此选项，单击 确定 按钮，弹出如图 6-178 所示的“选择齿轮啮合”对话框，选择要啮合的齿轮，分别设置为主动齿轮和从动齿轮。

（4）移动齿轮：选择要移动的齿轮，将其移动到适当位置。

（5）删除齿轮：删除视图中不要的齿轮。

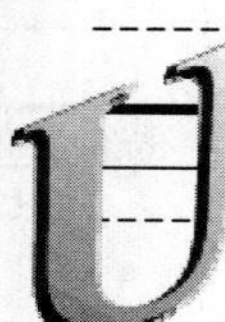

（6）信息：显示选择的齿轮的信息。

图 6-177 “渐开线圆柱齿轮参数”对话框

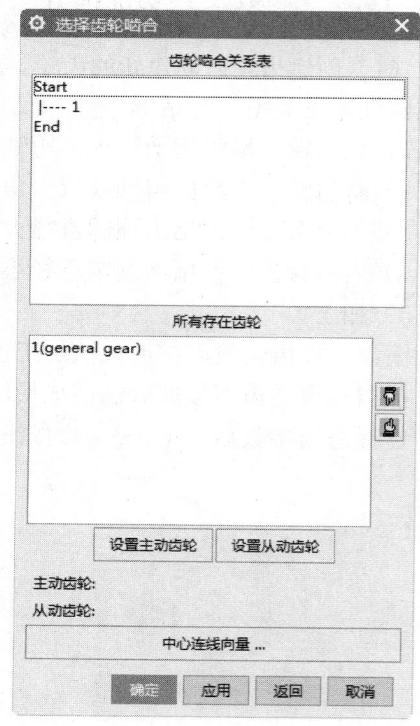

图 6-178 “选择齿轮啮合”对话框

6.13.2 创建步骤

1）选择齿轮的操作方式，单击确定按钮。
2）选择齿轮类型，单击确定按钮。
3）设置齿轮参数，单击确定按钮，创建齿轮。

6.14 弹簧设计

选择“菜单(M)”→“GC 工具箱”→“弹簧设计”下拉菜单，如图 6-179 所示。选择一种创建方式弹出弹簧的创建步骤对话框，如图 6-180 所示。

6.14.1 参数及其功能简介

（1）类型：在对话框中选择类型和创建方式。
（2）输入参数：输入弹簧的各个参数，如图 6-181 所示。
（3）显示结果：显示设计好的弹簧各个参数。

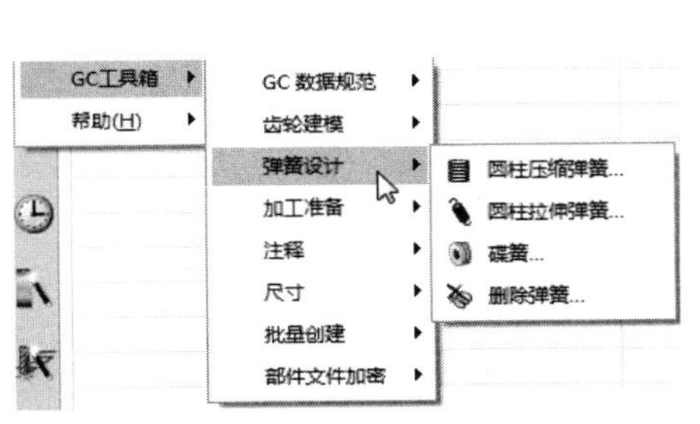

图 6-179　“弹簧设计”下拉菜单

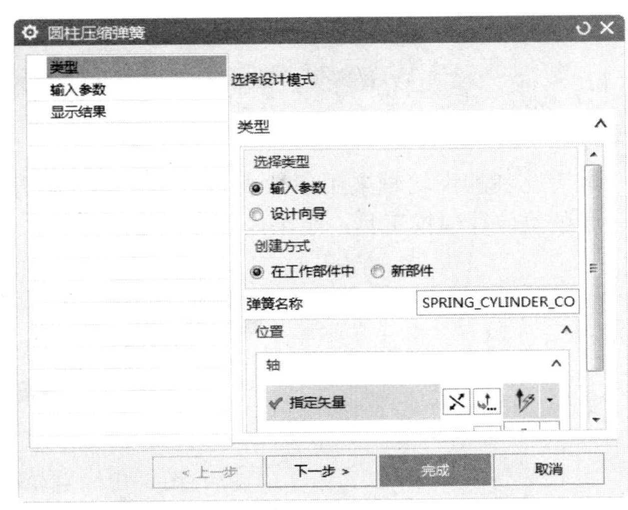

图 6-180　“圆柱压缩弹簧”对话框

6.14.2　创建步骤

1）选择弹簧的类型和创建方式，单击 下一步 > 按钮或直接单击“输入参数”。

2）设置弹簧的旋向以及各个参数，单击 下一步 > 按钮。

3）单击 完成 按钮，创建弹簧。

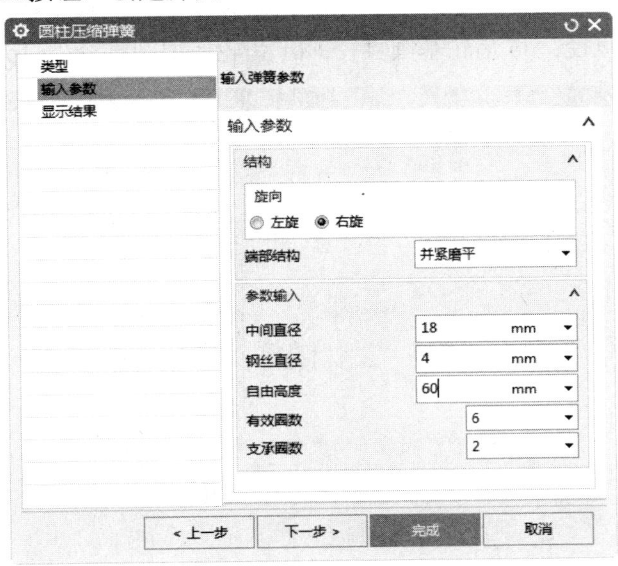

图 6-181　“圆柱压缩弹簧”对话框

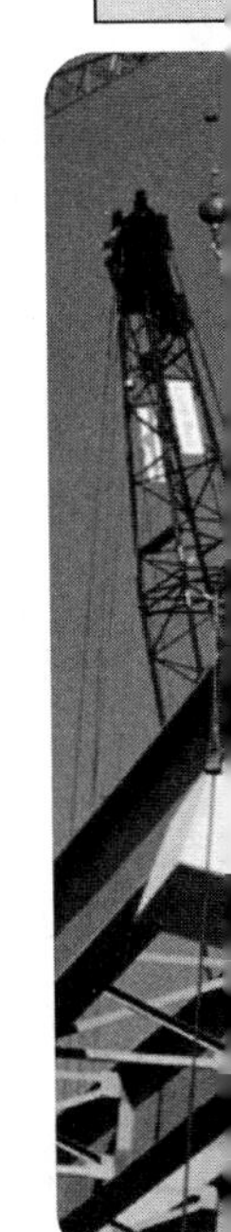

6.15 综合实例——齿轮轴

本节绘制的齿轮轴采用参数表达式形式建立渐开线曲线，然后通过曲线操作生成齿形轮廓，通过拉伸等建模工具，结果如图 6-182 所示。

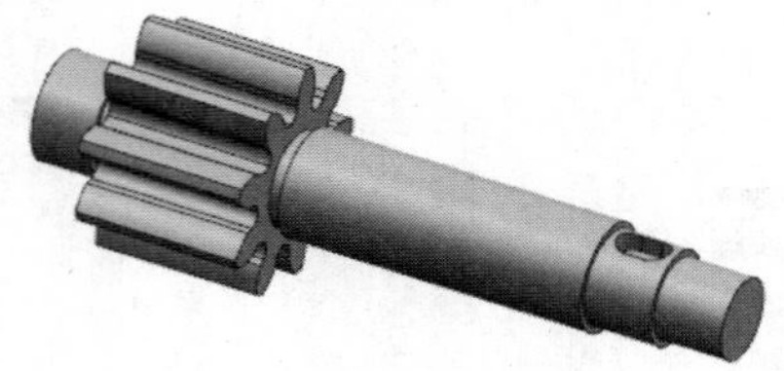

图 6-182　齿轮轴

01 新建文件。单击“主页”选项卡“新建”按钮，打开“新建”对话框，在模板中选择“模型”，在名称中输入“chilunzhou”，单击确定按钮，进入 UG 建模环境。

02 建立参数表达式。选择“菜单(M)”→“工具（T)”→“表达式（X)”，或单击“工具”选项卡“实用工具”面组上的“表达式”按钮，打开“表达式”对话框如图 6-183 所示，在名称和公式项分别输入 m,3，单击应用按钮。同上依次输入 z,9；alpha,20；t,0；qita,90*t；pi,3.1415926；da,(z+2)*m；db,m*z*cos(alpha)；df,(z-2.5)*m；s,pi*db*t/4；xt,db*cos(qita)/2+s*sin(qita);yt,db*sin(qita)/2-s*cos(qita);zt,0;

上述表达式中：m 表示齿轮的模数；z 表示齿轮齿数；t 是系统内部变量，在 0 和 1 之间自动变化；da 齿轮齿顶圆直径；db 齿轮基圆直径；df 齿轮齿根圆直径；alpha 齿轮压力角。

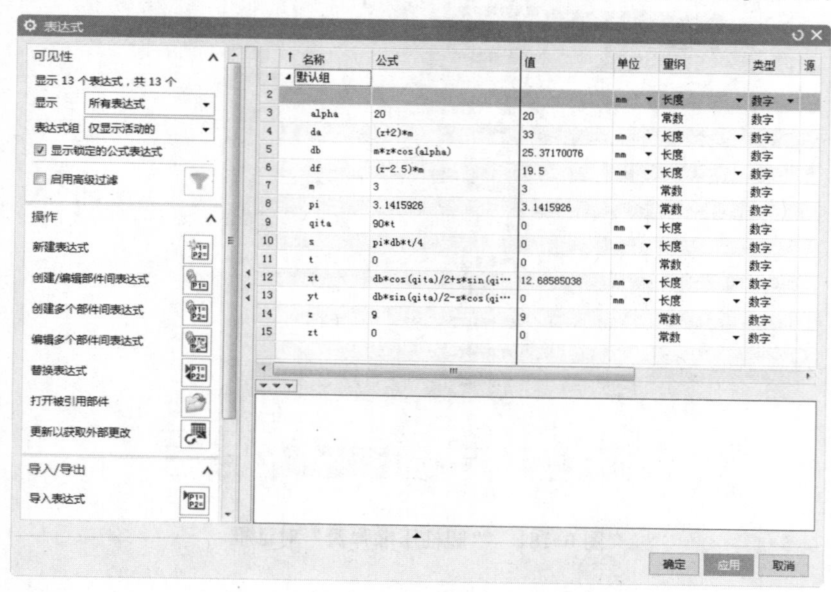

图 6-183　“表达式”对话框

03 创建渐开线曲线。

❶选择"菜单(M)"→"插入(S)"→"曲线(C)"→"规律曲线(W)"，或单击"曲线"选项卡"曲线"面组上的"规律曲线"按钮，打开如图6-184所示"规律曲线"对话框。

❷在"规律曲线"对话框中，选择规律类型为"根据方程"。

❸按系统默认参数，单击<确定>按钮，生成渐开线曲线如图6-185所示。

04 创建齿顶圆、齿根圆、分度圆和基圆曲线。

❶选择"菜单(M)"→"插入(S)"→"曲线(C)"→"基本曲线(原有)(B)..."，打开"基本曲线"对话框。

❷在"基本曲线"对话框中单击○图标，在"点方法"下拉列表中选择"点构造器"图标。

❸打开"点"对话框，在对话框中输入圆心坐标为(0，0，0)，分别绘制半径为16.5、9.75、13.5、12.7的4个圆弧曲线。

05 创建直线。

❶选择"菜单(M)"→"插入(S)"→"曲线(C)"→"基本曲线(原有)(B)..."，打开"基本曲线"对话框。

❷单击对话框中"直线"，在点方法下拉菜单中分别选择"象限点"和"交点"，依次选择图6-186所示齿根圆和交点，完成直线1的创建。

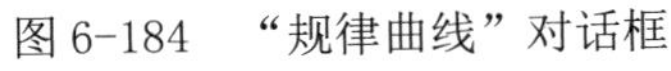
图6-184　"规律曲线"对话框

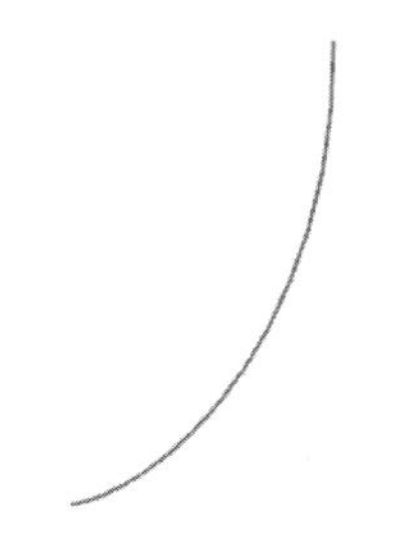
图6-185　渐开线

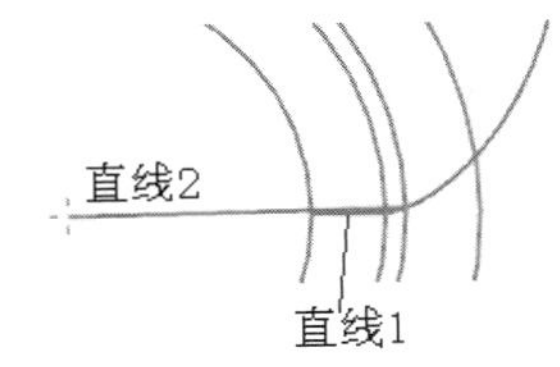

图6-186　曲线

❸选择坐标原点以及圆弧和分度圆的交点，绘制直线2，单击取消按钮，关闭对话框，生成曲线模型如图6-186所示。

06 裁剪曲线。

❶选择"菜单(M)"→"编辑(E)"→"曲线(V)"→"修剪(T)"，或单击"曲线"选项

卡“编辑曲线”面组上的“修剪”按钮，打开“修剪曲线”对话框，如图 6-187 所示。

❷在“修剪曲线”对话框中设置各选项。

❸选择渐开线为要修剪的曲线，选择齿根圆为边界对象 1，生成曲线如图 6-188 所示。

❹同上，修剪渐开线，保留渐开线在齿顶圆和齿根圆的部分，如图 6-188 所示。

07 旋转复制曲线。

❶选择“菜单(M)”→“编辑（E)”→“移动对象(O)”，或单击“工具”选项卡“实用程序”面组上的“移动对象”按钮，打开“移动对象”对话框，如图 6-189 所示。

❷在屏幕中选择直线 2，在“运动”下拉列表中选择“角度”选项。

❸在“指定矢量”下拉列表中单击“ZC 轴”按钮，轴点为原点。

❹在“角度”文本框中输入 10，在“结果”面板中点选“复制原先的”单选按钮，设置“非关联副本数”为 1。

❺单击<确定>按钮，生成如图 6-190 所示曲线。

08 镜像曲线。

❶选择“菜单(M)”→“编辑（E)”→“变换(M)”，打开“变换”对话框，如图 6-191 所示。

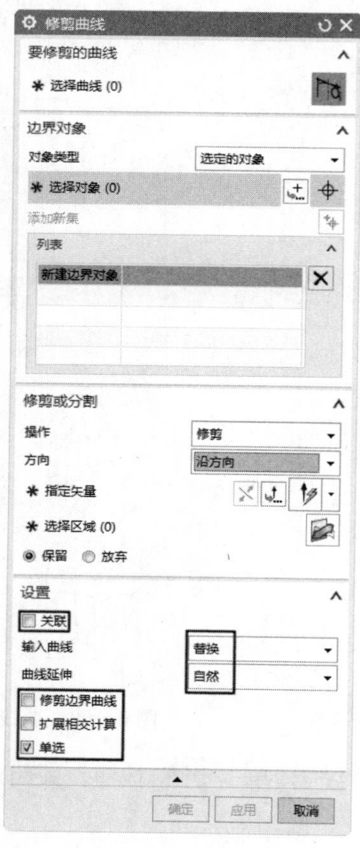

图 6-187 “修剪曲线”对话框

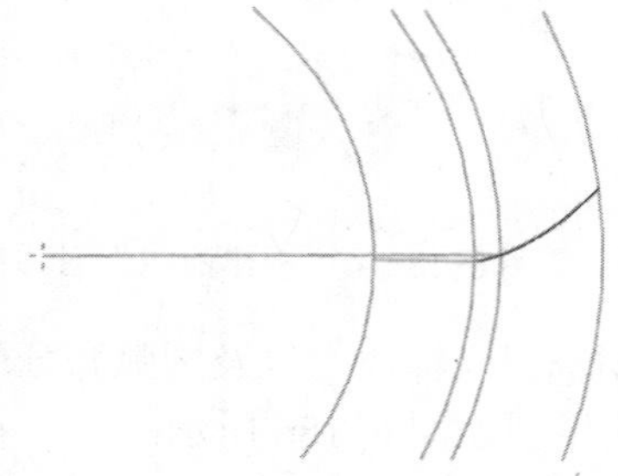

图 6-188 修剪曲线

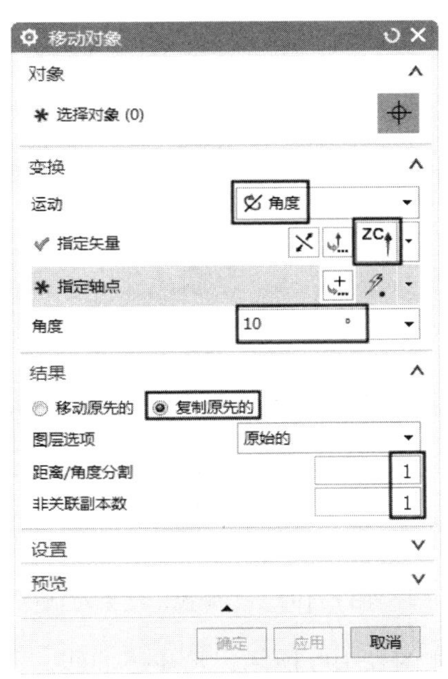

图 6-189　“移动对象”对话框

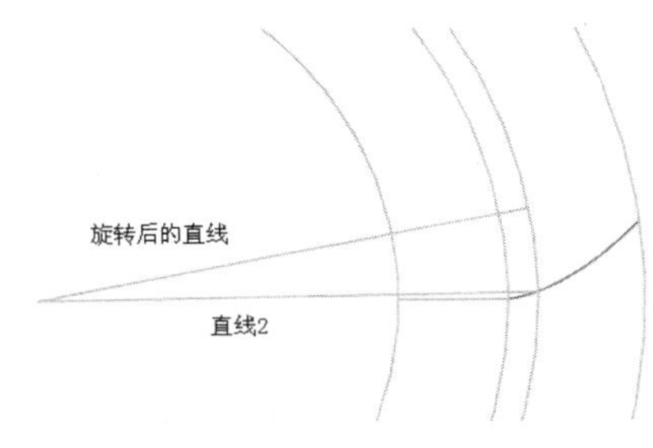

图 6-190　曲线

❷在屏幕中选择直线 1 和渐开线，单击 确定 按钮，进入“变换”对话框，单击 通过一直线镜像 按钮，如图 6-192 所示。

❸打开“变换”直线创建方式对话框，如图 6-193 所示，单击 现有的直线 按钮，根据系统提示选择镜像线。

图 6-191　“变换”对话框

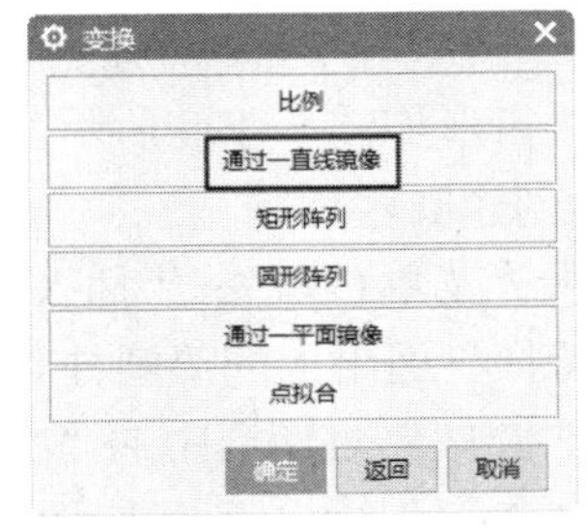

图 6-192　“变换”类型对话框

❹打开“变换”结果对话框，如图 6-194 所示。单击 复制 按钮，完成镜像操作。生成曲线

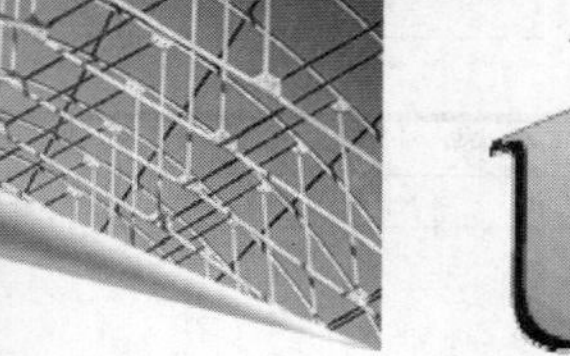
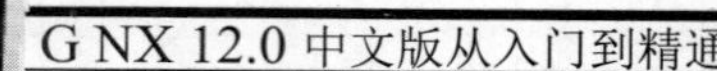

如图 6-195 所示。

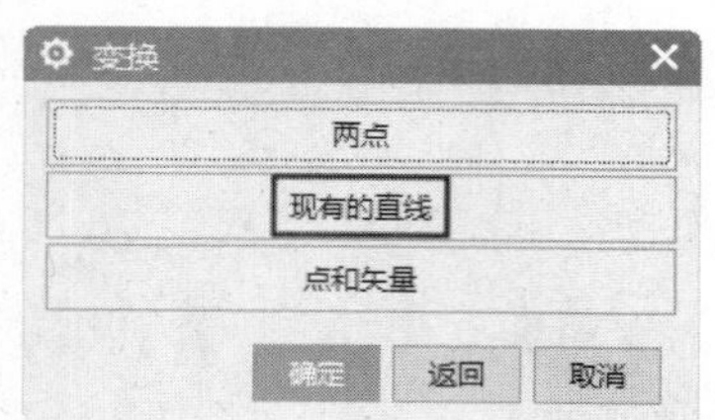

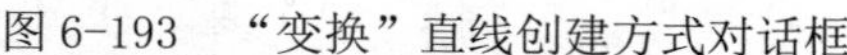
图 6-193 “变换”直线创建方式对话框

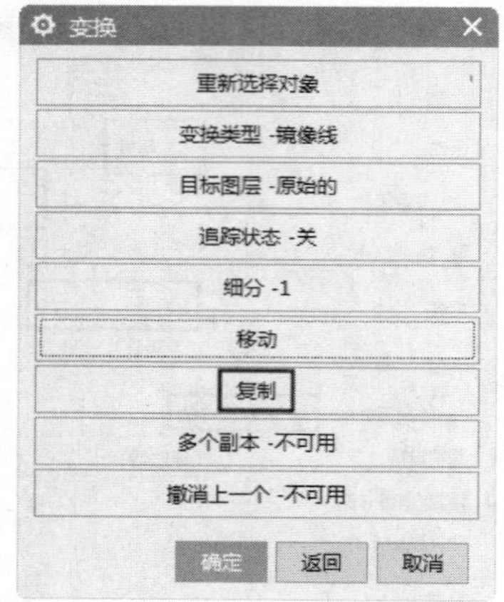

图 6-194 “变换”结果对话框

09 同步骤 **06** 。删除并修剪曲线，生成如图 6-196 所示齿形轮廓曲线。

10 创建拉伸。

❶选择“菜单（M）”→“插入(S)”→“设计特征(E)” →“拉伸(X)...”，或者单击“主页”选项卡“特征”面组上的“拉伸”按钮，打开如图 6-197 所示的“拉伸”对话框，选择曲线。

❷在“指定矢量”下拉列表中选择 ZC 轴为拉伸方向。

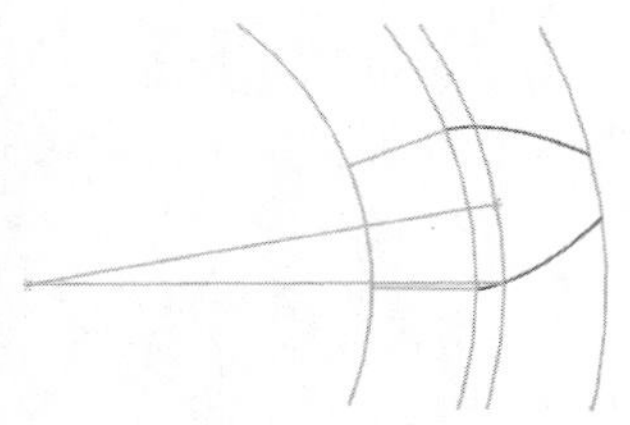
图 6-195 曲线

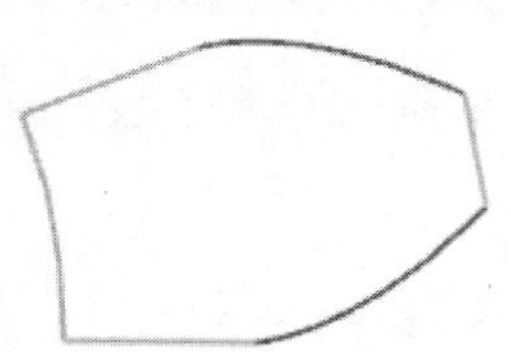
图 6-196 曲线

❸在“限制”选项中“开始”和“结束”距离中输入 0，24。单击<确定>按钮，完成拉伸操作，创建齿形如图 6-198 所示。

11 创建圆柱体。

❶选择“菜单(M)”→“插入(S)”→“设计特征(E)”→“圆柱(C)...”，或者单击“主页”选项卡“特征”面组上的“圆柱”按钮，打开如图 6-199 所示的“圆柱”对话框。

❷在“圆柱”对话框中的“类型”下拉列表中选择“轴、直径和高度”类型。

❸在“指定矢量”下拉列表中选择 ZC 轴为圆柱的创建方向。

❹在直径和高度文本框中分别输入 19.5,24，单击确定按钮，以原点为中心生成圆柱体，如图 6-200 所示。

图 6-197　“拉伸”对话框

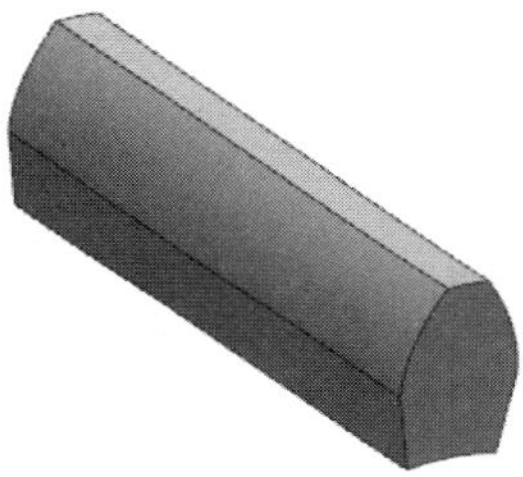

图 6-198　齿形

12 变换操作。

❶选择“菜单(M)”→“编辑（E)”→“移动对象(O)”，或单击“工具”选项卡“实用程序”面组上的“移动对象”按钮，打开“移动对象”对话框。

图 6-199　“圆柱”对话框

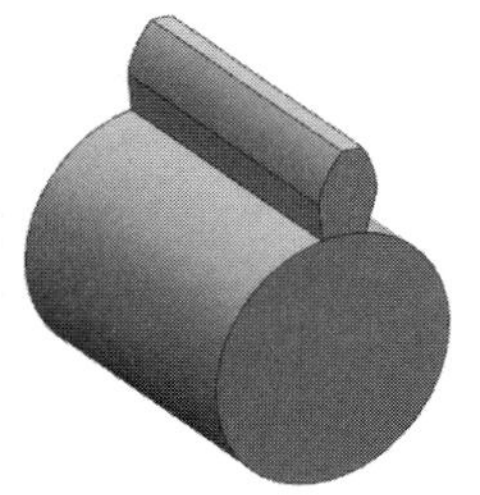

图 6-200　圆柱体

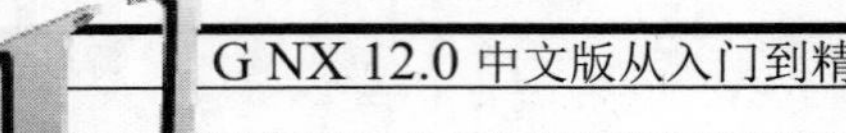

❷在屏幕中选择齿形实体，在“运动”下拉列表中选择“角度”选项。

❸选择“指定矢量”为“ZC 轴”，轴点为原点。

❹在“角度”文本框中输入 40，在“结果”面板中点选“复制原先的”单选按钮，设置“非关联副本数”为 8，如图 6-201 所示。

❺在“移动对象”对话框中单击<确定>按钮，生成如图 6-202 所示模型。

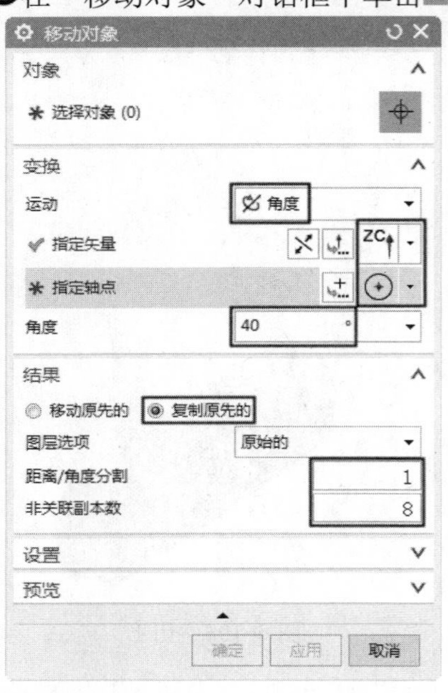

图 6-201 “移动对象”对话框

图 6-202 齿轮

(13) 合并。

❶选择“菜单(M)”→“插入(S)”→“组合(B)”→“合并(U)...”或单击“主页”选项卡“特征”面组上的“合并”按钮，打开“合并”对话框。

❷将齿和圆柱体进行合并操作。

(14) 边倒圆。

❶选择“菜单(M)”→“插入(S)”→“细节特征(L)”→“边倒圆(E)...”，单击“主页”选项卡“特征”面组上的“边倒圆”按钮，打开“边倒圆”对话框。

❷在对话框中的“半径 1”文本框中输入 1，为齿根圆和齿接触线倒圆。

(15) 创建凸台。

❶选择“菜单(M)”→“插入(S)”→“设计特征(E)”→“凸台(原有)(B)...”，打开图 6-203 所示“支管”对话框。

❷在“支管”对话框中的直径，高度和锥角文本框中输入 14，2，0。

❸按系统提示选择齿轮上端面为放置面，单击确定按钮，生成一凸台并打开“定位”对话框。

❹在对话框中单击“点到点”图标，打开“点落在点上”对话框。按系统提示选择圆柱体圆弧边为目标对象。

❺打开“设置圆弧的位置”对话框。单击圆弧中心按钮，生成的凸台1定位于上端面中心。

❻同上步骤在凸台1的上端面中心创建直径，高度和锥角分别为16，9，0的凸台2，生成模型如图6-204所示。

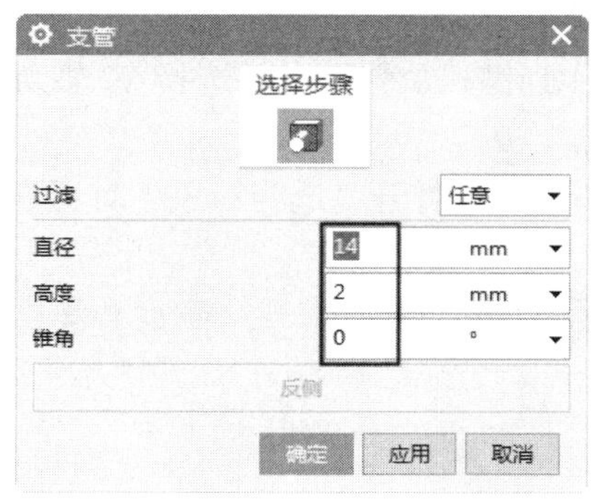

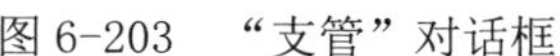

图6-203　“支管”对话框

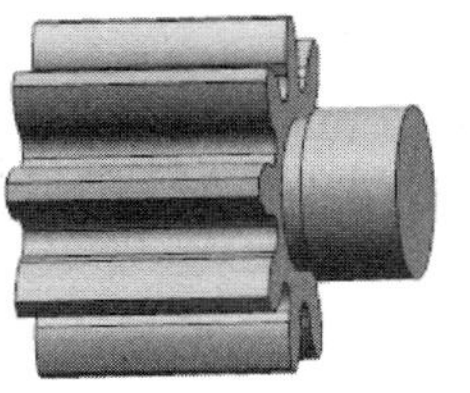

图6-204　创建凸台

16 创建凸台。

❶选择“菜单(M)”→“插入(S)”→“设计特征(E)”→“凸台（原有）(B)...”，打开“支管”对话框。

❷在“支管”对话框中的直径、高度和锥角文本框中输入14，2，0。

❸按系统提示选择齿轮下端面为放置面，单击确定按钮，生成一凸台。

❹打开“定位”对话框，在对话框中单击“点到点”图标，打开“点落在点上”对话框。按系统提示选择圆柱体圆弧边为目标对象.

❺打开“设置圆弧的位置”对话框。单击圆弧中心按钮，生成的圆台3定位于下端面中心。

❻同上步骤分别创建直径、高度和锥角分别为（16，45，0），（14，10，0），（12，10，0）的圆台4，5和6，创建模型如图6-205所示。

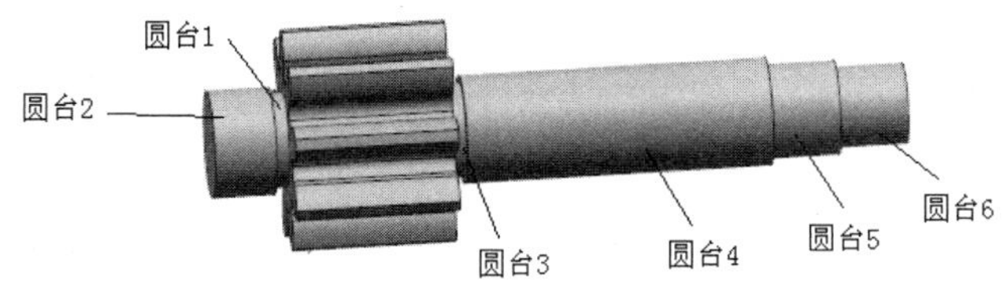

图6-205　创建凸台

17 创建基准平面。

❶选择“菜单(M)”→“插入(S)”→“基准/点(D)”→“基准平面(D)...”或单击“主页”选项卡“特征”面组上的“基准平面”按钮，打开“基准平面”对话框。

❷选择“XC-YC平面”类型，单击应用按钮，完成基本基准平面1的创建。

❸同上分别选择“XC-ZC平面”类型，单击应用按钮，完成基准平面2的创建。

❹选择“YC-ZC平面”类型，单击应用按钮，完成基准平面3的创建，并创建与“YC-ZC平面”平行且相距7的基准面4。

18 创建键槽。

❶选择“菜单(M)”→“插入(S)”→“设计特征(E)” →“键槽（原有）(L)...”，打开如图 6-206 所示的“槽”对话框。

❷在图 6-206 所示的对话框中，选择◉ 矩形槽单选按钮，单击确定按钮。

❸打开“槽”放置面对话框，选择基准平面 4 为键槽放置面，并选择 XC 轴负方向为键槽创建方向，单击确定按钮。

❹打开“水平参考”对话框，单击“实体面”按钮，打开“选择对象”对话框，绘图区选择圆台 5。

❺打开“矩形槽”参数对话框如图 6-207 所示，在对话框中长度、宽度和深度的文本框中输入 8、5、3，单击确定按钮。

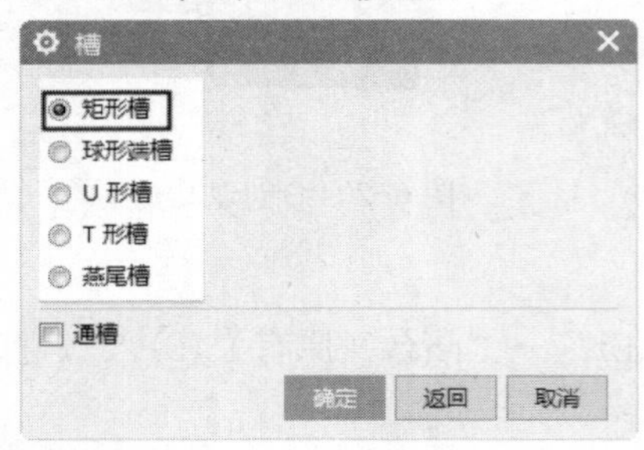

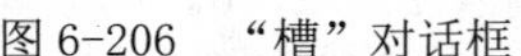
图 6-206 “槽”对话框

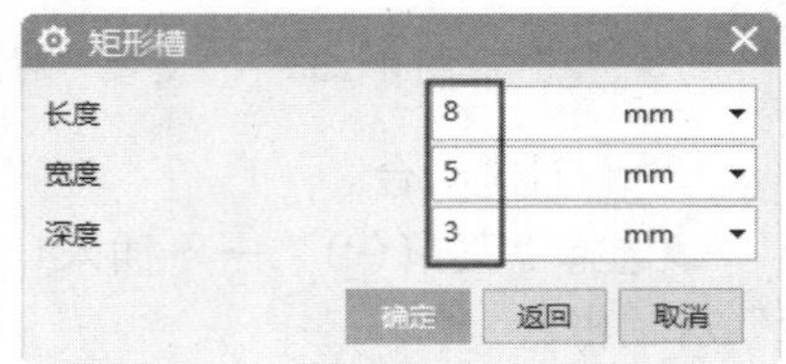

图 6-207 “矩形槽”参数对话框

❻打开“定位”对话框，选择“竖直”定位方式，按系统提示选择“XC-YC”基准平面为目标边，选择键槽短中心线为工具边，打开创建表达式对话框，输入 76，单击应用按钮。

❼按系统提示选择“YC-ZC”基准平面为目标边，选择键槽长中心线为工具边，打开“创建表达式”对话框，输入 0，完成垂直定位，单击确定按钮。完成矩形键槽的创建。生成如图 6-182 所示的实体。

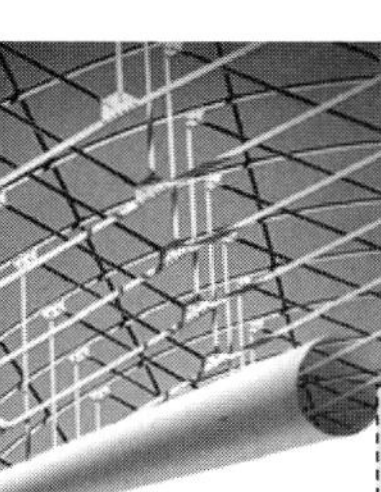

第 7 章

特征操作

特征操作是在特征建模基础上增加一些细节的表现，也就是在毛坯的基础上进行详细设计的操作。

重点与难点

- 布尔运算
- 拔模、边倒圆、倒斜角、面倒圆、软倒圆、螺纹、抽壳
- 实例特征
- 镜像特征

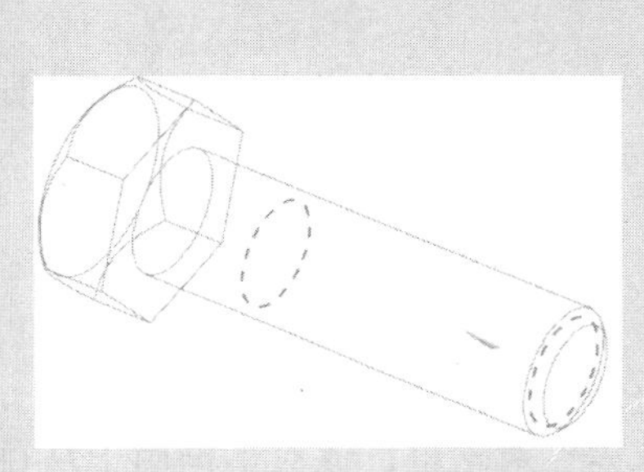

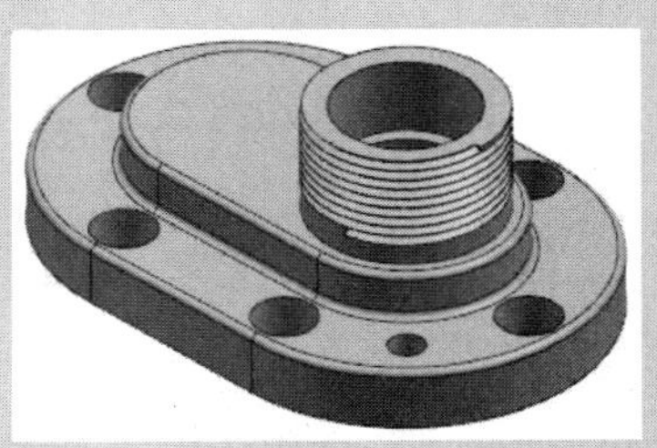

7.1 布尔运算

零件模型通常由单个实体组成，但在 UG NX12.0 建模过程中，实体通常是由多个实体或特征组合而成的，于是要求把多个实体或特征组合成一个实体，这个操作称为布尔运算（或布尔操作）。

布尔运算在实际建模过程中用得比较多，但一般情况下是系统自动完成或自动提示用户选择合适的布尔运算。布尔运算也可独立操作。

7.1.1 合并

选择“菜单(M)”→“插入(S)”→“组合(B)”→“合并(U)...”或者单击“主页”选项卡“特征”面组上的“合并”按钮，打开如图 7-1 所示的“合并”对话框。该对话框用于将两个或多个实体的体积组合在一起构成单个实体，其公共部分完全合并到一起。

（1）目标选择体：进行布尔运算“合并”时第一个选择的体对象，运算的结果将加在目标体上，并修改目标体。同一次布尔运算中，目标体只能有一个。布尔运算的结果体类型与目标体的类型一致。

（2）刀具选择体：进行布尔运算时第二个选择的体对象，这些对象将加在目标体上，并构成目标体的一部分。同一次布尔运算中，工具体可有多个。

（3）定义区域：勾选此复选框，构造并允许选择要保留或移除的体区域。

布尔“合并”的实例示意图如图 7-2 所示。

图7-1 “合并”对话框

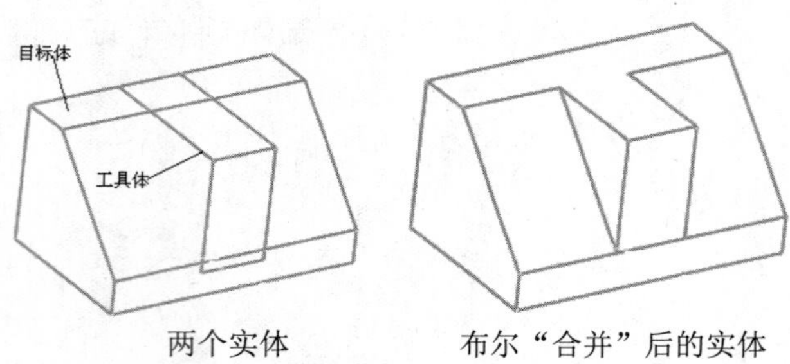

图7-2 布尔“合并”的实例示意图

需要注意的是：可以将实体和实体进行合并运算，也可以将片体和片体进行合并运算（具有近似公共边缘线），但不能将片体和实体、实体和片体进行合并运算。

7.1.2 求差

选择“菜单(M)”→“插入(S)”→“组合(B)”→“减去(S)...”或者单击“主页”选项卡“特征”面组上的“减去”按钮，打开如图 7-3 所示的“求差”对话框。该对话框用于从目标体中减去一个或多个工具体的体积，即将目标体中与工具体公共的部分去掉。其实例示意图如图 7-4 所示。

需要注意的是：

1）若目标体和工具体不相交或相接，在运算结果保持为目标体不变。

2）实体与实体、片体与实体、实体与片体之间都可进行求差运算，但片体与片体之间不能进行求差运算。实体与片体的差，其结果为非参数化实体。

图7-3　“求差”对话框

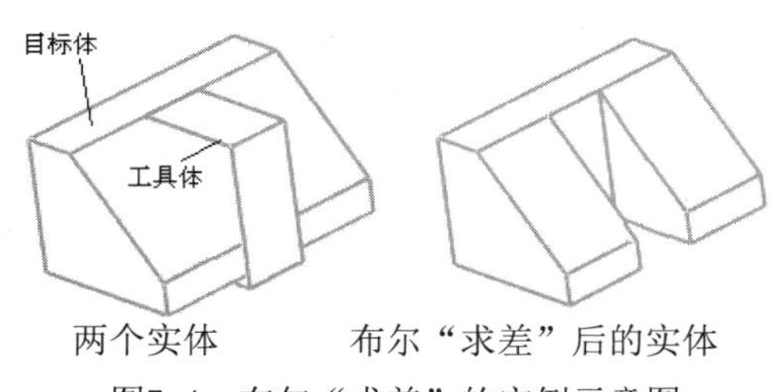

图7-4　布尔“求差”的实例示意图

3）布尔“求差”运算时，若目标体进行差运算后的结果为两个或多个实体，则目标体将丢失数据。也不能将一个片体变成两个或多个片体。

4）求差运算的结果不允许产生 0 厚度，即不允许目标体和工具体的表面刚好相切。

7.1.3　相交

选择“菜单(M)”→“插入(S)”→“组合 (B)”→“相交(I)...”或单击“主页”选项卡“特征”面组上的“相交”按钮，打开如图 7-5 所示的“相交”对话框。该对话框用于将两个或多个实体合并成单个实体，运算结果取其公共部分体积构成单个实体。其实例示意图如图 7-6 所示。

图7-5　“相交”对话框

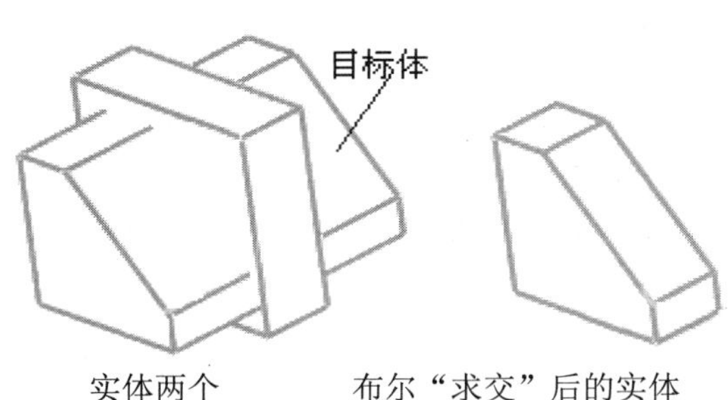

图7-6　布尔“相交”的实例示意图

需要注意的是：

1）布尔“相交”时，可以将实体和实体、片体和片体（在同一曲面上）、片体和实体进行

交运算，但不能将实体和片体进行求交运算。

2）若两个片体的交产生一条曲线或构成两个独立的片体，则运算不能进行。

7.2 拔模

选择“菜单(M)”→“插入(S)”→“细节特征(L)”→“拔模(T)...”，或者单击“主页”选项卡“特征”面组上的“拔模”按钮，打开如图 7-7 所示的“拔模”对话框。该对话框用于相对指定的矢量方向，从指定的参考点开始施加一个斜度到指定的表面或实体边缘线上。其实例示意图如图 7-8 所示。

图7-7　“拔模”对话框

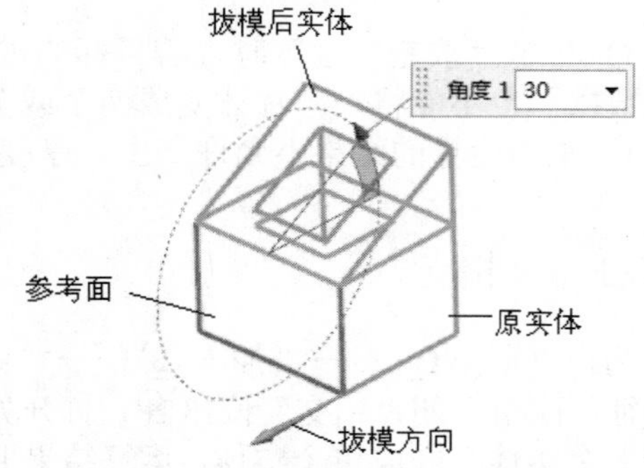

图7-8　“从平面”拔模实例示意图

7.2.1　参数及其功能简介

1．面

在“拔模”对话框中的“类型”下拉列表中选择“面”类型，得到如图 7-7 所示的“拔模”对话框，该对话框用于从参考平面开始，与拔模方向成拔模角度，对指定的实体表面进行拔模。

（1）脱模方向：该选项用于指定实体拔模的方向。用户可在的下拉列表框中指定拔模的方向。

（2）拔模方法：

固定面：该方法用于指定实体拔模的参考面。在拔模过程中，实体在该参考面上的截面曲线不发生变化。

分型面：该方法用于固定分型面拔模。包含拔模面的固定面的相交曲线将用作计算该拔模的参考。要拔模的面将在与固定面相交处进行细分。

固定面和分型面：该方法用于从固定面向分型面拔模。包含拔模面的固定面的相交曲线将用作计算该拔模的参考。要拔模的面将在与分型面相交处进行细分。

（3）要拔模的面：该选项用于选择一个或多个要进行拔模的表面。

需要注意的是：

1）所选的拔模方向不能与任何拔模表面的法向平行。

2）当进行实体外表面的拔模时，若拔模角度大于0，则沿拔模方向向内拔模；否则沿拔模方向向外拔模。

3）当进行实体内表面的拔模时，情况与拔模外表面时刚好相反。

2．边

在“拔模”对话框中的“类型”下拉列表中选择“边”类型，得到如图7-9所示的“拔模”对话框，该对话框用于从实体边开始，与拔模方向成拔模角度，对指定的实体表面进行拔模。

下面介绍如图7-9所示对话框中主要参数的用法：

（1）脱模方向：与上面介绍的面拔模中的含义相同。

（2）固定边：该选项用于指定实体拔模的一条或多条实体边作为拔模的参考边。

（3）可变拔模点：该选项用于在参考边上设置实体拔模的一个或多个控制点，再为各控制点设置相应的角度和位置，从而实现沿参考边对实体进行变角度的拔模。其可变角定义点的定义可通过“捕捉点”工具栏来实现。

需要注意的是：

1）所选择的参考边在任意点处的切线与拔模方向的夹角必须大于拔模角度。

2）指定变角控制点步骤不是必须的，用户可以不指定变角度控制点。此时系统沿参考边用“可变角”文本框中设置的拔模角度对实体进行固定角度拔模。

3）在拔模时，选择同一个表面上的多段边作为参考边时，在拔模后该表面会变成多个表面。

“边”实例示意图如图7-10所示。

图7-9 “拔模”对话框

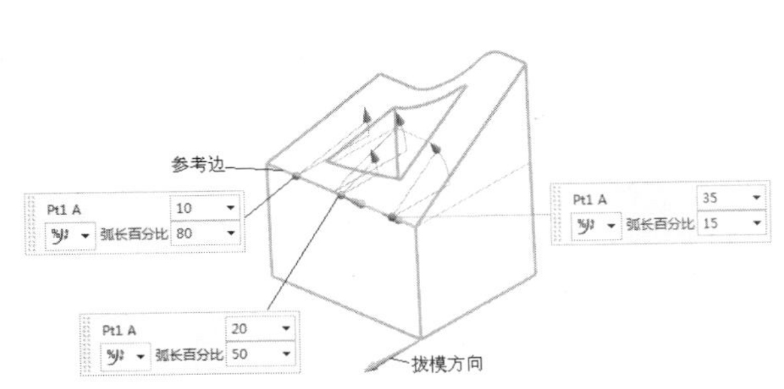

图7-10 “从边”实例示意图

3．与面相切

在“拔模”对话框中的“类型”下拉列表中选择“与面相切”类型，得到如图7-11所示的“拔模”对话框，该对话框用于与拔模方向成拔模角度对实体进行拔模，并使拔模面相切于指定的实体表面。

下面介绍如图7-11所示对话框中主要参数的用法。

（1）脱模方向：与上面介绍的面拔模中的含义相同。

（2）相切面：该选项用于一个或多个相切表面作为拔模表面。

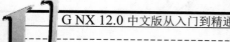

“与面相切”实例示意图如图 7-12 所示。

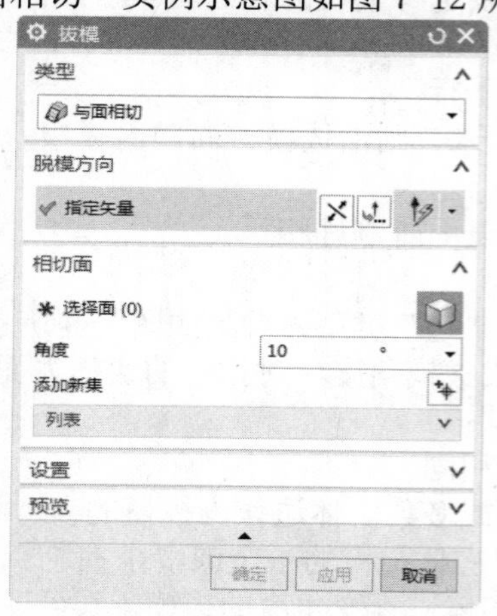

图7-11 “拔模”对话框

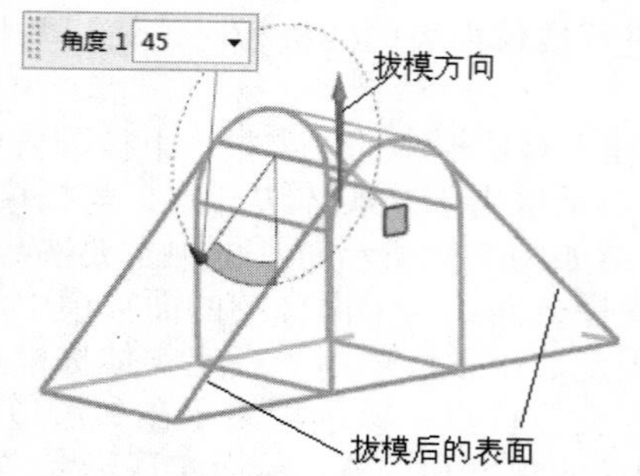

图7-12 “与多个面相切”实例示意图

4. 分型边

在“拔模”对话框中的“类型”下拉列表中选择“分型边”类型，得到如图 7-13 所示的“拔模”对话框，用于从参考面开始，与拔模方向成拔模角度，沿指定的分割边对实体进行拔模。

（1）脱模方向：与上面介绍的面拔模中的含义相同。

（2）固定面：该选项用于指定实体拔模的参考面。在拔模过程中，实体在该参考面上的截面曲线不发生变化。

（3）分型边：该选项用于选择一条或多条分割边作为拔模的参考边。其使用方法和通过边拔模实体的方法相同。

“分型边”实例示意图如图 7-14 所示。

图7-13 “拔模”对话框

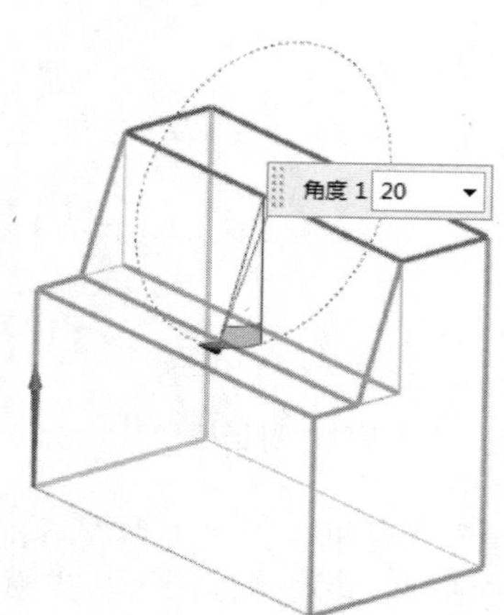

图7-14 “至分型边”实例示意图

7.2.2　创建步骤

1）指定拔模角的类型。
2）指定拔模方向。
3）选择参考面，对于“边”选择参考边，对于“与面相切”没有这步。
4）选择要拔模的面，对于“分型边”类型，选择分割边。
5）设置要拔模的角度。
6）单击<确定>或应用按钮，创建拔模角。

7.3　边倒圆

选择“菜单(M)”→“插入(S)”→“细节特征(L)”→“边倒圆(E)...”，或单击“主页”选项卡“特征”面组上的“边倒圆”按钮，打开如图 7-15 所示的“边倒圆”对话框。该对话框用于在实体沿边缘去除材料或添加材料，使实体上的尖锐边缘变成圆滑表面（圆角面）。可以沿一条边或多条边同时进行倒圆操作。沿边的长度方向，倒圆半径可以不变也可以是变化的。

图7-15　“边倒圆”对话框

7.3.1　参数及其功能简介

（1）边：用于设置固定半径的倒角，既可以多条边一起倒角，也可以手动拖动倒角，改变半径大小。其实例示意图如图 7-16 所示。

（2）变半径：用于在一条边上定义不同的点，然后在各点的位置设置不同的倒角半径，其实例示意图如图 7-17 所示。

（3）拐角倒角：用于在规定的边缘上从一个规定的点回退的距离，产生一个回退的倒角效果，其实例示意图如图 7-18 所示。

（4）拐角突然停止：用来指定一个点，然后倒角从该点回退一个百分比，回退的区域将保持原状。其实例示意图如图 7-19 所示。

（5）溢出：

1）跨光顺边滚边：用于设置在溢出区域是否是光滑的。若勾选该复选框，系统将产生与

其他邻接面相切的倒角面。

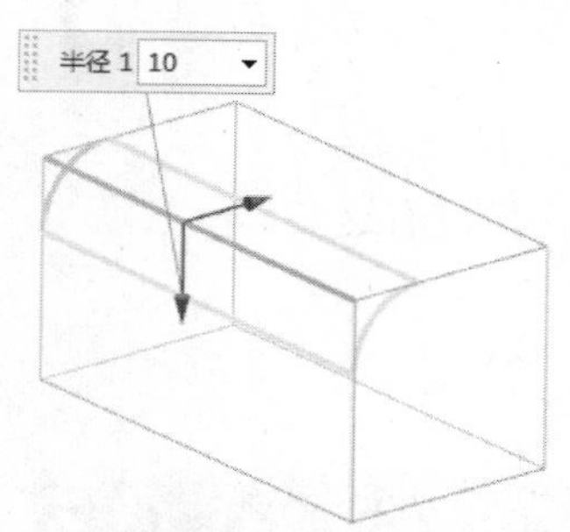

图7-16 "要倒圆的边"实例示意图

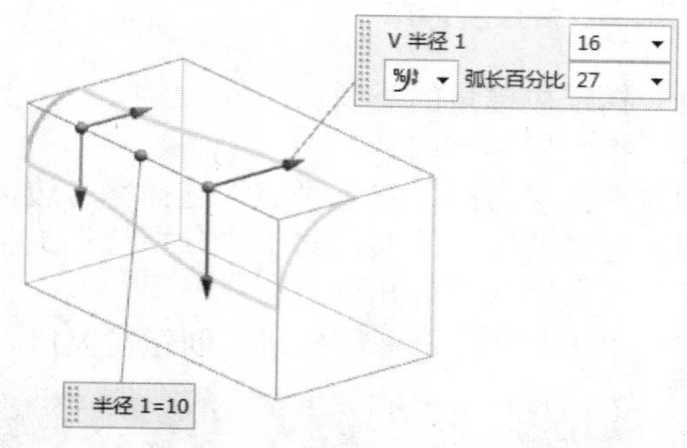

图7-17 "可变半径点"实例示意图

2）沿边滚动：用于设置在溢出区域是否存在陡边。若勾选该复选框，系统将以邻接面的边创建到圆角。

3）修剪圆角：勾选该复选框，允许倒角在相交的特殊区域生成，并移动不符合几何要求的陡边。

建议用户在倒圆操作时，将 3 个溢出方式全部选中。当溢出发生时，系统总会自动地选择溢出方式，使结果最好。

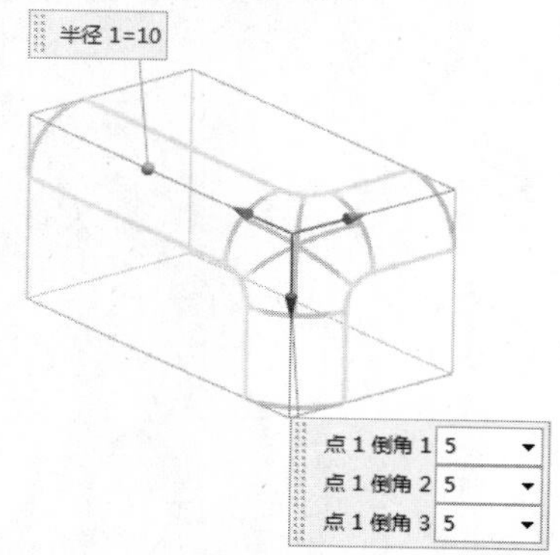

图7-18 "拐角倒角"实例示意图

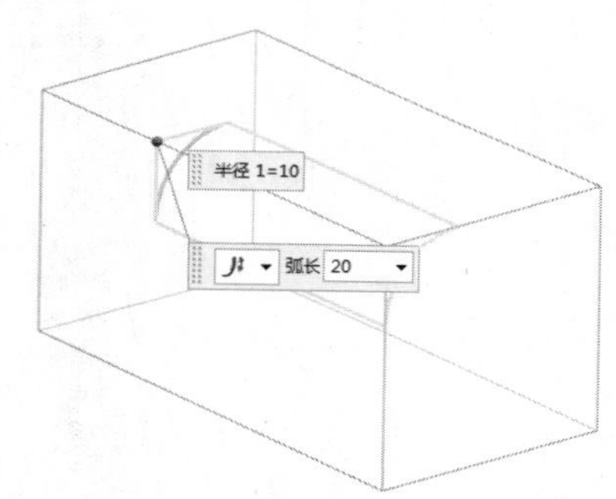

图7-19 "拐角突然停止"实例示意图

7.3.2 创建步骤

1．恒定半径倒圆的创建步骤

1）选择倒圆边。

2）指定倒圆半径。

3）设置其他相应的选项。

4）单击< 确定 >或应用按钮，创建恒定半径倒圆。

2．变半径倒圆的创建步骤

1）选择倒圆边。

2）单击可变半径点按钮，选择变半径倒圆。

3）在倒圆边上定义各点的倒圆半径。

4）设置其他相应的选项。

5）单击< 确定 >或应用按钮，创建变半径倒圆。

7.3.3　实例——酒杯 1

创建如图 7-20 所示的模型。

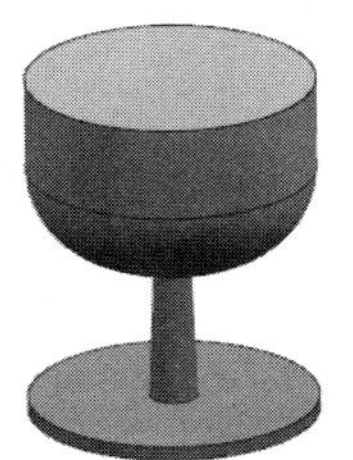

图7-20　创建边倒圆特征

01 新建文件。单击“主页”选项卡“新建”按钮，打开“新建”对话框，在“模板”列表框中选择“模型”，输入“jiubei1”，单击 确定 按钮，进入 UG 建模环境。

02 创建圆柱体。

❶选择“菜单(M)”→“插入(S)”→“设计特征(E)”→“圆柱(C)...”，或者单击“主页”选项卡“特征”面组上的“圆柱”按钮，打开如图 7-21 所示的“圆柱”对话框。

❷单击“圆柱”对话框的类型中”轴、直径和高度”类型。

❸在“指定矢量”下拉列表中选择 ZC 轴为圆柱的创建方向。

❹在直径和高度文本框中分别输入 60，3，单击 确定 按钮，以原点为中心生成圆柱体，如图 7-22 所示。

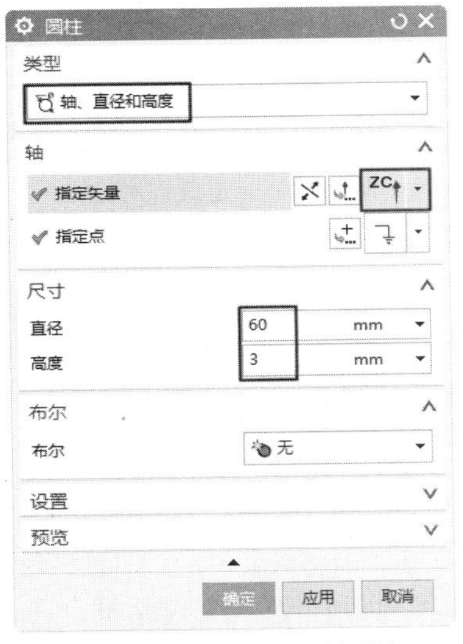

图7-21　“圆柱”对话框

03 创建凸台。

❶选择“菜单(M)”→“插入(S)”→“设计特征(E)”→“凸台（原有）(B)...”，打开如图 7-23 所示的“支管”对话框。

❷在“直径”“高度”和“锥角”文本框中分别输入 10、32、2，按系统提示选择如图 7-24 所示圆柱体上表面为放置面，单击 确定 按钮。

❸打开如图 7-25 所示的“定位”对话框，在对话框中单击“点落在点上”图标，打开如图 7-26 所示的“点落在点上”对话框。选择圆柱体的圆弧边为目标对象，如图 7-27 所示。

❹打开如图 7-28 所示的“设置圆弧的位置”对话框。单击 圆弧中心 按钮，生成模型如图 7-29 所示。

04 创建圆柱体。

❶选择“菜单(M)”→“插入(S)”→“设计特征(E)”→“圆柱(C)...”，或者单击“主页”选项卡“特征”面组上的“圆柱”按钮，打开如图 7-30 所示的“圆柱”对话框

❷在“圆柱”对话框中的“类型”下拉列表中选择“轴、直径和高度”类型。

❸在“指定矢量”下拉列表中选择 ZC 轴为圆柱的创建方向。

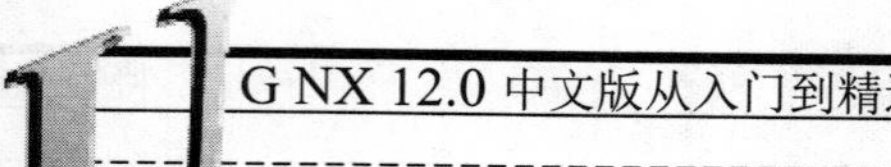

❹单击“点”对话框按钮，打开如图 7-31 所示的“点”对话框，在对话框中输入坐标（0，0，35），单击 确定 按钮。

图7-22　生成圆柱体

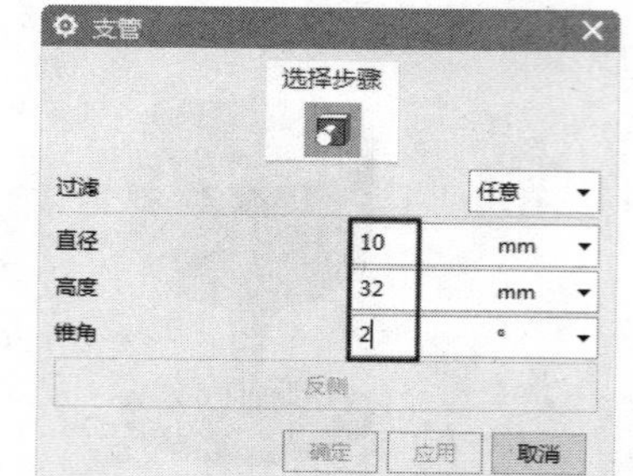

图7-23　“支管”对话框

图7-24　选择放置面

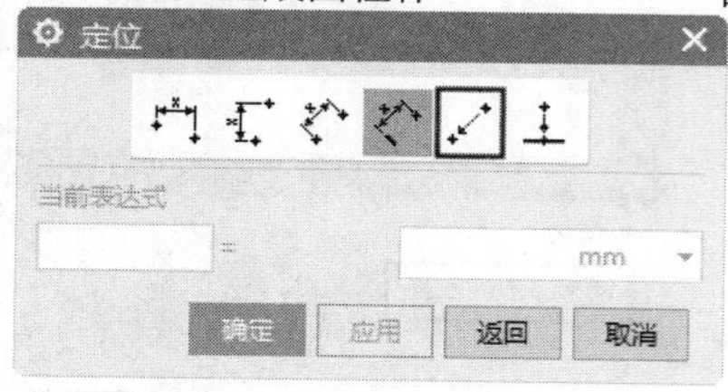

图7-25　“定位”对话框

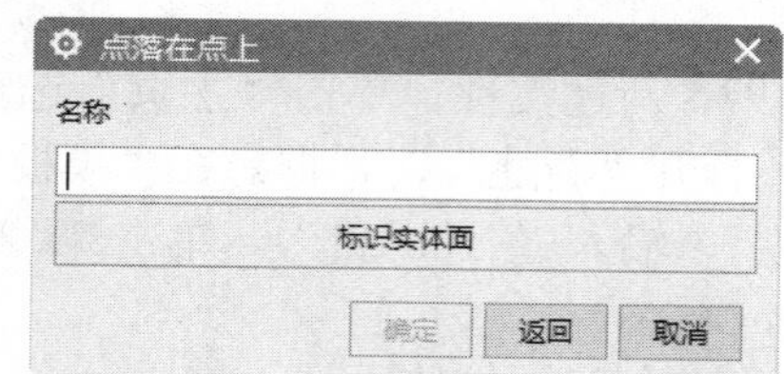

图7-26　“点落在点上”对话框

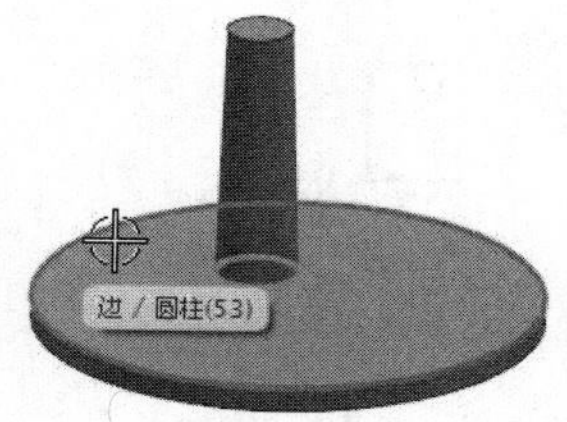

图7-27　目标对象

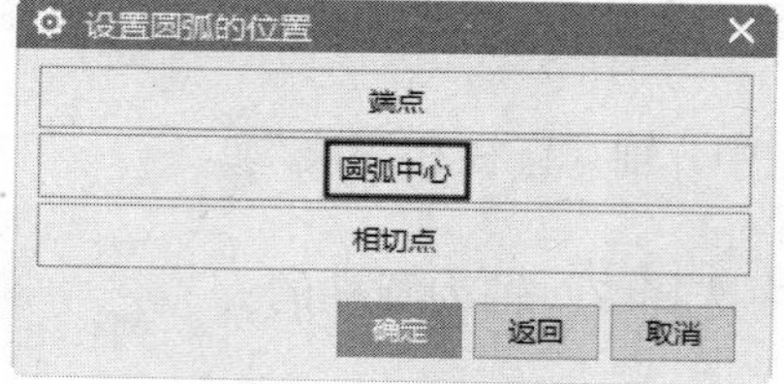

图7-28　“设置圆弧的位置”对话框

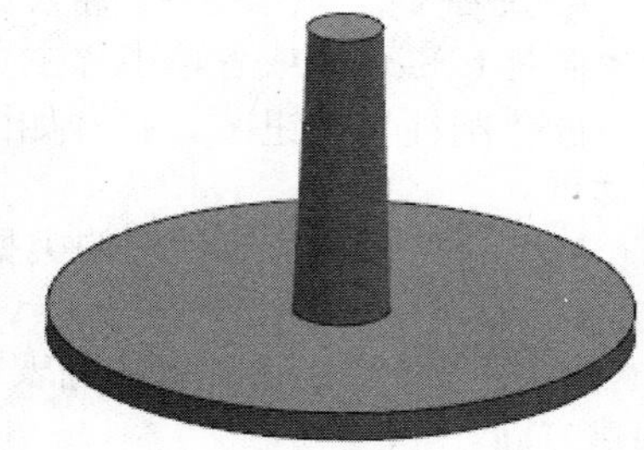

图7-29　生成模型

❺返回到“圆柱”对话框，在“直径”和“高度”文本框中分别输入 60, 40，单击 确定 按钮，生成圆柱体，如图 7-32 所示。

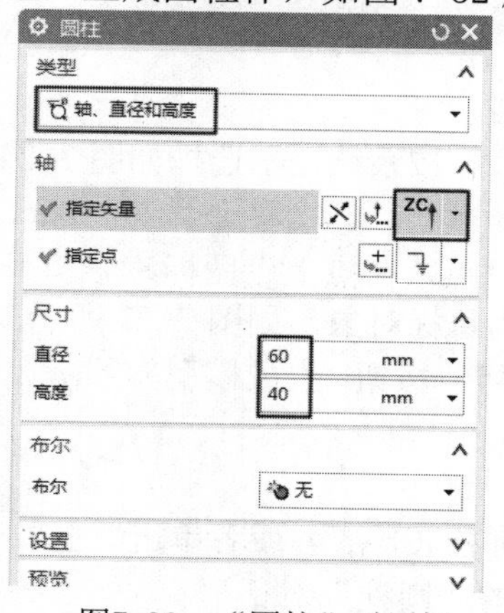

图7-30　“圆柱”对话框

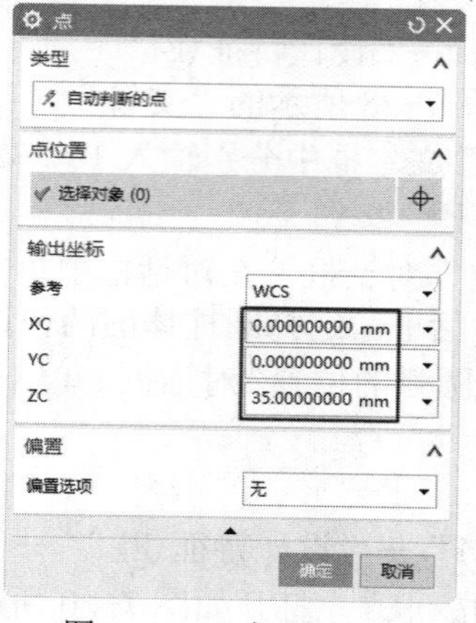

图7-31　“点”对话框

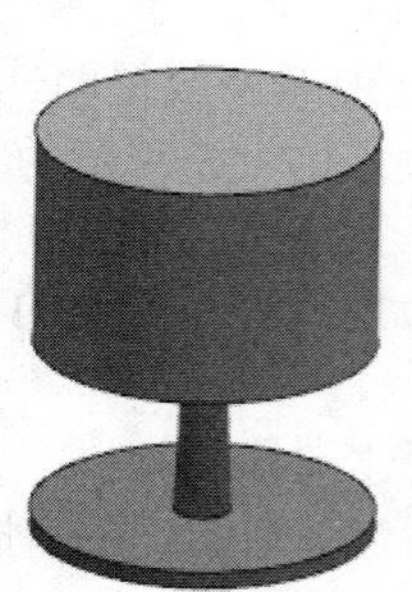

图7-32　生成圆柱体

05 创建边倒圆。

❶选择“菜单(M)”→“插入(S)”→“细节特征(L)” →“边倒圆(E)...”，单击“主页”选项卡“特征”面组上的“边倒圆”按钮，打开如图 7-33 所示的“边倒圆”对话框。

❷在“边倒圆”对话框的“半径 1”参数项中输入 20。

❸在屏幕中分别选择如图 7-34 所示的边，单击“边倒圆”对话框中的< 确定 >按钮，生成如图 7-35 所示模型。

图7-33　“边倒圆”对话框

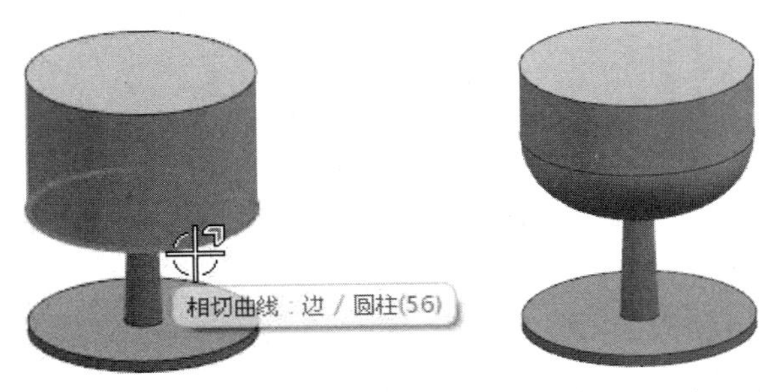

图7-34　选择边　　图7-35　生成倒圆角

7.4 倒斜角

选择“菜单(M)”→“插入(S)”→“细节特征(L)”→“倒斜角(M)...”，或者单击“主页”选项卡“特征”面组上的“倒斜角”按钮，打开如图 7-36 所示的“倒斜角”对话框。该对话框用于在已存在的实体上沿指定的边缘做倒角操作。

7.4.1　参数及其与功能简介

（1）对称：用于与倒角边邻接的两个面采用同一个偏置方式来创建简单的倒角。单击该选项，“距离”文本框被激活，在该文本框中输入倒角边要偏置的值，单击< 确定 >按钮，即可创建倒角。其实例示意图如图 7-37 所示。

（2）非对称：用于与倒角边邻接的两个面分别采用不同偏置值来创建倒角。单击该图标，“距离 1”和“距离 2”文本框被激活，在这两个文本框中输入用户所需的偏置值，单击< 确定 >按钮，即可创建“双偏置”倒角。其实例示意图如图 7-38 所示。

（3）偏置和角度：用于由一个偏置值和一个角度来创建倒角。单击该选项，“距离”和“角度”文本框被激活，在这两个文本框中输入用户所需的偏置值和角度，单击< 确定 >按钮，创建倒角。其实例示意图如图 7-39 所示。

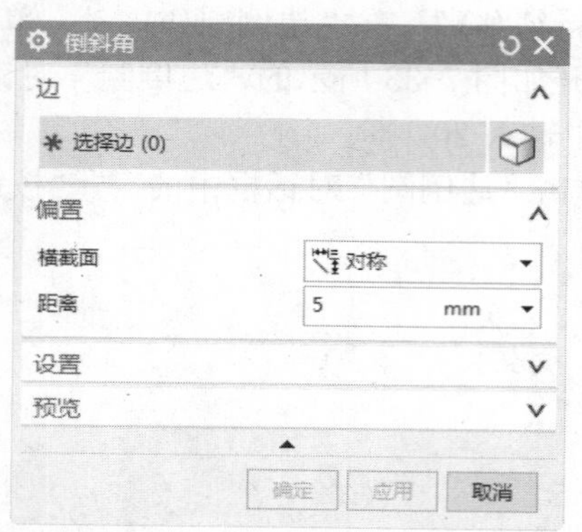

图7-36 “倒斜角”对话框

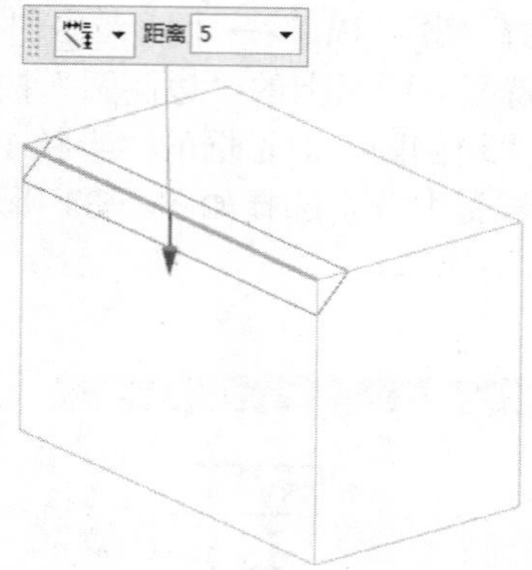

图7-37 对称方式

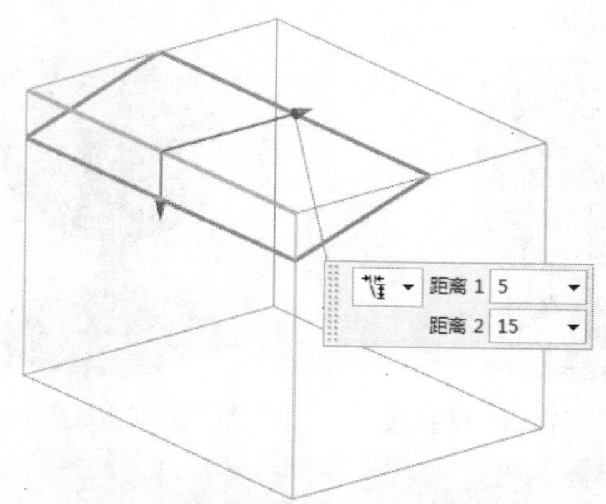

图7-38 非对称方式

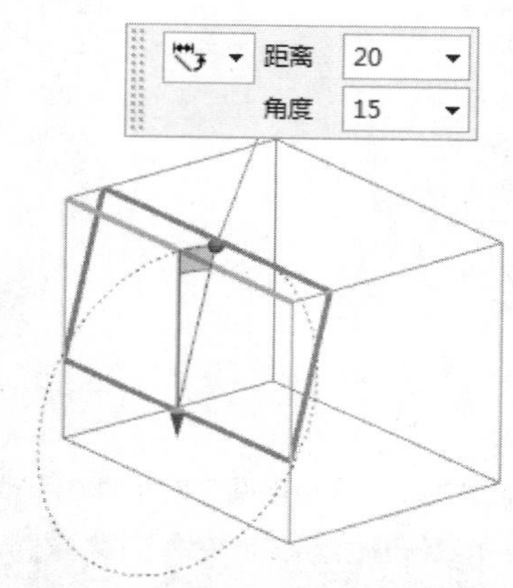

图7-39 偏置和角度方式

7.4.2 创建步骤

1）选择倒角边缘。
2）指定倒角类型。
3）设置倒角形状参数。
4）设置其他相应的参数。
5）单击<确定>或应用按钮，创建倒角。

7.4.3 实例——螺栓 1

创建如图 7-40 所示的零件体。

01 新建文件。单击“主页”选项卡“新建”按钮，打开“新建”对话框，在“模板”列表框中选择“模型”，输入“luoshuan1”，单击确定按钮，进入 UG 建模环境。

02 创建多边形。

❶选择“菜单(M)”→“插入(S)”→“草图曲线(S)”→“多边形(Y)...”，打开“多边形”

对话框，如图 7-41 所示。

❷在“多边形”对话框中的“边数”文本框中输入 6，外接圆半径设置为 9。

图7-40　螺栓

图7-41　“多边形”对话框

❸打开如图 7-42 所示的“点”对话框，在该对话框中定义坐标原点为多边形的中心点，建立正六边形，如图 7-43 所示 。

03 创建拉伸。

❶选择“菜单（M)”→“插入(S)”→“设计特征(E)” →“拉伸(X)...”，或者单击“主页”选项卡“特征”面组上的“拉伸”按钮，弹出如 7-44 图所示的“拉伸”对话框。

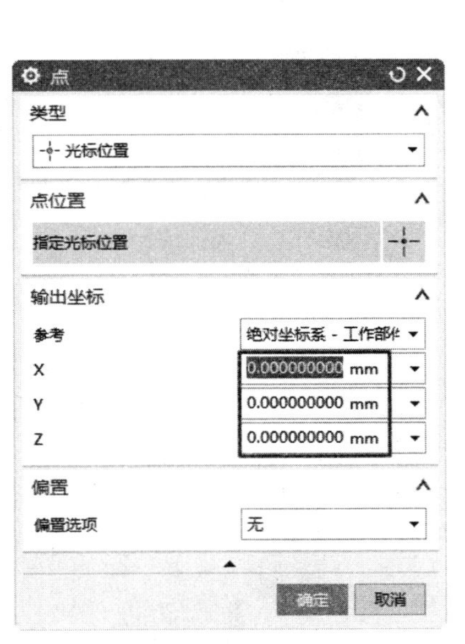

图7-42　“点”对话框

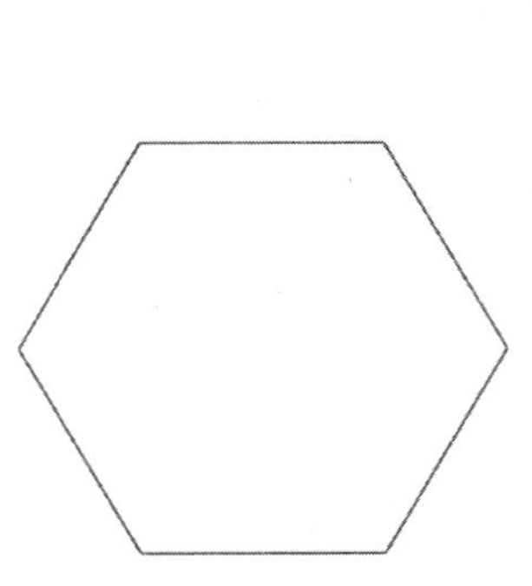

图7-43　正六边形

图7-44　“拉伸”对话框

❷选择图 7-43 所示的正六边形为拉伸曲线。

❸在“指定矢量”下拉列表中选择 ZC 轴作为拉伸方向。

❹在“限制”栏中的”开始”和“结束”距离文本框中输入 0，6.4，单击<确定>按钮完成拉伸。生成的正六棱柱如图 7-45 所示。

04 创建圆柱。

❶选择“菜单(M)”→“插入(S)”→“设计特征(E)” →“圆柱(C)...”，或者单击“主页”选项卡“特征”面组上的“圆柱”按钮，打开如图 7-46 所示的“圆柱”对话框。

❷在对话框中的“类型”下拉列表中选择“轴、直径和高度”类型。

❸在“指定矢量”列表中选择ZC作为圆柱体的轴向，选择坐标原点为基点。

❹在“直径”和“高度”选项中输入 18、6.4，单击确定按钮。生成的圆柱体如图 7-47 所示。

05 创建倒斜角。

❶选择“菜单(M)”→“插入(S)”→“细节特征(L)”→“倒斜角(M)...”，或者单击“主页”选项卡“特征”面组上的“倒斜角”按钮，打开“倒斜角”对话框，如图 7-48 所示。

❷在对话框中“横截面”下拉列表中选择“对称”，在“距离”文本框中输入 1.5。

❸选择如图 7-49 所示的圆柱体的底边，单击<确定>按钮，最后结果如图 7-50 所示。

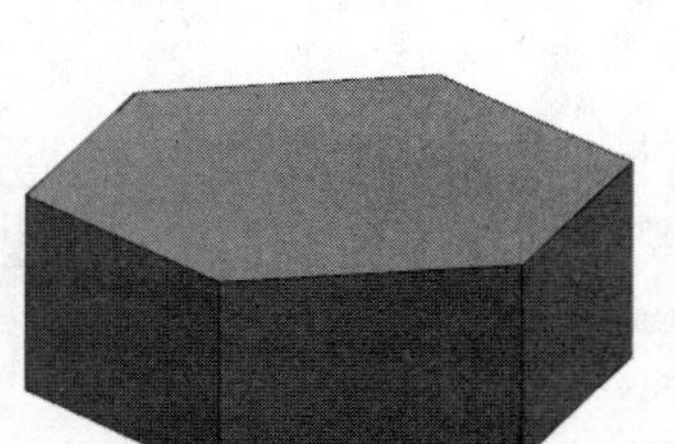

图7-45 生成的六棱柱

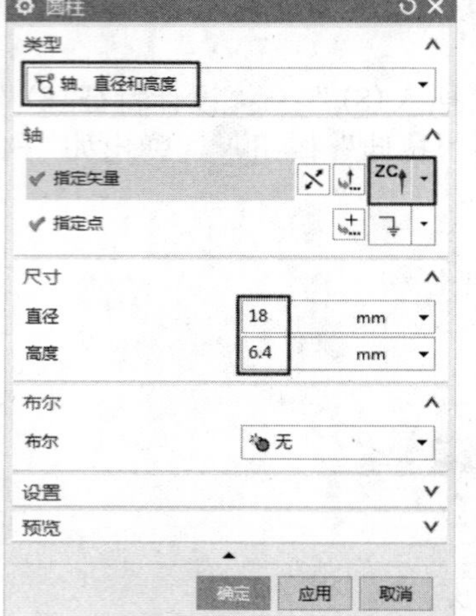

图7-46 “圆柱”对话框

图7-47 圆柱体

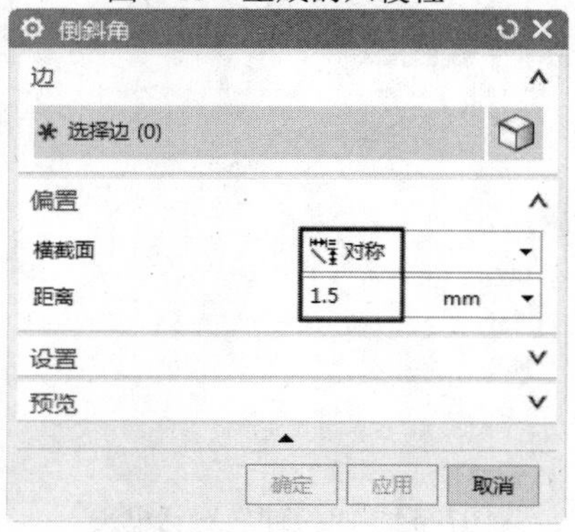

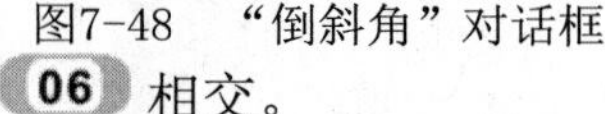

图7-48 “倒斜角”对话框

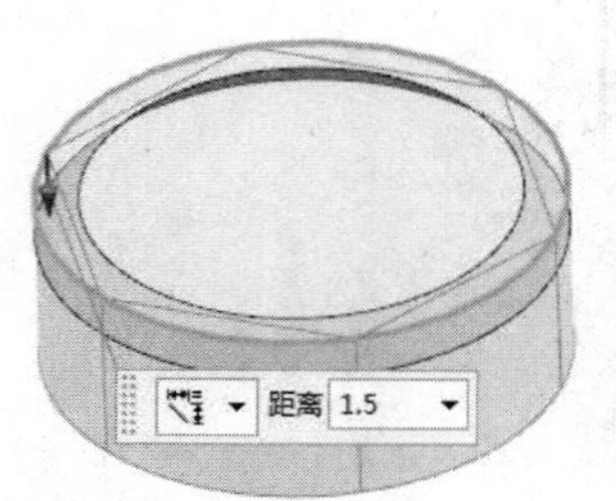

图7-49 选择倒角边

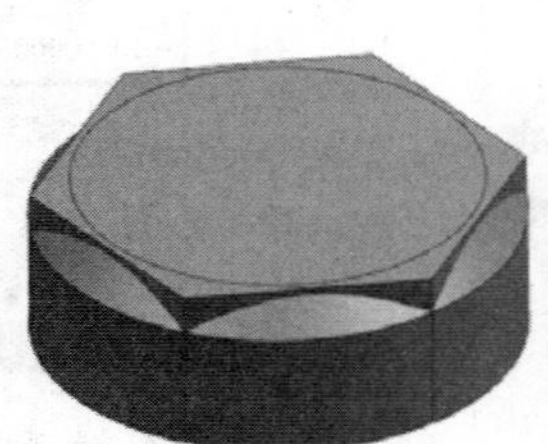

图7-50 倒斜角

06 相交。

❶选择“菜单(M)”→“插入(S)”→“组合(B)”→“相交(I)...”或单击“主页”选项卡

“特征”面组上的“相交”按钮，打开“相交”对话框，如图 7-51 所示。

❷选择圆柱体为目标体。

❸选择拉伸体为刀具体，单击 确定 按钮，完成相交运算。最后结果如图 7-52 所示。

图7-51　“相交”对话框

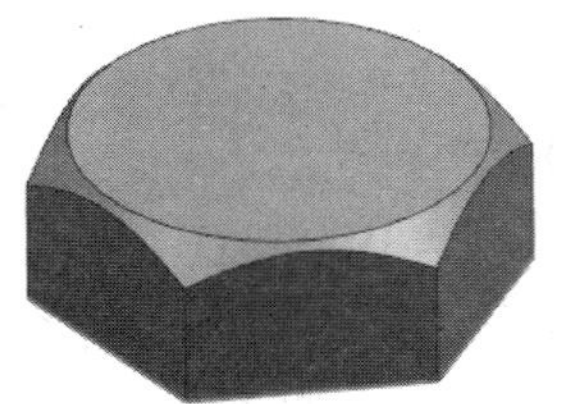

图7-52 螺栓头

07 创建凸台。

❶选择“菜单(M)”→“插入(S)”→“设计特征(E)”→“凸台（原有）(B)...”，打开“支管”对话框，如图 7-53 所示。

❷在“支管”对话框中的“直径”“高度”和“锥角”文本框分别输入 10、35、0，

❸选择六棱柱的上表面作为凸台的放置面，如图 7-54 所示。

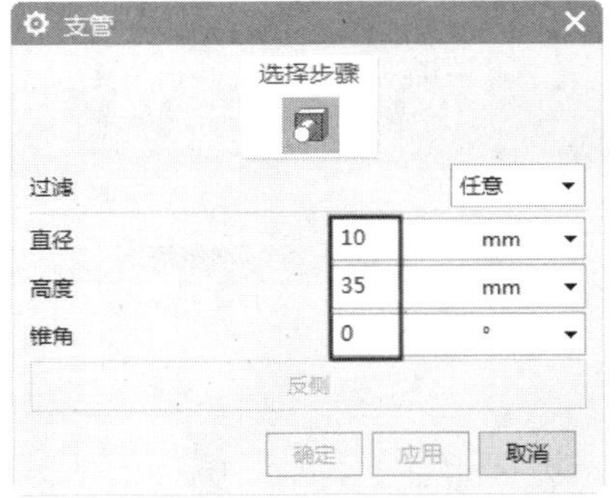

图7-53　“支管”对话框

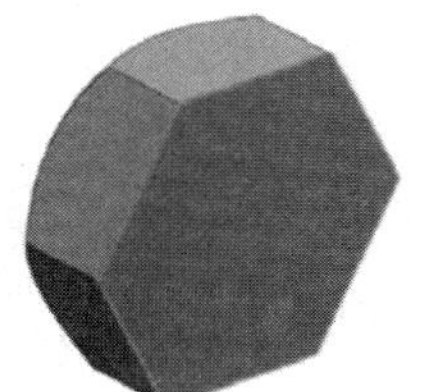

图7-54 选择放置面

❹单击 确定 按钮，打开如图 7-55 所示的“定位”对话框，在对话框中单击“点落在点上”图标，打开“点落在点上”对话框。按系统提示选择圆柱的上边缘为目标对象，如图 7-56 所示。

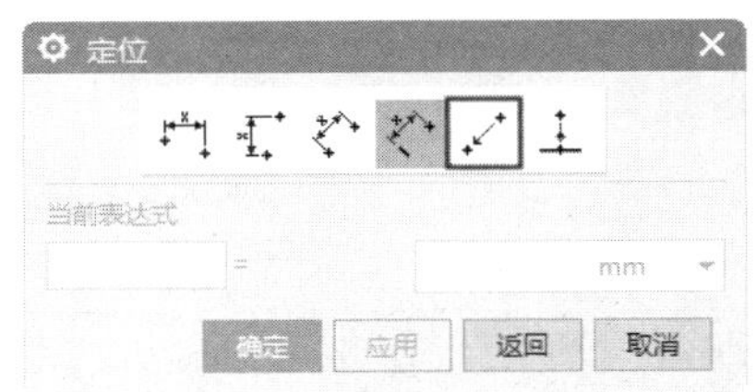

图7-55　“定位”对话框

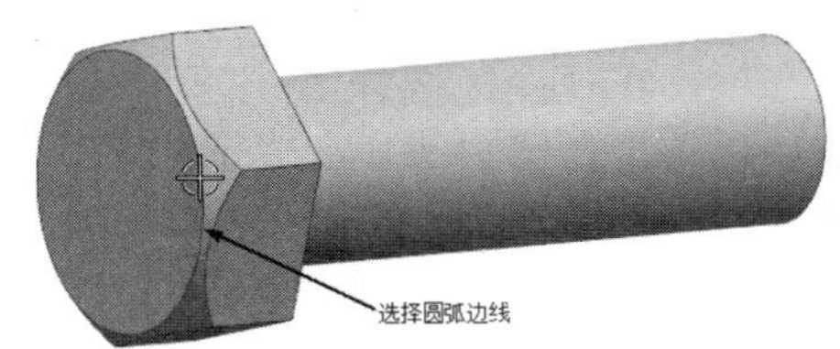

图7-56 选择圆弧

❺打开如图 7-57 所示“设置圆弧的位置”对话框。单击 圆弧中心 按钮，生成模型如图 7-58 所示。

UG NX 12.0

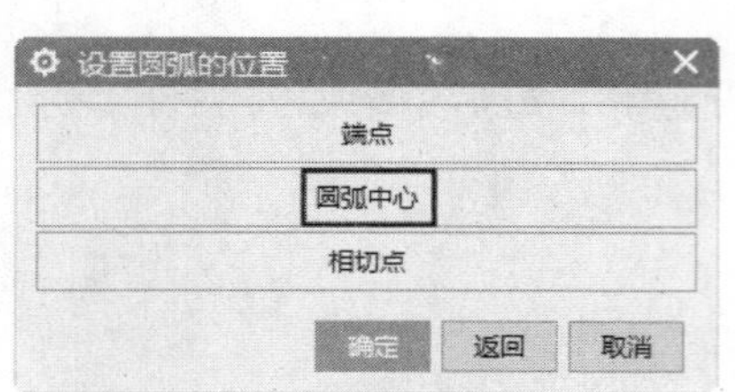

图7-57 “设置圆弧的位置”对话框

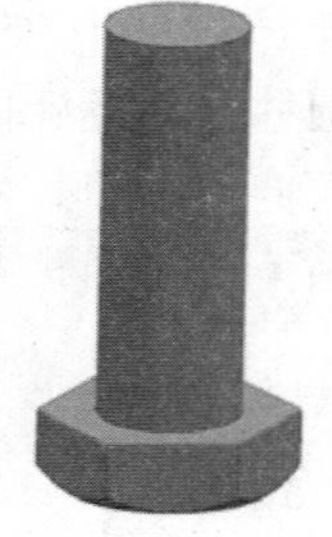

图7-58 生成模型

08 创建倒斜角。

❶选择“菜单(M)”→“插入(S)”→“细节特征(L)”→“倒斜角(M)...”，或者单击“主页”选项卡“特征”面组上的“倒斜角”按钮，弹出“倒斜角”对话框。

❷在对话框中“横截面”下拉列表中选择“对称”，在“距离”文本框中输入1。

❸选择凸台的底边为倒角边，如图7-59所示，单击<确定>按钮，最后结果如图7-60所示。

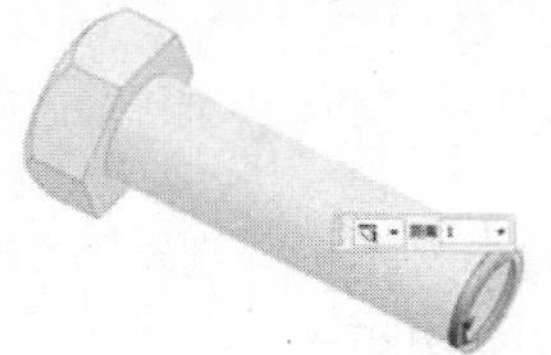

图7-59 选择倒角边

图7-60 生成模型

7.5 面倒圆

选择“菜单(M)”→“插入(S)”→“细节特征(L)”→“面倒圆(F)...”，或者单击“主页”选项卡“特征”面组上的“面倒圆”按钮，打开如图7-61所示的“面倒圆”对话框。该对话框用于在实体或片体的两组表面之间创建截面曲线为圆形或二次曲线形的圆角面。这两组面可以不相邻，并可分属于不同的实体。

图7-61 “面倒圆”对话框

7.5.1 参数及其功能简介

1. 面

(1) 选择面1：用于选择面倒角的第一个面集。单击该选项，在视图区选择第一个面集。选择第一个面集后，视图工作区会显示一个矢量箭头。此矢量箭头应该指向倒角的中心，如果默认的方向不符合要求，可单击图标，使方向反向。

(2) 选择面2：用于选择面倒角的第二个面集。单击该选项，在视图区选择第二个面集。

2. 横截面

(1) 圆形：选中该单选按钮，则用定义好的圆盘与倒角面相切来进行倒角。

（2）对称相切：选中该选项，则用两个参数和指定的脊线构成的对称二次曲面，与选择的两面集相切进行倒角。“面倒圆”对话框变化如图 7-62 所示。

1）二次曲线法：用于确定设置绘制二次曲线的方法，包括边界和中心，边界和 Rho，中心和 Rho。

2）边界方法：用于确定设置边界的方法。包括恒定和规律控制。

3）边界半径：用于确定边界的半径值。

4）中心方法：用于确定设置中心的方法。包括恒定和规律控制。

5）中心半径：用于确定设置半径值。

（3）非对称相切：选中该选项，则用两个偏移值和指定的脊线构成的二次曲面，与选择的两面集相切进行倒角。选中该选项后，如图 7-61 所示的“面倒圆”对话框变化如图 7-62 所示。

1）偏置 1 方法：用于设置在第一面集上的偏置值。可以设置为“恒定”和“规律控制”两种方式。

2）偏置 2 方法：用于设置在第二面集上的偏置值。可以设置为“恒定”和“规律控制”两种方式。

3）Rho 方法：用于设置二次曲面拱高与弦高之比，Rho 值必须大于且小于 1。Rho 值越接近 0，则倒角面越平坦，否则越尖锐。可以设置为 “恒定”“规律控制”和“自动椭圆”三种方式。

图7-62　“对称相切”选项和“非对称相切”选项

3．宽度限制

1）选择尖锐限制曲线：单击该图标，用户可以在第一个面集和第二个面集上选择一条或多条边作为陡边，使倒角面在第一个面集和第二个面集上相切到陡边处。在选择陡边时，不一定要在两个面集上都指定陡边。

2）选择相切限制曲线：单击该图标，在视图区选择相切控制曲线，系统会沿着指定的相切控制曲线，保持倒角表面和选择面集的相切，从而控制倒角的半径。相切曲线只能在一组表面上选择，不能在两组表面上都指定一条曲线来限制圆角面的半径。

“滚球”实例示意图如图 7-63 所示。

“扫掠截面”实例示意图如图 7-64 所示。

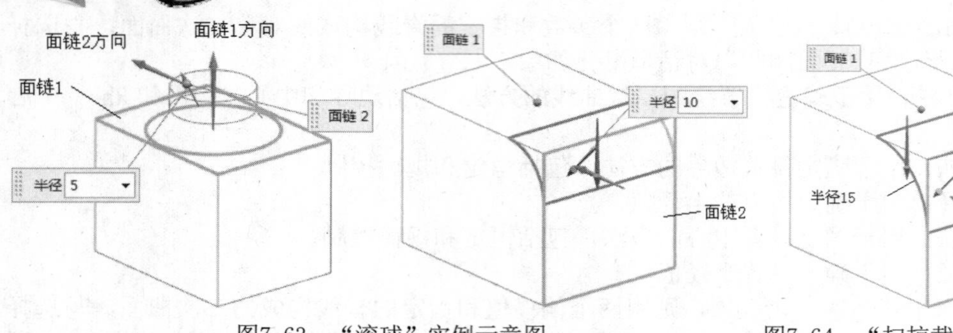

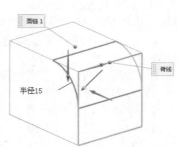

图7-63 “滚球”实例示意图　　　　图7-64 “扫掠截面”实例示意图

7.5.2 创建步骤

1）指定面倒圆类型。
2）选择第一个面集。
3）选择第二个面集。
4）若选择“扫掠截面”类型，选择脊线。
5）若需要，选择陡边。
6）若需要，选择相切曲线。
7）指定截面类型。
8）设置截面形状参数。
9）设置其他相应的选项。
10）单击 <确定> 或 应用 按钮，创建面倒角。

7.6 螺纹

选择“菜单(M)”→“插入(S)”→“设计特征(E)”→“螺纹(T)...”，或者单击“主页”选项卡“特征”面组上的“螺纹刀”按钮，打开如图7-65所示的“螺纹切削”对话框。

图7-65 “螺纹切削”对话框

7.6.1　参数及其功能简介

（1）螺纹类型：

1）符号：用于创建符号螺纹。符号螺纹用虚线表示，并不显示螺纹实体。这样做的好处是在工程图阶段可以生成国家标准的符号螺纹。同时节省内存，加快运算速度。推荐用户采用符号螺纹的方法。

2）详细：用于创建详细螺纹。详细螺纹是把所有螺纹的细节特征都表现出来。该操作很消耗硬件内存和速度，所以一般情况下不建议使用。选中该单选按钮，“螺纹切削”对话框变为如图 7-66 所示。

产生螺纹时，如果图选择的圆锥面为外表面则产生外螺纹。如果选择的圆柱面为内表面，则产生内螺纹。

（2）大径：用于设置螺纹大径，其默认值是根据选择的圆柱面直径和内外螺纹的形式，通过查螺纹参数表获得。对于符号螺纹，当不勾选“手工输入”复选框时，主直径的值不能修改。对于详细螺纹，外螺纹的主直径的值不能修改。

（3）小径：用于设置螺纹小径，其默认值是根据选择的圆柱面直径和内外螺纹的形式，查螺纹参数表取得。

（4）螺距：用于设置螺距，其默认值根据选择的圆柱面通过查螺纹参数表获得。对于符号螺纹，当不勾选“手工输入”复选框时，螺距的值不能修改。

（5）角度：用于设置螺纹牙型角，默认值为螺纹的标准角度为 60º。对于符号螺纹，当没有勾选“手工输入”复选框时，角度的值不能修改。

（6）标注：用于标记螺纹，其默认值根据选择的圆柱面通过查螺纹参数表获得。

（7）螺纹钻尺寸：用于设置外螺纹轴的尺寸或内螺纹的钻孔尺寸，也就是螺纹的名义尺寸，其默认值根据选择的圆柱面通过查螺纹参数表获得。

（8）方法：该下拉列表框用于指定螺纹的加工方法。其中包含切削、轧制、研磨和铣削 4 个选项。

（9）成形：用于指定螺纹的标准。该下拉列表框提供了 12 种标准。

（10）锥孔：用于设置螺纹是否为锥形螺纹。

（11）完整螺纹：用于指定是否在整个圆柱上创建螺纹。不勾选该复选框，在系统按“长度”中的数值创建螺纹，当圆柱长度改变时，螺纹会自动更新。

（12）长度：用于设置螺纹的长度，其默认值根据选择的圆柱面通过查螺纹参数表获得。螺纹长度是沿平行轴线方向，从起始面进行测量的。

（13）手工输入：用于设置是从手工输入螺纹的基本参数还是从“螺纹”列表框中选取螺纹。

（14）从表中选择：用于从“螺纹切削”列表框中选取螺纹参数。单击该按钮，打开如图 7-67 所示的“螺纹切削”参数列表框。在该列表框中可以选择需要的螺纹类型。

（15）旋转：用于设置螺纹的旋转方向，包括“右手”和“左手”两种方式。

（16）选择起始：用于指定一个实体平面或基准平面作为创建螺纹的起始位置。默认情况下系统把圆柱面的端面作为螺纹起始位置。单击该按钮，打开“螺纹切削”对话框，系统提示用户选项起始面。选择了实体表面或基准平面作为螺纹的起始位置后，会打开一个对话框，用于设置起始面是否需要延伸，并可反转螺纹的生成方向。该对话框中的“螺纹轴反向”选项用于使当前的螺纹轴向矢量反向。“起始条件”选项用于设置是否进行螺纹的延伸。其中包含了两个选项：选中“延伸通过起点”选项，创建螺纹时，起始面将得到延伸；选择“不延伸”选项，创建螺纹时，起始面将不会被延伸。

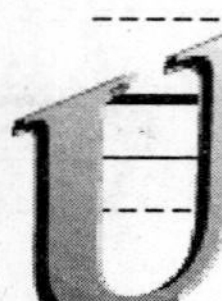

“螺纹”实例示意图如图 7-68 所示。

图7-66 “详细螺纹”对话框

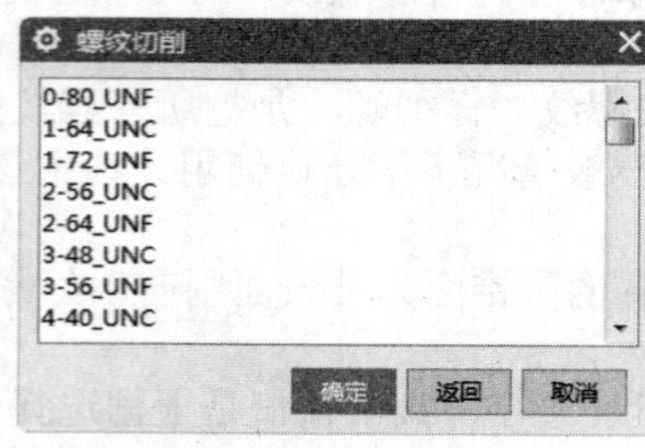

图7-67 “螺纹切削”参数列表框

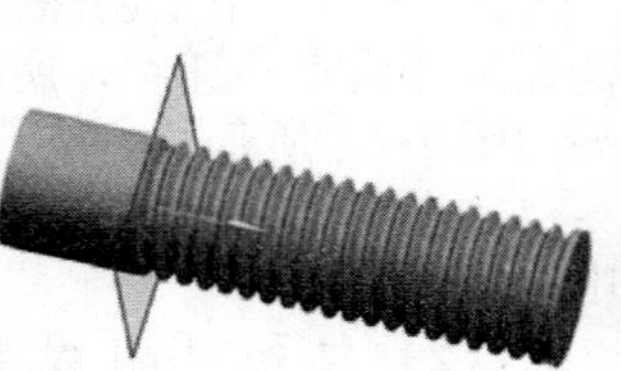

图7-68 “螺纹”实例示意图

7.6.2 创建步骤

1）指定螺纹类型。
2）设置螺纹的形状参数。
3）选择起始面（需要时）。
4）设置螺纹的相应的其他选项。
5）单击 确定 或 应用 按钮，创建螺纹。

7.6.3 实例——螺栓 2

创建如图 7-69 所示的零件体。

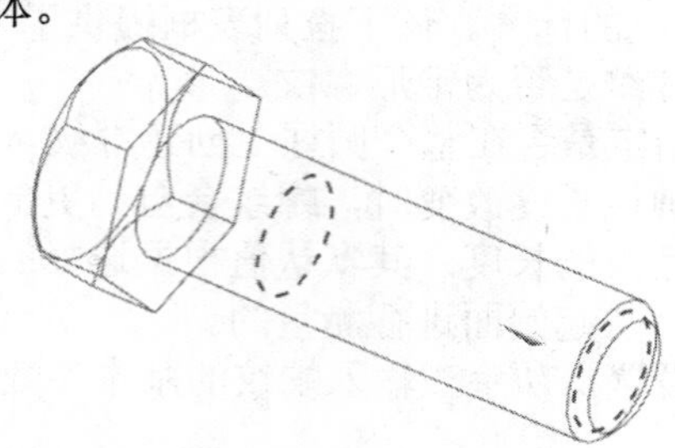

图7-69 零件体

01 打开文件。单击“主页”选项卡“打开”按钮，打开“打开”对话框，输入“luoshuan1”，单击 OK 按钮，进入 UG 建模环境。

02 另存部件文件。选择“文件(F)” →“保存(S)”→“另存为(A)...”，打开“另存为”对话框，输入“luoshan2”，单击 OK 按钮，进入 UG 主界面。

03 创建螺纹。

❶选择“菜单(M)”→“插入(S)”→“设计特征(E)”→“螺纹(T)...”，或者单击“主页”选项卡“特征”面组上的“螺纹刀”按钮，打开如图 7-70 所示的“螺纹切削”对话框。

❷在“螺纹切削”对话框中选择螺纹类型为“符号”类型，

❸选择如图 7-71 所示的圆柱面作为螺纹的生成面。

❹系统打开如图 7-72 所示的对话框，选择刚刚经过倒角的圆柱体的上表面作为螺纹的开始面。

❺系统打开的如图 7-73 所示的对话框，选择螺纹轴反向按钮。

图7-70　“螺纹切削”对话框

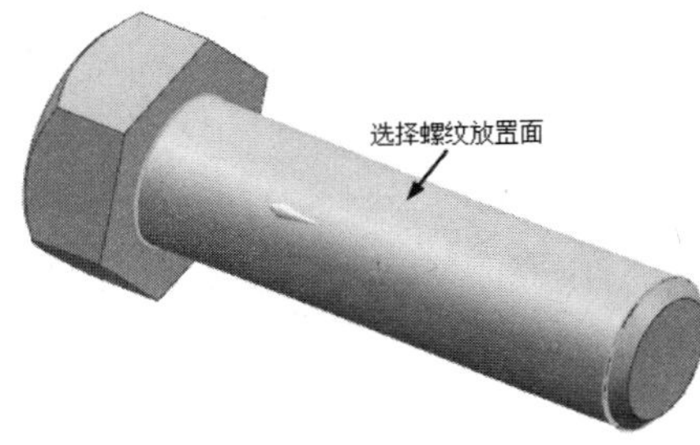

图7-71　螺纹的生成面

图7-72　选择螺纹开始面

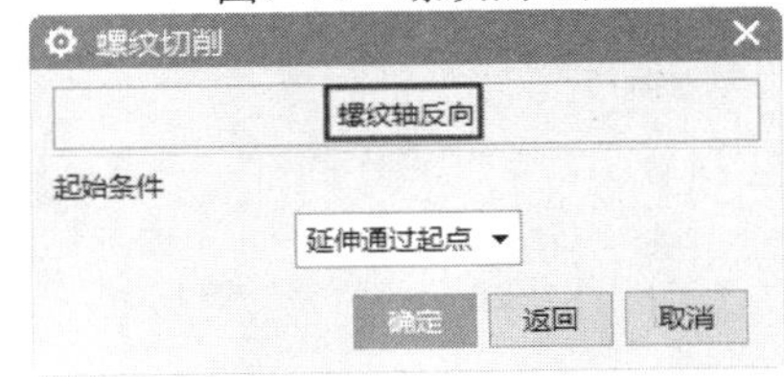

图7-73　螺纹反向

❻返回到“螺纹切削”对话框，将螺纹长度改为 26，其他参数不变，单击确定按钮生成符号螺纹。

符号螺纹并不生成真正的螺纹，而只是在所选圆柱面上建立虚线圆，如图 7-74 所示。

如果选择“详细”的螺纹类型，其操作方法与“符号”螺纹类型操作方法相同，生成的详细螺纹如图 7-75 所示，但是生成详细螺纹会影响系统的显示性能和操作性能，所以一般不生成详细螺纹。

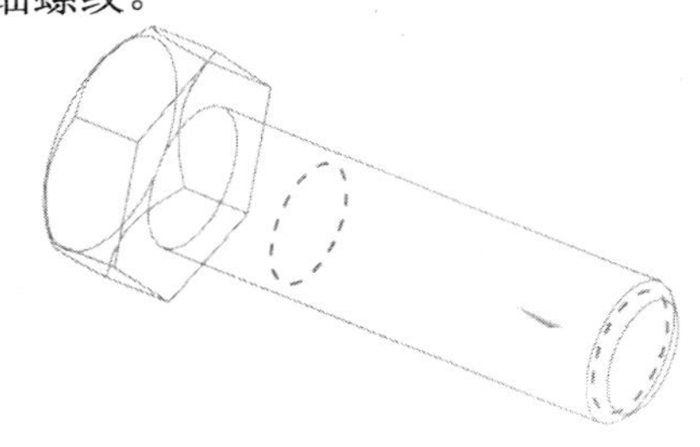

图7-74 符号螺纹

图7-75　详细螺纹

7.7 抽壳

选择“菜单(M)”→“插入(S)”→“偏置/缩放(O)”→“抽壳（H)”，或者单击“主页”选项卡“特征”面组上的“抽壳”按钮，打开如图 7-76 所示的“抽壳”对话框。

7.7.1 参数及其功能简介

（1）对所有面抽壳：选择该类型，在视图区选择要进行抽空操作的实体。

（2）移除面，然后抽壳：选择该类型，用于选择要抽壳的实体表面。所选的表面在抽壳后会形成一个缺口。

“抽壳”的实例示意图如图 7-77 所示。

图7-76 “抽壳”对话框

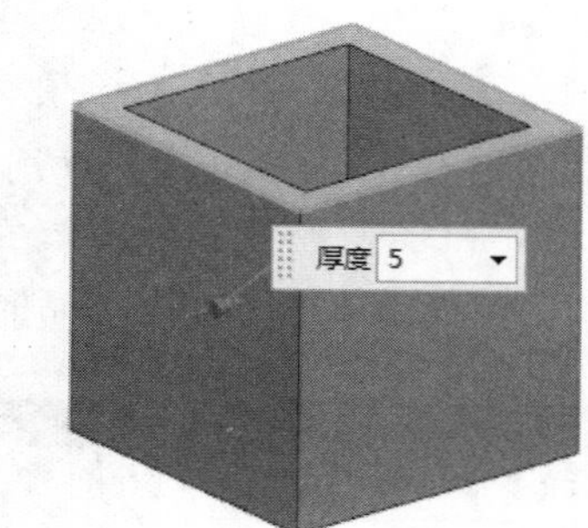

图7-77 “抽壳”的实例示意图

7.7.2 创建步骤

1）若需要的话，选择要抽壳的实体。
2）选择要抽壳的表面。
3）若各表面的厚度值不同，设置各表面厚度。
4）设置其他相应的参数。
5）单击<确定>或应用按钮，创建抽壳特征。

7.7.3 实例——酒杯 2

创建如图 7-78 所示的模型。

01 打开文件。单击“主页”选项卡“打开”按钮，打开“打开”对话框，输入“jiubei1”，单击OK按钮，进入 UG 建模环境。

02 另存部件文件。选择“文件(F)”→“保存(S)”→“另存为(A)...”，打开“另存为”

对话框，输入“jiubei2”，　单击 OK 按钮，进入 UG 建模环境。

图7-78　模型

03 创建抽壳。

❶选择“菜单(M)”→“插入(S)”→“偏置/缩放(O)”→“抽壳（H)”，或者单击“主页”选项卡“特征”面组上的“抽壳”按钮，打开如图 7-79 所示的“抽壳”对话框。

❷在“抽壳”对话框“类型”下拉选项中选择“移除面，然后抽壳”类型。

❸在“抽壳”对话框中的“厚度”文本框中输入 2。

❹在屏幕中选择如图 7-80 所示的面为穿透面，单击对话框中的<确定>按钮，如图 7-81 所示模型。

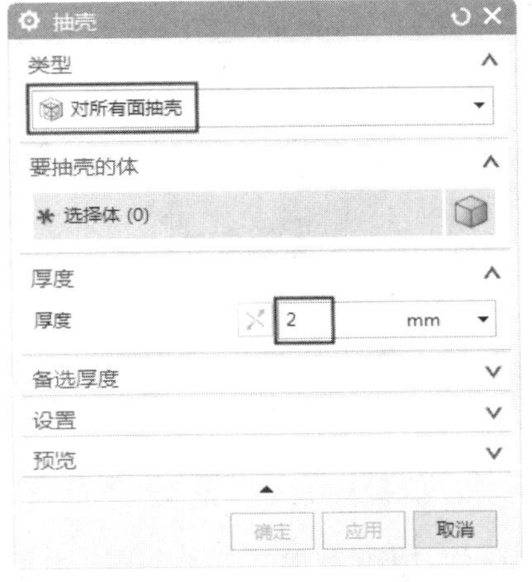

图7-79　“抽壳”对话框

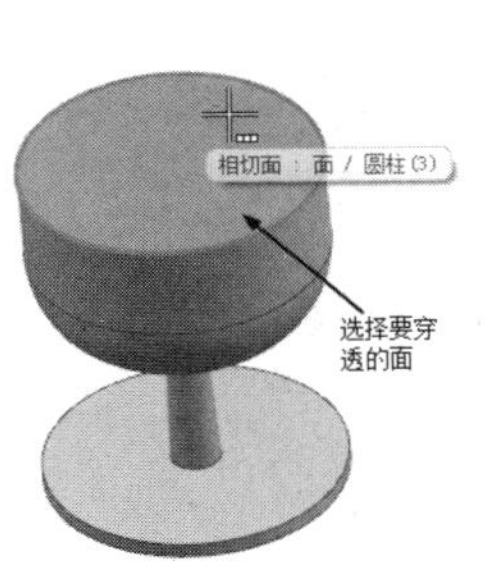

图7-80　选择面

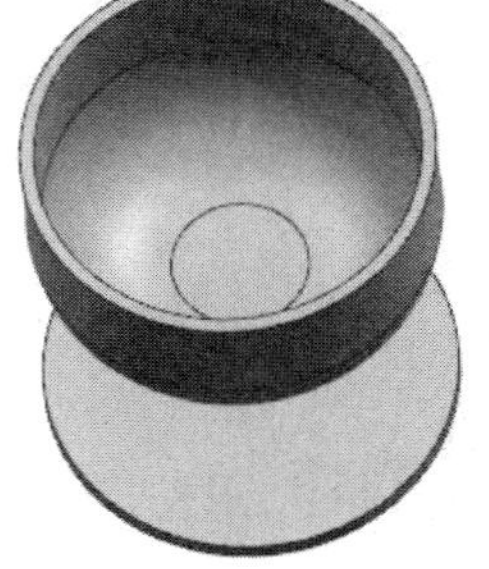

图7-81　生成模型

04 合并。

❶选择“菜单(M)”→“插入(S)”→“组合(B)”→“合并(U)...”或单击“主页”选项卡“特征”面组上的“合并”按钮，打开“合并”对话框，如图 7-82 所示。

❷在屏幕中选择圆柱和凸台为目标体，选择抽壳后的圆柱为目标体，单击<确定>按钮，生成如图 7-83 所示的图形。

05 创建边倒圆。

❶选择“菜单(M)”→“插入(S)”→“细节特征(L)”→“边倒圆(E)...”，单击“主页”选项卡“特征”面组上的“边倒圆”按钮，打开“边倒圆”对话框，如图 7-84 所示。

❷在“边倒圆”对话框的“半径 1”参数项中输入 1，如图 7-85 所示。

❸在屏幕中分别选择如图 7-85 所示的两边，单击对话框中的<确定>按钮，生成如图 7-86

UG NX 12.0

所示模型。

图7-82 “求和”对话框

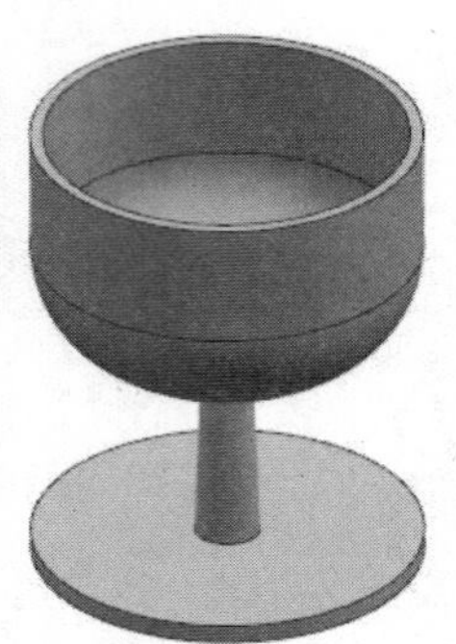

图7-83 生成模型

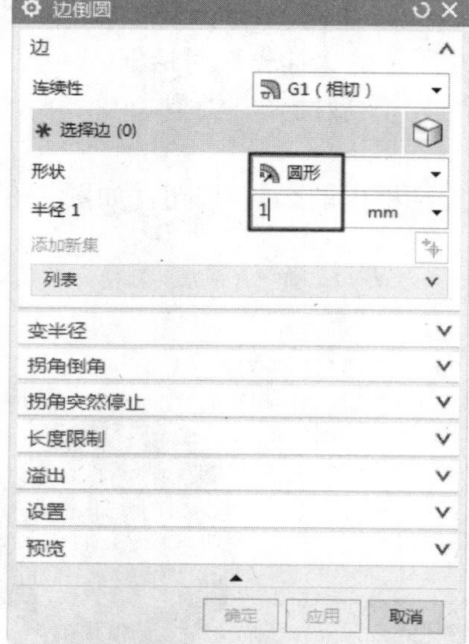

图7-84 “边倒圆”对话框

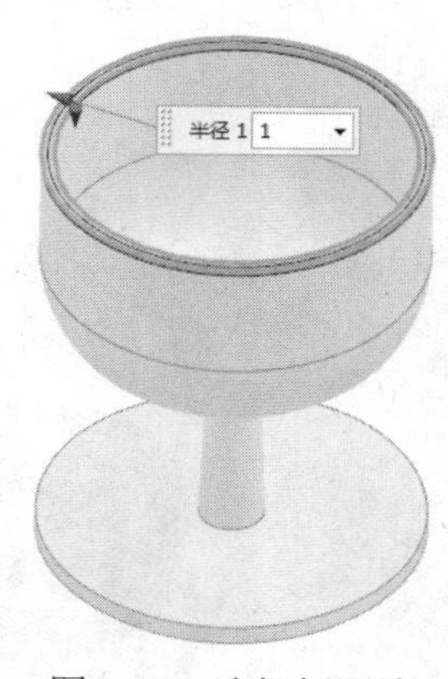

图7-85 选择倒圆边

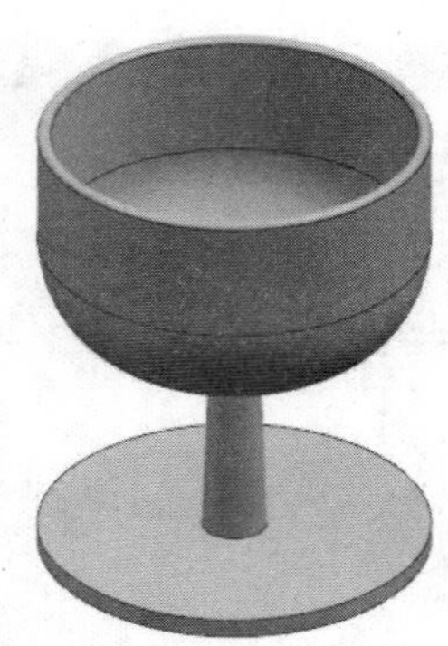

图7-86 生成模型

06 创建边倒圆。

❶选择“菜单(M)”→“插入(S)”→“细节特征(L)”→“边倒圆(E)...”，单击“主页”选项卡“特征”面组上的“边倒圆”按钮，打开“边倒圆”对话框。

❷在“边倒圆”对话框的“半径 1”参数项中输入 10。

❸在屏幕中分别选择如图 7-87 所示的边，单击对话框中的<确定>按钮，生成如图 7-88 所示模型。

07 对象显示。

❶选择“菜单(M)”→“编辑(E)”→“对象显示(I)”，打开“类选择“对话框，如图 7-89 所示。

❷在屏幕中选择实体，在“类选择”对话框中单击确定按钮。

❸打开“编辑对象显示”对话框的如图 7-90 所示，单击“颜色”选项。

❹打开如图 7-91 图所示的“颜色”对话框，选择“颜色”，单击确定按钮。

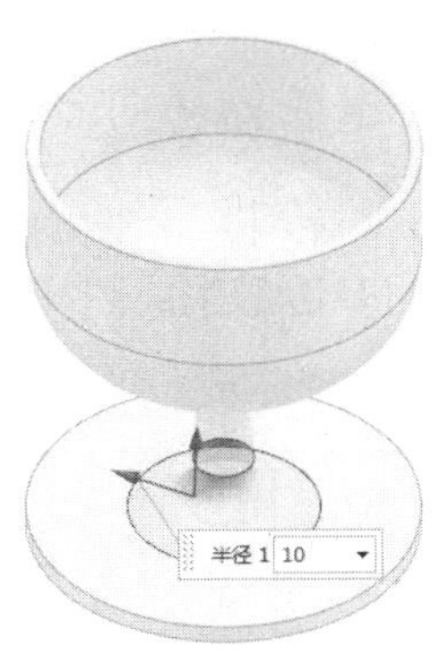

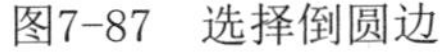

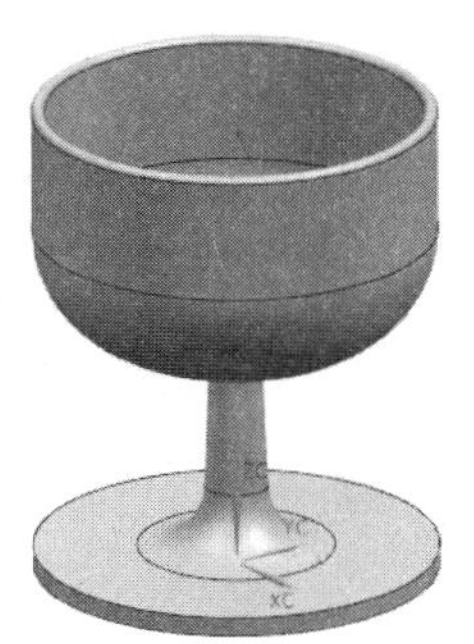

图7-87　选择倒圆边　　　　　　图7-88　生成模型

❺返回到“编辑对象显示”对话框，用鼠标拖动透明度滑动条，将其拖到 70 处，单击确定按钮，结果如图 7-78 所示。

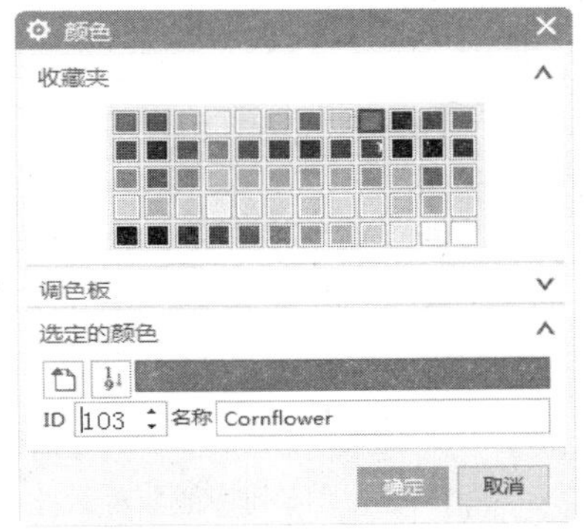

图 7-89“类选择”对话框　　图 7-90“编辑对象显示”对话框　　图 7-91“颜色”对话框

7.8 阵列特征

选择“菜单(M)”→“插入(S)”→“关联复制(A)”→“阵列特征(A)...”，或者单击“主页”选项卡“特征”面组上的“阵列特征”按钮，打开如图 7-92 所示的“阵列特征”对话框。

7.8.1　参数及其功能简介

（1）要形成阵列的特征：选择一个或多个要形成阵列的特征。

（2）参考点：通过点对话框或点下拉列表选择点为输入特征指定位置参考点。

（3）阵列定义-布局：

1）线性：该选项从一个或多个选定特征生成图样的线性阵列。线性阵列既可以是二维的（在 xc 和 yc 方向上，即几行特征），也可以是一维的（在 xc 或 yc 方向上，即一行特征）。其操作后示意图如图 7-93 所示。

2）圆形：该选项从一个或多个选定特征生成圆形图样的阵列。其操作后如图 7-94 所示。

3）多边形：该选项从一个或多个选定特征按照绘制好的多边形生成图样的阵列，如图 7-95 所示。

图7-92 “阵列特征”对话框

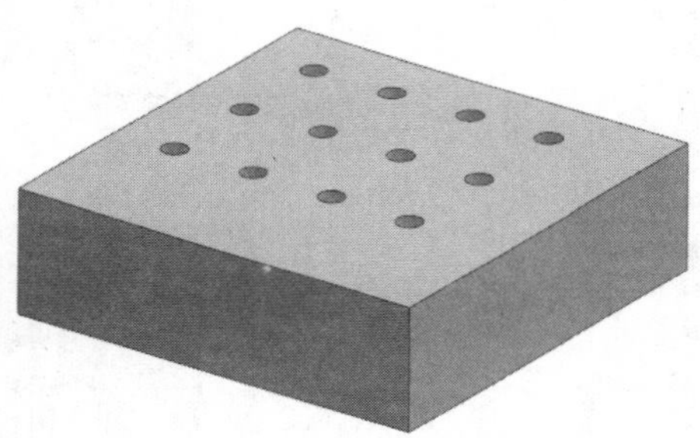

图7-93 “线性阵列”示意图

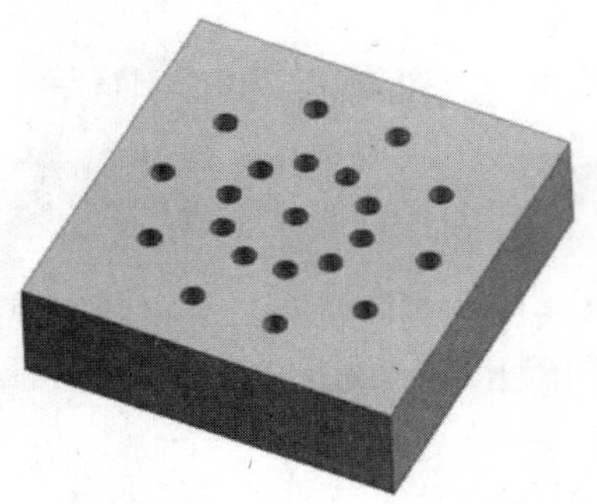

图7-94 “圆形”示意图

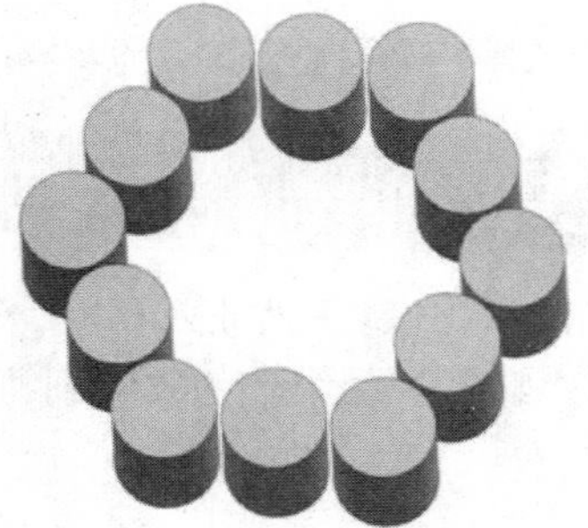

图7-95 “多边形”示意图

4）螺旋式：该选项从一个或多个选定特征按照绘制好的螺旋线生成图样的阵列，如图 7-96 所示。

5）沿：该选项从一个或多个选定特征按照绘制好的曲线生成图样的阵列，如图 7-97 所示。

6）常规：该选项从一个或多个选定特征在指定点处生成图样，示意图如图 7-98 所示。

（4）阵列方法：

1）变化：将多个特征作为输入以创建阵列特征对象，并评估每个实例位置的输入。

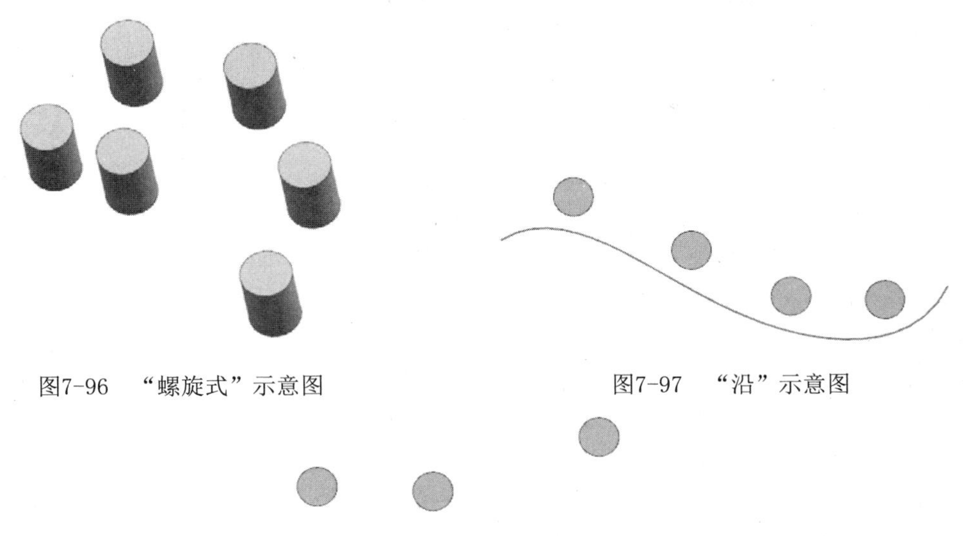

图7-96　“螺旋式”示意图

图7-97　“沿”示意图

图7-98　“常规”示意图

2）简单：将单个特征作为输入以创建阵列特征对象，只对输入特征进行有限评估。

7.8.2　创建步骤

1）选择阵列布局类型。
2）选择一个或多个要阵列的特征。
3）设置阵列参数。
4）预览阵列的创建结果，单击确定或应用按钮，创建阵列。

7.8.3　实例——滚珠2

创建如图7-99所示的模型。

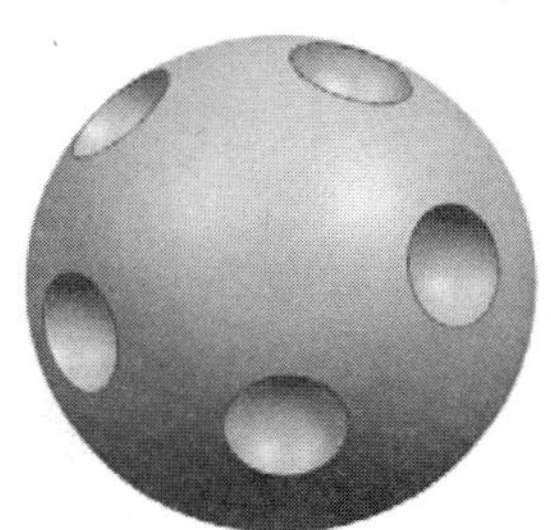

图7-99　模型

01 打开文件。单击“主页”选项卡“打开”按钮，打开“打开”对话框，输入“gunzhu1”，

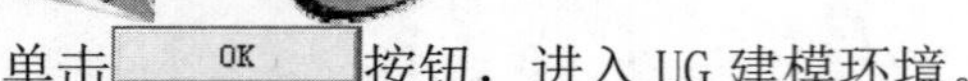

单击 OK 按钮，进入 UG 建模环境。

02 另存部件文件。选择“文件(F)”→“保存(S)”→“另存为(A)...”，打开“另存为”对话框，输入“guanzhu2”，单击 OK 按钮，进入 UG 主界面。

03 阵列球特征 2。

❶选择“菜单(M)”→“插入(S)”→“关联复制(A)”→“阵列特征(A)...”，打开如图 7-100 所示的“阵列特征”对话框。

❷选择球特征为阵列特征。

❸在“阵列特征”对话框中选择“圆形”布局。

在指定矢量下拉列表中选择 ZC 轴为旋转轴，选择坐标原点为基点，在“数量”和“节距角”文本框中分别入输入 5、72，单击 确定 按钮。

7.9 镜像特征

选择“菜单(M)”→“插入(S)”→“关联复制(A)”→“镜像特征（R)”，或单击“主页”选项卡“特征”面组上“更多”库下“镜像特征”按钮，打开如图 7-101 所示的“镜像特征”对话框。用于以基准平面来镜像所选实体中某些特征。

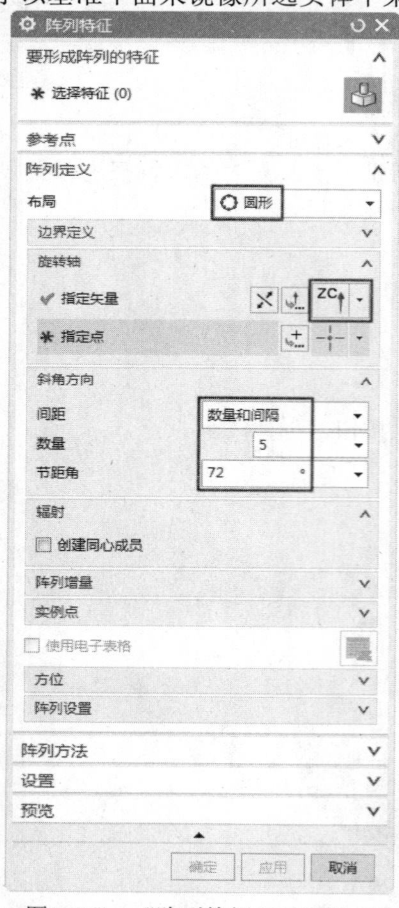

图7-100 “阵列特征”对话框

图7-101 “镜像特征”对话框

7.9.1　参数及其功能简介

（1）选择特征：用于选择镜像的特征，直接在绘图区选择。

（2）参考点：用于指定源参考点。如果不想使用在选择源特征时系统自动判断的默认点，则使用此选项。

（3）镜像平面：用于选择镜像平面，可在“平面”的下拉列表框中选择镜像平面，也可以通过选择平面按钮直接在视图中选取镜像平面。

（4）设置：

1）CSYS 镜像方法：选择坐标系特征时可用。用于指定要镜像坐标系的那两个轴，为产生右旋的坐标系，系统将派生第三个轴。

2）保持螺旋旋向：选择螺旋线特征时可用。用于指定镜像螺旋线是否与源特征具有相同的旋向。

7.9.2　创建步骤

1）从视图区直接选取镜像特征。

2）选择镜像平面。

3）单击 确定 或 应用 按钮，创建镜像特征。

7.10　综合实例——齿轮端盖

本节首先创建长方体，然后在长方体上创建凸垫和凸台，最后创建简单孔，沉孔和螺纹等，结果如图 7-102 所示。

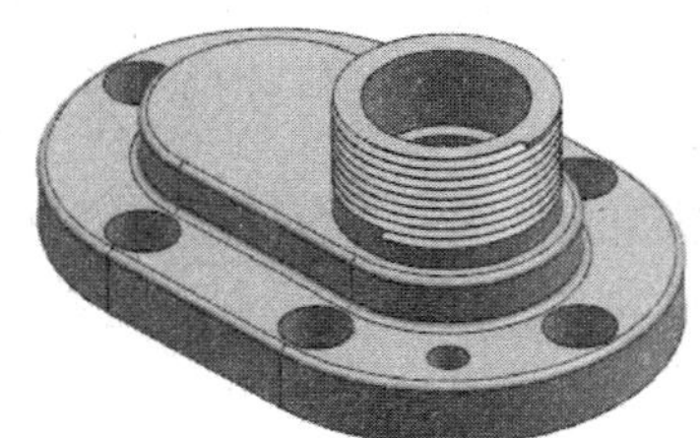

图7-102　齿轮端盖

01 新建文件。单击“主页”选项卡“新建”按钮，打开“新建”对话框，在模板中选择“模型”，在名称中输入“Chilunduangai”，单击 确定 按钮，进入 UG 主界面。

02 创建长方体。

❶选择“菜单(M)”→“插入(S)”→“设计特征(E)” →“长方体(K)...”，或者单击“主页”选项卡“特征”面组上的“长方体”按钮，打开如图 7-103 所示的“长方体”对话框。

❷在“长方体”对话框中选择“原点和边长”类型。

❸单击“指定点”中的“点对话框”图标，打开“点”对话框，根据系统提示输入坐标值（-42.38，-28，0），单击 确定 按钮。

❹回到“长方体”对话框，输入长，宽，高分别为（84.76，56，9），单击 确定 按钮，完成长方体的创建，如图 7-104 所示。

03 创建凸垫。

❶选择“菜单(M)”→“插入(S)”→“设计特征(E)”→“垫块（原有）(A)...”，打开“垫块”类型选择对话框。

❷在对话框中单击矩形按钮，打开“矩形垫块”放置面选择对话框，选择长方体上表面为垫块放置面。

❸打开“水平参考”对话框，选择图 7-105 所示线段 1，打开“矩形垫块”参数对话框如图 7-106 所示，在长度、宽度和高度中分别输入 60.76、32、7，单击确定按钮。

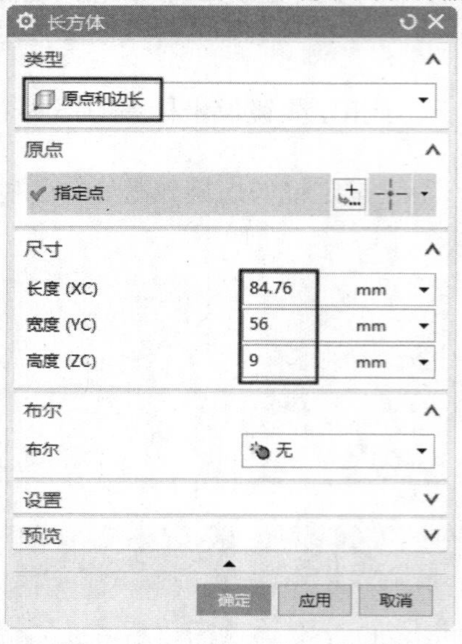

图7-103 “长方体”对话框

图7-104 长方体模型

❹打开“定位”对话框，选择“垂直”定位图标，按图 7-107 所示分别选择目标边 1，工具边 1，输入距离参数 28，选择目标边 2，工具边 2，输入距离参数 42.38，单击确定按钮，完成垫块的创建，如图 7-107 所示。

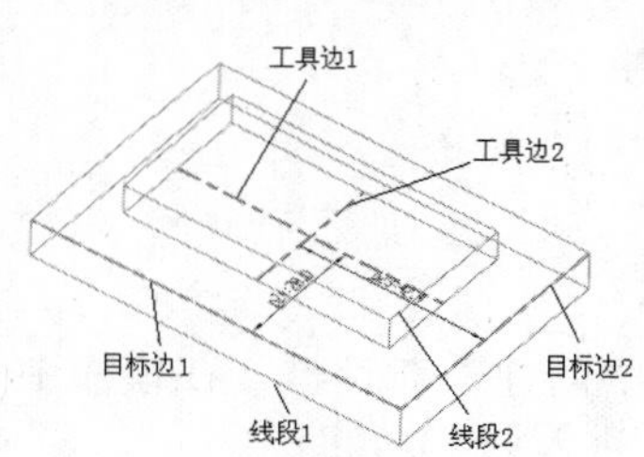

图7-105 定位示意图

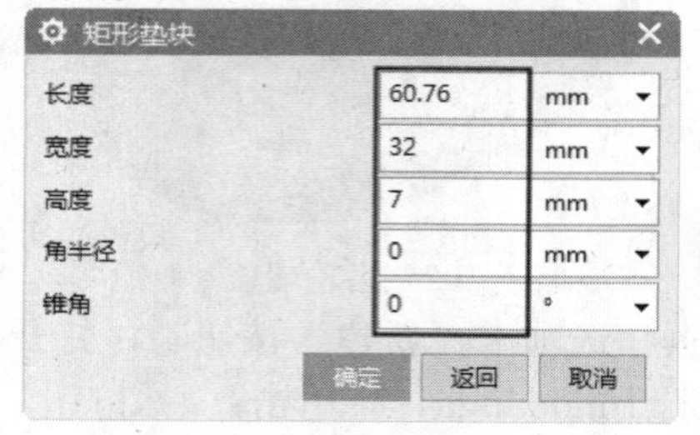

图7-106 “矩形垫块”对话框

图7-107 垫块模型

04 创建凸台。

❶选择“菜单(M)”→“插入(S)”→“设计特征(E)”→“凸台（原有）(B)...”，打开如图 7-108 所示的“支管”对话框。

❷在对话框中的直径，高度和锥角文本框中输入 27、16、0，选择上步创建的垫块上表面为放置面，单击确定按钮，生成一凸台。

❸打开“定位”对话框，在对话框中单击“垂直”图标，按系统提示选择图 7-107 所示线段 2，在表达式中输入 16，选择线段 1，在表达式中输入 28，单击确定按钮，完成凸台的创建，生成模型如图 7-109 所示。

05 创建边倒圆。

❶选择“菜单(M)”→“插入(S)”→“细节特征(L)”→“边倒圆(E)...”，单击“主页”选项卡“特征”面组上的“边倒圆”按钮，打开如图 7-110 所示的“边倒圆”对话框。

❷在“边倒圆”对话框中的“半径 1”文本框中输入 28。

❸选择长方体四侧面为倒圆边，单击应用按钮。

❹同上步骤为凸垫四侧面边倒圆，倒圆半径 16，生成模型如图 7-111 所示。

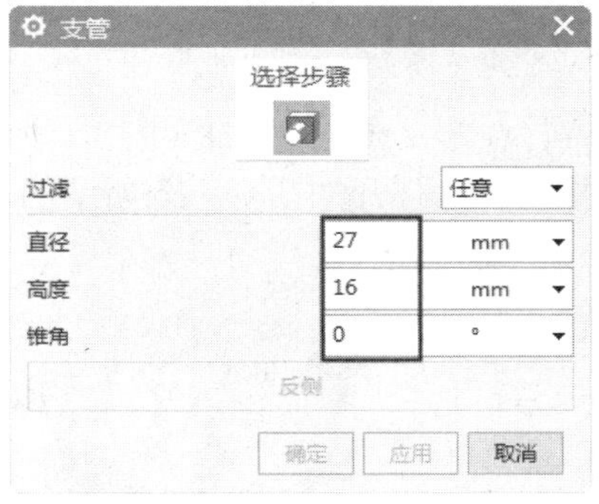

图7-108　“支管”对话框

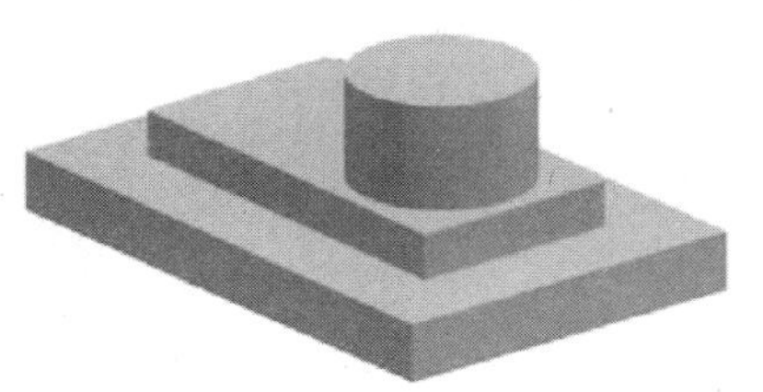
图7-109 创建凸台

06 创建沉头孔。

❶选择“菜单(M)”→“插入(S)”→“设计特征(E)”→“孔(H)”，或单击“主页”选项卡“特征”面组上的“孔”按钮，打开如图 7-112 所示的“孔”对话框。

图7-110　“边倒圆”对话框

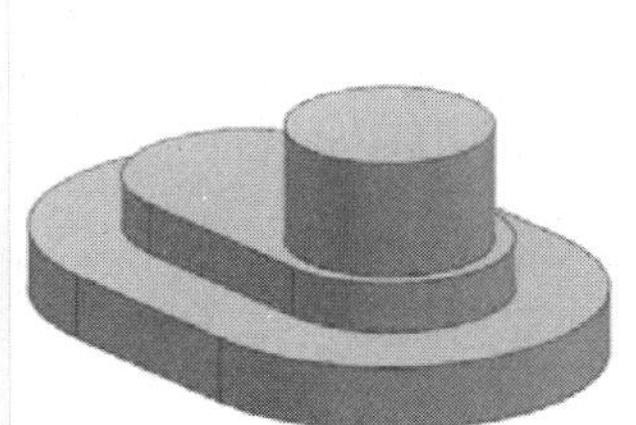
图7-111　边倒圆模型

图7-112　“孔”对话框

❷在“成形”选项中选择“沉头”，在沉头直径，沉头深度，直径，深度和顶锥角文本框中输入 9、6、7、9、0。

❸选择长方体上表面为孔放置面，弹出“草图点”对话框，确定三个沉孔的位置，单击关闭按钮。

❹编辑三个沉孔的位置，尺寸如图 7-113 所示。

❺单击“主页”选项卡“草图”面组上的“完成”按钮，返回“孔”对话框，单击<确定>按钮，完成孔的创建。结果如图 7-114 所示。

07 创建镜像特征。

❶选择“菜单(M)”→“插入(S)”→“关联复制(A)”→“镜像特征（R)”，或单击“主页”选项卡“特征”面组上“更多”库下“镜像特征”按钮，打开如图 7-115 所示的“镜像特征”对话框。

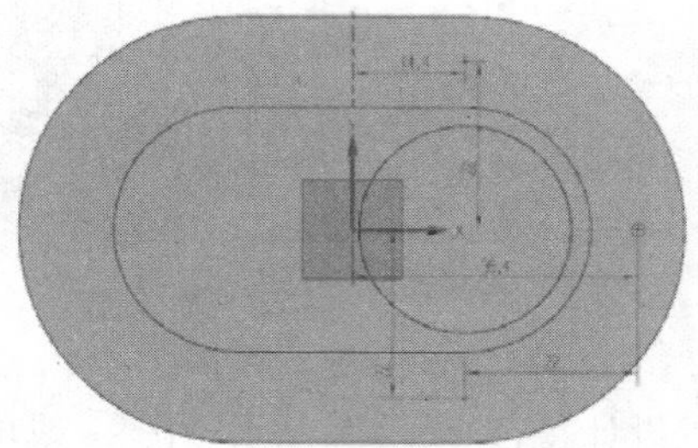

图7-113　孔定位尺寸示意图

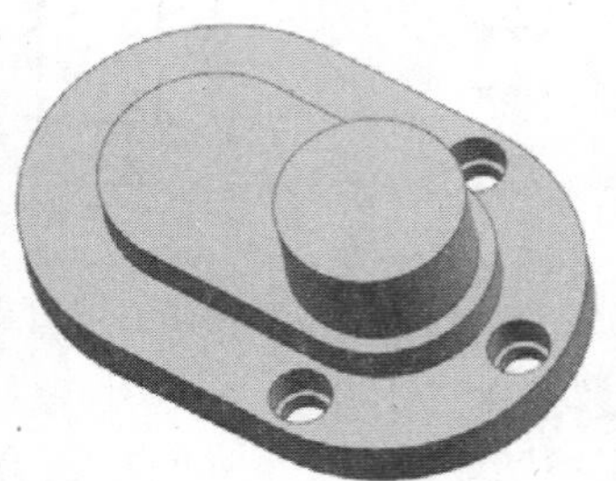

图7-114　孔模型

❷在视图中选择步骤 06 创建的孔特征。

❸在“平面”下拉列表中选择“新平面”，在指定平面下拉列表中选择“YC-ZC 平面”作为镜像平面，单击确定按钮，完成镜像特征的创建，如图 7-116 所示。

08 创建圆孔。

❶选择“菜单(M)”→“插入(S)”→“设计特征(E)”→“孔(H)”，或单击“主页”选项卡“特征”面组上的“孔”按钮，打开如图 7-117 所示的“孔”对话框。

❷在“孔”对话框中选择“简单孔”形状。

❸在“孔”对话框中的直径，深度和顶锥角文本框中输入 5，9，0。

❹选择长方体上表面为孔放置面，打开“草图点”对话框。绘图区选取点位置，单击关闭按钮。

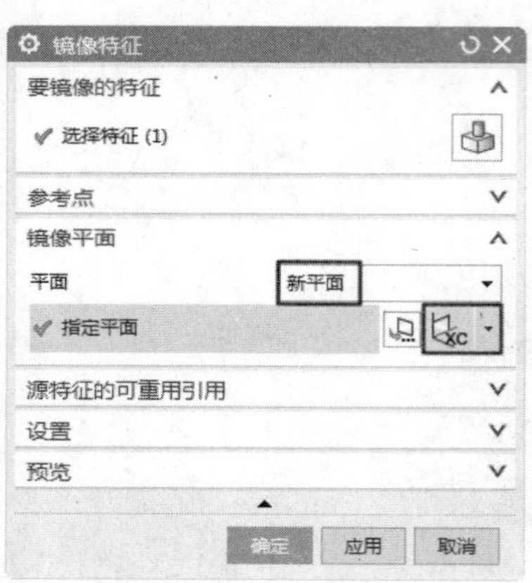

图7-115　“镜像特征”对话框

图7-116　创建镜像特征

❺编辑两个圆孔的位置，尺寸如图 7-118 所示。

❻单击“主页”选项卡“草图”面组上的“完成”按钮，返回“孔”对话框，单击应用按钮，完成孔的创建。结果如图 7-119 所示。

图7-117　“孔”对话框

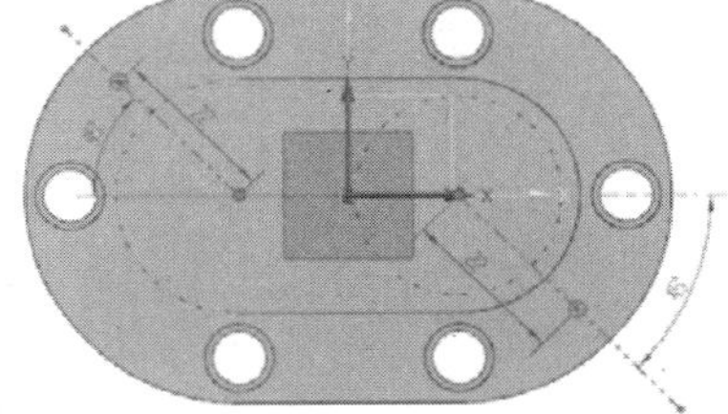

图7-118　孔定位尺寸示意图

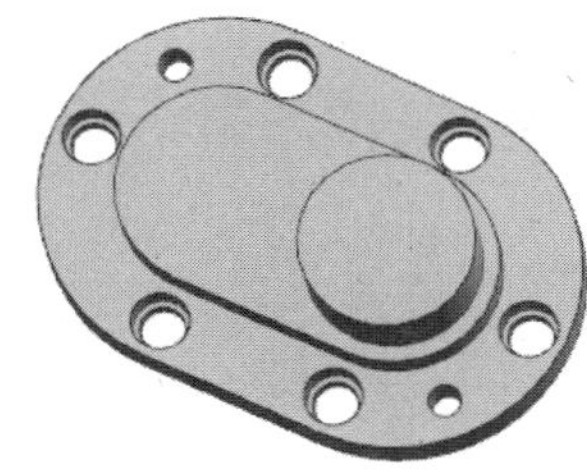

图7-119　创建圆孔

09 创建圆孔。

❶选择“菜单(M)”→“插入(S)”→“设计特征(E)”→“孔(H)”，或单击“主页”选项卡“特征”面组上的“孔”按钮，打开如图 7-120 所示的“孔”对话框。

❷在“成形”下拉列表中选择“沉头”类型，捕捉凸台上端面圆心创建沉头孔。

❸在“孔”对话框中的沉头直径、沉头深度、直径、深度和顶锥角文本框中分别输入 20、11、16、32、0。

❹同理在长方体下端面（14.38，0，0）处创建带尖角的简单孔，直径、深度和顶锥角分别是 16、11、120，生成模型如图 7-121 所示。

10 创建螺纹。

❶选择“菜单(M)”→“插入(S)”→“设计特征(E)”→“螺纹(T)...”，或者单击“主页”选项卡“特征”面组上的“螺纹刀”按钮，打开如图 7-122 所示的“螺纹切削”对话框

❷在对话框中螺纹类型选项中选择“详细”。

❸用光标选择凸台外表面，激活对话框中各选项，在小径选项中输入 25，长度项中输入 13，螺距选项中输入 1.5，其他接受系统默认的各值如图 7-122 所示，单击确定按钮，完成螺纹的创建，如图 7-123 所示。

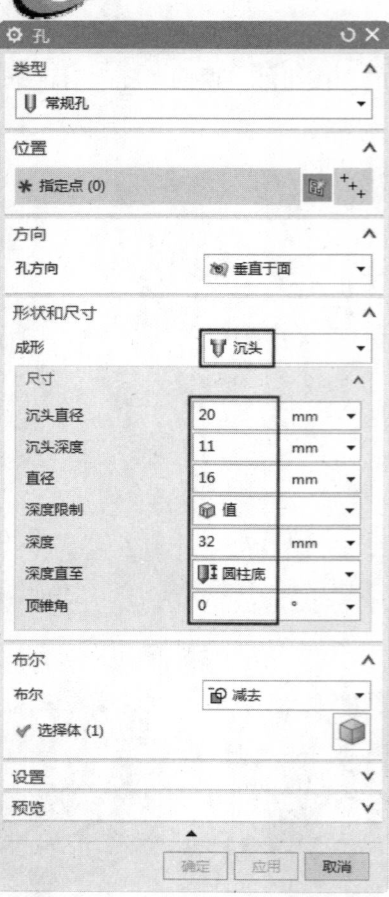

图7-120 “孔”对话框

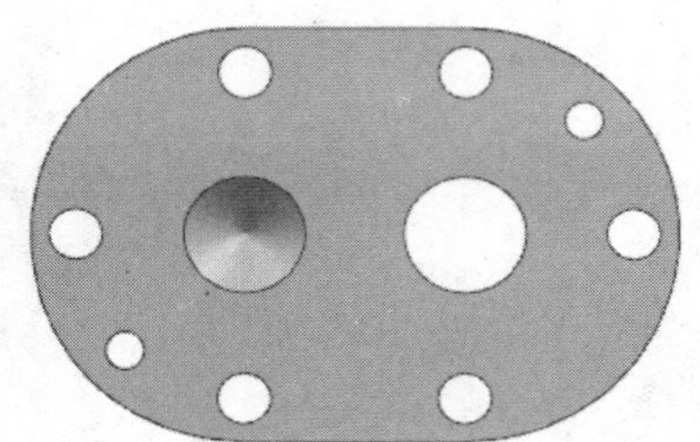

图7-121 创建孔

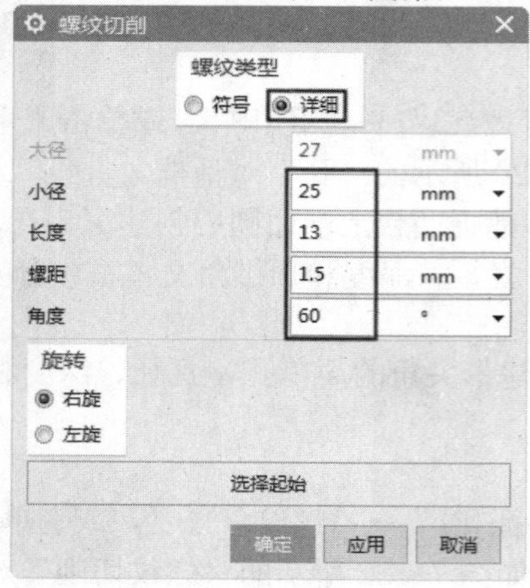

图7-122 “螺纹”对话框

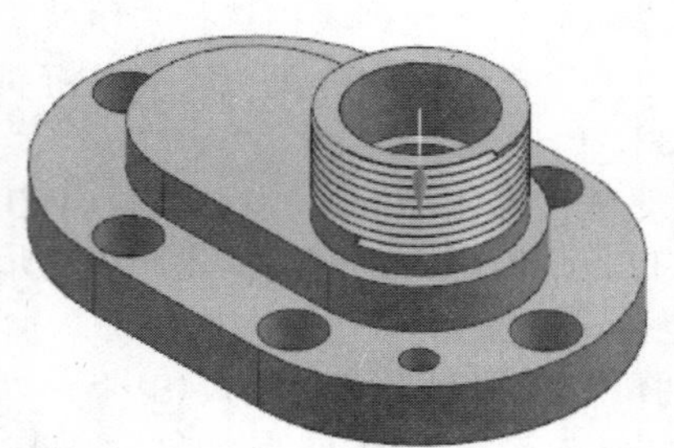

图7-123 创建螺纹

11 边倒圆。

分别对垫块上表面外缘，下表面外缘和长方体上表面外缘曲边倒圆，倒圆半径 1，生成模型如图 7-102 所示。

第8章

编辑特征、信息和分析

实体建模后，发现有的特征建模不符合要求，可以通过特征编辑对特征不满意的地方进行编辑。也可以通过分析查看不符合要求的地方。用户可以重新调整尺寸、位置及先后顺序，以满足新的设计要求。

重点与难点

- 编辑特征
- 信息
- 分析

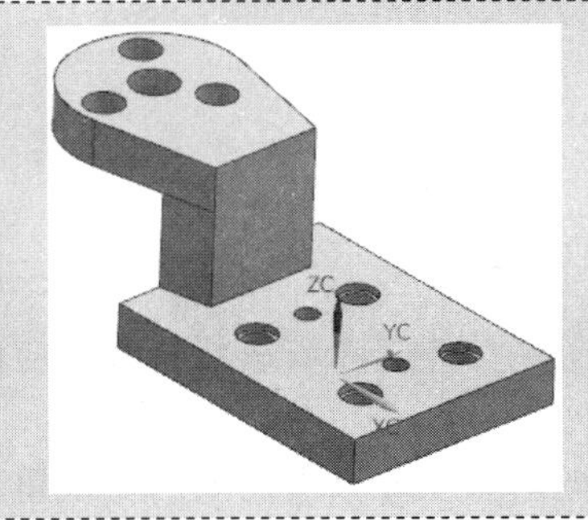

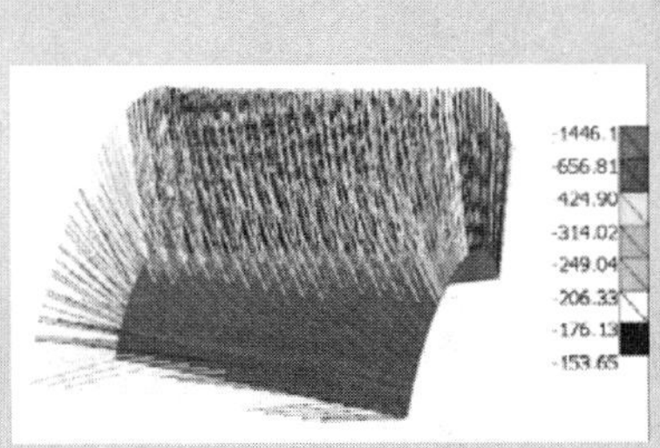

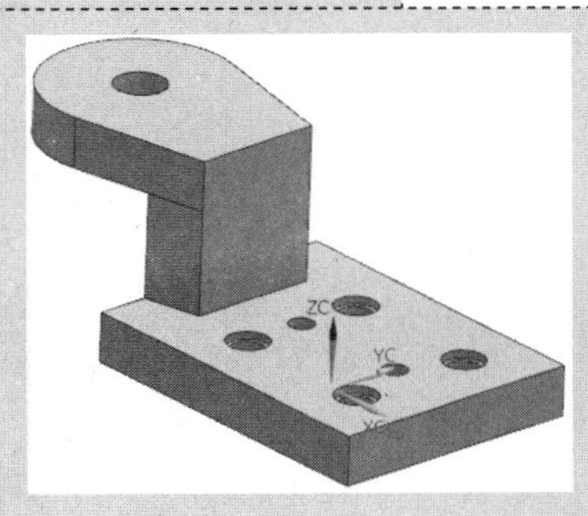

8.1 编辑特征

UG NX12.0 的编辑特征功能主要是通过选择“菜单(M)”→“编辑(E)”→“特征(F)”命令，打开如图 8-1 所示的“特征”子菜单或“编辑特征”工具栏来实现。

8.1.1 编辑特征参数

选择“菜单(M)”→“编辑(E)”→“特征(F)”→“编辑参数(P)...”，打开如图 8-2 所示的“编辑参数”对话框。该对话框用于选择要边界的特征。

用户可以通过三种方式编辑特征参数：可以在视图区双击要编辑参数的特征，也可以在该对话框的特征列表框中选择要编辑参数的特征名称，或者在部件导航器上右键单击相应的特征后选择“编辑参数(P)...”。随选择特征的不同，打开的“编辑参数”对话框形式也有所不同。

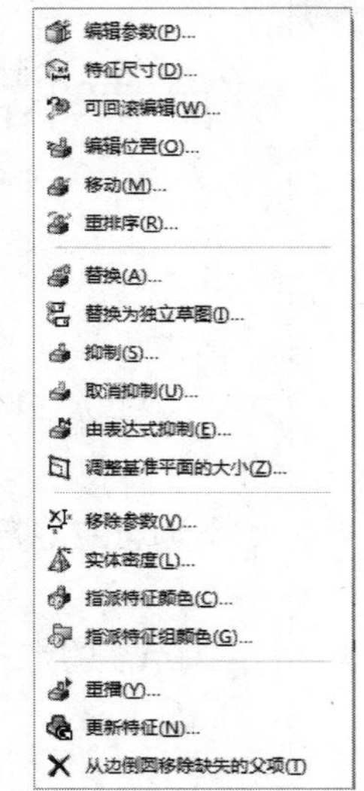

图8-1 “特征”子菜单

根据编辑各特征对话框的相似性，现将编辑特征参数分成 4 类情况进行介绍。它们分别是编辑一般实体特征参数、编辑扫描特征参数、编辑阵列特征参数和编辑其他特征参数等。

一般实体特征是指基本特征、成形特征与用户自定义特征等，它们的“编辑参数”对话框类似，如图 8-3 所示。对于某些特征，其“编辑参数”对话框可能只有其中的一个或两个选项。

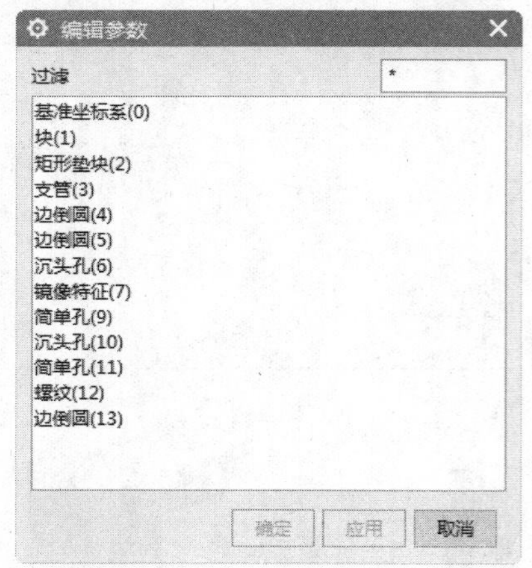

图8-2 “编辑参数”对话框

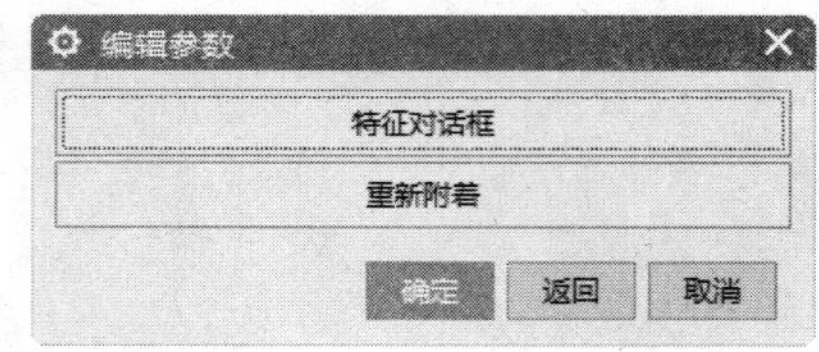

图8-3 “编辑参数”对话框

（1）特征对话框：用于编辑特征的存在参数。单击该按钮，打开创建所选特征时对应的参数对话框，修改需要改变的参数值即可。

（2）重新附着：用于重新指定所选特征附着平面。可以把建立在一个平面上的特征重新附着到新的特征上去。已经具有定位尺寸的特征，需要重新指定新平面上的参考方向和参考边。

8.1.2　编辑定位

选择“菜单(M)”→“编辑(E)”→“特征(F)”→“编辑位置(O)...”，打开“编辑位置”特征选择列表框，选择要编辑定位的特征，单击确定按钮，打开如图 8-4 所示的“编辑位置”对话框或如图 8-5 所示的“定位”对话框。

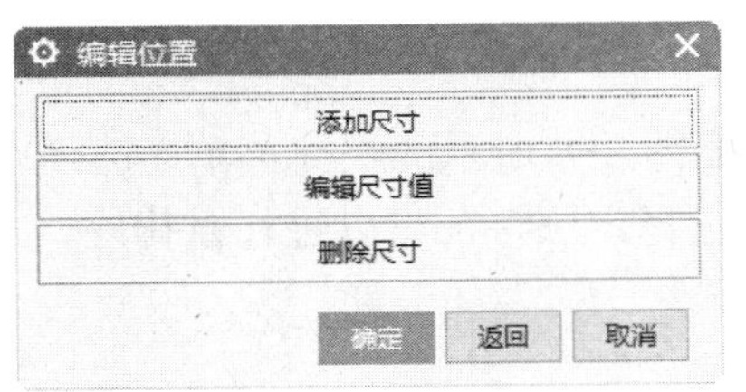

图8-4　“编辑位置”对话框

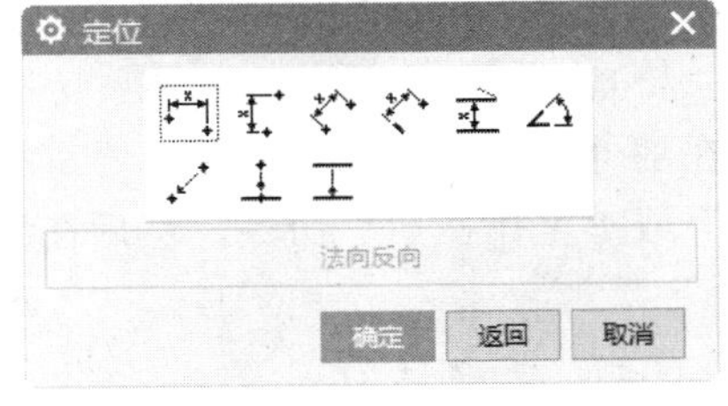

图8-5　“定位”对话框

“编辑位置”对话框用于添加定位尺寸、编辑或删除已存在的定位的尺寸。

“定位”对话框用于添加尺寸。

8.1.3　移动特征

选择“菜单(M)”→“编辑(E)”→“特征(F)”→“移动(M)...”，打开“移动特征”特征列表框，选中要移动的特征后，单击确定按钮，打开如图 8-6 所示的“移动特征”对话框。

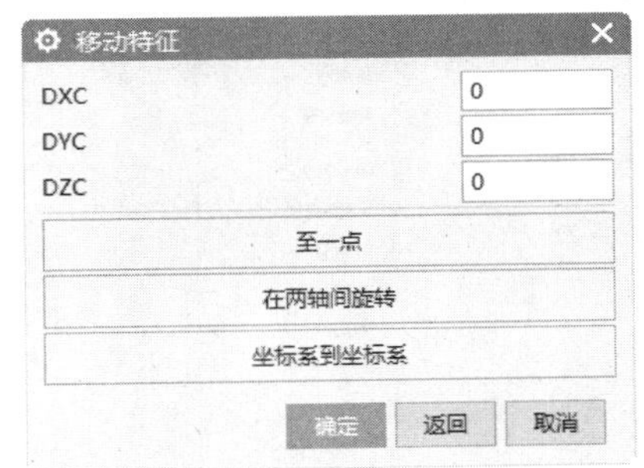

图8-6　“移动特征”对话框

（1）DXC、DYC 和 DZC 文本框：用于在文本框中输入分别在 X、Y 和 Z 方向上需要增加的数值。

（2）至一点：用户可以把对象移动到一点。单击该按钮，打开“点”对话框，系统提示用户先后指定两点，系统用两点确定一个矢量，把对象沿着这个矢量移动一个距离，而这个距离就是指定的两点间的距离。

（3）在两轴间旋转：单击该按钮，打开“点”对话框，系统提示用户选择一个参考点，接着打开“矢量构成”对话框，系统提示用户指定两个参考轴。

（4）坐标系到坐标系：用户可以把对象从一个坐标系移动到另一个坐标系。

8.1.4 特征重新排列

选择“菜单(M)”→“编辑(E)”→“特征(F)”→“重排序(R)...”，打开如图 8-7 所示的“特征重排序”对话框。

在列表框中选择要重新排序的特征，或者在视图区直接选取特征，选取后相关特征出现在“重定位特征”列表框，选择排序方法“之前”或“之后”，然后在“重定位特征”列表框中选择定位特征，单击确定或应用按钮，完成重排序。

在部件导航器中，右键单击要重排序的特征，打开如图 8-8 所示的快捷菜单，选择“重排在前”或“重排在后”命令，然后在弹出的对话框中重选择定位特征可以进行重排序。

8.1.5 替换特征

选择“菜单(M)”→“编辑(E)”→“特征(F)”→“替换(A)...”，打开如图 8-9 所示的“替换特征”对话框，该对话框用于实体与基准的特征，并提供用户快速找到要编辑的步骤来提高模型创建的效率。

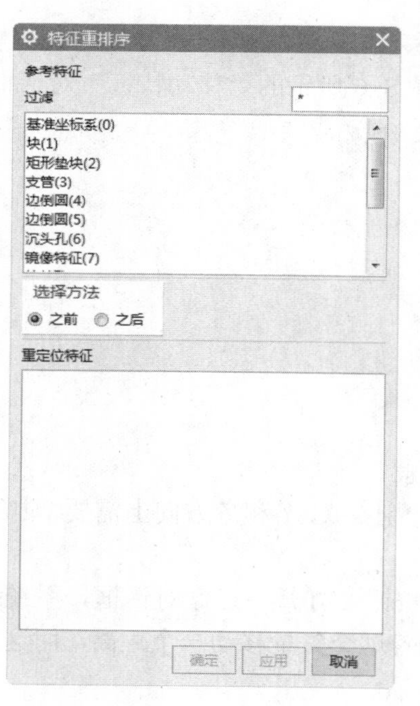

图8-7 “特征重排序”对话框

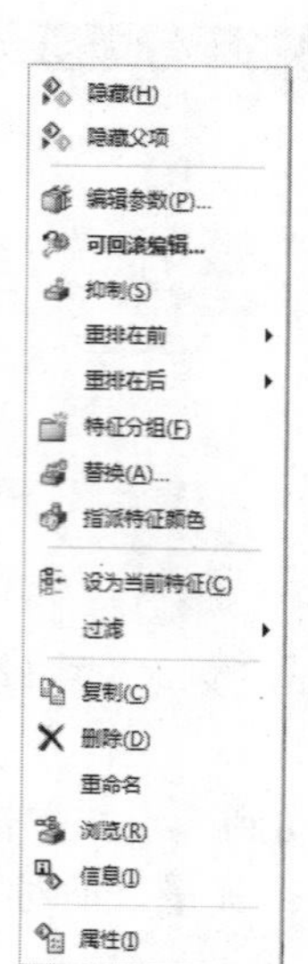

图8-8 快捷菜单图

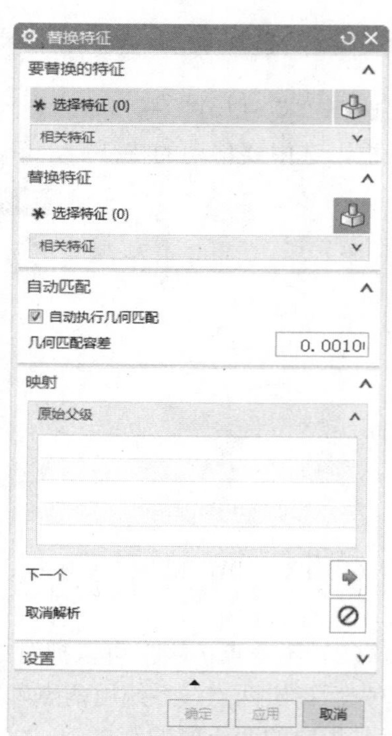

图8-9 “替换特征”对话框

（1）要替换的特征：用于选择要替换的原始特征，原始特征可以是相同实体上的一组特征、基准轴或基准平面特征。

（2）替换特征：用于选择要替换原始特征的形状，替代特征可以是同一零件中不同物体实体上的一组特征，如果原始特征为基准轴，则替代特征也需为基准轴。如果原始特征为基准平面，则替代特征也需为基准平面。

（3）映射：选择替换后新的父子关系。

8.1.6　抑制/取消抑制特征

选择“菜单(M)”→“编辑(E)”→“特征(F)”→“抑制(S)...”，打开如图 8-10 所示的“抑制特征”对话框。该对话框用于将一个或多个特征从视图区和实体中临时删除。被抑制的特征并没有从特征数据库中删除，可以通过“取消抑制”命令重新显示。

选择“菜单(M)”→“编辑(E)”→“特征(F)”→“取消抑制(U)...”，打开如图 8-11 所示的“取消抑制特征”对话框。该对话框用于使已抑制的特征重新显示。

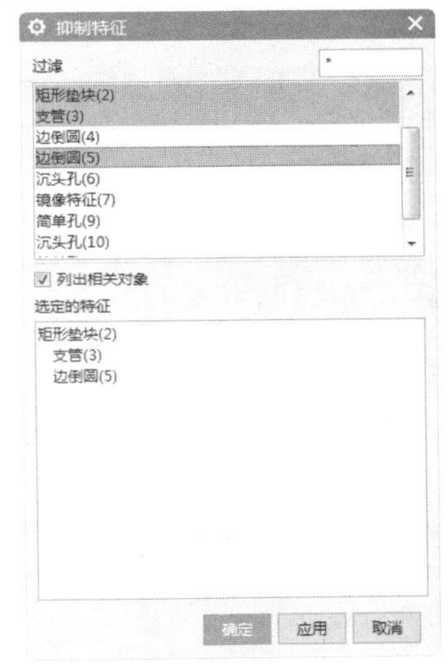

图8-10　“抑制特征”对话框

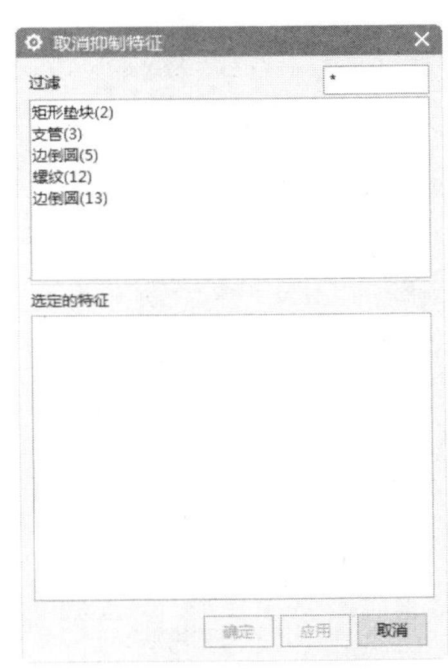

图8-11　“取消抑制特征”对话框

8.1.7　移除参数

选择“菜单(M)”→“编辑(E)”→“特征(F)”→“移除参数(V)...”，打开如图 8-12 所示的“移除参数”对话框。该对话框用于选择要移除参数的对象。单击确定按钮，将参数化几何对象的所有参数全部删除。一般只用于不再修改也不希望修改而最后定型的模型。

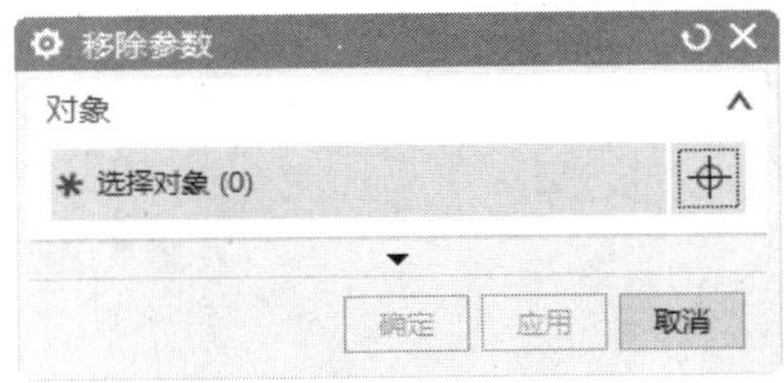

图8-12　“移除参数”对话框

8.2 信息

UG NX12.0 提供了查找用户所需要的几何、物理和数学信息，信息查询可以通过在菜单中选择信息菜单来实现，如图 8-13 所示。该菜单主要用于列出指定的项目或零件的信息，并以信息对话框的形式显示给用户。此菜单中的所有命令仅具有显示信息的功能，不具备编辑功能，下面介绍主要命令的用法。

（1）对象信息：选择“菜单(M)”→“信息(I)”→“对象(O)...”，系统会列出所有对象的信息。用户也可查询指定对象的信息，如点、直线、样条等。

（2）点信息：选择“菜单(M)”→“信息(I)”→“点(P)...”，打开如图 8-14 所示的“点”对话框，用于列出指定点的信息。

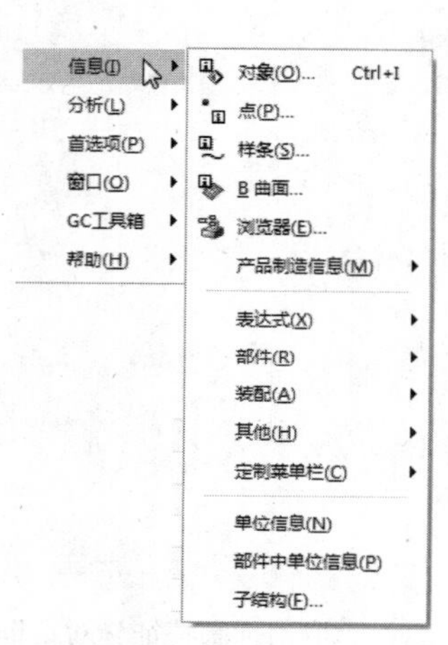

图8-13　信息菜单

图8-14　“点”对话框

（3）样条信息：选择“菜单(M)”→“信息(I)”→“样条(S)...”，打开如图 8-15 所示的“样条分析”对话框，该对话框用于设置输出用户所需的样条信息和输出方式，单击 确定 按钮，打开如图 8-16 所示的“样条分析”选择样条曲线对话框，在视图区选择需要输出信息的样条曲线，则输出样条信息。

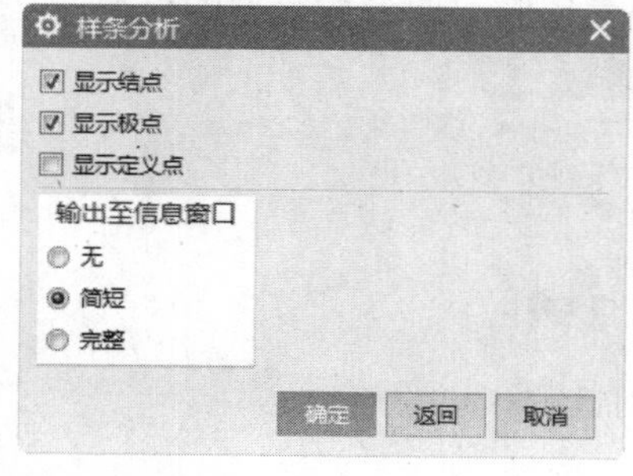

图8-15　“样条分析”对话框

图8-16　选择样条曲线对话框

（4）B 曲面：选择“菜单(M)”→“信息(I)”→“B 曲面...”，打开如图 8-17 所示的“B 曲面分析”对话框，该对话框用于设置输出用户所需的 B 曲面信息和输出方式，单击 确定 按钮，打开如图 8-18 所示的“B 曲面分析”选择 B 样条曲面对话框，在视图区选择需要输出信息的 B 样条曲面，则输出 B 曲面信息。

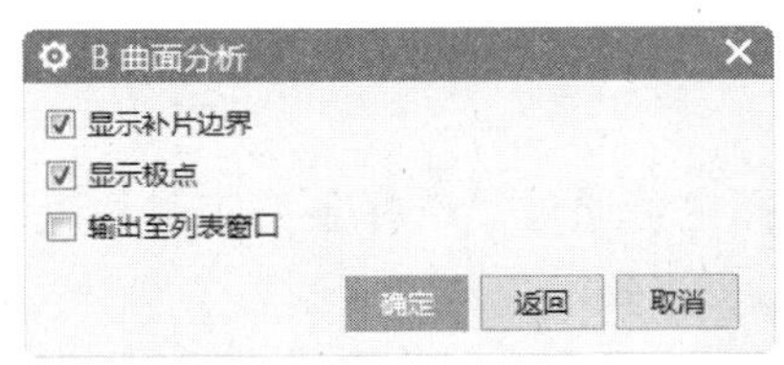

图8-17　“B 曲面分析”对话框

图8-18　选择B样条曲面对话框

8.3 分析

UG NX12.0 提供了大量的分析工具，通过在菜单中选择分析菜单（如图 8-19 所示）选择分析工具来实现对角度、弧长、曲线、面等特性进行精确地数学分析，还可以输出成各种数据格式。

图8-19　分析菜单

8.3.1 几何分析

1．距离分析

选择“菜单(M)”→“分析(L)”→“测量距离(D)...”或单击“分析”选项卡“测量”面组上的“测量距离”按钮，打开如图 8-20 所示的“测量距离”对话框。在类型中包含了“距离”“对象集之间”“投影距离”“对象集之间的投影距离”“屏幕距离”“长度”“半径”“直径”和“点在曲线上”共 9 个。

对象的选择可以直接选择几何对象，其中点的选择也可通过“选择条”工具栏进行选择。

2．角度分析

选择“菜单(M)”→“分析(L)”→“测量角度(A)...”或单击“分析”选项卡“测量”面组上的“测量角度”按钮，打开如图 8-21 所示的“测量角度”对话框。在类型中包含了“按对象”“按 3 点”和“按屏幕点”共 3 个。

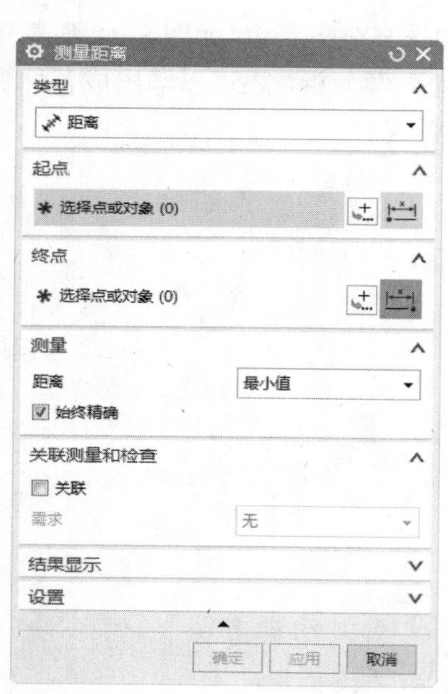

图8-20 “测量距离”对话框

图8-21 “测量角度”对话框

3．偏差分析

（1）检查：该功能能够根据过某点斜率连续的原则，即通过对第一条曲线、边缘或表面上的检查点与其他曲线、边缘或表面上的对应点进行比较，检查选择的对象是否相接、相切或边界是否对齐。

选择“菜单(M)”→“分析(L)”→“偏差(V)”→“检查(C)...”，打开如图 8-22 所示的“偏差检查”对话框。该对话框用于检查曲线到曲线、线-面、面-面以及边-边的连续性，并得到所选对象的距离偏差和角度偏差数值。在图形工作区中检查点时以“+”号表示，距离偏差以

“*”表示，角度偏差以箭头表示。

在“偏差检查”对话框中选择一种检查对象类型，在该对话框中设置用户所需的数值，单击 检查 按钮，打开“信息”对话框，在该对话框中可选择在信息窗口中要指定列出的信息。

（2）相邻边：该功能用于检查多个面的公共边的偏差。选择“菜单(M)”→“分析(L)”→“偏差(V)”→“相邻边(E)...”，打开如图 8-23 所示的“相邻边”对话框。在该对话框中“检查点”有“等参数”和“弦差”两种检查方式。在图形工作区选择具有公共边的多个面后，单击 确定 按钮，打开如图 8-24 所示的“报告”对话框，在该对话框中可选择在信息窗口中要指定列出的信息。

图8-22　“偏差检查”对话框

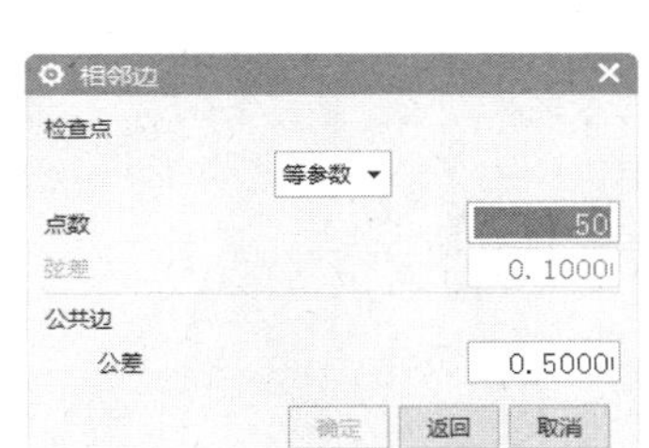

图8-23　“相邻边”对话框

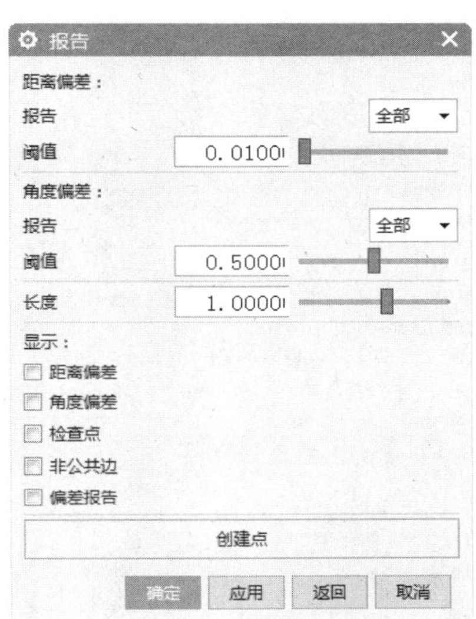

图8-24　“报告”对话框

（3）度量：该功能用于在第一组几何对象（曲线或曲面）和第二组几何对象（可以是曲线、曲面、点、平面、定义点等对象）之间度量偏差。

选择“菜单(M)”→“分析(L)”→“偏差(V)”→“度量 (G)...”，打开如图 8-25 所示的“偏差度量”对话框。

1）测量定义：在该选项下拉列表框中选择用户所需的测量方法。

2）最大检查距离：用于设置最大检查的距离。

3）标记：用于设置输出针叶的数目，可直接输入数值。

4）标签：用于设置输出标签的类型，是否插入中间物，若插入中间物，要在“偏差矢量间隔”设置间隔几个针叶插入中间物。

（4）彩色图：用于设置偏差矢量起始处的图形样式。

4. 最小半径分析

选择“菜单(M)”→“分析(L)”→“最小半径(R)...”，打开如图 8-26 所示的“最小半径”对话框，系统提示用户在图形工作区选择一个或者多个表面或曲面作为几何对象，选择几何对象后，系统会在弹出的信息对话框窗口列出选择几何对象的最小曲率半径。若勾选 ☑ 在最小半径处创建点 复选框，则在选择几何对象的最小曲率半径处将产生一个点标记。

8.3.2 检查几何体

选择“菜单(M)”→“分析(L)”→“检查几何体(X)...”，打开如图 8-27 所示的“检查几何体”对话框，该对话框用于分析各种类型的几何对象，找出无效的几何对象和错误的数据结构。

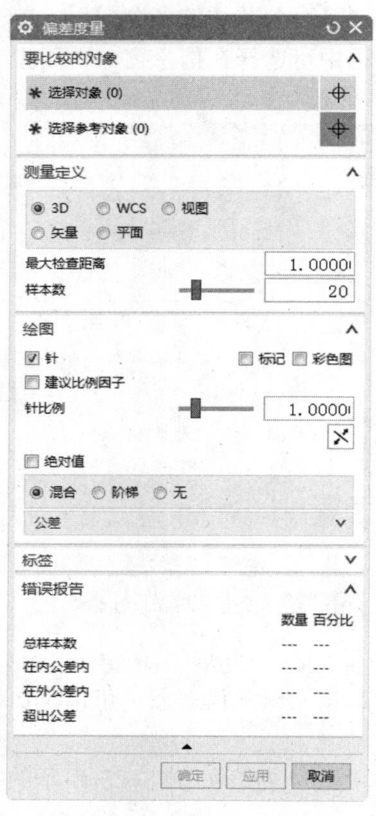

图8-25 “偏差度量”对话框

图8-26 “最小半径”对话框

图8-27 “检查几何体”对话框

1. 对象检查/检查后状态

（1）微小的：勾选该复选框，用于在所选择的几何对象中查找所有微小的实体、面、曲线和边。

（2）未对齐：勾选该复选框，用于检查所选的几何对象与坐标轴的对齐情况。

2. 体检查/检查后状态

（1）数据结构：勾选该复选框，用于检查所选择实体中的数据结构有无问题。

（2）一致性：勾选该复选框，用于检测所选实体的内部是否有冲突。

（3）面相交：勾选该复选框，用于检查所选实体中的表面是否相互交叉。

（4）片体边界：勾选该复选框，用于查找所选片体的所有边界。

3. 面检查/检查后状态

（1）光顺性：勾选该复选框，用于检查 B-表面的平滑过渡情况。

（2）自相交：勾选该复选框，用于检查所选表面是否自交。

（3）锐刺/切口：勾选该复选框，用于检查表面是否被分割。

4．边检查/检查后状态

（1）光顺性；勾选该复选框，用于检查所有与表面连接但不光滑的边。

（2）公差：勾选该复选框，用于在选择边中查找超出距离误差的边。

5．检查准则

（1）距离：用于设置距离的最大公差值。

（2）角度：用于设置角度的最大公差值。

8.3.3　曲线分析

曲线分析通过选择“菜单(M)”→“分析(L)”→“曲线(C)”的下拉菜单（见图 8-28）的相应的分析选项来实现。

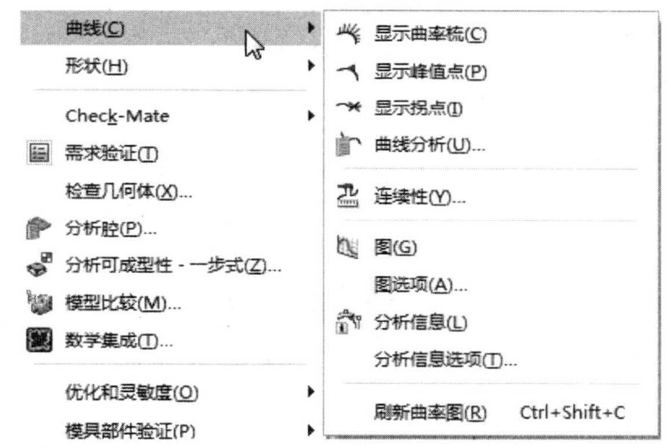

图8-28　曲线分析下拉菜单

（1）显示曲率梳：选择“菜单(M)”→“分析(L)”→“曲线(C)”→“显示曲率梳(C)...”，通过曲率梳，可以反映曲线的曲率变化规律并由此发现曲线的形状问题，曲率梳的示意图如图 8-29 所示。

（2）显示峰值点：选择“菜单(M)”→“分析(L)”→“曲线(C)”→“显示峰值点(P)...”，用于开关峰值的显示，显示峰值点示意图如图 8-30 所示。

（3）显示拐点：选择“菜单(M)”→“分析(L)”→“曲线(C)”→“显示拐点(I)...”，用于开关拐点的显示，显示拐点示意图如图 8-31 所示。

图8-29　曲率梳示意图　　图8-30　显示峰值点示意图　　图8-31　显示拐点示意图

（4）图选项：通过图表，用坐标图显示曲线的曲率变化规律。其示意图如图 8-32 所示，横坐标代表曲线的长度，纵坐标代表曲线的曲率。选择“菜单(M)”→“分析(L)”→“曲线(C)”

→“图选项(A)...”，打开如图 8-33 所示的“曲线分析-图”对话框。

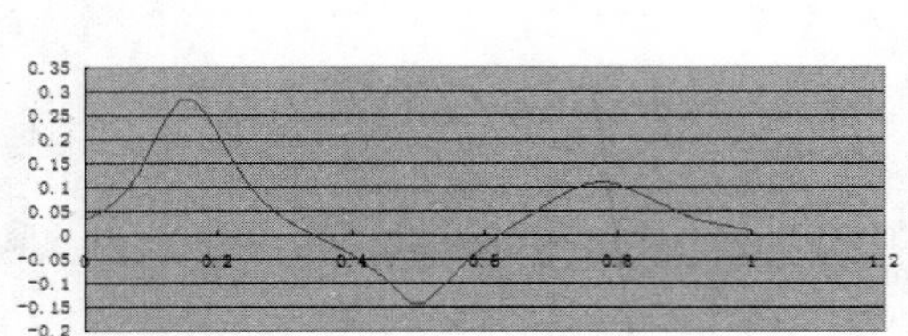

图8-32　图表显示曲率变化示意图

图8-33　“曲线分析-图”对话框

1）高度：用于设置曲率图的高度。

2）宽度：用于设置曲率图的宽度。

3）显示相关点：勾选该复选框，用于显示曲率图和曲线上对应点的标记，其下方的滑块用于设置对应点在曲线上的位置。

（5）输出列表：选择“菜单(M)”→“分析(L)”→“曲线(C)”→“分析信息选项(T)...”，打开如图 8-34 所示的“曲线分析-输出列表”对话框，系统提示用户选择曲线，单击 确定 按钮，打开如图 8-35 所示的“信息”对话框，输出所选曲线的相关信息，包括为分析所指定的投影平面、用百分比表示的拐点在曲线上的位置、拐点的坐标值等。

图8-34　“曲线分析-输出列表”对话框

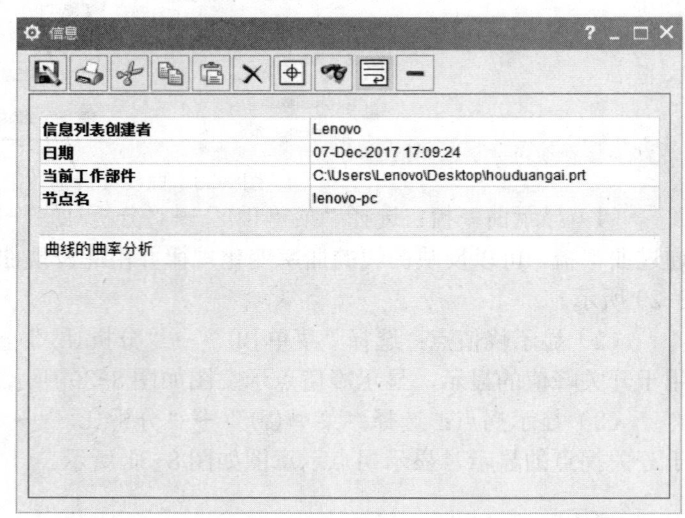

图8-35　“信息”对话框

8.3.4　曲面分析

曲面分析通过选择“菜单(M)”→“分析(L)”→“形状(H)”的下拉菜单（见图 8-36）的相应的分析选项来实现。

（1）半径：选择“菜单(M)”→“分析(L)”→“形状(H)”→“半径(R)...”，打开如图 8-37 所示的“半径分析”对话框，该对话框用于分析曲面的曲率半径变化情况，并且可以用各种方法显示和生成。

图8-36　曲面分析下拉菜单

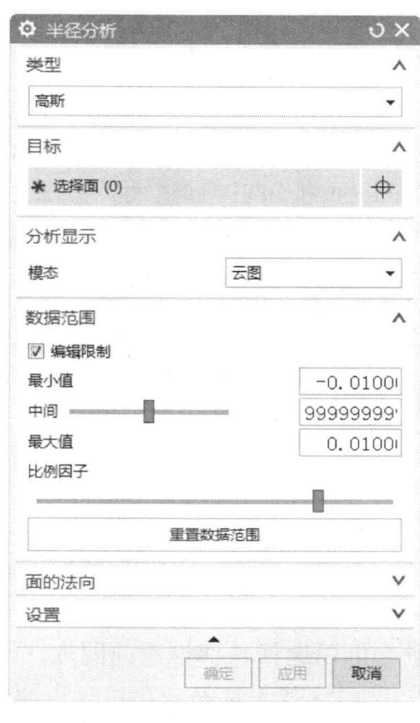

图8-37　“半径分析”对话框

1）类型：用于指定欲分析的曲率半径类型，“类型”的下拉列表框中包括 8 种半径类型。

2）分析显示：用于指定分析结果的显示类型，“模态”的下拉列表框中包括 3 种显示类型。图形区的右边将显示一个“色谱表”，分析结果与“色谱表”比较就可以由“色谱表”上的半径数值了解表面的曲率半径，如图 8-38 所示。

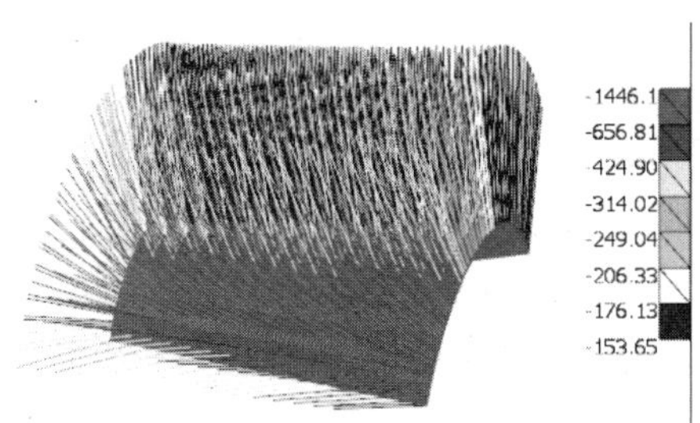

图8-38　刺猬梳显示分析结果及色谱表

3）编辑限制：勾选该复选框，可以输入最大值、最小值来扩大或缩小“色谱表”的量程，也可以通过拖动滑动按钮来改变中间值使量程上移或下移。去掉勾选，“色谱表”的量程恢复默认值，此时只能通过拖动滑动按钮来改变中间值使量程上移或下移，最大最小值不能通过输入改变。需要注意的是，因为“色谱表”的量程可以改变，所以一种颜色并不固定地表达一种半径值，但是“色谱表”的数值始终反映的是表面上对应颜色区的实际曲率半径值。

4）比例因子：拖动滑动按钮通过改变比例因子扩大或所选“色谱表”的量程。

5）重置数据范围：恢复“色谱表”的默认量程。

6）锐刺长度：用于设置刺猬式针的长度。

7）显示分辩率：用于指定分析公差。其公差越小，分析精度越高，分析速度也越慢。“标准”的下拉列表框包括 7 种公差类型。

8）显示小平面的边：勾选此选项卡，显示由曲率分辨率决定的小平面的边。显示曲率分辨率越高小平面越小。关闭此按钮小平面的边消失。

9）面的法向：通过两种方法之一来改变被分析表面的法线方向。通过在表面的一侧指定一个点来指示表面的内侧，从而决定法线方向。通过选取表面，使被选取的表面的法线方向反转。

10）颜色图例：“圆角”表示表面的色谱逐渐过渡；“尖锐”表示表面的色谱无过渡色。

（2）反射：选择“菜单(M)”→“分析(L)”→“形状(H)”→ “反射(F)...”或单击“分析”选项卡“面形状”面组上的“反射”按钮，打开如图 8-39 所示的“反射分析”对话框，该对话框用于通过条纹或图像在表面上的反射映像可视化地检查表面的光顺性。

图8-39 “面分析-反射”对话框

1）类型：用于选择使用哪种方式的图像来表现曲面的质量。可以选择软件推荐的图片，也可以使用自己的图片。UG 将使用这些图片贴合在目标表面上，对曲面进行分析。

2）图像：对应每一种类型，可以选择不同的图像。

3）线的数量：通过下拉列表框指定黑色条纹或彩色条纹的数量。

4）线的方向：通过下拉列表框指定条纹的方向。

5）线的宽度：通过下拉列表框指定黑色条纹的粗细。

6）面反射率：通过滑动按钮改变被分析表面的反射率，如果反射率很小将看不到反射图像。反射率越高，图像越清晰。

7）图像方位：通过滑动按钮，可以移动图片在曲面上反光的位置。

8）图像大小：用于指定用来反射图像的大小。

9）显示分辨率：和“半径分析”对话框对应部分含义相同。

10）面的法向：和“半径分析”对话框对应部分含义相同。

（3）斜率：选择“菜单(M)”→“分析(L)”→“形状(H)”→“斜率(O)...”，打开如图 8-40 所示的“斜率分析”对话框，该对话框用于分析表面各点的切线相对参考矢量的垂直平面的夹角。

对话框中的参数含义与前面的几种方法一致。

（4）距离：选择“菜单(M)”→“分析(L)”→“形状(H)”→ “距离(D)...”，打开如图 8-41 所示的“距离分析”对话框，该对话框用于分析表面上的点到参考平面垂直距离。

对话框中的参数含义与前面的几种方法一致。

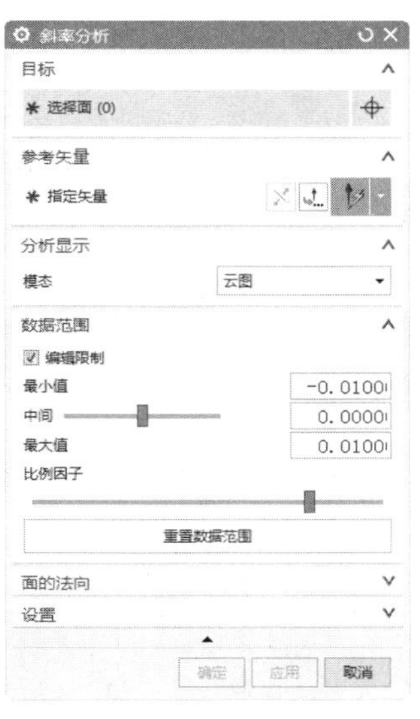

图8-40　“斜率分析”对话框

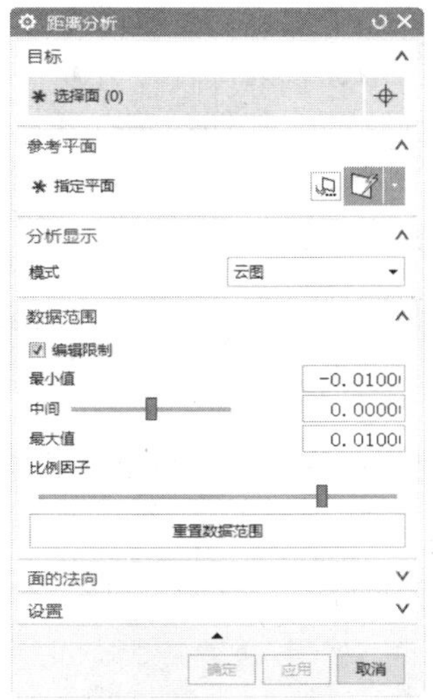

图8-41　“距离分析”对话框

8.3.5　模型比较

选择“菜单(M)”→“分析(L)”→“模型比较(M)”，打开如图 8-42 所示的“模型比较”对话框，该对话框用于两个关联或非关联部件实体的比较。

（1）显示：用于设置在运行分析后，在比较窗口部件的“面”和“边”及其颜色如何显示。

（2）面分类规则：在“模型比较”对话框中单击图标，打开如图 8-43 所示的“模型比较规则”对话框。

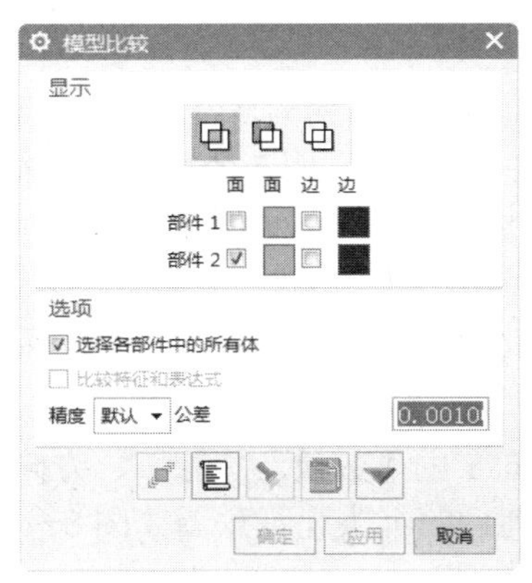

图8-42　“模型比较”对话框

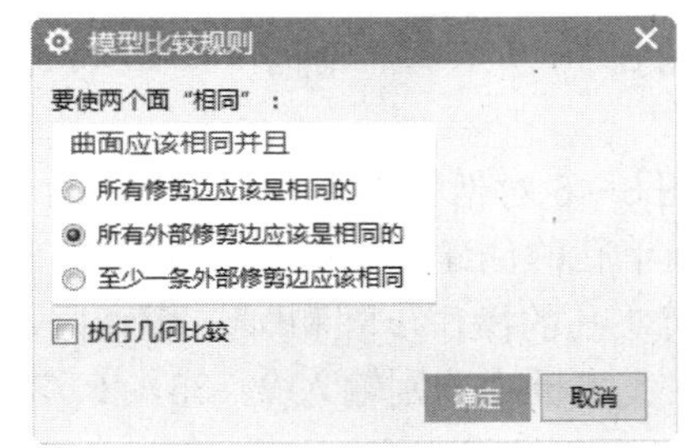

图8-43　“模型比较规则”对话框

1）曲面应该相同并且：用于设置修剪方式。

2）执行几何比较：勾选该复选框，用于忽略几何拓扑不同的模型比较。

（3）可见性和透明度：用于控制模型比较窗口的可积性和透明度。

模型比较的步骤如下：

1）加载一个部件。

2）更新已加载的部件，并以不同的文件名保存。

3）加载这两个部件，并打开“模型比较”对话框。

4）在“显示类型”列表框中，选择一种几何检查类型。

5）运行模型比较分析。

8.4 综合实例——编辑压板

首先创建和阵列孔，由于孔的定位尺寸有错误导致孔不符合要求，通过编辑定位尺寸改变孔的位置。本节创建如图 8-44 所示的零件体。

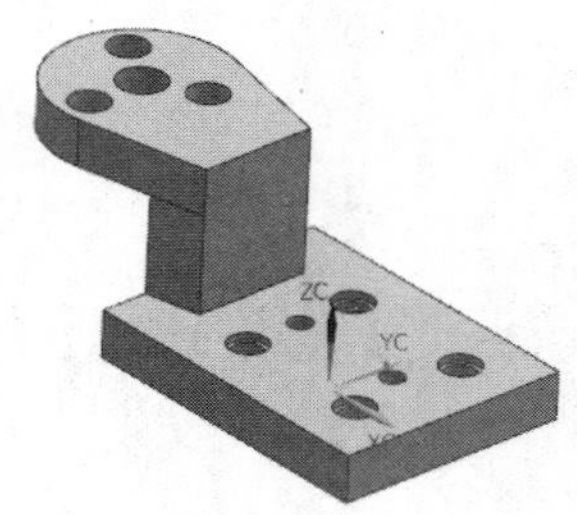

图8-44 压板

01 打开文件。单击“主页”选项卡“打开”按钮，打开“打开”对话框，输入“yaban”，单击 OK 按钮，打开图 8-45 所示的图形，进入 UG 建模环境。

02 另存部件文件。

选择“文件(F)”→“保存(S)”→“另存为(A)...”，打开“另存为”对话框，输入“bianjiyaban”，单击 OK 按钮，进入 UG 建模环境。

03 阵列简单孔和沉头孔。

❶选择“菜单(M)”→“插入(S)”→“关联复制(A)”→“阵列特征(A)...”或单击“主页”选项卡“特征”面组上的“阵列特征”按钮，打开如图 8-46 所示的“阵列特征”对话框。

❷在如图 8-46 所示的对话框中选择“线性”布局，单击“选择特征”图标，选择所要阵列的简单孔。

❸在如图 8-46 对话框中的方向 1 的“数量”“节距”文本框中分别输入 2、30，单击确定按钮，完成简单孔的创建，如图 8-47 所示。

❹阵列沉头孔的操作步骤和❶～❸相同，但方向 1 的“数量”“节距”、方向 2 的“数量”和“节距”的文本框中分别输入 2、35，2、30，阵列后的沉头孔示意图如图 8-48 所示。

04 创建圆柱形腔体。

❶选择“菜单(M)”→“插入(S)”→“设计特征(E)”→“腔（原有）(P)...”，打开“腔”类型选择对话框。

❷在“腔”类型选择对话框中单击圆柱形按钮，打开如图 8-49 所示的“圆柱腔”的放置面选择对话框。

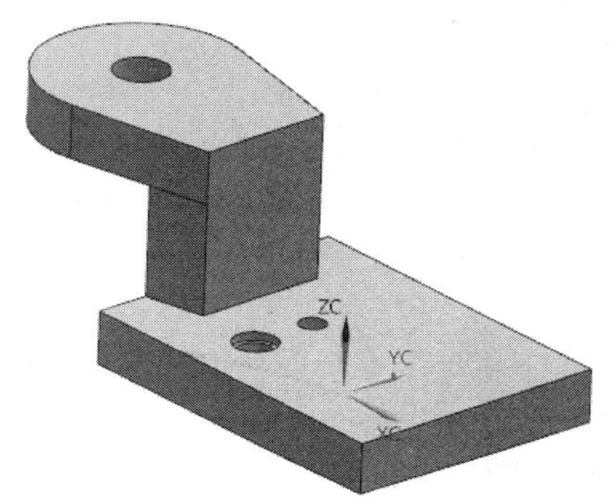

图8-45　压板图形

图8-46　“阵列特征”对话框

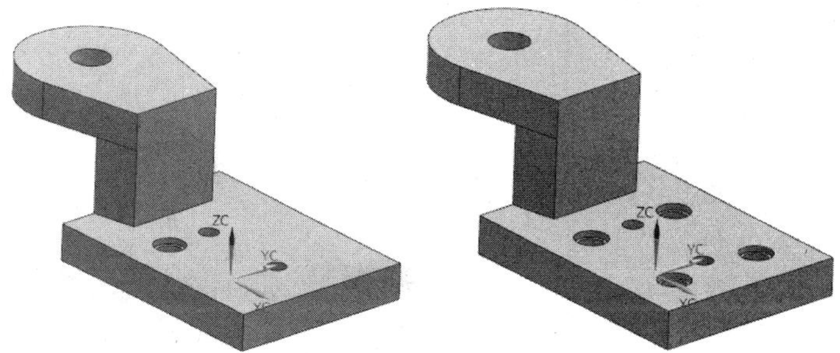

图8-47　阵列后的简单孔　　图8-48　阵列后的沉头孔

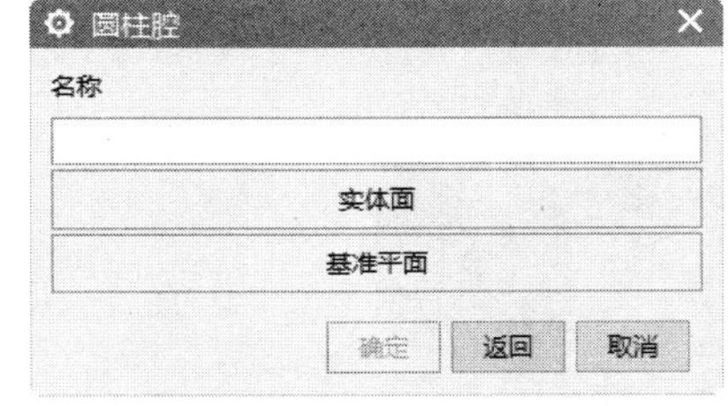

图8-49　放置面选择对话框

❸在零件体中选择如图 8-50 所示的放置面，打开“圆柱腔”对话框。

❹在“圆柱腔”对话框中的“腔直径”“深度”“底面半径”和“锥角”数值输入栏分别输入 10、16、0、0。

❺在“圆柱腔”对话框中，单击 确定 按钮，打开如图 8-51 所示的“定位”对话框。

❻在“定位”对话框中选取和进行定位，定位后的尺寸示意图如图 8-52 所示。

❼在“定位”对话框中，单击 确定 按钮，创建圆柱形腔体，如图 8-53 所示。

05 编辑埋头孔。

❶选中所要编辑的圆柱形腔体，单击鼠标右键，打开如图 8-54 所示的快捷菜单。

❷在如图 8-54 所示的菜单中单击“编辑位置(O)...”，打开如图 8-55 所示的“编辑位置”对话框。

❸在“编辑位置”对话框中，单击 编辑尺寸值 按钮，打开如图 8-56 所示的“编辑位置”选择对话框。

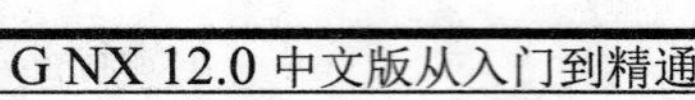

❹在零件体中选择要编辑的尺寸，如图 8-57 所示，打开如图 8-58 所示的“编辑表达式”对话框。

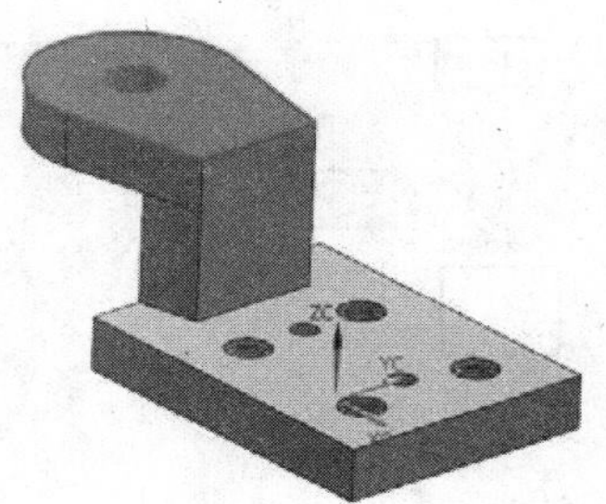

图8-50 选择放置面

图8-51 “定位”对话框

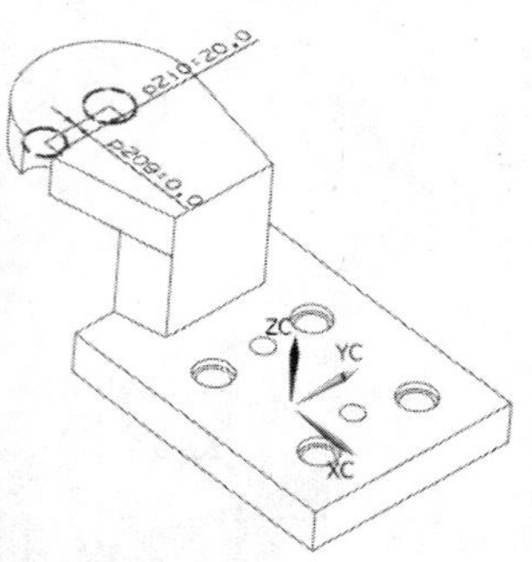

图8-52 定位后的尺寸示意图

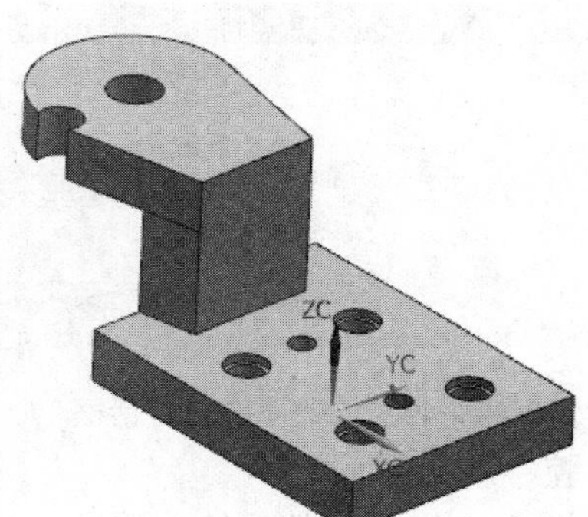

图8-53 创建圆柱形腔体

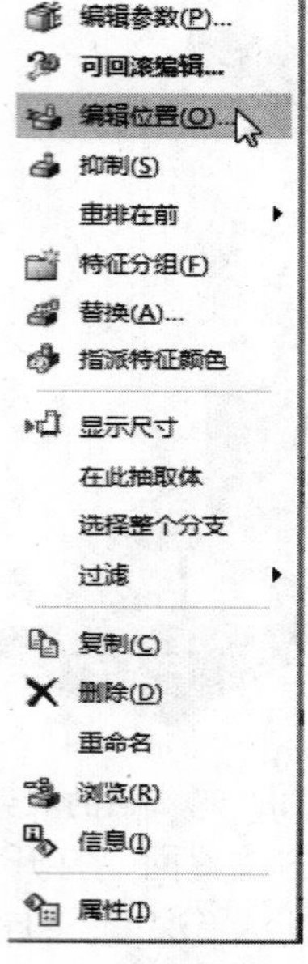

图8-54 快捷菜单

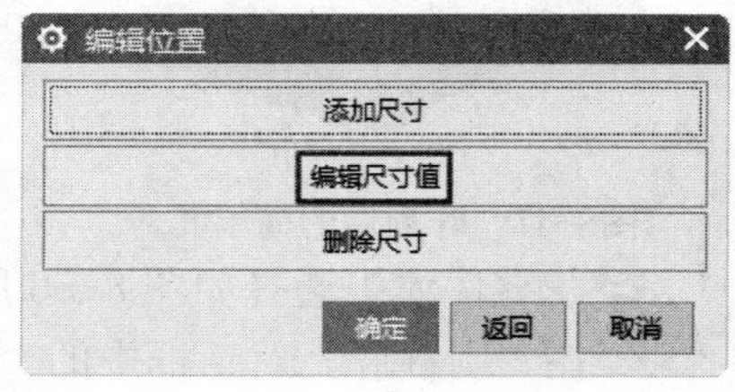

图8-55 “编辑位置”对话框

❺在“编辑表达式”对话框中的数值输入栏输入 15，单击 确定 按钮，回到图 8-57。

图 8-56 “编辑位置”选择对话框

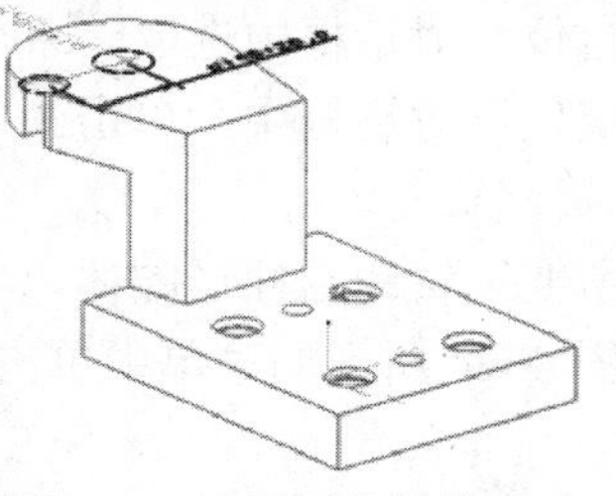

图 8-57 选择要编辑的尺寸

❻在“编辑表达式”对话框中，单击 确定 按钮，回到“编辑位置”对话框。

❼在“编辑位置”对话框中，单击 确定 按钮，完成尺寸的编辑，如图 8-59 所示。

06 阵列埋头孔。

❶选择“菜单(M)”→“插入(S)”→“关联复制(A)”→“阵列特征(A)...”或单击“主页”选项卡“特征”面组上的“阵列特征”按钮，打开“阵列特征”对话框。

❷在“阵列特征”对话框中选择“圆形”布局，在“指定矢量”选项中，选择ZC↑图标，在“数量”和“节距角”文本框中分别输入 3，120。

图8-58　“编辑表达式”对话框

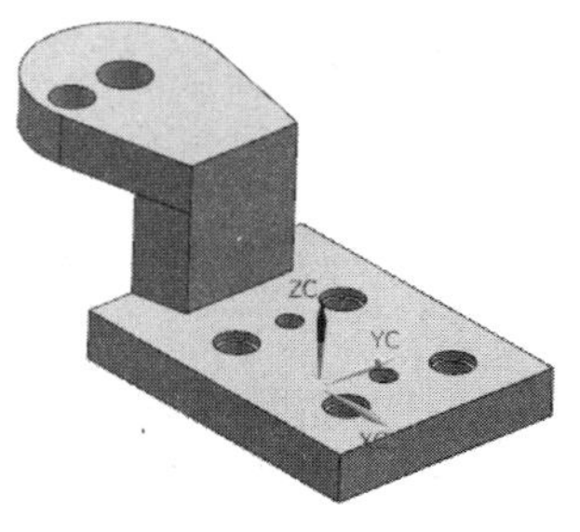

图8-59　编辑后的埋头孔

❸在如图 8-60 所示“阵列特征”对话框中，选择所要阵列的埋头孔，指定点设置为如图 8-61 所示点。单击 确定 按钮，结果如图 8-62 所示。

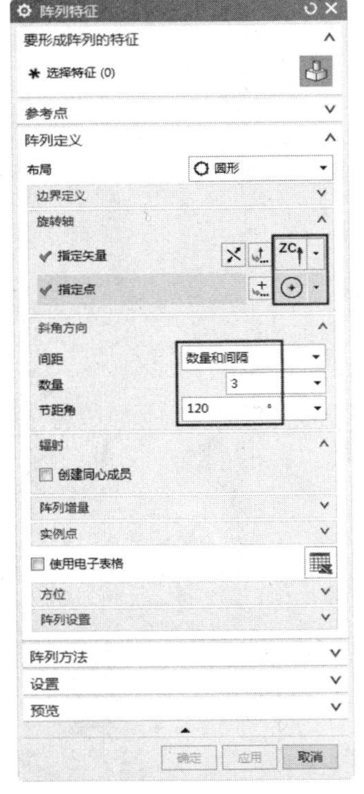

图8-60　“阵列特征”对话框

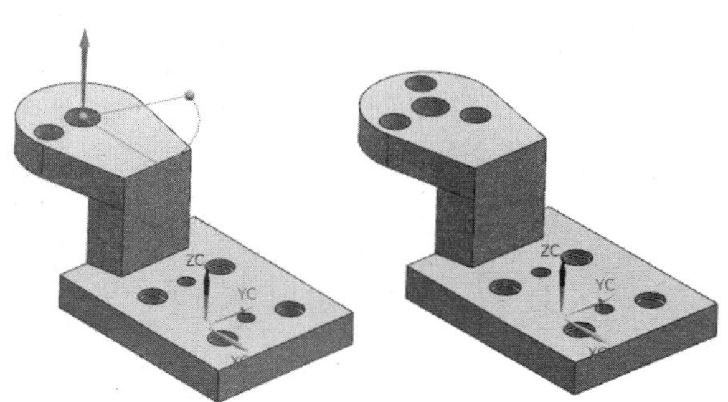

图8-61　指定点位置示意　　图8-62　阵列结果

第9章

曲面操作

曲面是一种泛称，片体和实体的自由表面都可以称为曲面。平面表面是曲面的一种特例。其中片体是由一个或多个表面组成的厚度为 0 的几何体。

重点与难点

- 曲面造型
- 编辑曲面

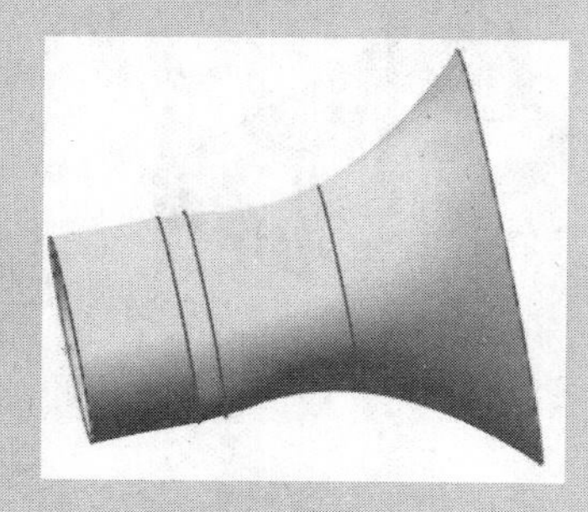

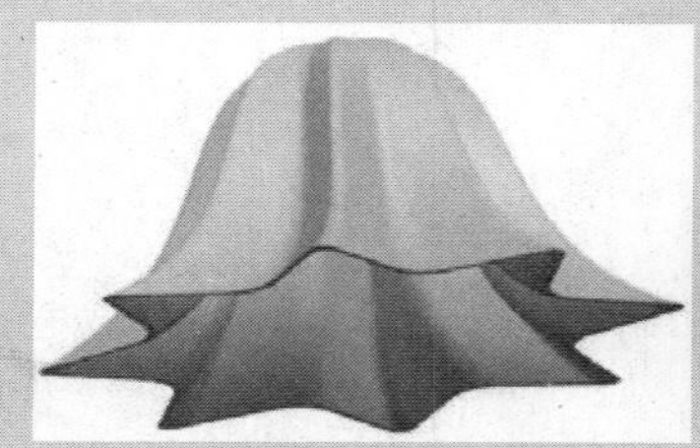

9.1 曲面造型

在UG很多实际产品都需要采用曲面造型来完成复杂形状的构建，因此掌握UG曲面的创建是很重要的。本节主要讲述各种曲面造型的方法。

9.1.1 点构造曲面

1．通过点

选择“菜单(M)”→“插入(S)”→“曲面(R)”→“通过点(H)...”，打开如图9-1所示的“通过点”对话框。该对话框用于通过所有选定点创建曲面。

（1）补片类型

1）多个：表示曲面由多个补片构成。此时用户可由“行阶次”和“列阶次”输入曲面的行和列两方向的阶次（行和列阶次应比相应行和列的定义点数少1，且最大不超过24）。阶次越低补片越多，将来修改曲面时控制其局部曲率的自由度越大；反之减少补片的数量，修改曲面时容易保持其光顺性。

2）单侧：表示曲面将由一个补片构成，由系统根据行列的点数，取可能最高阶次。

（2）沿以下方向封闭：当“补片类型”为多个时，被激活，用于设置沿一个或两个方向封闭或不封闭的曲面。

1）两者皆否：曲面沿行和列方向都不封闭。

2）行：曲面沿行方向封闭。

3）列：曲面沿列方向封闭。

4）两者皆是：曲面沿行和列方向都封闭。

“通过点”创建曲面实例示意图如图9-2所示。

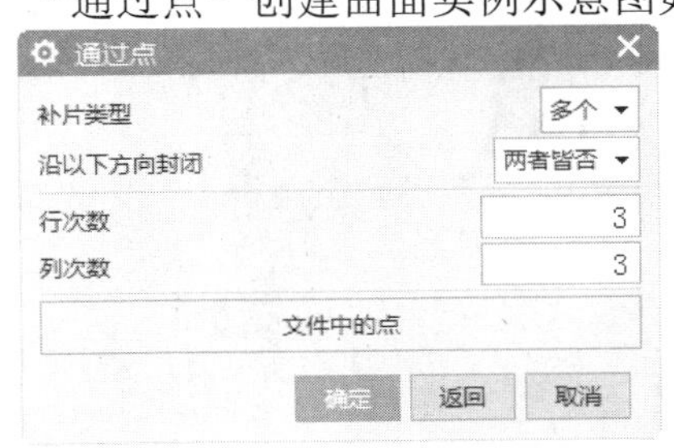

图9-1　“通过点”对话框

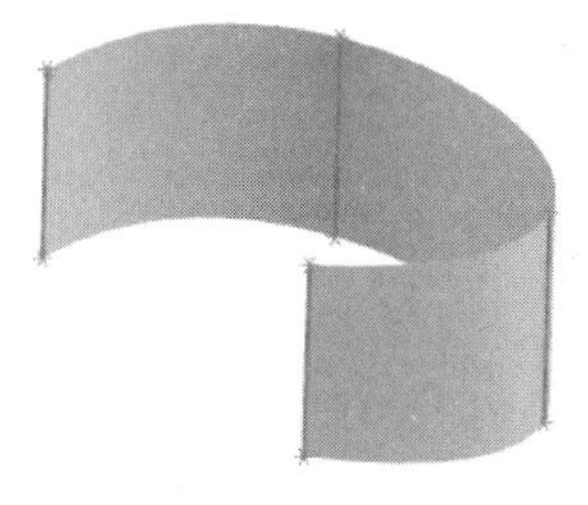

单个补片类型

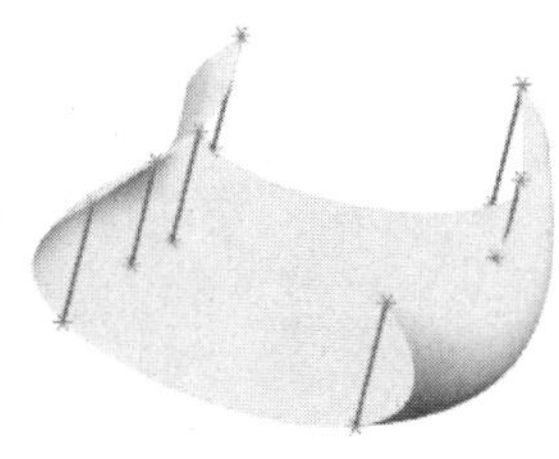

多个补片类型

图9-2　“通过点”创建曲面实例示意图

2．从极点

选择“菜单(M)”→“插入(S)”→“曲面(R)”→“从极点(O)...”，打开如图9-3所示的“从极点”对话框。该对话框用于通过设定曲面的极点来创建曲面。

该对话框中各选项的用法和“通过点”对话框相同，不再介绍。

“从极点”创建曲面实例示意图如图9-4所示。

3．拟合曲面

选择“菜单(M)”→“插入(S)”→“曲面(R)”→“拟合曲面(C)...”，打开如图9-5所示的“拟合曲面”对话框。该对话框用于读取选中范围内的许多点数据来创建曲面。使用该命令创建的曲面不完全通过选取的点，但必使用通过点生成的曲面平滑。

（1）U 向的均匀补片：用于输入 U 向的补片数。

（2）V 向的均匀补片：用于输入 V 向的补片数。

U、V 方向的次数及其补片数的结合控制选取点和生成的片体之间的距离误差。

“拟合曲面”创建曲面实例示意图如图 9-6 所示。

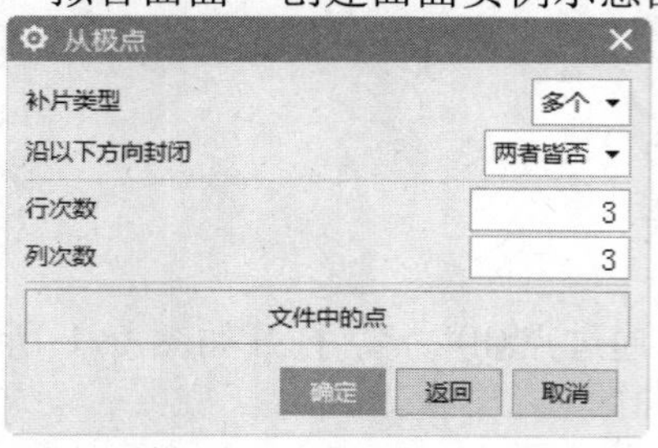

图9-3　“从极点”对话框

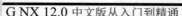

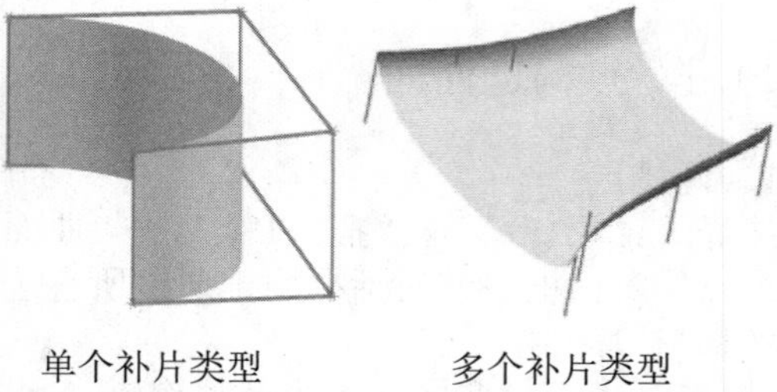

单个补片类型　　多个补片类型

图9-4　“从极点”创建曲面实例示意图

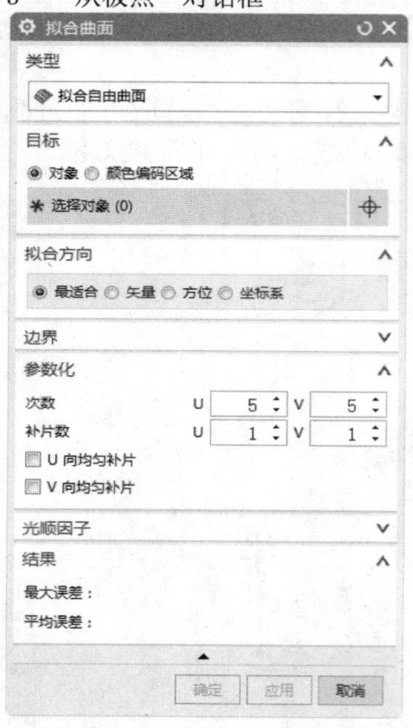

图9-5　“拟合曲面”对话框

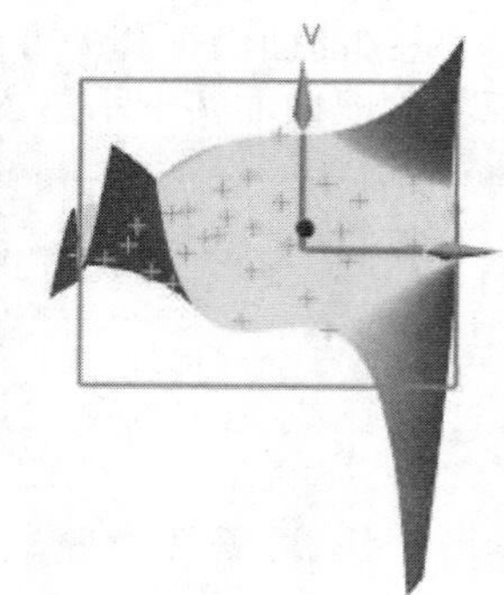

图9-6　“拟合曲面”创建曲面

9.1.2　曲线构造曲面

1. 直纹

选择“菜单(M)”→“插入(S)”→“网格曲面(M)”→“直纹(R)...”或单击“曲面”选项卡“曲面”面组上“直纹”按钮，打开如图 9-7 所示的“直纹”对话框。该对话框用于通过两条曲线构造直纹面特征，即截面线上对应点以直线连接。

（1）截面线串 1：用于选择第一条截面线。

（2）截面线串 2：用于选择第二条截面线。

（3）对齐：

1）参数：在创建曲面时，等参数和截面线所形成的间隔点，是根据相等的参数间隔建立。整个截面线上若包含直线，则用等弧长的方式间隔点，若包含曲线则用等角度的方式间隔点。

2）根据点：用于不同形状截面的对齐。特别适用于带有尖角的截面。

创建“直纹面”实例示意图如图 9-8 所示。

图9-7　“直纹”对话框

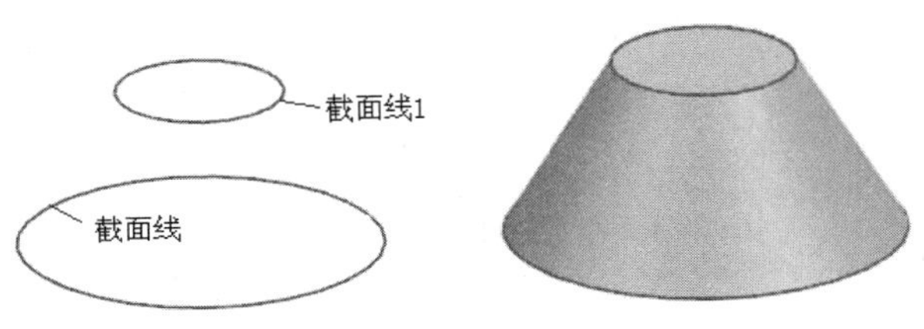

图9-8　创建“直纹”实例示意图

2. 通过曲线组

选择“菜单(M)”→“插入(S)”→“网格曲面(M)”→“通过曲线组(T)...”或单击“曲面”选项卡“曲面”面组上的“通过曲线组”按钮，打开如图 9-9 所示的“通过曲线组”对话框。该对话框用于通过一组存在的定义线串（曲线、边），创建曲面。曲面将通过这些定义线串。

（1）选取曲线或点：选取截面线串时，一定要注意选取次序，而且每选取一条截面线，都要单击鼠标中键一次，直到所选取线串出现在“截面线串列表框”中为止，也可对该列表框中的所选截面线串进行删除、上移、下移等操作，以改变选取次序。

（2）第一个截面：用于设置第一截面线串的边界约束条件，以让它在第一条截面线串处和一个或多个被选择的体表面相切或等曲率过渡。

（3）最后一个截面：在最后一个截面线上施加约束，和“起始”方法一样。

（4）对齐：和“直纹面”基本一致。

1）参数：在创建曲面时，等参数和截面线所形成的间隔点，是根据相等的参数间隔建立。整个截面线上若包含直线，则用等弧长的方式间隔点，若包含曲线则用等角度的方式间隔点。

2）弧长：在创建曲面时，两组截面线和等参数建立连接点，这些连接点在截面线上的分布和间隔方式是根据等弧长方式建立的。

3）根据点：用于不同形状截面的对齐。特别适用于带有尖角的截面。

4）距离：在创建曲面时，沿每个截面线，在规定方向等间距间隔点，结果是所有等参数曲线都将在正交于规定矢量的平面中。

5）角度：用于在创建曲面时，在每个截面线上，绕着未规定的轴等角度间隔生成，这样，所有等参数曲线都位于含有该轴线的平面中。

6）脊线：用于在创建曲面时，类似于“距离”方式，不同的是，选择一条曲线代替矢量方向，使所有平面垂直于脊柱线。

（5）补片类型：采用“单侧”类型，则系统会自动计算 V 方向阶次，其数值等于截面线数量减一，因阶次最高是 24，因此单个方式最多只能选择 25 条截面线。若采用“多个”类型，用户可以自己定义 V 方向的阶次，但所选择的截面线数量至少比 V 方向的阶次多一组。

创建“通过曲线曲面”实例示意图如图 9-10 所示。

通过曲线组
截面
选择曲线或点 (0)
指定原始曲线
添加新集
列表
连续性
全部应用
第一个截面 G0（位置）
最后一个截面 G0（位置）
流向 未指定
对齐
保留形状
对齐 参数
输出曲面选项
补片类型 多个
V 向封闭
垂直于终止截面
构造 法向
设置
预览
确定 应用 取消

图9-9 “通过曲线组”对话框

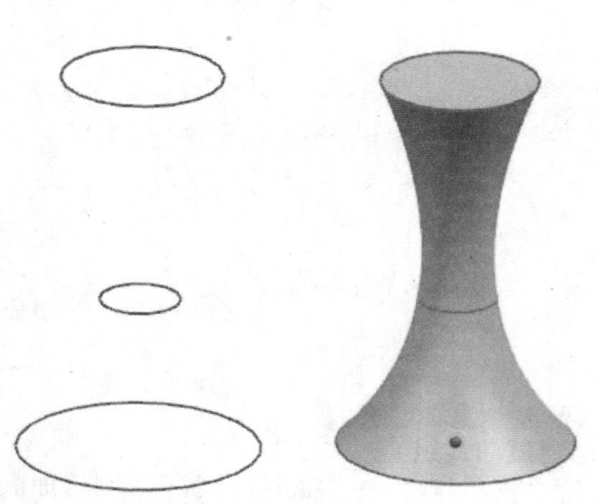

图9-10 创建“通过曲线组”实例示意图

3．通过曲线网格

选择“菜单(M)”→“插入(S)”→“网格曲面(M)”→“通过曲线网格(M)...”或单击“曲面”选项卡“曲面”面组上的“通过曲线网格”按钮，打开如图 9-11 所示的“通过曲线网格”对话框。该对话框用于通过两簇相互交叉的定义线串（曲线、边），创建曲面或实体。该曲面将通过这些定义线串。先选取的一簇定义线串称为主曲线，后选取的一簇定义线串称为交叉曲线。创建“通过曲线网格”实例示意图如图 9-12 所示。

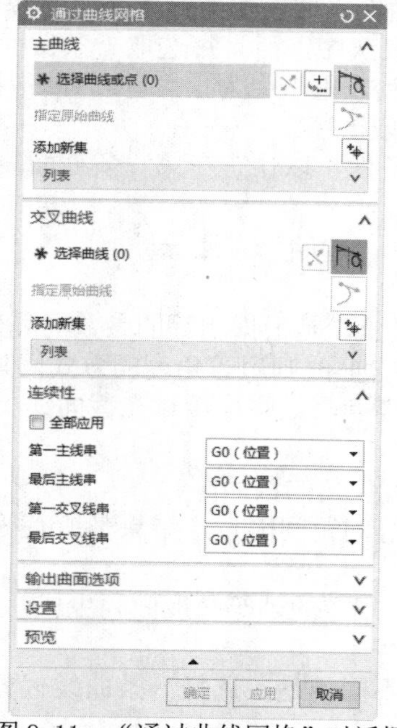

图 9-11 “通过曲线网格”对话框

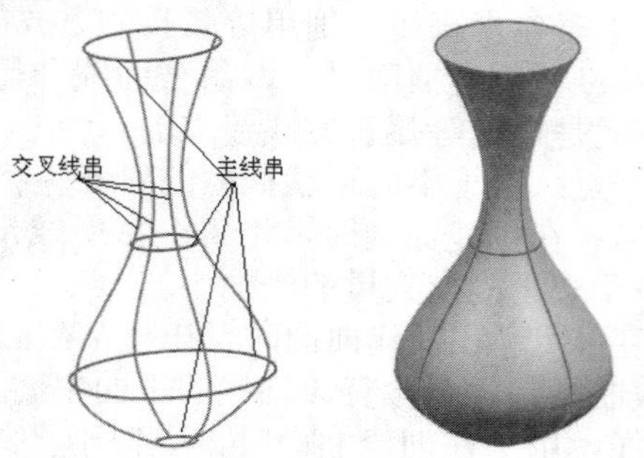

图9-12 创建“通过曲线网格”实例示意图

9.1.3　扫掠

选择“菜单(M)”→“插入(S)”→“扫掠(W)”→“扫掠(S)...”或单击“曲面”选项卡“曲面”面组上“扫掠”按钮，打开如图9-13所示的“扫掠”对话框。该对话框用于由截面线沿引导线扫掠创建曲面或实体。需注意的是先选择引导线，后选择截面线，且要注意引导线端点的选择位置，它将决定引导线的方向。

截面线最少1条，最大400条。如果引导线是封闭曲线，那么第一条截面线可以作为最后一条截面线再一次选择。

引导线必须是圆滑曲线，最少为1，最多3条。

所选取的截面线数量、引导线数量的不同，打开的各级对话框也不同。下面分别介绍可能出现的对话框及其参数。

1．截面位置

（1）引导线末端：表示截面线必须在引导线的端部，才能正常生成曲面。如果截面线位于引导线的中间，则可能产生意外的结果。

（2）沿引导线任何位置：表示截面线位于引导线中间的任何位置都能正常生成曲面。

2．定向方法

（1）固定：截面线在沿引导线扫掠过程中保持固定方位。

（2）面的法向：截面线在沿引导线扫掠过程中，局部坐标系的第二轴在引导线的每一点上对齐已有表面的法线。

（3）矢量方向：截面线在沿引导线扫掠过程中，局部坐标系的第二轴始终与指定的矢量对齐。若使用基准轴作为矢量，则将来可以通过编辑基准轴方向来改变扫掠特征的方位。注意，矢量不能在与引导线串相切的方向。

（4）另一曲线：选择一条已有曲线（曲线不可与引导线相交），此曲线与引导线之间仿佛“构造”了一个直纹面；截面线在沿引导线扫掠过程中，直纹面的“直纹”成为局部坐标系的第二轴的方向。

（5）一个点：选择一个已存点，此点与引导线之间仿佛“构造”一个直纹面。截面线在沿引导线扫掠过程中，直纹面的“直纹”成为局部坐标系的第二轴的方向。

（6）强制方向：用一个指定的矢量固定截面线平面的方位，截面线在沿引导线扫掠过程中，截面线平面方向不变，实现平移运动。若引导线存在小曲率半径，则使用强制方向可防止曲面自相交。若用基准轴作为矢量，则将来可以通过编辑基准轴的方向来改变扫掠特征。

3．缩放方法

（1）恒定：可以输入一个比例值，使截面线被“放大或缩小”后再进行扫掠，“比例后的截面线”在沿引导线扫掠过程中，大小不变。

（2）倒圆功能：相应于引导线的起始端和末端，设置一个起始比例值和末端比例值，再指定从起始比例值到末端比例值之间比例值按线性变化或三次函数变化。截面线在沿引导线扫掠过程中，按比例改变大小。

（3）另一曲线：选择一条已存曲线（曲线不可与引导线相交），曲线与引导线之间“构造”一个直纹面。截面线在沿引导线扫掠过程中，按照直纹的长度变化规律改变其大小。

（4）一个点：选择一点，点与引导线之间“构造”一个直纹面。截面线在沿引导线扫掠过程中，截面线按照直纹的长度变化规律改变其大小。

（5）面积规律：用规律子功能指定一个函数。截面线在沿引导线扫掠过程中，截面线（必须是封闭曲线）的面积值等于函数值。

（6）周长规律：用规律子功能指定一函数。截面线在沿引导线扫掠过程中，截面线的展开长度值等于函数值。

创建“扫掠”曲面的实例示意图如图 9-14 所示。

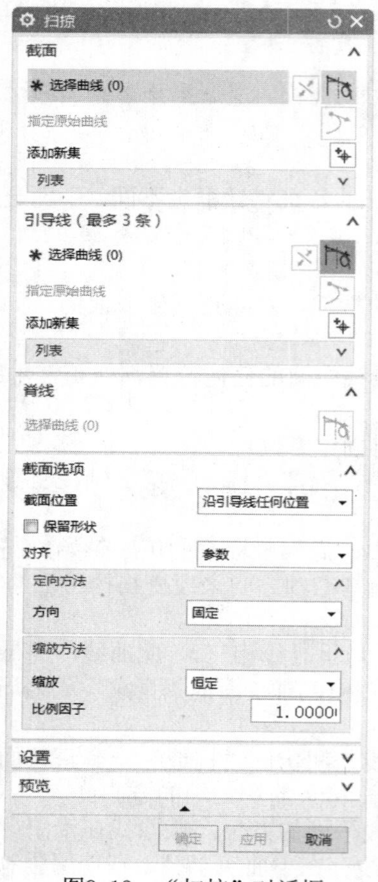

图9-13　“扫掠”对话框

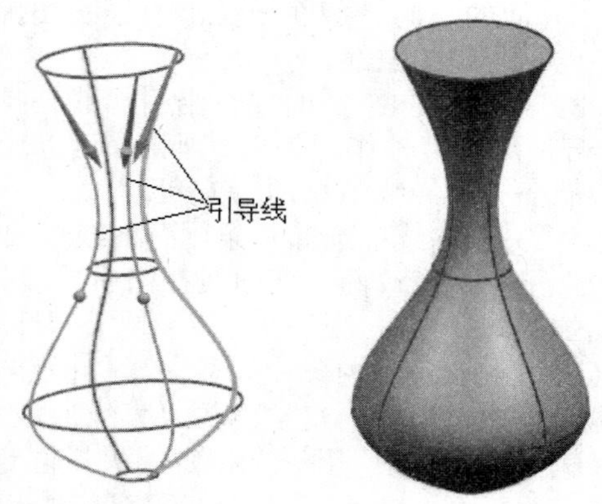

图9-14　创建“扫掠”曲面的实例示意图

9.1.4　抽取几何特征

选择“菜单(M)”→“插入(S)”→“关联复制(A)”→“抽取几何特征(E)...”，或单击“曲面”选项卡“曲面操作”面组上“抽取几何特征”按钮打开如图 9-15 所示的“抽取几何特征”对话框。该对话框用于从实体上抽取曲线、面、区域和体。

（1）面：该对话框用于从实体、曲面上直接抽取相应的面，抽取的结果可以是相同类型的曲面、三次多项式和一般 B 曲面。

（2）面区域：选择该类型，对话框如图 9-16 所示。用户需要先选择种子面，然后选择边界平面，最后所有夹在种子面和边界平面中间的区域都被选中，同样是可以选择各种实体面和曲面。

（3）体：用于选择一个实体进行抽取。

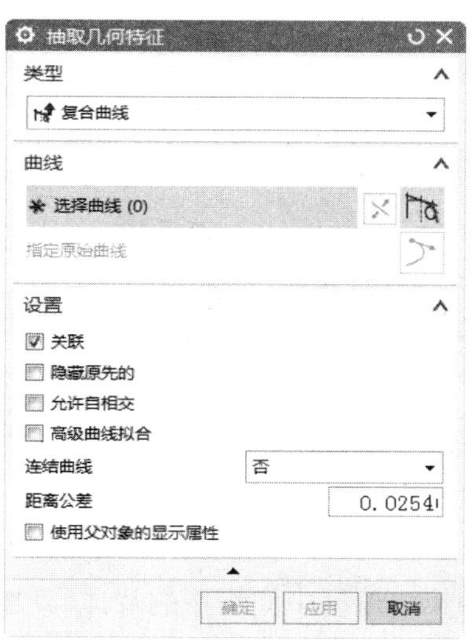

图9-15　“抽取几何特征”对话框

图9-16　“面区域”类型对话框

9.1.5　从曲线得到片体

选择“菜单(M)”→“插入(S)”→“曲面(R)”→“曲线成片体(E)...”，打开如图 9-17 所示“从曲线获得面”对话框。该对话框用于通过选择一组曲线生成曲面。

图9-17　“从曲线获得面”对话框

（1）按图层循环：勾选该复选框，表示一次对该层所有曲线进行操作。

（2）警告：勾选该复选框，表示出现错误时，显示警告信息并终止操作。

“从曲线获得面”对话框设置完毕后，单击确定按钮，若视图区存在多条曲线，则打开“类选择”对话框，选择要得到片体的一组曲线，单击确定按钮，创建片体。若视图区只有一条曲线，则不打开“类选择”对话框，用户可以在视图区直接选择。然后，单击鼠标中键，创建片体。其创建结果可以在部件导航器中找到。

9.1.6　有界平面

选择“菜单(M)”→“插入(S)”→“曲面(R)”→“有界平面(B)...”，打开如图 9-18 所示的“有界平面”对话框，该对话框用于通过选择实体面或一些封闭的边或曲线，但各边界不能相交，单击<确定>按钮，系统就会在这些对象中间生成一个有界平面。其实例示意图如图 9-19 所示。

9.1.7　片体加厚

选择“菜单(M)”→“插入(S)”→“偏置/缩放(O)”→“加厚(T)...”，打开如图 9-20 所示的“加厚”对话框。

1. 选择面

用于选择要加厚的片体或曲面。

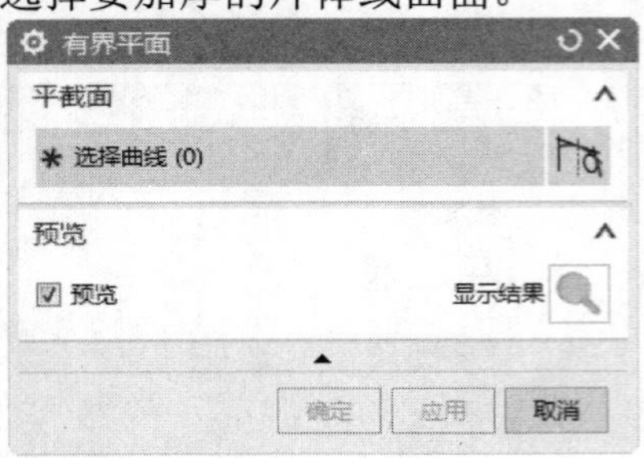

图9-18 “有界平面”对话框

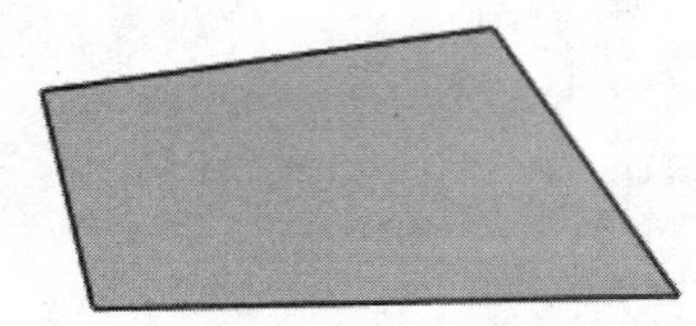

图9-19 创建“有界平面”实例示意图

2. 厚度

(1) 偏置 1：用于设置片体的结束位置。

(2) 偏置 2：用于设置片体的开始位置。

参数设置完毕后，单击<确定>按钮，在第一偏置和第二偏置中间增厚的片体。“加厚”实例示意图如图 9-21 所示。

图9-20 “加厚”对话框

图9-21 “加厚”实例示意图

9.1.8 片体到实体助理

选择“菜单(M)”→“插入(S)”→“偏置/缩放(O)”→“片体到实体助理(原有)(A)...”，打开如图 9-22 所示的“片体到实体助理”对话框。该对话框首先用于对片体进行加厚操作，然后对加厚生成的实体进行缝合操作。

当操作不成功时，还可进行“重新修剪边界”“光顺退化”“整修曲面”和“允许拉伸边界”4 种补救措施。

“片体到实体助理”实例示意图如图 9-23 所示。

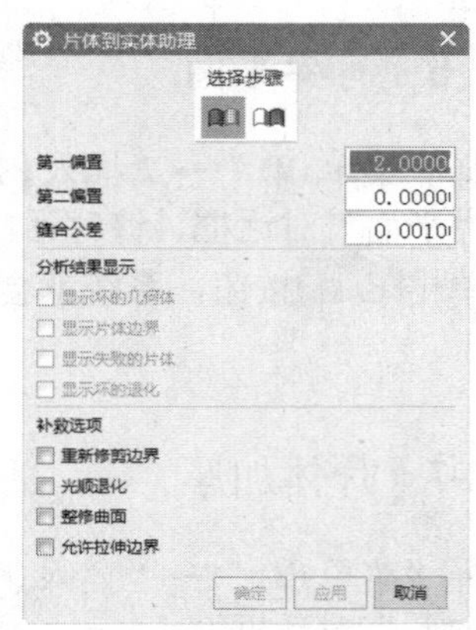

图9-22 “片体到实体助理”对话框

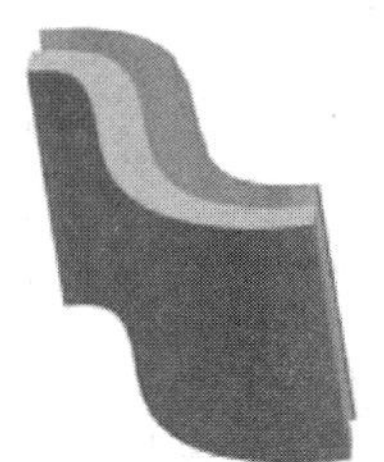

图9-23　“片体到实体助理”实例示意图

9.1.9　片体缝合

选择“菜单(M)”→“插入(S)”→“组合(B)”→“缝合(W)...”，打开如图 9-24 所示的“缝合”对话框。该对话框用于将多个片体缝合成一个复合片体，在缝合片体上，原来片体所对应的区域成为缝合后形成的复合片体的一个表面。曲面缝合功能也可以将实体缝合在一起。

（1）目标片体：用于在视图区选取一个目标片体。

（2）工具片体：用于在视图区选取一个或多个工具片体。工具片体必须与目标片体相邻或与已选取的工具片体相邻（允许有小于缝合公差的间隙）。

（3）公差：缝合公差值必须稍大于两个被缝合曲面的相邻边之间的距离。事实上，即使两个被缝合曲面的相邻边之间的距离很大，只有符合下列条件，才可以缝合：首先缝合公差值必须大于两个被缝合曲面的相邻边之间的距离，其次两个曲面延伸后能够交汇在一起，边缘形状能够匹配。

（4）输出多个片体：勾选该复选框，则允许同时选取两组或两组以上分离的曲面，并一次创建多个缝合特征。

“片体缝合”实例示意图如图 9-25 所示。

图9-24　“缝合”对话框

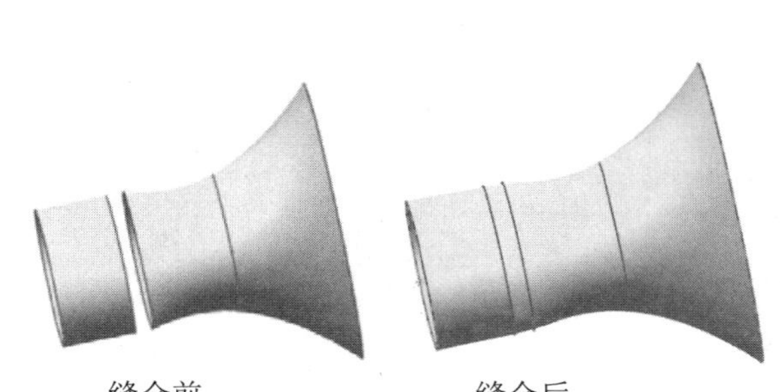

图9-25　“片体缝合”实例示意图

9.1.10　桥接

选择“菜单(M)”→“插入(S)”→“细节特征(L)”→“桥接(B)...”，打开如图 9-26 所示的“桥接曲面”对话框。该对话框用于在两个主表面之间创建一个过渡片体，过渡片体与已有表面光顺连接，同时还可以根据需要，决定过渡曲面的一侧或两侧与另外的侧表面光顺连接或

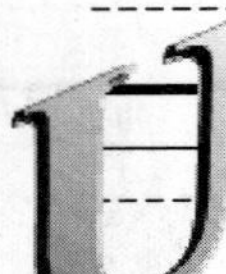

与已有的侧曲线重合。

1．选择步骤

（1）选择边 1：用于选取第一条侧线串。

（2）选择边 2：用于选取第二条侧线串。

2．连续性

（1）位置：过渡表面与主表面以及侧面在连接处不相切。

（2）相切：过渡表面与主表面及侧面在连接处相切过渡。

（3）曲率：过渡曲面与主表面以及侧面在连接处以相同曲率相切过渡。

3．边限制

如果没有勾选端点到端点，则可以使用此功能。分别在刚生成的过渡曲面的两端按住鼠标左键反复拖动，动态地改变其形状：按照鼠标左键拖动→松开鼠标左键→再按住鼠标左键拖动，如此反复进行，可实现很大的变形。

创建“桥接”特征实例示意图如图 9-27 所示。

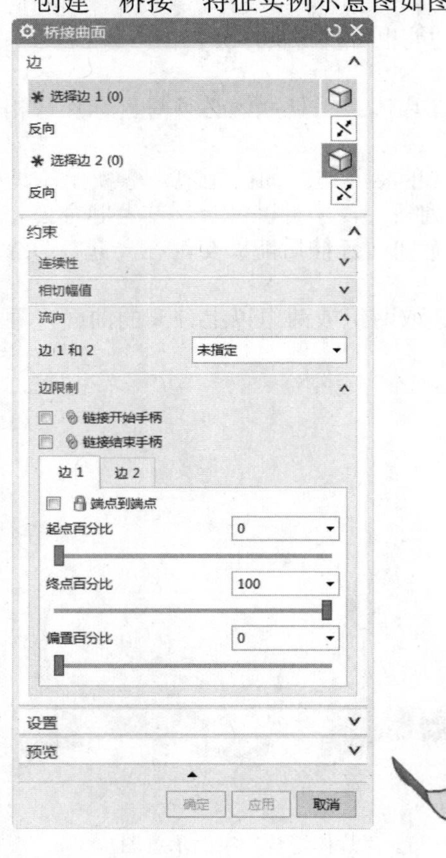

图9-26 “桥接曲面”对话框

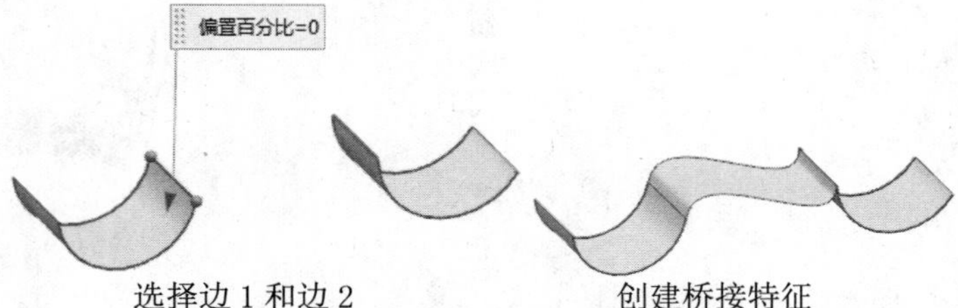

图9-27 创建“桥接”特征实例示意

9.1.11 延伸

选择“菜单(M)”→“插入(S)”→“弯边曲面(G)”→“延伸(E)...”，打开如图 9-28 所示的“延伸曲面”对话框。该对话框用于基于已有的基础片体或表面上的曲线或基础片体的边，产生延伸片体特征。

1. 相切

相切延伸功能只能选取片体的原始边或两条原始边交汇的交进行延伸，生成的是直纹面。

（1）按长度：直接输入延伸片体的长度值。该方式不能选取原始片体的角做延伸。

（2）按百分比：输入百分数，延伸曲面的长度等于原始片体长度乘以百分比。该方式除了可以由“边缘延伸”指定延伸原始片体的边之外，还可以由“拐角延伸”指定原始片体的角进行延伸，角部延伸需要输入两个方向的百分比数。

2. 圆弧

执行圆弧延伸。圆弧延伸功能只能选取片体的原始边进行延伸。以原始边上的曲率半径，生成圆弧形延伸面。延伸长度的决定方法与相切延伸相同，只是不能做角部的延伸。

创建“延伸”特征实例示意图如图 9-29 所示。

图9-28　“延伸曲面”对话框

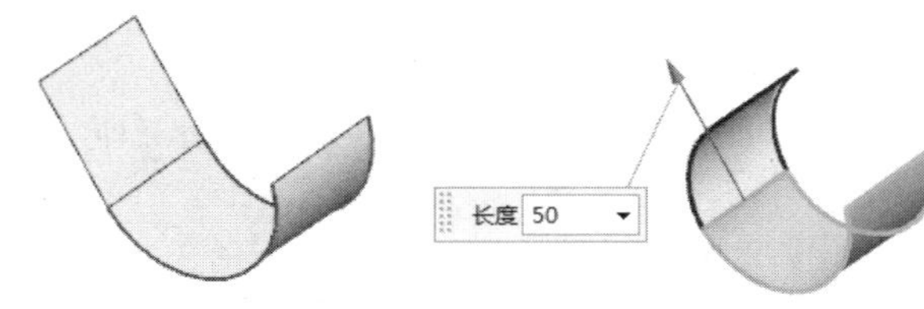

图9-29　创建“延伸”特征实例示意图

9.1.12　规律延伸

选择“菜单(M)”→“插入(S)”→“弯边曲面(G)”→“规律延伸(L)...”，打开如图 9-30 所示的“规律延伸”对话框。该对话框用于基于已有的片体或表面上曲线或原始曲面的边，产生的角度和长度都可按指定函数规律变化的规律延伸片体特征。

1. 类型

（1）面：选取表面参考方法，系统将以线串的中间点为原点，坐标平面垂直于曲线中点的切线，0° 轴与基础表面相切的方式，确定位于线串中间点上的角度坐标参考坐标系。

（2）矢量：选取矢量参考方法，系统会要求指定一个矢量。系统以 0° 轴平行于矢量方向的方式，定位线串中间点的角度参考坐标系。

2. 曲线

选取用于延伸的线串（曲线、边、草图、表面的边）。

图 9-30　“规律延伸”对话框

UG NX 12.0

3．面

选取线串所在的表面。只有在参考方法为“面”时才有效。

4．长度和角度规律

（1）长度规律：在“规律类型”下拉列表中选择长度类型定义延伸面的长度函数。

（2）角度规律：在“规律类型”下拉列表中选择角度规律类型定义延伸面的角度函数。

5．脊线

选择“脊线串”选项，选取脊柱线。脊柱曲线决定角度测量平面的方位。角度测量平面垂直于脊柱线。

6．尽可能合并面

勾选该复选框，如果选取的线串是光顺连接的，则由此决定生成的延伸面是多表面的还是单一表面的。去掉勾选或线串非光顺连接，延伸曲面将有多个表面。

创建“规律延伸”特征实例示意图如图 9-31 所示。

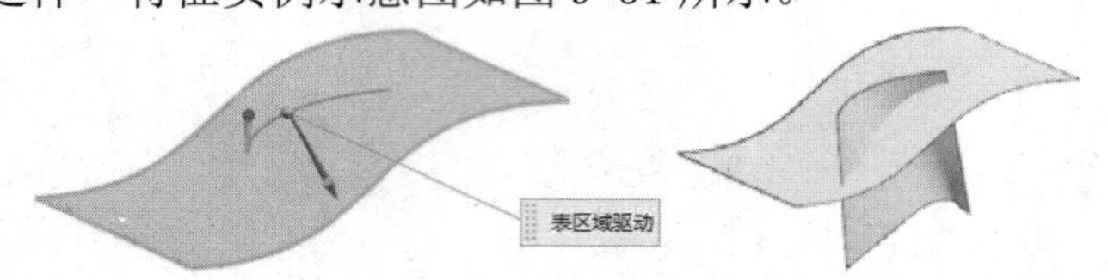

选择线串和基础表面　　创建“规律延伸”特征

图9-31　创建“规律延伸”特征实例示意图

9.1.13　偏置曲面

选择“菜单(M)”→“插入(S)”→“偏置/缩放(O)”→“偏置曲面(O)”，或者单击“曲面”选项卡“曲面操作”面组上的“偏置曲面”按钮，打开如图 9-32 所示的“偏置曲面”对话框。该对话框用于将一些已存在的曲面沿法线方向偏移生成新的曲面，并且原曲面位置不变，即实现了曲面的偏移和复制。

偏值 1：用于输入基础曲面上的点沿法线方向按此偏移距离偏移，生成偏置曲面。若要反向偏移，则取负值。

创建“偏置曲面”实例示意图如图 9-33 所示。

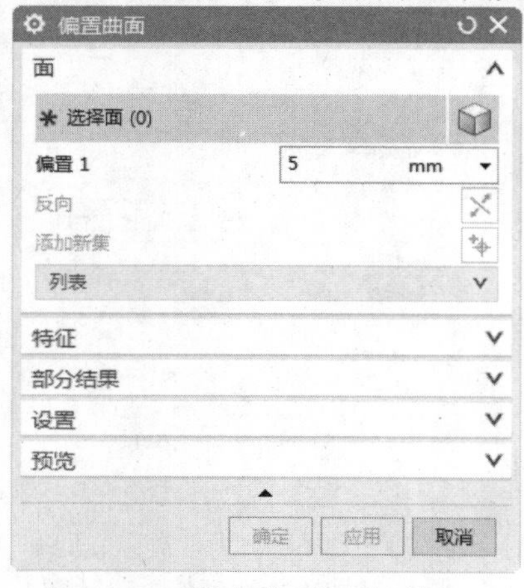

图9-32　“偏置曲面”对话框

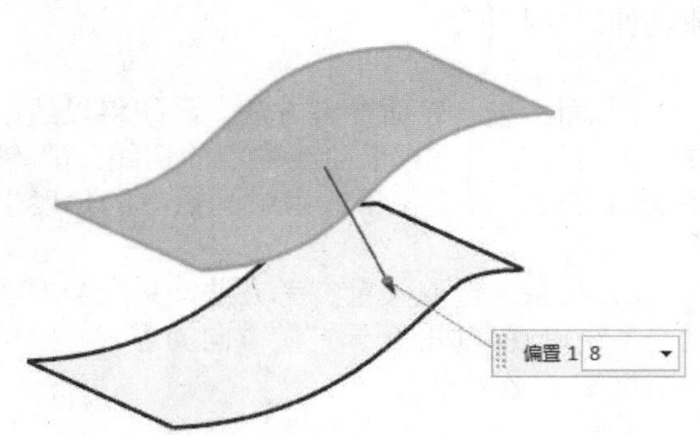

图9-33　创建“偏置曲面”实例示意图

9.1.14　修剪的片体

选择“菜单(M)”→“插入(S)”→“修剪（T)”→“修剪片体(R)...”，或者单击“曲面”选项卡“曲面操作”面组上的“修剪片体”按钮，打开如图9-34所示的“修剪片体”对话框。该对话框用于将曲线、边、表面、基准平面作为边界，实现对片体的修剪。

1. 目标

用于选取被修剪的目标面。

2. 边界

（1）选择对象：用于选取作为修剪边界的对象。边、曲线、表面、基准平面都可以作为修剪边界。

（2）允许目标边作为工具对象：帮助将目标片体的边作为修剪对象过滤掉。

3. 投影方向

用于指定投影矢量，决定作为修剪边界的曲线或边如何投影到目标片体上。其下拉列表框提供了三种选择方式。

4. 区域

（1）选择区域：决定目标面上要保留或去掉的部分。

（2）保留：被指定的区域被保留，其余区域被去掉。

（3）放弃：被指定的区域被去掉。

5. 设置

（1）保持目标：指被修剪的目标片体是否保留。

（2）输出精确的几何体：该选项产生相交边作为标记边，除非当投影沿面法向和边或曲线被用于修剪对象时。

创建“修剪的片体”实例示意图如图9-35所示。

图9-34　“修剪片体”对话框

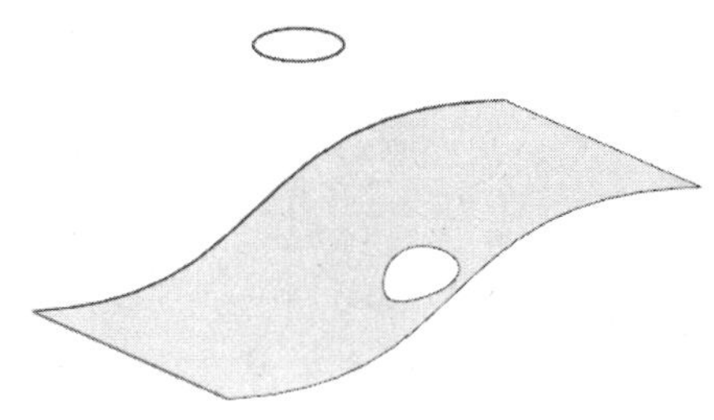

图9-35　创建“修剪片体”实例示意图

9.1.15　实例——茶壶

创建如图9-36所示的茶壶。

UG NX 12.0

图9-36　茶壶

01 新建文件。

单击“主页”选项卡“新建”按钮，打开“新建”对话框，在“模板”列表框中选择“模型”，输入“Chahu”，单击确定按钮，进入 UG 建模环境。

02 旋转坐标。

❶选择“菜单(M)”→“格式（R)”→“WCS”→“旋转（R)”，打开“旋转 WCS 绕…”对话框，如图 9-37 所示。

❷选中 +XC 轴：YC --> ZC 选项，旋转角度 90°，单击确定按钮。

03 绘制草图。

❶选择“菜单(M)”→“插入(S)”→“基准/点(D)”→“基准平面(D)...”或单击“主页”选项卡“特征”面组上的“基准平面”按钮，选择 XC-YC 作为基准平面，然后单击确定按钮。

❷选择“菜单(M)”→“插入(S)”→“草图(H)...”，或者单击“主页”选项卡“直接草图”面组上的“草图”按钮，选择创建基准平面，进入草图绘制界面。

❸单击“主页”选项卡“直接草图”面组上的“轮廓”按钮，打开“轮廓”绘图工具栏，按照如图 9-38 所示，从原点绘制直线 12、23、弧 34，直线 45、弧 56，直线 61。注意弧 56 与直线 45 是相切关系。

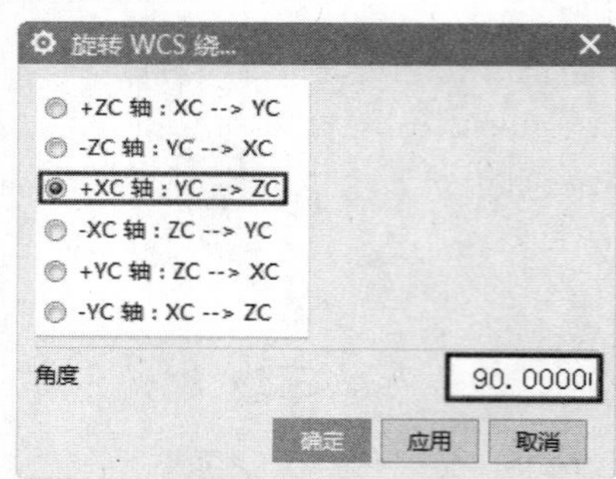

图9-37　“旋转WCS绕…”对话框

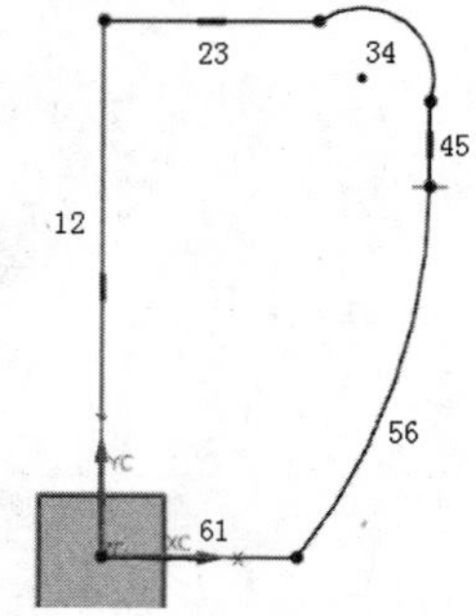

图9-38　绘制草图

04 设置约束。

❶单击“主页”选项卡“直接草图”面组上的“几何约束”按钮，在“几何约束”对话框中单击“共线”按钮，在草图中选择如图 9-38 所示的直线 12 为要约束的对象，再选择 Y 轴为要约束到的对象。

❷在“几何约束”对话框中单击“共线”按钮，在草图中选择直线 61 为要约束的对象，再选择 X 轴为要约束到的对象。

❸在“几何约束”对话框中单击“点在曲线上”按钮，在草图中选择圆弧 56 的圆心为

要约束的对象，再选择 Y 轴为要约束到的对象。

05 标注尺寸。

单击“主页”选项卡“直接草图”面组上的“快速尺寸”按钮和“径向尺寸”按钮，分别标注线段 12、线段 23、线段 61，3 个尺寸 P0，P1，P5，以及直线 45 的位置尺寸 P2，P3，然后在进行修改，分别输入 200，90，60，30，150，然后标注弧 34 的半径 P9=140，最后生成如图 9-39 所示的草图。

06 旋转草图。

❶选择“菜单（M）”→“插入(S)”→“设计特征(E)”→“旋转（R）...”，或者单击“主页”选项卡“特征”面组上的“旋转”按钮，打开“旋转”对话框，如图 9-40 所示。

❷在窗口中选择绘制好的草图为旋转曲线。

❸指定失量为 YC 轴，指定点为坐标原点。

❹在“开始角度”“结束角度”栏分别输入 0，360，单击<确定>按钮，完成回转体特征，如图 9-41 所示。

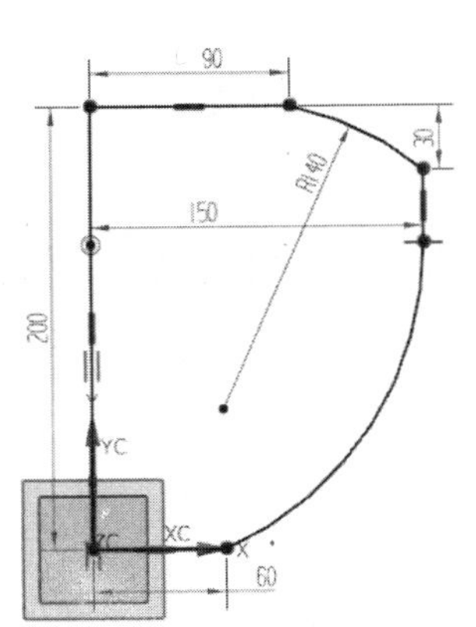

图9-39　添加尺寸约束

图9-40　“旋转”对话框

07 旋转坐标。

❶选择“菜单（M）”→“格式（R）”→ “WCS”→“旋转（R）”，打开“旋转 WCS 绕…”对话框，如图 9-42 所示。

❷选中 ◉ -XC 轴 : ZC --> YC 选项，在角度文本框中输入旋转角度为 90，单击确定按钮，将坐标系转为如图 9-43 所示。

08 创建圆柱体。

❶选择“菜单(M)”→“插入(S)”→“设计特征(E)”→“圆柱(C)...”，或者单击“主页”选项卡“特征”面组上的“圆柱”按钮，打开“圆柱”对话框，如图 9-44 所示。

❷在“圆柱”对话框中的“类型”下拉列表中选择“轴、直径和高度”类型。

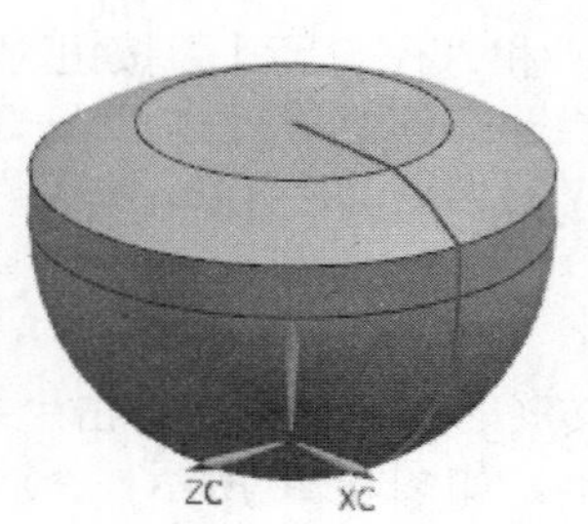

图9-41 旋转生成的实体

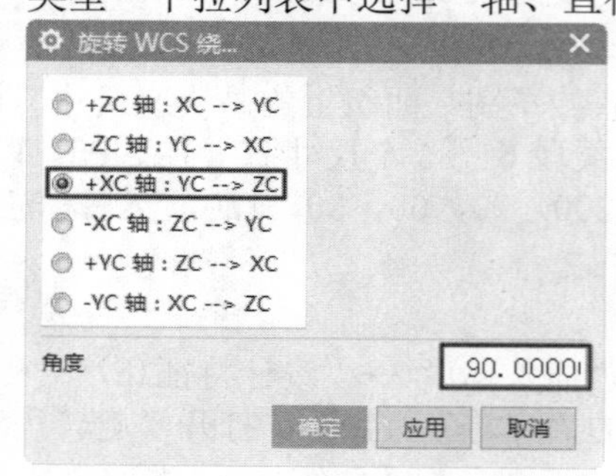

图9-42 “旋转WCS”对话框

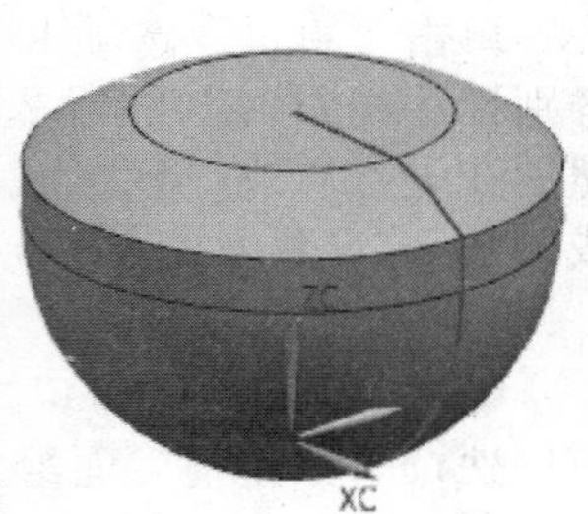

图9-43 坐标的旋转

❸指定失量为 ZC 轴，在“直径”、“高度”文本框中分别输入 180，8。

❹在“布尔”下拉列表中选择“合并”。

❺单击“点对话框”按钮，打开“点”对话框，输入点坐标为(0,0,200)，单击确定按钮。完成圆柱的绘制如图 9-45 所示。

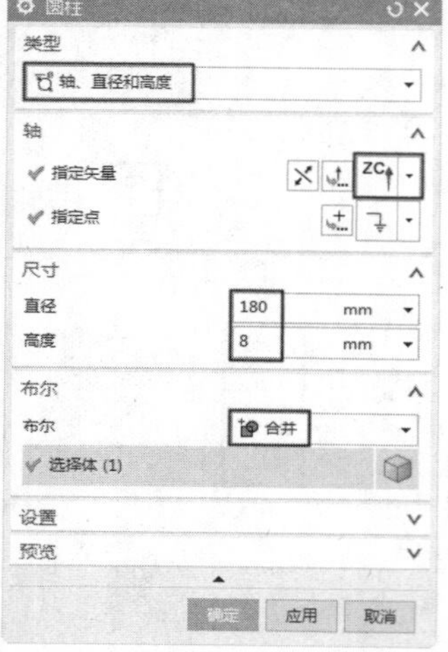

图9-44 “圆柱”对话框

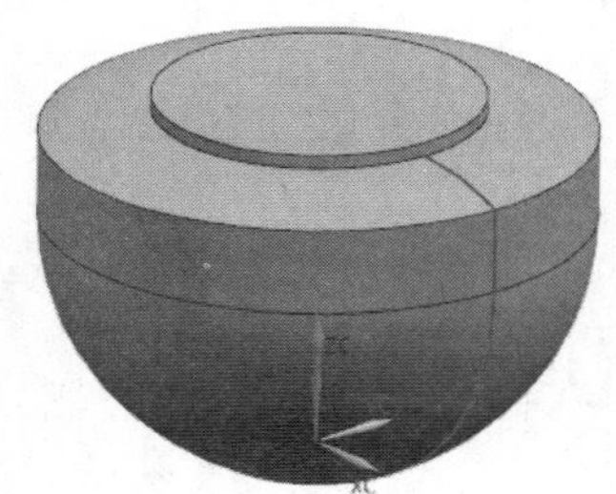

图9-45 模型

09 创建圆柱体。

❶选择“菜单(M)”→“插入(S)”→“设计特征(E)”→“圆柱(C)...”，或者单击“主页”选项卡“特征”面组上的“圆柱”按钮，打开“圆柱”对话框，如图 9-46 所示。

❷在“圆柱”对话框中的“类型”下拉列表中选择“轴,直径和高度”类型。

❸指定失量为-ZC 轴，在“直径”“高度”文本框中分别输入 120、10。

❹指定点为坐标原点，在“布尔”下拉列表中选择“合并”，单击确定按钮。结果如图 9-47 所示。

10 绘制草图。

❶选择“菜单(M)”→“插入(S)”→“草图(H)...”，或者单击“主页”选项卡“直接草图”面组上的“草图”按钮，打开“创建草图”对话框。选择 XC−ZC 基准平面作为基准平面，进入草图绘制环境。

❷选择“菜单(M)”→“插入(S)”→“草图曲线（S)”→“投影曲线(J)...”，打开“投影

曲线”对话框，如图 9-48 所示。单击如图 9-49 所示的边线，最后单击 确定 按钮。

图9-46　“圆柱”对话框

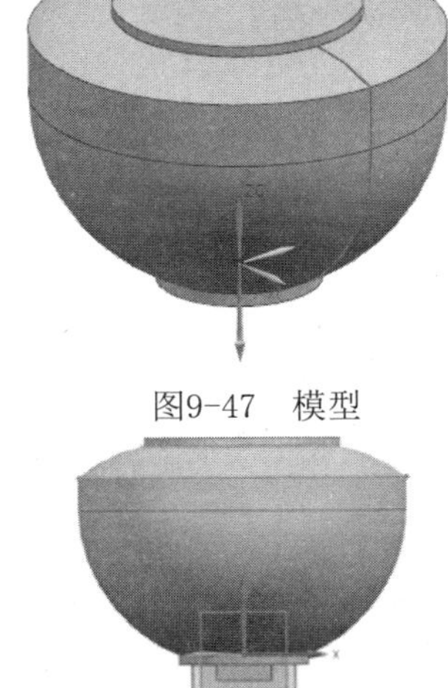

图9-47　模型

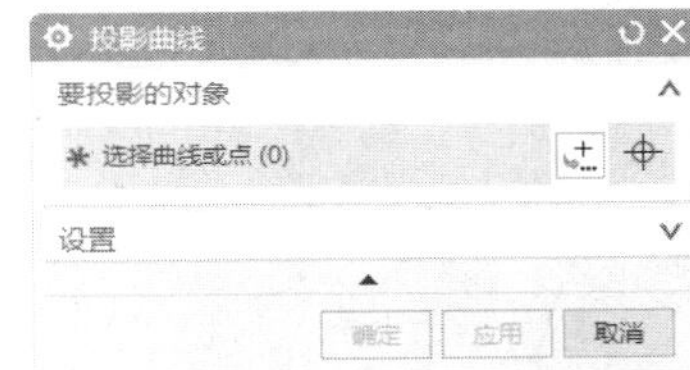

图9-48　“投影曲线”对话框

图9-49　选择边线

❸选择“菜单(M)”→“插入(S)”→“草图曲线（S)”→“艺术样条（D)”，打开“艺术样条”对话框，如图 9-50 所示。绘制如图 9-51 所示的艺术样条曲线，单击<确定>按钮。

11 标注草图。

❶单击“主页”选项卡“直接草图”面组上的“快速尺寸”按钮，增加尺寸标注。

❷分别标注点 6 的位置尺寸并修改为 240、40。

❸标注点 1 的位置尺寸并修改为 110、80。

❹标注点 2 的位置尺寸并修改为 143、98。

❺标注点 3 的位置尺寸并修改为 170、68。

❻标注点 4 的位置尺寸并修改为 190，　40。

❼标注点 5 的位置尺寸并修改为 210。

12 约束草图。

❶单击“主页”选项卡“直接草图”面组上的“几何约束”　按钮，在“几何约束”对话框中单击“点在曲线上”按钮，在图形中先选择点 5 为要约束的对象，再选择投影边线为要约束到的对象，显然符合约束条件完成约束。

❷单击“主页”选项卡“直接草图”面组上的“完成草图”按钮，窗口回到建模界面。

13 创建坐标。

❶选择“菜单(M)”→“格式（R)”→“WCS”→“原点（O)”命令，单击“点”对话框，如图 9-52 所示.

❷选择“端点”类型，再单击上一步生成的曲线端点，将坐标系移至曲线的端点处，如图

9-53 所示。

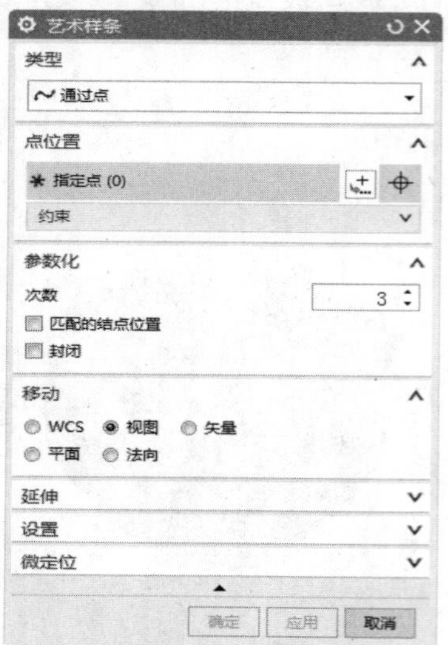
图9-50 “艺术样条”对话框

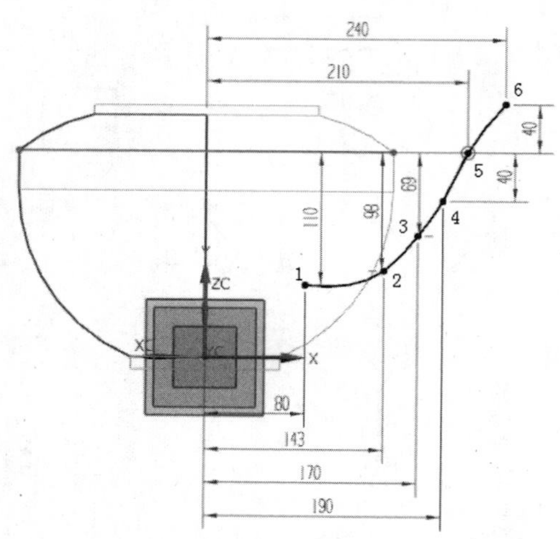
图9-51 绘制艺术样条

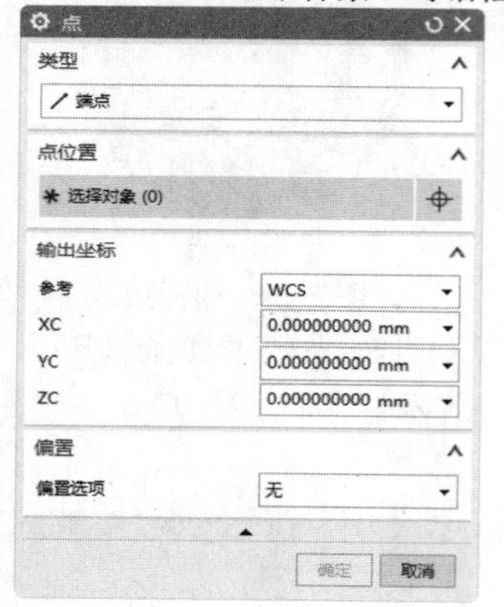
图9-52 “点”对话框

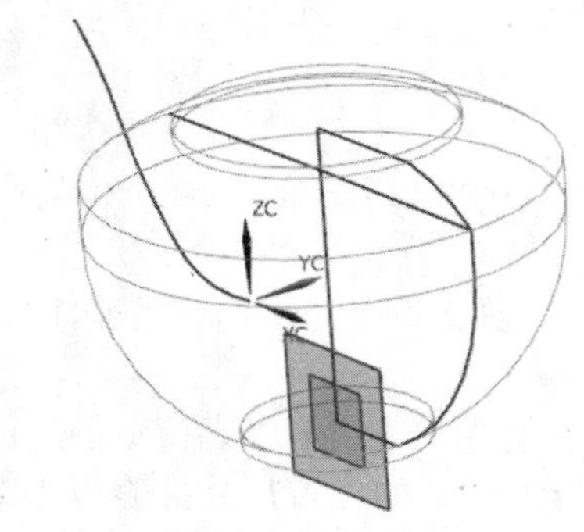
图9-53 坐标的移动

14 旋转坐标。

❶选择“菜单(M)”→“格式(R)”→“WCS”→“旋转(R)”命令，打开“旋转 WCS 绕…”对话框，如图 9-54 所示。

❷选择 -YC 轴：XC --> ZC 选项，在旋转角度文本框中输入 60，单击 确定 按钮，将坐标系转换成如图 9-55 所示。

15 绘制圆 1。

❶选择“菜单(M)”→“插入(S)”→“曲线(C)”→“基本曲线（原有）(B)...”，打开“基本曲线”对话框，如图 9-56 所示。

❷单击“基本曲线”对话框中的○按钮，在点方法中单击“点构造器”按钮，打开“点”对话框，如图 9-57 所示。

❸在“点”对话框中输入坐标为（0，0，0），单击 确定 按钮，然后在“点”对话框中输入（35，0，0），如图 9-58 所示，最后单击 确定 按钮，完成圆形截面 1 的操作，如图 9-59 所示。

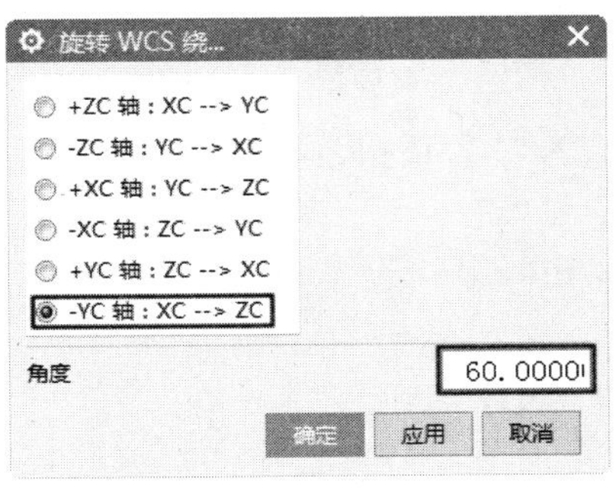

图 9-54 “旋转 WCS 绕…”对话框

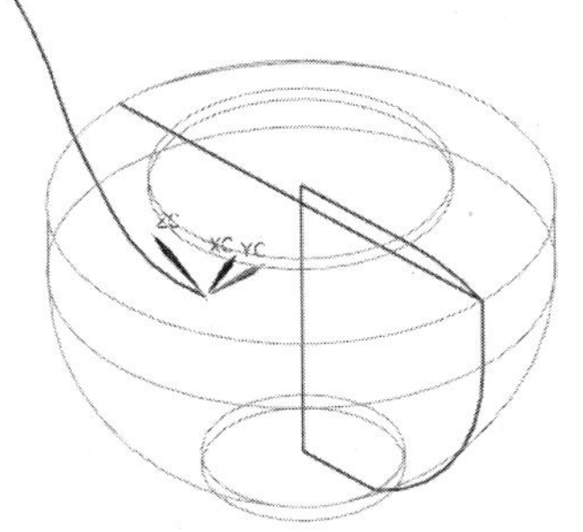

图 9-55 坐标旋转后的位置

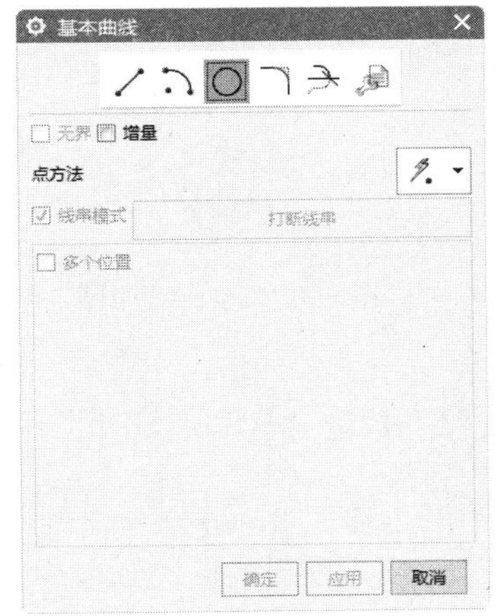

图 9-56 “基本曲线”对话框

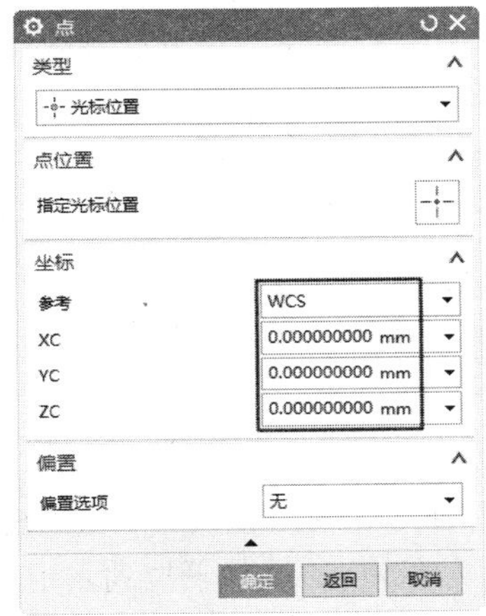

图 9-57 “点”对话框

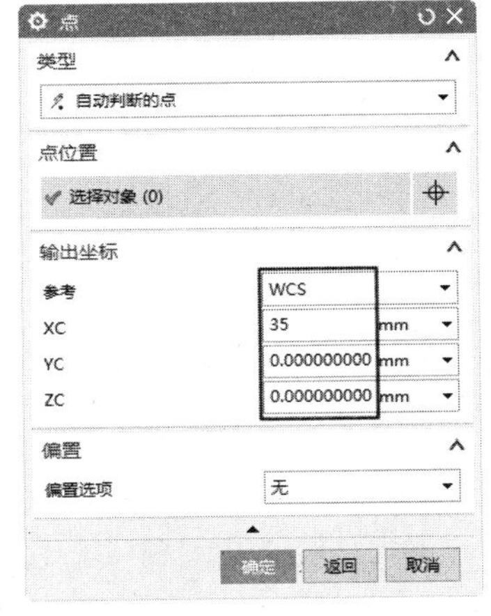

图 9-58 “点”对话框

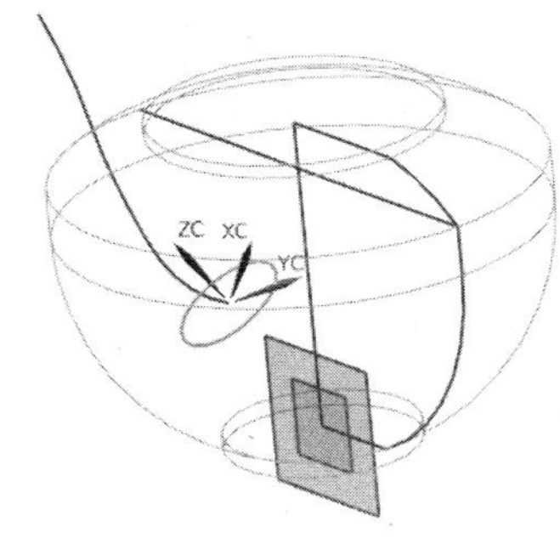

图 9-59 绘制截面圆

16 创建坐标。

❶选择“菜单(M)”→“格式（R）”→“WCS”→“原点（O）”命令，打开“点”对话框。

❷选择曲线的点 6 作为原点位置，单击 确定 按钮，如图 9-60 所示。

17 创建圆 2。

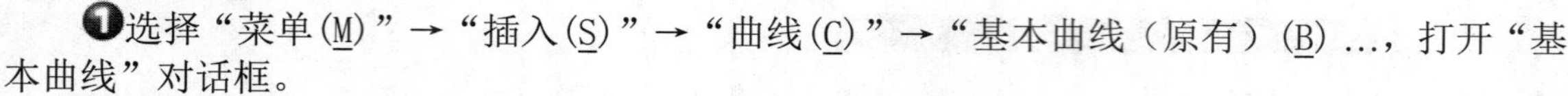

❶选择“菜单(M)”→“插入(S)”→“曲线(C)”→“基本曲线（原有）(B)…，打开“基本曲线”对话框。

❷单击○按钮，在“点方法”中单击“点构造器”按钮，打开“点”对话框。在此对话框中输入坐标（0，0，0），单击确定按钮。

❸在“点”对话框中输入（10，0，0），最后单击确定按钮，完成圆形截面 2 的操作，如图 9-61 所示。

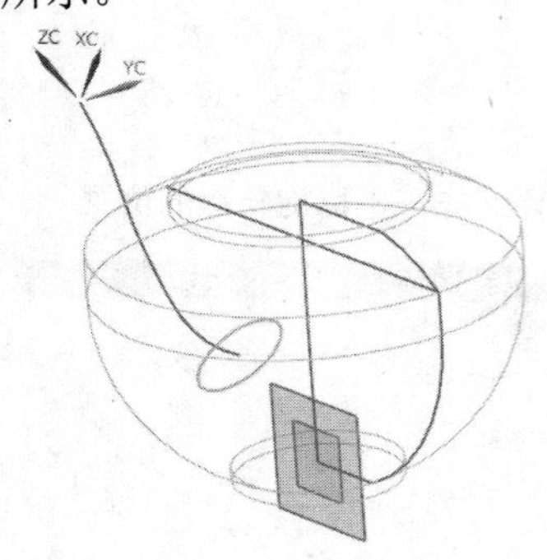

图 9-60　坐标移动

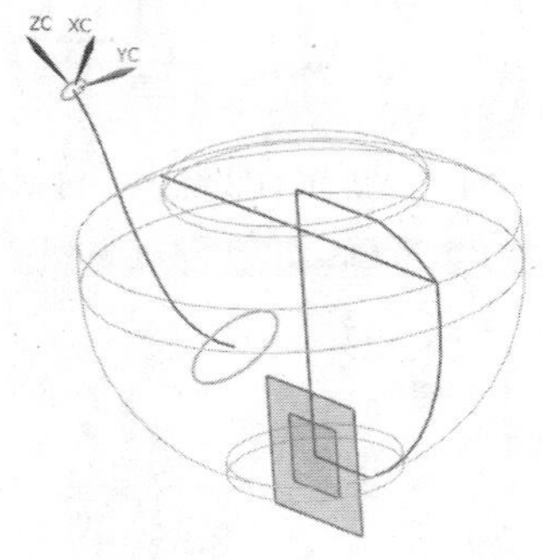

图 9-61　绘制截面圆

18 创建壶嘴。

❶选择“菜单(M)”→“插入(S)”→“扫掠(W)”→“扫掠(S)…”，打开“扫掠”对话框，如图 9-62 所示。

❷单击样条曲线为引导线，选择大圆为截面 1，小圆为截面 2，分别单击鼠标中键。

❸在“对齐”的调整下拉列表中选择“参数”，在“定向方法”的下拉列表中选择“固定”，在“缩放方法”下拉列表中选择“恒定”，设置比例因子为 1.00。扫掠后的实体如图 9-63 所示。

图 9-62　“扫掠”对话框

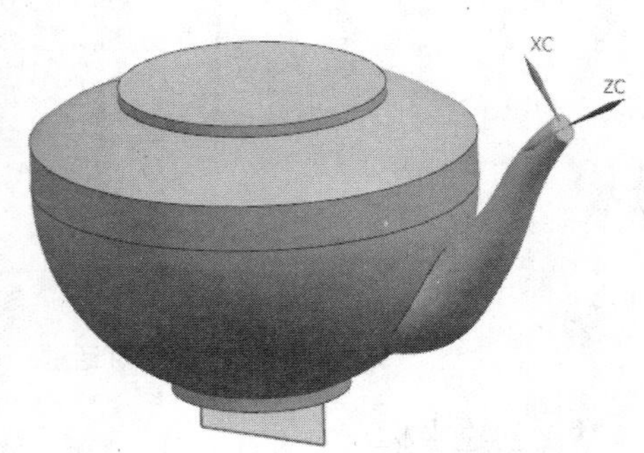

图 9-63　生成实体

19 绘制草图。

❶选择“菜单(M)”→“插入(S)”→“草图(H)…”，或者单击“主页”选项卡“直接草图”

面组上的“草图”按钮，打开“创建草图”对话框。选择如图 9-63 所示的面作为基准平面，然后单击<确定>按钮，出现草图绘制区。

❷选择“菜单(M)”→“插入(S)”→“草图曲线（S)”→“投影曲线(J)...”，打开“投影曲线”对话框，如图 9-64 所示。单击如图 9-65 所示的边线，最后单击确定按钮。

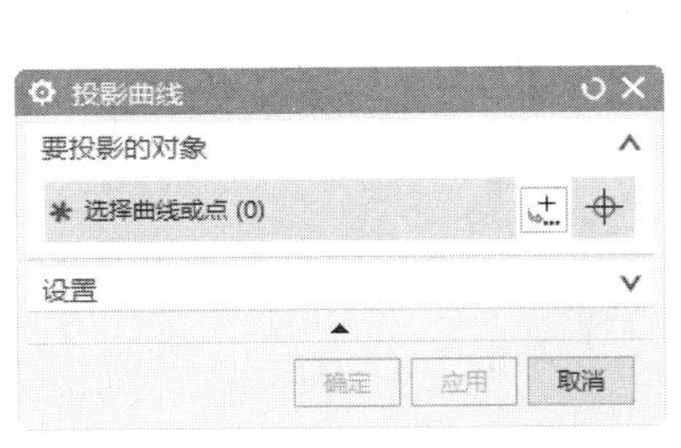

图 9-64　“投影曲线”对话框

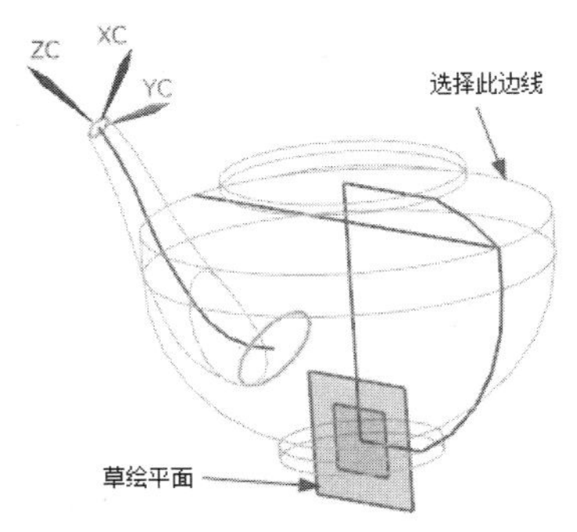

图 9-65　选择边线

❸选择“菜单(M)”→“插入(S)”→“草图曲线（S)”→“艺术样条（D)”，打开“艺术样条”对话框，如图 9-66 所示。按照如图 9-67 所示依次选择点，然后在对话框中单击<确定>按钮，绘制如图 9-68 所示的样条曲线。

图 9-66　“艺术样条”对话框

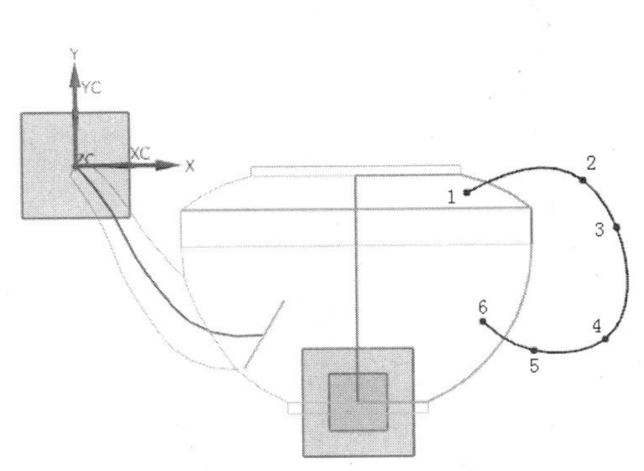

图 9-67　选择点

20 标注尺寸。

❶单击“主页”选项卡“直接草图”面组上的“快速尺寸”按钮，标注尺寸。

❷分别标注点 2 的位置尺寸修改成 9。

❸标注点 3 的位置尺寸分别修改成 200、11。

❹标注点 4 的位置尺寸分别修改成 160、115。

❺标注点 5 的位置尺寸修改成 94，生成的引导线。

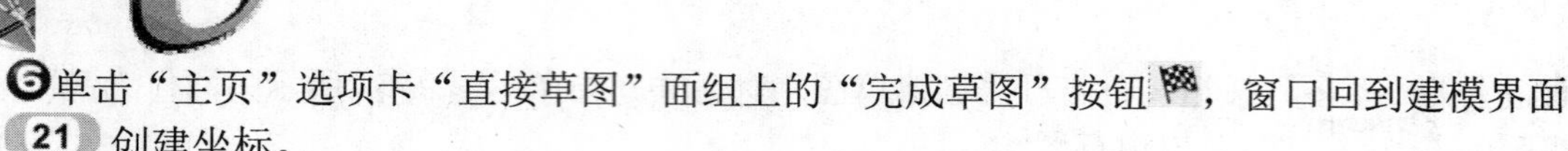

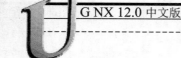

❻单击“主页”选项卡“直接草图”面组上的“完成草图”按钮，窗口回到建模界面。

21 创建坐标。

❶选择“菜单(M)”→“格式（R）”→“WCS”→“原点（O）”命令，打开“点”对话框。

❷按如图 9-69 单击样条曲线上的点，将坐标移至其该点处，结果如图 9-69 所示。

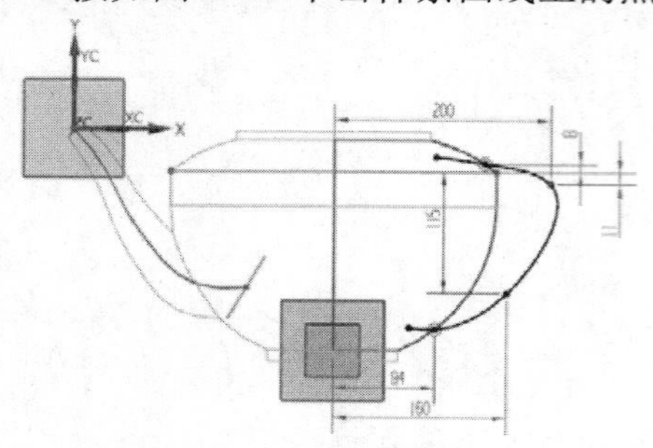

图 9-68 绘制样条曲线

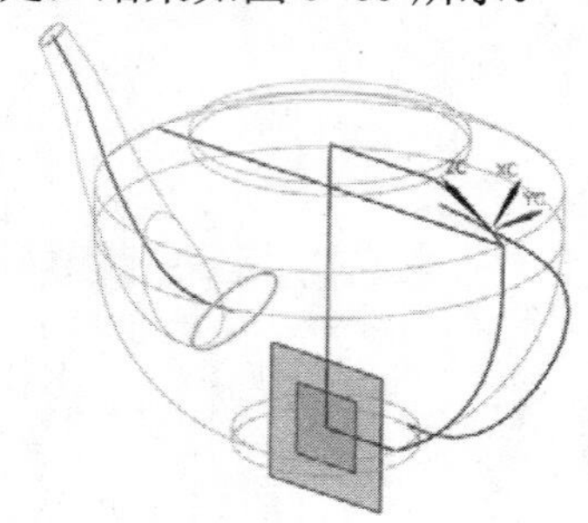

图 9-69 原点的移动

22 旋转坐标。

❶选择“菜单(M)”→“格式（R）”→“WCS”→“旋转（R）”命令，打开“旋转 WCS 绕….”对话框，如图 9-70 所示。

❷选中 -YC 轴：XC --> ZC 选项，旋转的角度为 30，单击确定按钮，将坐标系转成如图 9-71 所示。

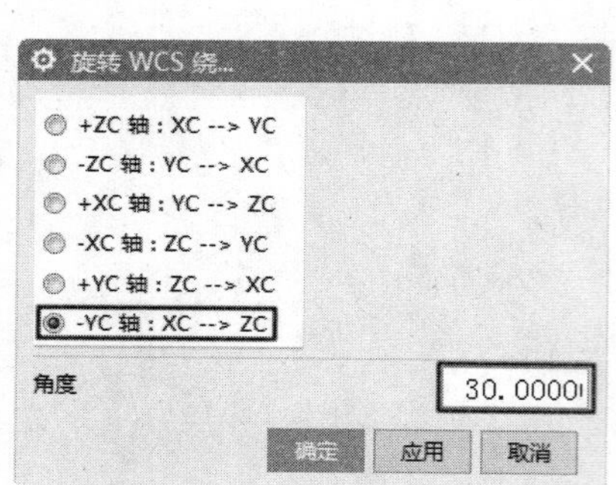

图 9-70 “旋转 WCS 绕…”对话框

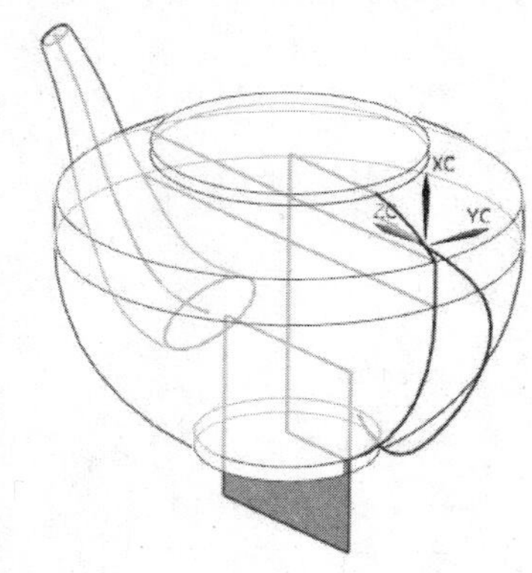

图 9-71 坐标旋转

23 绘制椭圆。

❶选择“菜单(M)”→“插入（S）”→“草图曲线（S）”→“椭圆（E）...”，打开“椭圆”对话框，单击“点对话框”按钮，打开“点”对话框，如图 9-72 所示。

❷在对话框中输入坐标（0，0，0），单击确定按钮，即指定椭圆的中心。

❸返回到“椭圆”对话框，如图 9-73 所示。在“大半径”“小半径”“角度”栏内分别的输入 25、12、90，生成的椭圆如图 9-74 所示。

24 创建壶把。

❶选择“菜单(M)”→“插入(S)”→“扫掠(W)”→“扫掠(S)...”，打开“扫掠”对话框。

❷单击样条曲线为引导线，选择椭圆为截面。

图 9-72　“点”对话框

图 9-73　“椭圆”对话框

❸在“对齐”的调整下拉列表中选择“参数”，在“定向方法”的下拉列表中选择“固定”，在“缩放方法”下拉列表中选择“恒定”，设置比例因子为 1.00。生成的实体如图 9-75 所示。

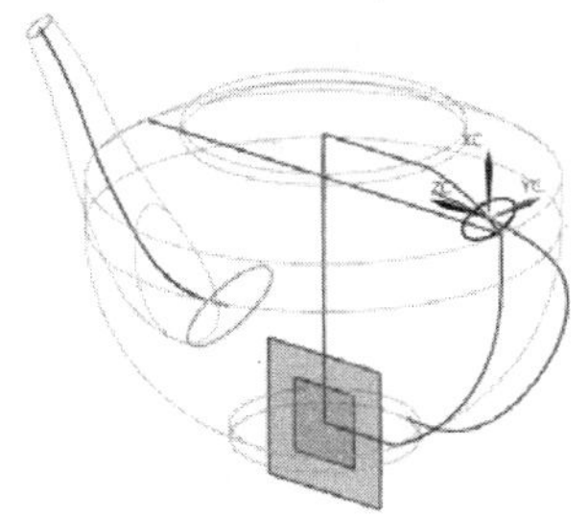

图 9-74　生成椭圆

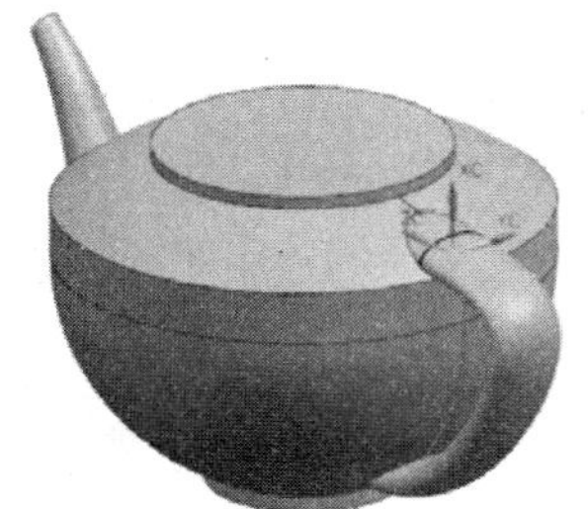

图 9-75　扫掠生成实体

25 合并。

选择“菜单(M)”→“插入(S)”→“组合(B)”→“合并(U)...”或单击“主页”选项卡“特征”面组上的“合并”按钮，打开“合并”对话框。将图中实体进行合并操作。

26 创建倒圆。

❶选择“菜单(M)”→“插入(S)”→“细节特征(L)”→“边倒圆(E)...”，单击“主页”选项卡“特征”面组上的“边倒圆”按钮，弹出“边倒圆”对话框，如图 9-76 所示。

❷在图形区单击如图 9-77 所示的粗线边缘，然后输入半径为 10，单击< 确定 >按钮， 结果如图 9-78 所示。

27 抽壳处理。

❶选择“菜单(M)”→“插入(S)”→“偏置/缩放(L)”→“抽壳（H）...”，或者单击“主页”选项卡“特征”面组上的“抽壳”按钮，打开“抽壳”对话框，如图 9-79 所示。

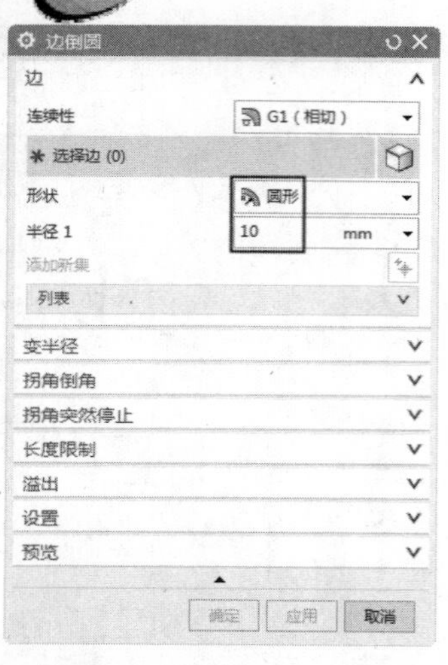

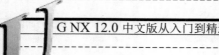

图 9-76 “边倒圆”对话框

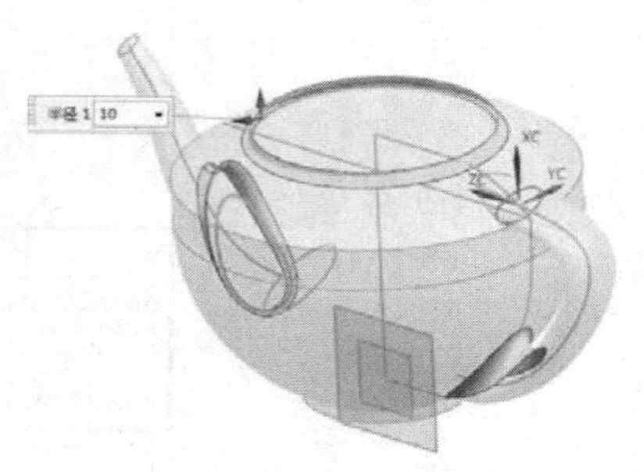

图 9-77 选择边

❷选择“移除面，然后抽壳”类型，在图形中选择抽壳的平面，如图 9-80 所示，在“抽壳”的对话框中输入“厚度”为 5，单击 确定 按钮，完成抽壳操作，结果如图 9-81 所示。

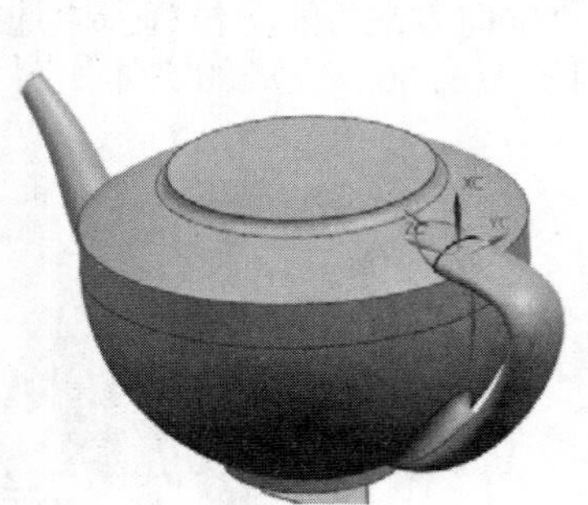

图 9-78 生成倒圆

图 9-79 “抽壳”对话框

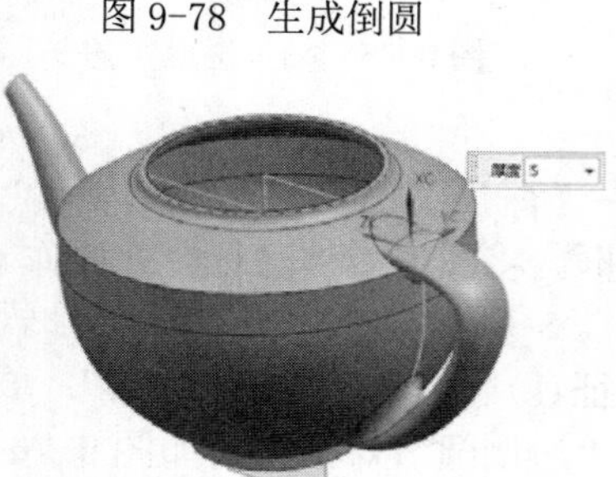

图 9-80 选择外壳平面

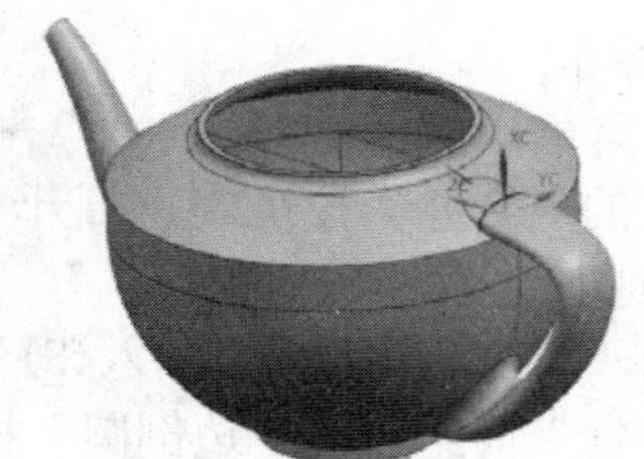

图 9-81 生成壳体

28 创建相交曲线。

❶单击“曲线”选项卡择“派生曲线”组中的“相交曲线”按钮，弹出如图 9-82 所示的“相交曲线”对话框，在图形中选取第一组面，如图 9-83 所示。

图9-82　“相交曲线”对话框

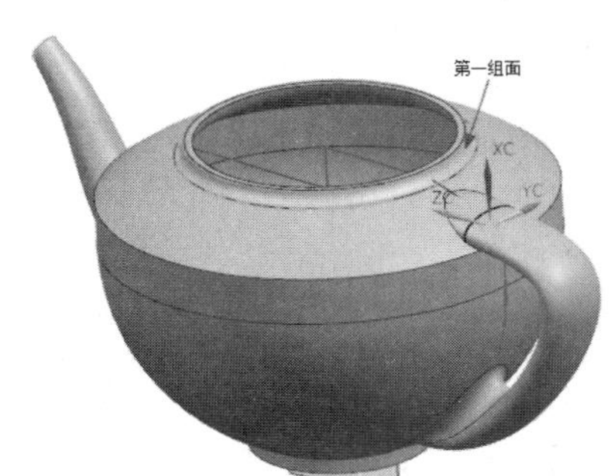

图9-83　选择第一组面

❷在图形中选取第二组面，如图 9-84 所示，在“相交曲线”对话框中单击“确定”按钮，最后完成相交曲线如图 9-85 所示。

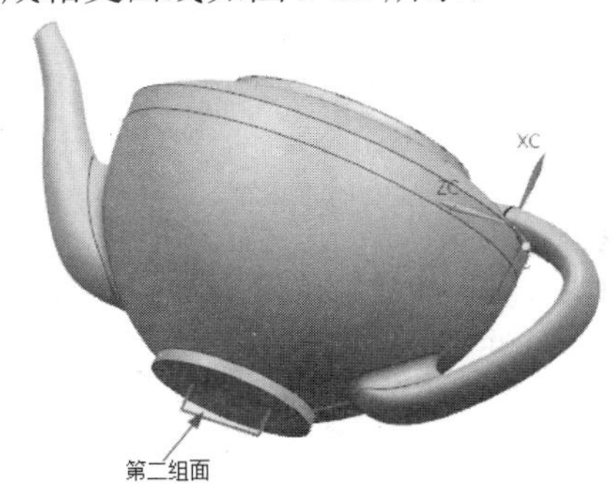

图9-84　选择第二组面

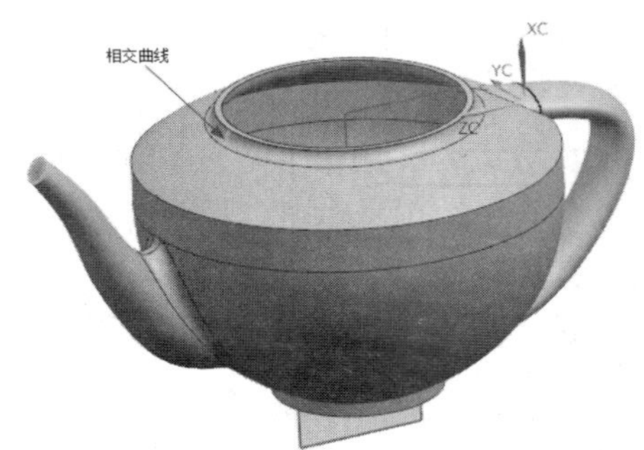

图9-85　生成相交曲线

29 移动坐标系。

❶选择“菜单（M）”→“格式(R)”→“WCS”→“原点(O)...”命令。弹出“点”对话框，选择“圆弧中心/椭圆中心/球心”类型，如图 9-86 所示。选择图 9-85 上的圆弧，将坐标系移至其圆心处，结果如图 9-87 所示。

❷选择“菜单（M）”→“格式(R)”→“WCS”→“旋转(R)...”命令，弹出“旋转 WCS 绕...”对话框，如图 9-88 所示。选中 +XC 轴：YC --> ZC，在角度文本框中输入 90，单击 确定 按钮，将坐标系转为如图 9-89 所示。

30 创建圆弧。

❶选择“菜单（M）”→“插入(S)”→“曲线（C）”→“基本曲线（原有）(B）...”命令，弹出“基本曲线”对话框，单击对话框中的“圆弧”按钮，如图 9-90 所示。在“创建方法”中单击“中心点，起点，终点”，在“点方法”中单击“点构造器”按钮，弹出“点”对话框，如图 9-91 所示。在此对话框中输入（0，0，0），以原点为中心绘制圆弧，单击 确定 按钮。

❷在“点”对话框中输入（-15，0，0）如图 9-92 所示，单击 确定 按钮，系统提示单击弧的终点，然后在“点”对话框中输入（0，-15，0），如图 9-93 所示，最后单击 确定 按钮，

完成弧的绘制，如图 9-94 所示。

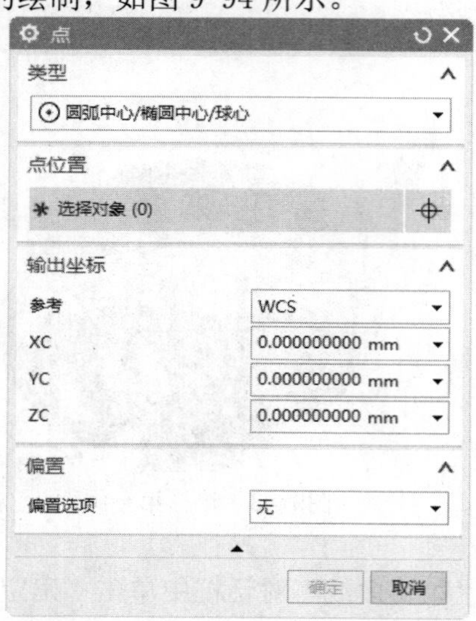

图9-86　“点”对话框

图9-87　坐标的移动

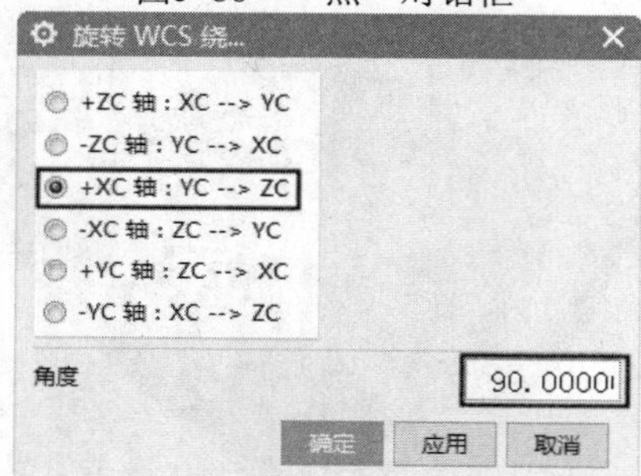

图9-88　“旋转WCS绕...”对话框

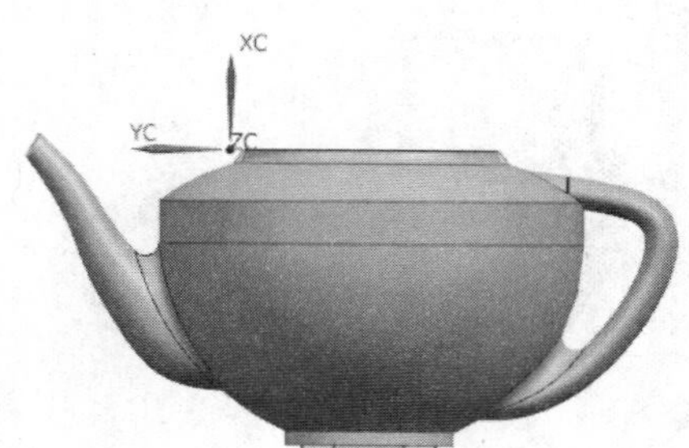

图9-89　坐标旋转

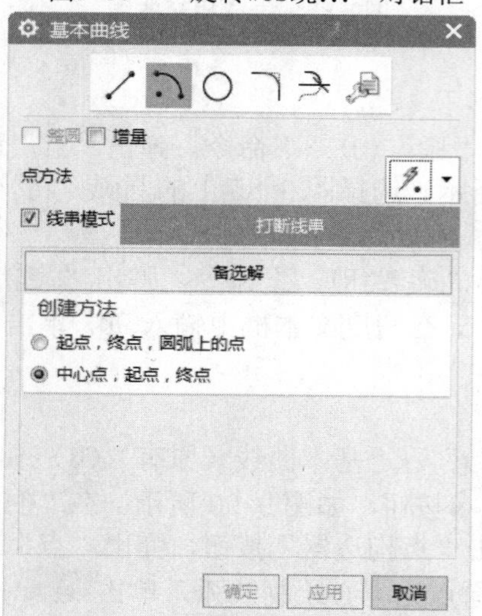

图9-90　“基本曲线”对话框

图9-91　“点”对话框

图9-92　“点”对话框

图9-93　“点”对话框

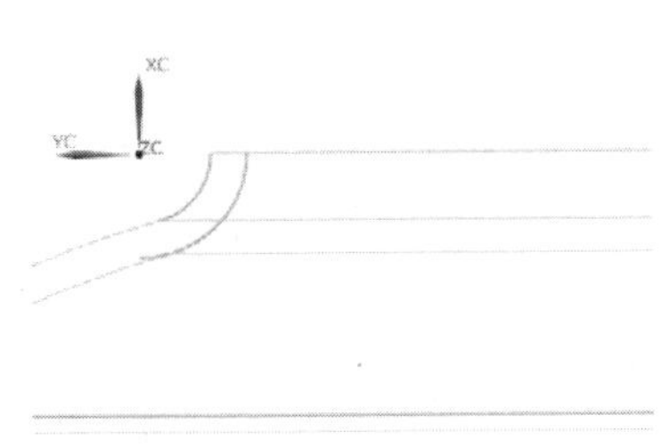
图9-94　绘制圆弧

31 绘制草图。

❶单击“主页”选项卡“直接草图”组中的“草图”按钮，弹出“创建草图”对话框，以 XC→YC 基准平面作为基准平面，单击“确定”按钮，进入草图绘制环境，绘制如图 9-95 的草图。

❷单击“主页”选项卡“直接草图”组中“快速修剪”按钮，选择剪切的边，如图 9-96 所示，修剪掉多余的曲线，完成草图的绘制，如图 9-97 所示。单击“主页”选项卡“直接草图”组中的“完成草图”按钮。

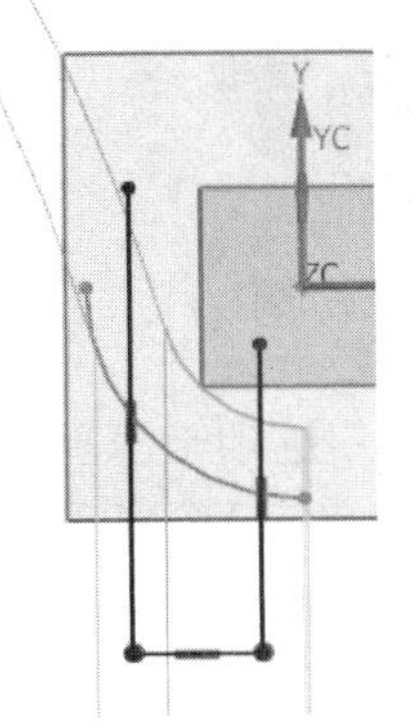
图9-95　绘制草图

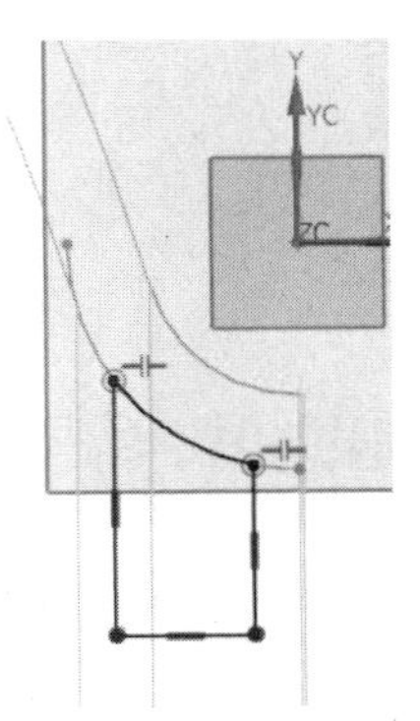
图9-96　选择剪切的边

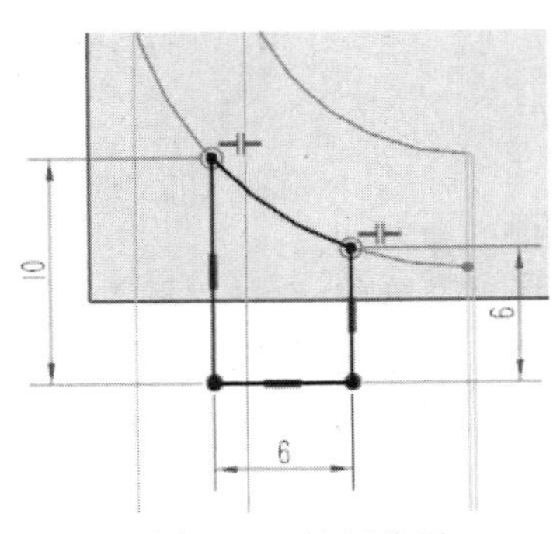
图9-97　绘制草图

32 移动坐标系。

选择“菜单(M)”→“格式(R)”→“WCS”→“原点(O)”命令，弹出“点”对话框。选择“弧/圆/球中心”类型，单击茶壶上面的圆，将坐标系移至其圆心处，结果如图 9-98 所示。

33 创建旋转体。

❶单击“主页”选项卡“特征”面组中的“旋转”按钮，弹出“旋转”对话框，如图 9-99 所示。

❷依次单击草图中所绘的全部曲线，如图 9-100 所示，选择 XC 轴为旋转轴，然后单击“确定”按钮，生成旋转体，如图 9-101 所示。

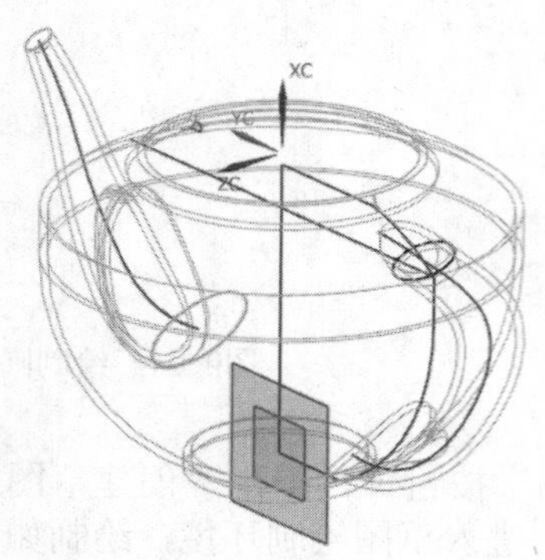

图9-98　坐标系的移动

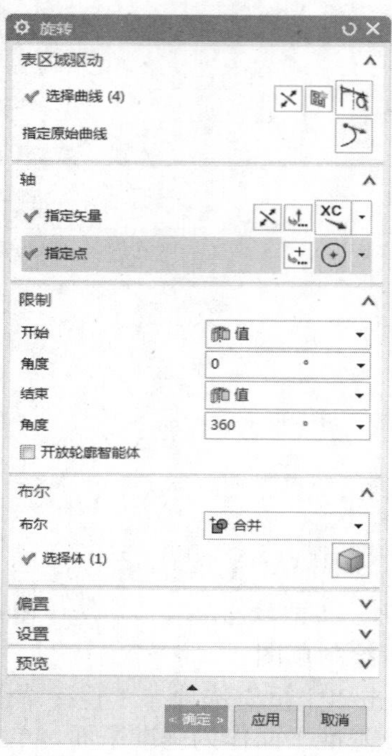

图9-99　“旋转”对话框

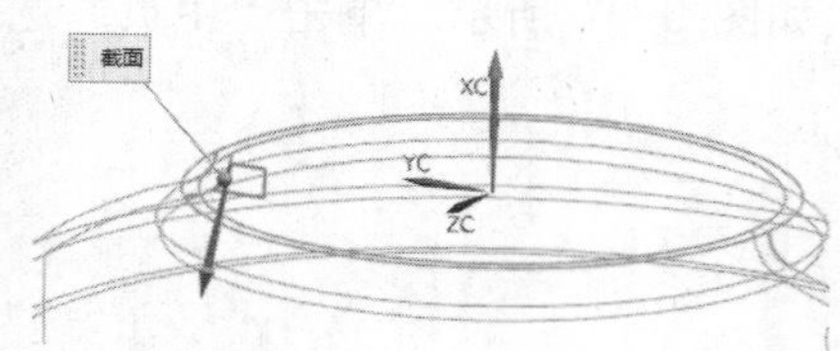

图9-100　选择曲线

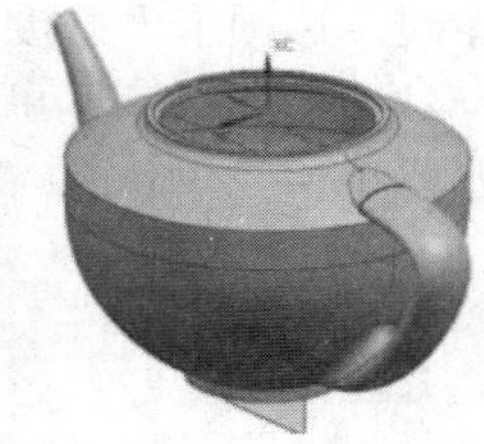
图9-101　生成旋转体

34 创建草图。

选择“菜单(M)”→“插入(S)”→“草图(H)...”，或者单击“主页”选项卡“直接草图”面组上的“草图”按钮，出现草图绘制界面。根据系统提示，在图形中单击 XC-YC 基准平面，然后单击“确定”按钮，出现草图绘制区，绘制如图 9-102 所示的草图。

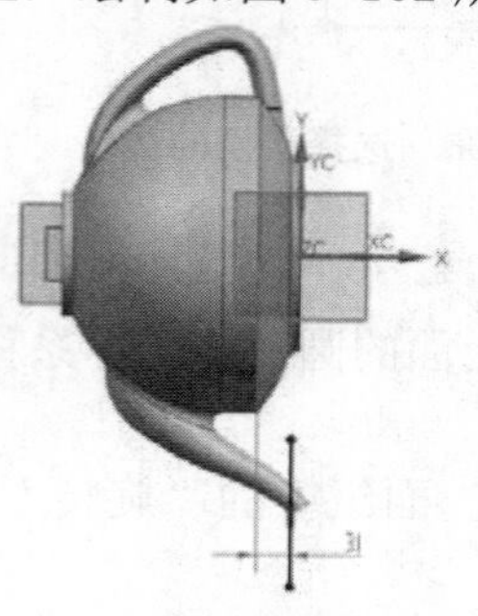

图 9-102　生成草图

35 创建拉伸。

❶选择“菜单（M）”→“插入(S)”→“设计特征(E)” →“拉伸(X)…”，或者单击“主页”选项卡“特征”面组上的“拉伸”按钮，打开“拉伸”对话框，如图 9-103 所示。

❷在图形中选择刚绘制的直线，在“拉伸”对话框中输入起始距离和结束距离，单击< 确定 >按钮，如图 9-104 所示。

图9-103　“拉伸”对话框

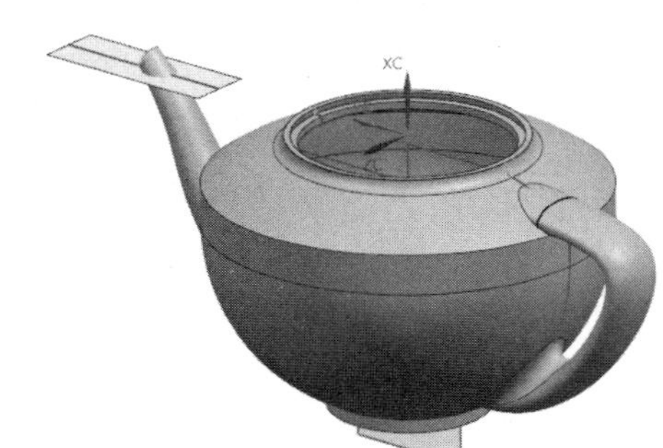

图9-104　选择拉伸曲面

36 修剪体。

❶选择“菜单（M）”→“插入（S）”→“修剪（T）”→“修剪体（T）”或单击“主页”选项卡“特征”面组上的“修剪体”按钮，打开“修剪体”对话框，如图 9-105 所示。

图9-105　“修剪体”对话框

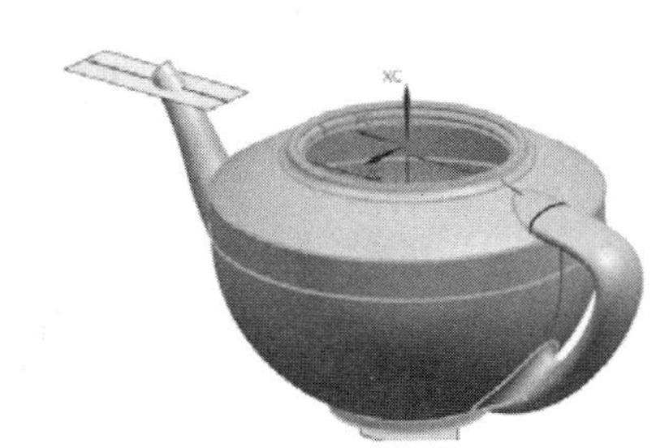

图9-106　选择修剪目标

❷在图形区域内单击壶体作为目标体，如图 9-106 所示。

❸在工具选项下拉菜单中选择“面或平面”，选择上步绘制的拉伸体上表面，注意单击按钮调节裁剪体的方向，如图 9-107 所示，修剪以后的实体如图 9-108 所示。

37 隐藏曲线。

❶选择“菜单（M）”→“编辑（E）”→“显示和隐藏（H）”→“隐藏（H）”命令，打开“类

选择”对话框，如图 9-109 所示。

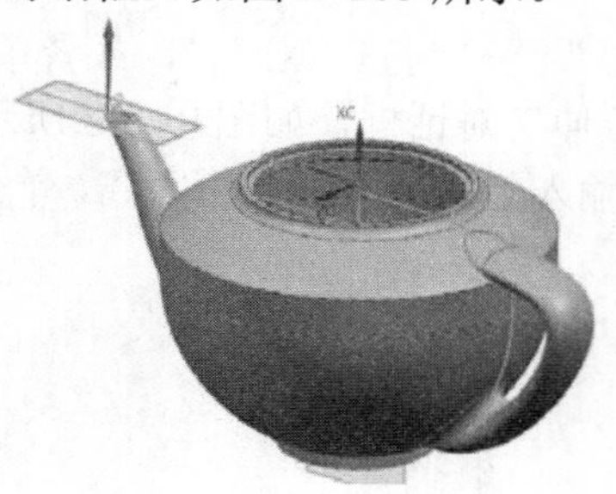

图 9-107　修剪体方向矢量

图 9-108　修剪以后的实体

❷单击“类型过滤器”按钮，打开如图 9-110 所示的“按类型选择”对话框。

❸在“根据类型选择”对话框中单击要隐藏的“曲线”“草图”和“片体”，如图 9-110 所示，隐藏后的图形如图 9-111 所示。

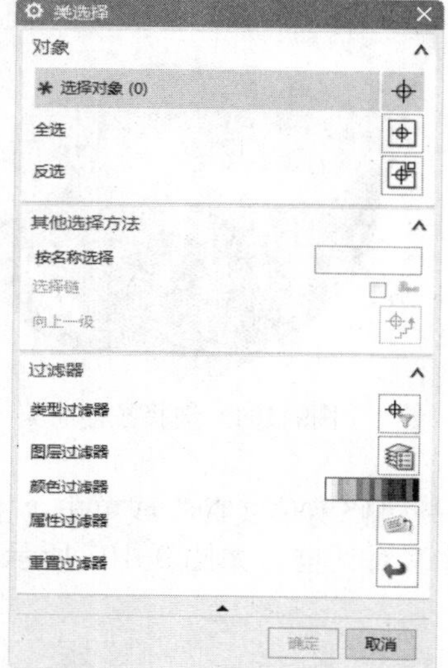

图9-109　“类选择”对话框

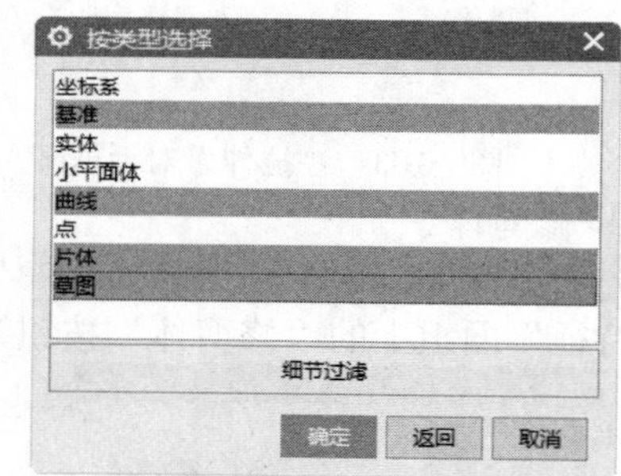

图9-110　“按类型选择”对话框

图9-111　选择隐藏曲线

(38) 倒圆。

❶单击“主页”选项卡特征”面组中的“边倒圆”按钮，弹出“边倒圆”对话框，如图 9-112 所示，在图形区域单击如图 9-113 所示的粗线边缘，在“半径 1”中输入尺寸值为 2，单击“确定”按钮，完成倒圆如图 9-114 所示。

图9-112　“边倒圆”对话框

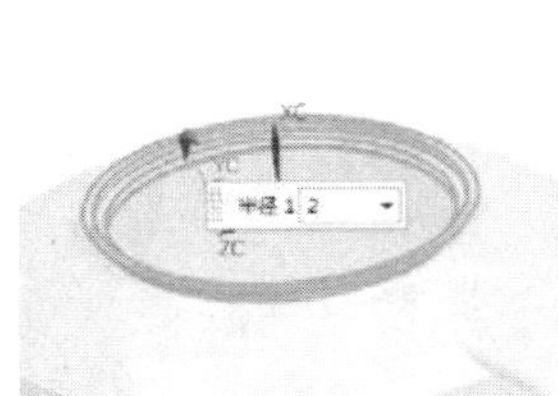

图9-113　选择圆角边

图9-114　倒圆

❷单击“主页”选项卡“特征”面组中的“边倒圆”按钮，弹出“边倒圆”对话框，在图形区域单击如图 9-115 所示的粗线边缘，在“半径 1”中输入尺寸值为 10，单击“确定”按钮，完成倒圆如图 9-116 所示。

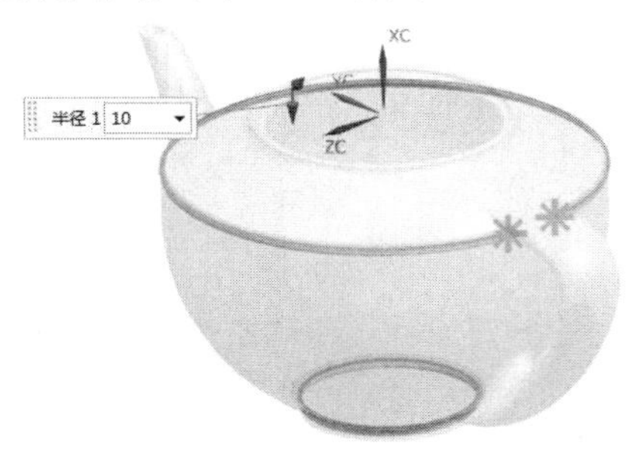

图9-115　选择圆角边

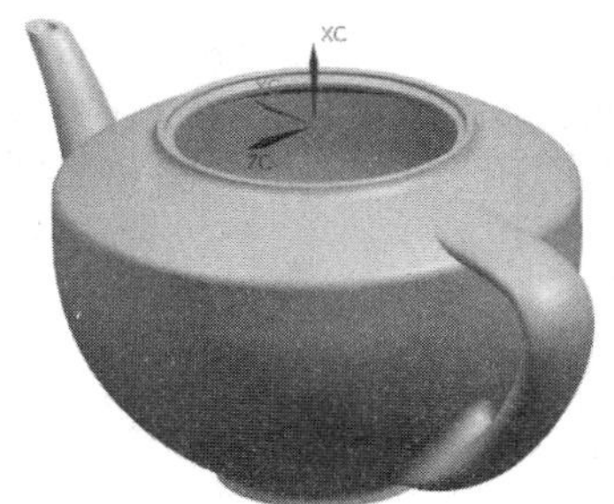

图9-116　生成倒圆

39 绘制草图。

❶选择“菜单(M)”→“插入(S)”→“在任务环境中绘制草图(V)”命令，弹出“创建草图”对话框。选择 YC－XC 作为基准平面，单击“确定”按钮，进入草图绘制区。

❷在壶底绘制如图 9-117 所示的草图。

❸单击“主页”选项卡“直接草图”组中的“完成草图”按钮，退出草图。

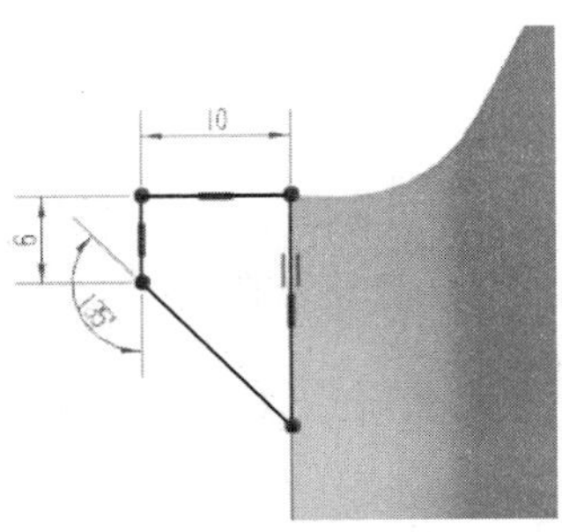

图9-117　绘制草图

40 创建旋转体。

❶单击“主页”选项卡“特征”面组上的“旋转”按钮，弹出“旋转”对话框，如图 9-118 所示。

❷在图形中依次选择上步草图中所绘的全部曲线，选择 XC 轴为旋转轴，单击“确定”按钮，生成的旋转体如图 9-119 所示。

41 倒圆。

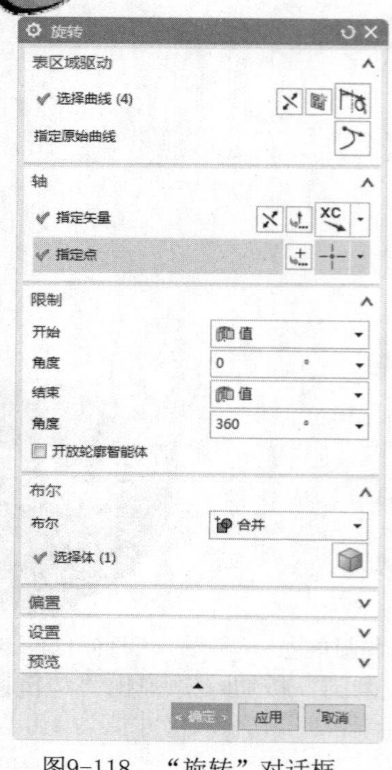

图9-118 “旋转”对话框

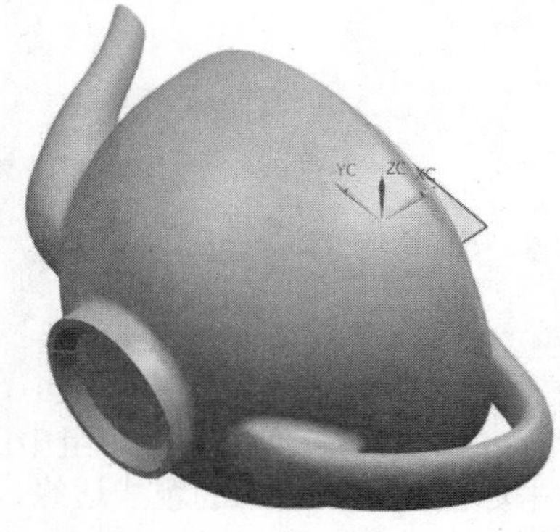

图9-119 加固底座

❶单击“主页”选项卡“特征”组中的“边倒圆”按钮，弹出“边倒圆”对话框。

❷在图形区域单击如图 9-120 所示的粗线边缘，在“半径 1”中输入相应的尺寸值为 3，单击“确定”按钮，完成倒圆角如图 9-121 所示。

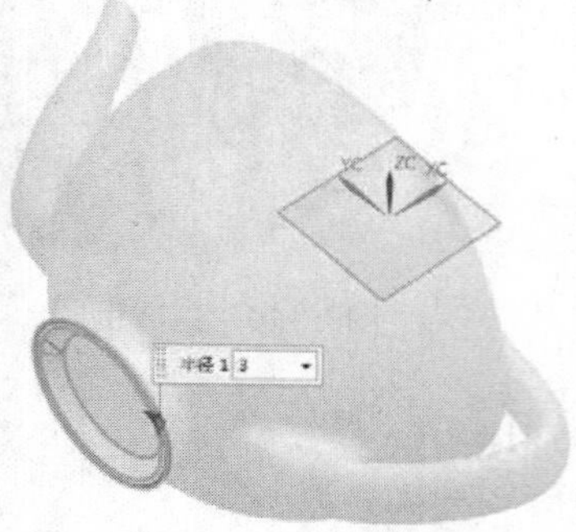

图9-120 选择圆角曲线

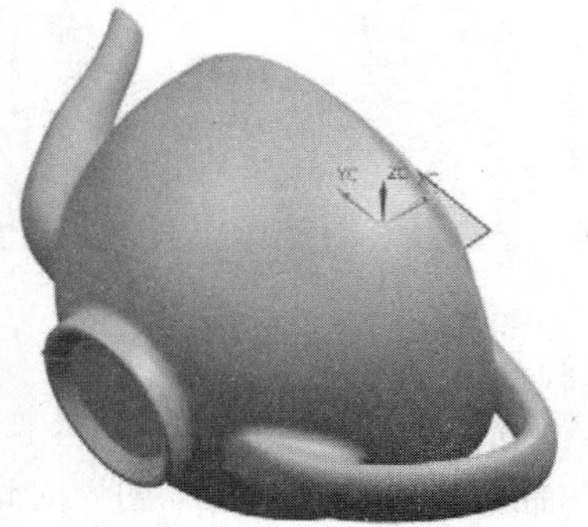

图9-121 生成圆角

9.2 编辑曲面

在 UG 中，完成曲面的创建后，一般还需要对曲面进行相关的编辑工作。

9.2.1 X 型

X 型命令是通过编辑样条和曲面点或极点，达到修改曲面的目的。

选择“菜单(M)”→“编辑(E)”→“曲面(R)”→“X 型”，或单击“曲面”选项卡“编辑曲面”面组上的“X 型”按钮，打开如图 9-122 所示的“X 型”对话框。

图 9-122　“X 型”对话框

1. 曲线或曲面

（1）选择对象：选择单个或多个要编辑的面，或使用面查找器选择。

（2）操控

1）任意：移动单个极点、同一行上的所有点或同一列上的所有点。

2）极点：指定要移动的单个点。

3）行：移动同一行内的所有点。

（3）自动取消选择极点：勾选此复选框，选择其他极点，前一次所选择的极点将被取消。

2. 参数化

更改面的过程中，调节面的阶次与补片数量。

3. 方法

控制极点的运动，可以是移动、旋转、比例缩放，以及将极点投影到某一平面。

（1）移动：通过 WCS、视图、矢量、平面、法向和多边形等方法来移动极点。

（2）旋转：通过 WCS、视图、矢量和平面等方法来旋转极点。

（3）比例：通过 WCS、均匀、曲线所在平面、矢量和平面等方法来缩放极点。

（4）平面化：当极点不在一个平面内时，可以通过此方法将极点控制到一个平面上。

4. 边界约束

允许在保持边缘处曲率或相切的情况下沿切矢方向对成行或成列的极点进行交换。

5. 特征保存方法

（1）相对：在编辑父特征时保持极点相对于父特征的位置。

（2）静态：在编辑父特征时保持极点的绝对位置。

6. 微定位：指定使用微调选项时动作的精细度。

9.2.2　I 型

I 型命令是通过编辑等参数曲线来动态修改曲面。

选择“菜单(M)”→“编辑(E)”→“曲面(R)”→“I 型”，或单击“曲面”选项卡“编辑曲面”面组上的“I 型”按钮，打开如图 9-123 所示的“I 型”对话框。

1. 选择面

2. 选择单个或多个要编辑的面，或使用面查找器来选择。

2. 等参数曲线

（1）方向：用于选择要沿其创建等参数曲线的 U 方向/V 方向。

（2）位置：用于指定将等参数曲线放置在所选面上的位置方法。

1）均匀：将等参数曲线按相等的距离放置在所选面上。

2）通过点：将等参数曲线放置在所选面上，使其通过每个指定的点。

3）在点之间：在两个指定的点之间按相等的距离放置等参数曲线。

（3）数量：指定要创建的等参数曲线的总数。

3．等参数曲线形状控制

（1）插入手柄：通过均匀、通过点和在点之间等方法在曲线上插入控制点。

（2）线性过渡：勾选此复选框，拖动一个控制点时，整条等参数线的区域变形。

（3）沿曲线移动手柄：勾选此复选框，在等参数线上移动控制点。也可以单击鼠标右键来选择此选项。

4．曲线形状控制

（1）局部：拖动控制点，只有控制点周围的局部区域变形

（2）全局：拖动一个控制点时，整个曲面跟着变形。

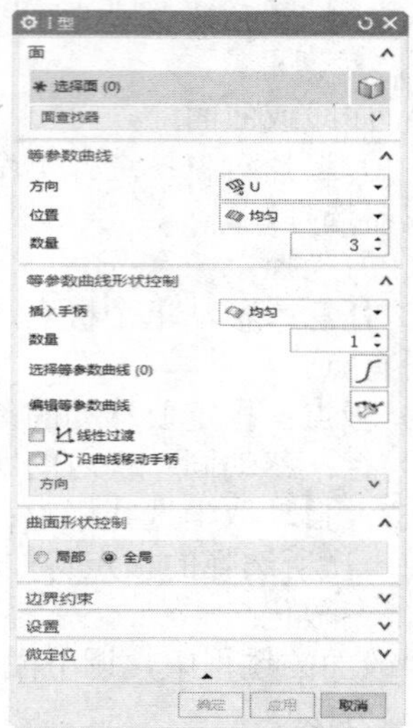

图 9-123 “I 型”对话框

9.2.3 扩大

“扩大”命令是用于在选取的被修剪的或原始的表面基础上生成一个扩大或缩小的曲面。

选择“菜单(M)”→“编辑(E)”→“曲面(R)”→“扩大(L)...”，或者单击“曲面”选项卡“编辑曲面”面组上的“扩大”按钮，打开如图 9-124 所示的“扩大”对话框。

（1）全部：勾选该复选框，用于同时改变 U 向和 V 向的最大和最小值，只要移动其中一个滑块，就会改变其他的滑块。

（2）线性：曲面上延伸部分是沿直线延伸而成的直纹面。该选项只能扩大曲面，不能缩小曲面。

（3）自然：曲面上的延伸部分是按照曲面本身的函数规律延伸。该选项既可扩大曲面，也可缩小曲面。

通过“扩大”编辑曲面实例示意图如图 9-125 所示。

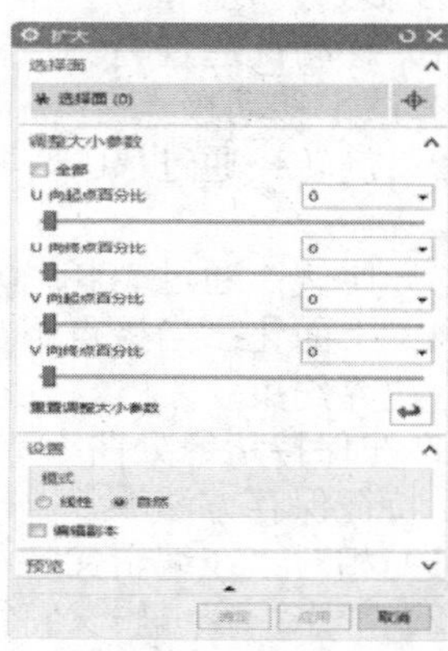

图 9-124 “扩大”对话框

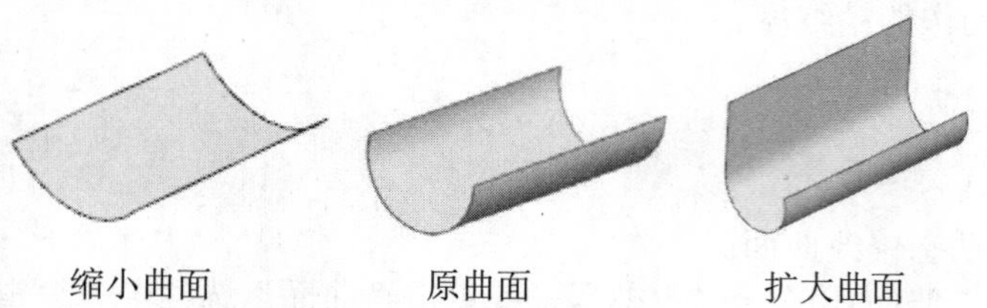

缩小曲面　　原曲面　　扩大曲面

图 9-125 通过“扩大”编辑曲面

9.2.4 改变次数

改变次数命令用于修改曲面 U 和 V 方向的阶次，曲面形状维持不变。

选择“菜单(M)”→“编辑(E)”→“曲面(R)”→“次数(E)”，打开如图 9-126 所示的“更改次数”对话框。

在视图区选择要进行操作的曲面后打开如图 9-127 所示的“更改次数”参数输入对话框。

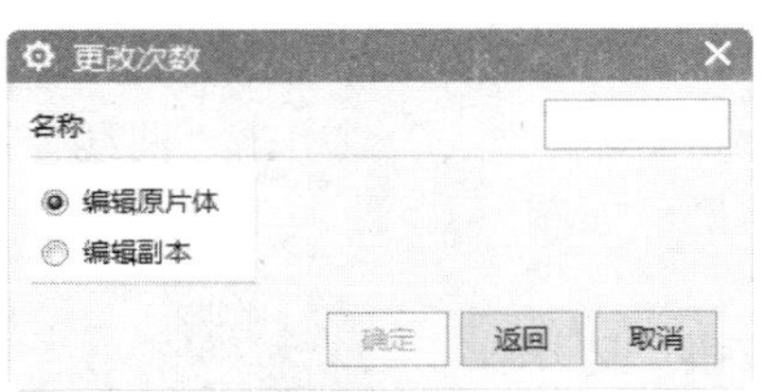

图 9-126　“更改次数”对话框

图 9-127　参数输入对话框

使用“更改次数”功能，增加曲面阶次，将增加曲面的极点，使曲面形状的自由度增加。多补片曲面和封闭曲面的阶次只能增加不能减少。

9.2.5　更改刚度

改变硬度命令是改变曲面 U 和 V 方向参数线的阶次，曲面的形状有所变化。

选择“菜单(M)”→“编辑(E)”→“曲面(R)”→“刚度（F）”，打开如图 9-128 所示的“更改刚度”对话框。

在视图区选择要进行操作的曲面后，打开如图 9-129 所示的“更改刚度”参数输入对话框。

图 9-128　“更改刚度”对话框

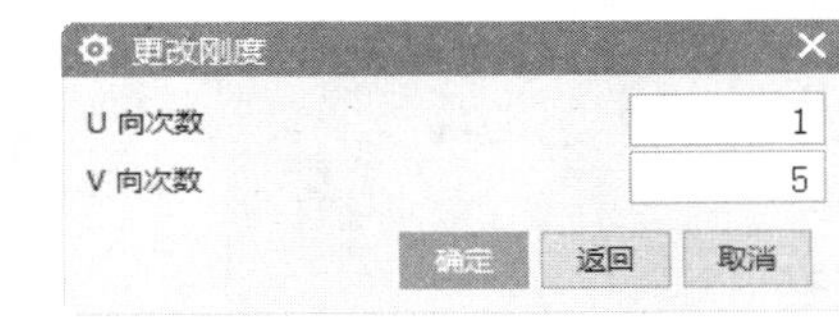

图 9-129　参数输入对话框

使用改变硬度功能，增加曲面阶次，曲面的极点不变，补片减少，曲面更接近它的控制多边形，反之则相反。封闭曲面不能改变硬度。

9.2.6　法向反向

法向反向命令是用于创建曲面的反法向特征。

选择“菜单(M)”→“编辑(E)”→“曲面(R)”→“法向反向（N)”，打开如图 9-130 所示的“法向反向”对话框。

使用法向反向功能，创建曲面的反法向特征。改变曲面的法线方向。改变法线方向，可以解决因表面法线方向不一致造成的表面着色问题和使用曲面修剪操作时因表面法线方向不一致而引起的更新故障。

图 9-130　“法向反向”对话框

9.3　综合实例——灯罩

采用基本曲线、样条曲线，通过变换操作生成曲线，然后生成面，结果如图 9-131 所示。

01 新建文件。

单击“主页”选项卡“新建”按钮，打开“新建”对话框，在“模板”列表框中选择“模型”，输入“Dengzhao”，单击 确定 按钮，进入 UG 主界面。

02 创建直线。

❶选择“菜单(M)”→“插入(S)”→“曲线(C)”→“直线(L)...”或单击“曲线”选项卡“曲线”面组上的“直线”按钮，打开“直线”对话框，如图9-132所示。

❷在对话框中“起点”选项单击“点对话框”按钮，打开“点”对话框，如图9-133所示。在对话框中输入（75，0，0），单击确定按钮，返回到“直线”对话框；

❸在对话框中“终点或方向” 单击，打开“点”对话框，在对话框中输入（30，25，0），单击确定按钮，完成线段的创建。

❹同上步骤建立起点为（75，0，0）、终点为（30，-25，0）的直线段。生成的曲线段如图9-134所示。

图9-131 灯罩

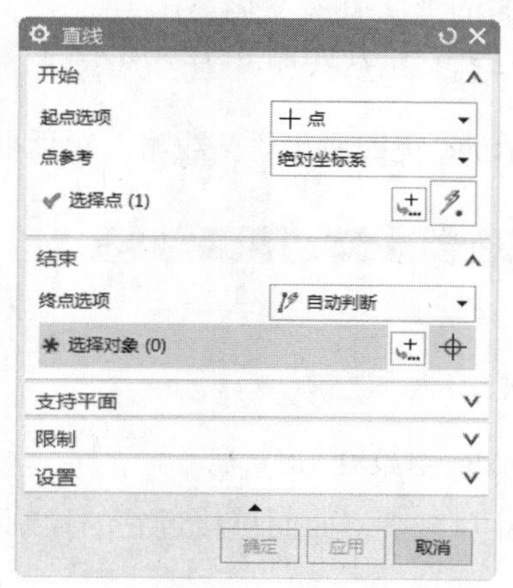

图9-132 “直线”对话框

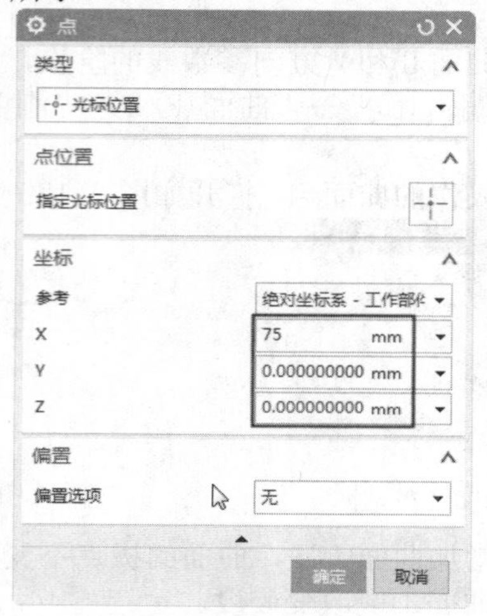

图9-133 “点”对话框

图9-134 模型

03 变换操作。

❶选择“菜单(M)”→“编辑（E)”→“移动对象（O)”，或单击“工具”选项卡“实用工具”面组上的“移动对象”按钮，打开“移动对象”对话框。如图9-135所示。

❷选择屏幕中两条曲线，在“运动”下拉列表中选择“角度”选项。

❸打开“点”对话框。在“点”对话框中输入（0，0，0），单击确定按钮。

❹选择“指定矢量”为“ZC轴”。

❺在“角度”文本框中输入45，在“结果”面板中选中“复制原先的”选项，设置“非关联副本数”为7。

❻在“移动对象”对话框中，单击确定按钮，生成曲线如图9-136所示。

04 裁剪操作。

❶选择“菜单(M)”→“编辑(E)”→“曲线(V)”→“修剪(T)...”或单击“曲线”选项卡“编辑曲线”面组上的“修剪曲线”按钮，打开如图9-137所示的“修剪曲线”对话框。

❷按系统提示分别选择修剪边界和裁剪对象，完成修剪操作。生成曲线如图9-138所示。

05 简单倒圆。

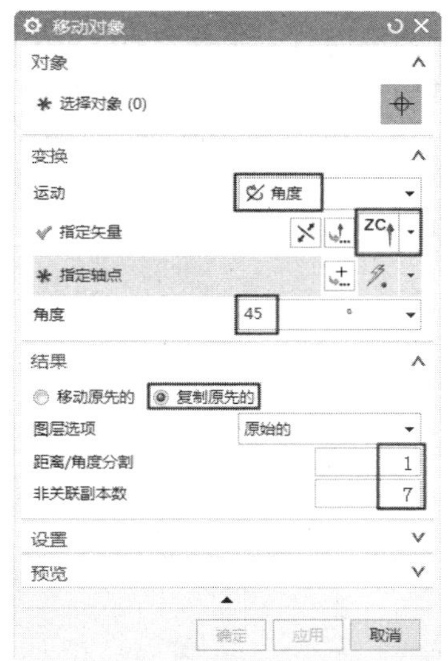

图 9-135　“移动对象”对话框

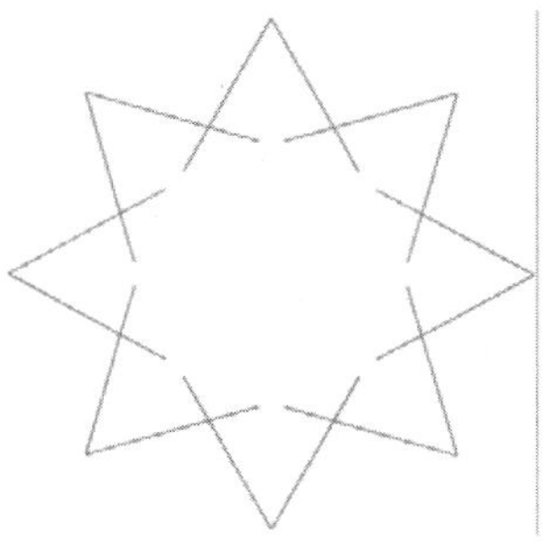

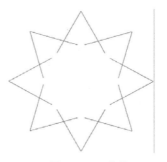

图 9-136　曲线

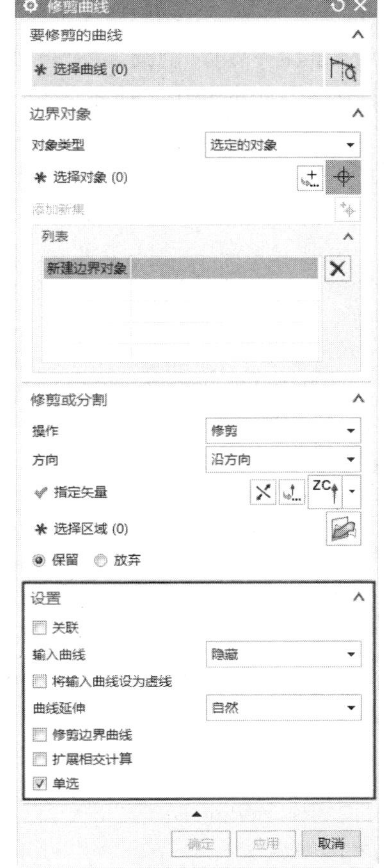

图 9-137　“修剪曲线”对话框

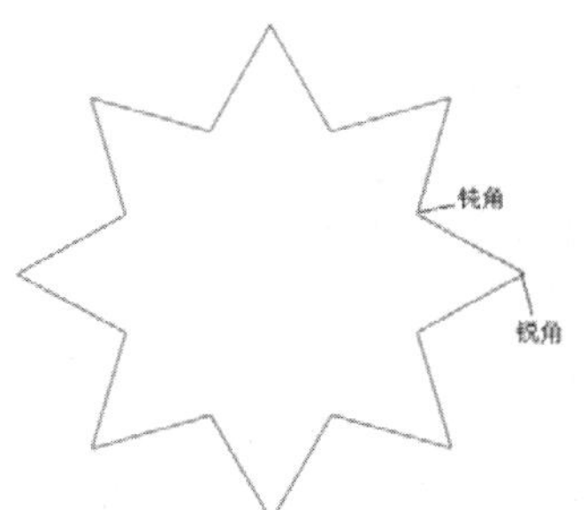

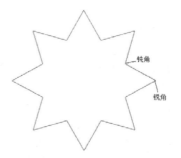

图 9-138　修剪后曲线

UG NX 12.0

❶选择“菜单(M)”→“插入(S)”→“曲线(C)”→“基本曲线（原有）(B) ...”，打开“基本曲线”对话框。

❷单击对话框中的“圆角”图标，打开如图 9-139 所示的“曲线倒圆”对话框。

❸在“曲线倒圆”对话框中的“半径”文本框中输入 10，选择如图 9-140 所示的各钝角，注意选择点靠近角外侧一边，如图 9-140 所示，完成对各钝角的倒圆。

图 9-139 “曲线倒圆”对话框

图 9-140 钝角倒圆

❹在“半径”文本框中输入 3，选择如图 9-141 所示的各锐角，倒圆如图 9-141 所示，完成对各锐角的倒圆。单击 取消 按钮，关闭对话框。生成图形如图 9-142 所示。

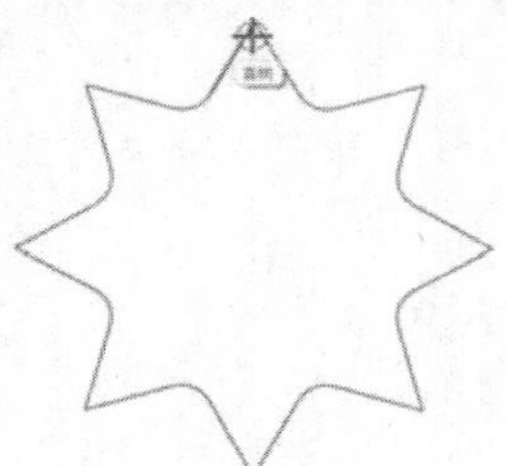

图 9-141 锐角倒圆

图 9-142 倒圆后曲线

06 创建圆弧。

❶选择“菜单(M)”→“插入(S)”→“曲线(C)”→“基本曲线（原有）(B) ...”，打开“基本曲线”对话框。

❷单击“圆”图标○，在“点方法”下拉菜单中选择“点构造器”图标，打开“点”对话框。

❸按系统提示输入圆心坐标（0，0，20），单击 确定 按钮，系统提示输入圆弧上的点，输入（45，0，20），单击 确定 按钮，完成圆弧 1 的创建。

❹同上步骤创建圆心分别位于（0，0，40）、（0，0，60），半径分别为 35、25 的圆弧 2 和圆弧 3。生成圆弧如图 9-143 所示。

❺创建一条线段，起点为（0，0，0），终点为（0，0，70）。

07 创建样条曲线。

❶选择“菜单(M)”→“插入(S)”→“曲线（C）”→“艺术样条(D)...”，打开如图 9-144 所示的“艺术样条”对话框。

❷在对话框中选择“通过点”类型，在次数文本框中输入 3。

❸在“点”对话框“类型”中选择“象限点”，按顺序分别选择星形图形中的一圆角和步骤成的三个圆弧（注意选择时使各圆弧象限点保持在同一平面内），然后在“点”对话框“类型”中选择“端点”图标，选择直线端点。完成样条曲线 1 的创建，如图 9-145 所示。

图 9-143　圆弧

图 9-144　“艺术样条”对话框

08 变换操作。

❶选择“菜单(M)”→“编辑（E）”→“移动对象（O）”，或单击“工具”选项卡“实用工具”面组上的“移动对象”按钮，打开“移动对象”对话框。

❷选择屏幕中如图 9-145 所示的样条曲线。

❸在“运动”下拉列表中选择“角度”选项。

❹打开“点”对话框。在“点”对话框中输入（0，0，0），单击确定按钮。

❺选择“指定矢量”为“ZC 轴”。

❻在“角度”文本框中输入 45，在“结果”面板中选中“复制原先的”选项，设置“非关联副本数”为 7。

❼在“移动对象”对话框中，单击<确定>按钮，生成曲线如图 9-146 所示。

09 曲线成面。

❶选择“菜单(M)”→“插入(S)”→“网格曲面(M)”→“通过曲线网格(M)...”或单击“曲面”选项卡“曲面”面组上的“通过曲线网格”按钮，打开“通过曲线网格”对话框，如图 9-147 所示。

❷按系统提示选择如图 9-146 所示的第一主曲线，选择屏幕中的星形图形，单击鼠标中键，系统提示选择第二主曲线，选择屏幕中的直线终点，并单击鼠标中键，如图 9-148 所示。

❸系统提示选择第一交叉曲线，选择样条曲线 1，单击鼠标中键，系统提示选择第二交叉曲线，选择样条曲线 2 并单击鼠标中键，（注意：选取曲线时，选取顺序应沿第一主曲线的箭头方向），顺次选择，系统提示选择第九截面线时，重新选择样条曲线 1，并单击鼠标中键，如

图 9-148 所示。

❹选择曲线都分别列于对话框相应区间里面，单击 <确定> 按钮，生成模型如图 9-149 所示。

10 隐藏操作。

❶选择“菜单(M)”→“编辑(E)”→“显示和隐藏(H)”→“隐藏(H)”，打开“类选择”对话框。

❷选择步骤 **09** 创建的模型，单击 确定 按钮，完成隐藏实体模型的操作。

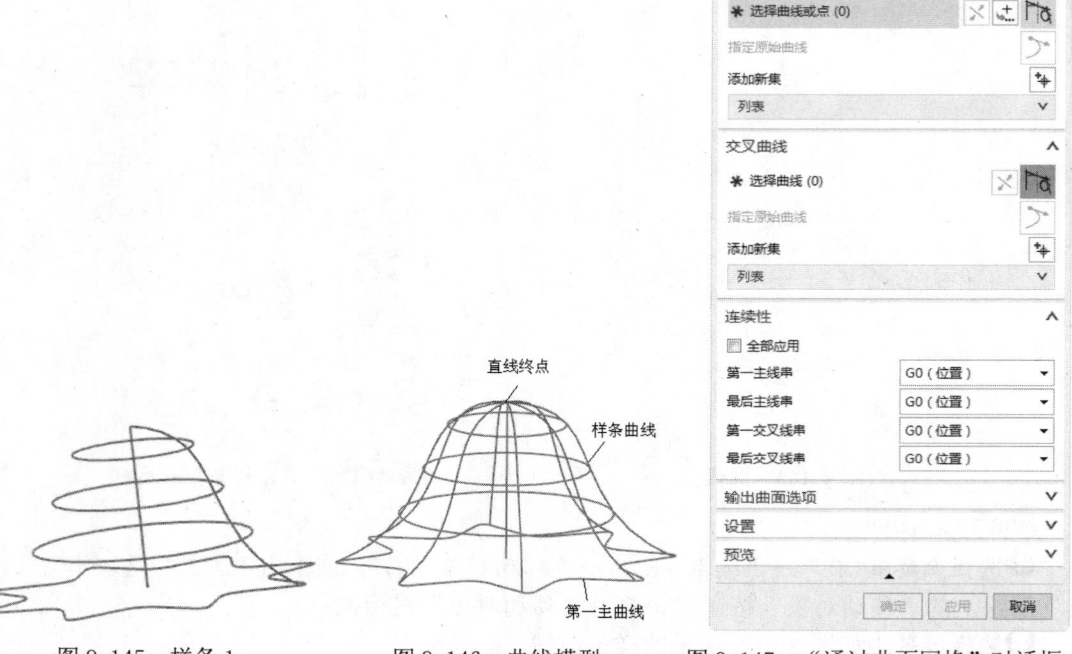

图 9-145 样条 1　　图 9-146 曲线模型　　图 9-147 “通过曲面网格”对话框

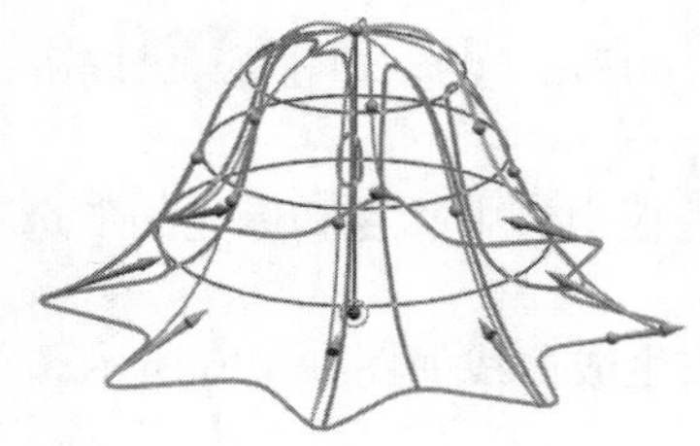

图 9-148 曲线

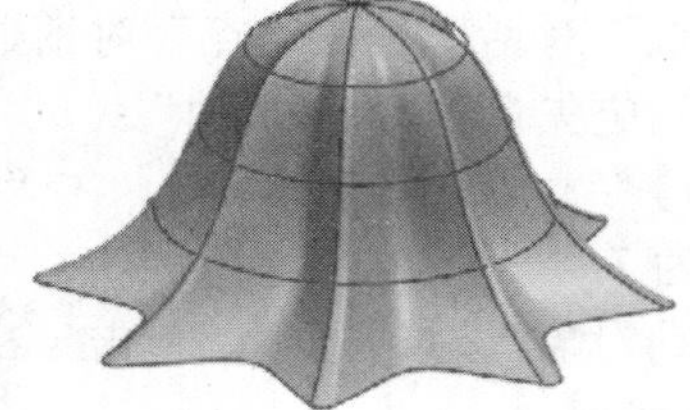

图 9-149 模型

11 缩小曲线。

❶选择“菜单(M)”→“编辑 (E)”→“变换 (M)”，打开“变换”对话框 1。

❷选择屏幕所有曲线，单击 确定 按钮，打开“变换”对话框 2，如图 9-150 所示。

❸单击 比例 按钮，打开“点”对话框，输入基点坐标（0，0，0），单击 确定 按钮。

❹打开“变换”对话框 3，如图 9-151 所示，在“比例”文本框中输入 0.95，单击 确定 按钮。

❺打开“变换”对话框 4，如图 9-152 所示。单击复制按钮，完成同比例缩小各曲线的操作。

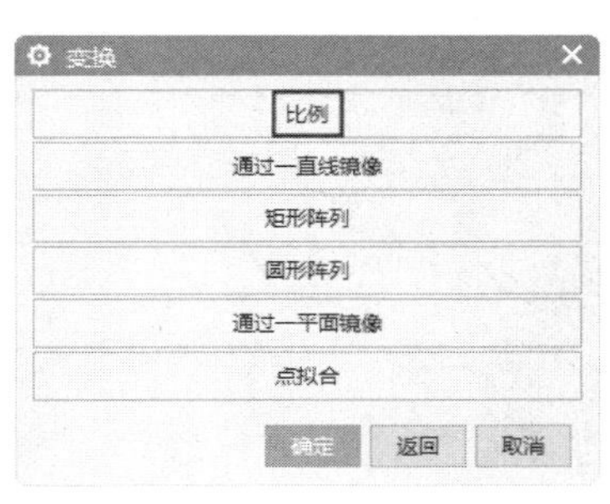

图 9-150　“变换”对话框 2

图 9-151　“变换”对话框 3

图 9-152　“变换”对话框 4

12 曲线成面。

按步骤 **09** 根据缩小的各曲线生成一新灯罩与原灯罩进行布尔求差操作。生成模型如图 9-153 所示。

13 隐藏操作。

隐藏屏幕中所有曲线，最后生成如图 9-154 所示的灯罩模型。

图 9-153　模型

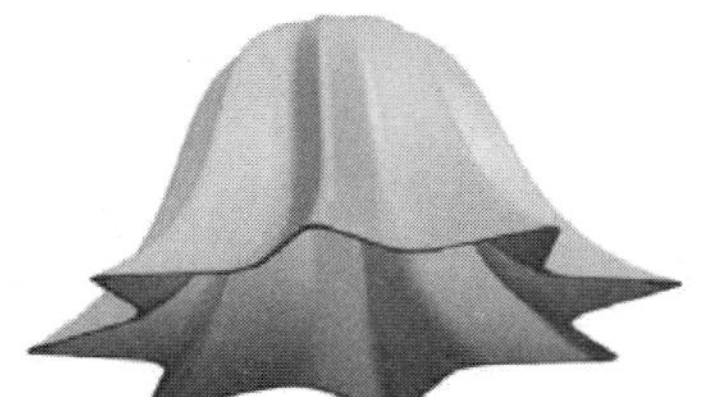

图 9-154　模型

第10章

钣金设计

由于钣金件具有广泛用途，UG NX 12.0 中文版设置了钣金设计模块，专用于钣金的设计工作。将 UG 软件应用到钣金零件的设计制造中，则可以使钣金零件的设计非常快捷，制造装配效率得以显著提高。

重点与难点

- 钣金预设置
- 基础钣金特征
- 高级钣金特征

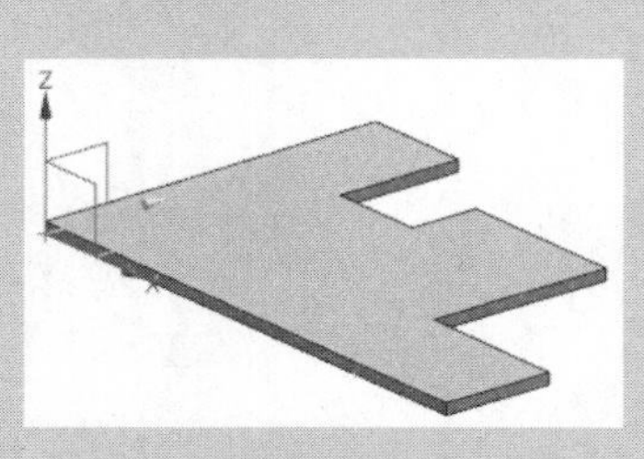

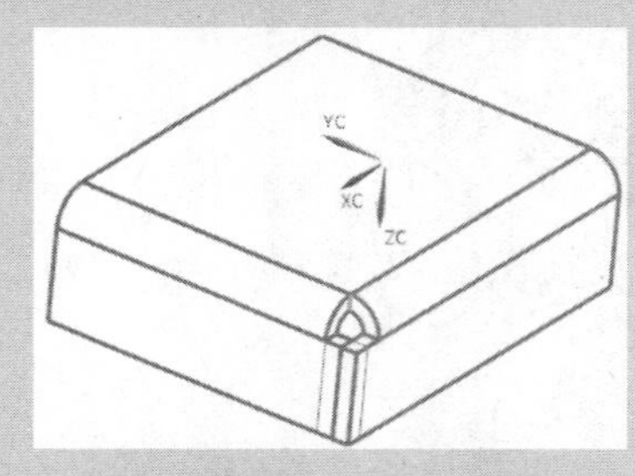

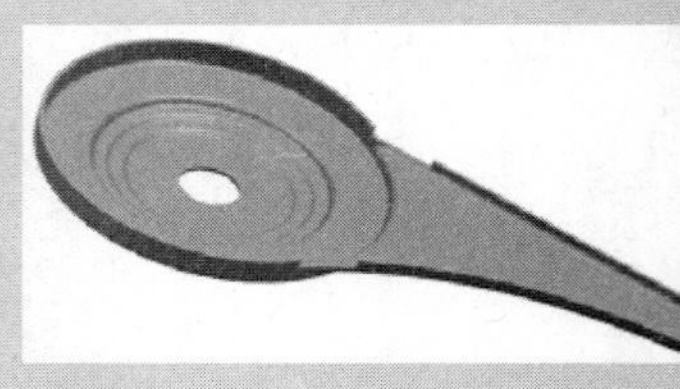

10.1 钣金预设置

在 NX 钣金设计环境中，选择“菜单(M)”→“首选项（P）”→“钣金（H）”命令，打开如图 10-1 所示的“钣金首选项”对话框，在 10-1 图中可以改变的钣金默认设置项，默认设置项包括部件属性、展平图样处理、展平图样显示、钣金验证和标注配置等。

图10-1　“钣金首选项”对话框

1．部件属性

（1）材料厚度：钣金零件默认厚度，可以在 “钣金首选项”对话框中设置材料厚度。

（2）弯曲半径：折弯默认半径（基于折弯时发生断裂的最小极限来定义），在 “NX 钣金首选项”对话框中可以根据所选材料的类型来更改折弯半径设置。

（3）让位槽深度和宽度：从折弯边开始计算折弯缺口延伸的距离称为折弯深度（D），跨度称为宽度（W）。可以在“NX 钣金首选项”对话框中设置让位槽宽度和深度，其含义如图 10-2 所示。

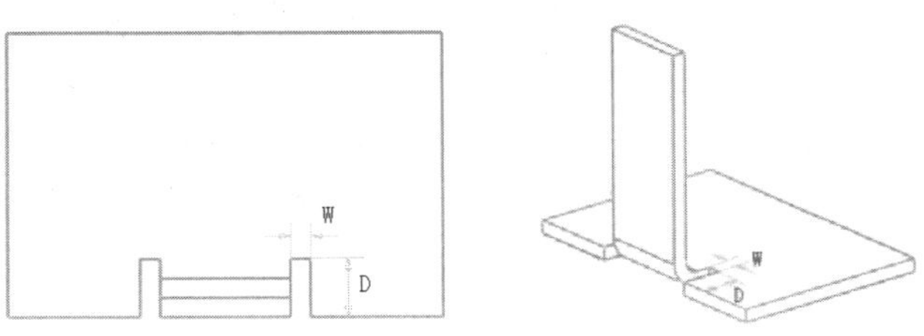

图10-2　止裂口参数含义示意图

（4）折弯许用半径公式(中性因子)：中性轴是指折弯外侧拉伸应力等于内侧挤压应力处，它用来表示平面展开处理的折弯需要公式。由折弯材料的机械特性决定，用材料厚度的百分比来表示，从内侧折弯半径来测量，默认为 0.33，有效范围从 0～1。

2．展平图样处理

在“钣金首选项”对话框中，单击“展平图样处理”属性页，可以设置展平图样处理参数，如图 10-3 所示。

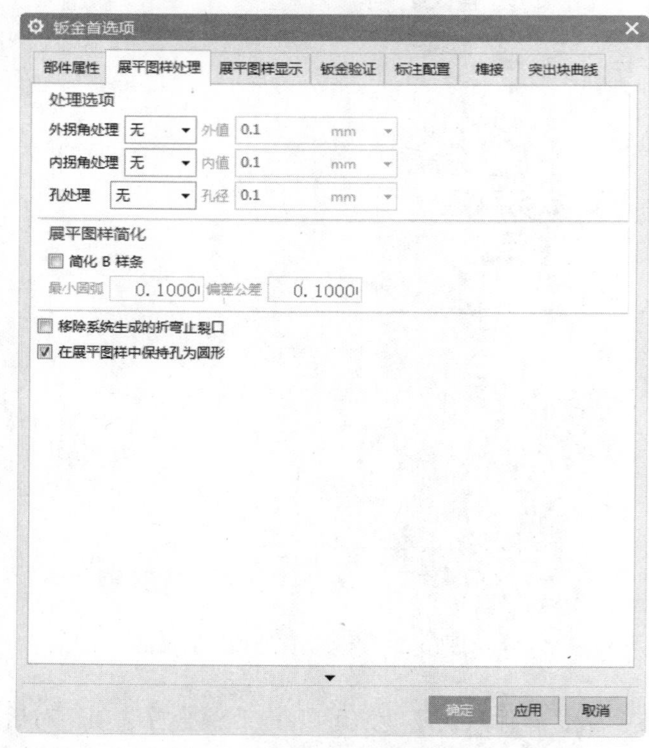

图10-3　设置平面展开图处理

（1）处理选项：对于平面展开图处理的对内拐角和外拐角进行倒角和倒圆。在后面的输入框中倒角的边长或倒圆半径。

（2）展平图样简化：对圆柱表面或者折弯线上具有裁剪特征的钣金零件进行平面展开时，生成 B 样条曲线，该选项可以将 B 样条曲线转化为简单直线和圆弧。用户可以在如图 10-3 所示对话框中定义最小圆弧和偏差的公差值。

（3）移除系统生成的折弯止裂口：当创建没有止裂口的封闭拐角时，系统在 10-D 模型上生成一个非常小的折弯止裂口。在如图 10-3 所示对话框中设置在定义平面展开图实体时，是否移除系统生成的折弯止裂口。

3．展平图样显示

在“钣金首选项”对话框中单击“平面展开图样显示”属性页，可设置平面展开图显示参数，如图 10-4 所示。包括各种曲线的显示颜色，线性，线宽和标注。

图10-4　“展平图样处理”属性页

10.2　基础钣金特征

10.2.1　垫片特征

选择“菜单(M)”→“插入（S)”→“突出块（B)”，或者单击“主页”选项卡“基本”面组上“突出块”按钮，打开如图 10-5 所示的“突出块”对话框。

（1）曲线：用来指定使用已有的草图来创建垫片特征。

（2）绘制截面：可以在参考平面上绘制草图来创建垫片特征。

（3）厚度：输入垫片的厚度。示意图如图 10-6 所示。

图10-5　“突出块”对话框

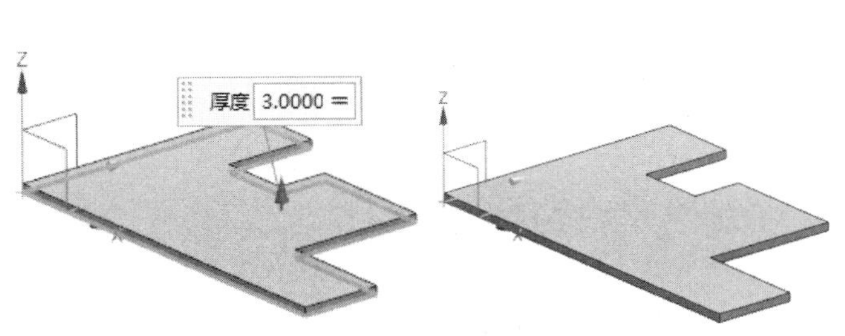

图10-6　创建垫片特征示意图

10.2.2　弯边特征

选择“菜单(M)”→“插入（S)”→“折弯（N)”→“弯边（F)”，或单击“主页”选项卡“折弯”面组上“弯边”按钮，打开如图 10-7 所示的“弯边”对话框。

1．宽度选项

用来设置定义弯边宽度的测量方式。

（1）完整：指沿着所选择折弯边的边长来创建弯边特征，当选择该选项创建弯边特征时，弯边的主要参数有长度、偏置和角度。

（2）在中心：指在所选择的折弯边中部创建弯边特征，可以编辑弯边宽度值和使弯边居中，默认宽度是所选择折弯边长的三分之一，当选择该选项创建弯边特征时，弯边的主要参数有长度、偏置、角度和宽度(两宽度相等)。含义如图 10-8a 所示。

（3）在端点：指从所选择的端点开始创建弯边特征，当选择该选项创建弯边特征时，弯边的主要参数有长度、偏置、角度和宽度。含义如图 10-8b 所示。

（4）从两端：指从所选择折弯边的两端定义距离来创建弯边特征，默认宽度是所选择折弯边长的三分之一，当选择该选项创建弯边特征时，弯边的主要参数有长度、偏置、角度、距离 1 和距离 2。含义如图 10-8c 所示。

图10-7　“弯边”对话框

（5）从端点：指从所选折弯边的端点定义距离来创建弯边特征，当选择该选项创建弯边特征时，弯边的主要参数有长度、偏置、角度、从端点(从端点到弯边的距离)和宽度。含义如图 10-8d 所示。

2．角度

创建弯边特征的折弯角度，可以在视图区动态更改角度值，示意图如图 10-9 所示。

3．参考长度

用来设置定义弯边长度的度量方式：

（1）内侧：指从已有材料的内侧测量弯边长度，示意图如图 10-10a 所示。

（2）外侧：指从已有材料的外侧测量弯边长度，示意图如图 10-10b 所示。

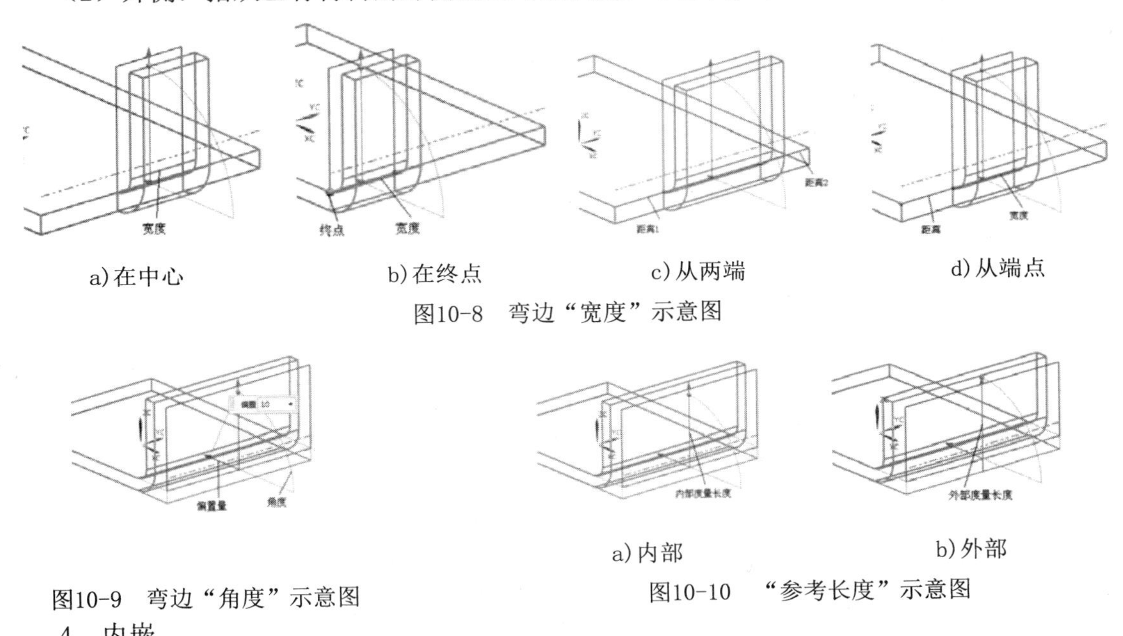

a) 在中心　b) 在终点　c) 从两端　d) 从端点

图10-8　弯边“宽度”示意图

图10-9　弯边“角度”示意图

a) 内部　b) 外部

图10-10　“参考长度”示意图

4．内嵌

用来表示弯边嵌入基础零件的距离。嵌入类型包括：

（1）材料内侧：指弯边嵌入到基本材料的里面，这样 web 区域的外侧表面与所选的折弯边平齐，如图 10-11a 所示。

（2）材料外侧：指弯边嵌入到基本材料的里面，这样 web 区域的内侧表面与所选的折弯边平齐，如图 10-11b 所示。

（3）折弯外侧：指材料添加到所选中的折弯边上形成弯边，如图 10-11c 所示。

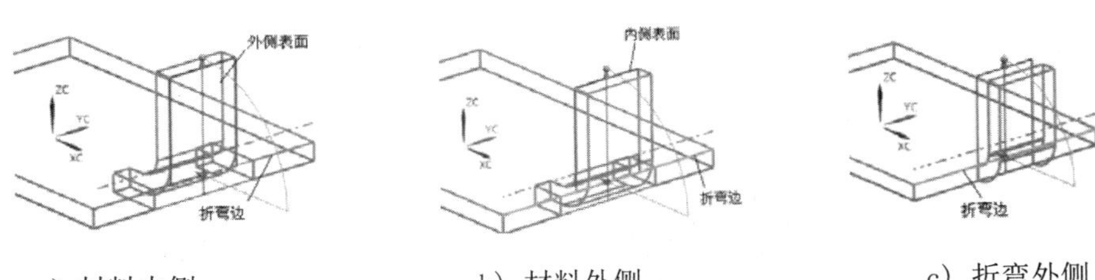

a）材料内侧　b）材料外侧　c）折弯外侧

图10-11　“内嵌”示意图

5．止裂口

（1）折弯止裂口：采用过小的折弯半径或者硬质材料折弯时，常常会在折弯外侧产生毛口或断裂。在折弯线所在的边上开止裂口槽来处理这个问题。折弯止裂口类型包括正方形和圆形两种，示意图如图 10-12 所示。

（2）延伸止裂口：用来定义是否延伸折弯缺口到零件的边。

（3）拐角止裂口：定义是否对创建的弯边特征所邻接的特征采用拐角缺口。

1）仅折弯：指仅对邻接特征的折弯部分应用拐角缺口，示意图如图 10-13a 所示。

2）折弯/面：指对邻接特征的折弯部分和平板部分应用拐角止裂口，示意图如图 10-13b 所示。

3）折弯/面链：指对邻接特征的所有折弯部分和平板部分应用拐角止裂口，示意图如图 10-13c 所示。

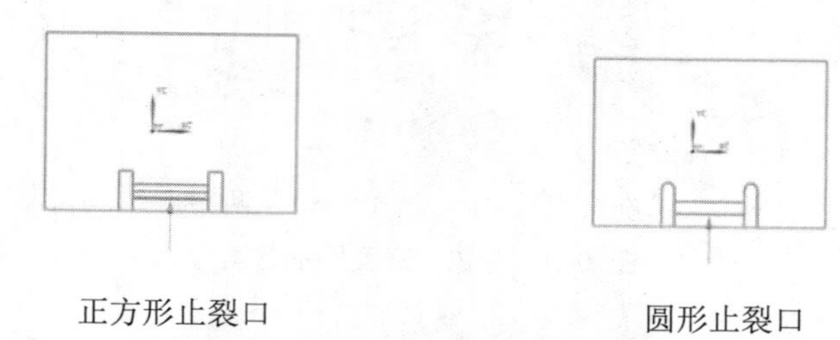

图10-12　折弯止裂口示意图

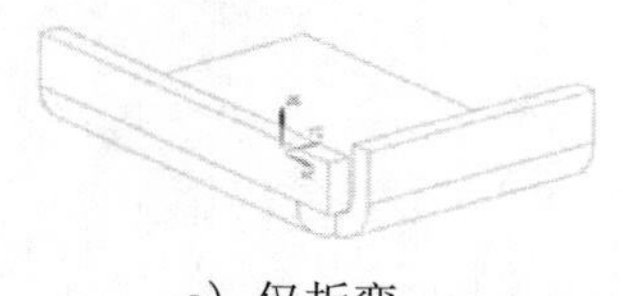
a）仅折弯

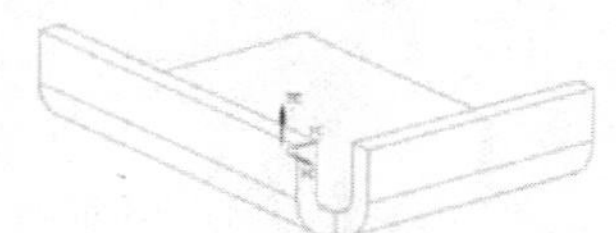
b)折弯/面

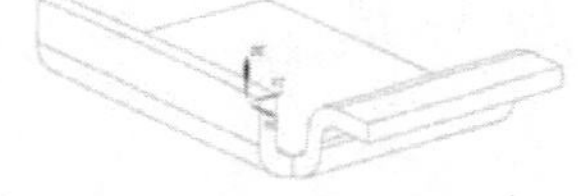
c)折弯/面链

图10-13　拐角止裂口示意图

10.2.3　轮廓弯边

选择“菜单(M)”→“插入（S)”→“折弯（N)”→“轮廓弯边（C)”，或者单击“主页”选项卡“折弯”面组上“轮廓弯边”按钮，打开如图 10-14 所示“轮廓弯边”对话框。

1．底数

可以使用基部轮廓弯边命令创建新零件的基本特征，示意图如图 10-15 所示。

2．宽度选项

（1）有限：指创建有限宽度的轮廓弯边的方法，示意图如图 10-16 所示。

（2）对称：指用二分之一的轮廓弯边宽度值来定义轮廓两侧距离来定义轮廓弯边宽度创建轮廓弯边的方法，示意图如图 10-17 所示。

图10-14 “轮廓弯边”对话框

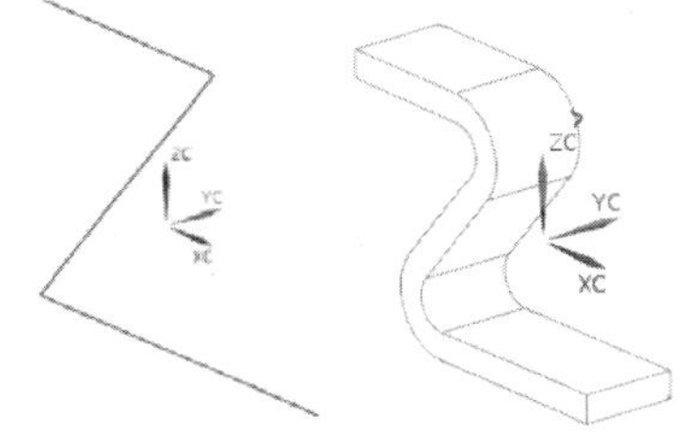

图10-15 基本轮廓弯边示意图

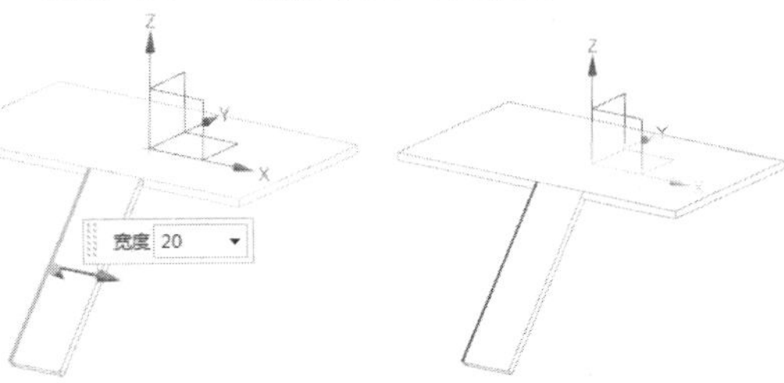

图10-16 有限方式创建轮廓弯边示意图

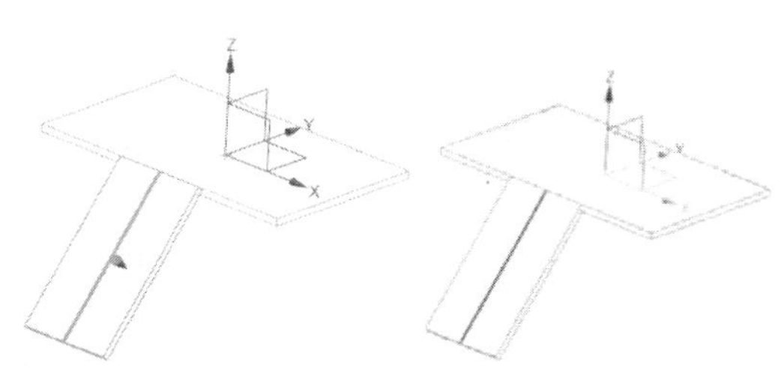

图10-17 对称方式创建轮廓弯边示意图

10.2.4 放样弯边

选择“菜单(M)”→“插入（S）”→“折弯（N）”→“放样弯边（L）…”，或者单击“主页”选项卡“折弯”面组上“更多”库下“放样弯边”按钮，打开如图10-18所示“放样弯边”对话框。

（1）底数：可以使用“基本放样弯边”选项创建新零件的基本特征，示意图如图10-19所示。

图10-18 “放样弯边”对话框

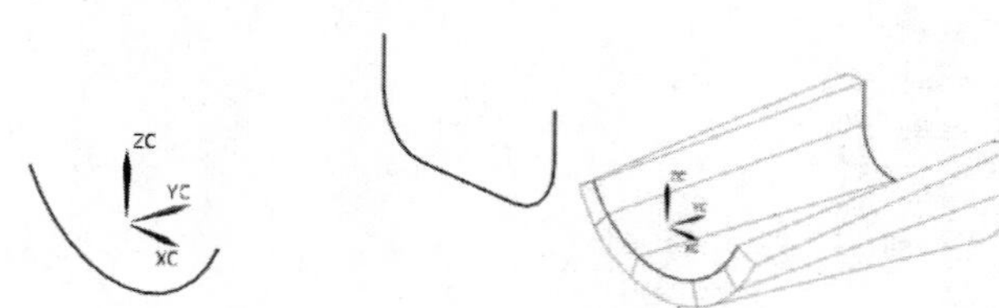

图10-19 基本放样弯边示意图

（2）选择曲线：用来指定使用已有的轮廓作为放样弯边特征的起始轮廓来创建放样弯边特征。

（3）绘制起始截面：在参考平面上绘制轮廓草图作为放样弯边特征的起始轮廓来创建基部放样弯边特征。

（4）指定点：用来指定放样弯边起始轮廓的顶点。

10.2.5 二次折弯

选择“菜单(M)”→“插入（S）”→“折弯（N）”→“二次折弯（O）”，或者单击“主页”选项卡“折弯”面组上“更多”库下“二次折弯”按钮，打开如图10-20所示“二次折弯”对话框。

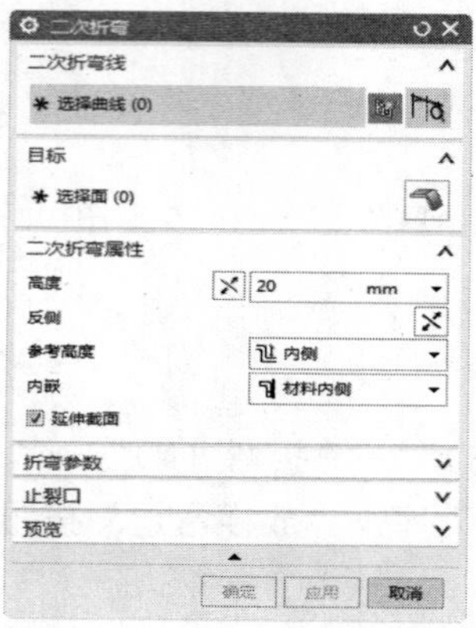

图10-20 “二次折弯”对话框

（1）高度：创建二次折弯特征时可以在视图区中动态更改高度值。

（2）参考高度：包括内侧和外侧两种选项。

1）内侧：指定义选择面(放置面)到二次折弯特征最近表面的高度，示意图如图 10-21a 所示。

2）外侧：指定义选择面(放置面)到二次折弯特征最远表面的高度，示意图如图 10-21b 所示。

（3）内嵌：

1）材料内侧：指凸凹特征垂直于放置面的部分在轮廓面内侧，示意图如图 10-22a 所示。

2）材料外侧：指凸凹特征垂直于放置面的部分在轮廓面外侧，示意图如图 10-22b 所示。

3）折弯外侧：指凸凹特征垂直于放置面的部分和折弯部分都在轮廓面外侧，示意图如图 10-22c 所示。

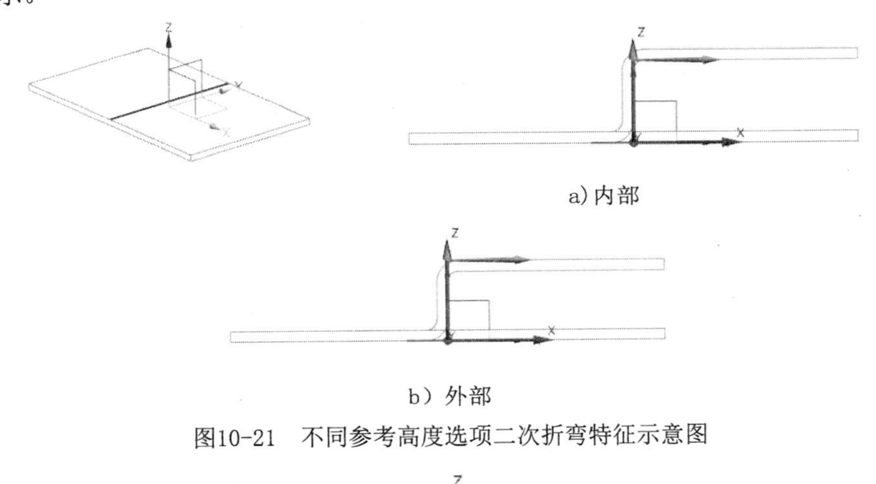

a）内部

b）外部

图10-21　不同参考高度选项二次折弯特征示意图

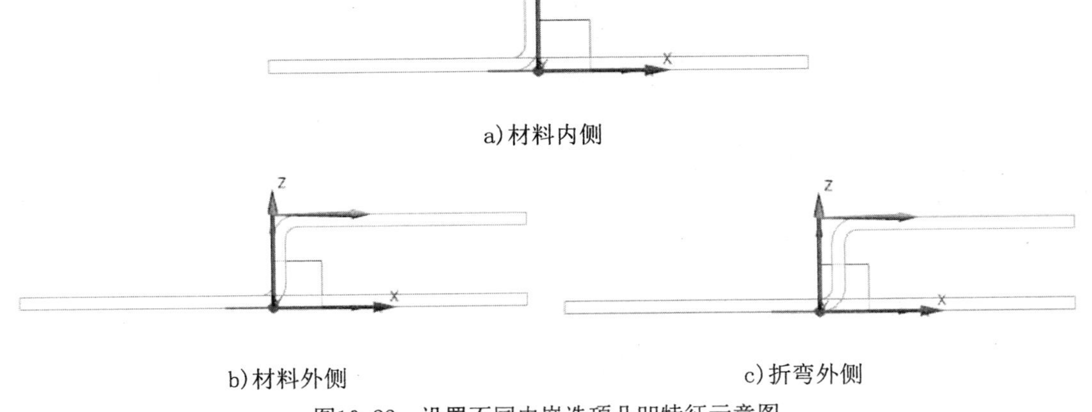

a）材料内侧

b）材料外侧

c）折弯外侧

图10-22　设置不同内嵌选项凸凹特征示意图

(4) 延伸截面：选择该复选框，定义是否延伸直线轮廓到零件的边。

10.2.6 筋

选择“菜单(M)”→“插入(S)”→“冲孔(H)”→“筋(B)”，或者单击“主页”选项卡“冲孔”面组上“筋”按钮，打开如图 10-23 所示“筋”对话框。

(1)圆形：创建“圆形筋”的示意图如图 10-26a 所示。

1）深度：是指圆的筋的底面和圆弧顶部之间的高度差值。

2）半径：是指圆的筋的截面圆弧半径。

3）冲模半径：是指圆的筋的侧面或端盖与底面倒角半径。

(2）U 形：选择 U 形筋，系统显示如图 10-24 所示的参数。示意图如图 10-26b 所示。

1）深度：是指 U 形筋的底面和顶面之间的高度差值。

2）宽度：是指 U 形筋顶面的宽度。

3）角度：是指 U 形筋的底面法向和侧面或者端盖之间的夹角。

4）冲模半径：是指 U 形筋的顶面和侧面或者端盖倒角半径。

5）冲压半径：是指 U 形筋的底面和侧面或者端盖倒角半径。

(3）V 形：选择 V 形筋，系统显示如图 10-25 所示的参数。示意图如图 10-26c 所示。

1）深度：是指 V 形筋的底面和顶面之间的高度差值。

2）角度：是指 V 形筋的底面法向和侧面或者端盖之间的夹角。

3）半径：是指 V 形筋的两个侧面或者两个端盖之间的倒角半径。

4）冲模半径：是指 V 形筋的底面和侧面或者端盖倒角半径。

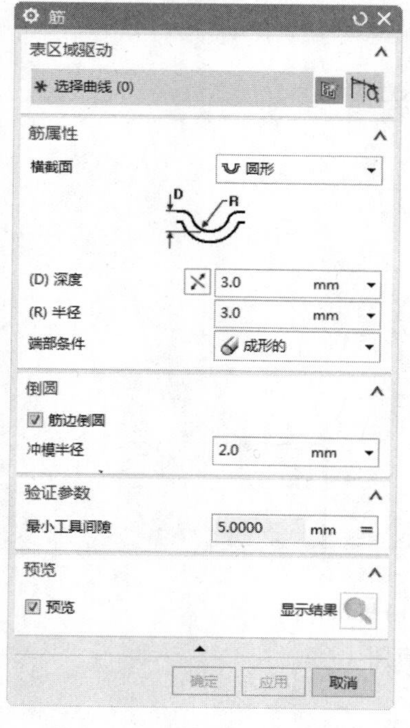

图10-23 “筋”对话框

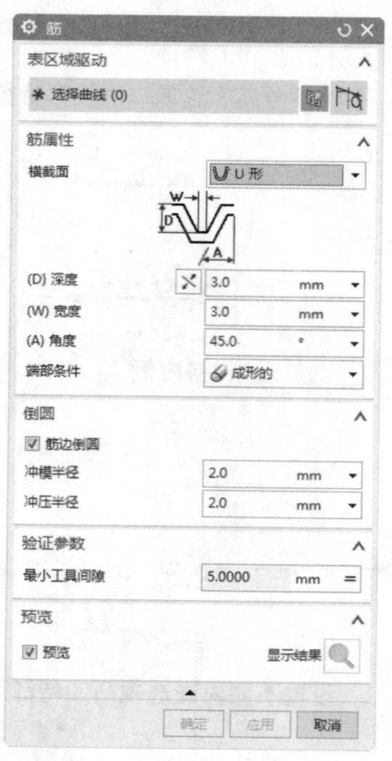

图10-24 U形筋参数

图10-25 V形筋的参数

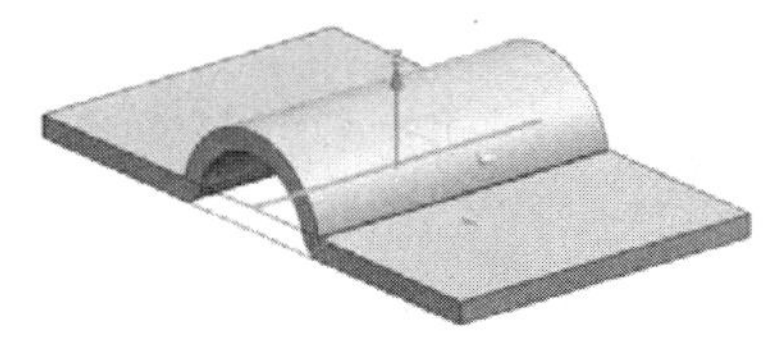
a) 圆形筋

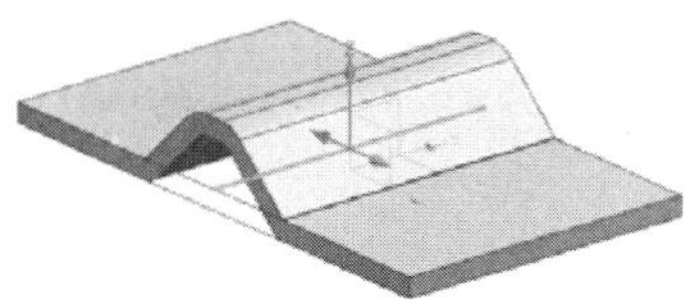
b) U形筋

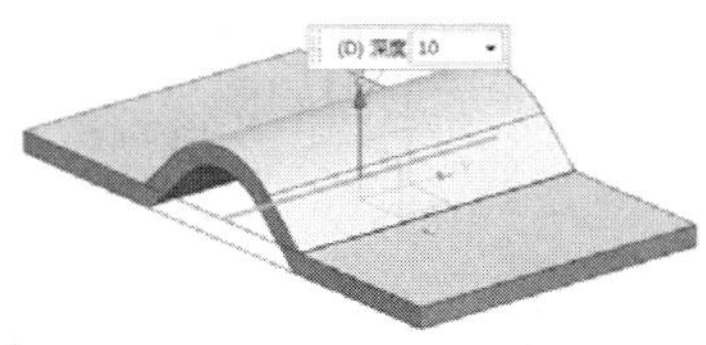
c) V形筋

图10-26　各类筋零件体示意图

10.3　高级钣金特征

10.3.1　折弯

选择“菜单(M)”→“插入（S）”→“折弯（N）”→“折弯（B）”，或者单击“主页”选项卡“折弯”面组上“更多”库下“折弯”按钮，打开如图 10-27 所示“折弯”对话框。

（1）内嵌：

1）外模线轮廓：指轮在展开状态时廓线表示平面静止区域和圆柱折弯区域之间连接的直线，示意图如图 10-28 所示。

2）折弯中心线轮廓：指轮廓线表示折弯中心线，在展开状态时折弯区域均匀分布在轮廓线两侧，示意图如图 10-29 所示。

图10-27　“折弯”对话框

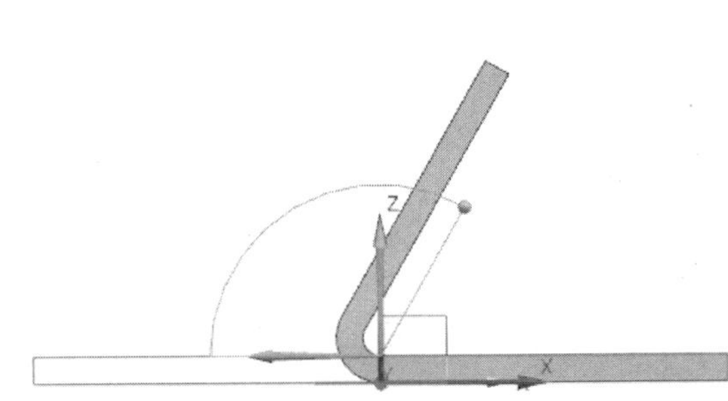
图10-28　“外模线轮廓”示意图

3）内模线轮廓：指轮廓线表示在展开状态时的平面 Web 区域和圆柱折弯区域之间连接的直线，示意图如图 10-30 所示。

4）材料内侧：指在成形状态下轮廓线在 Web 区域外侧平面内，采用“材料内侧”选项创建折弯特征示意图如图 10-31 所示。

5）材料外侧：指在成形状态下轮廓线在 Web 区域内侧平面内，采用“材料外侧”选项创建折弯特征示意图如图 10-32 所示。

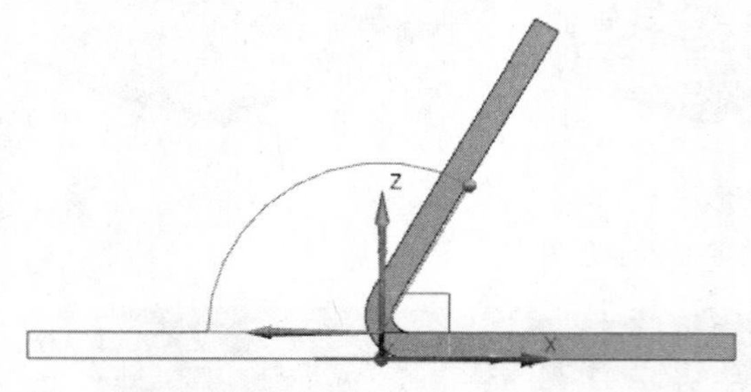
图10-29　“折弯中心线轮廓”示意图

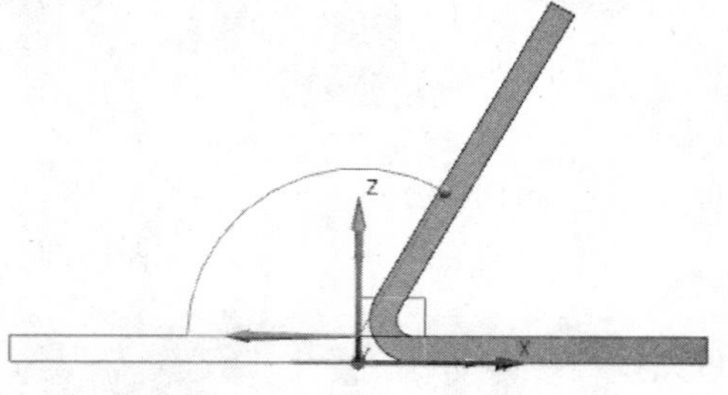
图10-30　“内模线轮廓”示意图

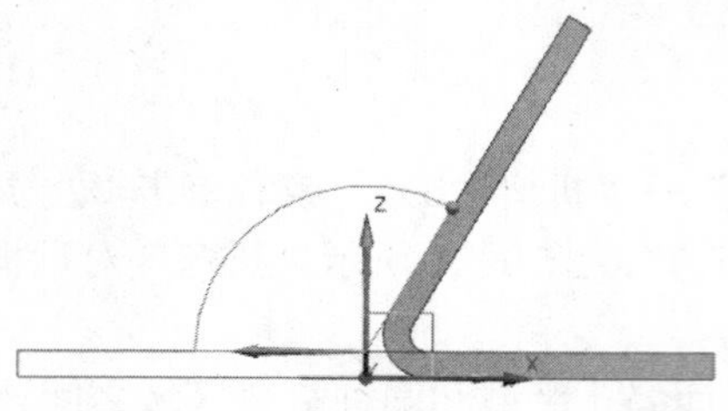
图10-31　“材料内侧”选项示意图

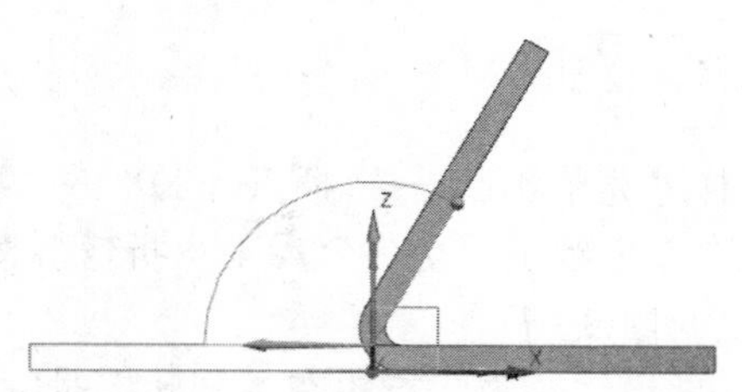
图10-32　“材料外侧”选项创示意图

（2）延伸截面：定义是否延伸截面到零件的边，示意图如图 10-33 所示。

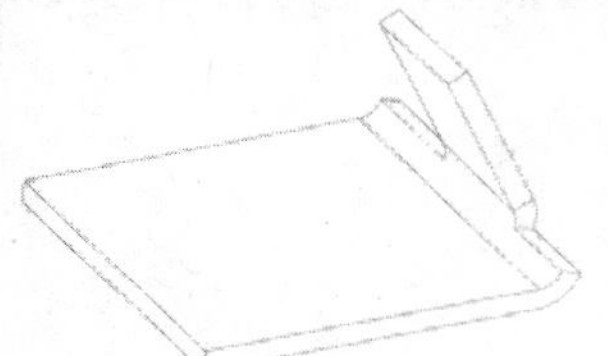
勾选“延伸截面”选项

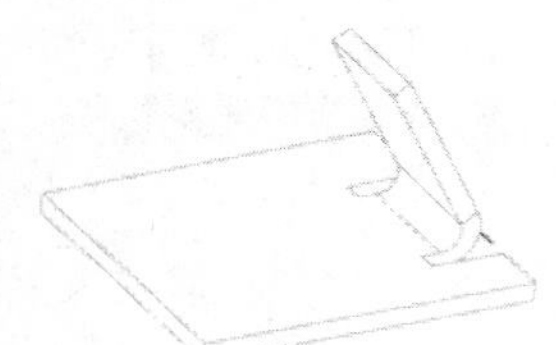
取消“延伸截面”选项

图10-33　“延伸截面”选项示意图

10.3.2　法向开孔

选择“菜单(M)”→“插入（S)”→“切割（T)”→“法向开孔（N)”，或者单击“主页”选项卡“特征”面组上“法向开孔”按钮，打开如图 10-34 所示“法向开孔”对话框。

（1）切割方法：

1）厚度：指在钣金零件体放置面沿着厚度方向进行裁剪，如图 10-35a 所示。

2）中位面：是在钣金零件体的放置面的中间面向钣金零件体的两侧进行裁剪，如图 10-35b 所示。

（2）限制：

1）值：是指沿着法向，穿过至少指定一个厚度的深度尺寸的裁剪。

2）所处范围：指沿着法向从开始面穿过钣金零件的厚度，延伸到指定结束面的裁剪。

3）直至下一个：指沿着法向穿过钣金零件的厚度，延伸到最近面的裁剪。

4）贯通：是指沿着法向，穿过钣金零件所有面的裁剪。

图10-34　“法向开孔”对话框

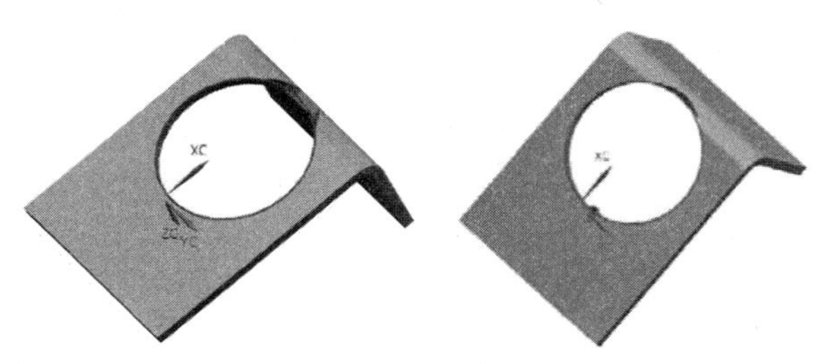

a）厚度　　　b）中位面

图10-35　“法向开孔”方法示意图

（3）对称深度：选择在深度方向向两侧沿着法向对称裁剪，示意图如图 10-36 所示。

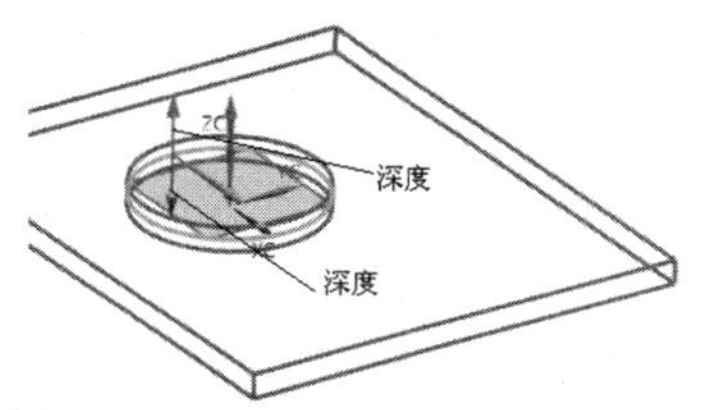

图10-36　对称深度示意图

10.3.3　冲压开孔

选择“菜单(M)”→“插入（S）”→“冲孔（H）”→“冲压开孔（C）”，或者单击“主页”选项卡“冲孔”面组上“冲压开孔”按钮，打开如图 10-37 所示“冲压开孔”对话框。

（1）深度：指钣金零件放置面到弯边底部的距离。

（2）侧角：指弯边在钣金零件放置面法向倾斜的角度。

（3）侧壁：

1）材料内侧：指冲压除料特征所生成的弯边位于轮廓线内部，其示意图如图 10-38a 所示。

2）材料外侧：指冲压除料特征所生成的弯边位于轮

图10-37　“冲压开孔”对话框

廓线外部，其示意图如图 10-38b 所示。

（4）冲模半径：指钣金零件放置面转向折弯部分内侧圆柱面的半径大小。

（5）角半径：指折弯部分内侧圆柱面的半径大小。

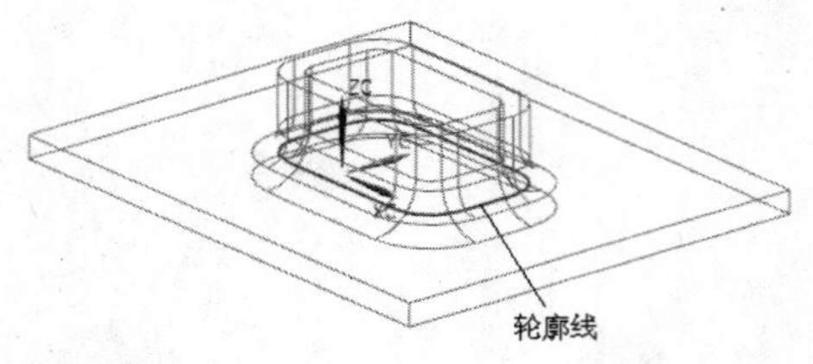

a）材料内侧

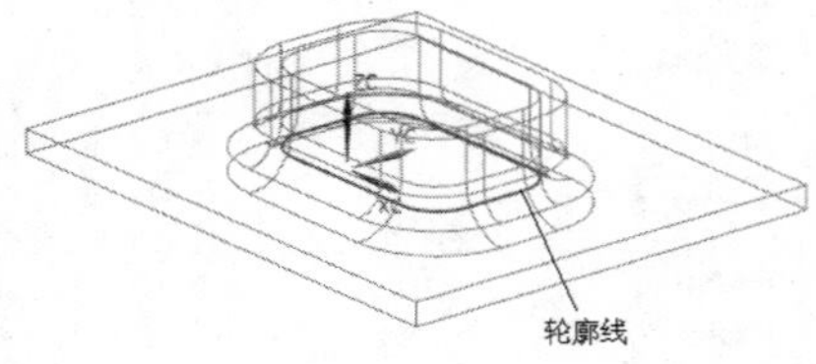

b)材料外侧

图10-38　侧壁中各项含义示意图

📖10.3.4　凹坑

凹坑是指用一组连续的曲线作为成形面的轮廓线，沿着钣金零件体表面的法向成形，同时在轮廓线上建立成形钣金部件的过程，它和冲压除料有一定的相似之处。

选择“菜单(M)”→“插入（S）”→“冲孔（H）”→“凹坑（D）”，或者单击“主页”选项卡“冲孔”面组上“凹坑”按钮，打开如图 10-39 所示“凹坑”对话框。

和冲压除料功能的对应部分参数含义相同，这里不再详述。

📖10.3.5　封闭拐角

选择“菜单(M)”→“插入（S）”→“拐角（O）”→“封闭拐角（C）…”，或者单击“主页”选项卡“拐角”面组上“封闭拐角”按钮，打开如图 10-40 所示“封闭拐角”对话框。

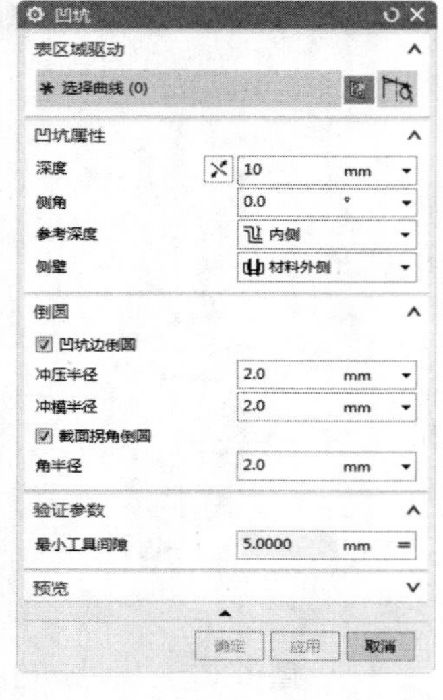

图10-39　“凹坑”对话框

图10-40　“封闭拐角”对话框

（1）处理：包括“打开”“封闭”“圆形开孔”“U 形开孔”“V 形开孔”和“矩形开孔”几种类型。含义示意图如图 10-41 所示

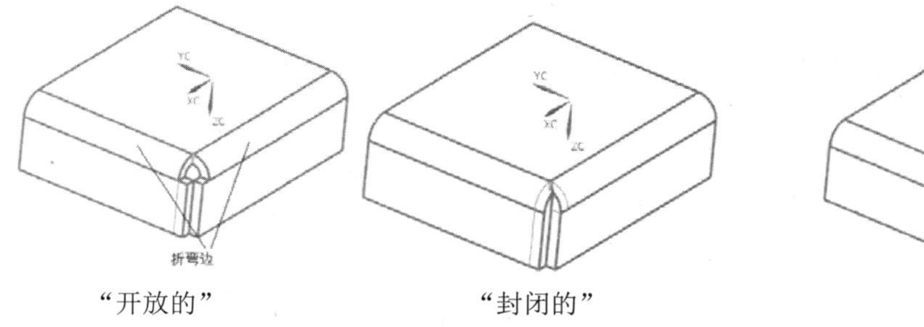

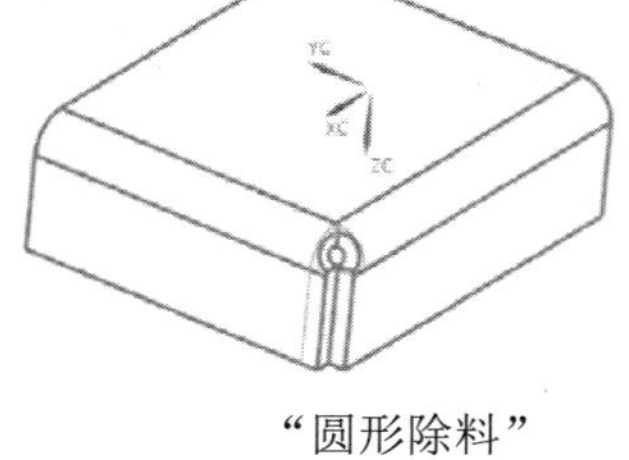

“开放的”　　“封闭的”　　“圆形除料”

图10-41　封闭拐角类型示意图

（2）重叠：

1）封闭：指对应弯边的内侧边重合，其示意图如图 10-42a 所示。

2）重叠的：指一条弯边叠加在另一条弯边的上面，示意图如图 10-42b 所示。

（3）缝隙：指两弯边封闭或者重叠时铰链之间的最小距离，其含义示意图如图 10-43 所示。

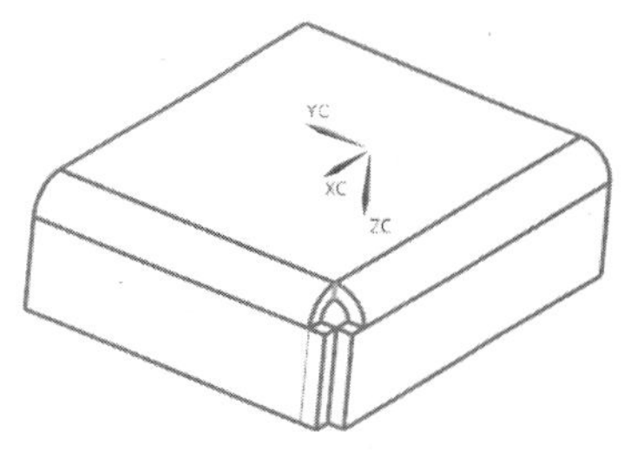

a）封闭的方式

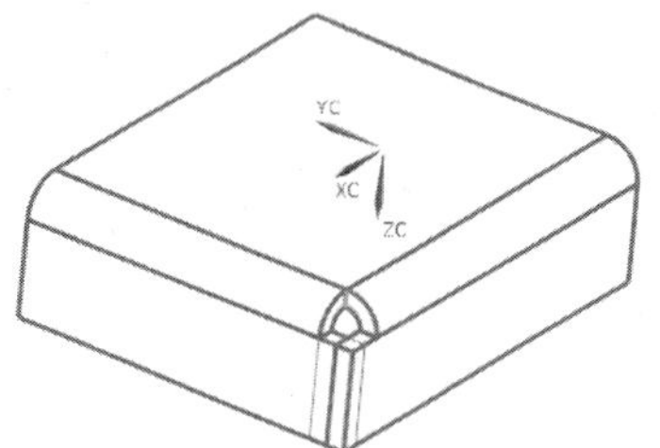

b）重叠的方式

图10-42　封闭拐角创建方式示意图

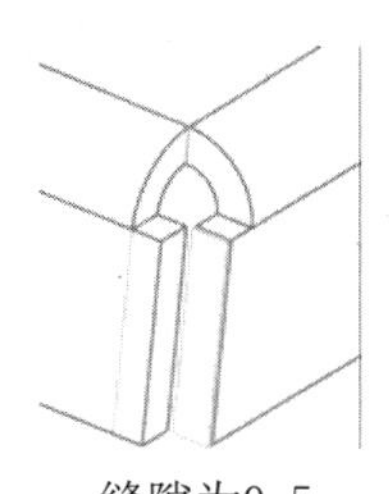

缝隙为0.5

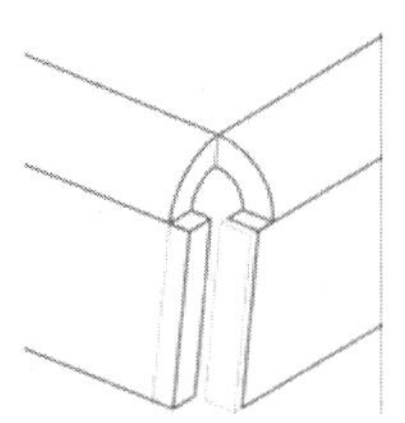

缝隙为1

图10-43　封闭拐角“缝隙”示意图

10.3.6　撕边

选择“菜单(M)”→“插入（S）”→“转换（V）”→“撕边（R）”，或者单击“主页”选项卡“基本”面组上“转换”库下“撕边”按钮，打开如图 10-44 所示“撕边”对话框。

（1）选择边：指定使用已有的边缘来创建切边特征。

（2）曲线：用来指定已有的边缘来创建“切边”特征。

（3）绘制截面：可以在钣金零件放置面上绘制边缘草图，来创建切边特征。

10.3.7　转换到钣金件

选择“菜单(M)”→“插入（S）”→“转换（V）”→“转换为钣金（C）…”，或者单击“主页”选项卡“基本”面组上“转换”库下“转换为钣金”按钮，打开如图 10-45 所示“转换为钣金”对话框。

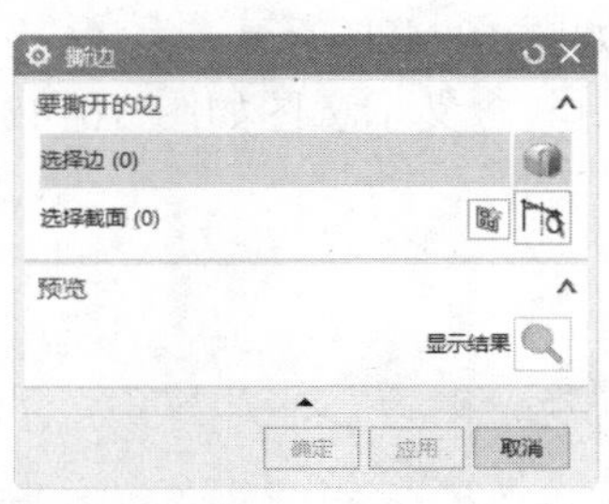

图10-44　“撕边”对话框

图10-45　“转换为钣金”对话框

（1）全局转换：指定选择钣金零件平面作为固定位置来创建转换为钣金件特征。

（2）选择边：用于创建止裂口所要选择的边缘。

（3）选择截面：用来指定已有的边缘来创建“转换成钣金件”特征。

（4）绘制截面：选择零件平面作为参考平面绘制直线草图作为转换为钣金件特征的边缘来创建转换为钣金件特征。

10.3.8　平板实体

选择“菜单(M)”→“插入（S）”→“展平图样（L）”→“展平实体（S）”，或者单击“主页”选项卡“展平图样”库下“展平实体”按钮，打开如图 10-46 所示 “展平实体”对话框。

图10-46　“展平实体”对话框

（1）固定面：可以选择钣金零件的平面表面作为平板实体的参考面，在选定参考面后系统将以该平面面为基准将钣金零件展开。

（2）选择边：可以选择钣金零件边作为平板实体的参考轴(X 轴)方向及原点，并在视图区中显示参考轴方向，在选定参考轴后系统将该参考轴和选择的固定面为基准将钣金零件展开，创建钣金实体。

10.4 综合实例——抱匣盒

抱匣盒效果图如图 10-47 所示。

图10-47　抱匣盒

01 创建模型文件。

❶单击“主页”选项卡“新建”按钮，打开“新建”对话框，如图 10-48 所示。

❷在“新建”对话框中的“模型”列表框中，选择“模型”模板。

❸在“新建”对话框中的“名称”文本框中输入“Baoxiahe”，在“文件夹”文本框中输入保存路径，单击确定按钮，进入 UG NX 建模环境。

02 绘制草图 1。

❶选择“菜单(M)”→“插入(S)”→“草图(H)...”，或者单击“主页”选项卡“直接草图”面组上的“草图”按钮，打开如图 10-49 所示的“创建草图”对话框。

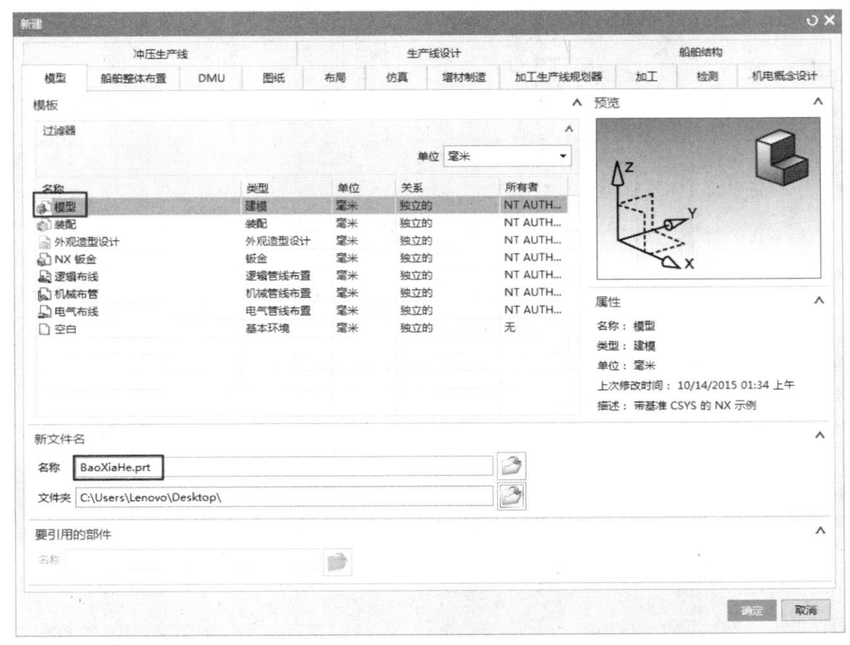

图10-48　“新建”对话框

❷在“创建草图”对话框中，设置“参考”面为“水平”，单击确定按钮，进入草图绘制环境，绘制如图 10-50 所示的草图。

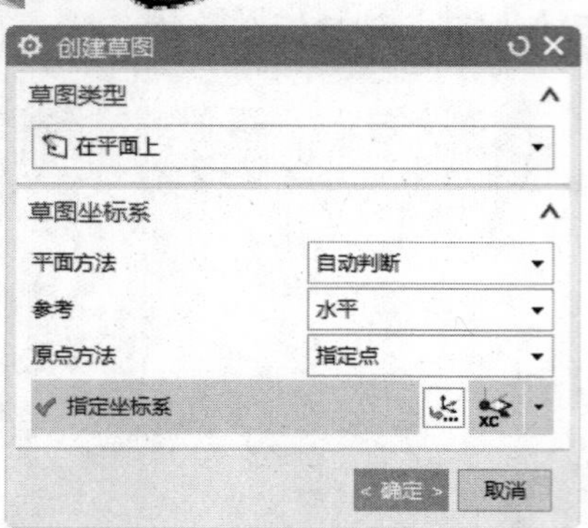

图10-49 “创建草图”对话框

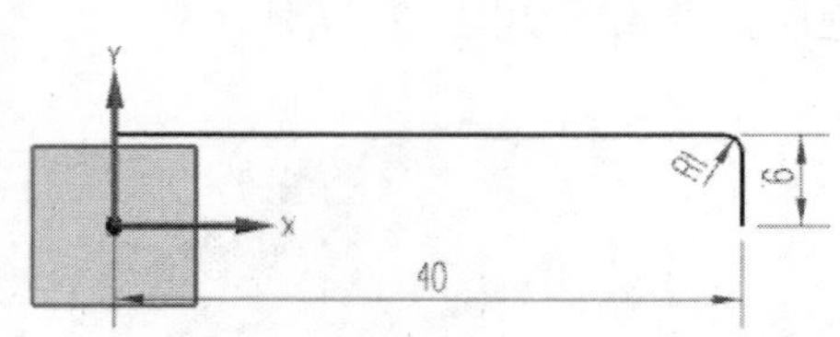

图10-50 绘制草图

03 创建旋转特征。

❶选择“菜单（M）”→“插入(S)”→“设计特征(E)”→“旋转（R）...”，或者单击“主页”选项卡“特征”面组上的“旋转”按钮，打开如图 10-51 所示的“旋转”对话框。

❷在视图区选择如图 10-50 所示绘制的曲线。

❸在“旋转”对话框中，在“指定矢量”下拉列表中选择 YC 轴为旋转轴。

❹同时系统预览所创建的旋转特征，如图 10-52 所示。

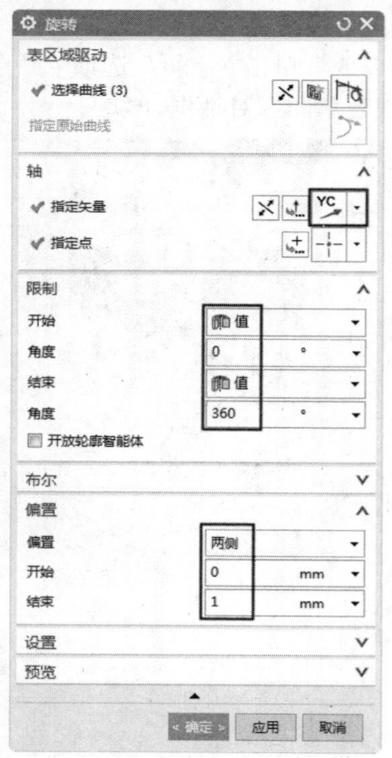

图10-51 “旋转”对话框

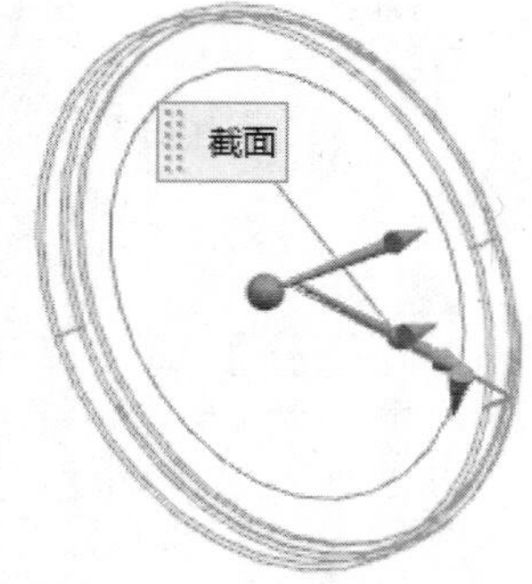

图10-52 预览所创建的旋转特征

❺在“旋转”对话框中，设置“限制”列表框中的开始“角度”为 0，结束“角度”为 360。

❻在“旋转”对话框中，设置“偏置”列表框中的“偏置”为“两侧”，“开始”为 0，“结束”为 1。

❼在“旋转”对话框中，单击 确定 按钮，创建旋转特征，如图 10-53 所示。

图10-53　创建旋转特征

04 创建转换成钣金特征。

❶单击“应用模块”选项卡“设计”面组上的“钣金”按钮，进入 NX 钣金环境。

❷选择“菜单(M)”→“插入（S）”→“转换（V）”→“转换为钣金（C）…”，或者单击“主页”选项卡“基本”面组上“转换”库下“转换为钣金”按钮，打开如图 10-54 所示“转换为钣金”对话框。

❸在视图区选择转换面，如图 10-55 所示。

图10-54　“转换为钣金”对话框

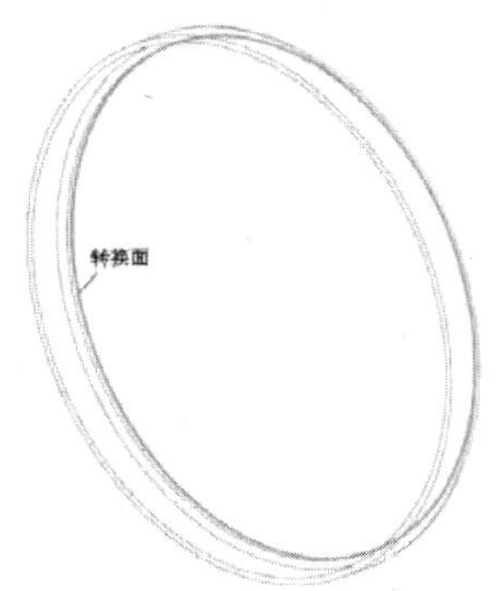

图10-55　选择转换面

❹在“转换为钣金”对话框中，单击 确定 按钮，将实体转换为钣金。

05 创建凹坑特征。

❶选择“菜单(M)”→“插入（S）”→“冲孔（H）”→“凹坑（D）”，或者单击“主页”选项卡“冲孔”面组上“凹坑”按钮，打开如图 10-56 所示的“凹坑”对话框。

❷在“凹坑”对话框中，单击“绘制截面”图标，打开“创建草图”对话框。

❸在视图区选择如图 10-57 所示的平面为草图工作平面，单击 确定 按钮，进入草图绘制

环境，绘制如图 10-58 所示的草图。

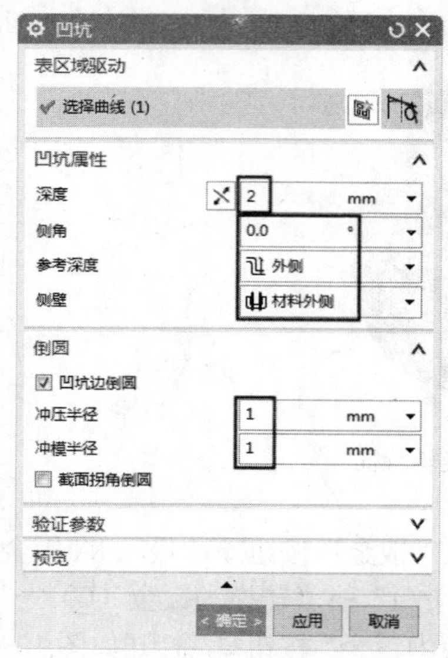

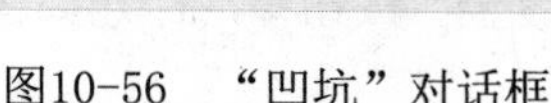
图10-56 “凹坑”对话框

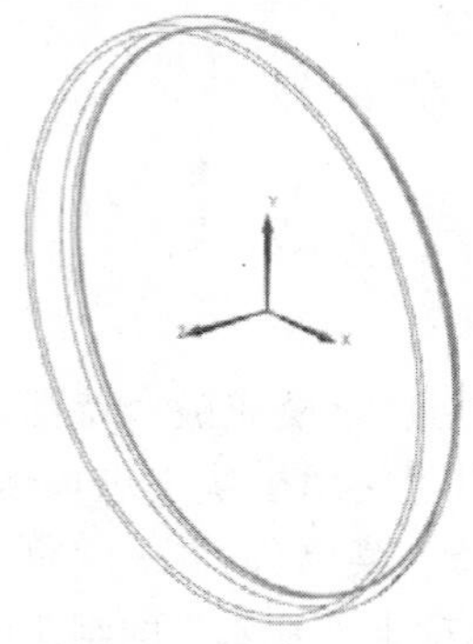

图10-57 选择草图工作平面

❹单击“主页”选项卡“草图”面组上的“完成”按钮，草图绘制完毕，返回“凹坑”对话框，同时视图区预览显示如图 10-59 所示的钣金件。

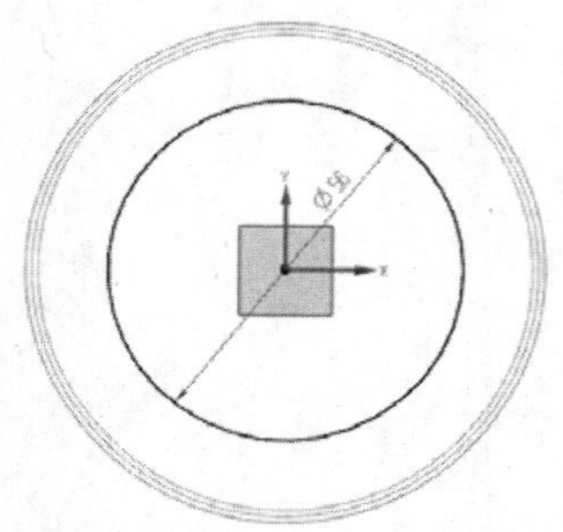

图10-58 绘制草图

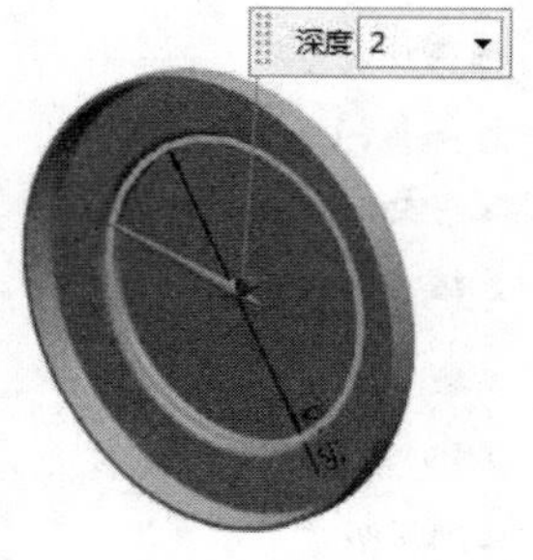

图10-59 预览所创建的凹坑特征

❺在“凹坑”对话框中，设置“深度”为 2，“侧角”为 0，“参考深度”为“外侧”，“侧壁”为“材料外侧”。勾选 凹坑边倒圆 复选框，设置“冲压半径”和“冲模半径”分别为 1。

❻在“凹坑”对话框中，单击 应用 按钮，创建凹坑特征 1，如图 10-60 所示。

❼在“凹坑”对话框中，单击图标，打开“创建草图”对话框。

❽在视图区选择如图 10-61 所示的平面为草图工作平面，单击按钮，进入草图绘制环境，绘制如图 10-62 所示的草图。

❾单击“主页”选项卡“草图”面组上的“完成”按钮，草图绘制完毕，返回“凹坑”对话框，同时视图区预览显示如图 10-63 所示的钣金件。

❿在“凹坑”对话框中，单击 应用 按钮，创建凹坑特征 2，如图 10-64 所示。

图10-60　创建凹坑特征1

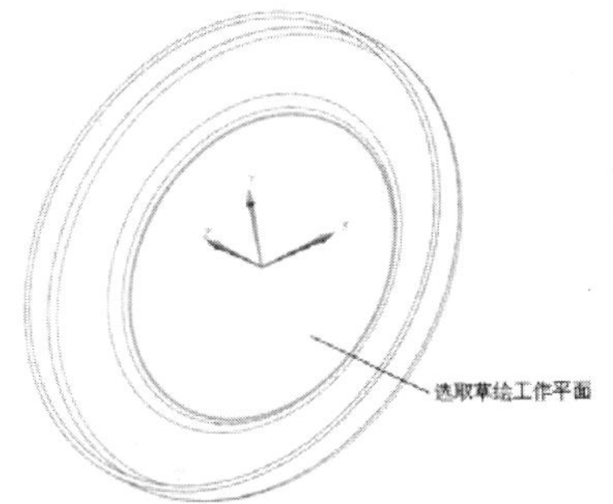

图10-61　选择草图工作平面

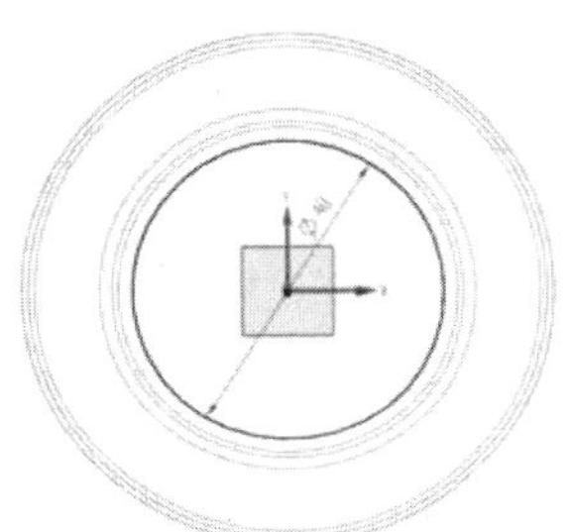
图10-62　绘制草图

图10-63　预览所创建的凹坑特征

图10-64　创建凹坑特征2

⑪在“凹坑”对话框中，单击图标，打开“创建草图”对话框。

⑫在视图区选择如图 10-65 所示的平面为草图工作平面，单击确定按钮，进入草图绘制环境，绘制如图 10-66 所示的草图。

⑬单击“主页”选项卡“草图”面组上的“完成”按钮，草图绘制完毕，返回“凹坑”对话框，同时视图区预览显示如图 10-67 所示的钣金件。

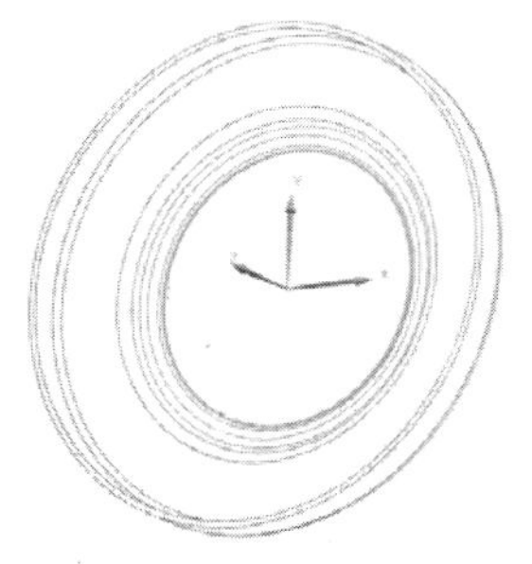
图10-65　选择草图工作平面

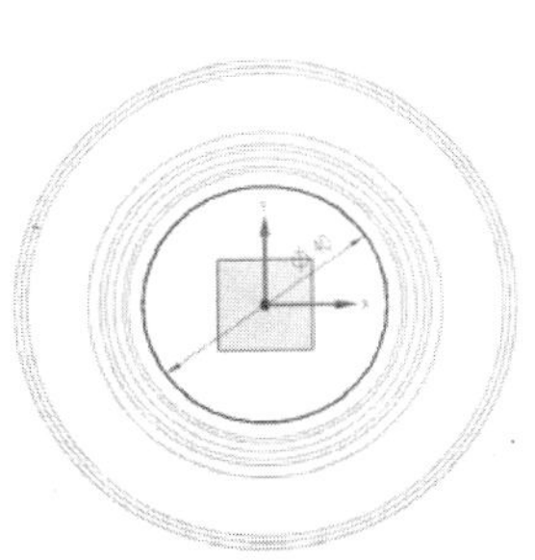
图10-66　绘制草图

图10-67　预览所创建的凹坑特征

⑭在“凹坑”对话框中，单击应用按钮，创建凹坑特征 3，如图 10-68 所示。

06 创建法向除料特征。

❶选择“菜单(M)”→“插入(S)”→“切割(T)”→“法向开孔(N)”，或者单击“主页”选项卡“特征”面组上“法向开孔”按钮，打开如图 10-69 所示“法向开孔”对话框。

❷在“法向开孔”对话框中，单击图标，打开“创建草图”对话框。

❸在视图区选择草图工作平面，如图 10-70 所示。

图10-68　创建凹坑特征3

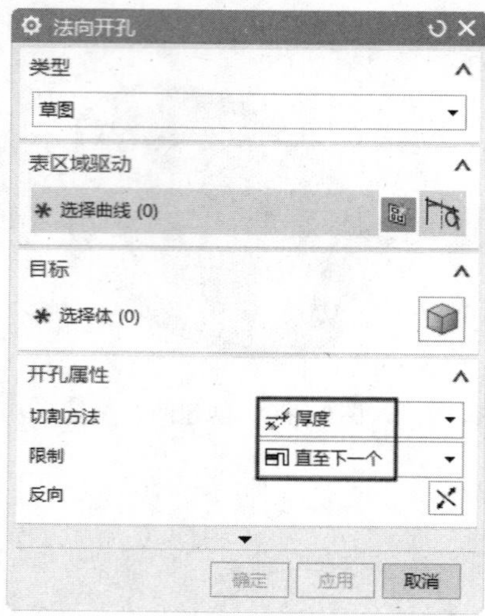

图10-69　“法向开孔”对话框

❹在“创建草图”对话框中，单击确定按钮，进入草图设计环境，绘制如图 10-71 所示的修剪轮廓。

❺单击“主页”选项卡“草图”面组上的“完成”按钮，草图绘制完毕，返回对话框，同时视图区预览所创建的法向开孔特征如图 10-72 所示。

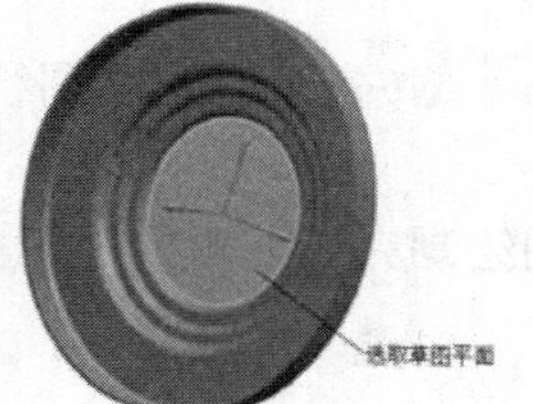

图10-70　选择草图工作平面

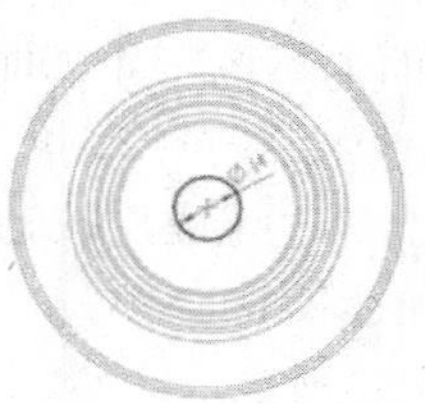

图10-71　绘制草图

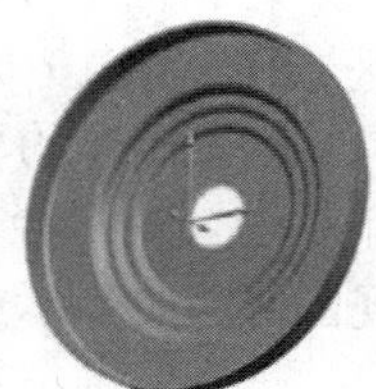

图10-72　预览所创建的法向开孔特征

❻在“法向开孔”对话框中，单击确定按钮，创建法向开孔特征，如图 10-73 所示。

07 绘制草图。

❶单击“应用模块”选项卡“设计”面组上的“建模”按钮，进入建模模式。

❷选择“菜单(M)”→“插入(S)”→“草图(H)...”，或者单击“主页”选项卡“直接草图”面组上的“草图”按钮，打开“创建草图”对话框。

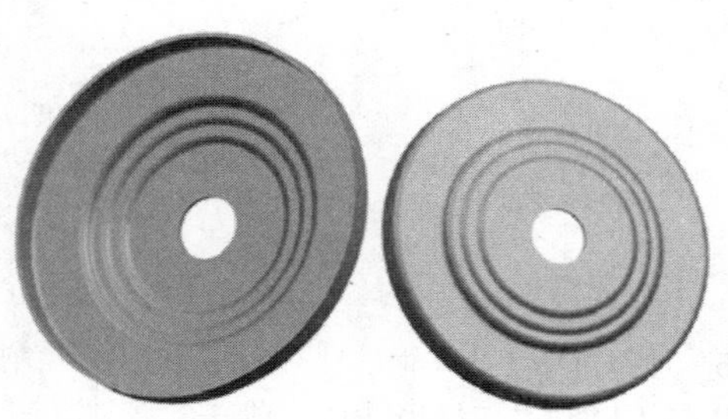

图10-73　创建法向开孔特征

❸选择草图工作平面，如图 10-74 所示，单击确定按钮，进入草图绘制环境，绘制如图 10-75 所示的草图。

08 创建拉伸特征。

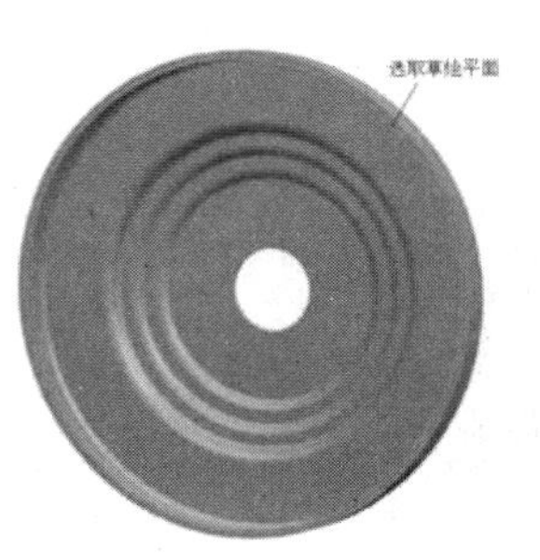

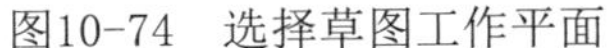
图10-74　选择草图工作平面

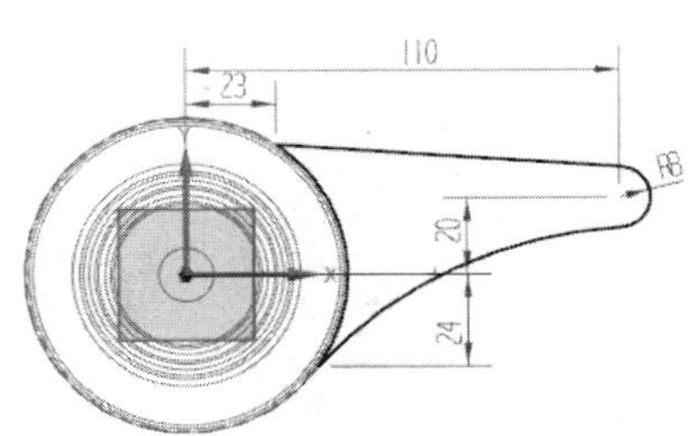

图10-75　绘制草图

❶选择“菜单（M）”→“插入(S)”→“设计特征(E)”→“拉伸(X)...”，或者单击“主页”选项卡“特征”面组上的“拉伸”按钮，打开如图 10-76 所示的“拉伸”对话框。

❷在视图区选择如图 10-75 所绘制的草图曲线。

❸在“拉伸”对话框中的“距离”文本框中输入 4，同时在视图区预览所创建的拉伸特征，如图 10-77 所示。

图10-76　“拉伸”对话框

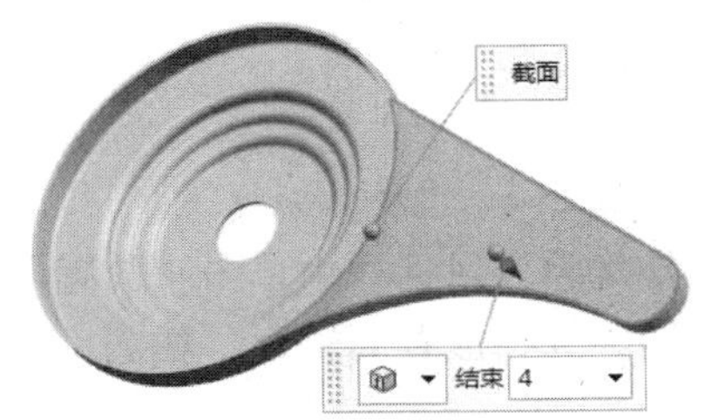

图10-77　预览所创建的拉伸特征

❹在“拉伸”对话框中，设置“布尔”运算为“合并”。

❺在“拉伸”对话框中，单击<确定>按钮，创建拉伸特征，如图 10-78 所示。

09 创建腔体特征。

❶偏移曲线：复制粘贴 08 步绘制的草图，双击对其进行编辑，如图 10-79 所示。

❷选择“菜单(M)”→“插入(S)”→“设计特征(E)”→“腔（原有）(P)...”，打开“腔体”对话框。单击常规按钮，打开如图 10-80 所示的“常规腔”对话框。在视图区选择放置面，

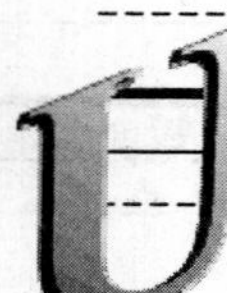

如图 10-81 所示。

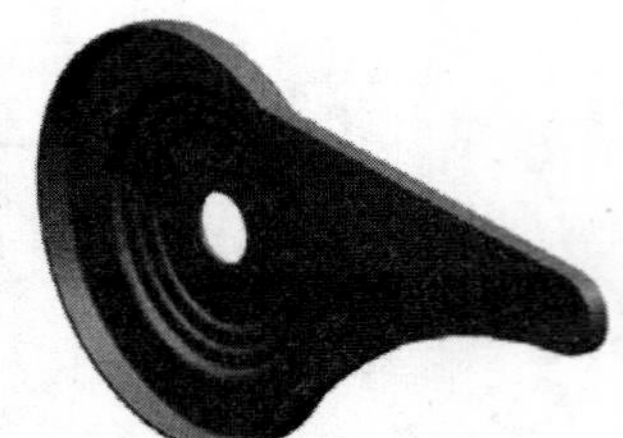

图10-78　创建拉伸特征

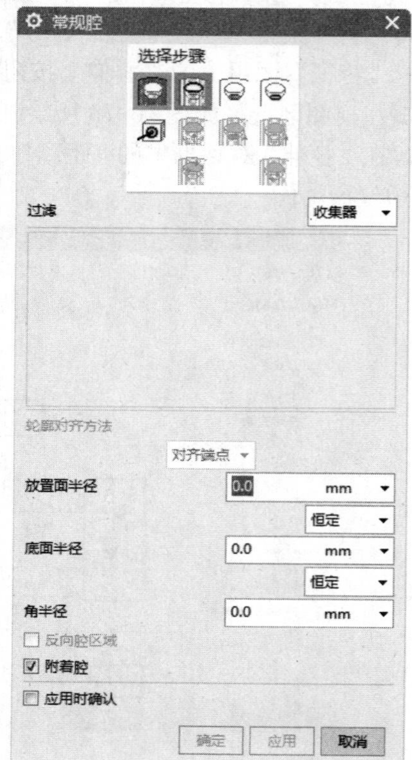

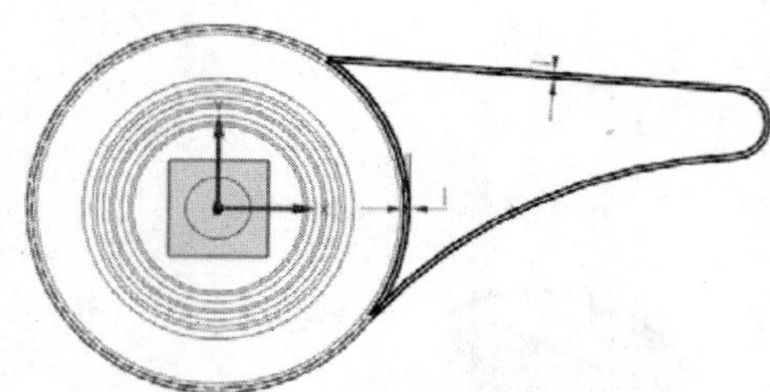

图10-79　草图偏移尺寸图

图10-80　“常规腔”对话框

❸在“常规腔”对话框中单击“放置面轮廓”图标，或单击鼠标中键。

❹在视图区选择放置面轮廓，如图 10-82 所示。

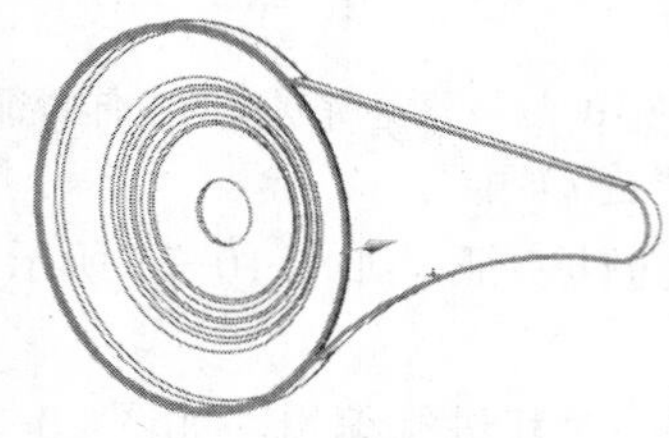

图10-81　选择放置面

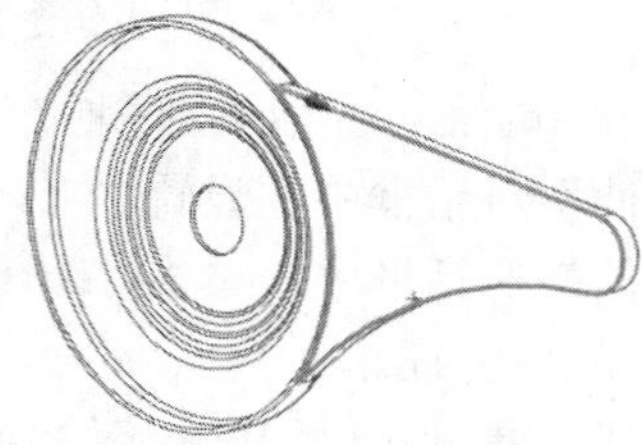

图10-82　选择放置面轮廓

❺在“常规腔”对话框中单击“底面”图标，或单击鼠标中键，同时“常规腔”对话

框显示如图 10-83 所示。

❻在“常规腔”对话框中的“从放置面起”文本框中输入 3。

❼在“常规腔”对话框中单击“底面轮廓”图标，或单击鼠标中键，同时“常规腔”对话框显示如图 10-84 所示。

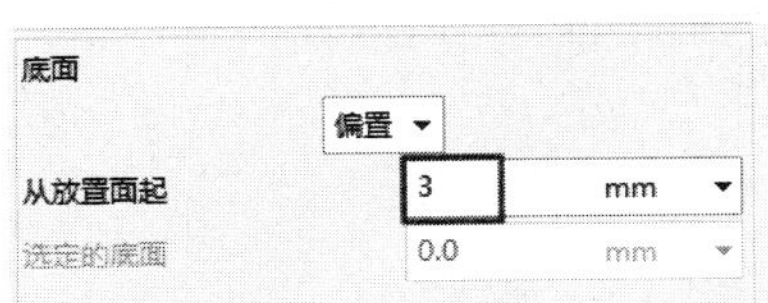

图10-83　底部面“腔”对话框

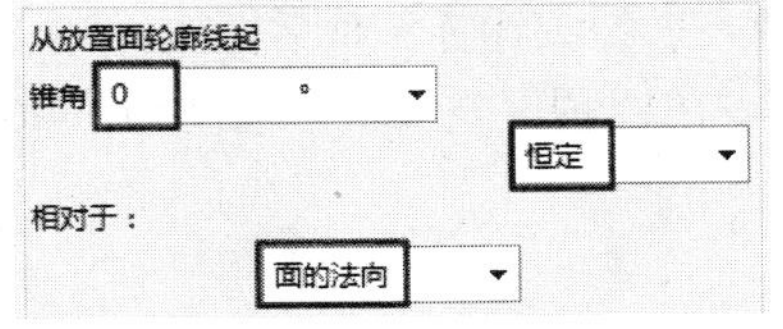

图10-84　底部面轮廓“腔”对话框

❽在“常规腔”对话框中的“锥角”文本框中输入 0。

❾在“常规腔”对话框中单击“目标体”图标，或单击鼠标中键。

❿在视图区选择目标体，如图 10-85 所示。

⓫在“常规腔”对话框中单击“放置面轮廓线投影矢量”图标，或单击鼠标中键。

⓬指定放置面投影矢量为“垂直于曲线所在的平面”。

⓭在“常规腔”对话框中，单击 确定 按钮，创建腔体特征，如图 10-86 所示。

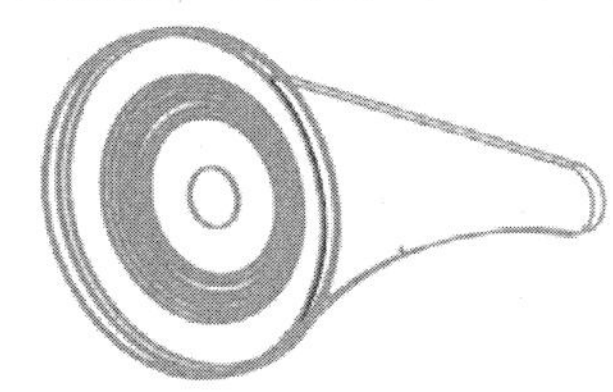

图10-85　选择目标体

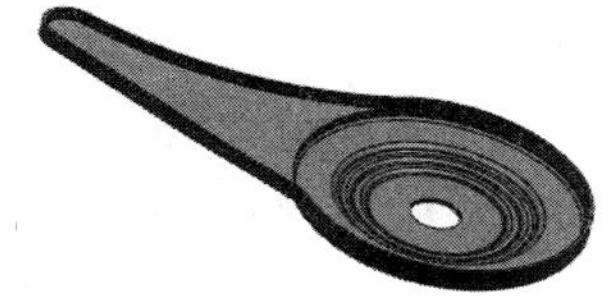

图10-86　创建腔体特征

10 创建边倒圆特征。

❶选择“菜单(M)”→“插入(S)”→“细节特征(L)”→“边倒圆(E)...”，单击“主页”选项卡“特征”面组上的“边倒圆”按钮，打开如图 10-87 所示的“边倒圆”对话框。

❷在视图区选择边，如图 10-88 所示。

图10-87　“边倒圆”对话框

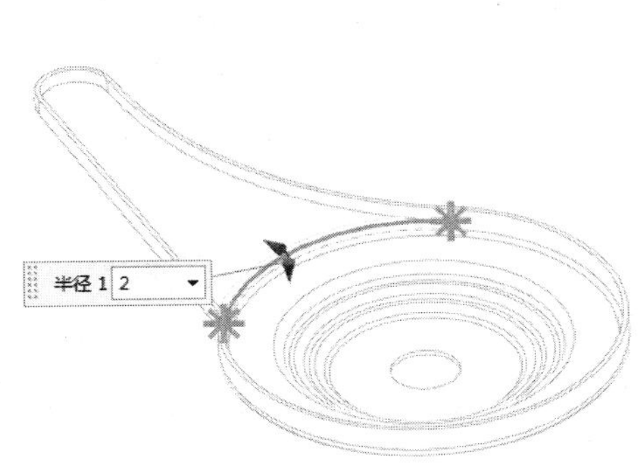

图10-88　选择边

❸在“边倒圆”对话框中“半径 1”文本框中输入 2。

❹在“边倒圆”对话框中，单击 应用 按钮，创建边倒圆特征。

❺在视图区选择边，如图 10-89 所示。

❻在“边倒圆”对话框中“半径 1”文本框中输入 5。

❼在“边倒圆”对话框中，单击 应用 按钮，创建边倒圆特征。

❽在视图区选择边，如图 10-90 所示。

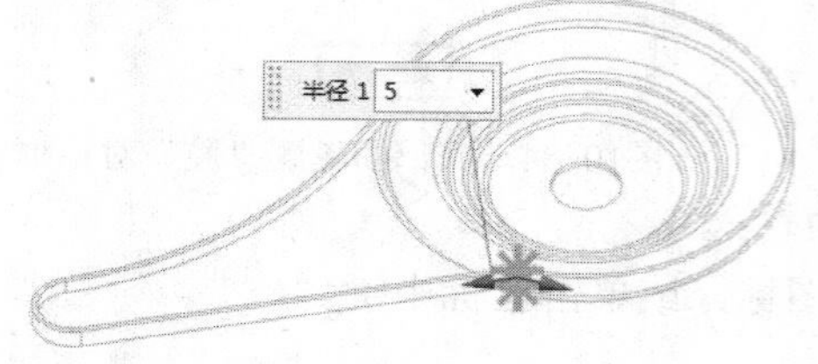

图10-89　选择边

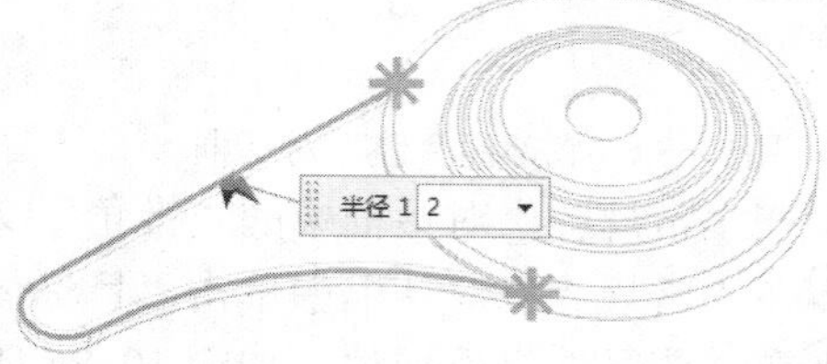

图10-90　选择边

❾在“边倒圆”对话框中“半径 1”文本框中输入 2。

❿在“边倒圆”对话框中，单击 应用 按钮，创建边倒圆特征。

⓫在视图区选择边，如图 10-91 所示。

⓬在“边倒圆”对话框中“半径 1”文本框中输入 2。

⓭在“边倒圆”对话框中，单击 应用 按钮，创建边倒圆特征。

⓮在视图区选择边，如图 10-92 所示。

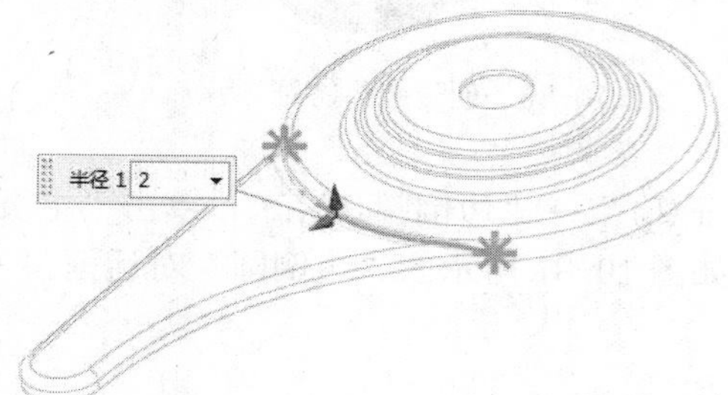

图10-91　选择边

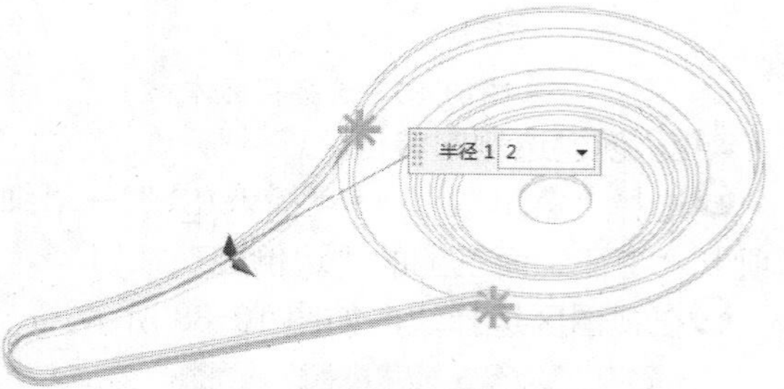

图10-92　选择边

⓯在“边倒圆”对话框中“半径 1”文本框中输入 2。

⓰在“边倒圆”对话框中，单击 < 确定 > 按钮，创建边倒圆特征，如图 10-93 所示。

图10-93　创建边倒圆特征

(11) 绘制草图。

❶选择“菜单(M)”→“插入(S)”→“草图(H)...”，或者单击“主页”选项卡“直接草图”面组上的“草图”按钮，打开“创建草图”对话框。

❷在“创建草图”对话框中，设置“水平”面为参考平面，单击 确定 按钮，进入草图绘制环境，绘制如图 10-94 所示的草图。

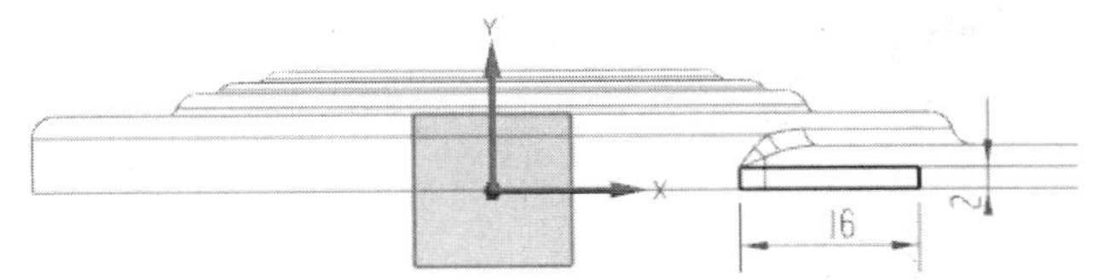

图10-94　绘制草图

12 创建拉伸特征。

❶选择“菜单（M）”→“插入(S)”→“设计特征(E)”→“拉伸(X)...”，或者单击“主页”选项卡“特征”面组上的“拉伸”按钮，打开“拉伸”对话框。

❷在视图区选择如图 10-94 所绘制的草图曲线。

❸在“拉伸”对话框中的开始“距离”文本框中输入 35，结束“距离”文本框中输入 35。

❹在“拉伸”对话框中，设置“布尔”运算为“减去”。

❺在“拉伸”对话框中，单击 应用 按钮，创建拉伸特征，如图 10-95 所示。

❻在“拉伸”对话框中单击“绘制截面”图标，打开“创建草图”对话框。

❼在“创建草图”对话框中，设置“水平”面为参考平面，单击 确定 按钮，进入草图绘制环境，绘制如图 10-96 所示的草图。

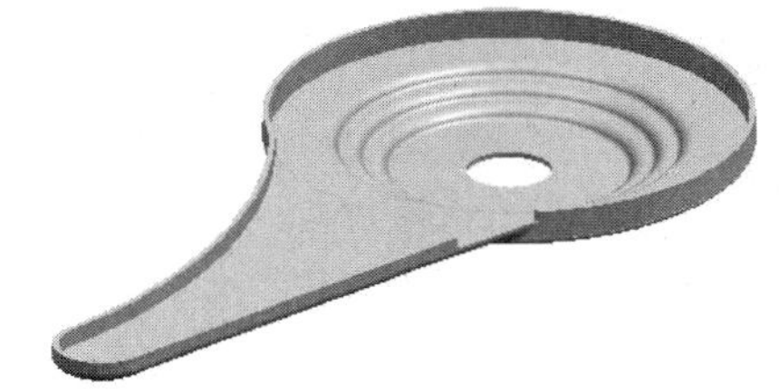

图10-95　创建拉伸特征

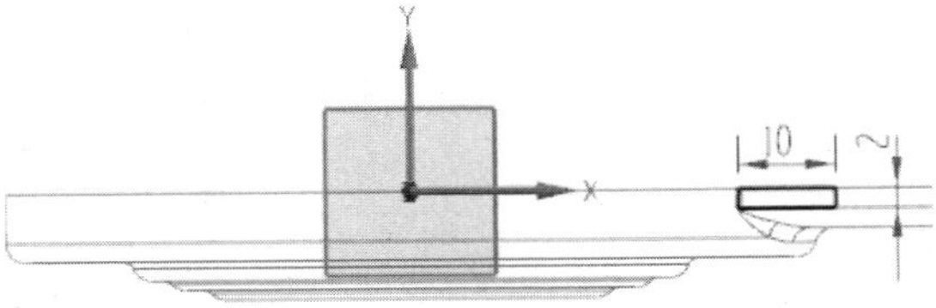

图10-96　绘制草图

❽单击“主页”选项卡“草图”面组上的“完成”按钮，草图绘制完毕，回到“拉伸”对话框，同时视图区预览所创建的拉伸特征。

❾在“拉伸”对话框中的“开始”文本框中输入 5，“结束”文本框中输入 25。

❿在“拉伸”对话框中，设置“布尔”运算为“减去”。

⓫在“拉伸”示对话框中，单击 确定 按钮，创建拉伸特征，如图 10-47 所示。

第 11 章

装配特征

本章将详细介绍 UG NX12.0 的装配建模功能。在前面三维建模的基础上，本章将讲述如何利用 UG NX12.0 的强大功能将多个零件装配成一个完整的组件。

重点与难点

- 装配概述
- 自底向上装配
- 装配爆炸图

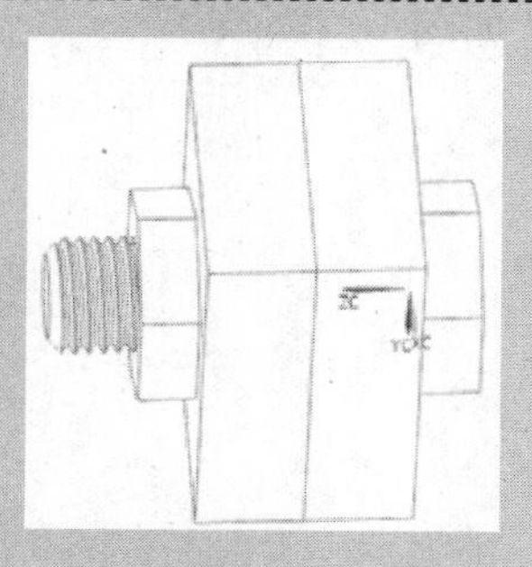

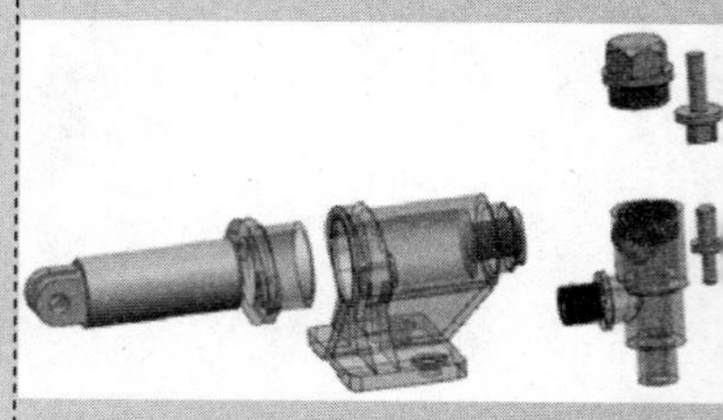

11.1 装配概述

UG NX12.0 的装配建模过程其实就是建立组件装配关系的过程，如图 11-1 所示。装配模块可以快速将组合零件组成产品，还可以在装配的上下文范围内建立新的零件模型，并产生明细列表。而且在装配中，可以参照其他组进行组件配对设计，并可对装配模型进行间隙分析、质量管理等操作。装配模型生成后，可建立爆炸视图，并可将其引入到装配工程图中。

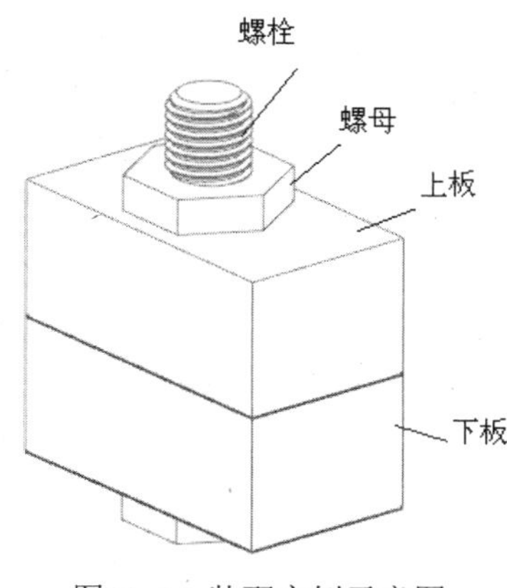

图11-1　装配实例示意图

一般情况，对于装配组件有两种方式。一种是首先全部设计好了装配中的组件，然后将组件添加到装配中，在工程应用中将这种装配形式称为自底向上装配。另一种是需要根据实际情况才能判断装配件的大小和形状，因此要先创建一个新组件，然后在该组件中建立几何对象或将原有的几何对象添加到新建的组件中，这种装配方式称为自顶向下装配。

下面先来介绍自底向上装配方式。

11.2 自底向上装配

自底向上装配的设计方法是常用的装配方法，既先设计装配中的部件，再将部件添加到装配中，自底向上逐级进行装配。

11.2.1　添加已存在组件

选择“菜单(M)”→“装配(A)”→“组件(C)”→“添加组件(A)...”或单击“主页”选项卡“装配”面组上的“添加”按钮，打开如图 11-2 所示的“添加组件”对话框。

（1）选择部件：在屏幕中选择要装配的部件文件。

（2）“已加载的部件”列表框：在该列表框中显示已打开的部件文件，若要添加的部件文件已存在于该列表框中，可以直接选择该部件文件。

（3）打开：单击该按钮，打开如图 11-3 所示的“部件名”对话框，在该对话框中选择要添加的部件文件*.prt。

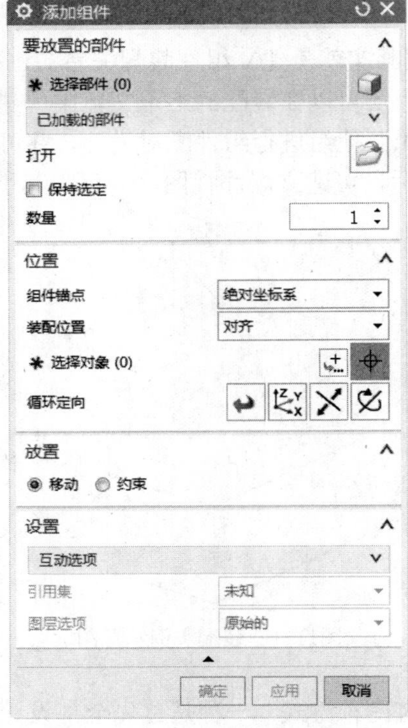

图 11-2　“添加组件”对话框

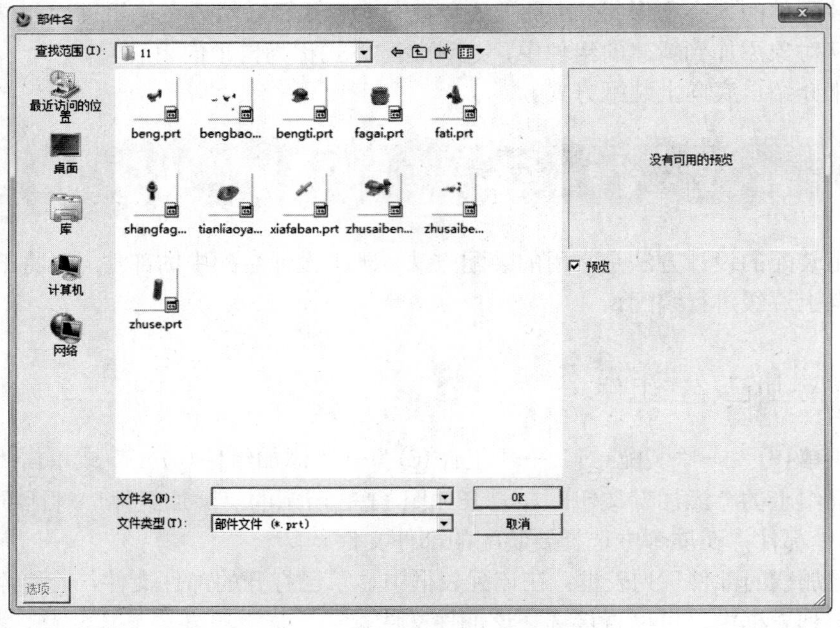

图11-3　“部件名”对话框

“部件文件”选择完后，单击 OK 按钮，返回到图 11-2 所示的“添加组件”对话框。同时，系统将出现一个零件预览窗口，用于预览所添加的组件，如图 11-4 所示。

图11-4　预览添加的组件

（4）装配位置：用于指定组件在装配中的位置。其下拉列表框提供了“对齐”“绝对坐标系-工作部件”“绝对坐标系-显示部件”和“工作坐标系”4 种装配位置。其详细概念将在后面介绍。

（5）保持选定：勾选此选项，维护部件的选择，这样就可以在下一个添加操作中快速添加相同的部分。

（6）引用集：用于改变引用集。默认引用集是模型，表示只包含整个实体的引用集。用户可以通过其下拉列表框选择所需的引用集。引用集的详细概念在下节介绍。

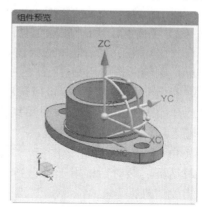

（7）图层选项：用于设置添加组件加到装配组件中的哪一层，其下拉列表框包括：

1）工作的：表示添加组件放置在装配组件的工作层中。

2）原始的：表示添加组件放置在该部件创建时所在的图层中。

3）按指定的：表示添加组件放置在另行指定的图层中。

11.2.2　引用集

由于在零件设计中，包含了大量的草图、基准平面及其他辅助图形数据，如果要显示装配中各组件和子装配的所有数据，一方面容易混淆图形，另一方面由于要加载组件所有的数据，需要占用大量内存，因此不利于装配工作的进行。于是，在 UG NX12.0 的装配中，为了优化大模型的装配，引入了引用集的概念。通过引用集的操作，用户可以在需要的几何信息之间自由操作，同时避免了加载不需要的几何信息，极大地优化了装配的过程。

1．引用集的概念

引用集是用户在零组件中定义的部分几何对象，它代表相应的零组件进行装配。引用集可以包含下列数据：实体、组件、片体、曲线、草图、原点、方向、坐标系、基准轴及基准平面等。引用集一旦产生，就可以单独装配到组件中。一个零组件可以有多个引用集。

UG NX12.0 系统包含的默认的引用集有：

（1）模型（" MODEL "）：只包含整个实体的引用集。

（2）整个部件：表示引用集是整个组件，即引用组件的全部几何数据。

（3）空：表示引用集是空的引用集，即不含任何几何对象。当组件以空的引用集形式添加到装配中，在装配中看不到该组件。

2．打开“引用集”对话框

选择“菜单(M)”→“格式(R)”→“引用集(R)...”，打开如图 11-5 所示的“引用集”对话框。该对话框用于对引用集进行创建、删除、更名、编辑属性、查看信息等操作。

（1）添加新的引用集：用于创建引用集。组件和子装配都可以创建引用集。组件的引

用集既可在组件中建立，也可在装配中建立。但组件要在装配中创建引用集，必须使其成为工作部件。

（2）删除：用于删除组件或子装配中已创建的引用集。在“引用集”对话框中选中需要删除的引用集后，单击该图标，删除所选引用集。

（3）属性：用于编辑所选引用集的属性。单击该图标，打开如图 11-6 所示的“引用集属性”对话框。该对话框用于输入属性的名称和属性值。

（4）信息：单击该图标，打开如图 11-7 所示的“信息”对话框，该对话框用于输出当前零组件中已存在的引用集的相关信息。

（5）设为当前值：用于将所选引用集设置为当前引用集。

图11-5　“引用集”对话框

在正确建立完引用集以后，保存文件，以后在该零件加入装配的时候，在“引用集”选项就会有用户自己设定的引用集了。在加入零件以后，还可以通过装配导航器在定义的不同引用集之间切换。

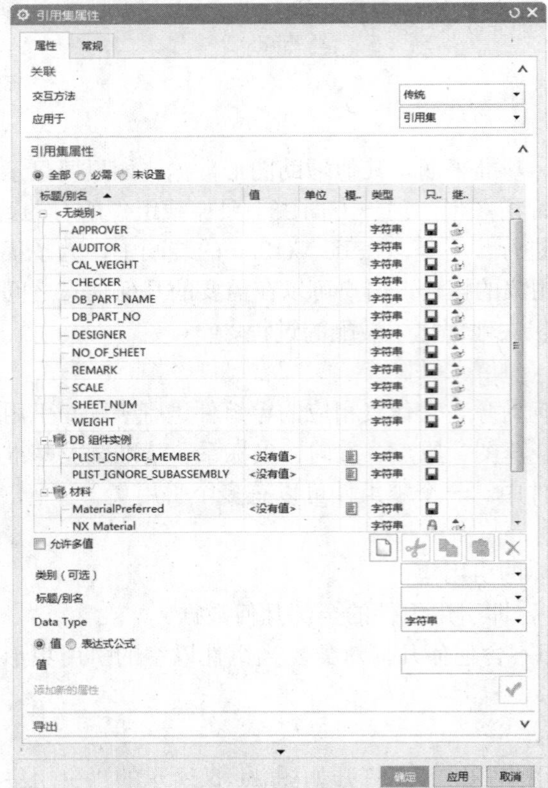

图11-6　“引用集属性”对话框

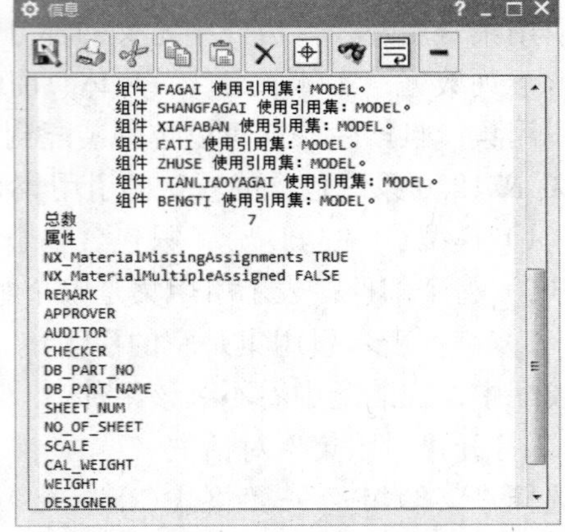

图11-7　“信息”对话框

11.2.3　放置

在装配过程重，用户除了添加组件，还需要确定组件间的关系。这就要求对组件进行定位。UG NX12.0 提供了 2 种放置方式：

1. 约束

用于按照配对条件确定组件在装配中的位置。在“添加组件”对话框中，选择该选项，单击 确定 按钮或选择“菜单(M)”→“装配(A)”→“组件位置(P)”→“装配约束(N)...”或单击“主页”选项卡“装配”面组上的“装配约束”按钮，打开如图 11-8 所示的“装配约束”对话框。该对话框用于通过配对约束确定组件在装配中的相对位置。

图 11-8　“装配约束”对话框

(1) 接触对齐：用于定位两个贴合或对齐配对对象。其实例示意图如图 11-9 所示。

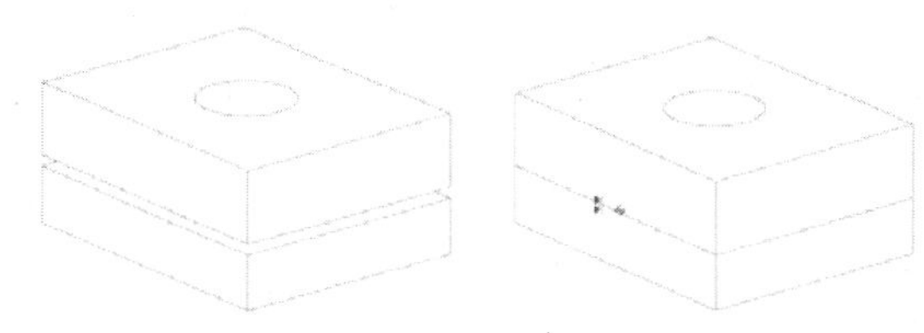

原图　　结果图

图11-9　“接触对齐”实例示意图

(2) 角度：用于在两个对象之间定义角度尺寸，用于约束相配组件到正确的方位上。角度约束可以在两个具有方向矢量的对象间产生，角度可以是两个方向矢量间的夹角也可以是 3D 角度。这种约束允许配对不同类型的对象。其实例示意图如图 11-10 所示。

(3) 平行：用于约束两个对象的方向矢量彼此平行。其实例示意图如图 11-11 所示。

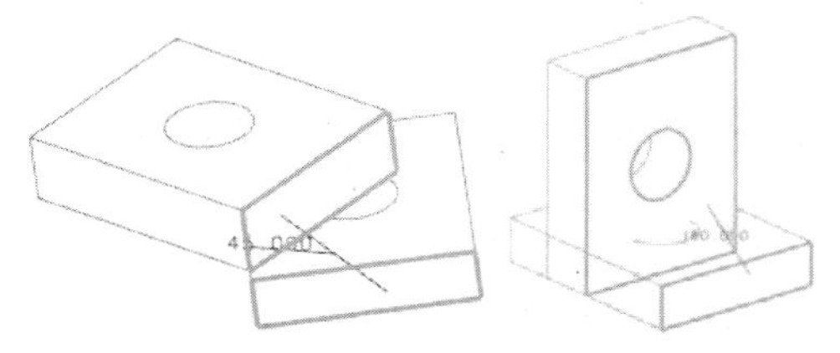

方向角度　　3D角度

图11-10　“角度”实例示意图

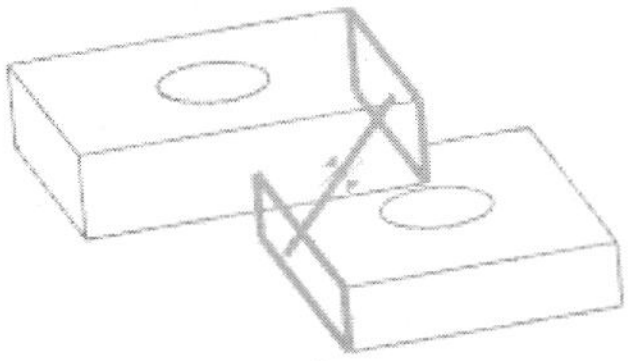

图11-11　“平行”实例示意图

(4) 垂直：用于约束两个对象的方向矢量彼此垂直。其实例示意图如图 11-12 所示。

(5) 同心：用于将相配组件中的一个对象定位到基础组件中的一个对象的中心上，其中一个对象必须是圆柱或轴对称实体。“同心”实例示意图如图 11-13 所示。

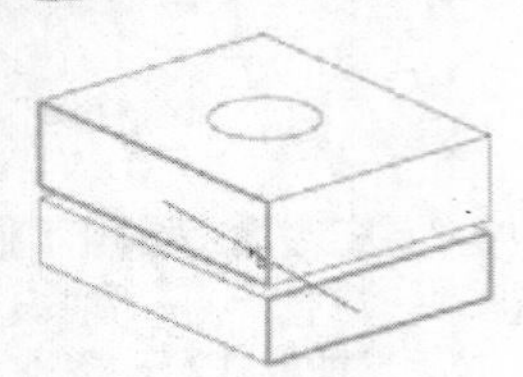

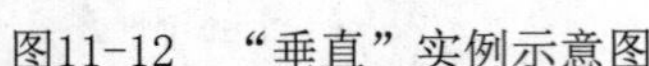

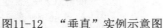

图11-12 “垂直”实例示意图

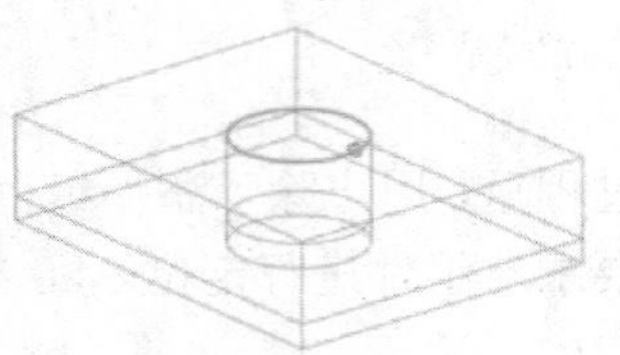

图11-13 “同心”实例示意图

（6）中心：用于约束两个对象的中心对齐。

1）1 对 2：用于将相配对象中的一个对象定位到基础组件中的两个对象的对称中心上。

2）2 对 1：用于将相配组件中的两个对象定位到基础组件中的一个对象上，并与其对称。当选择该选项时，选择步骤中的第三个图标被激活。

3）2 对 2：用于将相配组件中的两个对象与基础组件中的两个对象成对称布置。选择该选项时，选择步骤中的第四个图标被激活。

需要注意的是，相配组件是指需要添加约束进行定位的组件，基础组件是指位置固定的组件。

（7）距离：用于指定两个相配对象间的最小三维距离，距离可以是正值也可以是负值，正负号确定相配对象是在目标对象的哪一边。其实例示意图如图 11-14 所示。

2．移动

如果使用配对的方法不能满足用户的实际需要，还可以通过手动编辑的方式来进行定位。在“添加组件”对话框中，选择“移动”选项，指定方位，单击 确定 按钮或选择“菜单(M)”→“装配(A)”→“组件位置(P)”→“移动组件(E)...”或单击“主页”选项卡“装配”面组上的“移动组件”按钮，打开“移动组件”对话框，如图 11-15 所示。在视图区选择要重定位的组件，单击 确定 按钮。

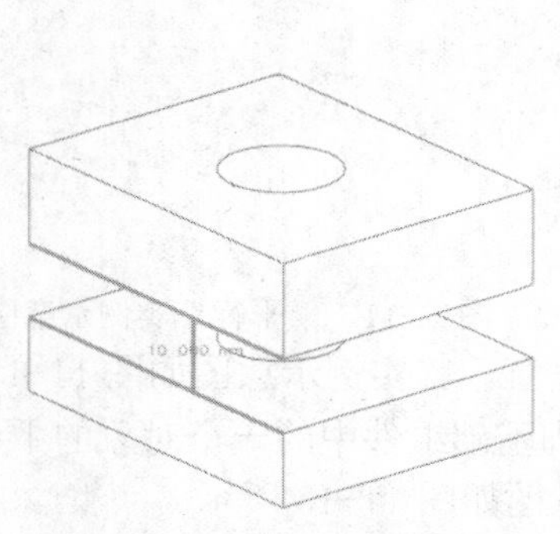

图11-14 “距离”实例示意图

图11-15 “移动组件”对话框

（1）点到点：用于采用点到点的方式移动组件。选择该类型，选择要移动的组件，先后选择两个点，系统根据这两点构成的矢量和两点间的距离，来沿着这个矢量方向移动组件。

（2）增量 XYZ：用于平移所选组件。选择该类型，沿 X、Y 和 Z 坐标轴方向移动一个距离。如果输入的值为正，则沿坐标轴正向移动。反之，沿负向移动。

（3）角度：用于绕点旋转组件。选择该类型，选择要移动的组件，选择旋转点。在“角度”文本框，该文本框用于输入要旋转的角度值。

（4）根据三点旋转：用于绕轴旋转所选组件。选择该类型，选择要旋转的组件，在对话框中定义三个点和一个矢量。

（5）坐标系到坐标系：用于采用移动坐标方式重新定位所选组件。选择该类型，选择要定位的组件，指定起始坐标系和终止坐标系。选择一种坐标定义起始坐标系和终止坐标系后，单击确定按钮，则组件从起始坐标系的相对位置移动到终止坐标系中的对应位置。

（6）距离：用于在指定矢量方向移动组件。选择该类型，选择要移动的组件，定义矢量方向和沿矢量的距离。

11.3 装配爆炸图

爆炸图是在装配环境下把组成装配的组件拆分开来，更好地表示整个装配的组成状况，便于观察每个组件的一种方法，如图 11-16 所示。

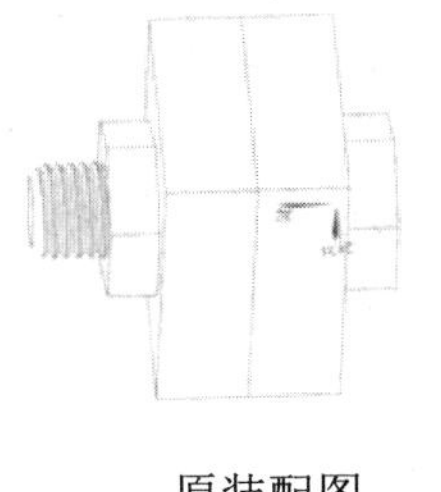

原装配图

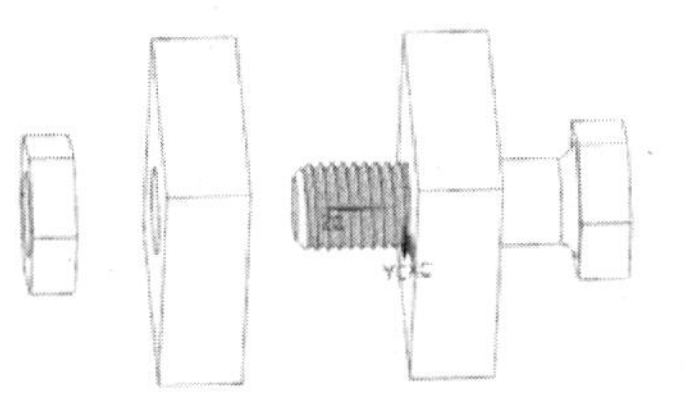

结果图

图11-16　爆炸图

11.3.1　创建爆炸图

选择“菜单(M)”→“装配(A)”→“爆炸图(X)”→“新建爆炸(N)...”，打开如图 11-17 所示的“新建爆炸”对话框。在该对话框中输入爆炸图名称，或接受默认名称，单击确定按钮，创建爆炸图。

11.3.2　爆炸组件

新创建了一个爆炸图后视图并没有发生什么变化，接下来就必须使组件炸开。可以使用自动爆炸方式完成爆炸图，即基于组件配对条件沿表面的正交方向自动爆炸组件。

选择“菜单(M)”→“装配(A)”→“爆炸图(X)”→“自动爆炸组件(A)...”，打开“类选择”对话框，单击“全选”图标，选中所有的组件，就可对整个装配进行爆炸图的创建，若利用鼠标选择，则可以连续地选中任意多个组件即可实现对这些组件的炸开。完成组件的选择后，单击确定按钮，打开如图 11-18 所示的“自动爆炸组件”对话框。该对话框用于指定自动爆炸参数。

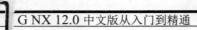

图11-17　“新建爆炸”对话框

图11-18　“自动爆炸组件”对话框

距离：用于设置自动爆炸组件之间的距离。距离值可正可负。

自动爆炸只能爆炸具有配对条件的组件，对于没有配对条件的组件需要使用手动编辑的方式。

11.3.3　编辑爆炸图

如果没有得到理想的爆炸效果，通常还需要对爆炸图进行编辑。

（1）编辑爆炸图：选择“菜单(M)”→“装配(A)”→“爆炸图(X)”→“编辑爆炸(E)...”，打开如图 11-19 所示的“编辑爆炸”对话框。在视图区选择需要进行调整的组件，然后在“编辑爆炸”对话框中选中◉移动对象单选按钮，在视图区选择一个坐标方向，“距离”和“对齐增量”选项被激活，在该对话框中输入所选组件的距离和对齐增量后，单击确定或应用按钮，即可完成该组件位置的调整。

（2）取消爆炸组件：选择“菜单(M)”→“装配(A)”→“爆炸图(X)”→“取消爆炸组件(U)...”，打开“类选择”对话框，在视图区选择不进行爆炸的组件，单击确定按钮，使已爆炸的组件恢复到原来的位置。

（3）删除爆炸图：选择“菜单(M)”→“装配(A)”→“爆炸图(X)”→“删除爆炸(D)...”，打开如图 11-20 所示的“爆炸图”对话框，在该对话框中选择要删除的爆炸图名称，单击确定按钮，删除所选爆炸图。

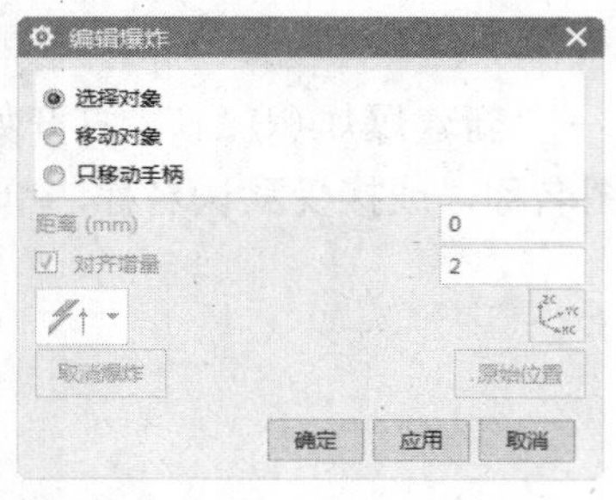

图11-19　“编辑爆炸视”对话框

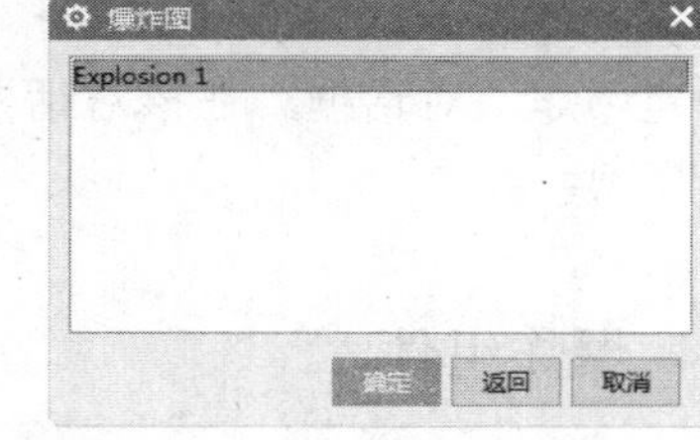

图11-20　“爆炸图”对话框

（4）隐藏爆炸：选择“菜单(M)”→“装配(A)”→“爆炸图(X)”→“隐藏爆炸(H)...”，则将当前爆炸图隐藏起来，使视图区中的组件恢复到爆炸前的状态。

（5）显示爆炸：选择“菜单(M)”→“装配(A)”→“爆炸图(X)”→“显示爆炸(S)...”，

则将已建立的爆炸图显示在视图区。

11.4 组件家族

组件家族提供通过一个模板零件快速定义一类似组件（零件或装配）的家族的方法。该功能主要用于建立系列标准件，可以一次生成所有的相似组件。

选择“菜单(M)”→“工具(T)”→“部件族(L)...”，打开如图 11-21 所示的“部件族”对话框。

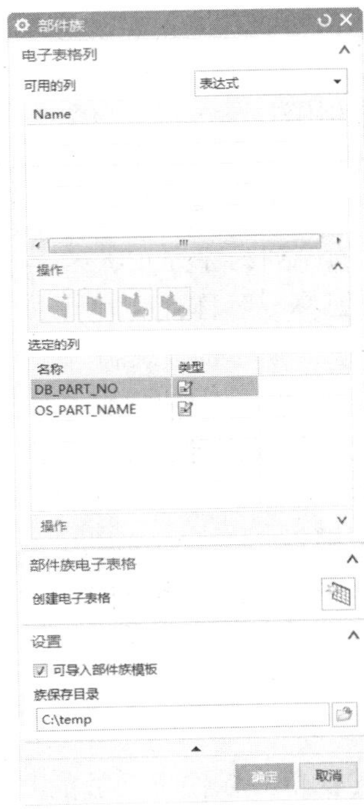

图 11-21　“部件族”对话框

（1）可用的列：用于选择可选择的参数，用户可以从中选择来驱动系列件。其下拉列表框包括“属性”“组件”“表达式”“镜像”“密度”“材料”“赋予质量”和“特征”8 种选择方式。

（2）创建电子表格：单击该按钮，系统自动启动 Excel 表格，选中的相应条目都会列举其中。

（3）可导入部件族模板：勾选该复选框，则用于连接 UG\管理和 IMAN 进行 PDM 产品管理，通常情况下，不需要选择。

11.5 装配序列化

装配序列化的功能主要有两个：一是规定一个装配的每个组件的时间与成本特性；二是用

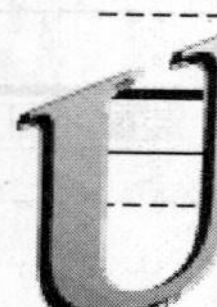

于表演装配顺序，指挥一线的装配工人进行现场装配。

完成组件装配后，可建立序列化来表达装配各组件间的装配顺序。

选择“菜单(M)”→“装配(A)”→“序列(S)”，系统会自动进入序列环境，“主页”选项卡如图 11-22 所示。

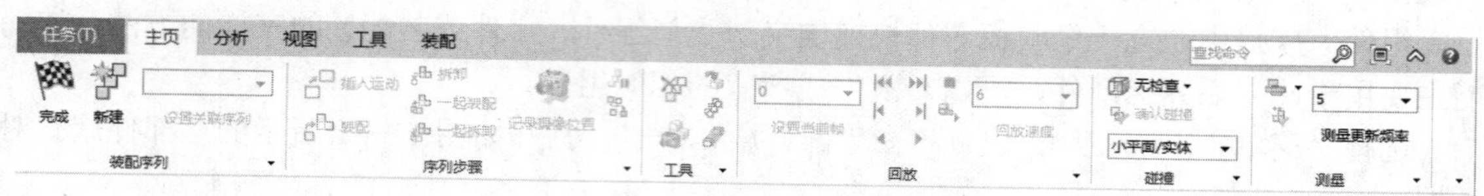

图11-22　“主页”选项卡

下面介绍该选项卡中主要选项的用法：

（1）完成：退出序列化环境。

（2）新建：用于创建一个序列。系统会自动为这个序列命名为序列_1，以后新建的序列为序列_2、序列_3 等依次增加。用户也可以自己修改名称。

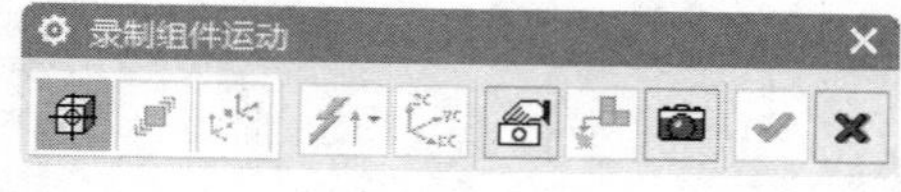

图11-23　“录制组件运动”工具栏

（3）插入运动：打开如图 11-23 所示的“录制组件运动”工具栏。该工具栏用于建立一段装配动画模拟。

1）选择对象：选择需要运动的组件对象。

2）移动对象：用于移动组件。

3）只移动手柄：用于移动坐标系。

4）运动录制首选项：打开如图 11-24 所示的“首选项”对话框。该对话框用于指定步进的精确程度和运动动画的帧数。

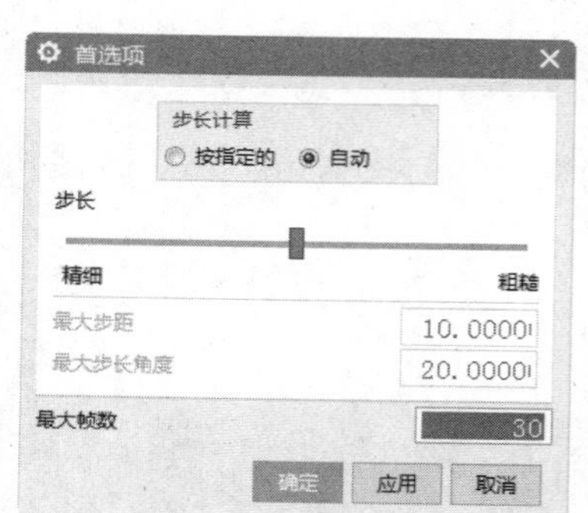

图 11-24　“首选项”对话框

5）拆卸：拆卸所选组件。

6）摄像机：用来捕捉当前的视角，以便于回放的时候在合适的角度观察运动情况。

（4）装配：打开“类选择”对话框，按照装配步骤选择需要添加的组件，该组件会自动出现在视图区右侧。用户可以依次选择要装配的组件，生成装配序列。

（5）一起装配：用于在视图区选择多个组件，一次全部进行装配。“装配”功能只能一次装配一个组件，该功能在“装配”功能选中之后可选。

（6）拆卸：在视图区选择要拆卸的组件，该组件会自动恢复到绘图区左侧。该功能主要是模拟反装配的拆卸序列。

（7）一起拆卸：一起装配的反过程。

（8）记录摄像位置：用于为每一步序列生成一个独特的视角。当序列演变到该步时，自动转换到定义的视角。

（9）插入暂停：系统会自动插入暂停并分配固定的帧数，当回放的时候，系统看上去象暂停一样，直到走完这些帧数。

（10）删除：用于删除一个序列步。

（11）在序列中查找：打开“类选择”对话框，可以选择一个组件，然后查找应用了该组件的序列。

（12）显示所有序列：显示所有的序列。

（13）捕捉布置：可以把当前的运动状态捕捉下来，作为一个装配序列。用户可以为这个排列取一个名字，系统会自动记录这个排列。

定义完成序列以后，用户就可以通过如图 11-25 所示的“回放”面组来播放装配序列。在最坐标的是设置当前帧数，在最右边的是播放速度调节，从 1～10，数字越大，播放的速度就越快。

图11-25　“回放”面组

11.6 变形组件装配

变形组件是指像弹簧、带等，在建模的时候是一个样子，在装配的时候是需要根据实际配合的情况来发生变形的。一般也称之为柔性装配。

选择“菜单(M)”→“工具(T)”→“定义可变形部件（B）...”，打开如图 11-26 所示的“定义可变形部件”对话框。

系统以向导的形式来引导用户完成设计，一共 5 步，都列在对话框左边的选择框内。

1．定义

用来定义变形组件的名称和帮助页。

2．特征

用来定义可变形的特征。“定义”完成以后，单击下一步按钮，得到如图 11-27 所示的对话框。

图11-26　“定义可变形部件”对话框

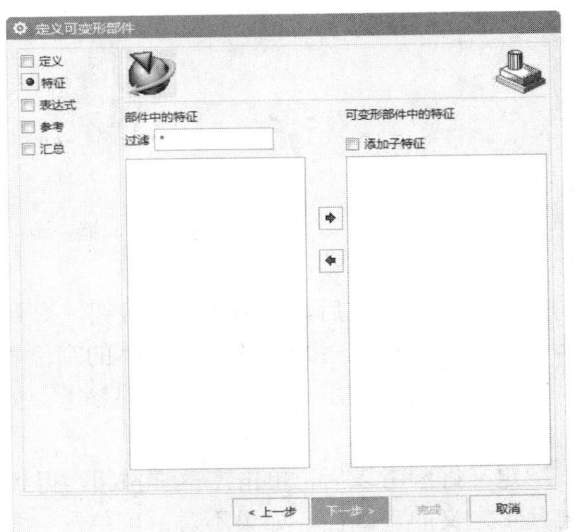

图11-27　第二步：定义可变形的特征

（1）部件中的特征：用于列出当前零件的所有特征，用户可以选择需要发生变形的特征，

将其加入到“可变形部件中的特征”列表框。通过单击图标或双击所选特征，也可放弃一个特征的选择。

（2）添加子特征：用于控制在选择父特征的时候，是否也连带选择该特征的子特征。

3．表达式

特征选择完后，单击下一步按钮，得到如图 11-28 所示的对话框。该对话框用于选择需要变化的表达式。

（1）可用表达式：用户可以选择上一步选中的特征下的所有表达式，选择需要加入“可变形的输入表达式”列表框中的表达式。

（2）表达式规则：用于设置定义表达式范围的方式。

1）无：不定义范围，在需要的时候直接输入。

2）按整数范围：通过定义最大、最小值规定取值范围，但只能是整数位变化。

3）按实数范围：通过定义最大、最小值规定取值范围，但可以小数位变化。

4）按选项：通过选项选择，用户可以自己制定选择的值，比如一个值只能为 5 和 10，用户在“值选项”列表框中第一行输入 5，第二行输入 10 就可以了。

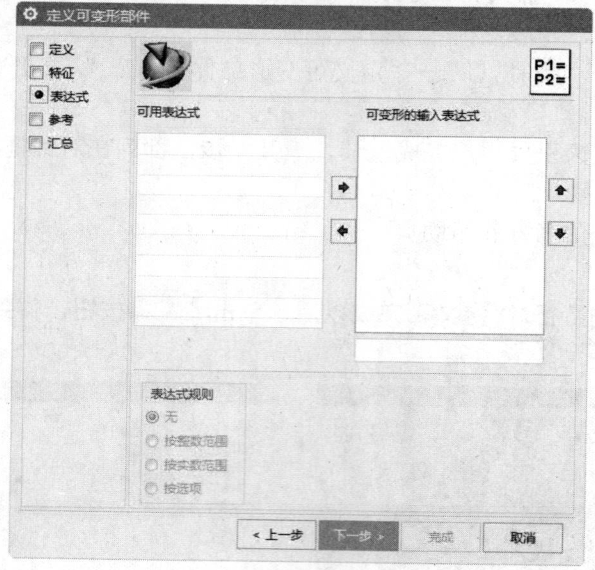

图11-28　第三步：选择需要变化的表达式

4．参考

定义好表达式后，单击下一步按钮，得到如图 11-29 所示对话框，该对话框用于定义参考步骤，即用于指定将来生成的变形体的定位参考。

添加几何体：用来选择变形体的参考。如果没有，该项可以使用默认设置。

5．汇总

定义好参考以后，单击下一步按钮，得到如 11-30 所示的对话框。该对话框用于用户检查前几步定义的正确性，如果不对，可单击上一步按钮，返回相应的步骤进行修改即可。

全部定义完成以后，单击“完成”按钮即可完成操作。

最后将定义好的变形件添加到装配中，在指定组件的位置后，打开如图 11-30 所示的定义可变形部件对话框。该对话框根据选择的参数和限制范围的方法不同略有区别。定义好用户需要的参数之后，就可以将需要的变形件加入装配了，以后还可以根据需要随时调整参数。

图11-29　第四步：指定变形体的定位参考

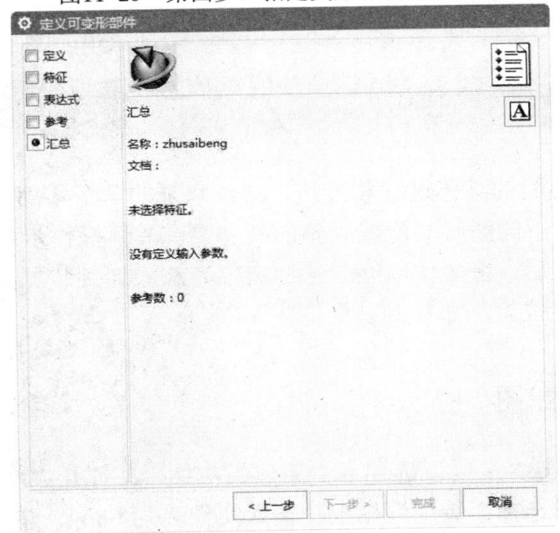

图11-30　参数构造对话框

11.7 装配排列

装配排列功能是用于使同一个零件可以在装配中处于不同的位置，这样，装配结构没有变，但是可以更好地展现装配的真实性。同时对于相同的多个零件，可以彼此处于不同的位置。

用户可以定义装配排列来为组件中一个或多个组件指定可选位置，并将这些可选位置与组件存储在一起。该功能不能为单个组件创建排列，只能为装配或子装配创建排列。

选择“菜单(M)”→“装配(A)”→“布置(G)...”，打开如图 11-31 所示的“装配布置”对话框。该对话框用于实现创建、复制删除、更名、设置默认排列等功能。其操作简单，不再详述。

用户打开“装配布置”对话框后，应该首先复制一个排列，然后使用装配中的重定位把需要的组件定位到新的位置上，然后退出对话框，保存文件就可以了。需要多个排列位置的可以多次重复这个工作。完成设置后，就可以在不同的排列之间切换了，其实例示意图如图 11-32 所示。

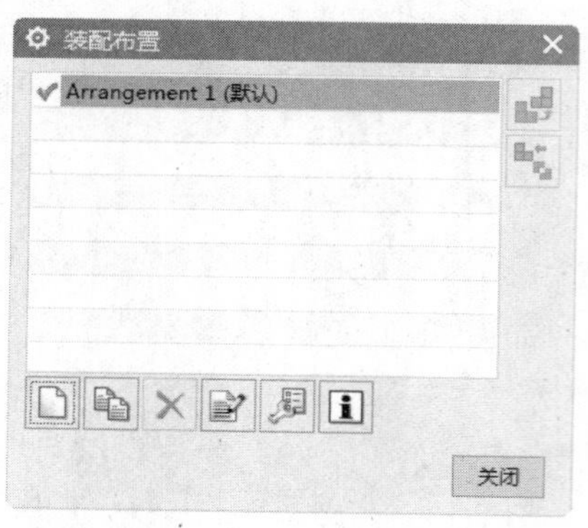

图11-31 “装配布置”对话框

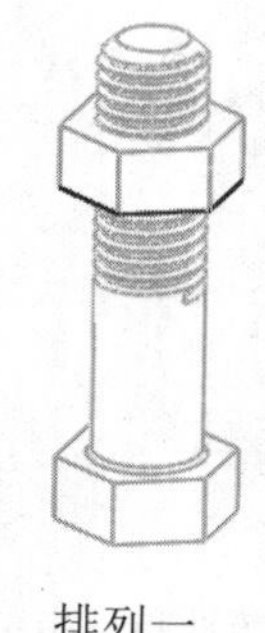

排列一

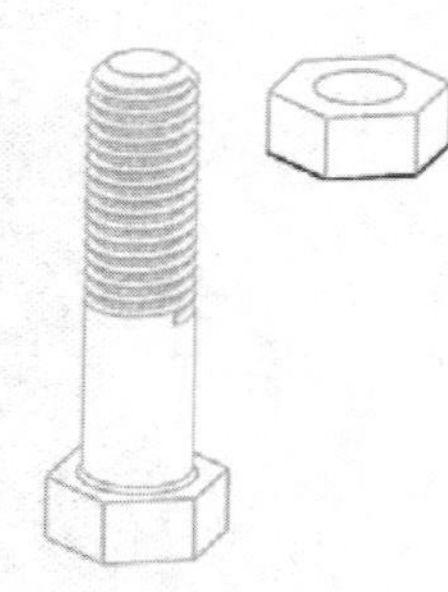

排列二

图11-32 装配排列实例示意图

11.8 综合实例——柱塞泵

本节将介绍柱塞泵装配的具体过程和方法，将柱塞泵的 7 个零部件：泵体，填料压盖，柱塞、阀体、阀盖以及上、下阀瓣等装配成完整的柱塞泵。具体操作步骤为：首先创建一个新文件，用于绘制装配图；然后，将泵体以绝对坐标定位方法添加到装配图中；最后，将余下的六个柱塞泵零部件以配对定位方法添加到装配图中。

11.8.1 柱塞泵装配图

01 新建文件。单击“主页”选项卡“新建”按钮，打开“新建”对话框，进入装配环境，如图 11-33 所示。选择“装配”模板，输入文件名为 beng，单击 确定 按钮，打开“添加组件”对话框，如图 11-34 所示。

02 按绝对坐标定位方法添加泵体零件。

❶单击“打开”按钮，弹出“部件名”对话框，如图 11-35 所示。

❷在“部件名”对话框中，选择已存的零部件文件，单击右侧“预览”复选框，可以预览已存的零部件。选择“bengti.prt”文件，右侧预览窗口中显示出该文件中保存的泵体实体。打开“组件预览”窗口，如图 11-36 所示。

❸在“添加组件”对话框中，“引用集”选项选择“模型（"MODEL"）”选项，“放置位置”选项选择“移动”选项，指定方位为坐标原点，“图层选项”选择“原始的”选项，单击 确定

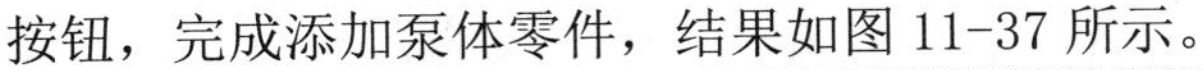

按钮，完成添加泵体零件，结果如图 11-37 所示。

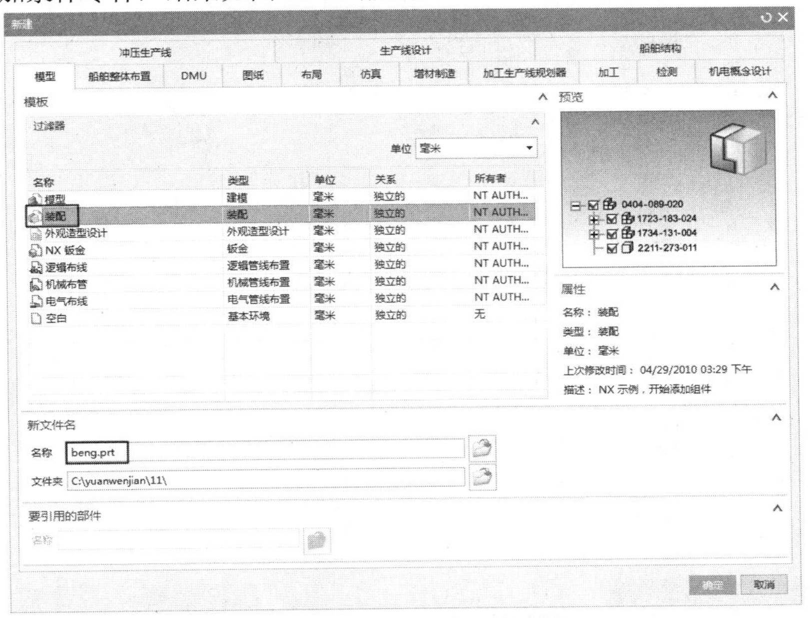

图 11-33　“新建”对话框

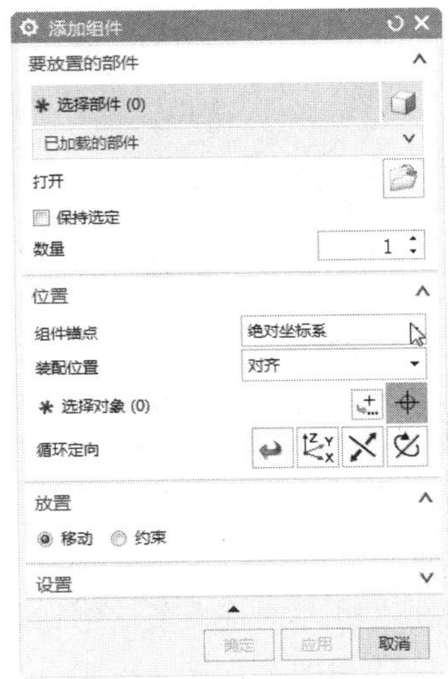

图11-34　“添加组件”对话框

03 按配对定位方法添加填料压盖零件。

❶选择“菜单(M)”→“装配(A)”→“组件(C)”→“添加组件(A)...”或单击“主页”选项卡“装配”面组上的“添加”按钮，打开“添加组件”对话框，单击“打开”按钮，打开“部件名”对话框，选择“tianliaoyagai.prt”文件，右侧预览窗口中显示出填料压盖实体的预览图。单击 OK 按钮，在绘图区指定放置组件的位置，弹出“组件预览”对话框，如图 11-38 所示。

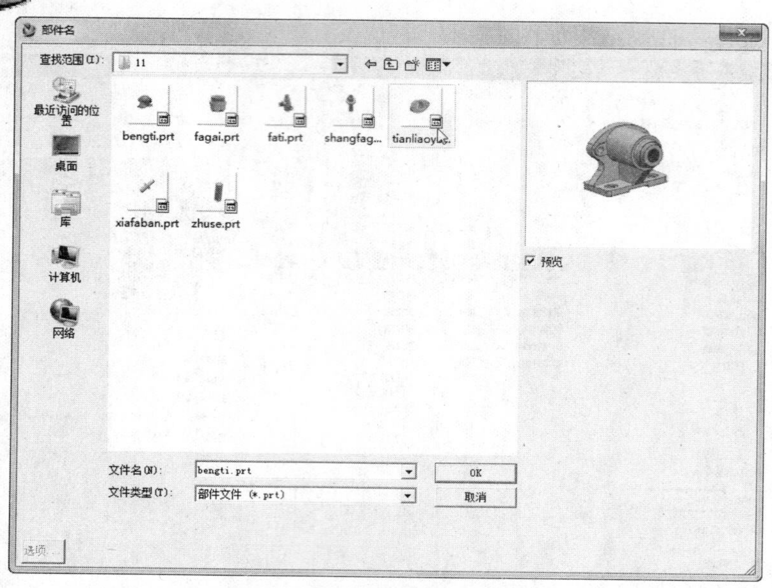

图11-35 “部件名”对话框

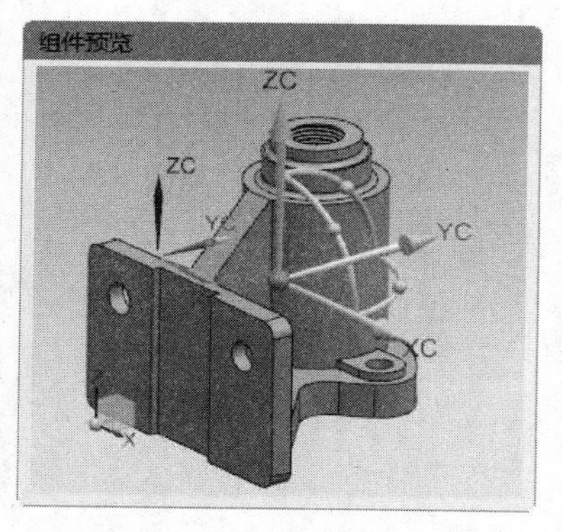

图11-36 “组件预览”窗口

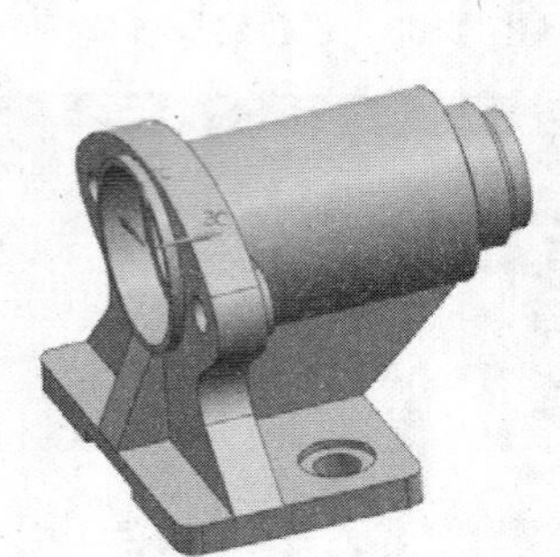

图11-37 添加泵体

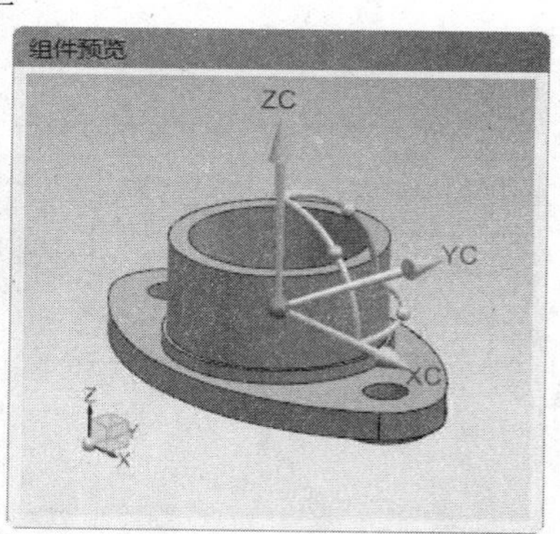

图11-38 “组件预览”窗口

❷在“添加组件”对话框中，“引用集”选项选择“模型（"MODEL"）”选项，“图层选项”选择“原始的”选项，“放置”选项选择◎约束选项，在“约束类型”选项内选择“接触对齐”类型，在“要约束的几何体”选项卡“方位”下拉列表中选择“接触”，“添加组件”对话框，如图 11-39 所示。用鼠标首先在“组件预览”窗口中选择填料压盖的右侧圆台端面，接下来在绘图窗口中选择泵体左侧膛孔中的端面，如图 11-40 所示。

图11-39　“添加组件”对话框

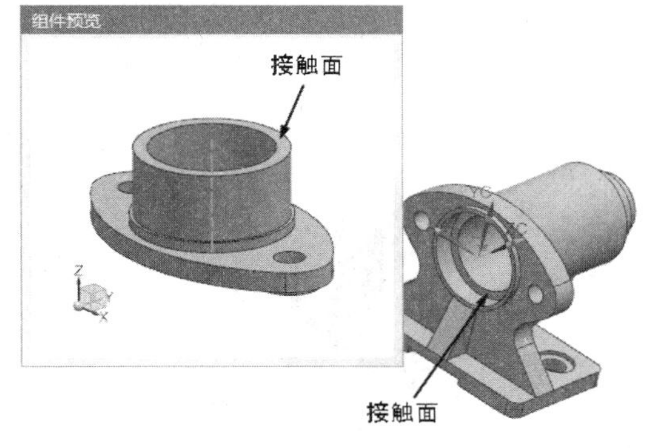

图11-40　接触对齐约束

❸添加完某一种约束后，会在“约束导航器”显示出该约束的具体信息。在“添加组件”对话框中，在“约束类型”选项卡内选择“接触对齐”类型，在“方位”下拉列表中选择“自动判断中心/轴”，用光标首先在“组件预览”窗口中选择填料压盖的圆柱面，接下来在绘图窗口中选择泵体膛体的圆柱面，如图 11-41 所示。

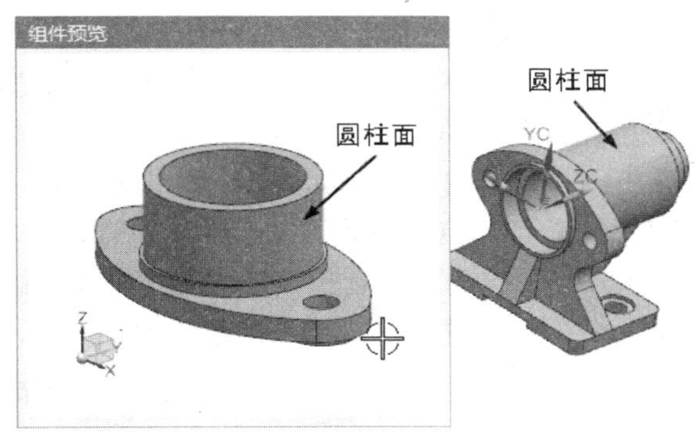

图11-41　中心对齐约束

❹同步骤❸，选择填料压盖的前侧螺栓安装孔的内环面，接下来选择泵体安装板上的螺栓孔的内环面，如图 11-42 所示。

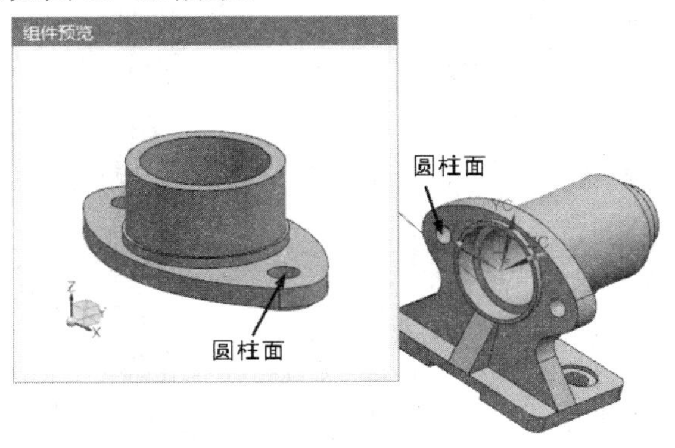

图11-42　中心对齐约束

❺对于填料压盖与泵体的装配，由以上三个配对约束：一个配对约束和两个中心约束可以使填料压盖形成完全约束，单击“添加组件”对话框 确定 按钮，完成填料压盖与泵体的配对装配，结果如图 11-43 所示。

04 按配对定位方法添加柱塞零件。

❶选择“菜单(M)”→“装配(A)”→“组件(C)”→“添加组件(A)...”或单击“主页”选项卡“装配”面组上的“添加”按钮，打开“添加组件”对话框，单击按钮，弹出“部件名”对话框，选择“zhuse.prt”文件，右侧预览窗口中显示出柱塞实体的预览图。单击 OK 按钮，在绘图区指定放置组件的位置，弹出“组件预览”窗口，如图 11-44 所示。

图11-43　填料压盖与泵体的配对装配

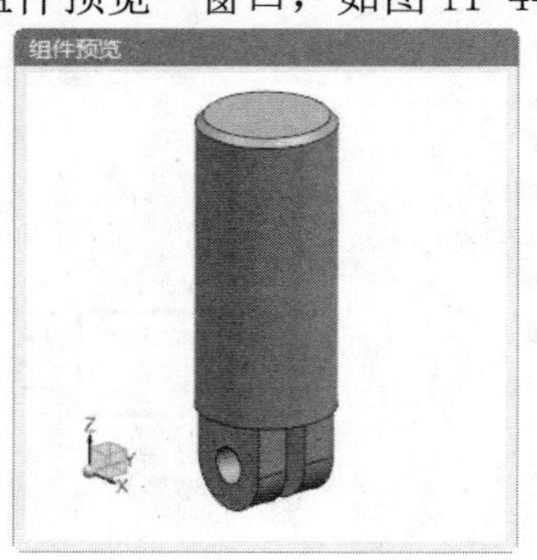

图11-44　“组件预览”窗口

❷在“添加组件”对话框中，“引用集”选项选择“模型”选项，“图层选项”选择“原始的”选项，“放置”选项选择 约束 选项，在“约束类型”选项内选择“接触对齐”类型，在“要约束的几何体”选项卡“方位”下拉列表中选择“接触”。

❸用光标首先在“组件预览”窗口中选择柱塞底面端面，接下来在绘图窗口中选择泵体左侧膛孔中的第二个内端面，如图 11-45 所示。

❹添加配对约束，在“添加组件”对话框中，“约束类型”选项卡内选择“接触对齐”类型，在方位下拉列表中选择“自动判断中心/轴”，用光标首先在组件预览窗口选择柱塞外环面，接下来在绘图窗口中选择泵体膛体的圆环面，如图 11-46 所示。

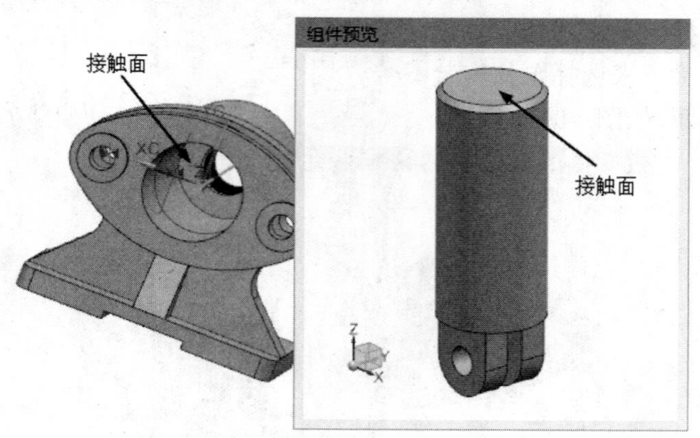

图11-45　接触约束

❺在“添加组件”对话框中，“约束类型”选项卡内选择“平行”类型，首先在组件预览窗口中选择柱塞右侧凸垫的侧平面，接下来在绘图窗口中选择泵体肋板的侧平面，如图 11-47

所示。

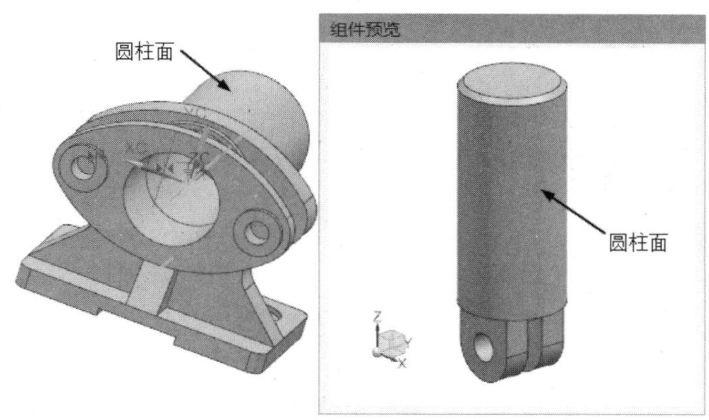

图11-46　中心约束

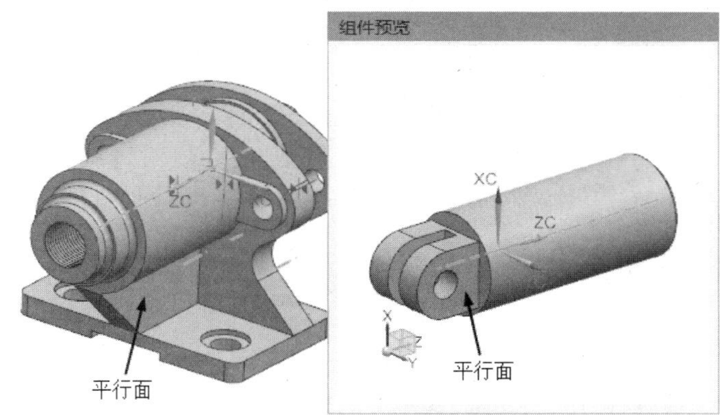

图11-47　平行约束

❻单击“添加组件”对话框中的 确定 按钮，完成柱塞与泵体的配对装配，结果如图 11-48 所示。

05 按配对定位方法添加阀体零件。

❶选择“菜单(M)”→“装配(A)”→“组件(C)”→“添加组件(A)...”或单击“主页”选项卡“装配”面组上的“添加”按钮，打开“添加组件”对话框，单击按钮，打开“部件名”对话框，选择“fati.prt”文件，右侧预览窗口中显示出阀体实体的预览图。在绘图区指定放置组件的位置，弹出 “组件预览” 窗口，如图 11-49 所示。

❷在“添加组件”对话框中，“引用集”选项选择“模型”选项，“图层选项”选择“原始的”选项，“放置”选项选择 约束 选项，在“约束类型”选项内选择“接触对齐”类型，在“要约束的几何体”选项卡“方位”下拉列表中选择“接触”，用光标首先在“组件预览”窗口中选择阀体左侧圆台端面，在绘图窗口中选择泵体膛体的右侧端面，如图 11-50 所示。

❸在“添加组件”对话框中，“约束类型”选项卡内选择“接触对齐”类型，“方位”下拉列表中选择“自动判断中心/轴”，用鼠标首先选择组件预览窗口中的阀体左侧圆台外环面，接下来在绘图窗口中选择泵体膛体的圆环面，如图 11-51 所示。

UG NX 12.0

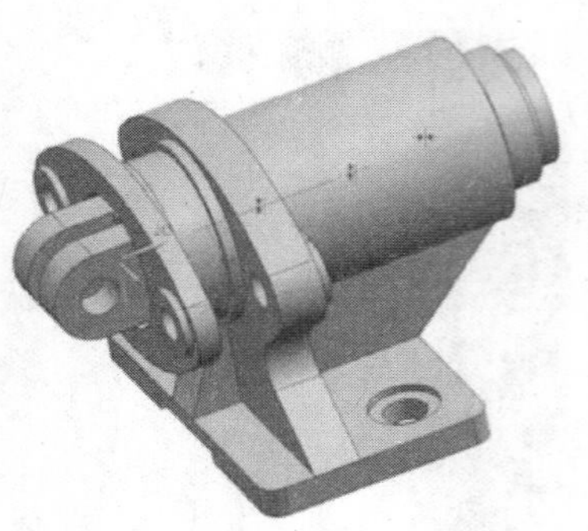

图11-48　柱塞与泵体的配对装配

图11-49　“组件预览”窗口

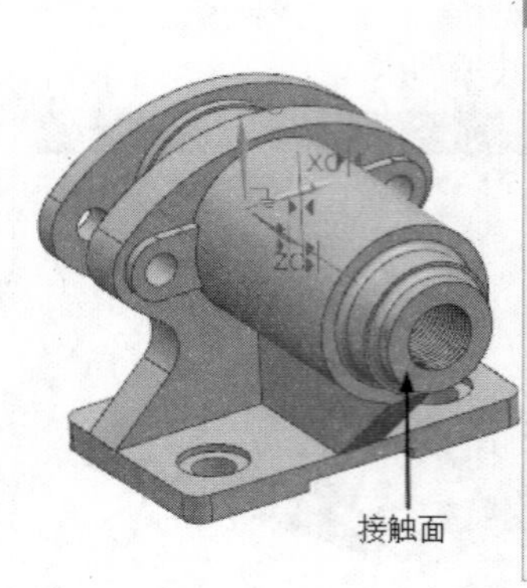

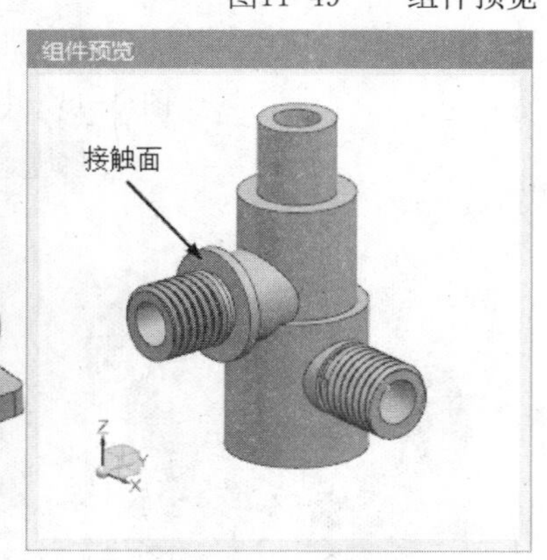

图11-50　接触对齐约束

❹在“添加组件”对话框中，“约束类型”选项卡内选择选择“平行⫽”类型，继续添加约束，用鼠标首先在组件预览窗口中选择阀体圆台的端面，在绘图窗口中选择泵体底板的上平面，如图 11-52 所示。

❺单击“添加组件”对话框 确定 按钮，完成阀体与泵体的配对装配，结果如图 11-53 所示。

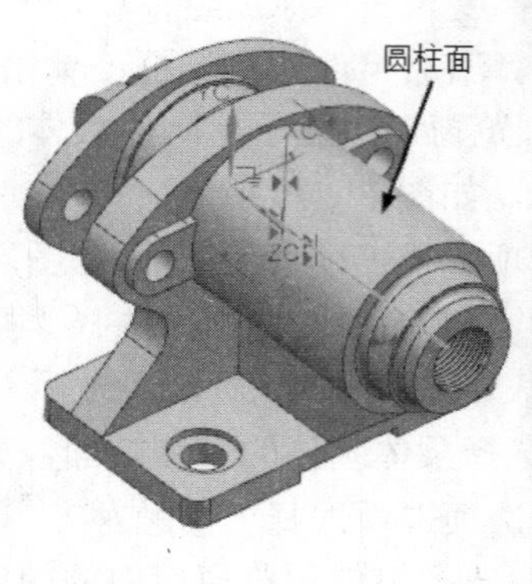

图 11-51　中心对齐约束

06 按配对定位方法添加下阀瓣零件。

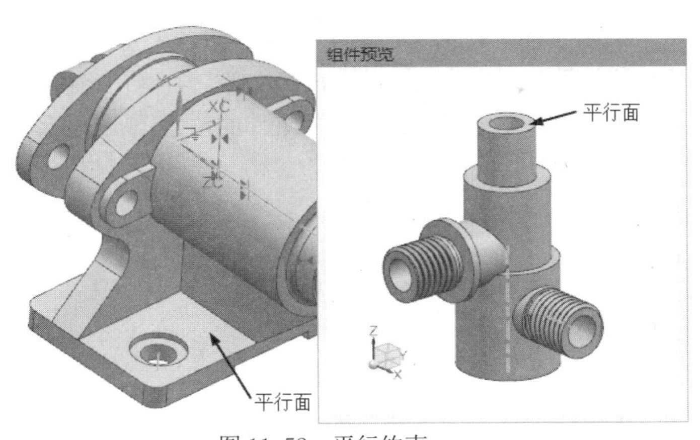

图 11-52　平行约束

❶选择“菜单(M)”→“装配(A)”→“组件(C)”→“添加组件(A)...”或单击“主页”选项卡“装配”面组上的“添加”按钮，打开“添加组件”对话框，单击“打开”按钮，弹出“部件名”对话框，选择“xiafaban.prt”文件，右侧预览窗口中显示出下阀瓣实体的预览图。单击 OK 按钮，在绘图区指定放置组件的位置，弹出“组件预览”窗口，如图 11-54 所示。

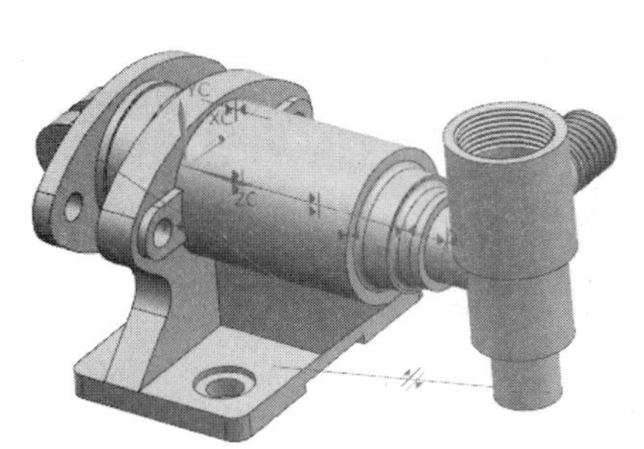

图11-53　阀体与泵体的配对装配

图11-54　“组件预览”窗口

❷在“添加组件”对话框中，“引用集”选项选择“模型”选项，“图层选择”选项选择“原始的”选项，“放置”选项选择 约束 选项，在“约束类型”选项内选择“接触对齐”类型，在“要约束的几何体”选项卡“方位”下拉列表中选择“接触”，用光标首先在“组件预览”窗口中选择下阀瓣中间圆台端面，在绘图窗口中选择阀体内孔端面，如图 11-55 所示。

❸在“添加组件”对话框中，在“约束类型”选项卡内选择“接触对齐”类型，在“方位”下拉列表中选择“自动判断中心/轴”，用光标首先在“组件预览”窗口中选择下阀瓣圆台外环面，接下来在绘图窗口中选择阀体的外圆环面，如图 11-56 所示。

❹单击“添加组件”对话框 确定 按钮，完成下阀瓣与阀体的配对装配，结果如图 11-57 所示。

07 按配对定位方法添加上阀瓣零件。

❶选择“菜单(M)”→“装配(A)”→“组件(C)”→“添加组件(A)...”或单击“主页”选

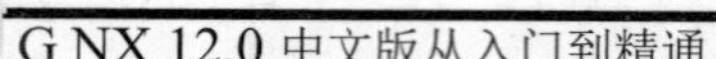

项卡“装配”面组上的“添加”按钮，打开“选择部件”对话框，单击“打开”按钮，打开“部件名”对话框，选择“shangfagai.prt”文件，右侧预览窗口中显示出上阀瓣实体的预览图。单击 OK 按钮，在绘图区指定放置组件的位置，弹出“组件预览”窗口如图 11-58 所示。

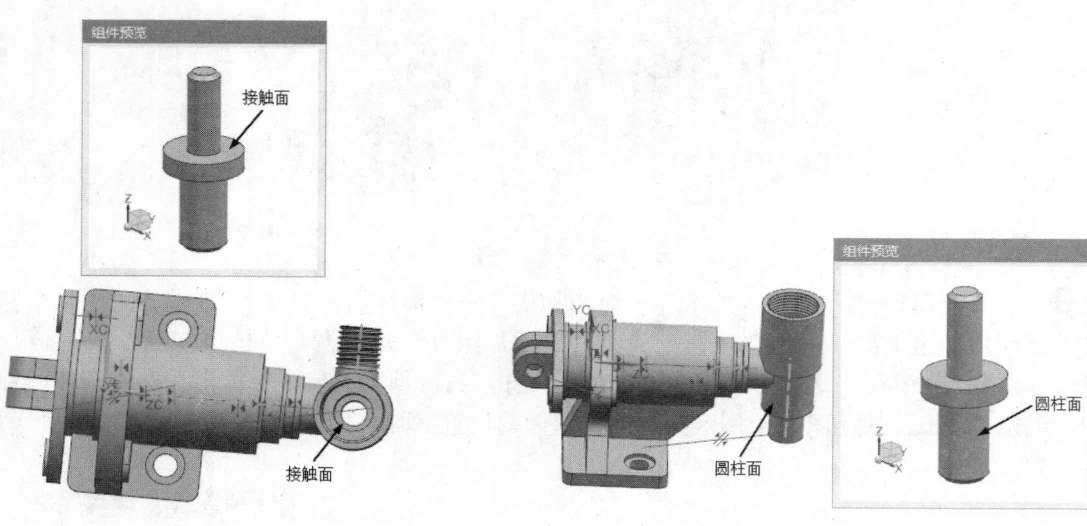

图11-55　配对约束

图11-56　中心对齐约束

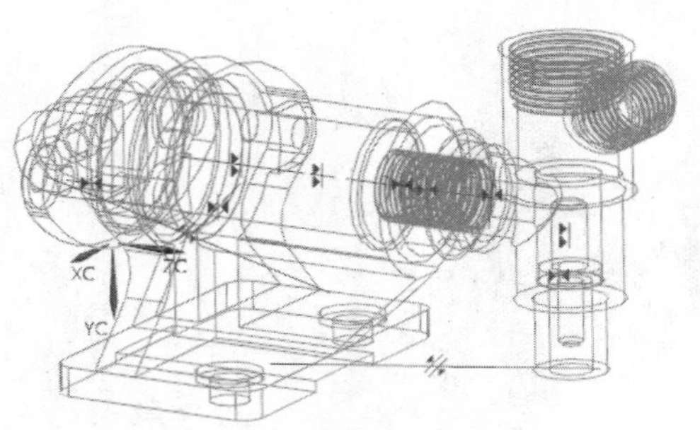

图11-57　下阀瓣与阀体的配对装配

❷在“添加组件”对话框中，采用默认设置，“放置”选项选择 约束 选项，在“约束类型”选项内选择“接触对齐”类型，在“要约束的几何体”选项卡“方位”下拉列表中选择“接触”，用光标首先在“组件预览”窗口中选择上阀瓣中间圆台端面，再在绘图窗口中选择阀体内孔端面，如图 11-59 所示。

❸在“添加组件”对话框中，在“约束类型”选项卡内选择“接触对齐”类型，在“方位”下拉列表中选择“自动判断中心/轴”，用光标首先在“组件预览”窗口中选择上阀瓣圆台外环面，接下来在绘图窗口中选择阀体的外圆环面，如图 11-60 所示。

❹单击“添加组件”对话框 确定 按钮，完成上阀瓣与阀体的配对装配，结果如图 11-61 所示。

08 按配对定位方法添加阀盖零件。

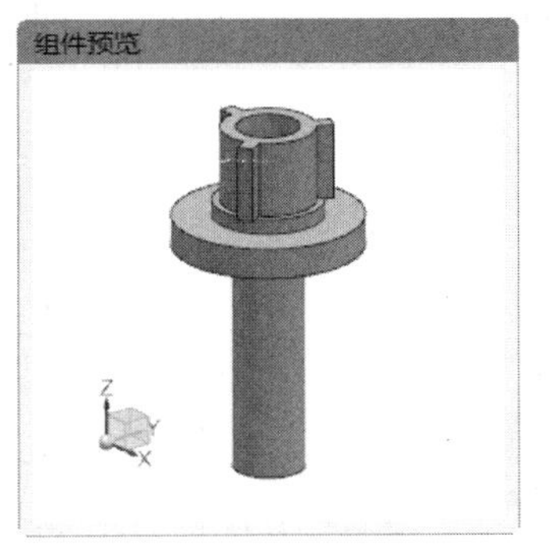

图11-58　“组件预览”窗口

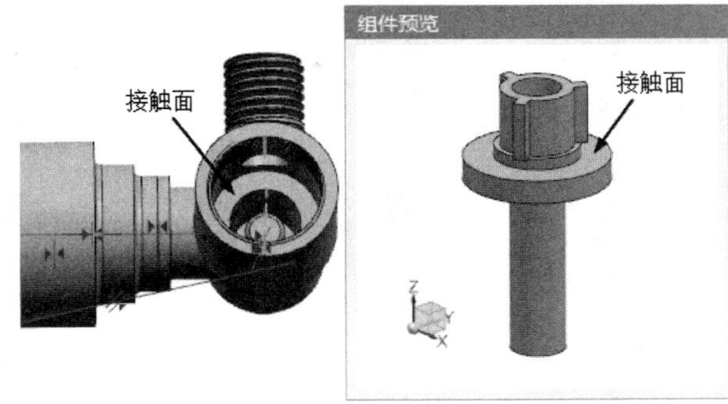

图11-59　配对约束

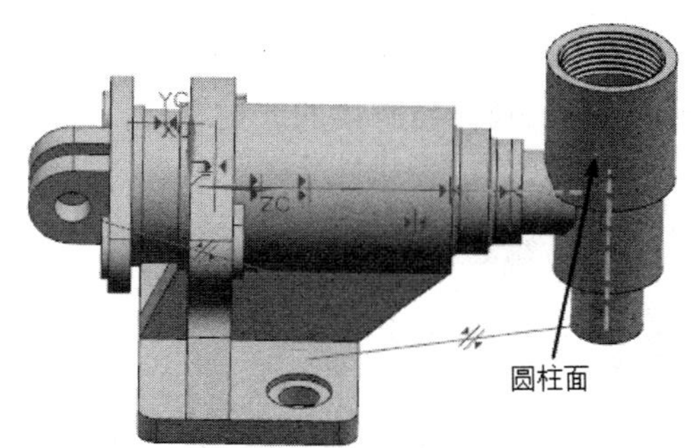

图11-60　中心约束

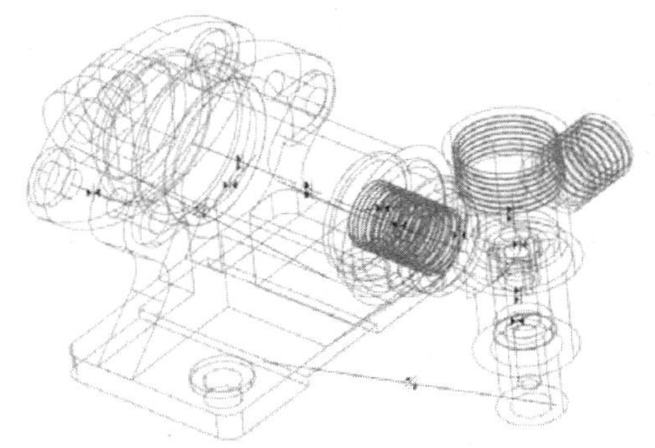

图11-61　上阀瓣与阀体的配对装配

❶选择“菜单(M)”→“装配(A)”→“组件(C)”→“添加组件(A)...”或单击“主页”选项卡“装配”面组上的“添加”按钮，打开“添加组件”对话框，将“fagai.prt”文件加载进来。在绘图区指定放置组件的位置，打开“组件预览”窗口，如图 11-62 所示。

❷在“添加组件”对话框中，采用默认设置，“放置”选项选择 约束 选项，在“约束类型”选项内选择“接触对齐”类型，在“要约束的几何体”选项卡“方位”下拉列表中选择“接触”，用光标首先在“组件预览”窗口中选择阀盖中间圆台端面，再在绘图窗口中选择阀体上端面，如图 11-63 所示。

❸在“添加组件”对话框，“约束类型”选项卡内选择“接触对齐”类型，在“方位”

下拉列表中选择“自动判断中心/轴”，用光标首先在“组件预览”窗口中选择阀盖圆台外环面，接下来在绘图窗口中选择阀体的外圆环面，如图 11-64 所示。

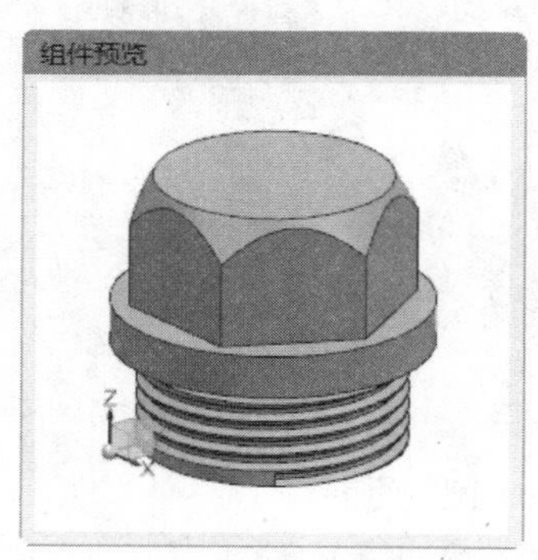

图11-62 “组件预览”窗口

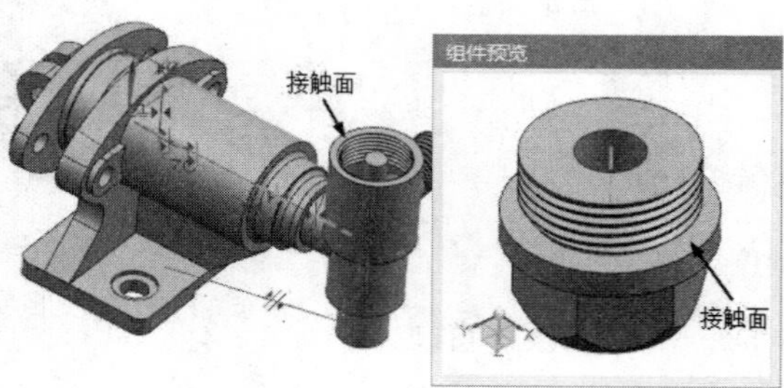

图11-63 配对约束

❹单击“添加组件”对话框 确定 按钮，完成阀盖与阀体的配对装配，结果如图 11-65 所示。

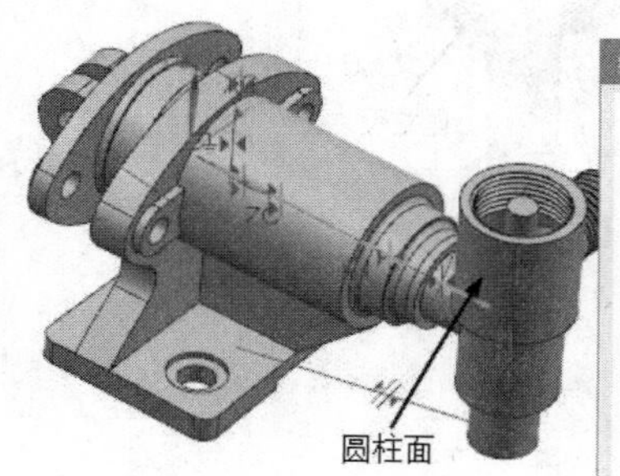

图11-64 中心对齐约束

图11-65 阀盖与阀体的配对装配

11.8.2 柱塞泵爆炸图

01 打开装配文件。单击“主页”选项卡“打开”按钮，打开“弹出部件文件”对话框，打开柱塞泵的装配文件 beng.prt，单击 确定 按钮进入装配环境。

02 另存文件。单击“快速访问” 工具栏中的“另存为”按钮，打开“另存为”对话框，输入“bengbaozha.prt”，单击 OK 按钮。

03 建立爆炸视图。

❶选择“菜单(M)”→“装配（A）”→“爆炸图（X）”→“新建爆炸（N）...”，弹出“新建爆炸”对话框，如图 11-66 所示。

❷在“名称”文本框中可以输入爆炸视图的名称，或是接受默认名称。单击 确定 按钮，建立“Explosion 1”爆炸视图。

04 自动爆炸组件。

❶选择“菜单(M)”→“装配(A)”→“爆炸图(X)”→“自动爆炸组件(A)...”，打开“类选择”对话框，如图 11-67 所示。单击“全选”按钮，选择绘图窗口中所有组件，单击 确定

按钮。

❷打开“自动爆炸组件”对话框，如图 11-68 所示，设置“距离”为 40。

图11-66　“新建爆炸”对话框　　图11-67　“类选择”对话框

图11-68　“自动爆炸组件”对话框

❸单击“自动爆炸组件”对话框中 确定 按钮，完成自动爆炸组件操作，如图 11-69 所示。

05 编辑爆炸视图。

❶选择“菜单(M)”→“装配(A)”→“爆炸图(X)”→“编辑爆炸(E)”，打开“编辑爆炸”对话框，如图 11-70 所示。

❷在绘图窗口中单击左侧柱塞组件，然后在“编辑爆炸”对话框单击 ◉ 移动对象 单选框，如图 11-71 所示。

❸在绘图窗口中单击 Z 轴，激活“编辑爆炸”对话框中“距离”设定文本框，设定移动距离为-120，即沿 Z 轴负方向移动 120mm，如图 11-72 所示。

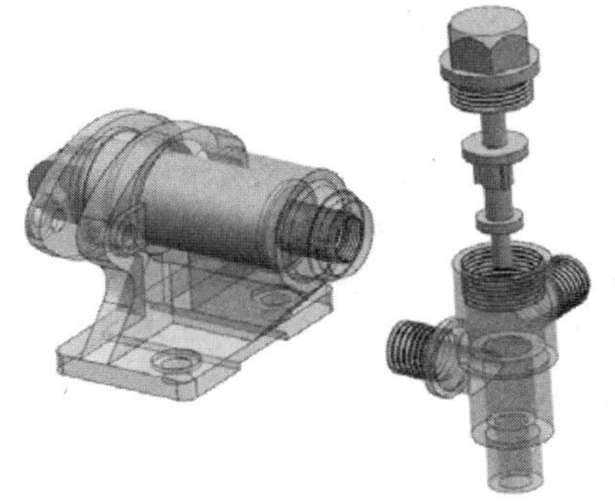

图11-69　自动爆炸组件

❹单击 确定 按钮后，完成对柱塞组件爆炸位置的重定位，结果如图 11-73 所示。

06 编辑阀体组件。重复调用“编辑爆炸”命令，将调料压盖沿 Z 轴正向相对移动-30mm，如图 11-74 所示，结果如图 11-75 所示。

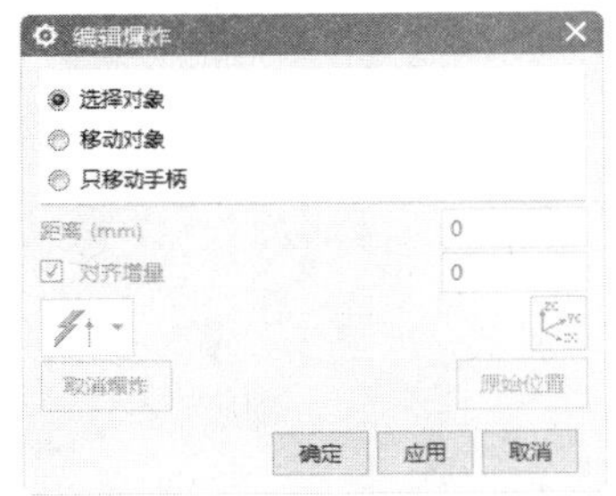

图11-70　“编辑爆炸”对话框

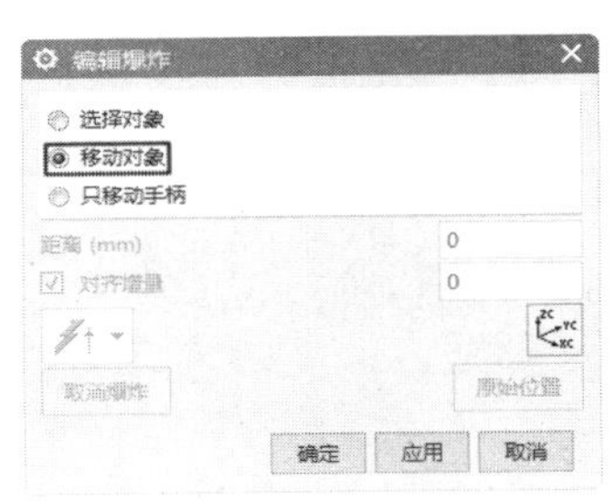

图11-71　“移动对象”选项

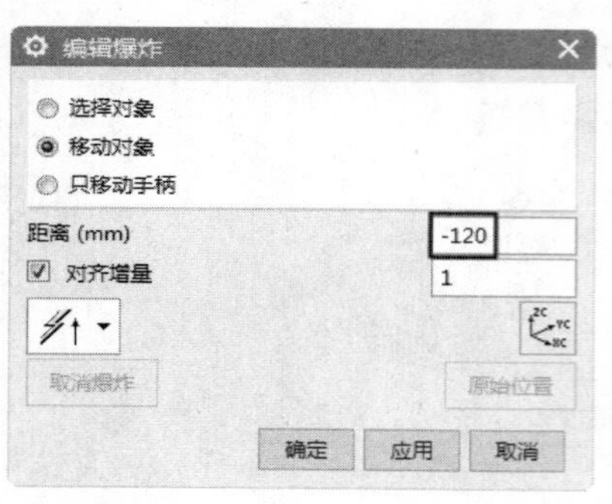

图11-72　设定移动距离

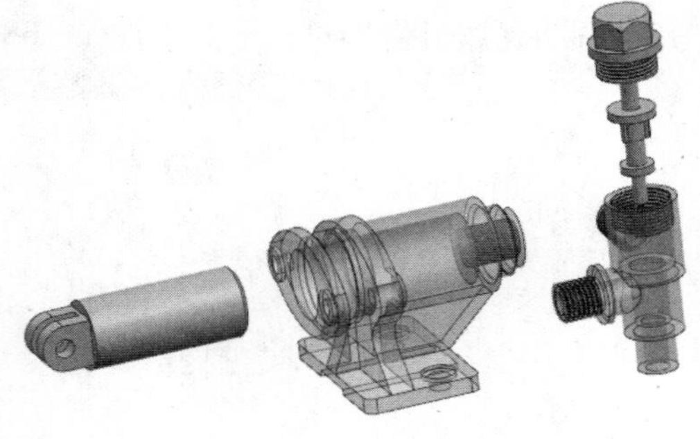

图11-73　编辑柱塞组件

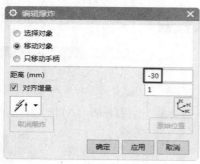

编辑爆炸
选择对象
移动对象
只移动手柄
距离 (mm)
-30
对齐增量
1
取消爆炸
原始位置
确定
应用
取消

图11-74　设定移动距离

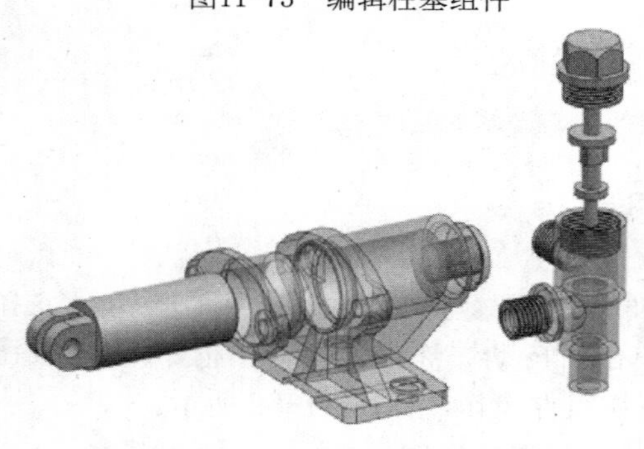

图11-75　编辑调料压盖组件

07 编辑上、下阀瓣以及阀盖三个组件。重复调用“编辑爆炸视图”命令，将上、下阀瓣以及阀盖三个组件分别移动到适当位置，最终完成柱塞泵爆炸视图的绘制，结果如图 11-76 所示。

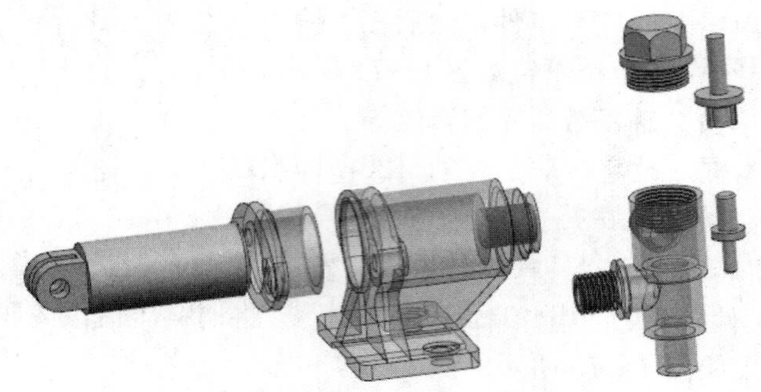

图11-76　柱塞泵爆炸图

第12章 工程图

利用UG NX建模功能创建的零件和装配模型，可以被引用到UG NX制图模块中快速生成二维工程图，UG NX制图功能模块建立的工程图是由投影三维实体模型得到的，因此二维工程图和三维实体模型完全相关。

重点与难点

- 工程图概述
- 工程图参数
- 图纸操作
- 视图操作
- 图纸标注

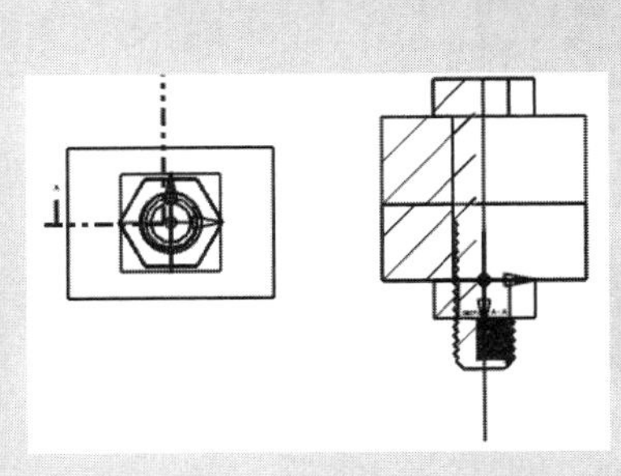

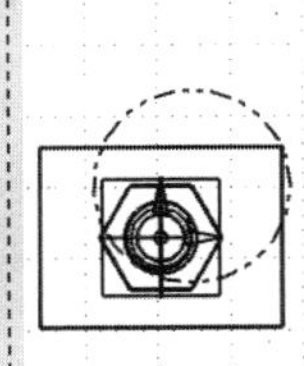

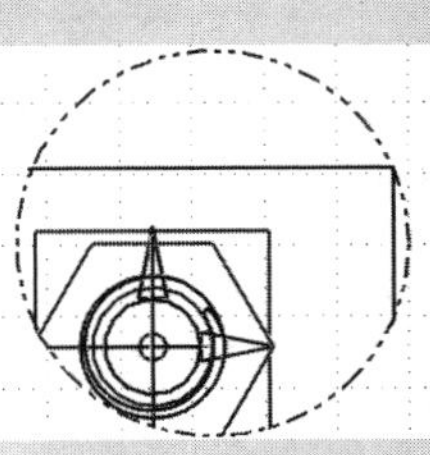

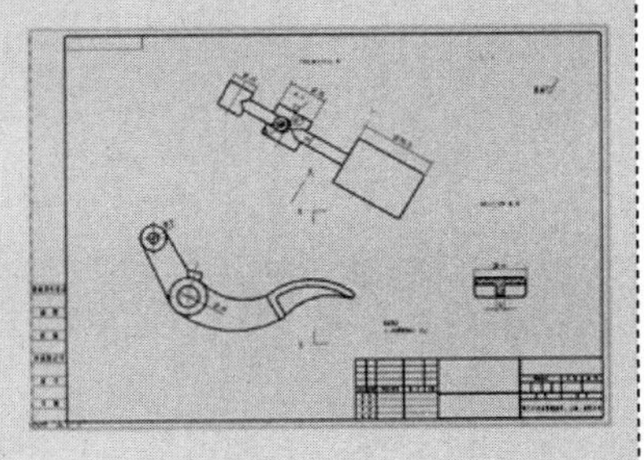

12.1 工程图概述

在 UG NX12.0 中，可以运用“制图”模块，在建模基础上生成平面工程图。由于建立的平面工程图是由三维实体模型投影得到的，因此，平面工程图与三维实体完全相关，实体模型的尺寸、形状，以及位置的任何改变都会引起平面工程图的相应更新，更新过程可由用户控制。

工程图一般可实现如下功能：

1. 对于任何一个三维模型，可以根据不同的需要，使用不同的投影方法、不同的图幅尺寸，以及不同的视图比例建立模型视图、局部放大视图、剖视图等各种视图；各种视图能自动对齐；完全相关的各种剖视图能自动生成剖面线并控制隐藏线的显示。

2. 可半自动对平面工程图进行各种标注，且标注对象与基于它们所创建的视图对象相关；当模型变化和视图对象变化时，各种相关的标注都会自动更新。标注的建立与编辑方式基本相同，其过程也是即时反馈的，使得标注更容易和有效。

3. 可在工程图中加入文字说明、标题栏、明细栏等注释。提供了多种绘图模板，也可自定义模板，使标号参数的设置更容易、方便和有效。

4. 可用打印机或绘图仪输出工程图。

5. 拥有更直观和容易使用的图形用户接口，使得图纸的建立更加容易和快捷。

单击“主页”选项卡“标准”面组上的“新建”按钮，打开如图 12-1 所示的“新建”对话框。在该对话框中打开“图纸”选项卡，选择适当的图纸并输入名称，也可以导入要创建图纸的部件。单击“确定”按钮进入工程图环境。

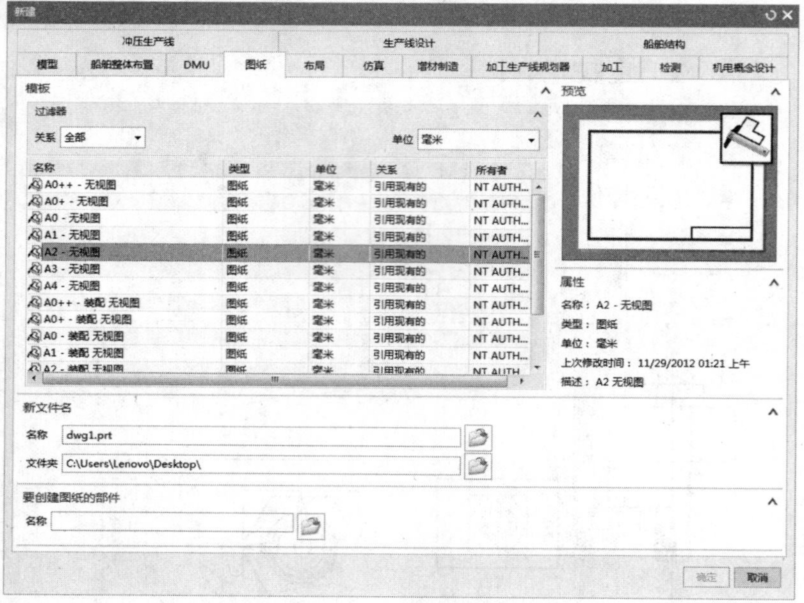

图12-1 “新建”对话框

12.2 工程图参数设置

工程图参数用于设置在制作过程中工程图的默认设置情况，如箭头的大小、线条的粗细、隐藏线的显示与否、标注的字体和大小等。UG NX12.0 默认安装完成以后，使用的是通用制图标准，其中很多选项是不符合中国国标的，因此需要用户自己设置符号国标的工程图尺寸，以方便使用。

选择“菜单(M)”→“首选项(P)”→“制图(D)...”，打开如图 12-2 所示的“制图首选项”对话框。

图12-2　“制图首选项”对话框

1. 注释预设置

在“制图首选项”对话框中选择“注释”，打开如图 12-3 所示的“注释”选项卡。

（1）GDT

1）格式：设置所有形位公差符号的颜色、线型和宽度。

2）应用与所有注释：单击此按钮，将颜色、线型和线宽应用到所有制图注释，该操作不影响制图尺寸的颜色、线型和线宽。

（2）符号标注

1）格式：设置符号标注符号的颜色、线型和宽度。

2）直径：以毫米或英寸为单位设置符号标注符号的大小。

（3）焊接符号

1）间距因子：设置焊接符号不同组成部分之间的间距默认值。

2）符号大小因子：控制焊接符号中的符号大小。

3）焊接线间隙：控制焊接线和焊接符号之间的距离。

（4）剖面线/区域填充

图12-3 “注释”首选项对话框

1）剖面线

①断面线定义：显示当前剖面线文件的名称。

②图样：从派生自剖面线文件的图样列表设置剖面线图样。

③距离：控制剖面线之间的距离。

④角度：控制剖面线的倾斜角度。从正的 XC 轴到主剖面线沿逆时针方向测量角度。

2）区域填充

①图样：设置区域填充图样。

②角度：控制区域填充图样的旋转角度。该角度是从平行于图纸底部的一条直线开始沿逆时针方向测量。

③比例：控制区域填充图样的比例。

3）格式

①颜色：设置剖面线颜色和区域填充图样。

②宽度：设置剖面线和区域填充中曲线的线宽。

4）边界曲线

①公差：用于控制 NX 沿着曲线逼近剖面线或区域填充边界的紧密程度。

②查找表观相交：表现相交和表观成链是基于视图方位看似存在的相交曲线和链，但实际上不存在于几何体中。

5）岛

①边距：设置剖面线或区域填充样式中排除文本周围的边距。

②自动排除注释：勾选此复选框，将设置剖面线对话框和区域填充对话框中的自动排除

注释选项。

（5）中心线

1）颜色：设置所有中心线符号的颜色。

2）宽度：设置所有中心线符号的线宽。

2．视图预设置

在“制图首选项”对话框中选择“视图”，打开如图 12-4 所示的“视图”选项卡。

图12-4　“视图”选项卡

（1）公共

1）隐藏线：用于设置在视图中隐藏线所显示方法。其中有详细的选项可以控制隐藏线的显示类别、显示线型、粗细等。

2）可见线：用于设置可见线的颜色、线型和粗细。

3）光顺边：用于设置光顺边是否显示以及光顺边显示的颜色、线型和粗细。还可以设置光顺边距离边缘的距离。

4）虚拟交线：用于设置虚拟交线是否显示以及虚拟交线显示的颜色、线型和粗细。还可以设置理论交线距离边缘的距离。

5）常规：用于设置视图的最大轮廓线、参考、UV 栅格等细节选项。

6）螺纹：用于设置螺纹表示的标准。

7）PMI：用于设置视图是否继承在制图平面中的形位公差。

（2）表区域驱动

1）格式

①显示背景：用于显示剖视图的背景曲线。

②显示前景：用于显示剖视图的前景曲线。

③剖切片体：用于在剖视图中剖切片体。

④显示折弯线：在阶梯剖视图中显示剖切折弯线。仅当剖切穿过实体材料时才会显示折弯线。

2）剖面线

①创建剖面线：控制是否在给定的剖视图中生成关联剖面线。

②处理隐藏的剖面线：控制剖视图的剖面线是否参与隐藏线处理。此选项主要用于局部剖和轴测剖视图，以及任何包含非剖切组件的剖视图。

③显示装配剖面线：控制装配剖视图中相邻实体的剖面线角度。设置此选项后，相邻实体间的剖面线角度会有所不同。

④将剖面线限制为+/-45 度：强制装配剖视图中相邻实体的剖面线角度仅设置为 45°和 135°。

⑤剖面线相邻公差：控制装配剖视图中相邻实体的剖面线角度。

（3）截面线：用于设置阴影线的显示类别。包括背景、剖面线、断面线等。

（4）详细：用于设置剖切线的详细参数。

12.3 图纸操作

在 UG 中，任何一个三维模型，都可以通过不同的投影方法、不同的图样尺寸和不同比例创建灵活多样的二维工程图。

12.3.1 新建图纸

选择“菜单(M)”→“插入(S)”→“图纸页(H)...”或单击“主页”选项卡“新建图纸页”按钮，打开如图 12-5 所示的“工作表”对话框。

（1）图纸页名称：用于输入新建图纸的名称。输入的名称由系统自动转化为大写形式。系统会自动牌号为 Sheet1、Sheet2、Sheet3 等。用户也可以指定相应的图纸名。

（2）大小 A0 - 841 x 1189：用于指定图纸的尺寸规格。可在 A0 - 841 x 1189 的下拉列表框中选择所需的标准图纸号，也可在“高度”和“长度”文本框中输入用户自己的图纸尺寸。图纸尺寸随所选单位的不同而不同，如果选中“英寸”，则为英寸规格；如果选择了“毫米”，则为米制规格。

（3）比例：用于设置工程图中各类视图的比例大小，系统默认的设置比例为 1:1。

（4）投影：用于设置视图的投影角度方式。系统提供了两种投影角度：第一角投影和第三角投影。

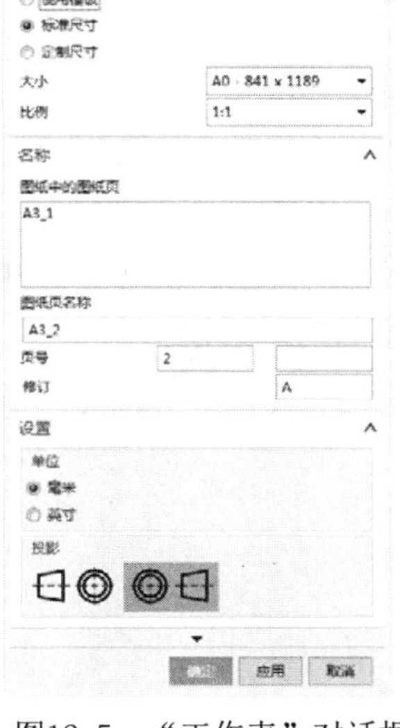

图12-5　“工作表”对话框

12.3.2　编辑图纸

选择“菜单(M)”→“编辑(E)”→“图纸页(H)...”或单击“主页”选项卡“编辑图纸页”按钮，打开“工作表”对话框。

可按上节介绍创建图纸的方法，在该对话框中修改已有的图纸名称、尺寸、比例和单位等参数。修改完成后，系统就会以新的图纸参数来更新已有的图纸。在图纸导航器上选中要编辑的片体单击鼠标右键选择“编辑图纸页”也可打开相同的对话框。

12.4　视图操作

在创建工程图中生成各种视图是工程图中最核心的问题，UG NX 制图模块提供了各种视图的创建，包括各种视图、对齐视图和编辑视图等。

12.4.1　基本视图

选择“菜单(M)”→“插入(S)”→“视图(W)”→“基本(B)...”或单击“主页”选项卡“视图”面组上的“基本视图”按钮，打开如图 12-6 所示的“基本视图”对话框。

（1）要使用的模型视图：用于设置向图纸中添加何种类型的视图。其下拉列表框提供了“俯视图”“前视图”“右视图”“后视图”“仰视图”“左视图”“正等测视图”和“正二测视图”8 种类型的视图。

（2）定向视图工具：单击该图标，打开如图 12-7 所示的“定向视图工具”对话框。该对话框用于自由旋转、寻找合适的视角、设置关联方位视图和实时预览。设置完成后，单

击鼠标中键就可以放置基本视图。

（3）比例：用于设置图纸中的视图比例。

12.4.2 添加投影视图

在添加完主视图后，系统会自动出现如图 12-8 所示的“投影视图”对话框。或选择“菜单(M)”→“插入(S)”→“视图(W)”→“投影(J)...”或单击“主页”选项卡“视图”面组上的“投影视图”按钮，也打开相同的对话框。

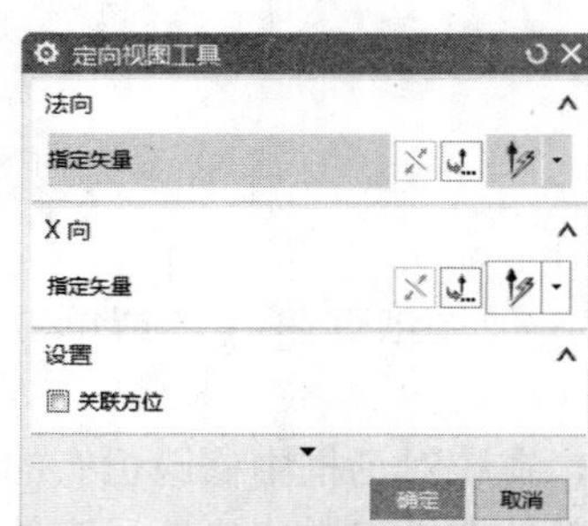

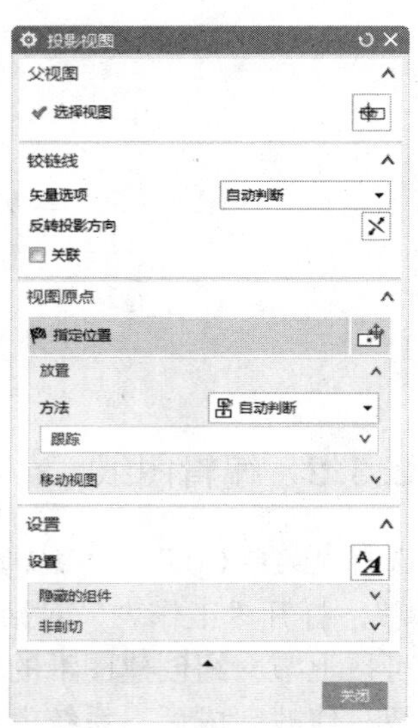

图12-6 “基本视图”对话框　　图12-7 “定向视图工具”对话框　　图12-8 “投影视图”对话框

（1）父视图：系统会默认地自动选择上一步添加的视图为主视图来生成其他视图，但是用户可以单击“选择视图”按钮，选择相应的主视图。

（2）铰链线：系统会自动默认在主视图的中心位置出现一条折叶线，同时用户可以拖动鼠标方向来改变折叶线的法向方向，以此来判断并实时预览生成的视图。用户可以单击“反转投影方向”按钮，则系统按照铰链线的反向方向生成视图。

（3）移动视图：用于在视图放定位置后，重新移动视图。

采用这种方法，可以一次重复生成各种方向的视图，并且同时预览三维实体，只有在放定以后才真正生成最后的图纸。

12.4.3 添加局部放图

选择“菜单(M)”→“插入(S)”→“视图(W)”→“局部放大图(D)...”或单击“主页”选项卡“视图”面组上的“局部放大图”按钮，打开如图 12-9 所示的“局部放大图”对话框。

（1）按拐角绘制矩形和按中心和拐角绘制矩形：用于指定视图的矩形边界。用户可以选择矩形中心点和边界点来定义矩形大小，同时可以拖动鼠标来定义视图边界大小。

（2）圆形：用于指定视图的圆形边界。用户可以选择圆形中心点和边界点来定义圆形大小，同时可以拖动鼠标来定义视图边界大小。

“局部放大图”实例示意图如图 12-10 所示。

图12-9 “局部放大图”对话框

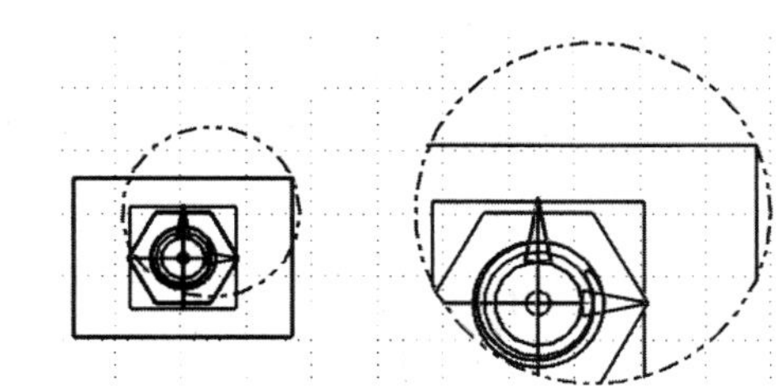

图12-10 “局部放大图”实例示意图

12.4.4 添加剖视图

选择“菜单(M)”→“插入(S)”→“视图(W)”→“剖视图(S)...”或单击“主页”选项卡“视图”面组上的“剖视图”按钮，选择要剖切的视图，打开如图 12-11 所示的“剖视图”对话框。

图12-11 “剖视图”对话框

1. 截面线

（1）定义：包括动态和选择现有的两种。如果选择“动态”，根据创建方法，系统会自动创建截面线，将其放置到适当位置即可；如果选择现有的，根据截面线创建剖视图。

（2）方法：在列表中选择创建剖视图的方法，包括简单剖/阶梯剖、半剖、旋转和点到点。

2. 铰链线

①自动判断：为视图自动判断铰链线和投影方向。

②已定义：允许为视图手工定义铰链线和投影方向。

③反转剖切方向：反转剖切线箭头的方向。

3. 设置

（1）非剖切：在视图中选择不剖切的组件或实体，做不剖处理。

（2）隐藏的组件：在视图中选择要隐藏的组件或实体，使其不可见。

“简单剖视图”和“半剖视图”示意图如图 12-12 所示。

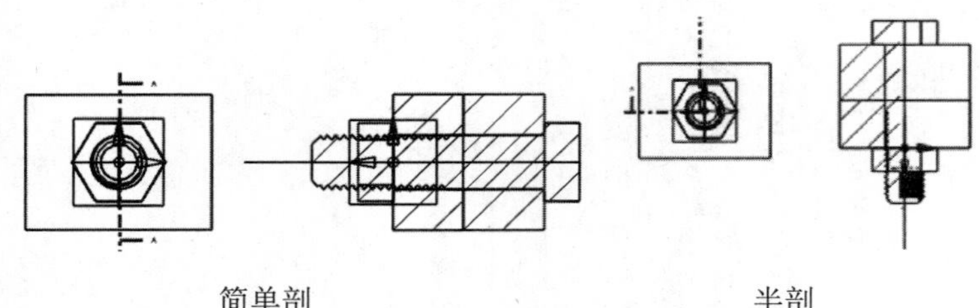

图12-12 “剖视图”示意图

12.4.5 局部剖视图

选择“菜单(M)”→“插入(S)”→“视图(W)”→“局部剖(O)...”或单击“主页”选项卡“视图”面组上的“局部剖”按钮，打开如图 12-13 所示的“局部剖”对话框。该对话框用于创建、编辑和删除局部剖视图。

图12-13 “局部剖”对话框

（1）选择视图：用于选择要进行局部剖切的视图。

（2）指出基点：用于确定剖切区域沿拉伸方向开始拉伸的参考点，该点可通过“捕捉点”工具栏指定。

（3）指出拉伸矢量：用于指定拉伸方向，可用矢量构造器指定，必要时可使拉伸反向，或指定为视图法向。

（4）选择曲线：用于定义局部剖切视图剖切边界的封闭曲线。当选择错误时，可单击“取消选择上一个”按钮，取消上一个选择。定义边界曲线的方法是：在进行局部剖切的视图边界上单击鼠标右键，在打开的快捷菜单中选择“扩展成员视图”，进入视图成员模型工作状态。用曲线功能在要产生局部剖切的位置创建局部剖切边界线。完成边界线的创建后，在视图边界上单击鼠标右键，再从快捷菜单中选择“扩展成员视图”命令，恢复到工程图界面。这样，就建立了与选择 视图相关联的边界线。

（5）修改边界曲线：用于修改剖切边界点，必要时可用于修改剖切区域。

（6）切穿模型：勾选该复选框，则剖切时完全穿透模型。

“局部剖视图”示意图如图 12-14 所示。

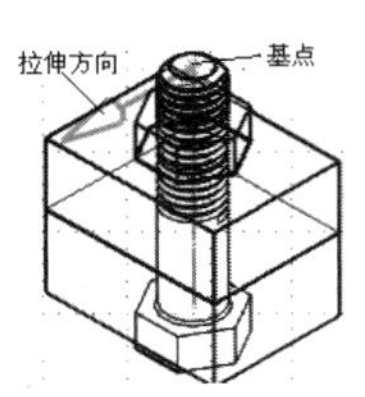

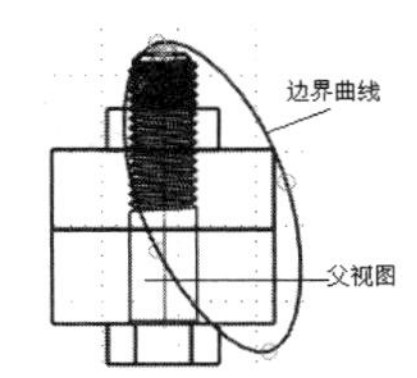

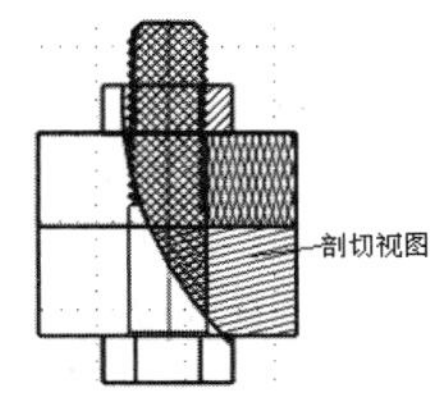

图12-14 “局部剖视图”示意图

12.4.6 断开视图

选择“菜单(M)”→“插入(S)”→“视图(W)”→“断开视图(K)...”或单击“主页”选项卡“视图”面组上的“断开视图”按钮，打开如图 12-15 所示的“断开视图”对话框。该对话框用于创建或编辑断开视图。

通过指定锚点确定断裂线位置，并设置断裂线之间的缝隙，断裂线样式等参数来创建断开视图。

1．类型

（1）常规：创建具有两条表示图纸上概念缝隙的断裂线的断开视图。

（2）单侧：创建具有一条断裂线的断开视图。

2．主模型视图

用于当前图纸页中选择要断开的视图。

3．方向

断开的方向垂直于断裂线。

（1）方位：指定与第一个断开视图相关的其他断开视图的方向。

（2）指定矢量：添加第一个断开视图。

4．断裂线 1、断裂线 2

（1）关联：将断开位置锚点与图纸的特征点关联。

（2）指定锚点：用于指定断开位置的锚点。

（3）偏置：设置锚点与断裂线之间的距离。

5．设置

（1）间隙：设置两条断裂线之间的距离。

（2）样式：指定断裂线的类型。包括简单线、直线、锯齿线、长断裂、管状线、实心管状线、实心杆状线、拼图线、木纹线、复制曲线和模板曲线。

（3）幅值：设置用作断裂线的曲线的幅值。

（4）延伸 1/延伸 2：设置穿过模型一侧的断裂线的延伸长度。

（5）显示断裂线：显示视图中的断裂线。

（6）颜色：指定断裂线颜色。

（7）宽度：指定断裂线的密度。

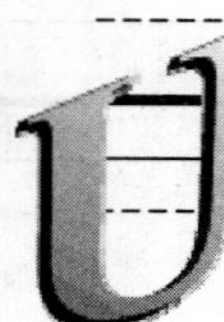

12.4.7 对齐视图

选择"菜单(M)"→"编辑(E)"→"视图(W)"→"对齐(I)..."或单击"主页"选项卡"视图"面组上的"视图对齐"按钮，打开如图 12-16 所示的"视图对齐"对话框。该对话框用于调整视图位置，使之排列整齐。

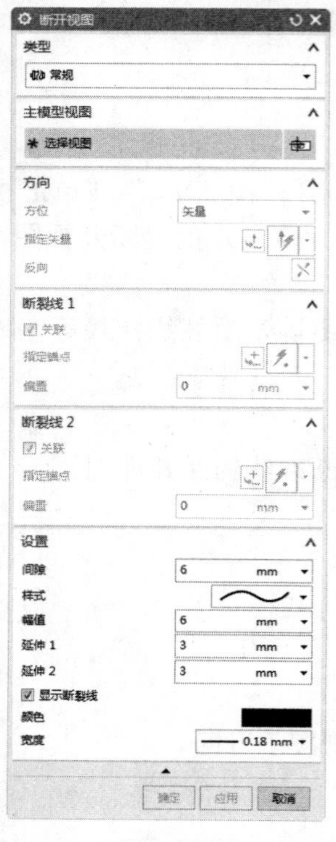

图12-15 "断开视图"对话框

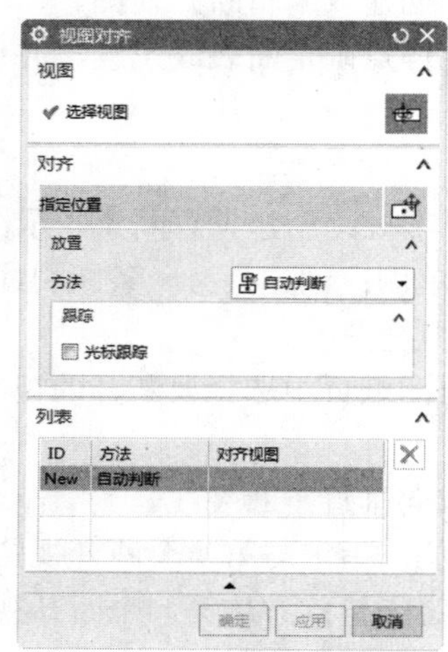

图12-16 "视图对齐"对话框

1．放置方法

（1）叠加：即重合对齐，系统会将视图的基准点进行重合对齐。

（2）水平：系统会将视图的基准点进行水平对齐。

（3）竖直：系统会将视图的基准点进行竖直对齐。

（4）垂直于直线：系统会将视图的基准点垂直于某一直线对齐。

（5）自动判断：该选项中，系统会根据选择的基准点，判断用户意图，并显示可能的对齐方式。

2．对齐方式

（1）模型点：使用模型上的点对齐视图。

（2）对齐至视图：使用视图中心点对齐视图。

（3）点到点：移动视图上的一个点到另一个指定点来对齐视图。

3．列表框

在列表框中列出了所有可以进行对齐操作的视图。

12.4.8　编辑视图

在要编辑的视图边界上单击鼠标右键，在如图 12-17 所示的打开菜单中选择“设置”命令，打开如图 12-18 所示的“设置”对话框。该对话框用于编辑所选视图的名称，比例，旋转角等参数。

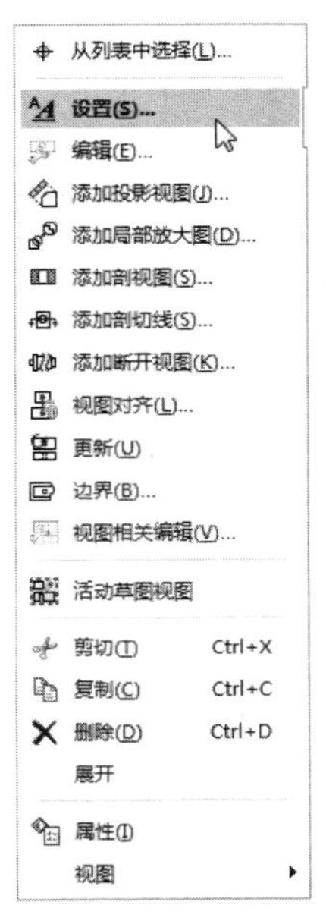

图12-17　选择“样式”命令

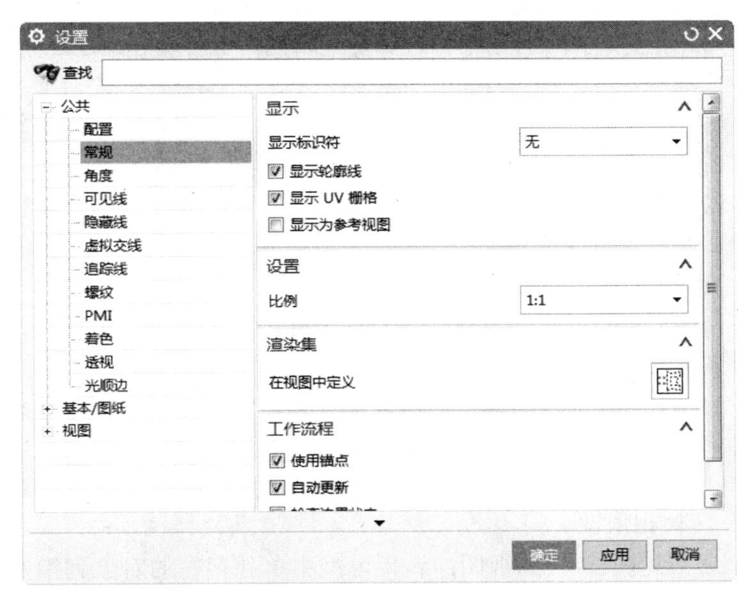

图12-18　“设置”对话框

12.4.9　视图相关编辑

选择“菜单(M)”→“编辑(E)”→“视图(W)”→“视图相关编辑(E)...”或单击“主页”选项卡“视图”面组上的“视图相关编辑”按钮，打开如图 12-19 所示的“视图相关编辑”对话框。该对话框用于编辑几何对象在某一视图中的显示方式，而不影响在其他视图中的显示。

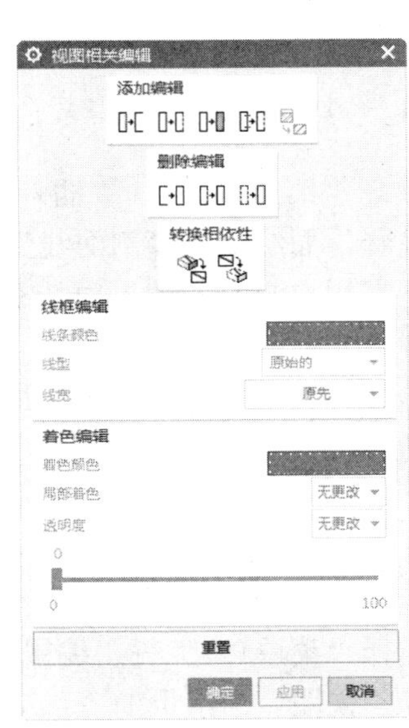

图12-19　“视图相关编辑”对话框

1. 添加编辑

（1）擦除对象：擦除选择的对象，如曲线、边等。擦除并不是删除，只是使被擦除的对象不可见而已，使用“删除选择的擦除”命令可使被擦除的对象重新显示。若要擦除某一视图中的某个对象，则先选择视图；而若要擦除所有视图中的某个对象，则先选择图纸，再选择此功能，然后选择要擦除的对象并单击确定按钮，

则所选择的对象被擦除。

（2）编辑完整对象：编辑整个对象的显示方式，包括颜色、线型和线宽。单击该按钮，设置颜色、线型和线宽，单击 应用 对话框打开“类选择”对话框，选择要编辑的对象并单击 确定 按钮，则所选对象按设置的颜色、线型和线宽显示。如要隐藏选择的视图对象，则只用设置选择对象的颜色与视图背景色相同即可。

（3）编辑着色对象：编辑着色对象的显示方式。单击该按钮，设置颜色，单击 应用 按钮。打开“类选择”对话框，选择要编辑的对象并单击 确定 按钮，则所选的着色对象按设置的颜色显示。

（4）编辑对象段：编辑部分对象的显示方式，用法与编辑整个对象相似。再选择编辑对象后，可选择一个或两个边界，则只编辑边界内的部分。

（5）编辑截面视图背景：编辑剖视图背景线。在建立剖视图时，可以有选择地保留背景线，而使背景线编辑功能，不但可以删除已有的背景线，而且还可添加新的背景线。

2．删除编辑

（1）删除选定的擦除：恢复被擦除的对象。单击该图标，将高显已被擦除的对象，选择要恢复显示的对象并确认。

（2）删除选定的编辑：恢复部分编辑对象在原视图中的显示方式。

（3）删除所有编辑：恢复所有编辑对象在原视图中的显示方式。单击该图标，将显示警告信息对话框，单击 是(Y) 按钮，则恢复所有编辑，单击 否(N) 按钮，则相反。

3．转换相依性

（1）模型转换到视图：转换模型中单独存在的对象到指定视图中，且对象只出现在该视图中。

（2）视图转换到模型：转换视图中单独存在的对象到模型视图中。

12.4.10　定义剖面线

选择“菜单(M)”→“插入(S)”→“注释（A）”→“剖面线（O）”或单击“主页”选项卡“注释”面组上的“剖面线”按钮，打开如图 12-20 所示的“剖面线”对话框。该对话框用于在用户定义的边界内填充剖面线或图案，用于局部添加剖面线或对局部的剖面线进行修改。

需要注意的是用户自定义边界只能选择曲线、实体轮廓线、剖视图中的边等，不能选择实体边。

12.4.11　移动/复制视图

选择“菜单(M)”→“编辑(E)”→“视图(W)”→“移动/复制(Y)...” 或单击“主页”选项卡“视图”面组上的“移动/复制视图”按钮，打开如图 12-21 所示的“移动/复制视图”对话框。该对话框用于在当前图纸上移动或复制一个或多个选定的视图，或者把选定的视图移动或复制到另一张图纸中。

图12-20 “剖面线”对话框

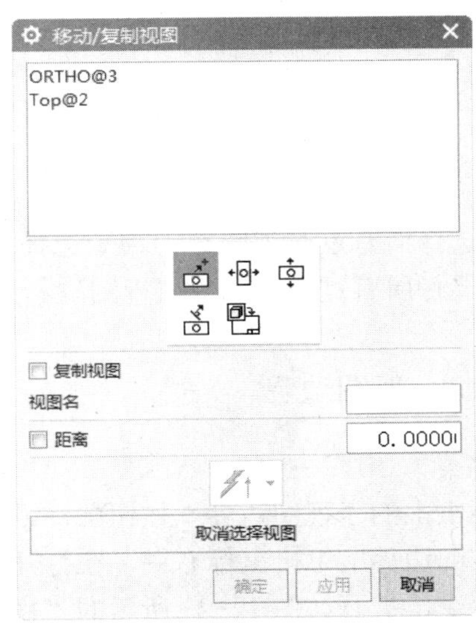

图12-21 “移动/复制视图”对话框

（1）至一点：移动或复制选定的视图到指定点，该点可用光标或坐标指定。

（2）水平：在水平方向上移动或复制选定的视图。

（3）竖直：在竖直方向上移动或复制选定的视图。

（4）垂直于直线：在垂直于指定方向移动或复制视图。

（5）至另一图纸：移动或复制选定的视图到另一张图纸中。

（6）复制视图：勾选该复选框，用于复制视图，否则移动视图。

（7）距离：勾选该复选框，用于输入移动或复制后的视图与原视图之间的距离值。若选择多个视图，则以第一个选定的视图作为基准，其他视图将与第一个视图保持指定的距离。若不勾选该复选框，则可移动光标或输入坐标值指定视图位置。

12.4.12 更新视图

选择“菜单(M)”→“编辑(E)”→“视图(W)”→“更新(U)...”或单击“主页”选项卡“视图”面组上的“更新视图”按钮，打开如图 12-22 所示的“更新视图”对话框。该对话框用于当模型改变时更新视图。

（1）显示图纸中的所有视图：该选项用于控制在列表框中是否列出所有的视图，并自动选择所有过期视图。选取该复选框之后，系统会自动在列表框中选取所有过期视图，否则，需要用户自己更新过期视图。

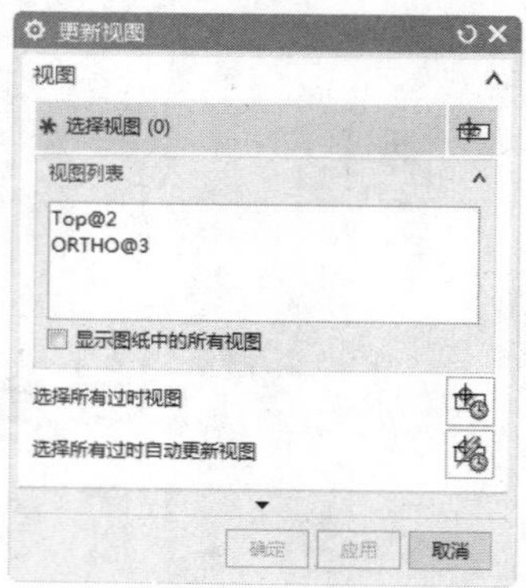

图12-22 “更新视图”对话框

（2）选择所有过时视图：用于选择当前图纸中的过期视图。

（3）选择所有过时自动更新视图：用于选择每一个在保存时勾选自动更新的视图。

12.4.13 视图边界

选择“菜单(M)”→“编辑(E)”→“视图(W)”→“边界(B)...”或单击“主页”选项卡“视图”面组上的“视图边界”按钮，或在要编辑视图边界的视图的边界上单击鼠标右键，在打开的菜单中选择“边界”命令，打开如图12-23所示的“视图边界”对话框。该对话框用于重新定义视图边界，既可以缩小视图边界只显示视图的某一部分，也可以放大视图边界显示所有视图对象。

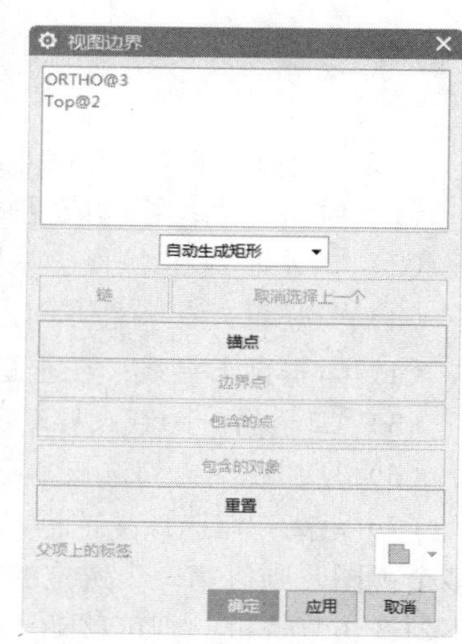

图12-23 “视图边界”对话框

1．边界类型选项

（1）断裂线/局部放大图：定义任意形状的视图边界，使用该选项只显示出被边界包围的视图部分。用此选项定义视图边界，则必须先建立与视图相关的边界线。当编辑或移动边界曲线时，视图边界会随之更新。

（2）手工生成矩形：以拖动方式手工定义矩形边界，该矩形边界的大小是由用户定义的，可以包围整个视图，也可以只包围视图中的一部分。该边界方式主要用在一个特定的视图中隐藏不要显示的几何体。

（3）自动生成矩形：自动定义矩形边界，该矩形边界能根据视图中几何对象的大小自动更新，主要用在一个特定的视图中显示所有的几何对象。

（4）由对象定义边界：由包围对象定义边界，该边界能根据被包围对象的大小自动调整，通常用于大小和形状随模型变化的矩形局部放大视图。

2．其他参数

（1）锚点：用于将视图边界固定在视图对象的指定点上，从而使视图边界与视图相关，当模型变化时，视图边界会随之移动。锚点主要用在局部放大视图或用手工定义边界的视图。

（2）边界点：用于指定视图边界要通过的点。该功能可使任意形状的视图边界与模型相关。当模型修改后，视图边界也随之变化，也就是说，当边界内的几何模型的尺寸和位置变化时，该模型始终在视图边界之内。

（3）包含的点：视图边界要包围的点，只用于由“对象定义的边界”定义边界的方式。

（4）包含的对象：选择视图边界要包围的对象，只用于由“对象定义的边界”定义边界的方式。

（5）父项上的标签：用于设置圆形边界局部放大视图在父视图上的圆形边界是否显示。勾选该复选框，在父视图上显示圆形边界，否则不显示。

12.5　图纸标注

12.5.1　标注尺寸

进入“工程图”功能模块后，在“主页”选项卡“尺寸”面组上选择所需的尺寸类型，进行标注尺寸。

（1）快速：用于自动根据情况判断可能标注的尺寸类型。单击此按钮，打开“快速尺寸”对话框，如图 12-24 所示。

图12-24　“快速尺寸”对话框

（2）线性：用于标注所选对象间的线性尺寸。

（3）倒斜角：用于标注对于国标的 45° 倒角的标注。

（4）角度：用于标注所选两直线间的角度。

（5）径向：用于标注用所选圆或圆弧的半径或直径尺寸，但标注不通过圆心。

（6）厚度：用于标注等间距两对象之间的距离尺寸。例如，两个半径的同心圆弧之间的距离尺寸。

（7）圆弧长：用于标注所选圆弧的弧长尺寸。

（8）坐标：用于标注从公共点沿某一条坐标基线到某一位置的距离的坐标尺寸。

12.5.2　尺寸修改

尺寸标注完成后，如果要进行修改，可以直接双击该尺寸，就可以重新出现尺寸标注的环境，修改成为需要的形式即可。

如果需要进行更新修改，首先单击该尺寸，选中以后，单击鼠标右键，打开如图 12-25 所示的快捷菜单。

（1）原点：用于定义整个尺寸的起始位置和文本摆放位置等。

（2）编辑：单击该按钮，系统回到尺寸标注环境，用户可以修改。

（3）编辑附加文本：单击该按钮，打开“注释编辑器”对话框，用于在尺寸上追加详细的文本说明。

（4）设置：单击该按钮，打开“设置”对话框，可以重新设置尺寸的参考设置。

（5）其他：类似于基本软件的操作，可以删除、隐藏、编辑颜色和线宽等操作。

12.5.3 表面粗糙度

选择“菜单(M)”→“插入(S)”→“注释(A)→“表面粗糙度符号(S)...”或单击“主页”选项卡“注释”面组上的“表面粗糙度符号”按钮√，打开如图 12-26 所示的“表面粗糙度”对话框。该对话框用于创建表面粗糙度。

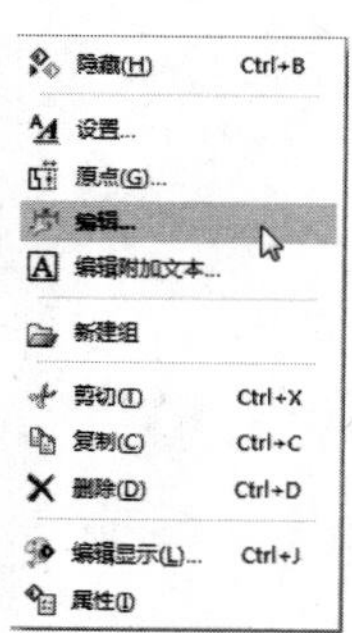

图12-25　标注尺寸的快捷菜单

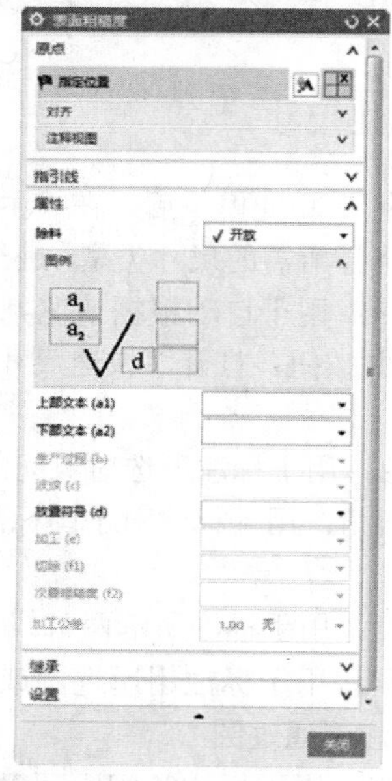

图12-26　“表面粗糙度”对话框

1. 属性

（1）除料：指定符号类型。

（2）图例：显示表面粗糙度符号参数图例。

（3）上部文本(a1)：指定曲面粗糙度的最大限制。

（4）下部文本(a2)：指定曲面粗糙度的最小限制。

（5）生产过程(b)：指定生产方法、处理或涂层。

（6）波纹(c)：波纹是比粗糙度间距更大的表面不规则性。

（7）放置符号(d)：指定放置方向。放置是由工具标记或表面条纹生产的主导表面图样的方向。

（8）加工(e)：指定材料的最小许可移除量，也称加工余量。

（9）切除(f1)：粗糙度切除时表面不规则的采样长度，用于确定粗糙度的平均高度。

2. 设置

（1）角度：更改符号的方位。

（2）圆括号：在表面粗糙度符号旁边添加左括号、右括号或二者都添加。

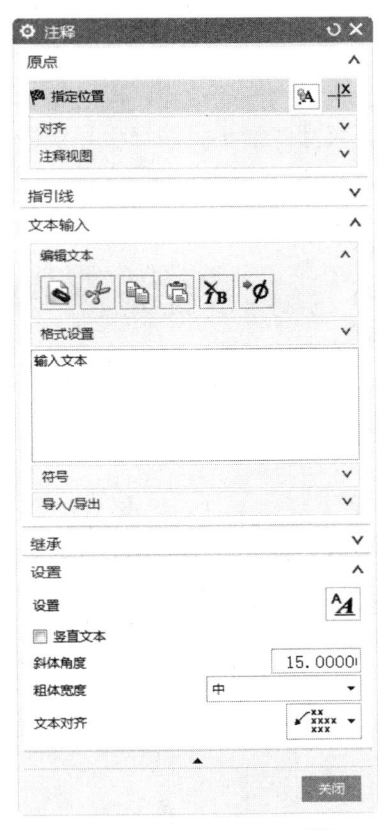

图12-27　“注释”对话框

12.5.4　注释

选择“菜单(M)”→“插入(S)”→“注释(A)→“注释(N)...”或单击“主页”选项卡“注释”面组上的“注释”按钮A，打开如图 12-27 所示的“注释”对话框。该对话框用于输入要注释的文本。

下面介绍如图 12-27 所示对话框中各个选项的用法：

（1）原点：用于设置和调整文字的放置位置。

（2）指引线：用于为文字添加指引线，可以通过类型下拉列表指定指引线的类型。

（3）文本输入

1）编辑文本。用于编辑注释，其功能与一般软件的工具栏相同。具有复制、剪切、加粗、斜体及大小控制等功能。

2）格式设置。编辑窗口是一个标准的多行文本输入区，使用标准的系统位图字体，用于输入文本和系统规定的控制符。用户可以在“字体”选项下拉列表中选择所需字体。

12.5.5　符号标注

图12-28　“符号标注”对话框

选择“菜单(M)”→“插入(S)”→“注释(A)→“符号标注(B)...”或单击“主页”选项卡“视图”面组上的“符号标注”按钮，打开如图 12-28 所示的“符号标注”对话框。该对话框用于插入和编辑 ID 符号及其放置位置。

（1）类型：用于选择要插入 ID 符号类型。系统提供了多种符号类型可供用户选择，每种符号类型可以配合该符号的文本选项，在 ID 符号中放置文本内容。如果选择了上下型的 ID 符号，用户可以在“上部文本”和“下部文本”文本框中输入上下两行的内容。如果选择了独

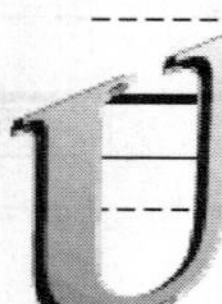

立型的 ID 符号，则用户只能在“文本”文本框中输入文本内容。各类 ID 符号都可以通过“大小”文本框的设置来改变符号的显示比例。

（2）指引线：为 ID 符号指定引导线。单击该按钮，可指定一条引导线的开始端点，最多可指定 7 个开始端点，同时每条引导线还可指定多达 7 个中间点。根据引导线类型，一般可选择尺寸线箭头、注释引导线箭头等作为引导线的开始端点。

（3）文本：将文本添加到符号标注。如果选择分割符号，则可以将文本添加到上部或下部文本。

12.6 综合实例——踏脚杆

本节主要介绍踏脚杆工程图的创建，包括各种视图的投影及编辑视图以及工程图中的剖面线设置，注释预设置，标注尺寸，标注表面粗糙度和技术要求等操作，最后生成工程图如图 12-29 所示。

01 新建文件。单击“主页”选项卡“新建”按钮，打开“新建”对话框，选择“图纸”模板中的“A3-无视图”模板，在“名称”文本框中输入“Tajiaogan_dwg1”，在要创建图纸的部件中选择 Tajiaogan.prt，如图 12-30 所示。单击确定按钮，进入 UG 制图环境。

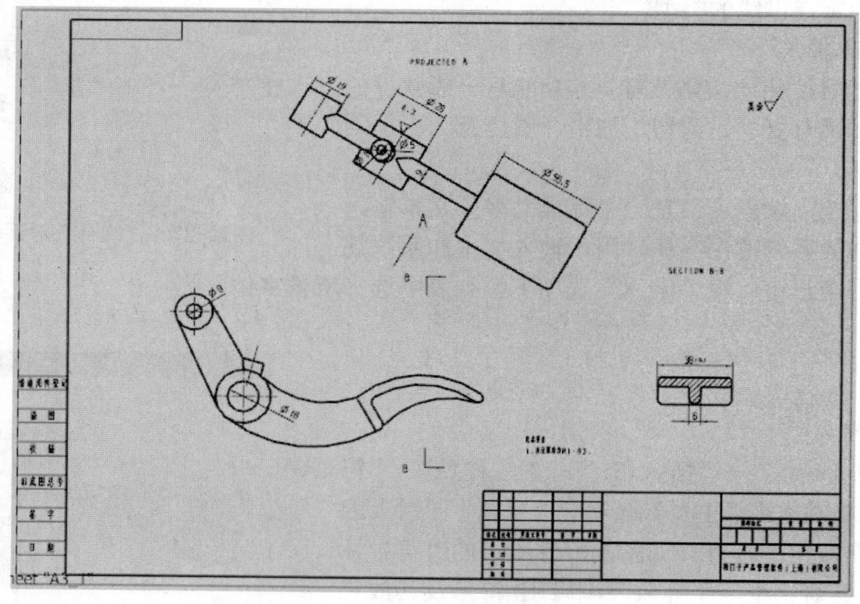

图12-29　踏脚杆工程图

02 创建基本视图。

❶选择“菜单(M)”→“插入(S)”→“视图(W)”→“基本(B)...”或单击“主页”选项卡“视图”面组上的“基本视图”按钮，打开“基本视图”对话框如图 12-31 所示。

❷同时实体模型的主视图，根据幅面大小，单击鼠标左键，将基本视图放置在合适的位置，单击 Esc 键，关闭基本视图对话框。创建如图 12-32 所示工程图。

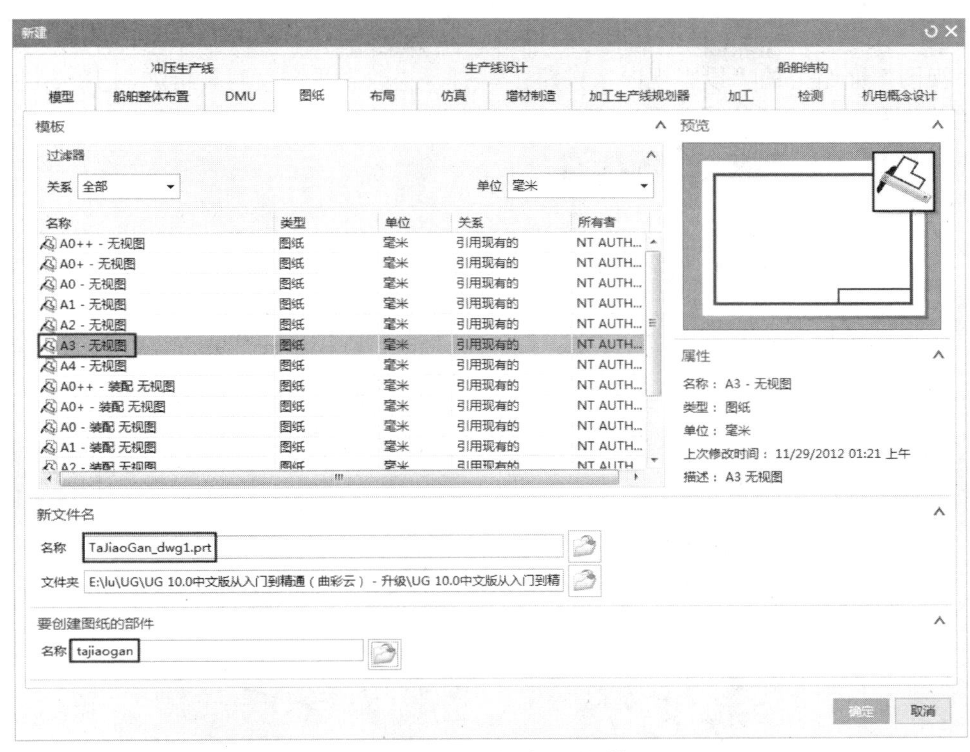

图12-30　“新建”对话框

图12-31　“基本视图”对话框

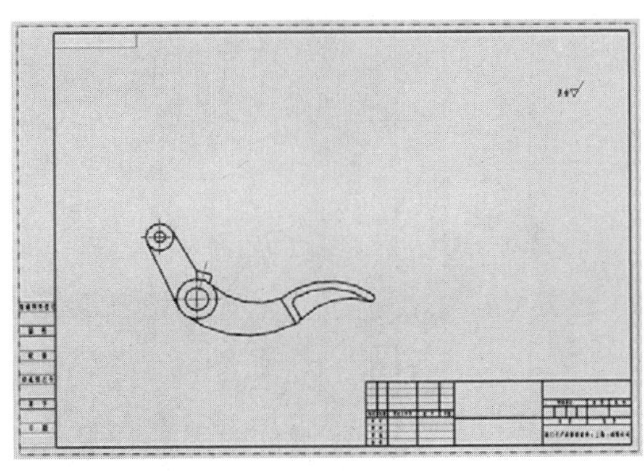

图12-32　基本视图工程图

03 创建投影视图。

❶选择“菜单(M)”→“插入(S)”→“视图(W)”→“投影视图(J)...”或单击“主页”选项卡“视图”面组上的“投影视图”按钮，打开“投影视图”对话框如图 12-33 所示。

❷将视图移动到合适位置单击，完成投影视图的创建，如图 12-34 所示。

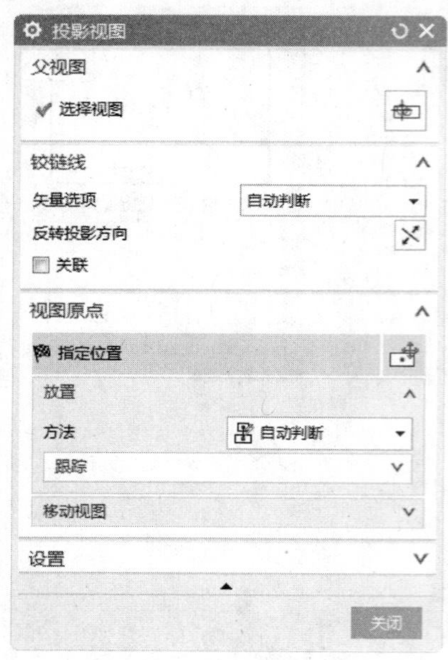

图12-33 “投影视图”对话框

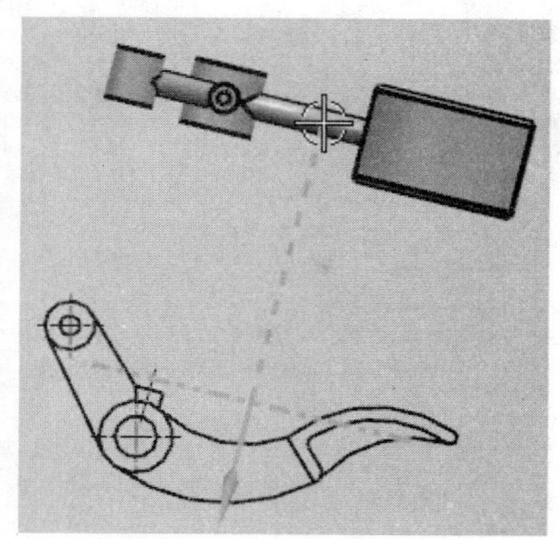

图12-34 投影视图添加示意图

04 创建剖视图。

❶选择“菜单(M)”→“插入(S)”→“视图(W)”→“剖视图(S)...”或单击“主页”选项卡“视图”面组上的“剖视图”按钮，打开“剖视图”对话框。

❷在定义下拉列表中选择“动态”，在“方法”下拉列表中选择“简单剖/阶梯剖”。

❸将截面线段放置到图中适当位置，拖动视图到主视图的右侧单击创建剖视图，并调整各视图位置，创建工程图如图 12-35 所示。

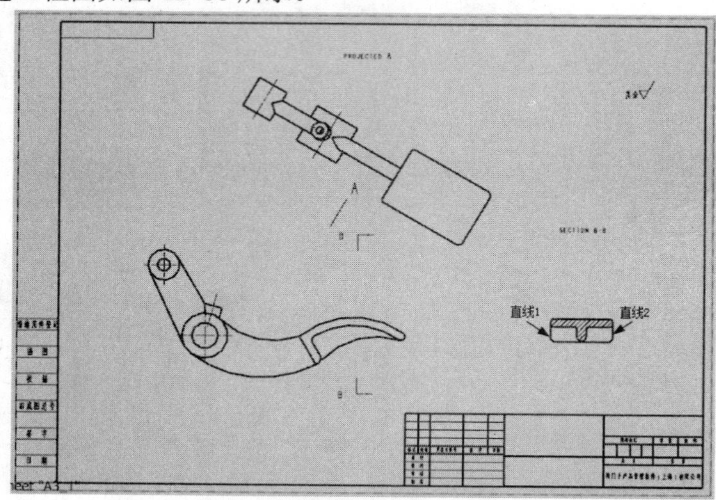

图12-35 脚踏杆工程图

05 标注水平尺寸。

❶选择“菜单(M)”→“插入(S)”→“尺寸（M)”→“快速（P)”，打开如图 12-36 所示“快速尺寸”对话框。

❷选择直线 1 和直线 2，标注如图 12-37 所示。

图12-36　“快速尺寸”对话框

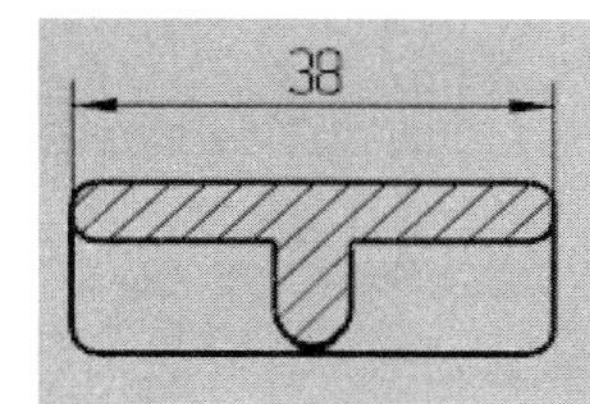

图12-37　标注尺寸

❸双击尺寸，弹出小工具栏，选择“等双向公差”，输入公差值为 0.1，如图 12-38 所示，单击对话框中的“关闭”按钮，完成尺寸标注，结果如图 12-39 所示。

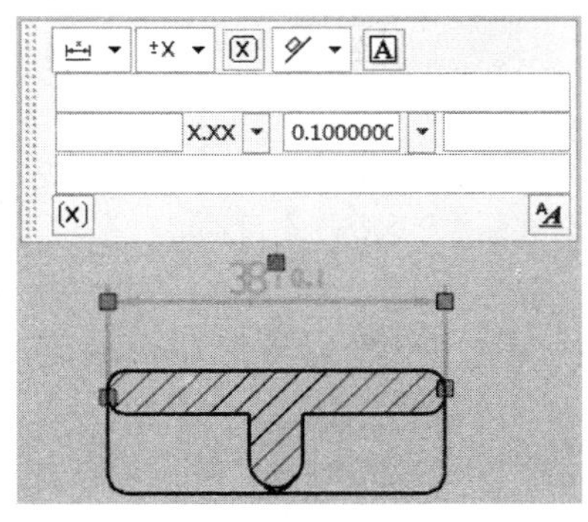

图12-38　修改尺寸

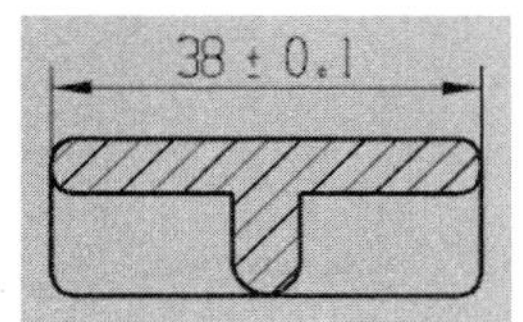

图12-39　标注样式模型

同上步骤选择其他尺寸标注形式，标注其他尺寸，如图 12-40 所示。

06 标注表面粗糙度。

❶选择“菜单(M)”→“插入(S)”→“注释(A)→“表面粗糙度符号 (S)...”或单击“主页”选项卡“注释”面组上的“表面粗糙度符号”按钮√，打开“表面粗糙度”对话框如图 12-41 所示。

❷根据幅面大小，角度设置为-25，将符号放置在如图 12-42 所示位置。

07 标注技术要求。

❶选择“菜单(M)”→“插入(S)”→“注释(A)→“注释 (N)...”或单击“主页”选项卡“注释”面组上的“注释”按钮A，打开“注释”对话框，如图 12-43 所示。

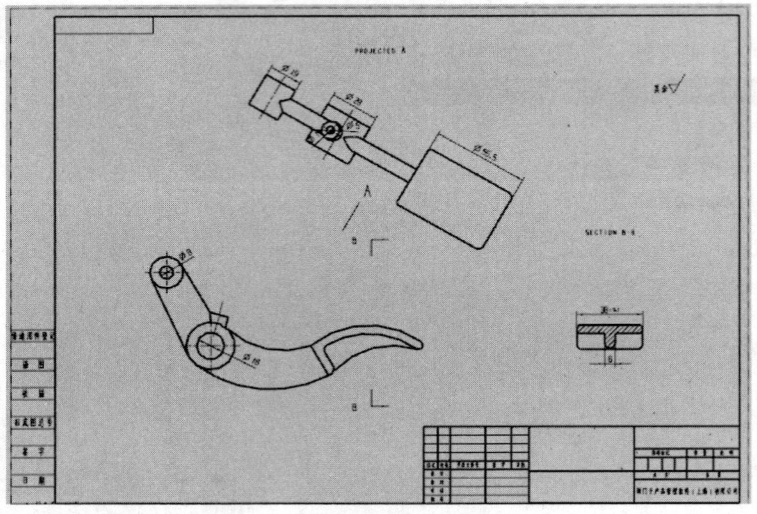

图12-40 标注尺寸

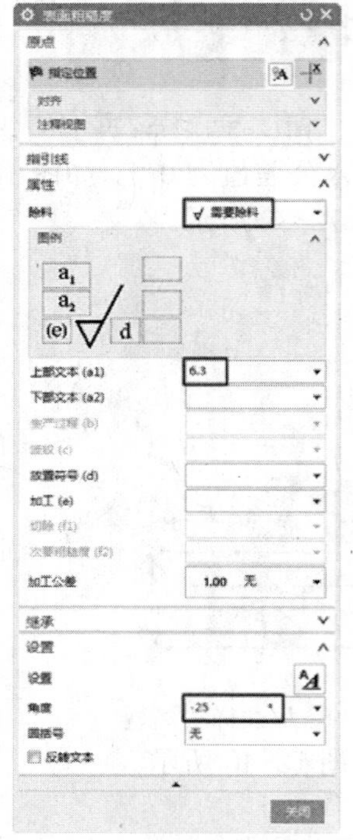

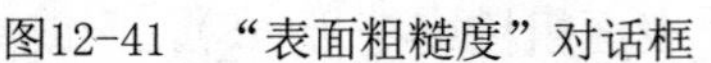

图12-41 “表面粗糙度”对话框

图12-42 标注表面粗糙度

❷在对话框中部输入技术要求等，单击 关闭 按钮，将文字放在图面右侧中间。生成工程图如图 12-44 所示。

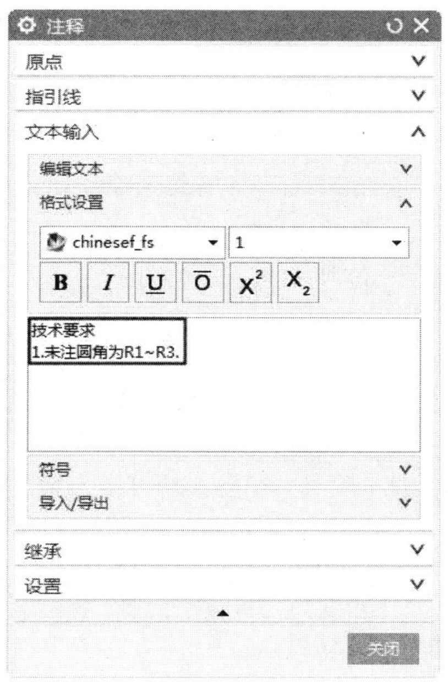

图 12-43　“注释”对话框

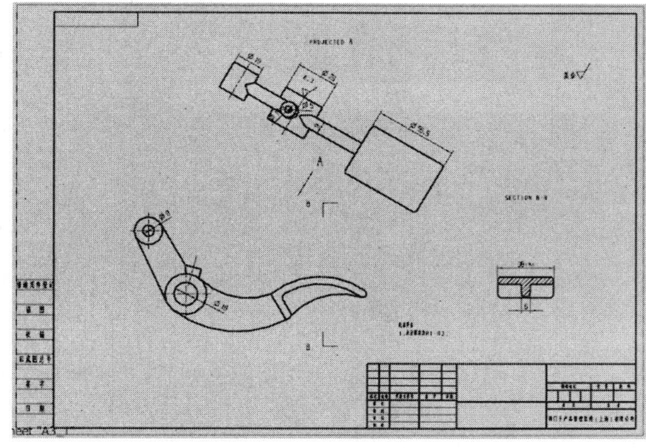

图 12-44　踏脚杆工程图

第13章 台虎钳设计综合应用实例

台虎钳主要由螺钉、护口板、活动钳口、销、螺母、垫圈、螺杆、方块螺母和钳座等组成。

本章将创建台虎钳装配图、装配爆炸图、工程图以及完成各个零件的创建。

重点与难点

- 绘制台虎钳零件体
- 台虎钳装配图
- 台虎钳爆炸图
- 台虎钳工程图

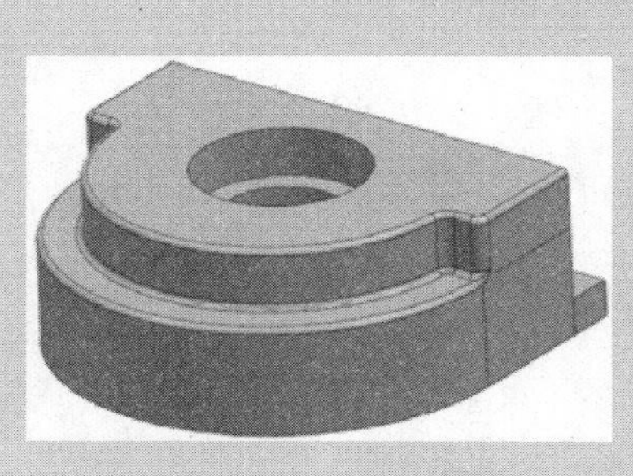

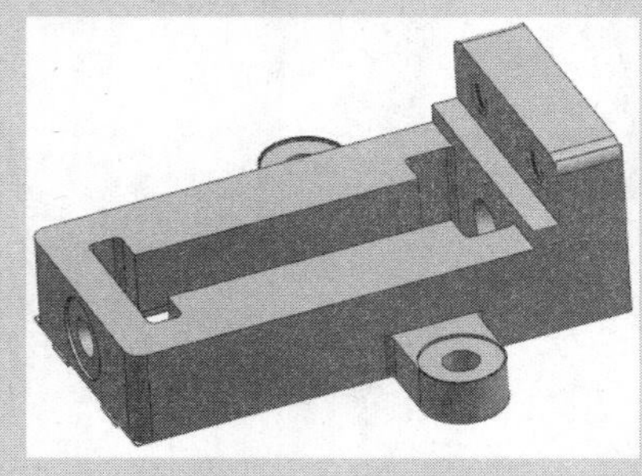

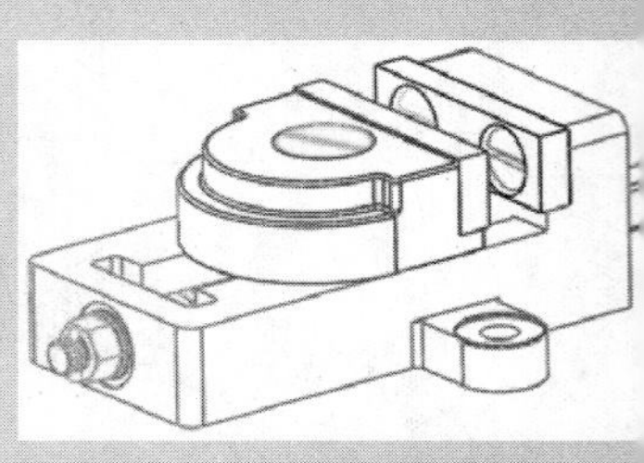

13.1 绘制台虎钳零件体

13.1.1　螺钉 M10×20

01 新建文件。单击“主页”选项卡“新建”按钮，打开“新建”对话框，在“模板”列表框中选择“模型”，输入“LuoDingM10-20”，单击 确定 按钮，进入 UG 建模环境。

02 绘制草图。选择“菜单(M)”→“插入(S)”→“草图(H)...”，或者单击“主页”选项卡“直接草图”面组上的“草图”按钮，打开“创建草图”对话框，选择 XC-YC 平面为工作平面绘制草图，绘制后的草图如图 13-1 所示。

03 创建旋转特征。

❶选择“菜单（M）”→“插入(S)”→“设计特征(E)”→“旋转（R）...”，或者单击“主页”选项卡“特征”面组上的“旋转”按钮，打开如图 13-2 所示的“旋转”对话框。

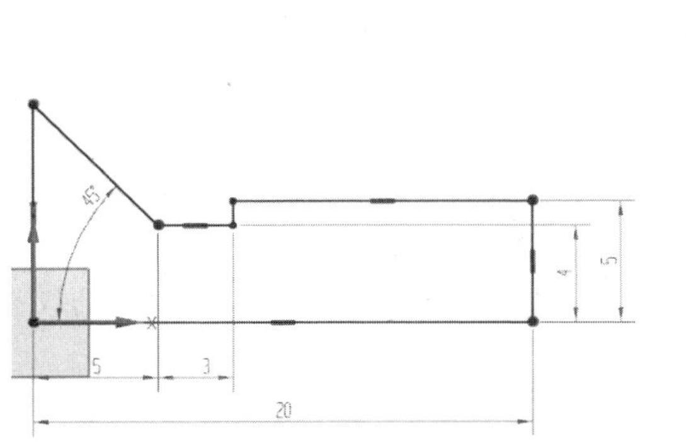

图13-1　绘制草图

图13-2　“旋转”对话框

❷在视图区选择如图 13-1 所示绘制的草图，单击鼠标中键，选择旋转轴方向和基点，如图 13-3 所示。

❸在“旋转”对话框中，设置“限制”的“开始”选项为“值”，在其文本框中输入 0。同样设置“结束”选项为“值”，在其文本框中输入 360。

❹在“旋转”对话框中，单击 < 确定 > 按钮，创建旋转特征，如图 13-4 所示。

UG NX 12.0

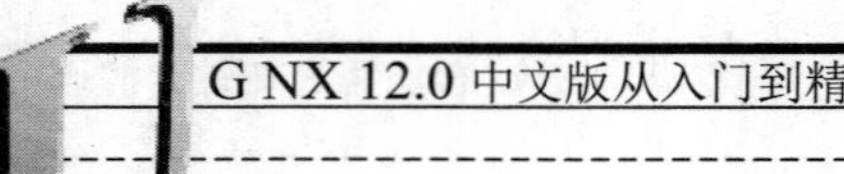

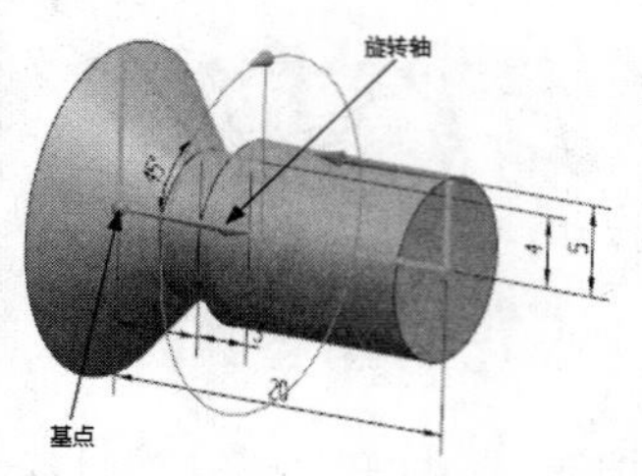

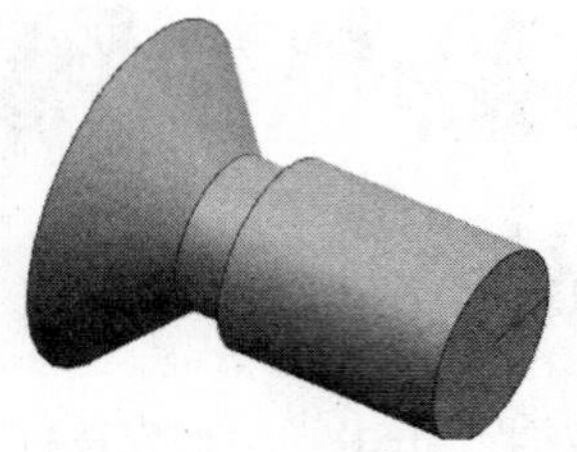

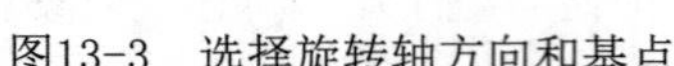
图13-3　选择旋转轴方向和基点　　图13-4　创建旋转特征

04 创建基准轴。

❶选择“菜单(M)”→“插入(S)”→“基准/点(D)”→“基准轴(A)...”或单击“主页”选项卡“特征”面组上的“基准轴”按钮↑，打开如图 13-5 所示的“基准轴”对话框。

❷在“基准轴”对话框中，在“类型”下拉列表中选中“两点”图标，在“通过点”下拉列表中只选中“象限点”图标。

❸在视图区选取两点，如图 13-6 所示。

❹在“基准轴”对话框中，单击<确定>按钮，创建基准轴，如图 13-7 所示。

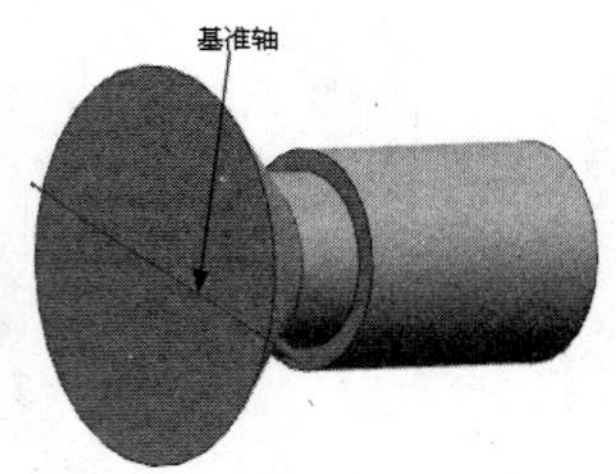

图13-5　“基准轴”对话框　　图13-6　选择两点　　图13-7　创建基准轴

05 创建矩形腔体。

❶选择“菜单(M)”→“插入(S)”→“设计特征(E)”→“腔体（原有）(P)...”，打开如图 13-8 所示的“腔”类型对话框。

❷在“腔”类型对话框中单击 矩形 按钮，打开如图 13-9 所示的“矩形腔”的放置面选择对话框。

❸在零件体中选择如图 13-10 所示的放置面，打开如图 13-11 所示的“水平参考”对话框。

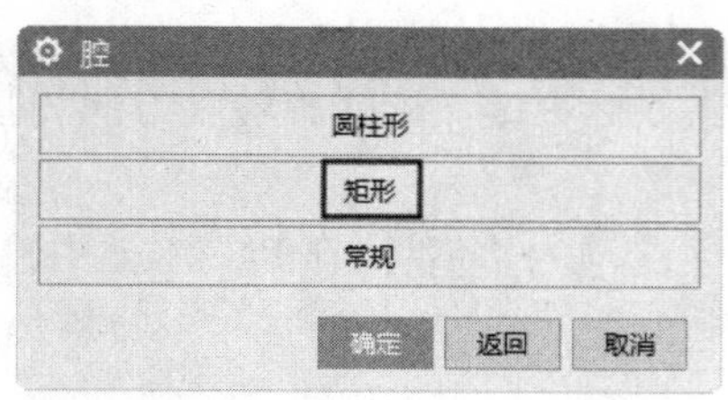

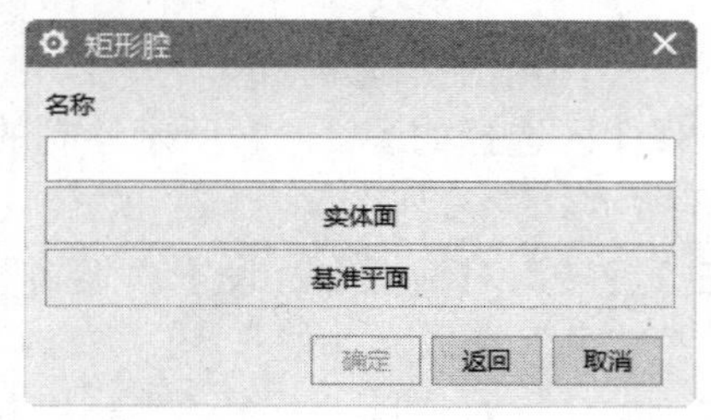

图13-8　“腔”类型对话框　　图13-9　“矩形腔”的放置面选择对话框

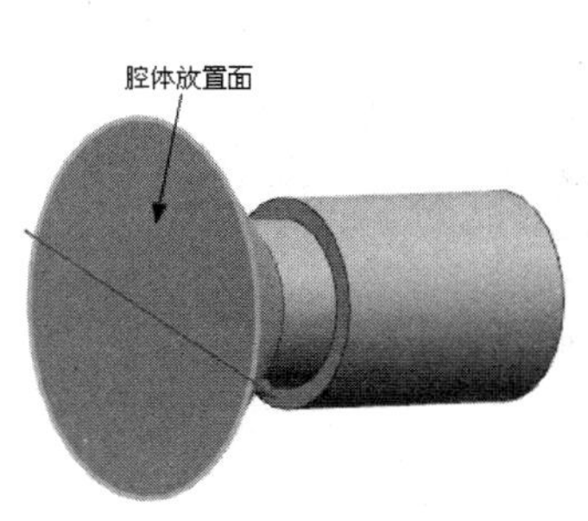

图13-10　选择放置面

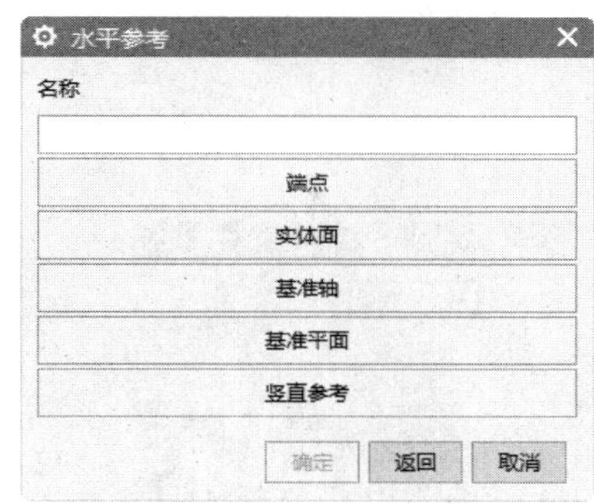

图13-11　“水平参考”对话框

❹在实体中，选择如图 13-7 所创建的基准轴，打开如图 13-12 所示的“矩形腔”输入参数对话框。

❺在“矩形腔”输入参数对话框中的“长度”“宽度”和“深度”数值输入栏分别输入 15、2.5、3。

❻在“矩形腔”输入参数对话框中，单击 确定 按钮，打开如图 13-13 所示的“定位”对话框。

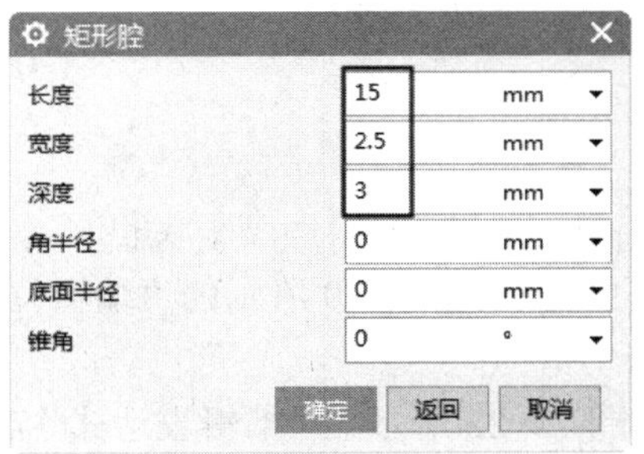

图13-12　输入参数对话框

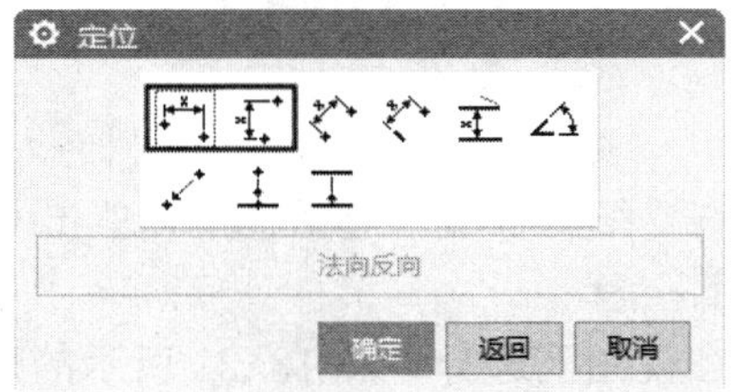

图13-13　“定位”对话框

❼在“定位”对话框中选取”水平”图标和“竖直”图标进行定位，定位后的尺寸示意图如图 13-14 所示。

❽在“定位”对话框中，单击 确定 按钮，创建矩形腔体，如图 13-15 所示。

06 编辑矩形腔参数。

❶在实体中选中上步所建的矩形腔，单击鼠标右键，在打开的快捷菜单中，单击“编辑参数”，打开如图 13-16 所示的“编辑参数”选择对话框。

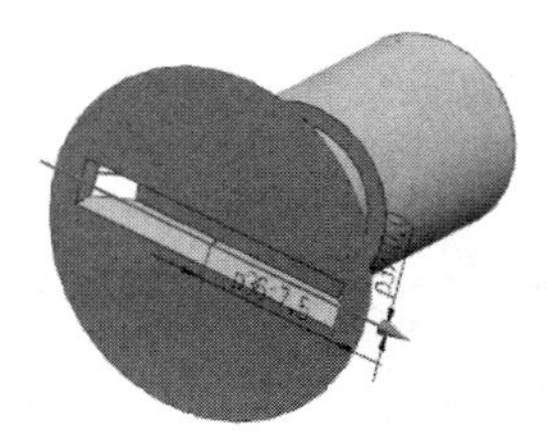

图13-14　定位后的尺寸示意图

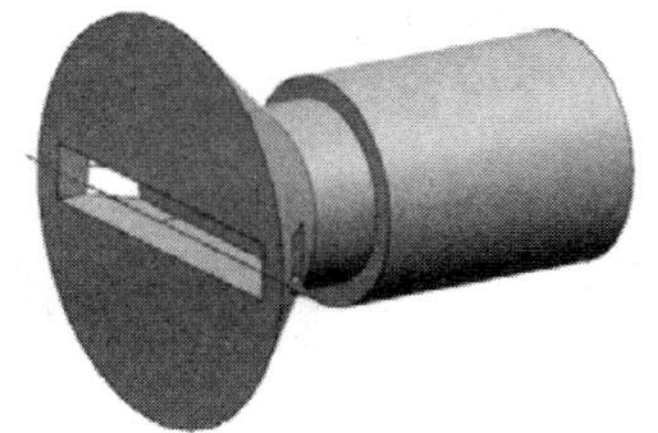

图13-15　创建矩形腔体

❷在“编辑参数”选择对话框中，单击 特征对话框 按钮，打开如图 13-17 所示的“编辑参

数”对话框，修改腔体长度参数为25。

图13-16 “编辑参数”选择对话框

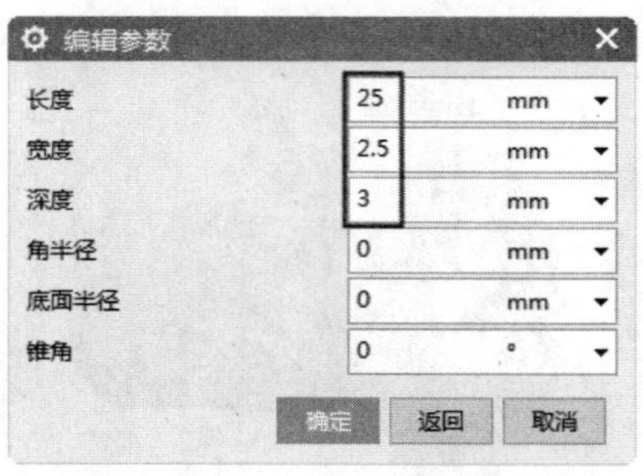

图13-17 “编辑参数”对话框

❸在“编辑参数”对话框中，单击确定按钮，回到“编辑参数”选择对话框。

❹在“编辑参数”选择对话框中，单击确定按钮，编辑后的零件体如图 13-18 所示。

07 编辑矩形腔的定位。

❶在实体中选中上步所编辑后的矩形腔，单击鼠标右键，在打开的快捷菜单中，单击“编辑位置”，打开如图 13-19 所示的“编辑位置”对话框。

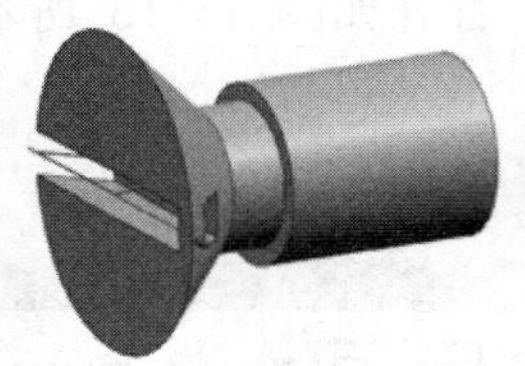
图13-18 编辑后的矩形腔体

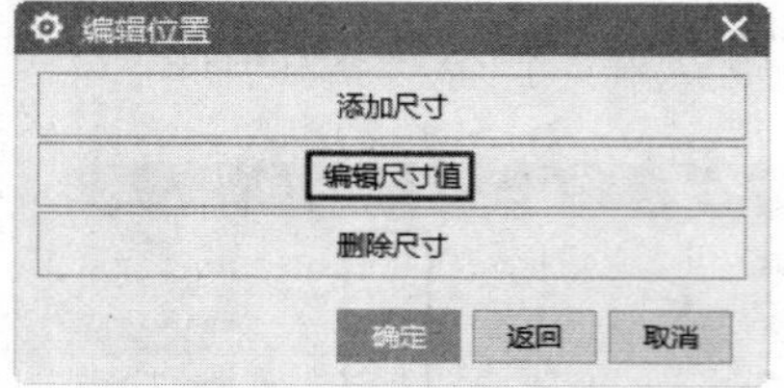

图13-19 “编辑位置”对话框

❷在“编辑位置”对话框中，单击编辑尺寸值按钮，打开如图 13-20 所示的“编辑位置”选择对话框。

❸在视图区选择如图 13-21 所示的尺寸，打开如图 13-22 所示的“编辑表达式”对话框。

❹在“编辑表达式”对话框中的文本框中输入 12.5，单击确定按钮，回到“编辑位置”选择对话框。

图13-20 “编辑位置”选择对话框

图13-21 选择要编辑的尺寸

❺在“编辑位置”选择对话框中，单击确定按钮，回到如图 13-19 所示对话框。

❻在“编辑位置”对话框中单击确定按钮，编辑定位后的零件体如图 13-23 所示。

图13-22 “编辑表达式”对话框

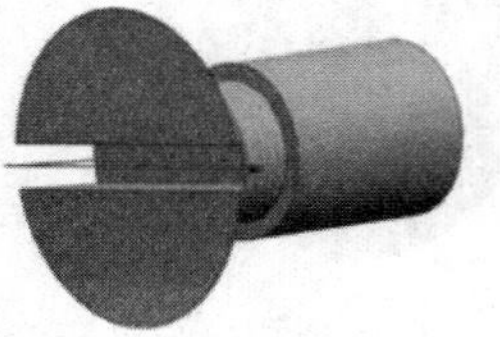
图13-23 编辑定位后的零件体

08 创建螺纹特征。

❶选择“菜单(M)”→“插入(S)”→“设计特征(E)”→“螺纹(T)...”，或者单击“主页”选项卡“特征”面组上的“螺纹刀”按钮，打开如图 13-24 所示的“螺纹切削”对话框。

❷在“螺纹切削”对话框中，选中◉详细单选按钮。

❸在实体中选择创建螺纹的圆柱面，如图 13-25 所示。

❹在“螺纹切削”对话框中，默认所有设置。

❺在“螺纹切削”对话框中，单击确定按钮，创建螺纹特征，如图 13-26 所示。

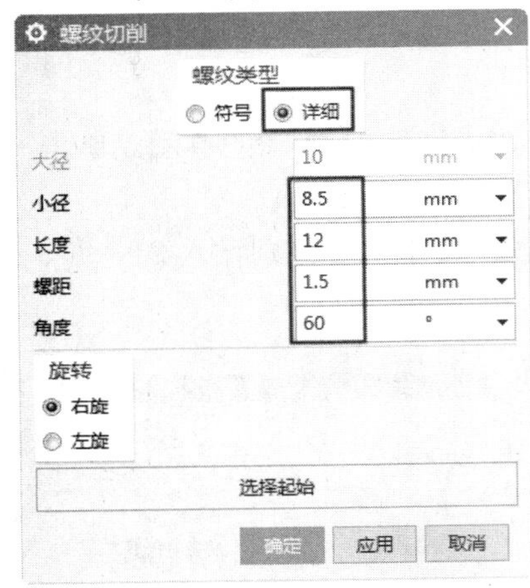

图13-24　“螺纹切削”对话框

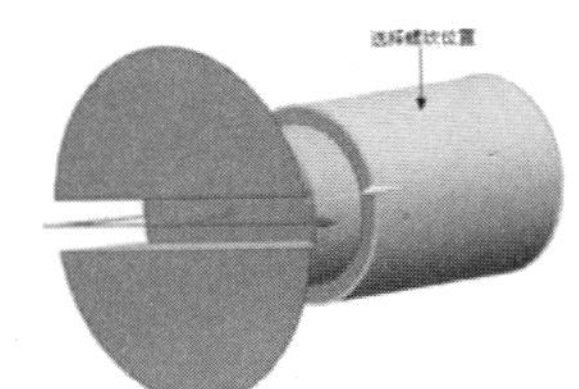

图13-25　选择圆柱面

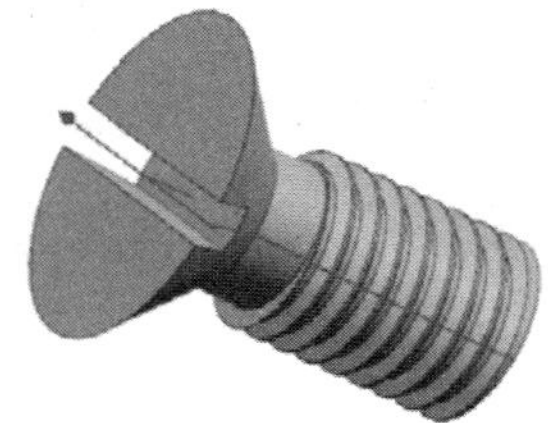

图13-26　创建螺纹特征

13.1.2　护口板

01 新建文件。单击“主页”选项卡“新建”按钮，打开“新建”对话框，在“模板”列表框中选择“模型”，输入“HuKouBan”，单击确定按钮，进入 UG 建模环境。

02 绘制草图。选择“菜单(M)”→“插入(S)”→“草图(H)...”，或者单击“主页”选项卡“直接草图”面组上的“草图”按钮，进入草图绘制界面，选择 XC-YC 平面为工作平面绘制草图，绘制后的草图如图 13-27 所示。

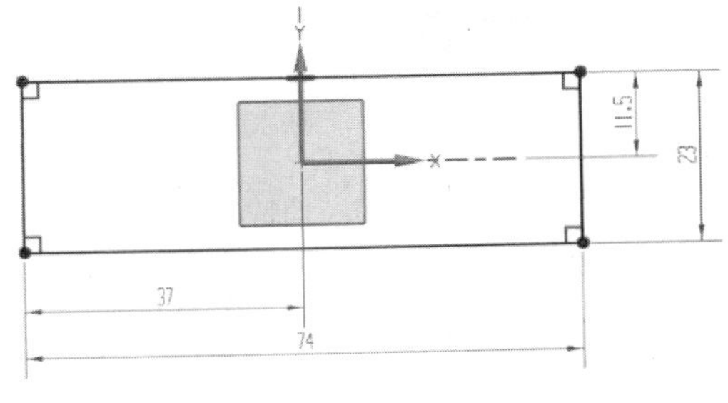

图13-27　绘制草图

03 创建拉伸特征。

❶选择“菜单（M)”→“插入(S)”→“设计特征(E)”→“拉伸(X)...”，或者单击“主

页”选项卡“特征”面组上的“拉伸”按钮，打开如图 13-28 所示的“拉伸”对话框，选择如图 13-27 所示的草图。

❷在“拉伸”对话框中，在“限制”栏中“开始”和“结束”距离数值输入栏分别输入 0，10，其他采用默认设置。

❸在“拉伸”对话框中，单击<确定>按钮，创建拉伸特征，如图 13-29 所示。

04 创建埋头孔。

❶选择“菜单(M)”→“插入(S)”→“设计特征(E)”→“孔(H)”，或单击“主页”选项卡“特征”面组上的“孔”按钮，打开“孔”对话框。

❷在“孔”对话框中的“类型”列表框中选择“常规孔”，在成形列表中选择“埋头”，得到“孔”对话框，如图 13-30 所示。

❸选择拉伸体的上表面为草图放置，进入绘图环境，绘制如图 13-31 所示的草图。单击“完成”按钮，退出草图。

❹在“孔”对话框中的“埋头直径”“埋头角度”和“直径”文本框中分别输入 21、90、11。单击<确定>按钮，完成埋头孔的创建，如图 13-32 所示。

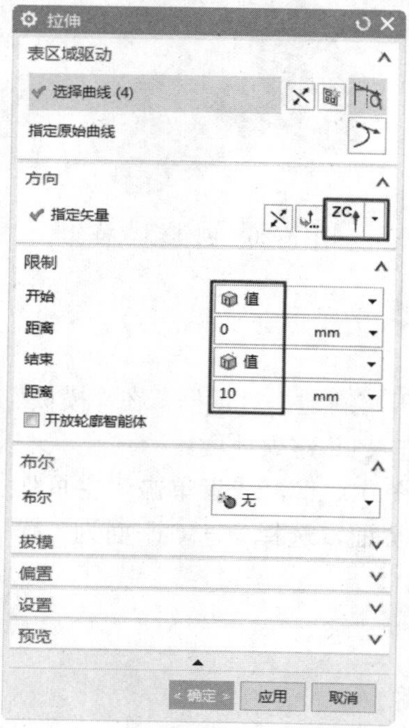

图13-28 “拉伸”对话框

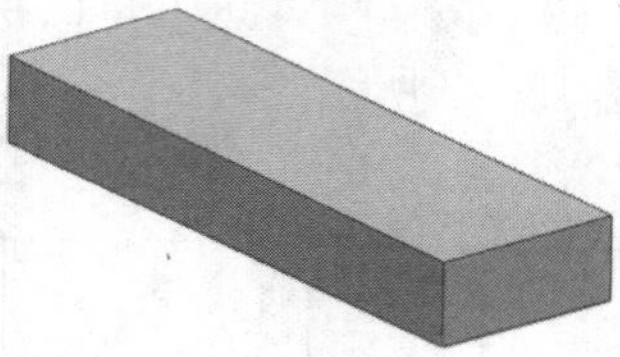

图13-29 创建拉伸特征

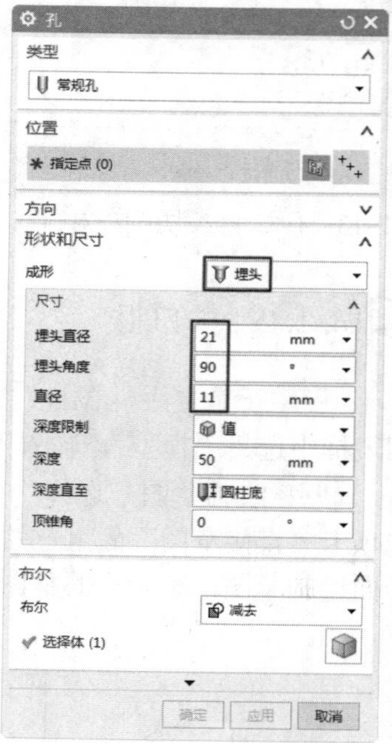

图13-30 “孔”对话框

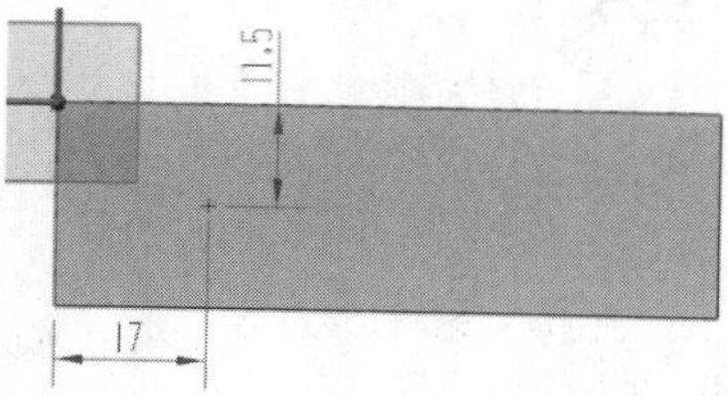

图13-31 绘制草图

图13-32 创建埋头孔特征

05 镜像埋头孔。

❶选择“菜单(M)”→“插入(S)”→“关联复制(A)”→“镜像特征（R）...”，或单击“主页”选项卡“特征”面组上“更多”库下“镜像特征”按钮，打开如图 13-33 所示的“镜像特征”对话框。

❷在视图区选择上步创建的埋头孔。

❸在“镜像特征”对话框中的“平面”下拉列表中选择“新平面”。

❹在“镜像特征”对话框中的“指定平面”下拉列表框中选择 YC－ZC 平面为镜像平面。

❺在“镜像特征”对话框中单击 确定 按钮，镜像埋头孔，如图 13-34 所示。

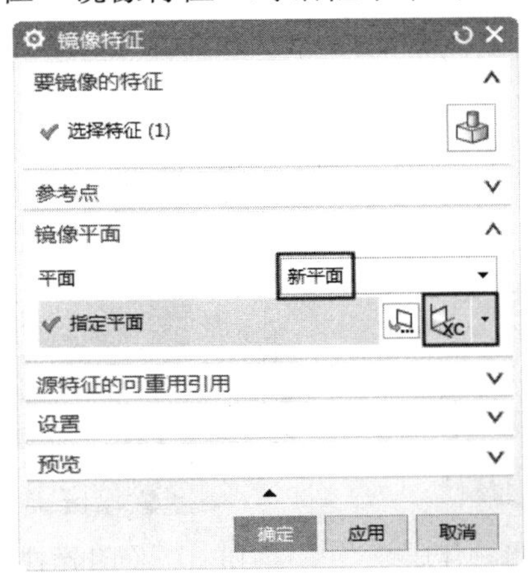

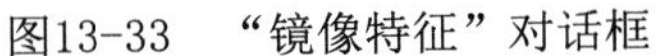

图13-33　“镜像特征”对话框

图13-34　镜像埋头孔后的零件体（护口板）

13.1.3　螺钉

01 新建文件。单击“主页”选项卡“新建”按钮，打开“新建”对话框，在“模板”列表框中选择“模型”，输入“LuoDing”，单击 确定 按钮，进入 UG 主界面。

02 创建圆柱体 1。

❶选择“菜单(M)”→“插入(S)”→“设计特征(E)”→“圆柱(C)...”，或者单击“主页”选项卡“特征”面组上的“圆柱”按钮，打开如图 13-35 所示的“圆柱”对话框。

❷在“圆柱”对话框中的“类型”下拉列表中选择”轴、直径和高度”类型。

❸在“圆柱”对话框中的“指定矢量”下拉列表中选择 ZC 方向为圆柱轴向。单击按钮，在“点”对话框中输入坐标为（0,0,0），单击 确定 按钮。

❹在“圆柱”对话框中的“直径”和“高度”数值输入栏分别输入 26、8。

❺在“圆柱”对话框中，单击 确定 按钮，结果如图 13-36 所示。

03 创建圆柱体 2。

❶选择“菜单(M)”→“插入(S)”→“设计特征(E)”→“圆柱(C)...”，或者单击“主页”选项卡“特征”面组上的“圆柱”按钮，打开“圆柱”对话框。

❷在“圆柱”对话框中的“类型”下拉列表中选择”轴、直径和高度”类型。

❸在“圆柱”对话框中的“指定矢量”下拉列表中选择 ZC 方向为圆柱轴向。

UG NX 12.0

❹在“圆柱”对话框中的“直径”和“高度”数值输入栏分别输入 10，14。

❺在“圆柱”对话框中，单击“点对话框”图标，打开“点”对话框。

❻在“点”对话框的“XC”“YC”中分别输入 0，在“ZC”的文本框中输入 8。

❼在“点”对话框中单击确定按钮，返回到“圆柱”对话框。

❽在“圆柱”对话框中的“布尔”下拉列表中选择“合并”，创建圆柱体 2，如图 13-37 所示。

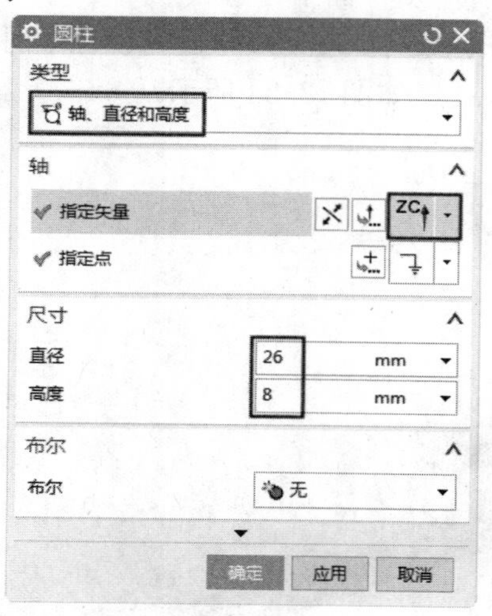

图13-35　“圆柱”对话框

图13-36　创建圆柱体1

图13-37　创建圆柱体2

04 创建矩形沟槽。

❶选择“菜单(M)”→“插入(S)”→“设计特征(E)”→“槽(G)...”，或者单击“主页”选项卡“特征”面组上的“槽”按钮，打开如图 13-38 所示的“槽”对话框。

❷在“槽”对话框中，单击矩形按钮。同时，打开如图 13-39 所示的“矩形槽”放置面选择对话框。

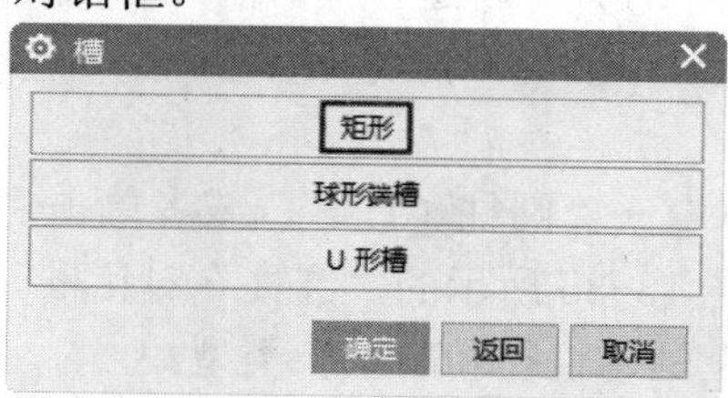

图13-38　“槽”对话框

图13-39　放置面选择对话框

❸在视图区选择槽的放置面，如图 13-40 所示。同时，打开如图 13-41 所示的“矩形槽”参数输入对话框。

❹在“矩形槽”参数输入对话框中，在“槽直径”和“宽度”文本框中分别输入 8，2。

❺在“矩形槽”参数输入对话框中，单击确定按钮，打开如图 13-42 所示的“定位槽”对话框。

❻在视图区依次选择弧 1 和弧 2 为定位边缘，如图 13-43 所示。打开如图 13-44 所示的“创建表达式”对话框。

❼在“创建表达式”对话框中的文本框中输入 0，单击确定按钮，创建矩形槽，如图

13-45 所示。

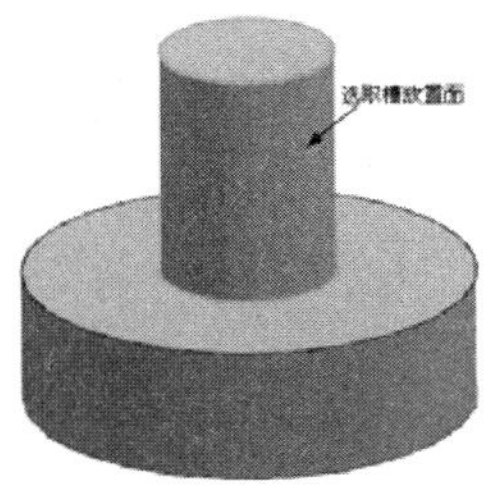

图13-40　选择槽的放置面

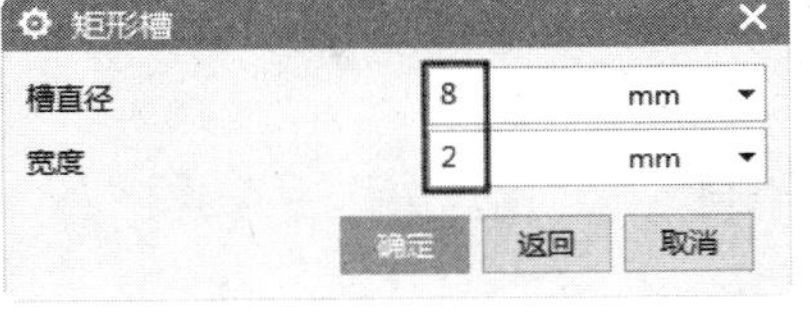

图13-41　“矩形槽”参数输入对话框

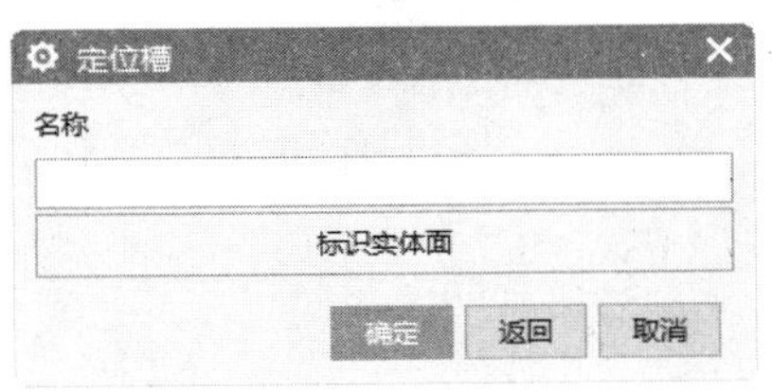

图13-42　“定位槽”对话框

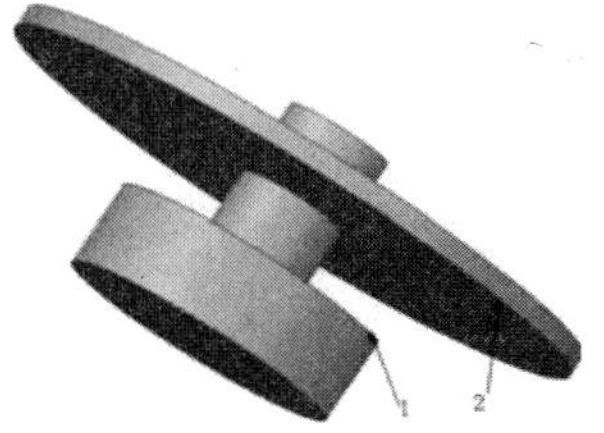

图13-43　选择定位边

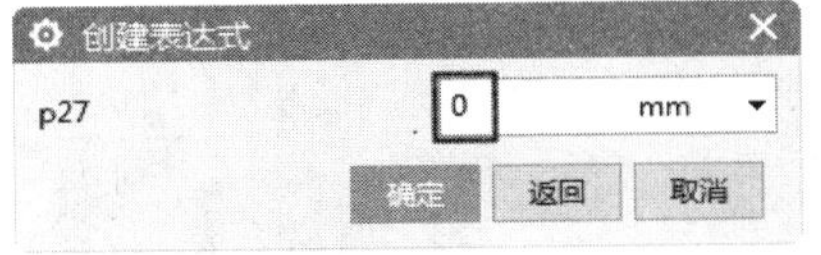

图13-44　“创建表达式”对话框

图13-45　创建矩形槽

05 创建基准平面 1 和 2。

❶选择“菜单(M)”→“插入(S)”→“基准/点(D)”→“基准平面(D)...”或单击“主页”选项卡“特征”面组上的“基准平面”按钮，打开如图 13-46 所示的“基准平面”对话框。

❷在“基准平面”对话框中，选择“相切”类型。

❸在零件体中选中圆柱体 1 的圆柱面。

❹在“基准平面”对话框中，单击 应用 按钮，创建基准平面 1，如图 13-47 所示。

❺在“基准平面”对话框中，选中“按某一距离”，偏置“距离”文本框被激活，如图 13-48 所示。在该文本框中输入 26。

❻在实体中选中基准平面 1，单击 <确定> 按钮，创建基准平面 2，如图 13-49 所示。

06 创建基准轴。

❶选择 “菜单(M)”→“插入(S)”→“基准/点(D)”→“基准轴(A)...”或单击“主页”选项卡“特征”面组上的“基准轴”按钮，打开“基准轴”对话框。

❷在“基准轴”对话框中，选择“点和方向”类型，在“指定点”下拉列表中选中“象限点”图标，指定矢量设置为 XC 轴。

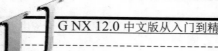

图13-46 “基准平面”对话框

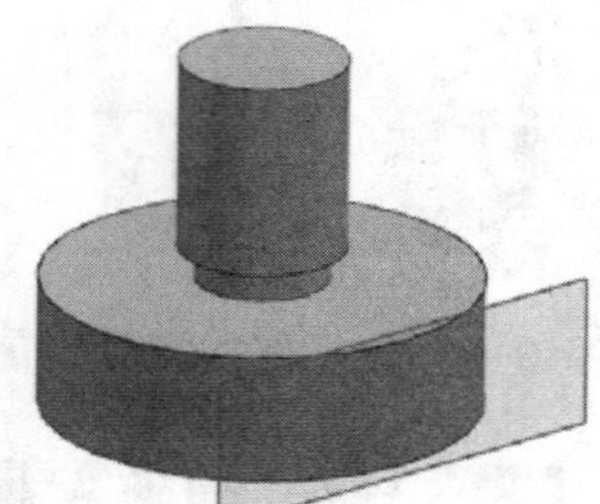

图13-47 创建基准平面1

图13-48 偏置选项

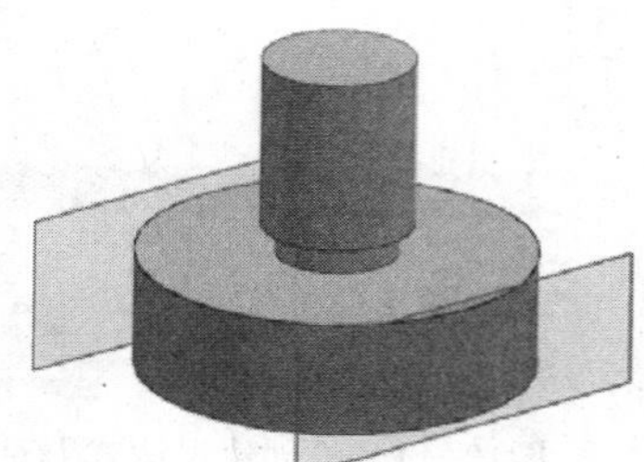

图13-49 创建基准平面2

❸在视图区选取一点，如图 13-50 所示。

❹在“基准轴”对话框中，单击 确定 按钮，创建基准轴，如图 13-51 所示。

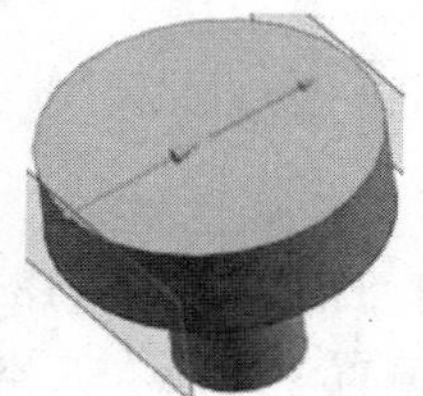

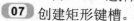

图13-50 选择点和方向矢量

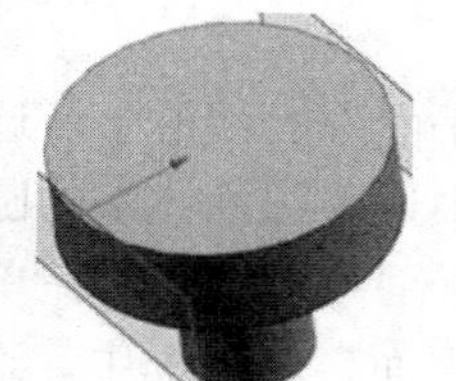

图13-51 创建基准轴

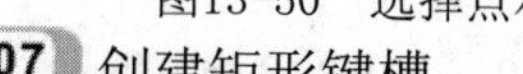

07 创建矩形键槽。

❶选择“菜单(M)”→“插入(S)”→“设计特征(E)”→“键槽（原有）(L)...”，打开如图 13-52 所示的“槽”对话框。

❷在“槽”对话框中，选中 矩形槽 单选按钮，勾选 通槽 复选框。

❸在“槽”对话框中，单击 确定 按钮，打开如图 13-53 所示的放置面选择对话框。

❹在实体中选择如图 13-54 所示的放置面，同时打开如图 13-55 所示的“水平参考”对

话框。

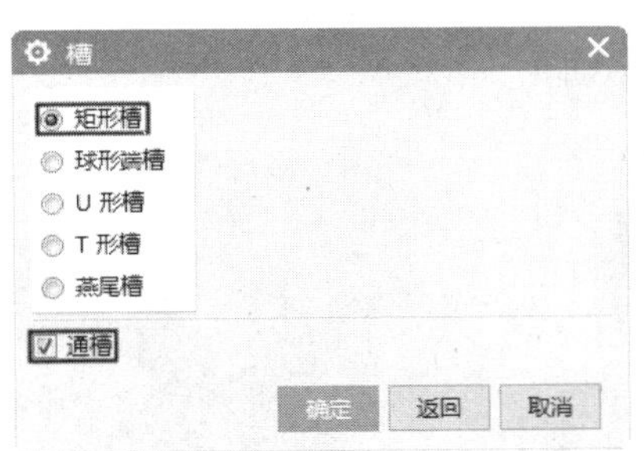

图13-52　“槽”对话框

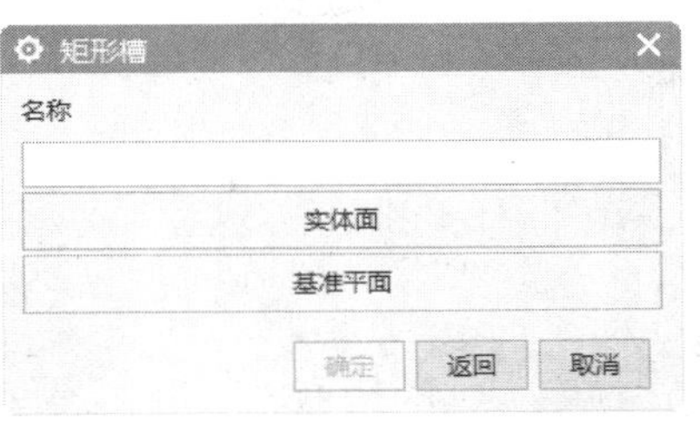

图13-53　放置面选择对话框

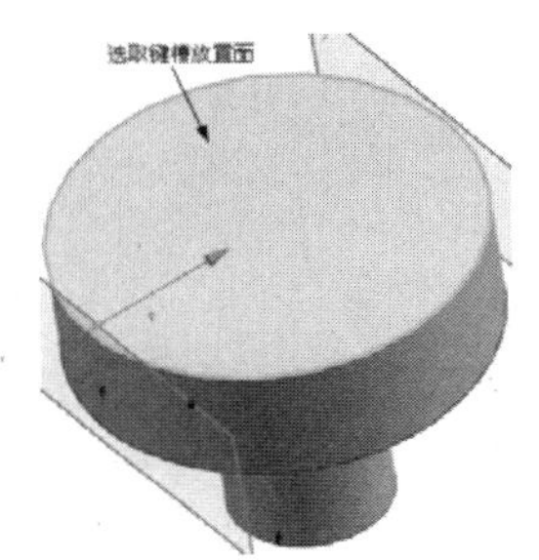

图13-54　选择为放置面

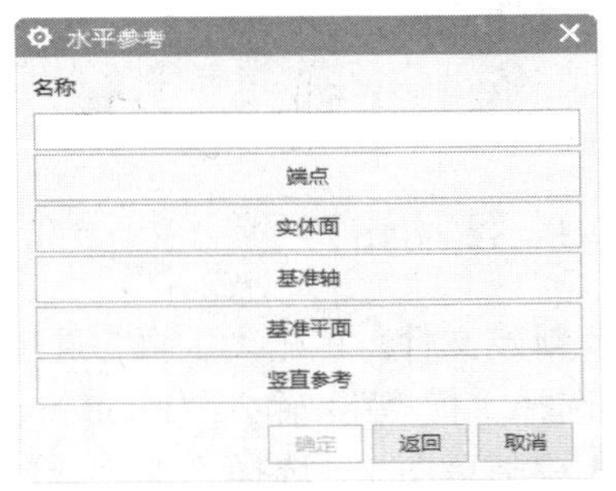

图13-55　“水平参考”对话框

❺在实体中选择基准轴作为矩形键槽的长度方向。同时，打开如图 13-56 所示的“矩形槽”通过面选择对话框。

❻在实体中选择基准平面 1 和基准平面 2 作为通过面。同时打开如图 13-57 所示的“矩形槽”参数输入对话框。

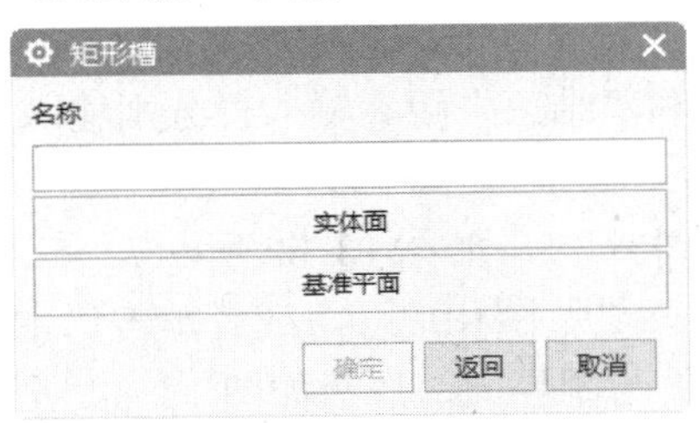

图13-56　通过面选择对话框

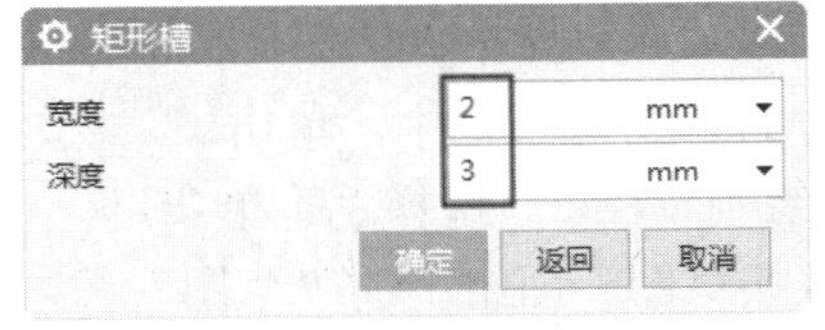

图13-57　“矩形槽”参数输入对话框

❼在“矩形槽”参数输入对话框中的 “宽度”和“深度”文本框中分别输入 2 和 3。

❽在“矩形槽”参数输入对话框中单击 确定 按钮，打开“定位”对话框。

❾在“定位”对话框中选取和进行定位。键槽中心线与圆柱体中心尺寸为 0。

❿在“定位”对话框中，单击 确定 按钮，创建矩形键槽，如图 13-58 所示。

08 创建螺纹特征。

❶选择“菜单(M)”→“插入(S)”→“设计特征(E)”→“螺纹(T)...”，或者单击“主页”选项卡“特征”面组上的“螺纹刀”按钮，打开“螺纹切削”对话框。

❷在“螺纹切削”对话框中，选中 ◉ 详细 单选按钮。

❸在实体中选择创建螺纹的圆柱面，如图 13-59 所示。

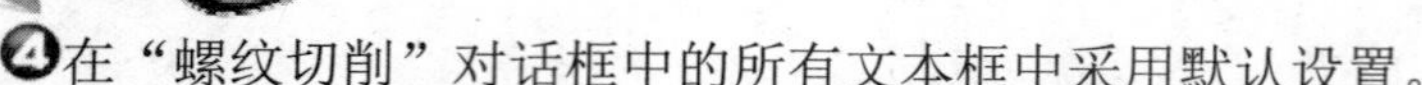

❹在“螺纹切削”对话框中的所有文本框中采用默认设置。

❺在“螺纹切削”对话框中，单击确定按钮，创建螺纹特征，如图 13-60 所示。

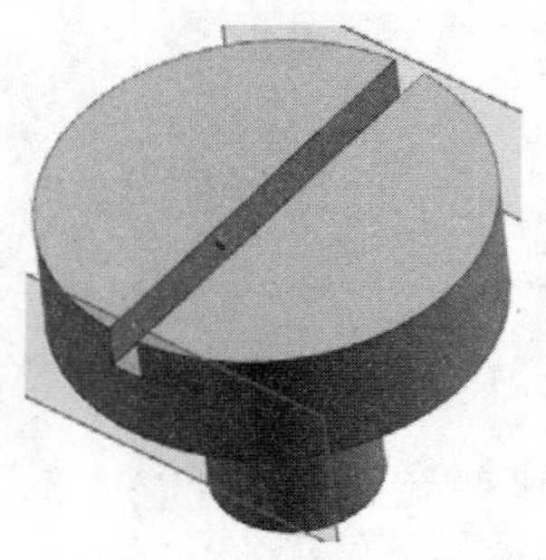
图13-58　创建矩形键槽

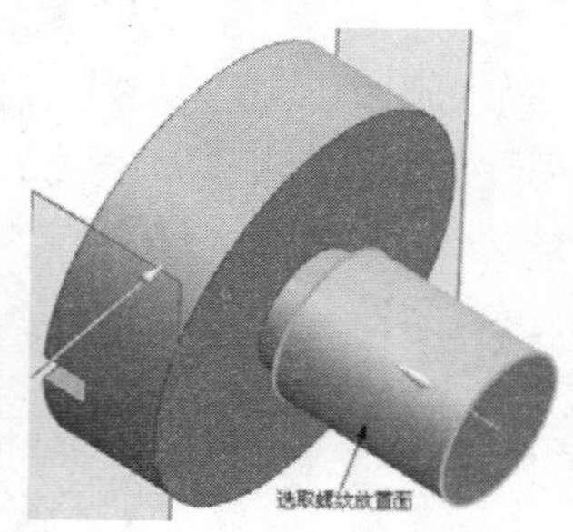

图13-59　选择创建螺纹的圆柱面

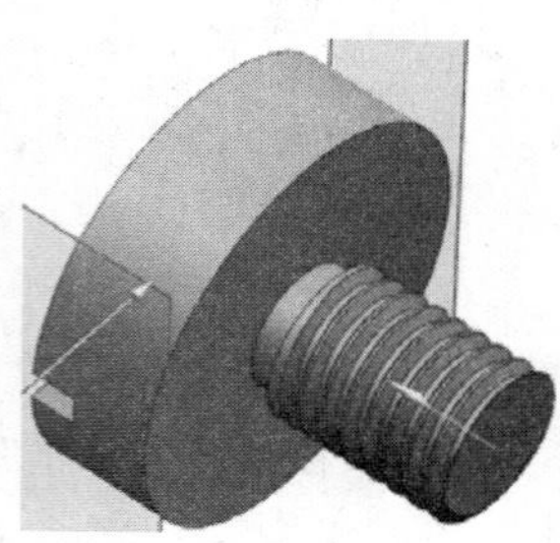
图13-60　创建螺纹特征

13.1.4　活动钳口

01 新建文件。单击“主页”选项卡“新建”按钮，打开“新建”对话框，在“模板”列表框中选择“模型”，输入“HuoDongQianKou”， 单击确定按钮，进入 UG 建模环境。

02 绘制草图 1。选择“菜单(M)”→“插入(S)”→“草图(H)...”，或者单击“主页”选项卡“直接草图”面组上的“草图”按钮，进入草图绘制界面，选择 XC-YC 平面为工作平面绘制草图，绘制后的草图如图 13-61 所示。

03 创建拉伸特征 1。

❶选择“菜单（M)”→“插入(S)”→“设计特征(E)”→“拉伸(X)...”，或者单击“主页”选项卡“特征”面组上的“拉伸”按钮，打开“拉伸”对话框，选择如图 13-61 所示的草图。

❷在“拉伸”对话框中，在“限制”栏中“开始”和“结束”距离输入栏分别输入 0，18，其他采用默认设置。

❸在“拉伸”对话框中，单击确定按钮，创建拉伸特征 1，如图 13-62 所示。

04 绘制草图 2。选择“菜单(M)”→“插入(S)”→“草图(H)...”，或者单击“主页”选项卡“直接草图”面组上的“草图”按钮，进入草图绘制界面，选择如图 13-62 所示的面 1 为工作平面绘制草图，绘制后的草图如图 13-63 所示。

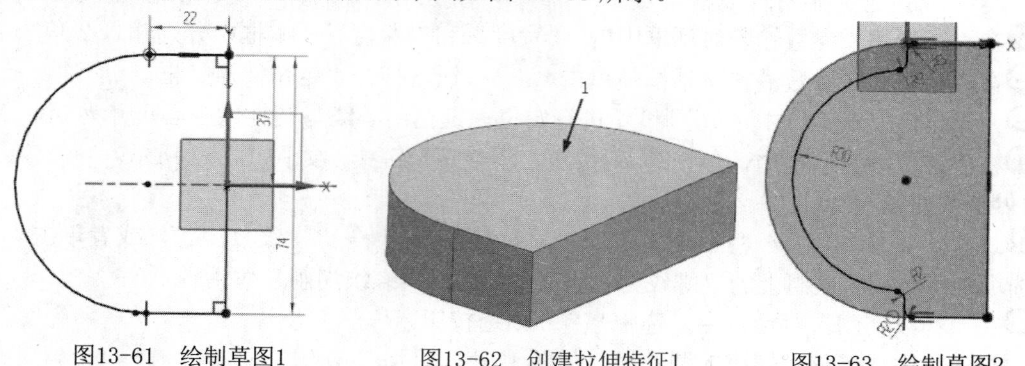

图13-61　绘制草图1　　图13-62　创建拉伸特征1　　图13-63　绘制草图2

05 创建拉伸特征 2。

❶选择“菜单（M）”→“插入(S)”→“设计特征(E)”→“拉伸(X)...”，或者单击“主页”选项卡“特征”面组上的“拉伸”按钮，打开“拉伸”对话框，选择如图 13-63 所示的草图。

❷在“拉伸”对话框中的“布尔”的下拉列表框中单击“合并”图标。

❸在“拉伸”对话框中，在“限制”栏中“开始”和“结束”距离输入栏分别输入 0，10，其他采用默认设置。

❹在“拉伸”对话框中，单击<确定>按钮，创建拉伸特征 2，如图 13-64 所示。

06 绘制草图 3。选择“菜单(M)”→“插入(S)”→“草图(H)...”，或者单击“主页”选项卡“直接草图”面组上的“草图”按钮，进入草图绘制界面，选择如图 13-64 所示的平面 2 为工作平面绘制草图，绘制后的草图如图 13-65 所示。

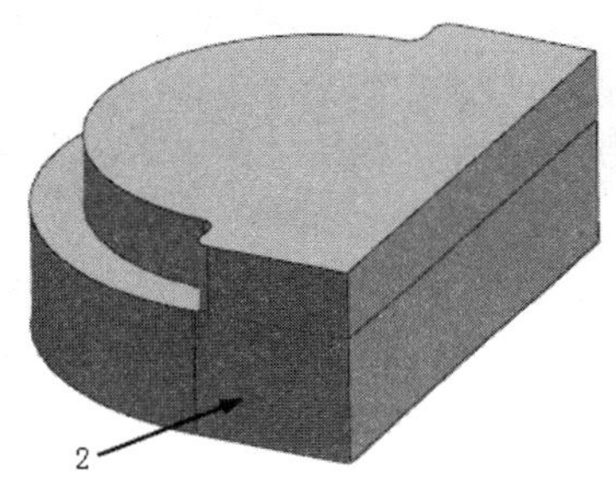

图13-64　创建拉伸特征2

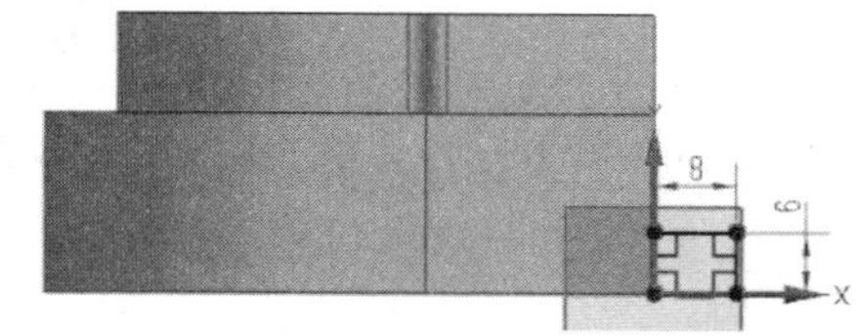

图13-65　绘制草图3

07 创建沿导线扫掠特征。

❶选择“菜单（M）”→“插入(S)”→“扫掠(W)”→“沿引导线扫掠(G)...”，打开如图 13-66 所示的“沿引导线扫掠”对话框。

❷在视图区选择如图 13-65 所绘制的草图。

❸在视图区拉伸体 1 的沿 Y 轴边线为引导线。

❹在“沿引导线扫掠”对话框中的“第一偏置”和“第二偏置”文本框中分别输入 0。

❺在“沿引导线扫掠”的“布尔”下拉列表中，选择“合并”，创建沿引导线扫掠特征，如图 13-67 所示。

08 创建沉头孔。

❶选择“菜单(M)”→“插入(S)”→“设计特征(E)”→“孔(H)...”，或单击“主页”选项卡“特征”面组上的“孔”按钮，打开“孔”对话框。

❷在“成形”下拉列表中选择“沉头”选项如图 13-68 所示。

❸在“沉头直径”“沉头深度”“直径”和“深度”文本框分别输入 28、8、20、30。

❹在零件体中捕捉视图中上表面的圆弧中心为孔位置，如图 13-69 所示. 。

❺在“孔”对话框中，单击<确定>按钮，创建“沉头孔”特征，如图 13-70 所示。

09 创建简单孔。

❶选择“菜单(M)”→“插入(S)”→“设计特征(E)”→“孔(H) ...”，或单击“主页”选项卡“特征”面组上的“孔”按钮，打开如图 13-71 所示的“孔”对话框。

❷在“成形”下拉列表中选择“简单孔”选项，在“直径”和“深度”文本框中输入 8.5

和 15。

❸选择放置面，如图 13-72 所示。进入绘图环境，绘制如图 13-73 所示的草图，之后，退出草图。

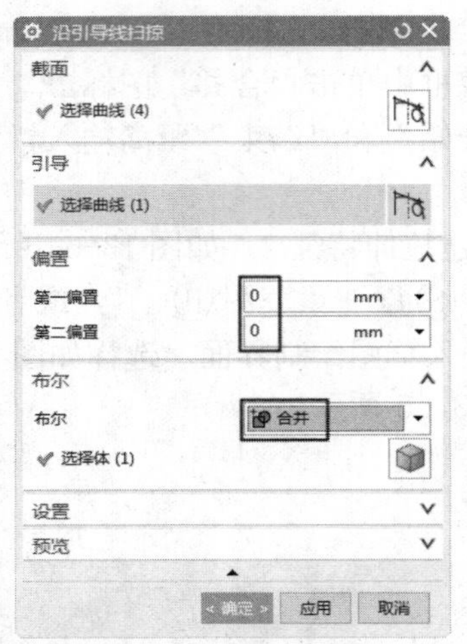

图13-66　“沿引导线扫掠”对话框

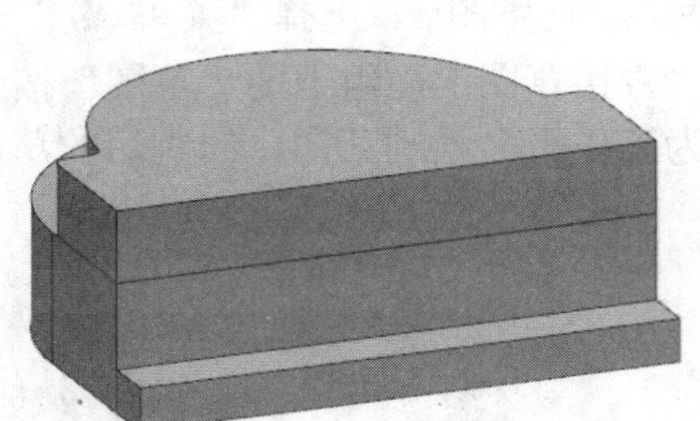

图13-67　扫掠

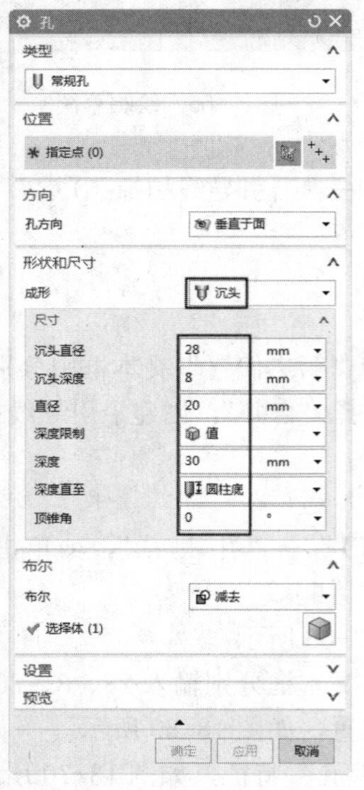

图13-68　沉头孔选项

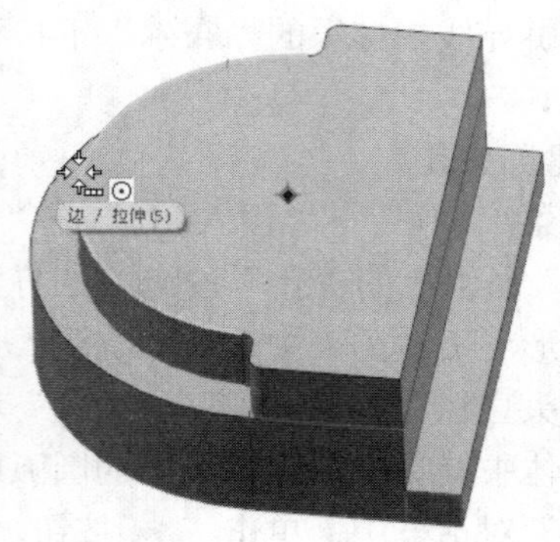

图13-69　捕捉圆心

❹在“孔”对话框中，单击< 确定 >按钮，创建“简单孔”特征，如图 13-74 所示。

10 创建螺纹特征。

❶选择“菜单(M)”→“插入(S)”→“设计特征(E)”→“螺纹(T)...”，或者单击“主

页”选项卡“特征”面组上的“螺纹刀”按钮，打开“螺纹切削”对话框。

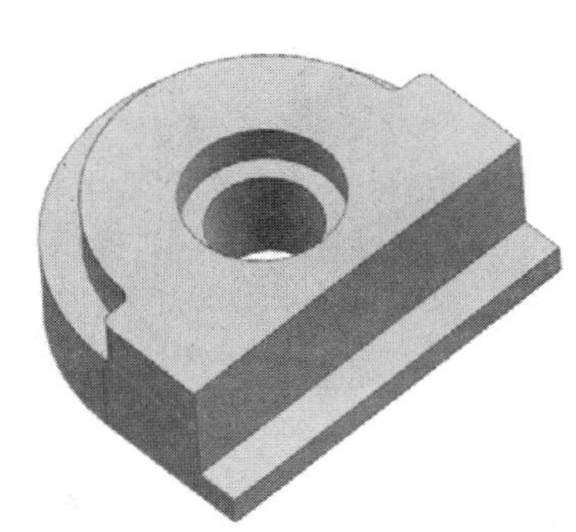

图13-70　创建“沉头孔”特征

图13-71　“孔”对话框

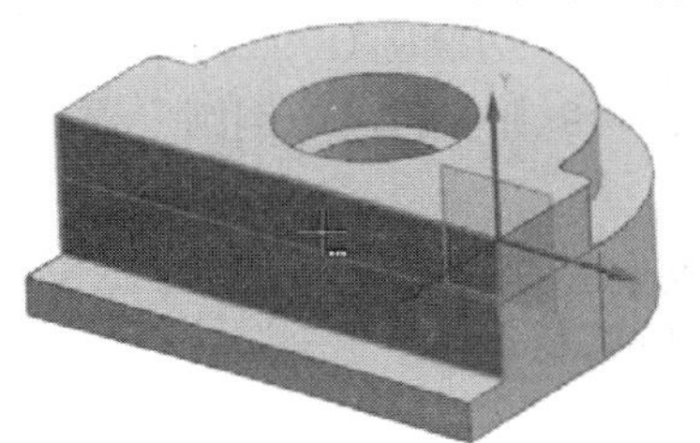

图13-72　选择放置面

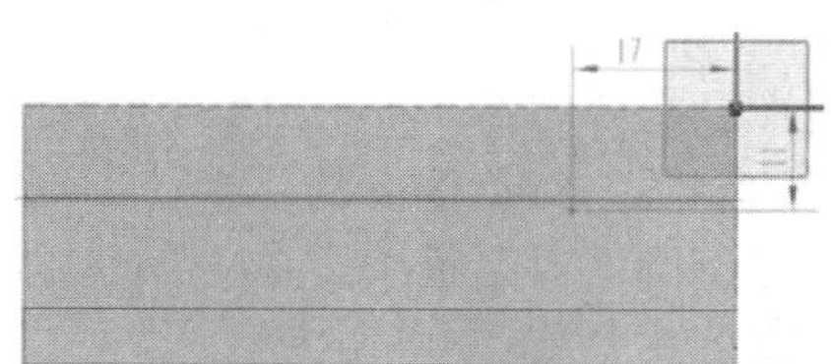

图13-73　绘制草图

❷在“螺纹切削”对话框中，选中◉ 详细 单选按钮。

❸在实体中选择创建螺纹的孔圆柱面，如图 13-75 所示。

❹在“螺纹切削”对话框中的所有文本框中采用默认设置。

❺在“螺纹切削”对话框中，单击 确定 按钮，创建螺纹特征，如图 13-76 所示。

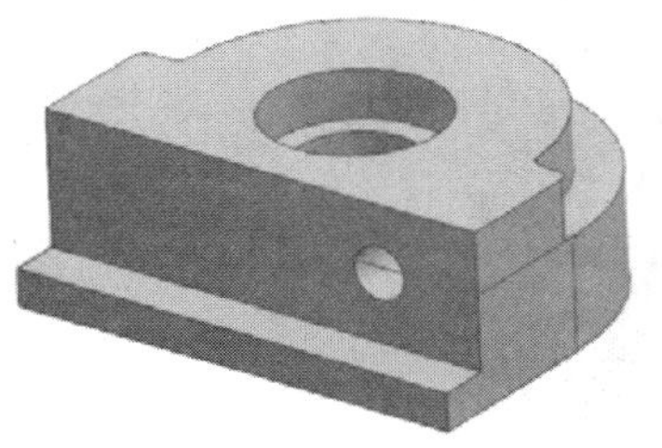

图13-74　创建“简单孔”特征

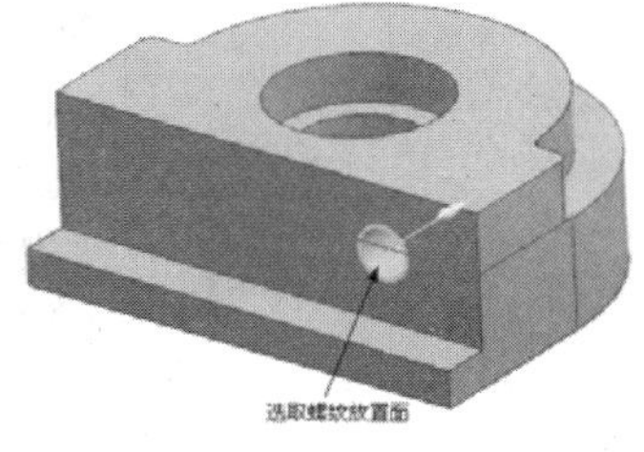

图13-75　选择创建螺纹的孔圆柱面

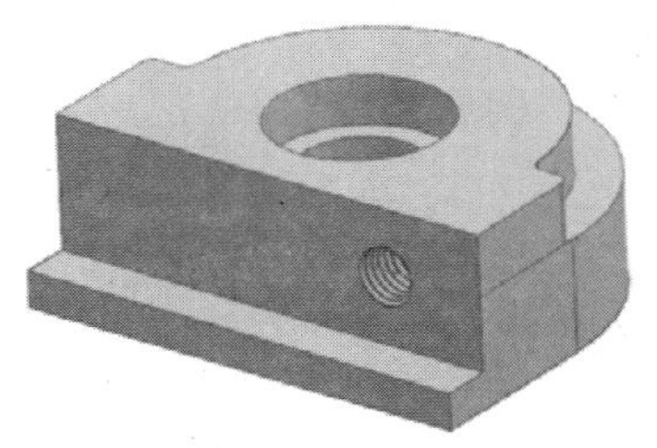

图13-76　创建螺纹特征

(11) 镜像简单孔和螺纹特征。

❶选择“菜单(M)”→“插入(S)”→“关联复制(A)”→“镜像特征(R)”，或单击“主页”选项卡“特征”面组上“更多”库下“镜像特征”按钮，打开如图 13-77 所示的“镜像特征”对话框。

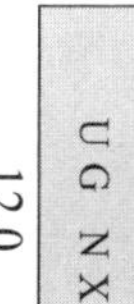

❷在视图区或导航树中选择上步创建的孔和螺纹。

❸在“镜像特征”对话框中的“平面”下拉列表中选择“新平面”。

❹在“镜像特征”对话框中的“指定平面”下拉列表框中选择 XC－ZC 平面为镜像平面。

❺在“镜像特征”对话框中单击 确定 按钮，镜像简单孔和螺纹特征，如图 13-78 所示。

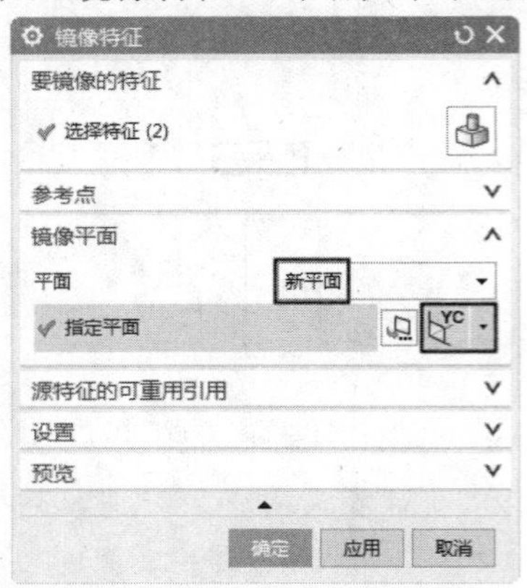

图13-77 “镜像特征”对话框

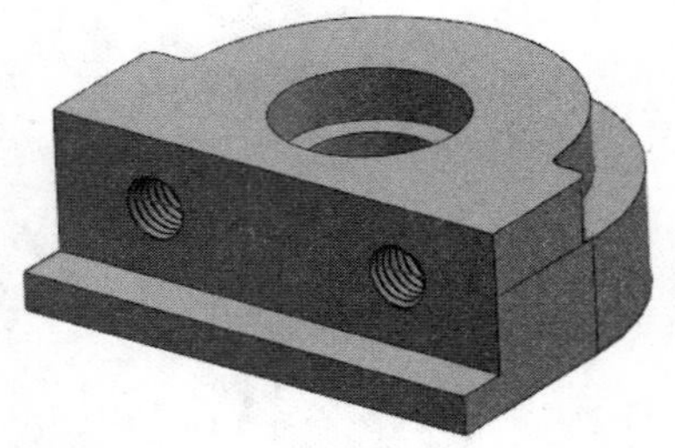

图13-78 镜像简单孔和螺纹特征

12 创建边倒圆特征。

❶选择“菜单(M)”→“插入(S)”→“细节特征(L)”→“边倒圆(E)...”，单击“主页”选项卡“特征”面组上的“边倒圆”按钮，打开如图 13-79 所示的“边倒圆”对话框。

❷在视图区选择边缘 1，如图 13-80 所示。

❸在“边倒圆”对话框中的“半径 1”文本框中输入 1。

❹在“边倒圆”对话框中，单击 应用 按钮，创建边倒圆特征 1。

图13-79 “边倒圆”对话框

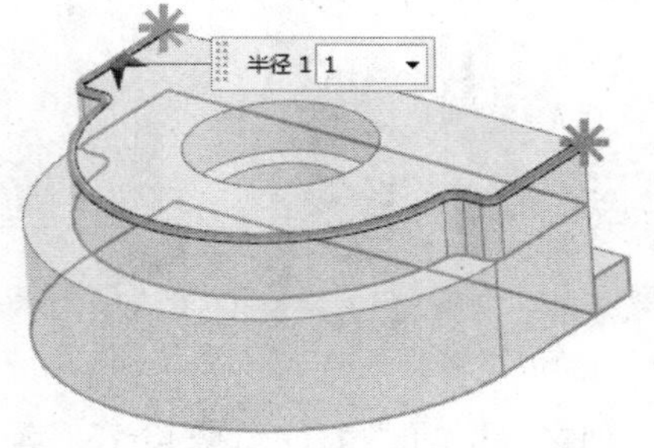

图13-80 选择边缘1

❺在视图区选择边缘 2，如图 13-81 所示。

❻在“边倒圆”对话框中，单击 应用 按钮，创建边倒圆特征 2。

❼在视图区选择边缘 3，如图 13-82 所示。

❽在“边倒圆”对话框中，单击<确定>按钮，创建边倒圆特征，如图 13-83 所示。

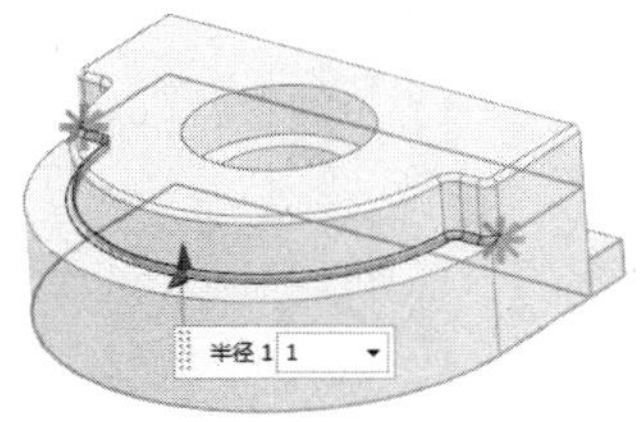
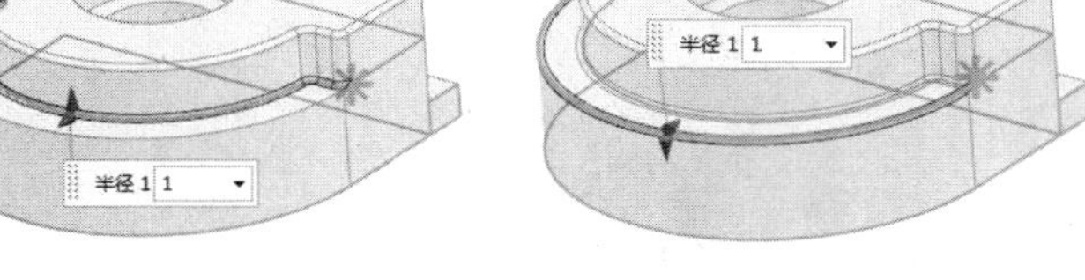
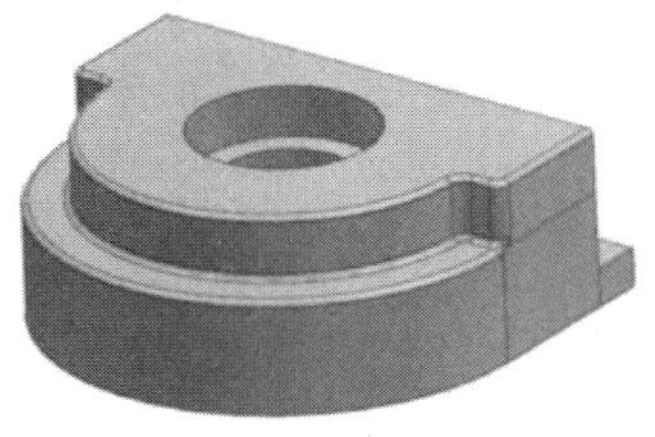

图13-81　选择边缘2　　图13-82　选择边缘3　　图13-83　创建边倒圆特征

13.1.5　销 3×16

01 新建文件。单击“主页”选项卡“新建”按钮，打开“新建”对话框，在“模板”列表框中选择“模型”，输入“Xiao3-16”， 单击确定按钮，进入 UG 建模环境。

02 绘制草图。选择“菜单(M)”→“插入(S)”→“草图(H)...”，或者单击“主页”选项卡“直接草图”面组上的“草图”按钮，进入草图绘制界面，选择 XC-YC 平面为工作平面绘制草图，绘制后的草图如图 13-84 所示。

03 创建旋转特征。

❶选择“菜单（M)”→“插入(S)”→“设计特征(E)” →“旋转（R）...”，或者单击“主页”选项卡“特征”面组上的“旋转”按钮，打开如图 13-85 所示的“旋转”对话框。

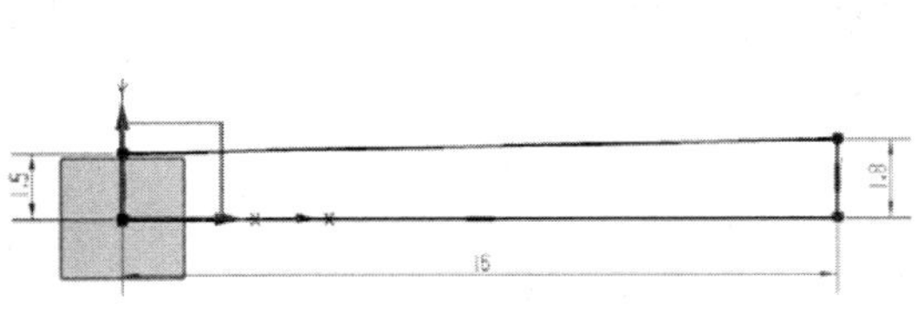

图13-84　绘制草图

图13-85　“旋转”对话框

❷在视图区选择如图 13-84 所示绘制的草图，单击鼠标中键，选择旋转轴方向和基点，如图 13-86 所示。

❸在“旋转”对话框中，设置“限制”的“开始”选项为“值”，在其文本框中输入 0。同样设置“结束”选项为“值”，在其文本框中输入 360。

❹在“旋转”对话框中，单击确定按钮，创建旋转特征，如图 13-87 所示。

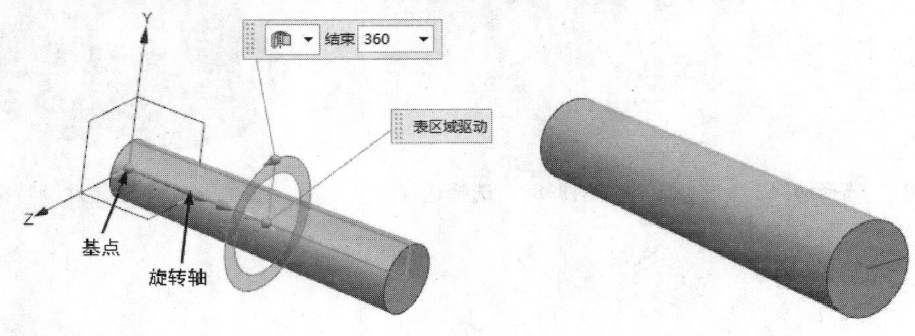

图13-86　选择旋转轴　　　图13-87　创建旋转特征

13.1.6　螺母 M10

01 新建文件。单击“主页”选项卡“新建”按钮，打开“新建”对话框，在“模板”列表框中选择“模型”，输入“LuoMuM10”，单击确定按钮，进入 UG 主界面。

02 创建圆柱特征。

❶选择“菜单(M)”→“插入(S)”→“设计特征(E)”→“圆柱(C)...”，或者单击“主页”选项卡“特征”面组上的“圆柱”按钮，打开“圆柱”对话框。

❷在“圆柱”对话框中的“类型”下拉列表中选择”轴、直径和高度”类型。

❸在“圆柱”对话框中的“指定矢量”下拉列表中选择 ZC↑ 方向为圆柱轴向。

❹在“圆柱”对话框中的“直径”和“高度”数值输入栏分别输入 22、8.4。

❺在“圆柱”对话框中，单击确定按钮，创建以原点为基点的圆柱体，如图 13-88 所示。

03 创建倒斜角特征。

❶选择“菜单(M)”→“插入(S)”→“细节特征(L)”→“倒斜角(M)...”，或者单击“主页”选项卡“特征”面组上的“倒斜角”按钮，打开如图 13-89 所示的“倒斜角”对话框。

❷在“倒斜角”对话框中的“距离 1”和“距离 2”文本框中分别输入 1 和 3。

❸在视图区选择倒角边，如图 13-90 所示。

❹在“倒斜角”对话框中，单击确定按钮，创建倒斜角特征，如图 13-91 所示。

04 绘制多边形。

❶选择“菜单(M)”→“插入(S)”→“草图曲线(S)”→“多边形(Y)...”，打开如图 13-92 所示的“多边形”对话框。

❷在“多边形”对话框中的“边数”文本框中输入 6。

❸在“多边形”类型对话框中，“大小”下拉列表中选择“内切圆半径”，在“半径”和“旋转”文本框中输入 8 和 0。

❹在“多边形”对话框中的“中心点”选项卡单击“定义草图平面”图标，打开“创

建草图”对话框，选择图 13-91 所示的面 1 为草图基准面，单击确定按钮，返回到“多边形”对话框，在“中心点”选项卡中单击“点对话框”按钮，打开如图 13-93 所示“点”对话框。

图13-88　创建圆柱体

图13-89　“倒斜角”对话框

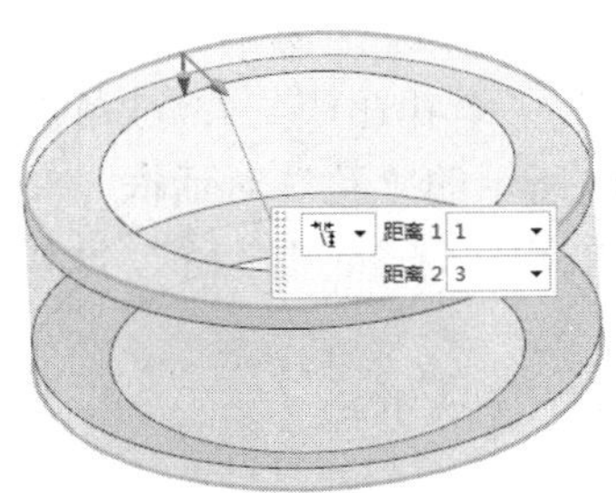

图13-90　选择倒角边

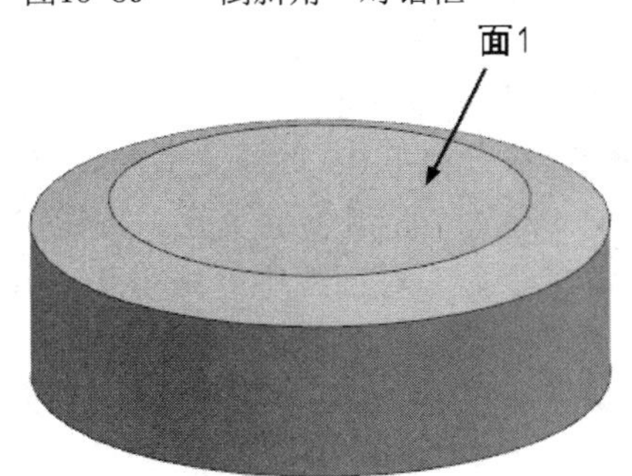

图13-91　创建倒斜角特征

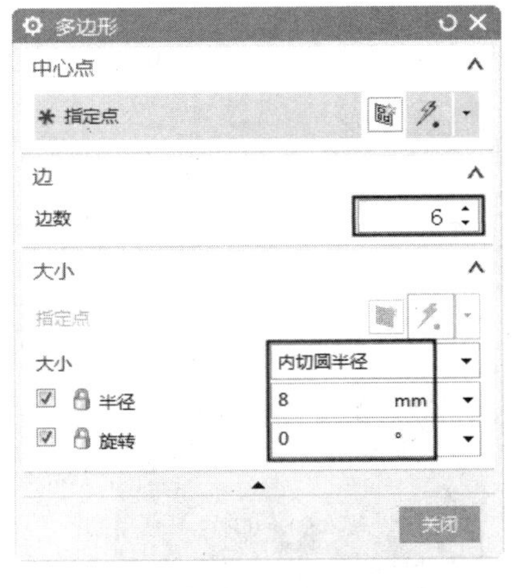

图13-92　“多边形”对话框

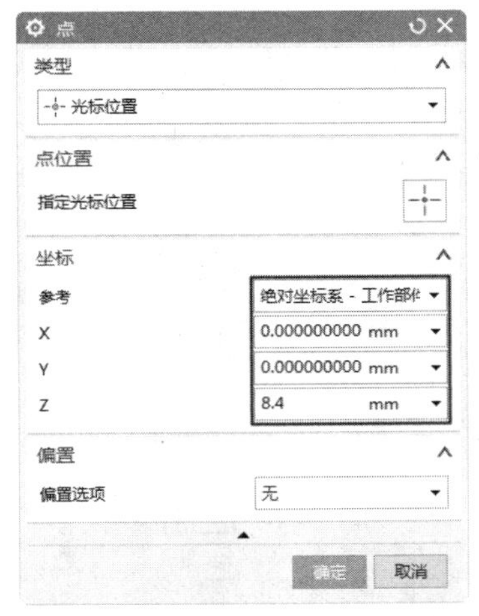

图13-93　“点”对话框

❺在“点”对话框中的“X”和“Y”文本框中输入 0，“Z”文本框中输入 8.4。

❻在“点”对话框中，单击确定按钮，返回到“多边形”对话框，单击关闭按钮，绘制多边形，如图 13-94 所示。

05 创建拉伸特征。

❶选择“菜单(M)”→“插入(S)”→“设计特征(E)”→“拉伸(X)...”，或者单击“主页”选项卡“特征”面组上的“拉伸”按钮，打开“拉伸”对话框，选择如图 13-94 所绘制的多边形。

❷在“拉伸”对话框中，在“布尔”的下拉列表框中选中 相交 图标。

❸在“拉伸”对话框中，在“限制”栏中“开始”和“结束”距离输入栏分别输入 0，8.4，其他采用默认设置。

❹在“拉伸”对话框中，单击< 确定 >按钮，创建拉伸特征，如图 13-95 所示。

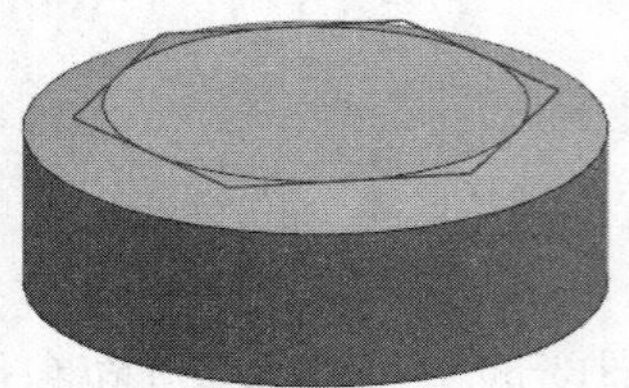

图13-94 绘制多边形

图13-95 创建拉伸特征

06 创建简单孔。

❶选择“菜单(M)”→“插入(S)”→“设计特征(E)”→“孔(H) ...”，或单击“主页”选项卡“特征”面组上的“孔”按钮，打开如图 13-96 所示的“孔”对话框。

❷在“孔”对话框中“成形”下拉菜单中选择“简单孔”，在的“直径”文本框中输入 8.5，在“深度”文本框中输入“9”。

❸在视图中捕捉上表面圆弧圆心为孔中位置，如图 13-97 所示。

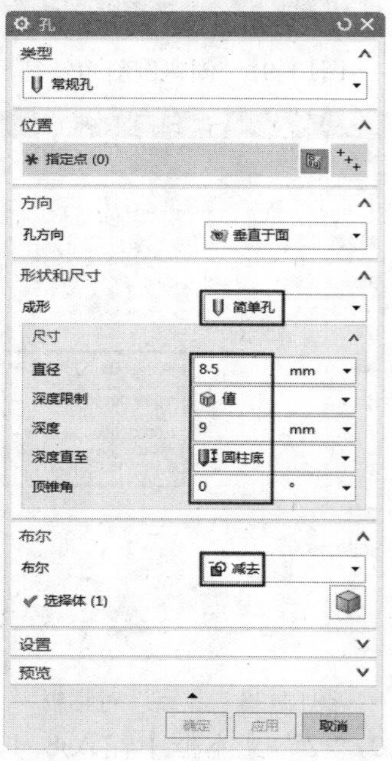

图13-96 “孔”对话框

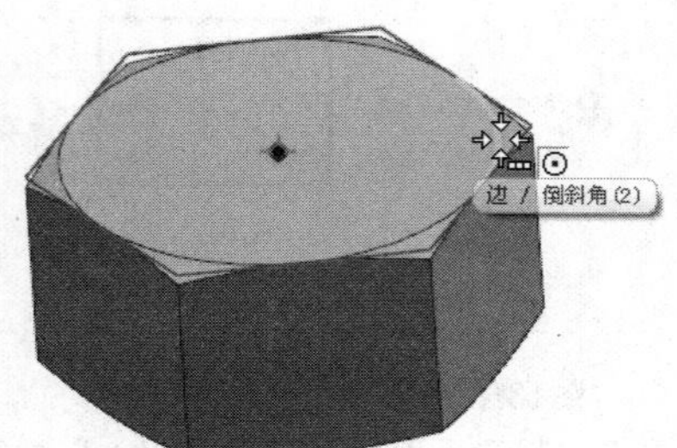

图13-97 选择通过面

❹在“孔”对话框中，单击< 确定 >按钮，创建“简单孔”特征，如图 13-98 所示。

07 创建螺纹特征。

❶选择"菜单(M)"→"插入(S)"→"设计特征(E)"→"螺纹(T)..."，或者单击"主页"选项卡"特征"面组上的"螺纹刀"按钮，打开"螺纹切削"对话框。

❷在"螺纹切削"对话框中，选中◉ 详细 单选按钮。

❸在实体中选择创建螺纹的圆柱面，如图 13-99 所示。

❹在"螺纹切削"对话框中的所有文本框中采用默认设置。

❺在"螺纹切削"对话框中，单击 确定 按钮，创建螺纹特征，如图 13-100 所示。

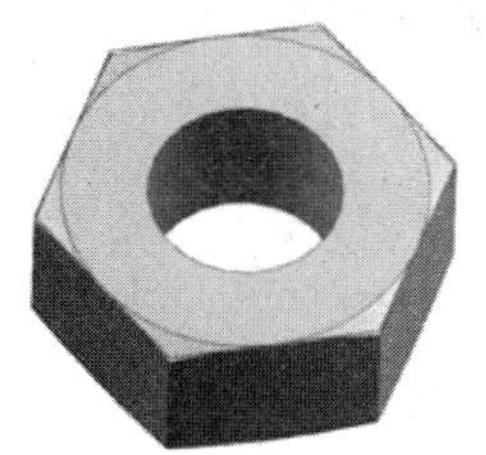

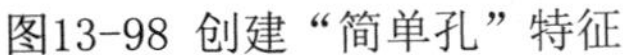

图13-98 创建"简单孔"特征

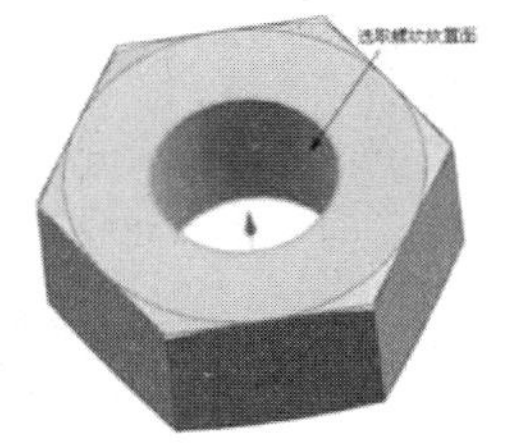

图13-99 选择创建螺纹的圆柱面

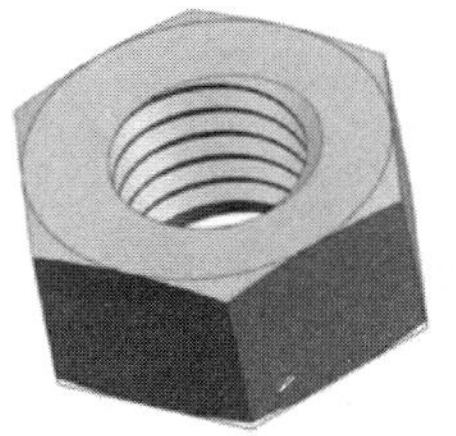

图13-100 创建螺纹特征

13.1.7 垫圈 10

01 新建文件。单击"主页"选项卡"新建"按钮，打开"新建"对话框，在"模板"列表框中选择"模型"，输入"DianQuan10"，单击 确定 按钮，进入 UG 建模环境。

02 绘制草图。选择"菜单(M)"→"插入(S)"→"草图(H)..."，或者单击"主页"选项卡"直接草图"面组上的"草图"按钮，进入草图绘制界面，选择 XC-YC 平面为工作平面绘制草图，绘制如图 13-101 所示的草图。

03 创建拉伸特征。

❶选择"菜单 (M)"→"插入(S)"→"设计特征(E)"→"拉伸(X)..."，或者单击"主页"选项卡"特征"面组上的"拉伸"按钮，打开"拉伸"对话框，选择上步绘制的草图。

❷在"拉伸"对话框中，在"限制"栏中"开始"和"结束"距离输入栏分别输入 0，2，其他采用默认设置。

❸在"拉伸"对话框中，单击 < 确定 > 按钮，创建拉伸特征，如图 13-102 所示。

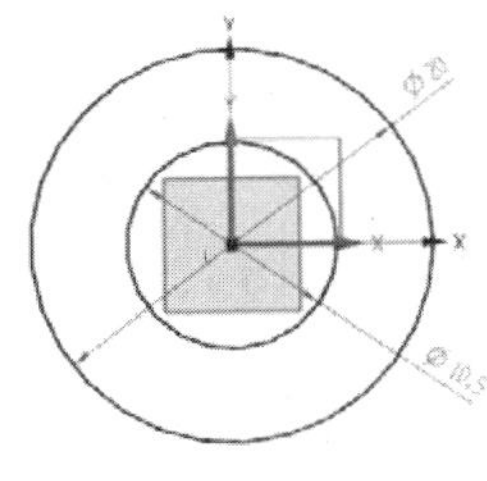

图13-101 绘制草图

图13-102 创建拉伸特征

04 创建倒角特征。

❶选择"菜单(M)"→"插入(S)"→"细节特征(L)"→"倒斜角(M)..."，或者单击"主页"选项卡"特征"面组上的"倒斜角"按钮，打开"倒斜角"对话框。

❷在“倒斜角”对话框选择横截面“对称”，输入“距离”为0.8。

❸在视图区选择倒角边，如图13-103所示。

❹在“倒斜角”对话框中，单击按钮，创建倒斜角特征，如图13-104所示。

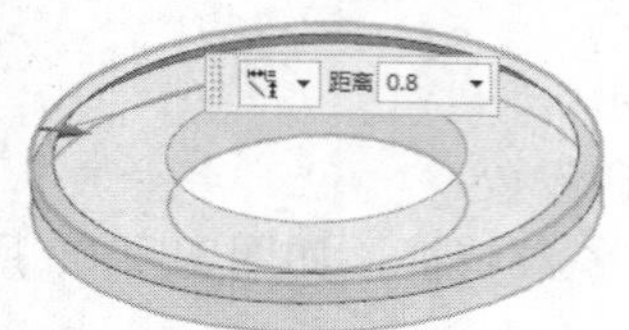

图13-103 选择倒角边

图13-104 创建倒斜角特征

13.1.8 螺杆

01 新建文件。单击“主页”选项卡“新建”按钮，打开“新建”对话框，在“模板”列表框中选择“模型”，输入“LuoGan”，单击按钮，进入UG建模环境。

02 绘制草图1。选择“菜单(M)”→“插入(S)”→“草图(H)...”，或者单击“主页”选项卡“直接草图”面组上的“草图”按钮，进入草图绘制界面，选择XC-YC平面为工作平面绘制草图，绘制后的草图如图13-105所示。

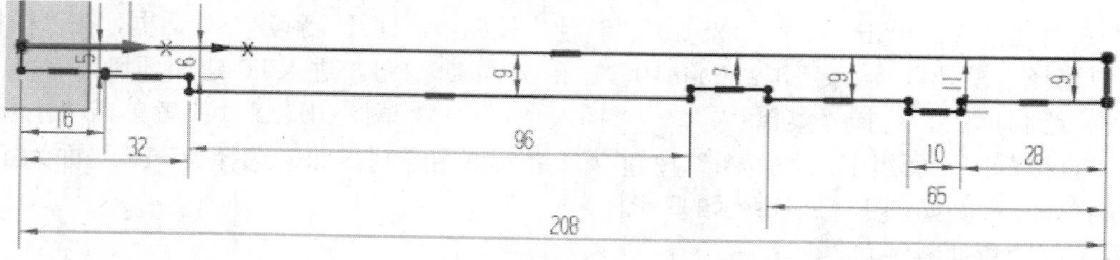

图13-105 绘制草图1

03 创建旋转特征。

❶选择“菜单（M）”→“插入(S)”→“设计特征(E)”→“旋转（R）...”，或者单击“主页”选项卡“特征”面组上的“旋转”按钮，打开如图13-106所示的“旋转”对话框。

❷在视图区选择如图13-105所示绘制的草图，选择旋转轴方向和基点，如图13-107所示。

❸在“旋转”对话框中，设置“限制”的“开始”选项为“值”，在其文本框中输入0。同样设置“结束”选项为“值”，在其文本框中输入360。

❹在“旋转”对话框中，单击按钮，创建旋转特征，如图13-108所示。

04 创建倒斜角特征。

❶选择“菜单(M)”→“插入(S)”→“细节特征(L)”→“倒斜角(M)...”，或者单击“主页”选项卡“特征”面组上的“倒斜角”按钮，打开“倒斜角”对话框。

❷在“倒斜角”对话框中的“距离”文本框中输入1。

❸在视图区选择倒角边，如图13-109所示。

❹在“倒斜角”对话框中，单击按钮，创建倒斜角特征，如图13-110所示。

05 创建螺纹特征 1。

❶选择“菜单(M)”→“插入(S)”→“设计特征(E)”→“螺纹(T)...”，或者单击“主页”选项卡“特征”面组上的“螺纹刀”按钮，打开“螺纹切削”对话框。

图13-106　“旋转”对话框

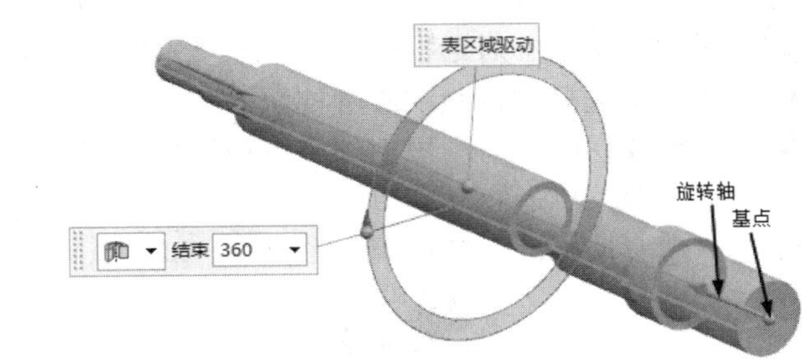

图13-107 选择旋转轴

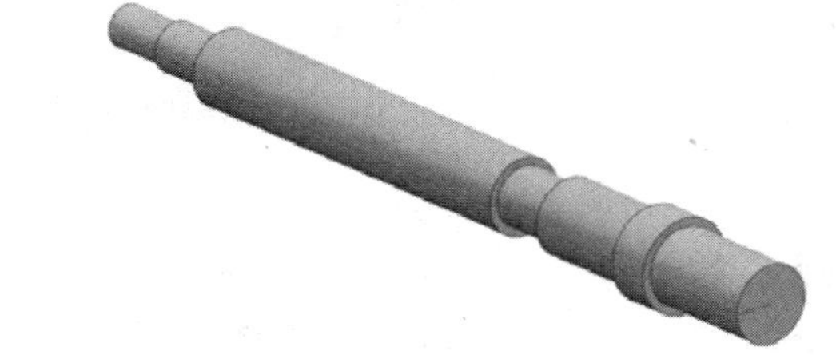

图13-108　创建旋转特征

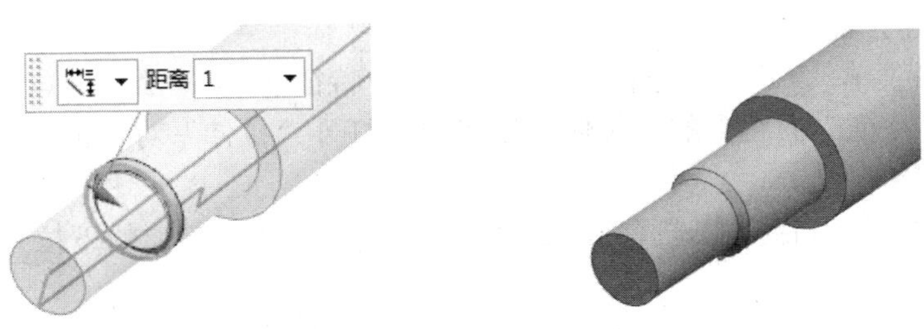

图13-109　选择倒角边

图13-110　创建倒斜角特征

❷在“螺纹切削”对话框中，选中 详细 单选按钮。

❸在实体中选择创建螺纹的圆柱面，如图 13-111 所示。

❹在“螺纹切削”对话框中的所有文本框中采用默认设置。

❺在“螺纹切削”对话框中，单击确定按钮，创建螺纹特征，如图 13-112 所示。

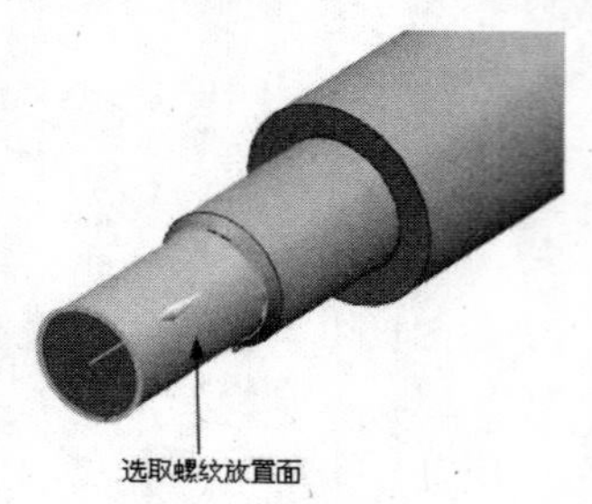

图13-111 选择创建螺纹的圆柱面

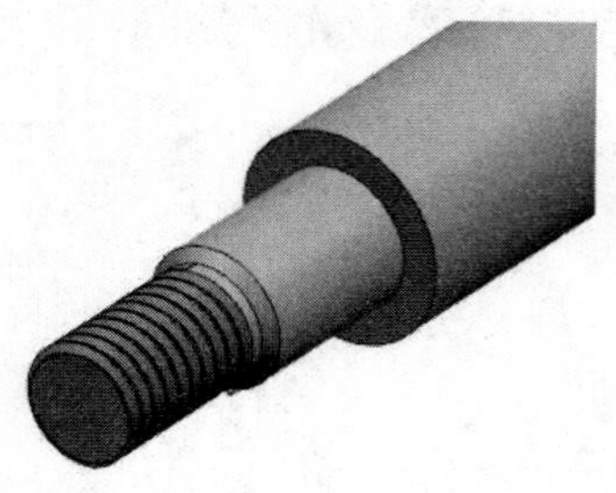

图13-112 创建螺纹特征

06 创建螺纹特征 2。

❶选择“菜单(M)”→“插入(S)”→“设计特征(E)”→“螺纹(T)...”，或者单击“主页”选项卡“特征”面组上的“螺纹刀”按钮，打开“螺纹切削”对话框。

❷在“螺纹切削”对话框中，选中◉详细单选按钮。

❸在实体中选择创建螺纹的圆柱面。

❹在“螺纹切削”对话框中的“小径”“长度”和“螺距”文本框中分别输入 13.5，96 和 4，其他采用默认设置。

❺在“螺纹切削”对话框中，单击确定按钮，创建螺纹特征，如图 13-113 所示。

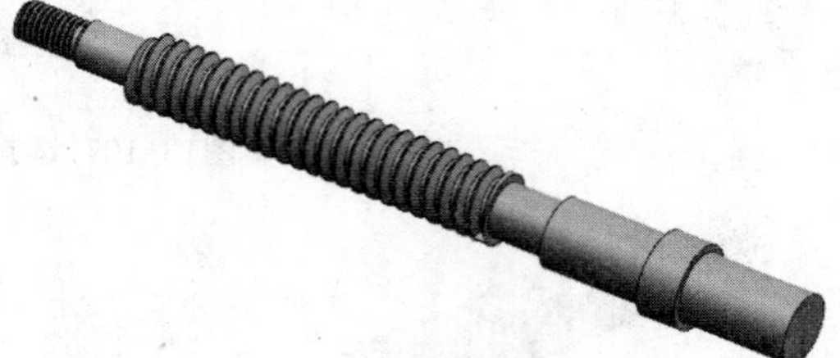

图13-113 创建螺纹特征

07 绘制草图 2。选择“菜单(M)”→“插入(S)”→“草图(H)...”，或者单击“主页”选项卡“直接草图”面组上的“草图”按钮，进入草图绘制界面，选择如图 13-114 所示面 1 为工作平面绘制草图，绘制后的草图如图 13-115 所示。

08 创建拉伸特征 1。

❶选择“菜单 (M)”→“插入(S)”→“设计特征(E)”→“拉伸(X)...”，或者单击“主页”选项卡“特征”面组上的“拉伸”按钮，打开“拉伸”对话框，选择如图 13-115 所绘制草图。

❷在“拉伸”对话框中选择-XC 轴为拉伸方向，在“布尔”的下拉列表框中选中“减去”图标。

❸在“拉伸”对话框中，在“限制”栏中“开始”和“结束”距离输入栏分别输入 0，22，其他采用默认设置。

❹在“拉伸”对话框中，单击< 确定 >按钮，创建拉伸特征 1，如图 13-116 所示。

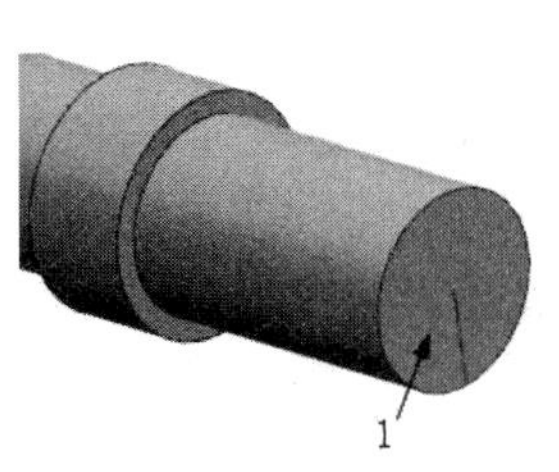

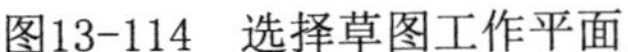
图13-114　选择草图工作平面

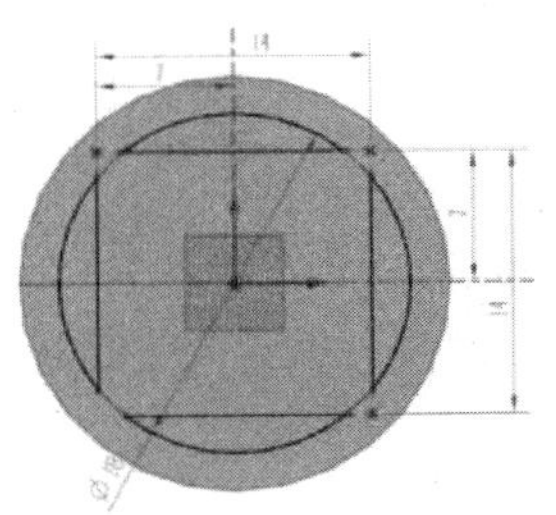
图13-115 绘制草图2

09 绘制草图 3。选择“菜单(M)”→“插入(S)”→“草图(H)...”，或者单击“主页”选项卡“直接草图”面组上的“草图”按钮，进入草图绘制界面，选择 XC-YC 平面为工作平面绘制草图，绘制后的草图如图 13-117 所示。

图13-116　创建拉伸特征1

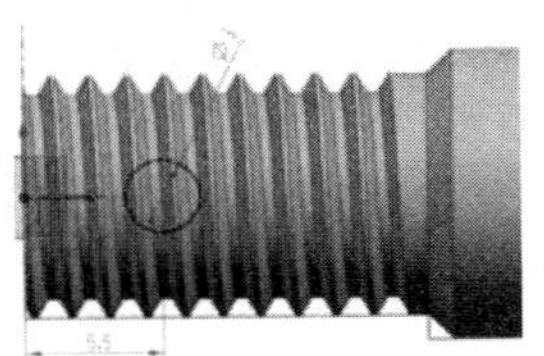
图13-117　绘制草图3

10 创建拉伸特征 2。

❶选择“菜单 (M)”→“插入(S)”→“设计特征(E)”→“拉伸(X)...”，或者单击“主页”选项卡“特征”面组上的“拉伸”按钮，打开“拉伸”对话框，选择如图 13-118 所绘制草图。

❷在“拉伸”对话框中选择 ZC 轴为拉伸方向，在“布尔”的下拉列表框中选中“减去”图标。

❸在“拉伸”对话框中，在“限制”栏中“开始”和“结束”距离输入栏分别输入-10、10，其他采用默认设置。

❹在“拉伸”对话框中，单击< 确定 >按钮，创建拉伸特征 2，如图 13-118 所示。

图13-118　创建拉伸特征2

13.1.9　方块螺母

01 新建文件。单击“主页”选项卡“新建”按钮，打开“新建”对话框，在“模板”列表框中选择“模型”，输入“FangKuaiLuoMu”， 单击确定按钮，进入 UG 建模环境。

02 绘制草图。选择“菜单(M)”→“插入(S)”→“草图(H)...”，或者单击“主页”选项卡“直接草图”面组上的“草图”按钮，进入草图绘制界面，选择 XC-YC 平面为工作平面绘制草图，绘制后的草图如图 13-119 所示。

03 创建拉伸特征。

❶选择“菜单 (M)”→“插入(S)”→“设计特征(E)” →“拉伸(X)...”，或者单击“主

页”选项卡“特征”面组上的“拉伸”按钮，打开“拉伸”对话框，选择如图 13-119 所绘制草图。

❷在“拉伸”对话框中，在“限制”栏中“开始”和“结束”距离输入栏分别输入 0、8，其他采用默认设置。

❸在“拉伸”对话框中，单击< 确定 >按钮，创建拉伸特征，如图 13-120 所示。

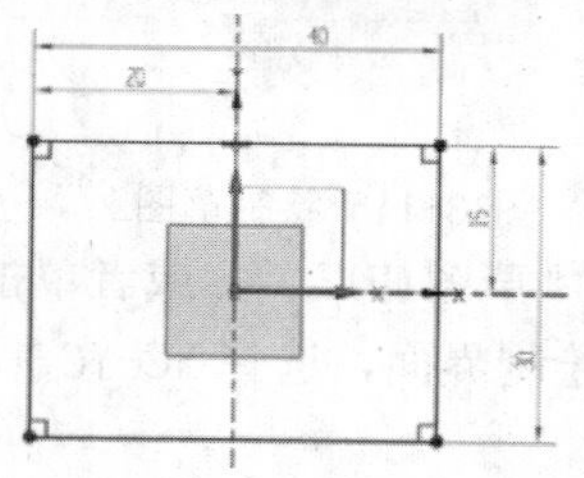
图13-119 绘制草图

图13-120 创建拉伸特征

04 创建长方体。

❶选择“菜单(M)”→“插入(S)”→“设计特征(E)” →“长方体(K)…”，或者单击“主页”选项卡“特征”面组上的“长方体”按钮，打开如图 13-121 所示的“长方体”对话框。

❷选择“原点和边长”类型，单击图标，打开“点”对话框。

❸在“点”对话框中的“X”“Y”和“Z”的文本框中分别输入-12、-15、8，单击确定按钮，回到“块”对话框。

❹在“长方体”对话框中的“长度(XC)”“宽度(YC)”和“高度(ZC)”数值输入栏分别输入 24、30、18。

❺在“长方体”对话框中，单击确定按钮，创建长方体特征，如图 13-122 所示。

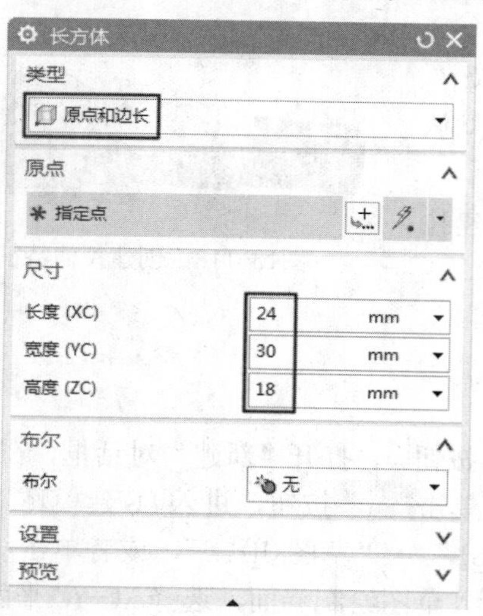

图13-121 “长方体”对话框

图13-122 创建长方体特征

05 创建圆柱体特征。

❶选择“菜单(M)”→“插入(S)”→“设计特征(E)” →“圆柱(C)…”，或者单击“主

页”选项卡“特征”面组上的“圆柱”按钮，打开“圆柱”对话框。

❷在“圆柱”对话框中的“类型”下拉列表中选择”轴、直径和高度”类型。

❸在“圆柱”对话框中的“指定矢量”下拉列表中选择 ZC 方向为圆柱轴向。

❹在“圆柱”对话框中单击按钮，打开“点”对话框。

❺在“点”对话框中的“XC”“YC”和“ZC”的文本框中分别输入 0、0、26。

❻在“点”对话框中，单击 确定 按钮，返回到“圆柱”对话框。

❼在“圆柱”对话框中的“直径”和“高度”数值输入栏分别输入 20、20。

❽在“圆柱”对话框中的“布尔”下拉列表中选择“合并”图标，选择上步所建长方体为目标体，单击 确定 按钮，创建圆柱体，如图 13-123 所示。

06 合并操作。

❶选择“菜单(M)”→“插入(S)”→“组合(B)”→“合并(U)...”或单击“主页”选项卡“特征”面组上的“合并”按钮，打开如图 13-124 所示的“合并”对话框。

❷选择拉伸特征为目标体，由长方体和圆柱体组成的实体为工具体。

❸在“合并”对话框中，单击 <确定> 按钮，如图 13-125 所示。

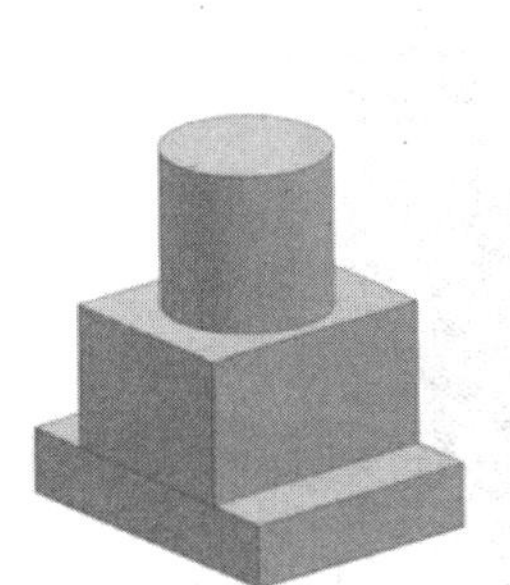

图13-123　创建圆柱体

合并
目标
选择体 (0)
工具
选择体 (0)
区域
设置
预览
确定　应用　取消

图13-124　“合并”对话框

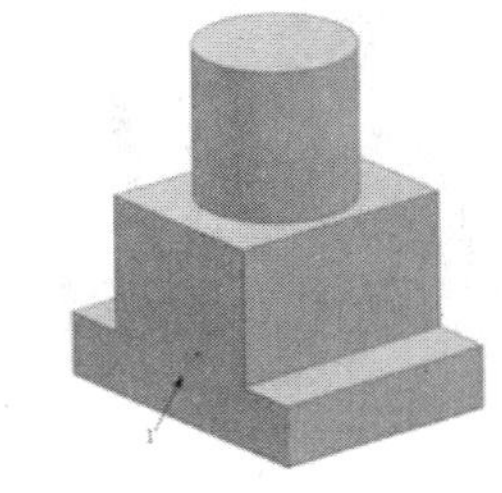

图13-125 布尔“求和”操作

07 创建简单孔 1。

❶选择“菜单(M)”→“插入(S)”→“设计特征(E)”→“孔(H)...”，或单击“主页”选项卡“特征”面组上的“孔”按钮，打开“孔”对话框。

❷在“孔”对话框中的“类型”列表框中选择“常规孔”，在成形列表中选择“简单孔”。

❸选择如图 13-125 所示面 1 为草图放置，进入绘图环境，绘制如图 13-126 所示的草图。退出草图。

❹在“孔”对话框中的“直径”和“深度”文本框中分别输入 13.5、50，单击 <确定> 按钮，创建“简单孔”特征，如图 13-127 所示。

08 创建简单孔 2。

❶选择“菜单(M)”→“插入(S)”→“设计特征(E)”→“孔(H)”，或单击“主页”选项卡“特征”面组上的“孔”按钮，打开“孔”对话框。

❷在“孔”对话框中的“直径”和“深度”文本框中分别输入 8.5、18。

❸捕捉圆柱体上表面圆的圆心为孔位置，如图 13-128 所示。

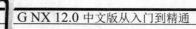

❹在“孔”对话框中，单击确定按钮，创建“简单孔”特征，如图 13-129 所示。

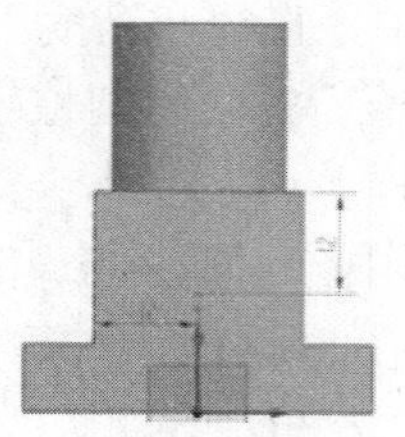
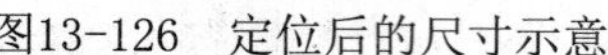

图13-126　定位后的尺寸示意

图13-127　创建简单孔1

09 创建螺纹特征 1。

❶选择“菜单(M)”→“插入(S)”→“设计特征(L)”→“螺纹(T)...”，或者单击“主页”选项卡“特征”面组上的“螺纹刀”按钮，打开“螺纹切削”对话框。

❷在“螺纹切削”对话框中，选中◉详细单选按钮。

❸在实体中选择简单孔 1 作为创建螺纹的圆柱面。

❹在“螺纹切削”对话框中的所有文本框中的“大径”“长度”和“螺距”文本框中分别输入 18、30、4，其他采用默认设置。

❺在“螺纹切削”对话框中，单击确定按钮，创建螺纹特征，如图 13-130 所示。

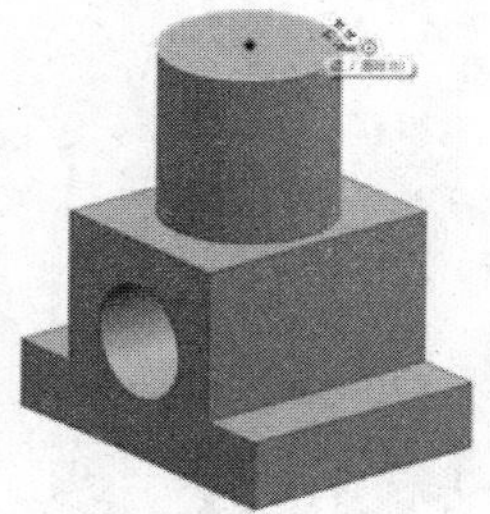

图13-128　捕捉圆心

图13-129 创建简单孔2

图13-130　创建螺纹特征1

10 创建螺纹特征 2。

❶选择“菜单(M)”→“插入(S)”→“设计特征(L)”→“螺纹(T)...”，或者单击“主页”选项卡“特征”面组上的“螺纹刀”按钮，打开“螺纹切削”对话框。

❷在“螺纹切削”对话框中，选中◉详细单选按钮。

❸在实体中选择简单孔 2 作为创建螺纹的圆柱面。

❹在“螺纹切削”对话框中的“长度”文本框中输入 15，其他采用默认设置。

❺在“螺纹切削”对话框中，单击确定按钮，创建螺纹特征，如图 13-131 所示。

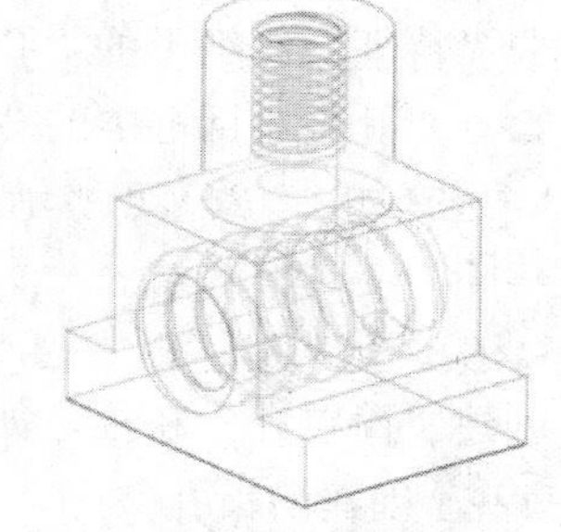

图13-131　创建螺纹特征2

13.1.10　钳座

01 新建文件。单击“主页”选项卡“新建”按钮，打开“新建”对话框，在“模板”

列表框中选择“模型”，输入“QianZuo”，单击确定按钮，进入 UG 建模环境。

02 绘制草图 1。选择“菜单(M)”→“插入(S)”→“草图(H)...”，或者单击“主页”选项卡“直接草图”面组上的“草图”按钮，进入草图绘制界面，选择 XC-YC 平面为工作平面绘制草图，绘制后的草图如图 13-132 所示。

03 创建拉伸特征 1。

❶选择“菜单 (M)”→“插入(S)”→“设计特征(E)”→“拉伸(X)...”，或者单击“主页”选项卡“特征”面组上的“拉伸”按钮，打开“拉伸”对话框，选择如图 13-132 所绘制草图。

❷在“限制”栏中“开始”和“结束”距离输入栏分别输入 0，30，其他采用默认设置。

❸在“拉伸”对话框中，单击确定按钮，创建拉伸特征，如图 13-133 所示。

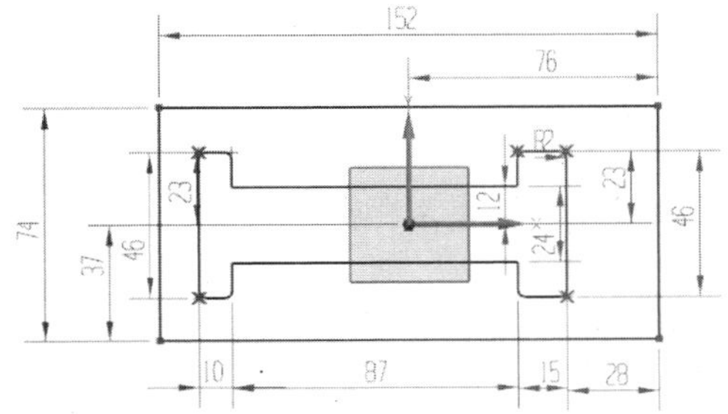

图13-132　绘制草图1

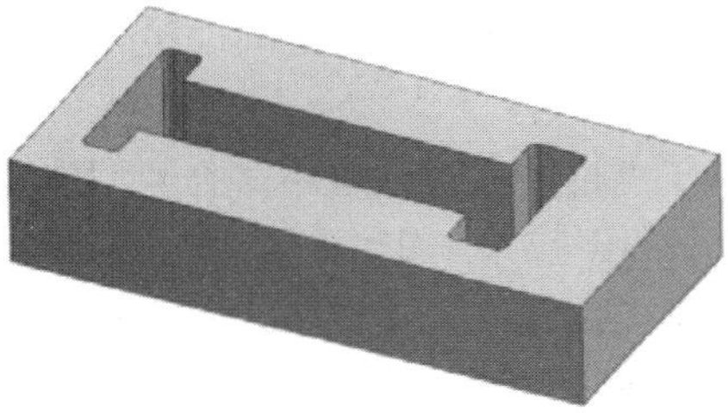

图13-133　创建拉伸特征1

04 绘制草图 2。选择“菜单(M)”→“插入(S)”→“草图(H)...”，或者单击“主页”选项卡“直接草图”面组上的“草图”按钮，进入草图绘制界面，选择如图 13-134 所示平面为工作平面绘制草图，绘制后的草图如图 13-135 所示。

05 创建沿导线扫描特征。

❶选择“菜单 (M)”→“插入(S)”→“扫掠(W)”→“沿引导线扫掠(G)...”，打开“沿引导线扫掠”对话框。

❷在视图区选择如图 13-135 所绘制的草图为截面。

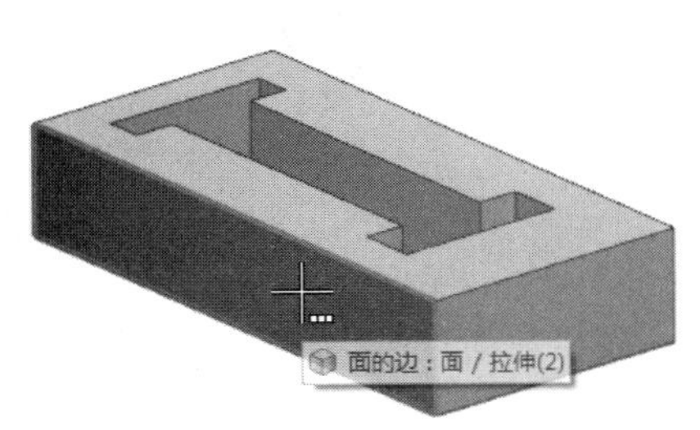

图13-134　选择草图工作平面

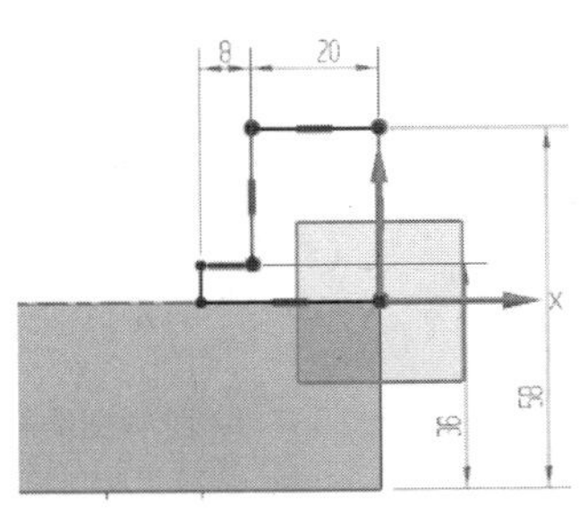

图13-135　绘制草图2

❸在视图区选择引导线，如图 13-136 所示。

❹在“沿引导线扫掠”对话框中的“第一偏置”和“第二偏置”文本框中分别输入 0。

❺在“布尔”下拉列表中选择“合并”，创建沿引导线扫掠特征，如图 13-137 所示。

06 绘制草图 3。选择“菜单(M)”→“插入(S)”→“草图(H)...”，或者单击“主页”选项卡“直接草图”面组上的“草图”按钮，进入草图绘制界面，选择 XC-YC 平面为工作

平面绘制草图，绘制后的草图如图 13-138 所示。

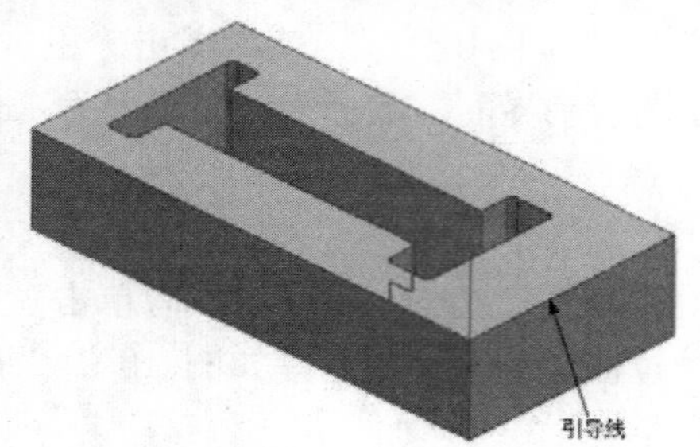

图13-136　选择引导线

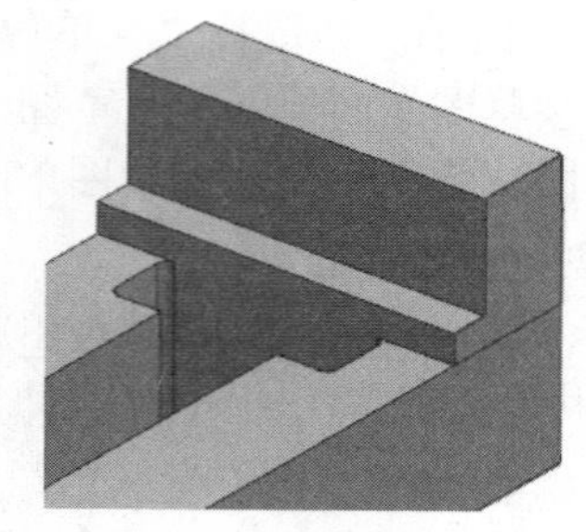

图13-137　创建沿引导线扫掠特征

07 创建拉伸特征 2。

❶选择“菜单（M）”→“插入(S)”→“设计特征(E)”→“拉伸(X)...”，或者单击“主页”选项卡“特征”面组上的“拉伸”按钮，打开“拉伸”对话框，选择如图 13-138 所绘制草图。

❷在“拉伸”对话框中，在“限制”栏中“开始”和“结束”距离输入栏分别输入 0、14，在布尔下拉菜单中选择求和。

❸在“拉伸”对话框中，单击< 确定 >按钮，创建拉伸特征 2，如图 13-139 所示。

08 创建圆柱体特征 1。

❶选择“菜单(M)”→“插入(S)”→“设计特征(E)”→“圆柱(C)...”，或者单击“主页”选项卡“特征”面组上的“圆柱”按钮，打开“圆柱”对话框。

❷在“圆柱”对话框中的“类型”下拉列表中选择”轴、直径和高度”类型。

❸在“圆柱”的对话框中的“指定矢量”下拉列表中选择-ZC方向为圆柱轴向。

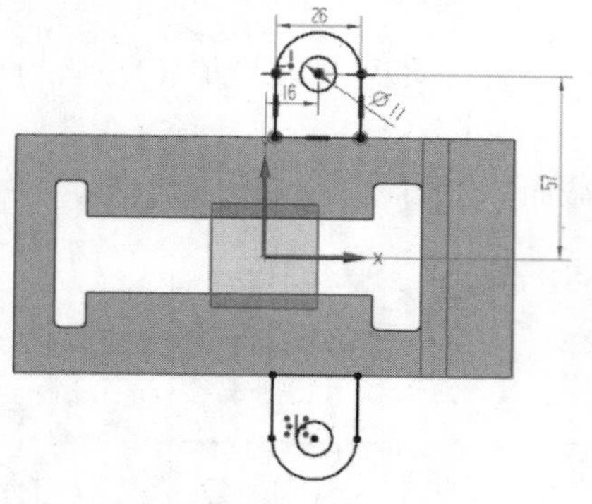

图13-138　绘制草图3

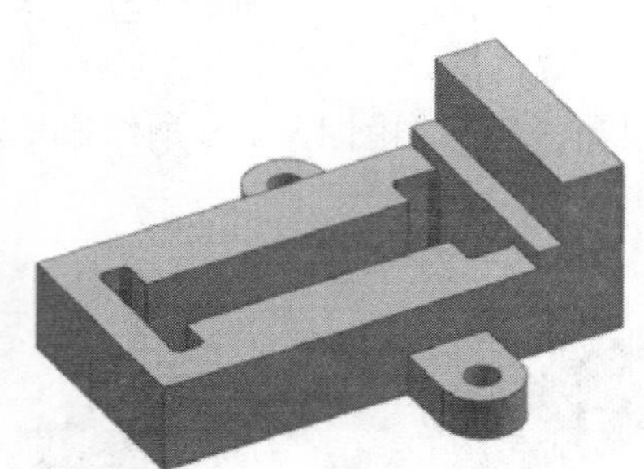

图13-139 创建拉伸特征2

❹在“圆柱”的对话框中单击按钮，打开“点”对话框。

❺在“点”对话框中的“XC”“YC”和“ZC”的文本框中分别输入 16、-57、14。

❻在“点”对话框中，单击 确定 按钮，返回到“圆柱”对话框。

❼在“圆柱”对话框中的“直径”和“高度”数值输入栏分别输入 25、1。

❽在“圆柱”对话框中的“布尔”下拉列表中选择“减去”，单击 确定 按钮，创建圆柱体，如图 13-140 所示。

❾同上步骤在另一侧创建圆柱体，如图 13-141 所示。

图13-140 创建圆柱体特征1　　图13-141　镜像圆柱体特征

09 绘制草图 4。选择“菜单(M)”→“插入(S)”→“草图(H)...”，或者单击“主页”选项卡“直接草图”面组上的“草图”按钮，进入草图绘制界面，选择如图 13-142 所示平面为工作平面绘制草图，绘制后的草图如图 13-143 所示。

10 创建拉伸特征 3。

❶选择“菜单（M）”→“插入(S)”→“设计特征(E)”→“拉伸(X)...”，或者单击“主页”选项卡“特征”面组上的“拉伸”按钮，打开“拉伸”对话框，选择如图 13-143 所绘制草图。

❷选择 XC 轴为拉伸方向，在“限制”栏中“开始”和“结束”距离输入栏分别输入 0、15，其他采用默认设置。

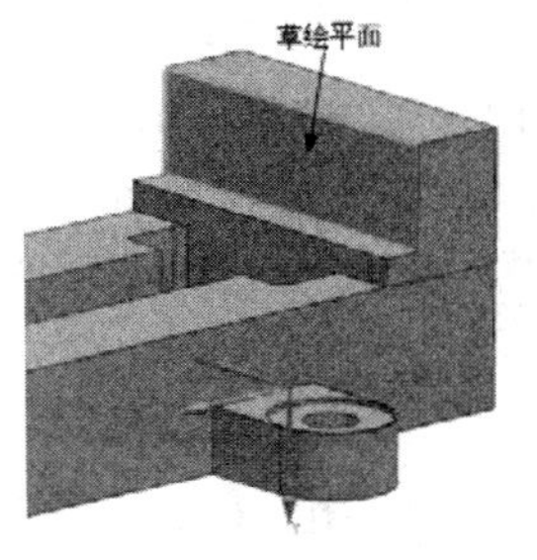

图13-142 选择草图工作平面

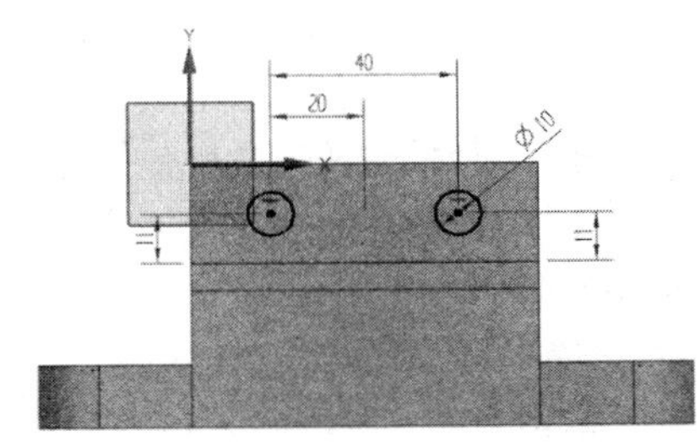

图13-143　绘制草图4

❸在“布尔”下拉列表中选择“减去”选项，单击<确定>按钮，创建拉伸特征 3，如图 13-144 所示。

图13-144　创建拉伸特征3

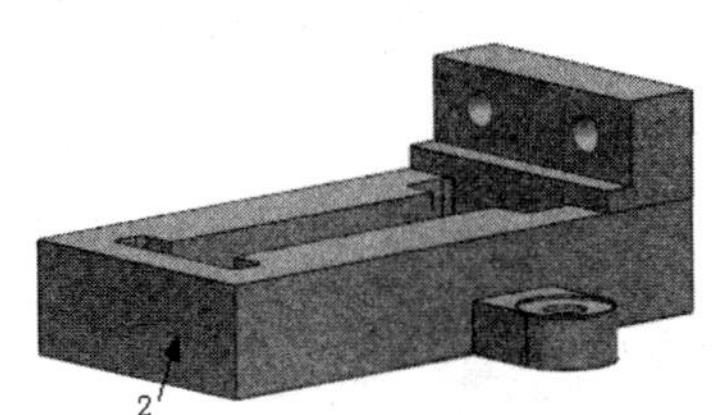

图13-145　选择放置面

11 创建简单孔 1。

❶选择“菜单(M)”→“插入(S)”→“设计特征(E)”→“孔(H)”，或单击“主页”选项卡“特征”面组上的“孔”按钮，打开“孔”对话框。

❷在“孔”对话框中的“类型”列表框中选择“常规孔”，在“成形”下列表中选择“简

单孔”。

❸选择如图 13-145 所示面 2 为草图放置，进入绘图环境，绘制如图 13-146 所示的草图。退出草图。

❹在“孔”对话框中的“直径”文本框中分别输入 12，“深度限制”选择直至下一个，单击<确定>按钮，创建“简单孔”特征，如图 13-147 所示。

(12) 创建圆柱体特征 2。

❶选择“菜单(M)”→“插入(S)”→“设计特征(E)”→“圆柱(C)...”，或者单击“主页”选项卡“特征”面组上的“圆柱”按钮，打开“圆柱”对话框。

❷在“圆柱”对话框中的“类型”下拉列表中选择”轴、直径和高度”类型。

❸在“圆柱”对话框中的“指定矢量”下拉列表中选择XC方向为圆柱轴向。

❹在“指定点”列表中选中图标，捕捉如图 13-147 所创建的简单孔的圆心。

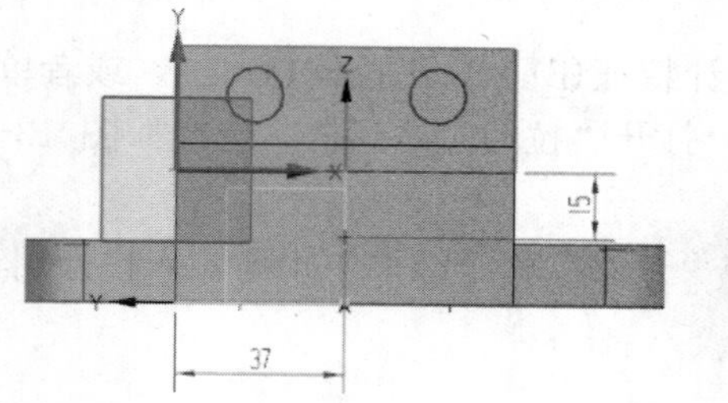

图13-146　绘制点

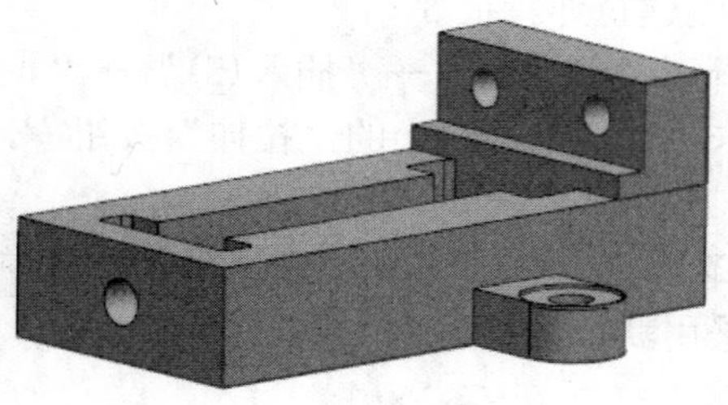
图13-147　创建简单孔

❺在“圆柱”对话框中的“直径”和“高度”数值输入栏分别输入 25、1。

❻在“圆柱”对话框中的“布尔”下拉列表中选择“减去”，单击确定按钮，创建圆柱体，如图 13-148 所示。

(13) 创建简单孔特征 2。

❶选择“菜单(M)”→“插入(S)”→“设计特征(E)”→“孔(H)...”，或单击“主页”选项卡“特征”面组上的“孔”按钮，打开“孔”对话框。

❷在“孔”对话框中的“类型”列表框中选择“常规孔”，在“成形”下拉列表中选择“简单孔”。

❸选择如图 13-149 所示面 3 为草图放置，进入绘图环境，绘制如图 13-150 所示的草图。退出草图。

图13-148　创建圆柱体特征2

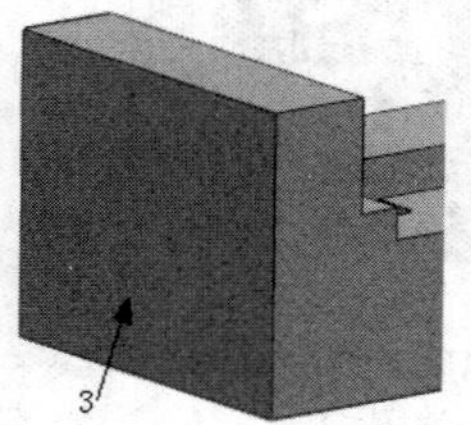

图13-149　选择放置面

❹在“孔”对话框中的“直径”文本框中分别输入 18，“深度限制”选择直至下一个，单击<确定>按钮，创建“简单孔”特征，如图 13-151 所示。

14 创建圆柱特征 3。

❶选择“菜单(M)”→“插入(S)”→“设计特征(E)”→“圆柱(C)...”，或者单击“主页”选项卡“特征”面组上的“圆柱”按钮，打开“圆柱”对话框。

❷在“圆柱”对话框中的“类型”下拉列表中选择”轴、直径和高度”类型。

❸在“圆柱”对话框中的“指定矢量”下拉列表中选择-XC方向为圆柱轴向。

图13-150　定位后的尺寸示意图

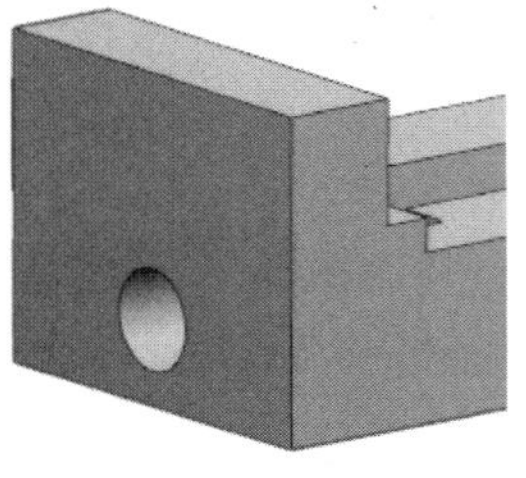

图13-151 创建“简单孔”特征2

❹在“指定点”下拉列表中选中图标，捕捉如图 13-151 所创建的简单孔的圆心。

❺在“圆柱”对话框中的“直径”和“高度”数值输入栏分别输入 28、1。

❻在“圆柱”对话框中的“布尔”下拉列表中选择“减去”，单击确定按钮，创建圆柱体，如图 13-152 所示。

15 创建螺纹特征。

❶选择“菜单(M)”→“插入(S)”→“设计特征(E)”→“螺纹(T)...”，或者单击“主页”选项卡“特征”面组上的“螺纹刀”按钮，打开“螺纹切削”对话框。

❷在“螺纹切削”对话框中，选中 ◉ 详细 单选按钮。

❸在实体中选择创建螺纹的圆柱面，如图 13-153 所示。

❹在“螺纹切削”对话框中的文本框中的所有参数采用默认设置。

❺在“螺纹切削”对话框中，单击应用按钮，创建螺纹特征 1。

❻同理，按照上面的步骤和相同的参数，创建螺纹特征 2，如图 13-154 所示。

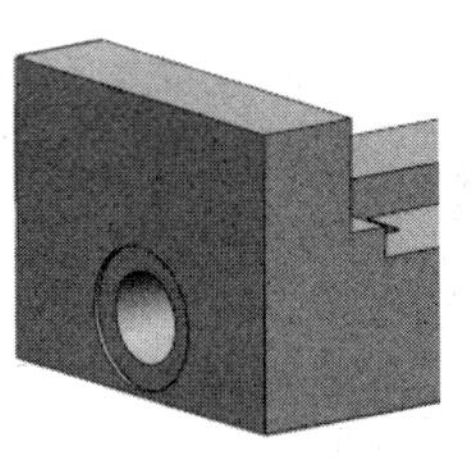

图13-152　创建圆柱体

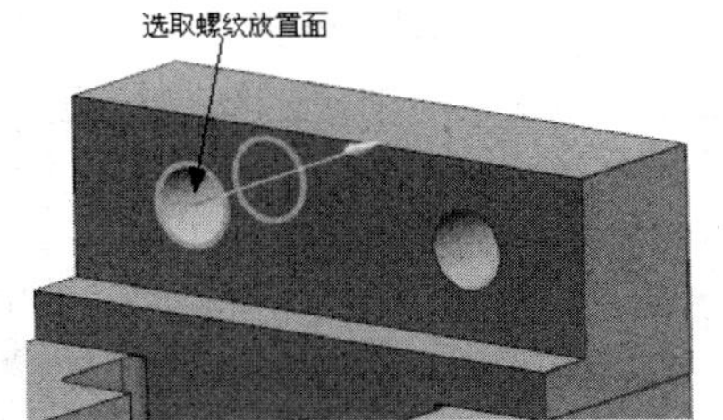

图13-153　选择创建螺纹的圆柱面

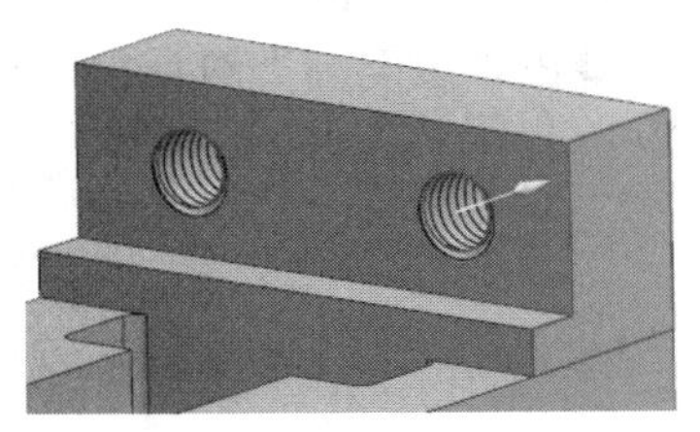

图13-154　创建螺纹特征

16 绘制草图 5。选择“菜单(M)”→“插入(S)”→“草图(H)...”，或者单击“主页”选项卡“直接草图”面组上的“草图”按钮，进入草图绘制界面，选择如图 13-155 所示平面为工作平面绘制草图，绘制后的草图如图 13-156 所示。

17 创建拉伸特征 4。

❶选择“菜单 (M)”→“插入(S)”→“设计特征(E)”→“拉伸(X)...”，或者单击“主页”选项卡“特征”面组上的“拉伸”按钮，打开“拉伸”对话框，选择如图 13-156 所绘制草图。

❷在“拉伸”对话框中，在“限制”栏中“开始”和“结束”距离输入栏分别输入 15、115，其他采用默认设置。

❸在“拉伸”对话框中的“布尔”下拉列表中选择“减去”，单击<确定>按钮，创建拉伸特征 3，如图 13-157 所示。

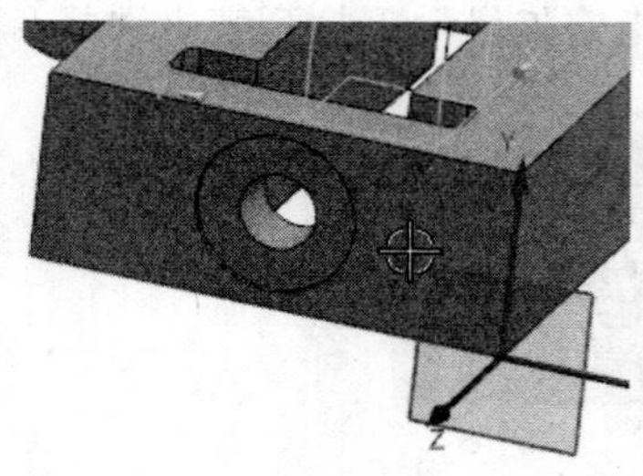

图13-155 选择草图工作平面

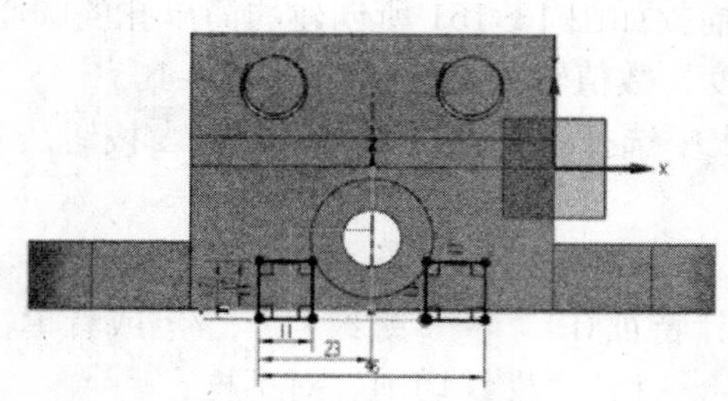

图13-156 绘制草图5

图13-157 创建拉伸特征3

18 创建边倒圆特征。

❶选择“菜单(M)”→“插入(S)”→“细节特征(L)”→“边倒圆(E)...”，或单击“主页”选项卡“特征”面组上的“边倒圆”按钮，打开“边倒圆”对话框。

❷在视图区选择第一组边缘，如图 13-158 所示。

❸在“边倒圆”对话框中的“半径 1”文本框中输入 5。

❹在“边倒圆”对话框中，单击应用按钮，创建边倒圆特征，如图 13-159 所示。

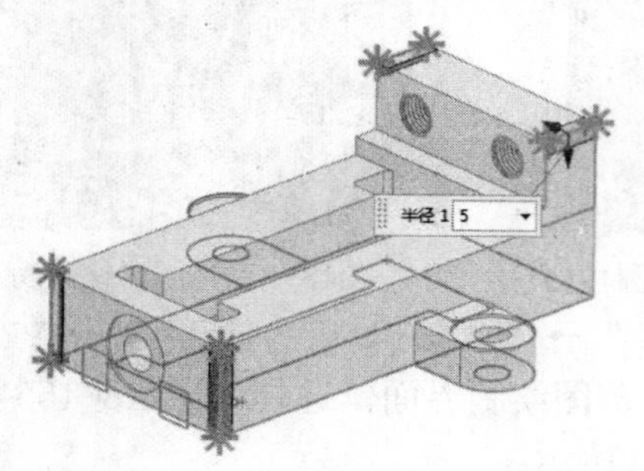

图13-158 选择第一组边缘

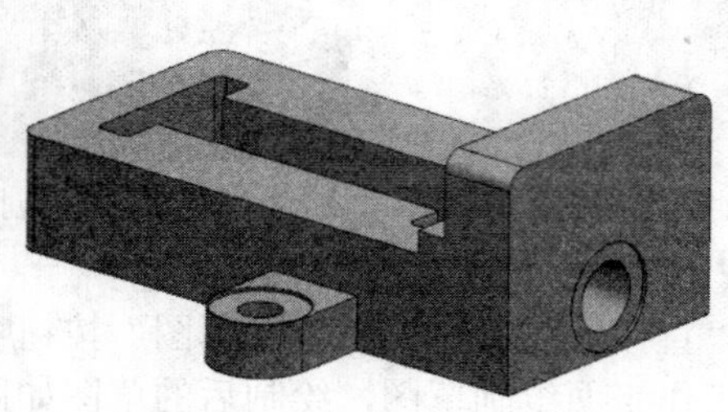

图13-159 创建边倒圆特征

❺在视图区选择第二组边缘，如图 13-160 所示。

❻在“边倒圆”对话框中的“半径 1”文本框中输入 2。

❼在“边倒圆”对话框中，单击<确定>按钮，创建边倒圆特征，如图 13-161 所示。

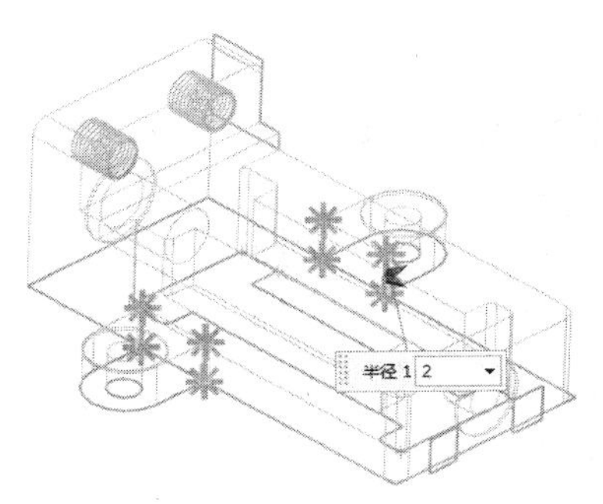

图13-160　选择第二组边缘

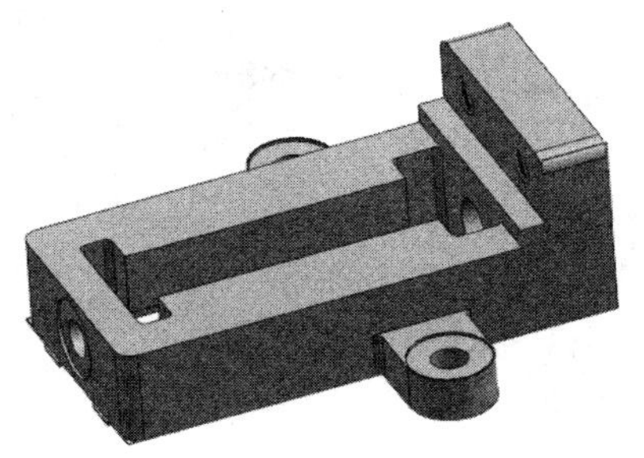

图13-161　创建边倒圆特征

13.1.11　垫圈

01 新建文件。单击“主页”选项卡“新建”按钮，打开“新建”对话框，在“模板”列表框中选择“模型”，输入“DianQuan”，单击确定按钮，进入 UG 建模环境。

02 绘制草图。选择“菜单(M)”→“插入(S)”→“草图(H)...”，或者单击“主页”选项卡“直接草图”面组上的“草图”按钮，进入草图绘制界面，选择 XC-YC 平面为工作平面绘制草图，绘制后的草图如图 13-162 所示。

03 创建拉伸特征。

❶选择“菜单 (M)”→“插入(S)”→“设计特征(E)”→“拉伸(X)...”，或者单击“主页”选项卡“特征”面组上的“拉伸”按钮，打开“拉伸”对话框，选择如图 13-162 所绘制草图。

❷在“指定矢量”下拉列表中选择 ZC 轴为拉伸方向，在“限制”栏中“开始”和“结束”距离输入栏分别输入 0、3，其他采用默认设置。

❸在“拉伸”对话框中，单击确定按钮，创建拉伸特征，如图 13-163 所示。

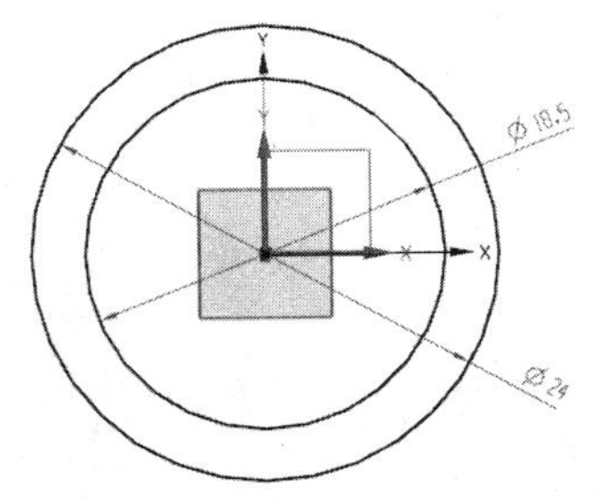

图13-162 绘制草图

图13-163　创建拉伸特征

13.2 台虎钳装配图

台虎钳装配图如图 13-164 所示。

01 打开部件文件。单击“主页”选项卡“打开”按钮，打开“打开”对话框，输入“QianZuo.prt”，单击 OK 按钮，进入 UG 主界面。

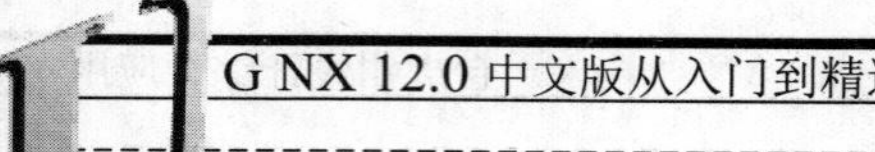

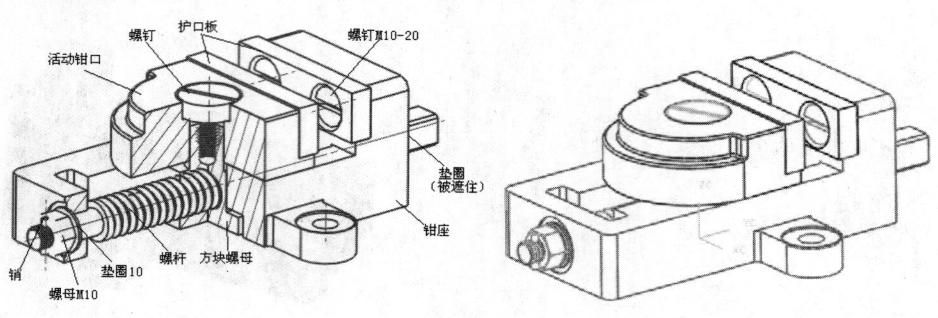

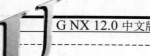

局部剖视图　　　　装配图

图13-164 台虎钳装配图

02 旋转钳座。

❶选择“菜单(M)”→“编辑(E)”→“移动对象(O)...”，打开如图 13-165 所示的“移动对象”对话框。

❷在视图区选择钳座实体为移动对象。

❸在“运动”下拉列表中选择“角度”选项。

❹单击“矢量对话框”按钮，弹出“矢量”对话框，选择 ZC 轴正向作为矢量方向，单击“确定”按钮，返回“移动对象”对话框。单击“点对话框”按钮，弹出“点”对话框，选择原点为基点，单击“确定”按钮，返回“移动对象”对话框。

❺在“角度”文本框中输入 90，点选“移动原先的”单选按钮，单击“确定”按钮，完成旋转操作，如图 13-166 所示。

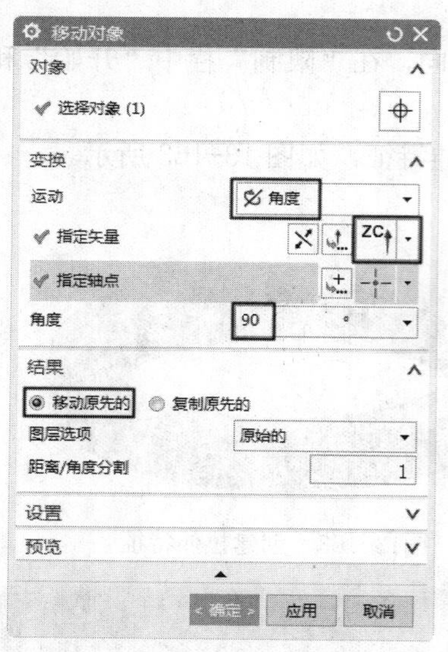

图13-165 “移动对象”对话框

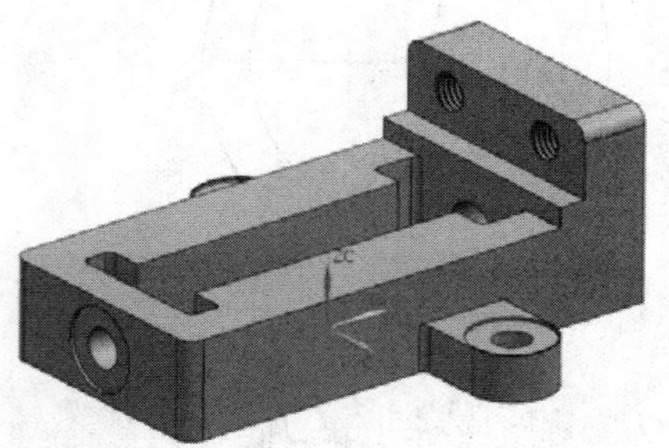

图13-166 旋转后的钳座

03 另存文件。单击“快速访问”工具栏中的“另存为”按钮，打开“另存为”对话框，输入“HuQian.prt”，单击 OK 按钮。

04 安装方块螺母。

❶单击“应用模块”选项卡“设计”组中的“装配”按钮，进入装配模式。选择“菜单(M)”→“装配(A)”→“组件(C)”→“添加组件(A)...”或单击“主页”选项卡“装配”面组上的“添加”按钮，打开如图 13-167 所示的“添加组件”对话框。

❷在“添加组件”对话框中单击“打开”按钮，打开“部件名”对话框，选择“FangKuaiLuoMu.prt”，单击 OK 按钮，载入该文件。

❸返回到“添加组件”对话框，在绘图区指定放置组件的位置，打开“组件预览”对话框。

❹在“添加组件”对话框中，“引用集”选项选择“模型（"MODEL"）”选项，“图层选项”选择“原始的”选项，“放置”选项选择 约束 选项，在“约束类型”选项内选择“接触对齐”类型，在“要约束的几何体”选项卡“方位”下拉列表中选择“接触”，“添加组件”对话框设置如图 11-168 所示。在视图区相配部件和基础部件，如图 13-169 和图 13-170 所示。

图13-167　“添加组件”对话框

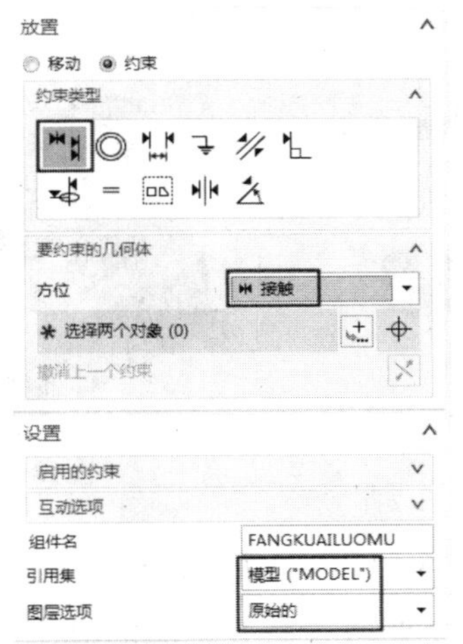

图13-168　“添加组件”对话框

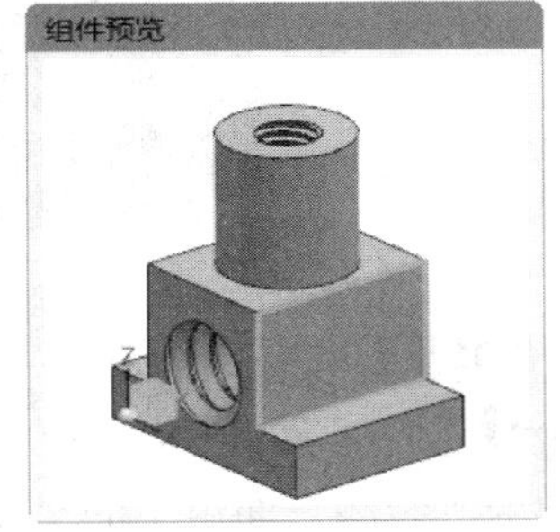

图13-169　相配部件

❺选择“接触对齐”类型，在视图区相配部件和基础部件，如图 13-171 和图 13-172 所示。

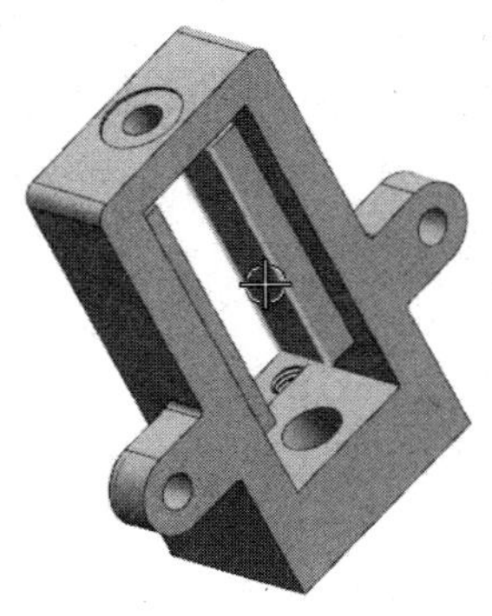

图13-170　基础部件

图13-171　相配部件

UG NX 12.0

❻选择“距离”类型，在视图区选择相配部件和基础部件，如图 13-173 和图 13-174 所示。

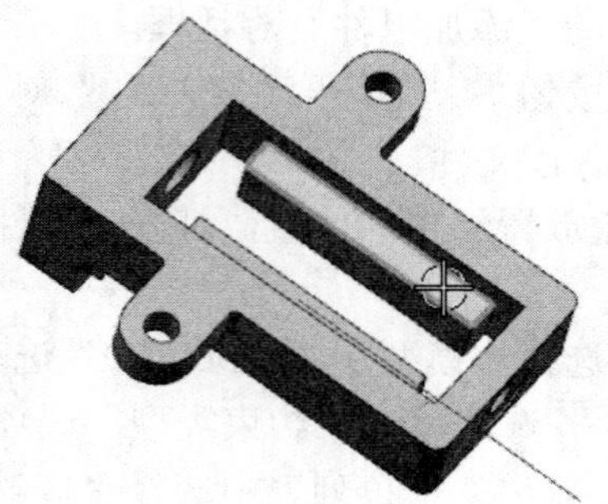

图13-172 基础部件

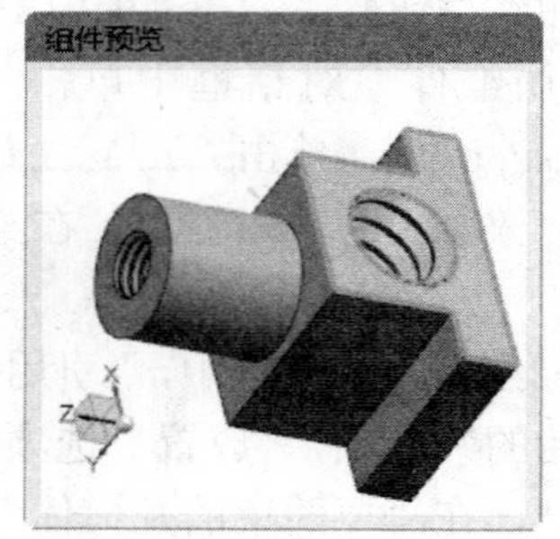

图13-173 相配部件

❼在“距离”文本框中输入 33。单击确定按钮，安装方块螺母，如图 13-175 所示。

图13-174 基础部件

图13-175 安装方块螺母

05 安装活动钳口。

❶选择“菜单(M)”→“装配(A)”→“组件(C)”→“添加组件(A)...”或单击“主页”选项卡“装配”面组上的“添加”按钮，打开“添加组件”对话框。

❷在“添加组件”对话框中单击“打开”按钮，打开“部件名”对话框，选择“HuoDongQianKou.prt”，单击OK按钮，载入该文件。

❸返回到“添加组件”对话框，在绘图区指定放置组件的位置，弹出“组件预览”对话框

❹在“添加组件”对话框中，“放置”选项选择◉约束选项，在“约束类型”选项内选择“接触对齐”类型，在“要约束的几何体”选项卡“方位”下拉列表中选择“接触”，在视图区选择相配部件和基础部件，如图 13-176 和图 13-177 所示。

❺在“约束类型”选项卡内选择“接触对齐”类型，在“方位”下拉列表中选择“自动判断中心/轴”，在视图区选择相配部件和基础部件，如图 13-178 所示。

❻在“约束类型”选项卡内选择“平行”类型，在视图区选择相配部件和基础部件，如图 13-179 所示。

❼在“添加组件”对话框中，单击确定按钮，安装活动钳口，如图 13-180 所示。

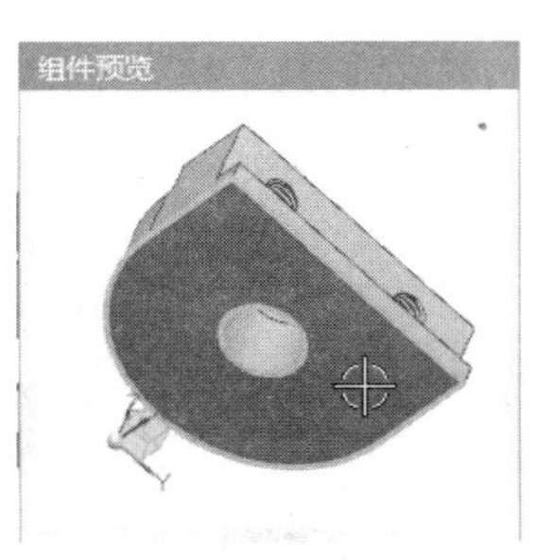

图13-176 选择相配部件

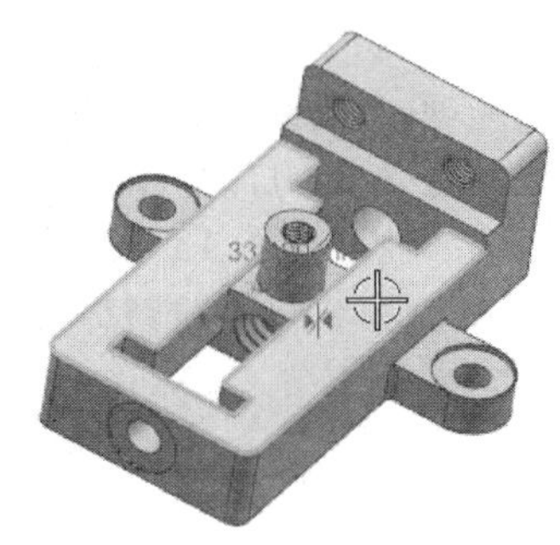

图13-177 选择基础部件

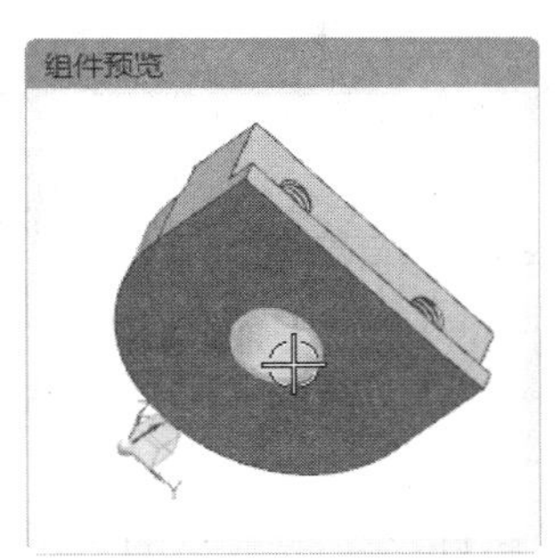

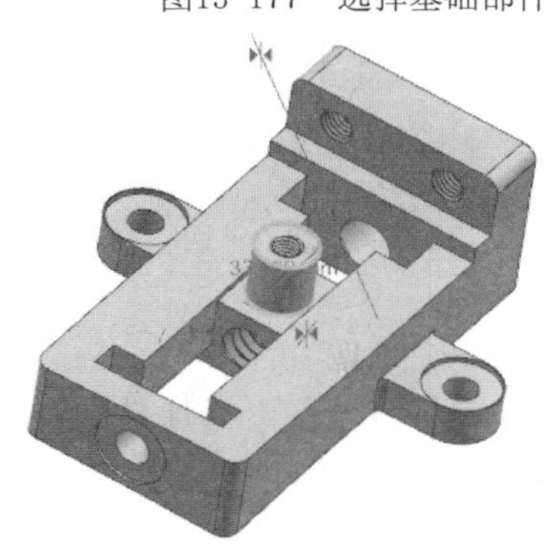

图13-178 选择相配部件和基础部件

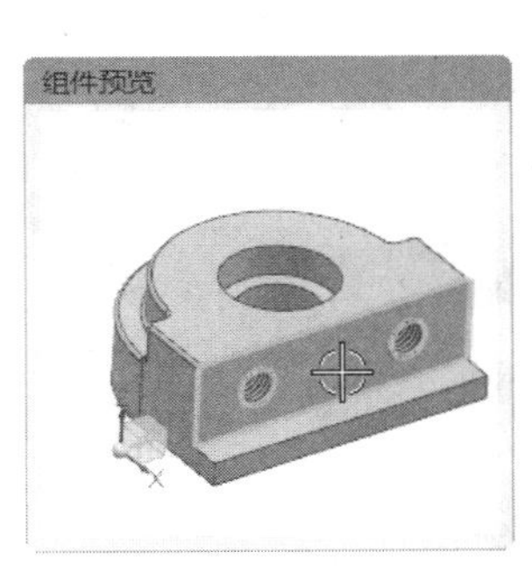

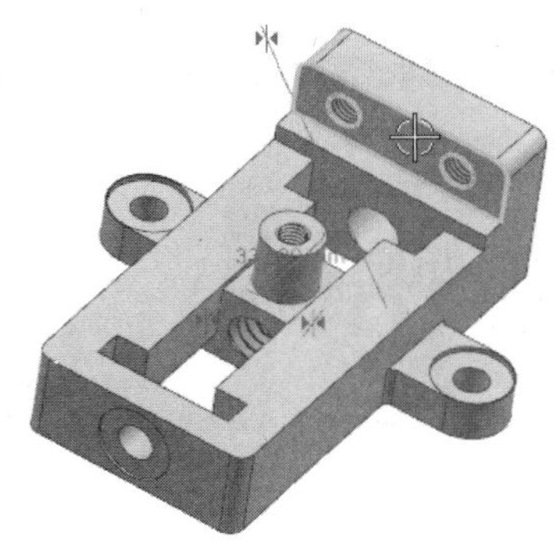

图13-179 选择部件

06 安装螺钉。

❶选择“菜单(M)”→“装配(A)”→“组件(C)”→“添加组件(A)...”或单击“主页”选项卡“装配”面组上的“添加”按钮，打开“添加组件”对话框。

❷在“添加组件”对话框中单击按钮，打开“部件名”对话框，选择“LuoDing.prt”，单击OK按钮，载入该文件。

❸返回到“添加组件”对话框，在绘图区指定

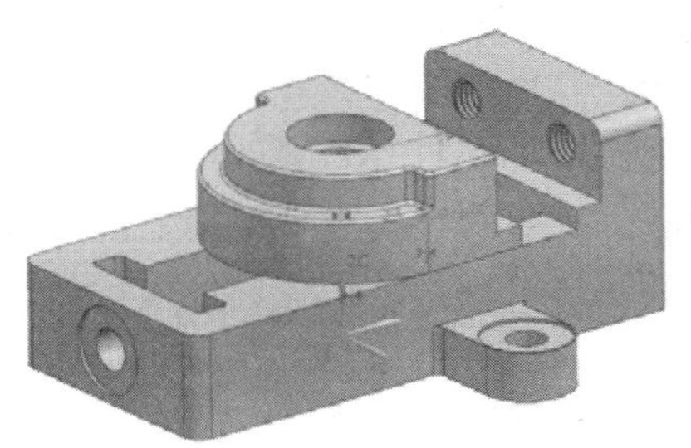

图13-180 安装活动钳口

放置组件的位置，弹出“组件预览”窗口。“引用集”选项选择“模型”选项，“图层选项”选择“原始的”选项，“放置”选项选择◉约束选项，在“约束类型”选项内选择“接触对齐”类型，在“要约束的几何体”选项卡“方位”下拉列表中选择“接触”。在视图区选择相配部件和基础部件，如图 13-181 和图 13-182 所示。

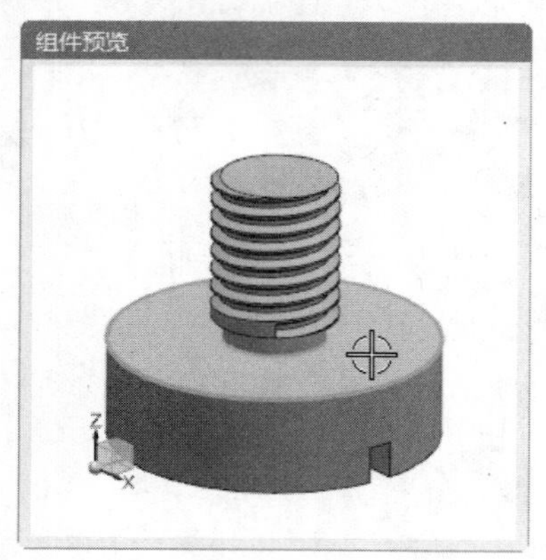

图13-181　选择相配部件

图13-182　选择基础部件

❹在“装配约束”对话框中选择“接触对齐”类型，在方位下拉列表中选择“自动判断中心/轴”，在视图区选择相配部件和基础部件，如图 13-183 所示。

❺在“添加组件”对话框中，单击 确定 按钮，安装螺钉，如图 13-184 所示。

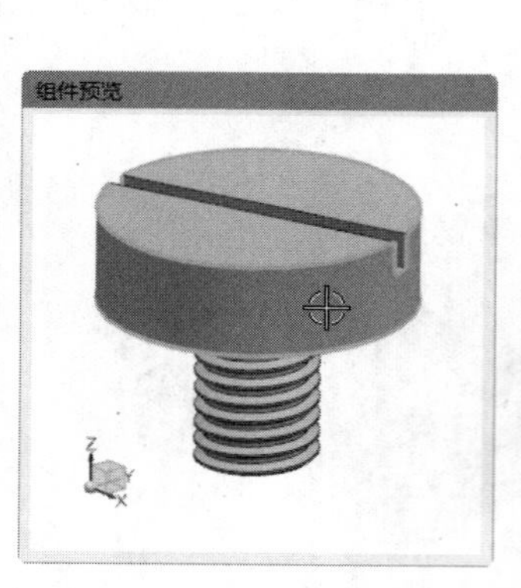

图13-183　选择相配部件和基础部件

07 安装垫圈。

❶选择“菜单(M)”→“装配(A)”→“组件(C)”→“添加组件(A)...”或单击“主页”选项卡“装配”面组上的“添加”按钮，打开“添加组件”对话框。

❷在“添加组件”对话框中单击按钮，打开“部件名”对话框，选择“DianQuan.prt”，单击 OK 按钮，载入该文件。

❸返回到“添加组件”对话框，在绘图区指

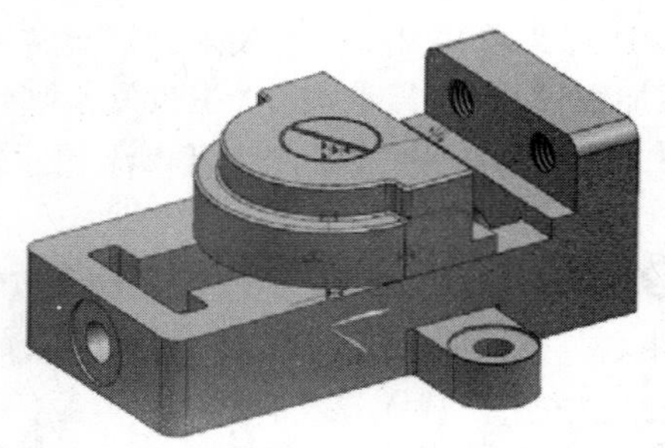
图13-184 安装螺钉

定放置组件的位置，弹出“组件预览”窗口，“放置”选项选择◉ 约束选项，在“约束类型”选项内选择“接触对齐”类型，在“要约束的几何体”选项卡“方位”下拉列表中选择“接触”，在视图区选择相配部件和基础部件，如图 13-185 和图 13-186 所示。

图13-185　选择相配部件

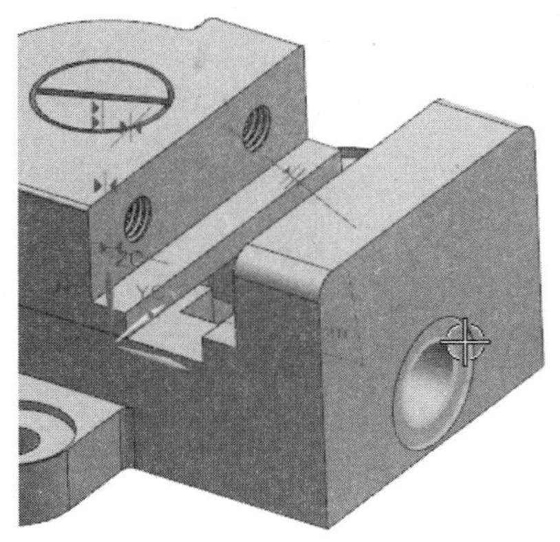

图13-186　选择基础部件

❹在“添加组件”对话框中，“约束类型”选项卡内选择“接触对齐”类型，在方位下拉列表中选择“自动判断中心/轴”，在视图区选择相配部件和基础部件，如图 13-187 所示。

❺在“添加组件”对话框中，单击确定按钮，安装垫圈，如图 13-188 所示。

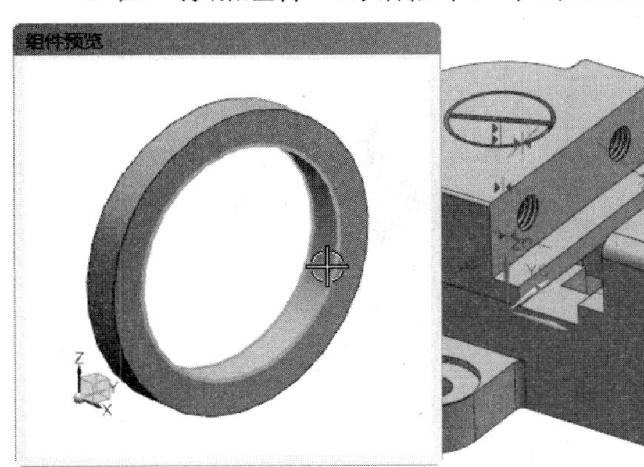

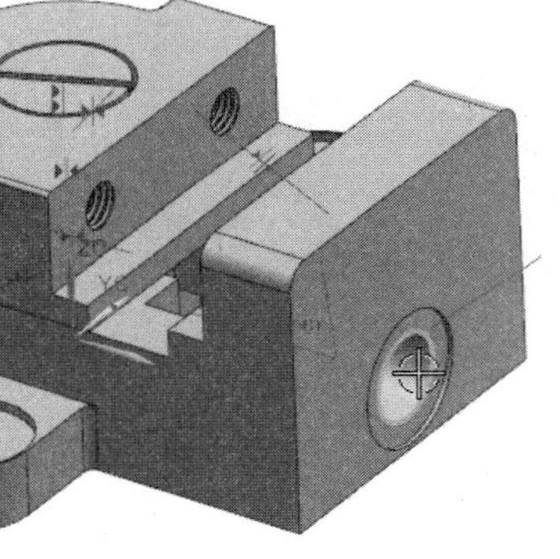

图13-187　选择相配部件和基础部件

图13-188 安装垫圈

08 安装螺杆。

❶选择“菜单(M)”→“装配(A)”→“组件(C)”→“添加组件(A)...”或单击“主页”选项卡“装配”面组上的“添加”按钮，打开“添加组件”对话框。

❷在“添加组件”对话框中单击按钮，打开“部件名”对话框，选择“LuoGan.prt”，单击OK按钮，载入该文件。

❸返回到“添加组件”对话框，在绘图区指定放置组件的位置，弹出 “组件预览”窗口，“放置”选项选择◉ 约束选项，在“约束类型”选项内选择“接触对齐”类型，在“要约束的几何体”选项卡“方位”下拉列表中选择“接触”，在视图区选择相配部件和基础部件，如图 13-189 和图 13-190 所示。

❹在“添加组件”对话框中，“约束类型”选项卡内选择“接触对齐”类型，“方位”

下拉列表中选择“自动判断中心/轴”，在视图区选择相配部件和基础部件，如图 13-191 和图 13-192 所示。

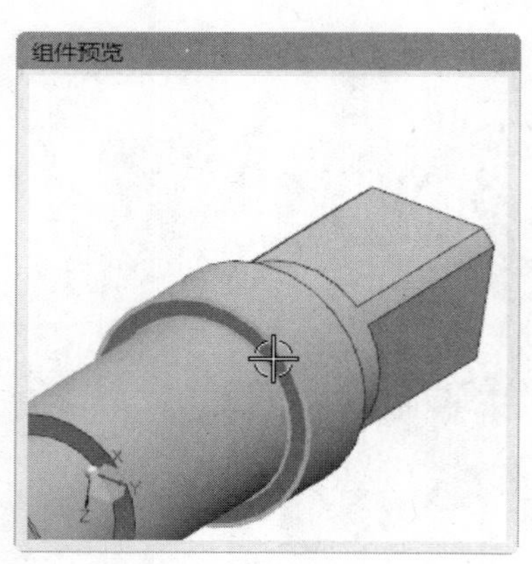

图13-189　选择相配部件

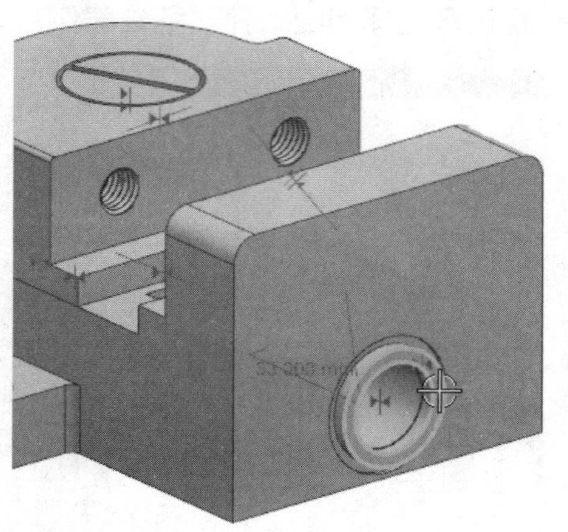
图13-190　选择基础部件

❺在“添加组件”对话框中，单击 确定 按钮，安装螺杆，如图 13-193 所示。

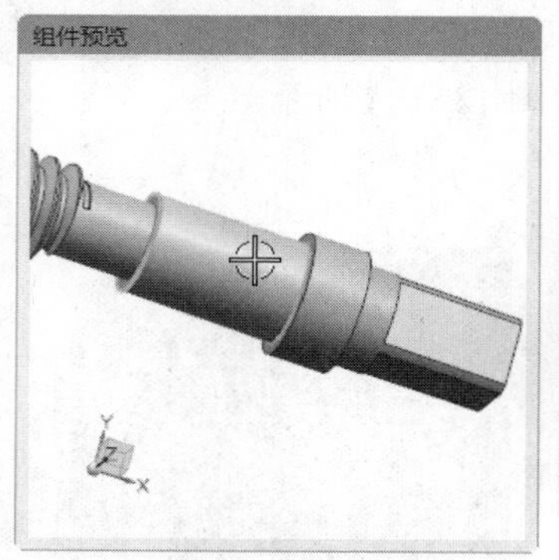

图13-191　选择相配部件

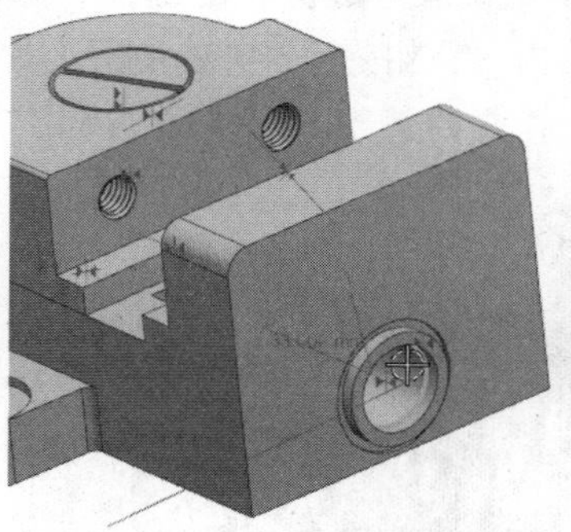
图13-192　选择基础部件

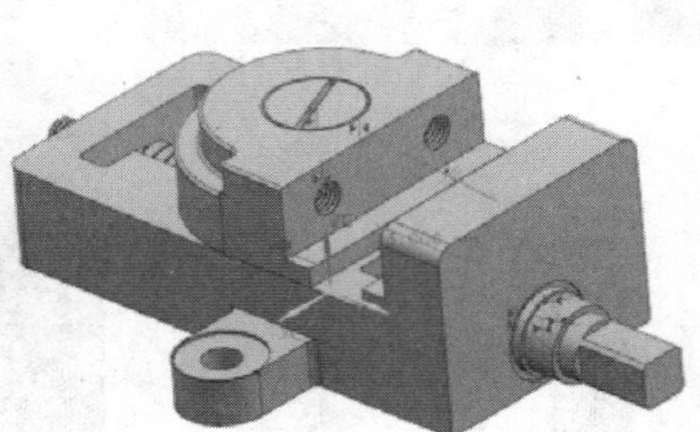
图13-193　安装螺杆

09 安装垫圈 10。

❶选择“菜单(M)”→“装配(A)”→“组件(C)”→“添加组件(A)...”或单击“主页”选项卡“装配”面组上的“添加”按钮，打开“添加组件”对话框。

❷在“添加组件”对话框中单击按钮，打开“部件名”对话框，选择 DianQuan10.prt”，单击 OK 按钮，载入该文件。

❸返回到“添加组件”对话框，在绘图区指定放置组件的位置，弹出 “组件预览”窗口，“放置”选项选择◉ 约束选项，在“约束类型”选项内选择“接触对齐”类型，在“要约束的几何体”选项卡“方位”下拉列表中选择“接触”，在视图区选择相配部件和基础部件，如图 13-194 和图 13-195 所示。

❹在“添加组件”对话框中，“约束类型”选项卡内选择“接触对齐”类型，在方位下拉列表中选择“自动判断中心/轴”，在视图区选择相配部件和基础部件，如图 13-196 和图 13-197 所示。

❺在“装添加组件”对话框中，单击 确定 按钮，安装垫圈 10，如图 13-198 所示。

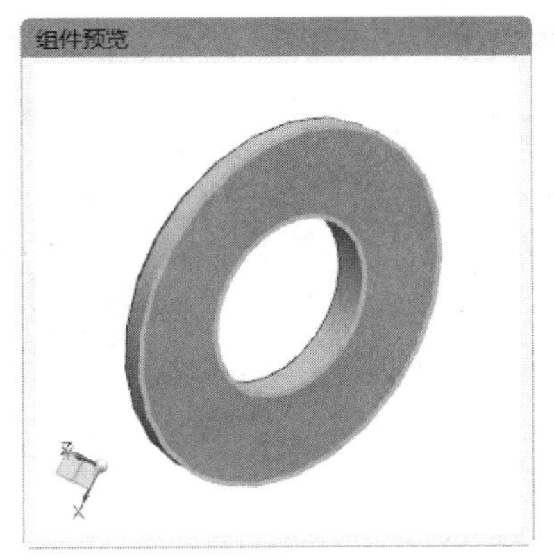

图13-194　选择相配部件

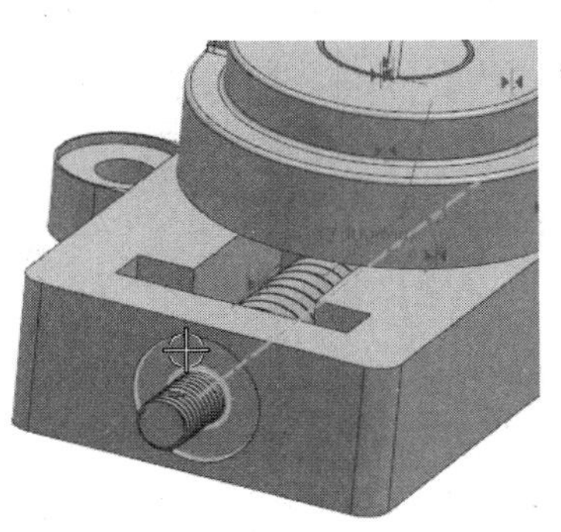

图13-195　选择基础部件

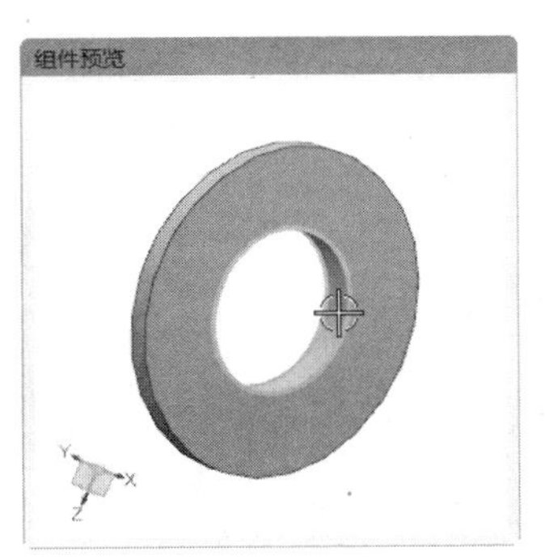

图13-196　选择相配部件

图13-197　选择基础部件

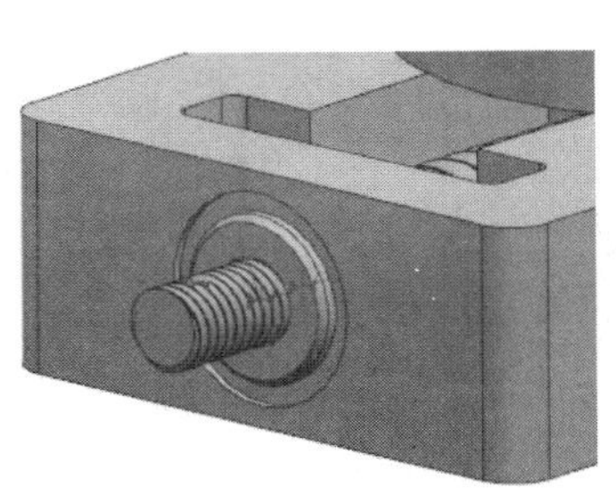

图13-198 安装垫圈

10 安装螺母 M10。

❶选择“菜单(M)”→“装配(A)”→“组件(C)”→“添加组件(A)...”或单击“主页”选项卡“装配”面组上的“添加”按钮，打开“添加组件”对话框。

❷在“添加组件”对话框中单击按钮，打开“部件名”对话框，选择 LuoMuM10.prt”，单击 OK 按钮，载入该文件。

❸返回到“添加组件”对话框，在绘图区指定放置组件的位置，弹出 “组件预览”窗口，“放置”选项选择 约束 选项，在“约束类型”选项内选择“接触对齐”类型，在“要约束的几何体”选项卡“方位”下拉列表中选择“接触”，在视图区选择相配部件和基础部件，如图 13-199 和图 13-200 所示。

❹在“添加组件”对话框中，“约束类型”选项卡内选择“接触对齐”类型，“方位”下拉列表中选择“自动判断中心/轴”，在视图区选择相配部件和基础部件，如图 13-201 和图 13-202 所示。

❺在“添加组件”对话框中，单击 确定 按钮，安装螺母 M10，如图 13-203 所示。

11 安装销。

❶选择“菜单(M)”→“装配(A)”→“组件(C)”→“添加组件(A)...”或单击“主页”选项卡“装配”面组上的“添加”按钮，打开“添加组件”对话框。

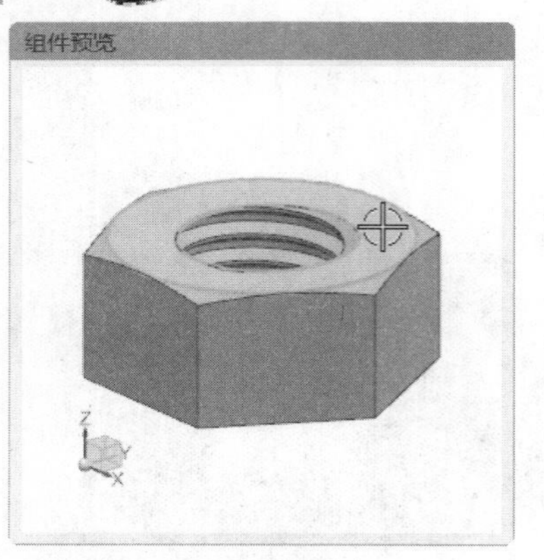

图13-199　选择相配部件

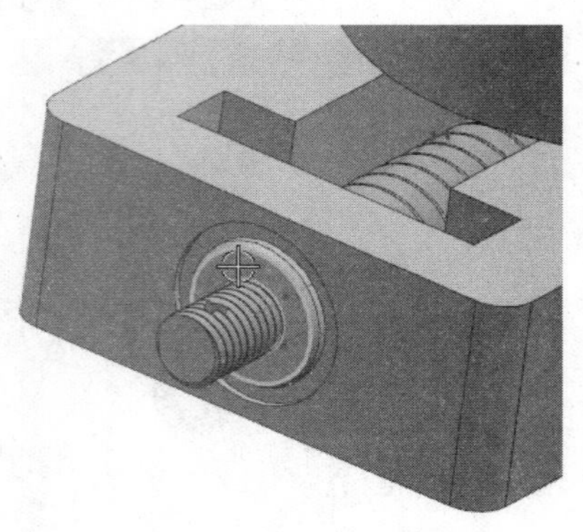
图13-200　选择基础部件

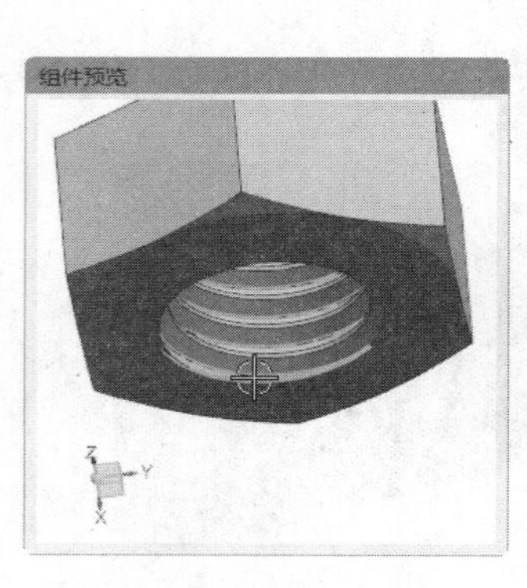

图13-201　选择相配部件

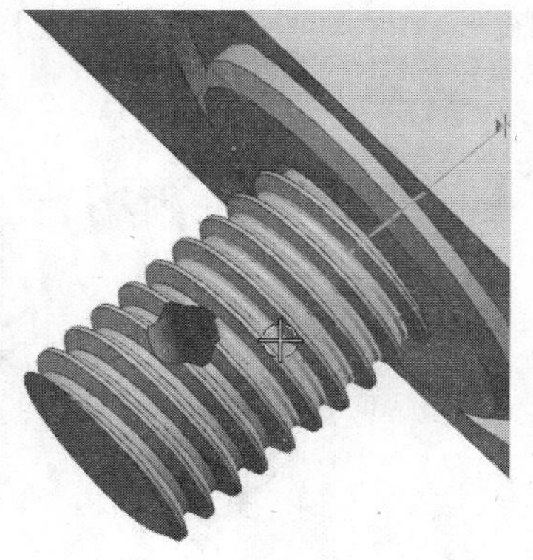
图13-202　选择基础部件

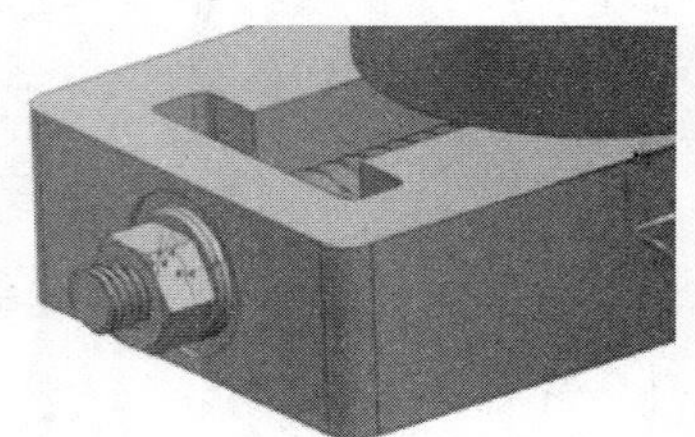
图13-203　安装螺母M10

❷在“添加组件”对话框中单击按钮，打开“部件名”对话框，选择 Xiao3-16.prt”，单击 OK 按钮，载入该文件。

❸返回到“添加组件”对话框，在绘图区指定放置组件的位置，弹出 “组件预览”窗口，“放置”选项选择 约束 选项，在“约束类型”选项内选择“接触对齐”类型，在“要约束的几何体”选项卡“方位”下拉列表中选择“自动判断中心/轴”，在视图区选择相配部件和基础部件，如图 13-204 所示。

图13-204　选择部件

❹在“添加组件”对话框中，“约束类型”选项卡内选择“接触对齐”类型，在“方位”下拉列表中选择“对齐”，在视图区选择相配部件和基础部件，如图 13-205 所示。

❺在“添加组件”对话框中，单击 确定 按钮，安装销 3-16，如图 13-206 所示。

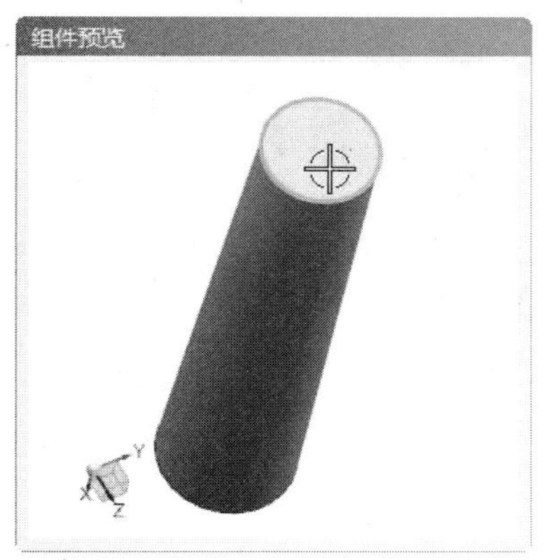

图13-205　选择部件

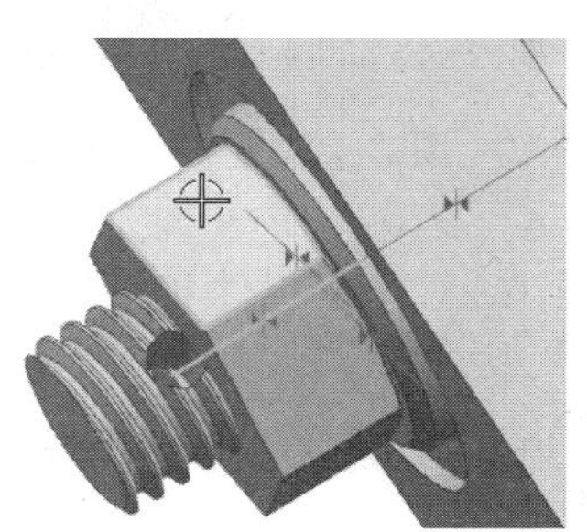
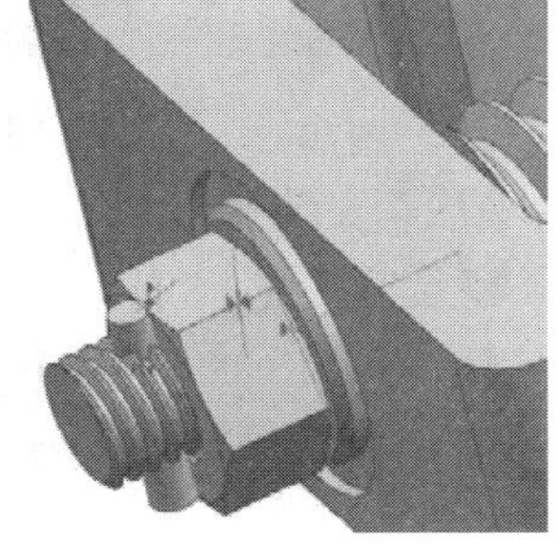

图13-206　安装销3-16

12 安装护口板。

❶选择“菜单(M)”→“装配(A)”→“组件(C)”→“添加组件(A)...”或单击“主页”选项卡“装配”面组上的“添加”按钮，打开“添加组件”对话框。

❷在“添加组件”对话框中单击按钮，打开“部件名”对话框，选择 HuKouBan.prt”，单击 OK 按钮，载入该文件。

❸返回到“添加组件”对话框，在绘图区指定放置组件的位置，弹出“组件预览”窗口，“放置”选项选择 约束 选项，在“约束类型”选项内选择“接触对齐”类型，在“要约束的几何体”选项卡“方位”下拉列表中选择“接触”，在视图区选择相配部件和基础部件，如图 13-207 和图 13-208 所示。

❹在“添加组件”对话框中，“约束类型”选项卡内选择“接触对齐”类型，“方位”下拉列表中选择“自动判断中心/轴”，在视图区选择相配部件和基础部件，如图 13-209 和图 13-210 所示。

❺在“添加组件”对话框中，单击 确定 按钮，安装护口板，如图 13-211 所示。

❻同样，依据上面的步骤，安装另一侧的护口板，如图 13-212 所示。

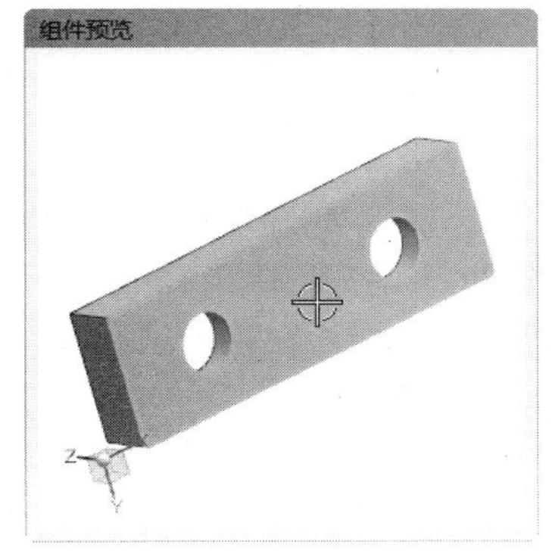

图13-207　选择相配部件

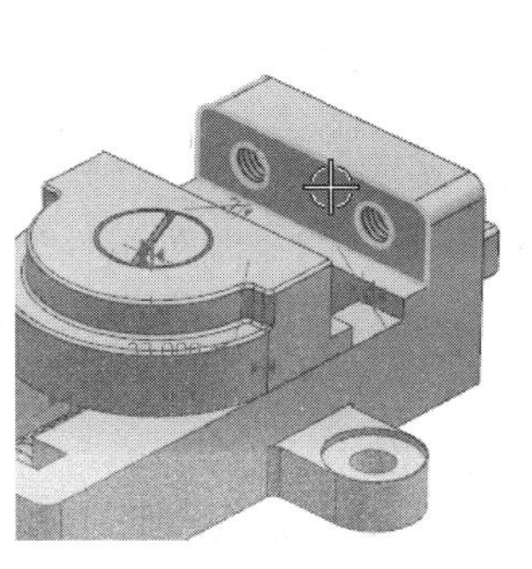

图13-208　选择基础部件

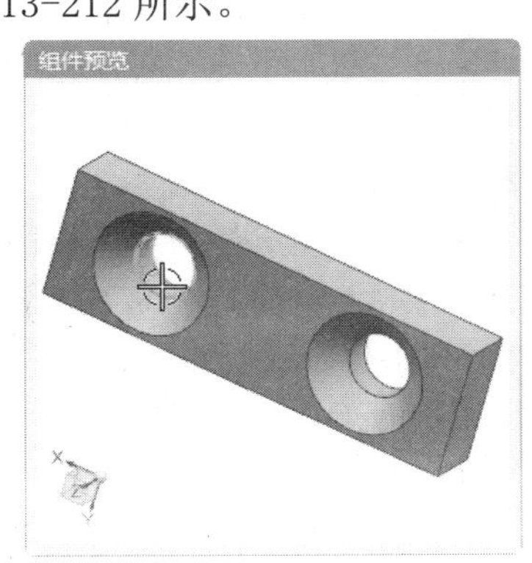

图13-209　选择相配部件

图13-210　选择基础部件

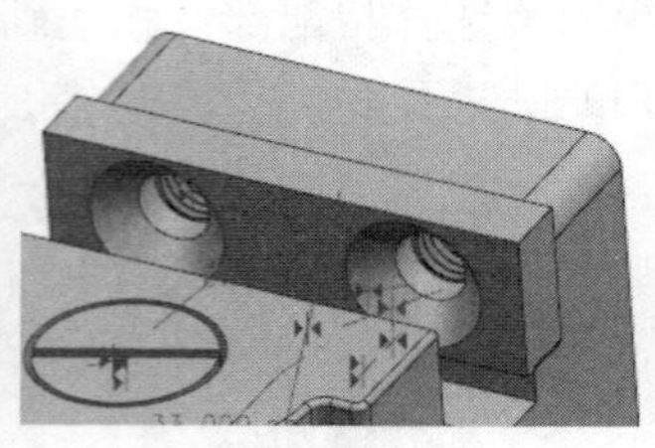
图13-211　安装护口板

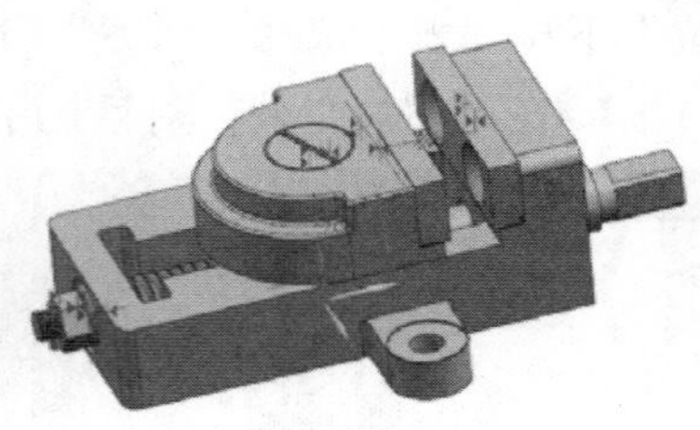
图13-212　安装护口板

13 安装螺钉 M10-20。

❶选择“菜单(M)”→“装配(A)”→“组件(C)”→“添加组件(A)...”或单击“主页”选项卡“装配”面组上的“添加”按钮，打开“添加组件”对话框。

❷在“添加组件”对话框中单击按钮，打开“部件名”对话框，选择 luodingM10-20.prt”，单击 OK 按钮，载入该文件。

❸返回到“添加组件”对话框，在绘图区指定放置组件的位置，弹出“组件预览”窗口，“放置”选项选择◉约束选项，在“约束类型”选项内选择“接触对齐”类型，在“要约束的几何体”选项卡“方位”下拉列表中选择“接触”，在视图区选择相配部件和基础部件，如图 13-213 和图 13-214 所示。

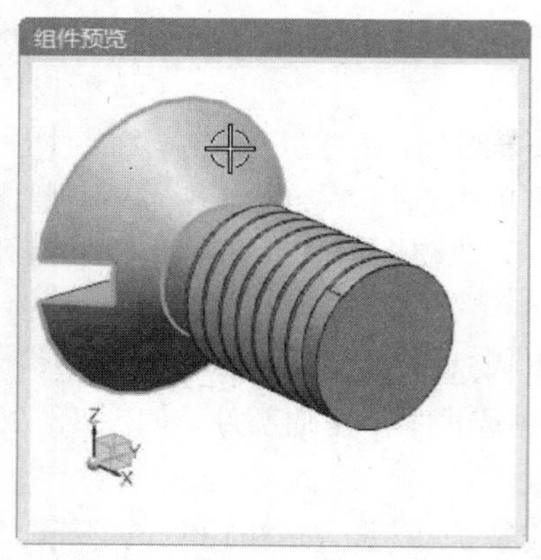

图13-213　选择相配部件

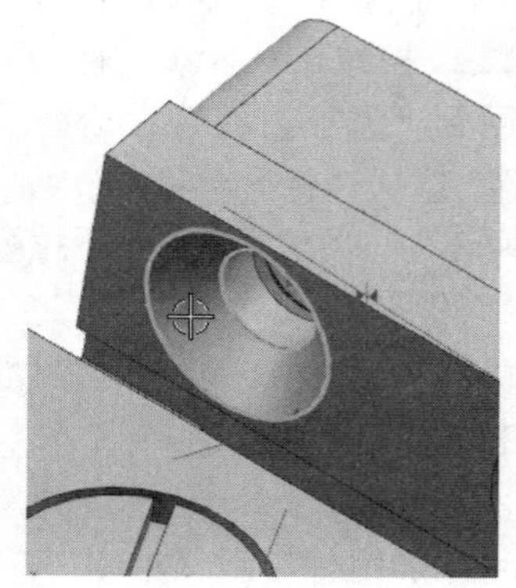
图13-214　选择基础部件

❹在“添加组件”对话框中，“约束类型”选项卡内选择“接触对齐”类型，“方位”下拉列表中选择“自动判断中心/轴”，在视图区选择相配部件和基础部件，如图 13-215 和图 13-216 所示。

❺在“添加组件”对话框中，单击确定按钮，安装螺钉 M10-20，如图 13-217 所示。

❻单击“主页”选项卡“装配”面组上的“阵列组件”按钮，打开如图 13-218 所示的“阵列组件”对话框。在“阵列组件”对话框中，选择“线性”布局，在视图区选择，如图 13-219 所示边缘为方向 1。

❼输入“数量”和“节距”为 2 和 40。

❽在“阵列组件”对话框中，单击确定按钮，阵列螺钉 M10-20，如图 13-220 所示。

❾同理，按照上面的步骤安装另一个护口板上螺钉，如图 13-221 所示。

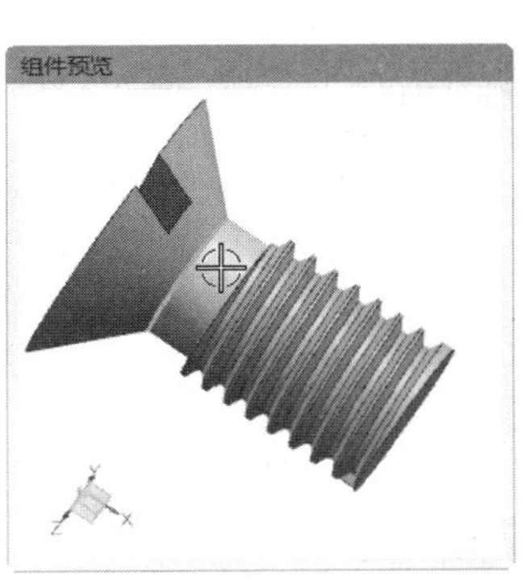

图13-215　选择相配部件

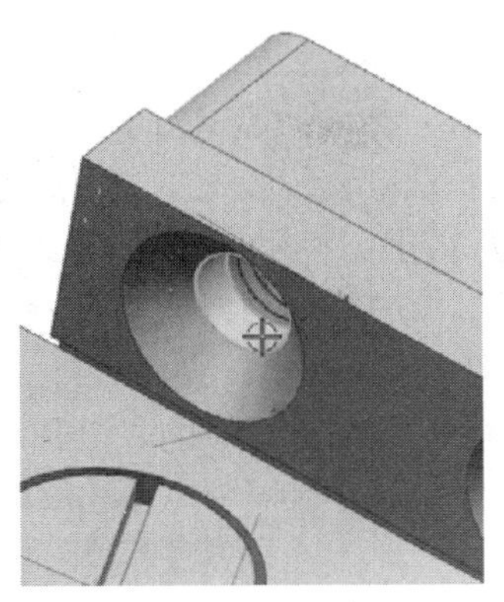

图13-216　选择基础部件

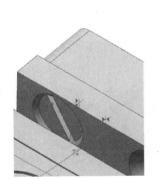

图13-217　安装螺钉M10-20

图13-218　“阵列组件”对话框

图13-219　选择边缘

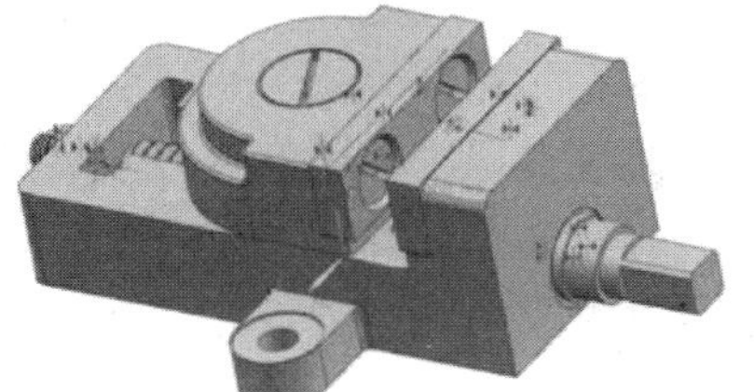

图13-220　阵列螺钉M10-20

图13-221　螺钉M10-20

13.3 台虎钳爆炸图

01 打开装配文件。单击“主页”选项卡“打开”按钮，打开“打开”对话框，输

入“huqian.prt”，单击 OK 按钮，进入 UG 主界面。

02 另存文件。单击“快速访问” 工具栏中的“另存为”按钮，打开“另存为”对话框，输入“HuQianbaozha.prt”，单击 OK 按钮。

03 创建爆炸图。

❶选择“菜单(M)”→“装配(A)”→“爆炸图(X)”→“新建爆炸图(N)...”，打开如图 13-222 所示的“新建爆炸”对话框。

❷在“新建爆炸”对话框中的“名称”文本框中输入“HuQian”。

❸在“新建爆炸”对话框中，单击 确定 按钮，创建台虎钳爆炸图。

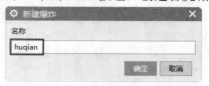

图13-222 新建爆炸”对话框

04 爆炸组件。

❶选择“菜单(M)”→“装配(A)”→“爆炸图(X)”→“自动爆炸组件(A)...”，打开“类选择”对话框，单击“全选”图标，选中所有的组件。单击 确定 按钮，打开如图 13-223 所示的“自动爆炸组件”对话框。

❷在“自动爆炸组件”对话框中的“距离”文本框中输入 60。

❸在“自动爆炸组件”对话框中，单击 确定 按钮，爆炸组件，如图 13-224 所示。

图13-223 “自动爆炸组件”对话框

图13-224 爆炸组件

05 编辑爆炸图。

❶选择“菜单(M)”→“装配(A)”→“爆炸图(X)”→“编辑爆炸(E)...”，打开如图 13-225 所示的“编辑爆炸”对话框。

❷在视图区选择组件“销”。

❸在“编辑爆炸”对话框中选中◉ 移动对象单选按钮，拖动手柄到合适的位置，如图 13-226 所示。

❹在“编辑爆炸”对话框中，单击 应用 按钮或者鼠标中键。

❺同理，移动其他组件，编辑后的爆炸图如图 13-227 所示。

06 组件不爆炸。

❶选择“菜单(M)”→“装配(A)”→“爆炸图(X)”→“取消爆炸组件(U)...”，打开“类选择”对话框。

❷在视图区选择不进行爆炸的组件，如图 13-228 所示。单击确定按钮，使已爆炸的组件恢复到原来的位置，如图 13-229 所示。

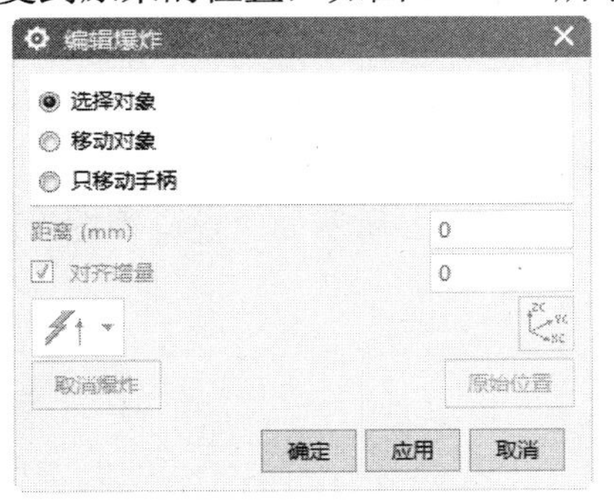

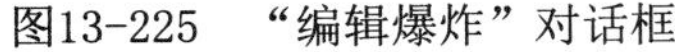
图13-225　“编辑爆炸”对话框

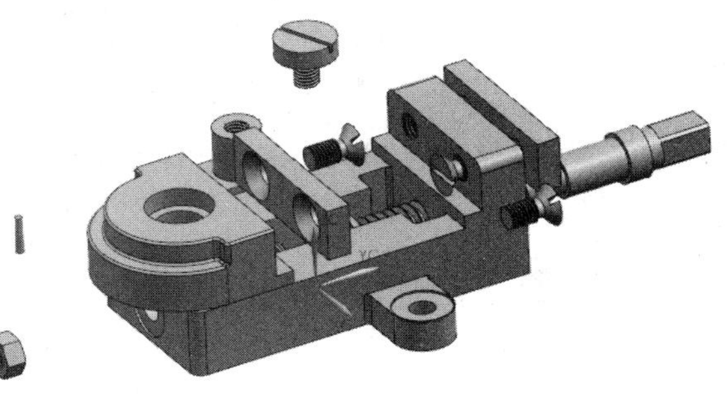
图13-226　移动销3-16

图13-227　编辑后的爆炸图

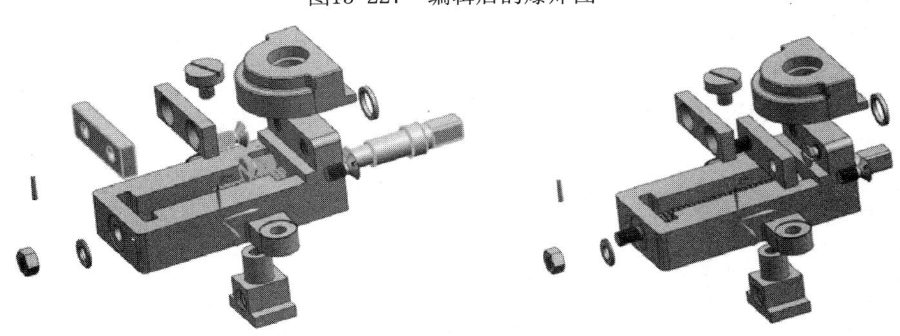
图13-228 选择不进行爆炸的组件　　图13-229　“组件不爆炸”后的爆炸图

07 隐藏爆炸。选择“菜单(M)”→“装配(A)”→“爆炸图(X)”→“隐藏爆炸(H)...”，则将当前爆炸图隐藏起来，使视图区中的组件恢复到爆炸前的状态。

13.4 台虎钳工程图

01 新建文件。单击“主页”选项卡“新建”按钮，打开“新建”对话框，选择“图纸”模型中的“A2-无视图”模型，在“名称”文本框中输入“huqian_dwg”，在要创建图纸的

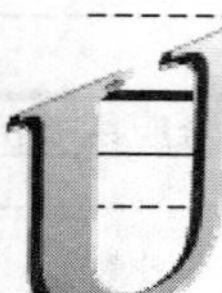

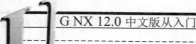

部件栏中单击“打开”按钮，打开“huqian.prt”文件，单击确定按钮，进入UG主界面。

02 添加基本视图。

❶选择“菜单(M)”→“插入(S)”→“视图(W)”→“基本(B)...”或单击“主页”选项卡“视图”面组上的“基本视图”按钮，打开如图13-230所示的“基本视图”对话框。

❷在“基本视图”对话框中视图种类的下拉列表框中选择“俯视图”。

❸在“基本视图”对话框中，单击图标，打开如图13-231所示的“定向视图”对话框和如图13-232所示的“定向视图工具”对话框。

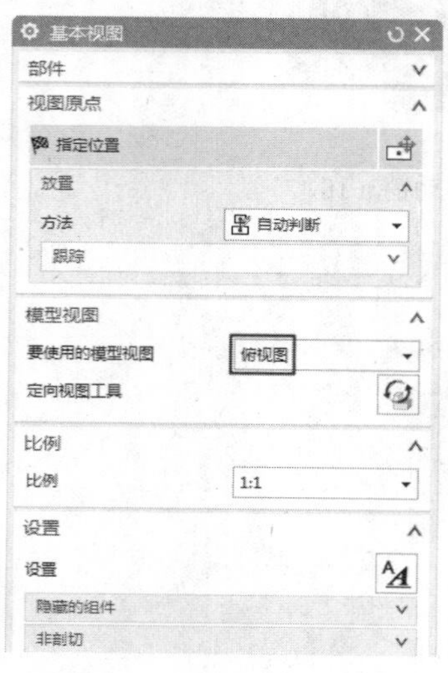

图13-230 “基本视图”对话框

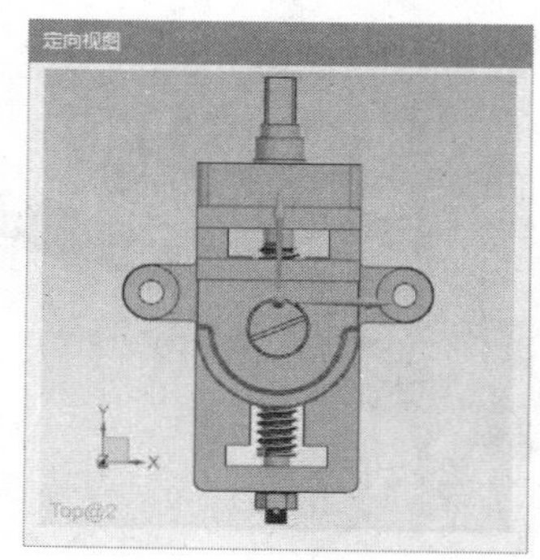

图13-231 “定向视图”对话框

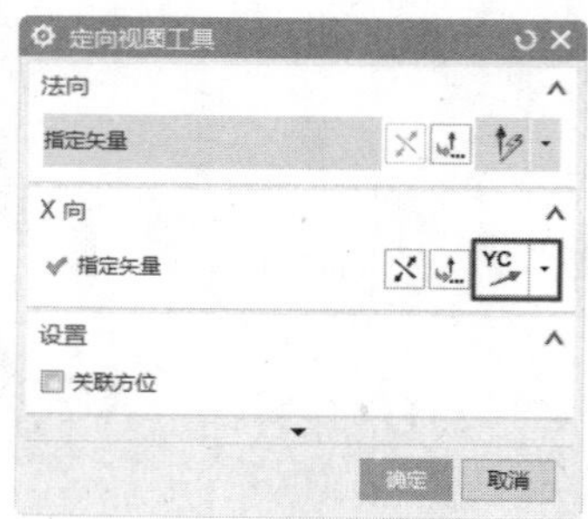

图13-232 “定向视图工具”对话框

❹在“定向视图工具”对话框中，单击图标。单击确定按钮，旋转俯视图，如图13-233所示。

❺在绘图区合适的位置单击，放置视图，接着创建投影视图，如图13-234所示，接着单击鼠标中键。

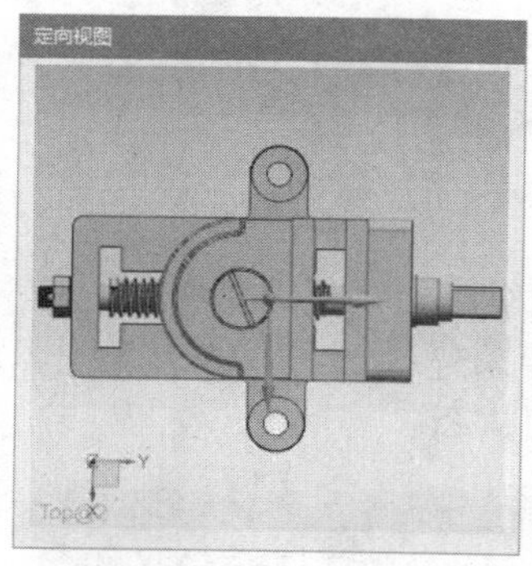

图13-233 旋转俯视图

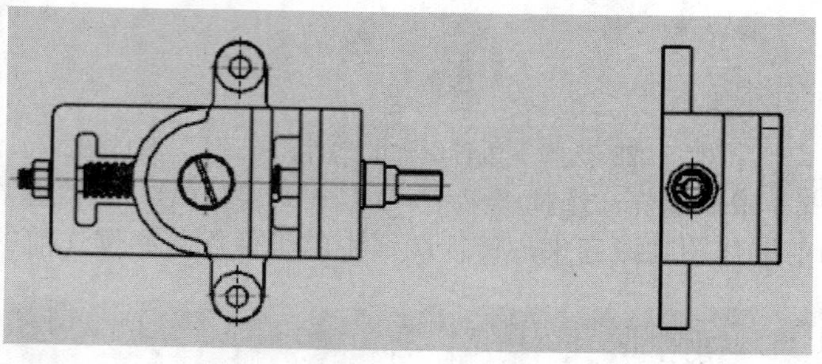

图13-234 创建投影视图

03 添加剖视图。

❶选择“菜单(M)”→“插入(S)”→“视图(W)”→“剖视图(S)...”或单击“主页”选项卡“视图”面组上的“剖视图”按钮，打开如图13-235所示的“剖视图”对话框。

❷在“定义”下拉列表中选择“动态”，在方法下拉列表中选择“简单剖/阶梯剖”

❸将截面线段放置在俯视图中螺钉的圆心位置，拖动剖视图到俯视图上方适当位置，然后放置剖切视图，如图 13-236 所示。

图13-235　剖视图”对话框

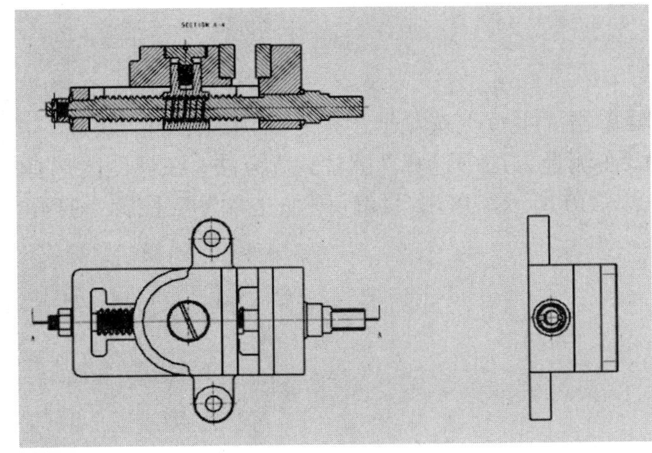

图13-236　添加剖视图

04 设置简单剖视图。

❶在部件导航器选择表区域视图，单击鼠标右键，在弹出的快捷菜单中选择“编辑”选项，打开“剖视图”对话框。

❷在“剖视图”对话框，单击“设置”面板的“非剖切”中的“选择对象”按钮，如图 13-237 所示。在视图中选择“螺杆”和“螺母”为不剖切零件，如图 13-238 所示。

图13-237　“设置”面板

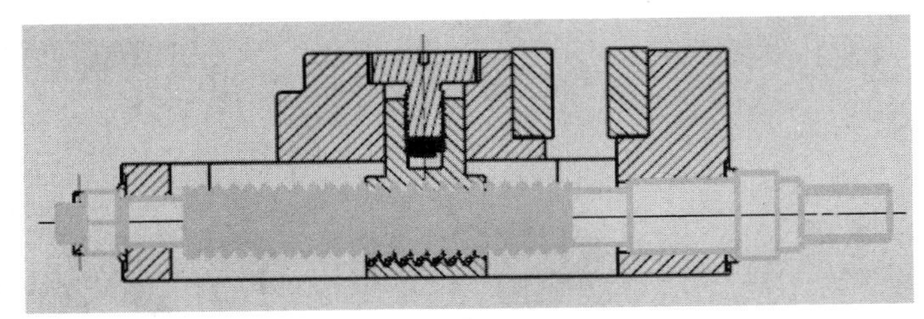

图13-238　选择非剖切零件

❸单击 关闭 按钮，剖视图中的螺杆和螺母零件将不被剖切。如图 13-239 所示。

05 标注尺寸。

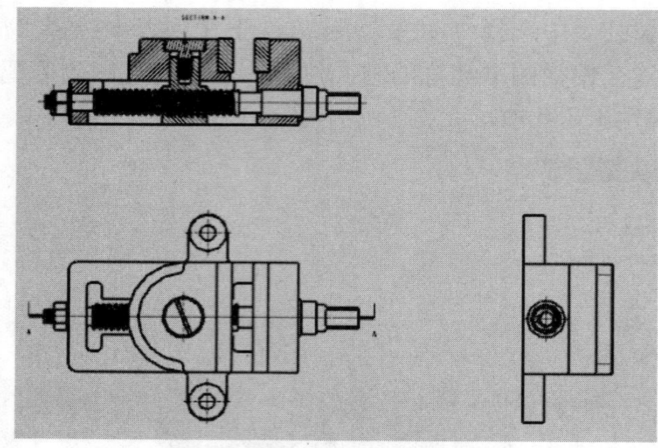
图13-239　显示剖切图形

❶单击“主页”选项卡“尺寸”面组上的“快速”按钮，标注视图中的线性尺寸。

❷在测量方法中选择“圆柱式”方法，在视图区选择要标注的圆柱尺寸，打开小工具栏，如图 13-240 所示，单击“编辑附加文本”图标，打开如图 13-241 所示的“附加文本”对话框。

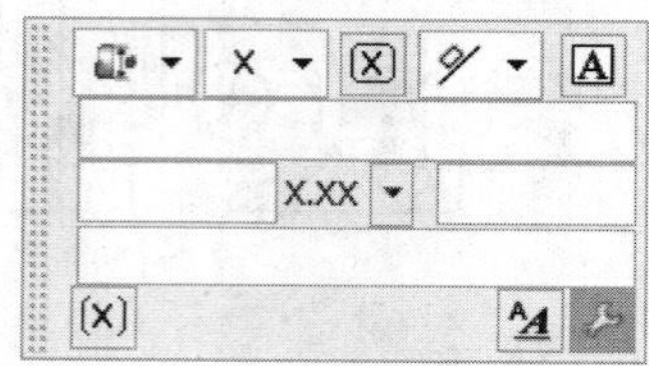

图13-240　小工具栏

❸在“附加文本”对话框中选择文本位置为“之后”，在“文本输入”列表框中输入 H8/f7。

❹在“附加文本”对话框中，单击 关闭 按钮，标注配合尺寸。

❺标注尺寸后的工程图如图 13-242 所示。

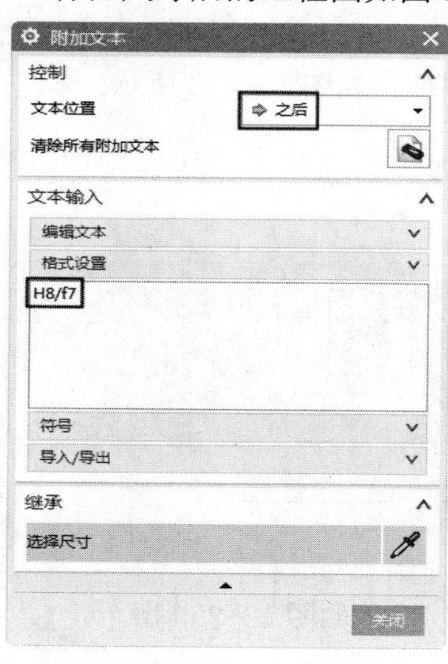

图13-241　“附加文本”对话框

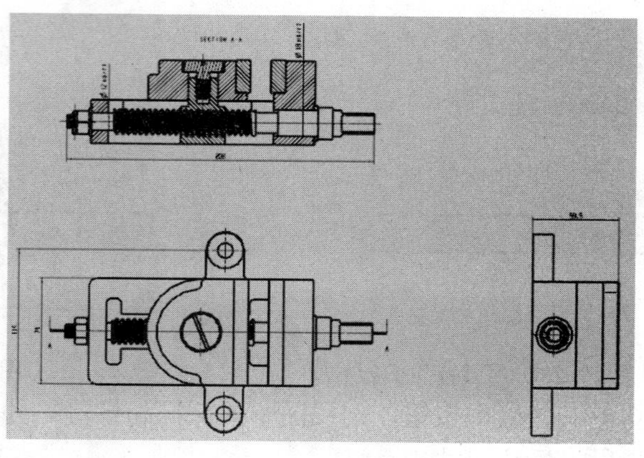
图13-242　标注尺寸后的工程图

06 插入明细表。

❶选择“菜单(M)”→“插入(S)”→“表(B)”→“零件明细表(P)...”，在视图区插入明细表。

❷在明细表中拖动光标，调整明细表大小，如图 13-243 所示。

❸选中一个单元格，单击鼠标右键，打开如图 13-244 所示快捷菜单，单击“编辑文本”选项。

10	FANGKUAILUOMU	1
9	HUODONGQIANKOU	1
8	LUODING	1
7	DIANQUAN	1
6	LUOGAN	1
5	DIANQUAN10	1
4	LUOMUM10	1
3	XIA03-16	1
2	HUKOUBAN	2
1	LUODINGM10-20	4
PC NO	PART NAME	QTY

图13-243 插入明细表

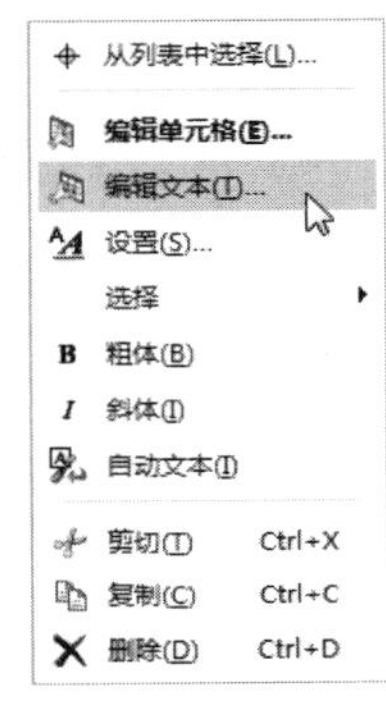

图13-244　插入明细表

❹编辑表格字符。插入明细表后的工程图如图 13-245 所示。

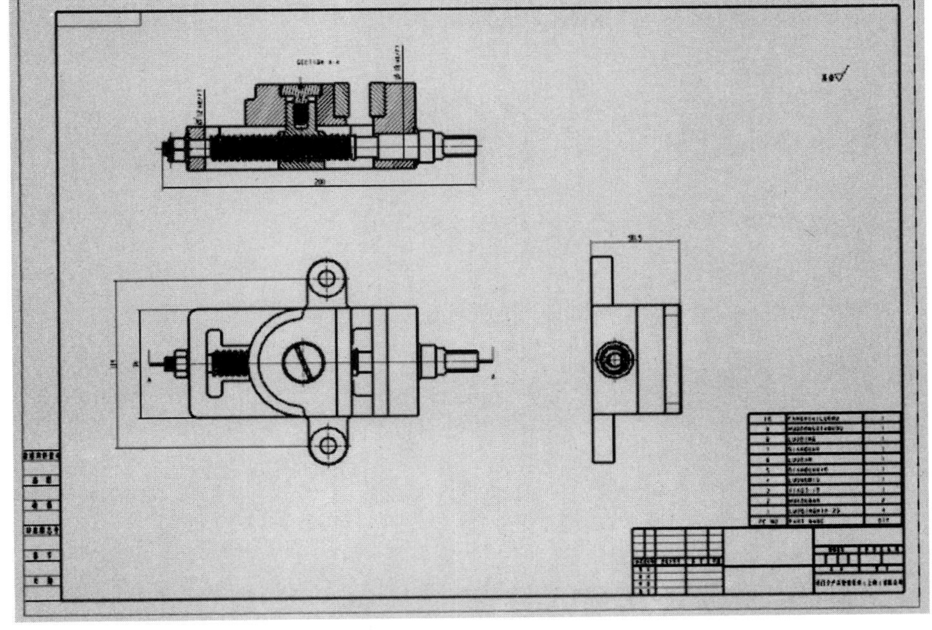

图13-245　插入明细表后的工程图